AutoCAD 2018 中文版基础教程

钟日铭 编著

人民邮电出版社
北京

图书在版编目（C I P）数据

AutoCAD 2018中文版基础教程 / 钟日铭 编著. --
北京 : 人民邮电出版社, 2018.2（2018.10重印）
ISBN 978-7-115-47690-6

Ⅰ. ①A… Ⅱ. ①钟… Ⅲ. ①AutoCAD软件－教材
Ⅳ. ①TP391.72

中国版本图书馆CIP数据核字(2018)第022375号

内 容 提 要

AutoCAD 在机械、化工、电子电气、航空、造船、模具、广告、建筑、装潢等设计领域应用广泛。本书以 AutoCAD 2018 简体中文版为讲解平台，着重介绍 AutoCAD 2018 的各种基本操作方法和应用技巧，并辅以大量的即学即练实例来帮助用户系统学习与快速提高。本书共分 15 章，主要讲解 AutoCAD 2018 设计基础、AutoCAD 2018 基础设置与视图操作、绘制二维图形、修改二维图形、二维编辑高级操作、图层设置与管理、文字与表格、标注样式与标注、图块与属性定义、绘制等轴测图、打印输出、参数化图形设计、绘制三维网格和曲面、实体建模，并给出综合设计范例解析。

本书图文并茂，内容丰富，范例典型，实用性强且性价比高，是一本值得阅读的 AutoCAD 学习教程。本书可作为高等院校计算机辅助设计类的教材，也可以作为广大工程技术人员的自学用书。

◆ 编　　著　钟日铭
　责任编辑　李永涛
　责任印制　马振武
◆ 人民邮电出版社出版发行　　北京市丰台区成寿寺路 11 号
　邮编　100164　　电子邮件　315@ptpress.com.cn
　网址　http://www.ptpress.com.cn
　北京九州迅驰传媒文化有限公司印刷
◆ 开本：787×1092　1/16
　印张：22.75
　字数：560 千字　　　　2018 年 2 月第 1 版
　印数：2 501 – 3 000 册　　　　2018 年 10 月北京第 2 次印刷

定价：59.80 元（附光盘）

读者服务热线：(010)81055410　印装质量热线：(010)81055316
反盗版热线：(010)81055315
广告经营许可证：京东工商广登字 20170147 号

前 言

AutoCAD 是一款值得推荐的通用计算机辅助设计软件，它功能强大，性能稳定，兼容性好，扩展性强（即体系结构开放），使用方便，具有卓越的二维绘图、三维建模、参数化图形设计和二次开发等功能，在机械、电子电气、汽车、航天航空、造船、石油化工、玩具、服装、模具、广告、建筑和装潢等行业都得到了广泛应用。

本书以 AutoCAD 2018 简体中文版为讲解平台，充分考虑到初学者的学习规律，并以 AutoCAD 2018 应用特点为知识主线，结合设计经验，注重应用实战为导向。本书在内容编排上，讲究从易到难，注重基础、突出实用，力求使本书如同一位近在咫尺的资深导师在为学生指点迷津，传授应用技能。

一、本书内容框架

本书图文并茂，结构清晰，重点突出，实例典型，应用性强，易学易用，是一本值得推荐的 AutoCAD 学习教程。书中所选实例均来源于实际设计工作或教学工作，涉及多个典型行业。本书共分 15 章，内容全面，典型实用。各章的内容如下。

- 第 1 章　主要介绍 AutoCAD 2018 的一些设计基础，包括 AutoCAD 入门概述、AutoCAD 工作界面、AutoCAD 2018 图形文件管理操作、调用 AutoCAD 2018 命令、对象选择操作、使用坐标系、基础操作练习等。
- 第 2 章　介绍的具体内容包括设置图形界限与量度单位、设置系统绘制环境、使用捕捉与栅格辅助定位、精确定位、启用“动态输入”、视图基本操作、模型空间与图纸空间切换、清理图形垃圾与修复受损图形文件。
- 第 3 章　结合典型范例介绍基本二维图形的绘制方法和技巧等。
- 第 4 章　结合实例讲解 AutoCAD 2018 二维图形修改的方法和技巧等。
- 第 5 章　着重介绍二维编辑高级操作工具命令的应用。
- 第 6 章　介绍图层设置与管理的相关实用知识。
- 第 7 章　重点介绍文字、表格及文字样式和表格样式的实用知识。
- 第 8 章　首先介绍尺寸标注的基本概念，接着分别介绍尺寸标注、多重引线标注、尺寸公差标注、形位公差标注和尺寸编辑等实用知识。
- 第 9 章　重点介绍图块与属性定义的实用知识。
- 第 10 章　介绍等轴测图的绘制基础知识及两个等轴测图绘制实例。
- 第 11 章　首先介绍创建和管理布局，接着介绍打印与发布，输出为 DWF、DWFx 或 PDF 等实用知识。
- 第 12 章　结合理论和应用实际来介绍参数化图形设计的知识，包括参数化图形的基本概念、几何约束、标注约束、编辑受约束的几何图形和使用参数管理器控制几何图形等。
- 第 13 章　深入浅出地介绍绘制三维网格和曲面的实用知识。
- 第 14 章　重点介绍实体建模的实用知识，具体内容包括创建三维实体图元（长方体、圆柱体、球体、多段体、楔体、圆锥体、棱锥体和圆环体）、从二维几何图形创建实体（拉伸、旋转、扫掠和放样等）、布尔值运算（并集、差集和交集）、实体编辑与三维操作等。

- 第 15 章 重点介绍几个综合设计范例，目的是让读者通过实例操作来复习前面所学的一些实用知识，以及快速提高综合设计技能。

二、光盘使用说明

为了便于读者学习，强化学习效果，本书特意配一张光盘，里面包含了本书所有的配套实例文件，以及一组超值的视频教学文件，其中的操作配有语音解说，可以帮助读者快速掌握 AutoCAD 2018 的操作和应用技巧。本光盘还提供了配套的教学用电子教案（PPT）。

光盘中原始实例模型文件及部分制作完成的参考文件均放置在“CH#”（#为相应的章号）素材文件夹中；视频教学文件放在“操作视频”文件夹中。视频教学文件采用 MP4 格式，可以支持大多数播放器，如 Windows Media Player、暴风影音等播放。图书页面的相应位置也提供了视频的二维码，读者可以用手持终端扫码观看。

三、技术支持说明

如果您在阅读本书时遇到什么问题，可以通过 E-mail 方式与我们联系，作者的电子邮箱为 sunsheep79@163.com；也可以通过用于技术支持的 QQ（3043185686、617126205）、微信（bochuang_design）与我们联系并进行技术答疑与交流。对于提出的问题，我们会尽快答复。另外，也欢迎读者登录设计梦网（www.dreamcax.com），获取一些学习资料和资讯。

本书主要由钟日铭编著。另外，肖秋连、钟观龙、庞祖英、钟日梅、钟春雄、刘晓云、肖世鹏、肖宝玉、陈忠、肖秋引、陈景真、张翌聚、朱晓溪、肖钊颖、陈忠钰、肖君秀、陈小敏、王世荣、陈小菊等人也参与了编写工作，他们在资料整理、视频录制和技术支持等方面做了大量、细致的工作，在此一并向他们表示感谢。

书中如有疏漏之处，请广大读者不吝赐教。

天道酬勤，熟能生巧，以此与读者共勉。

钟日铭

目　录

第1章 AutoCAD 2018 设计基础

AutoCAD 是由美国欧特克（Autodesk）公司成功开发的一款通用 CAD（Computer Aided Design，计算机辅助设计）软件，它广泛应用在机械、建筑、电子电气、广告、家居、服装和地理信息等行业。本章主要介绍 AutoCAD 2018 的一些设计基础，包括 AutoCAD 入门概述、AutoCAD 工作界面、AutoCAD 2018 图形文件管理操作、调用 AutoCAD 2018 命令、对象选择操作、使用坐标系、基础操作练习等。

学习好本章知识，有助于以后更好地系统化学习 AutoCAD 2018 的辅助设计实用知识。

1.1 AutoCAD 入门概述

随着计算机辅助设计技术的飞速发展，越来越多的工程设计人员开始使用计算机来从事相关的设计工作，例如，绘制各种工程图形和建立产品的三维模型，其中 AutoCAD 是使用最为广泛的计算机辅助绘图软件之一。AutoCAD 在设计绘图方面的功能是非常强大的，尤其是二维绘图的能力，如绘制零件工程图、产品装配图、建筑平面图、电气布局图和室内装饰图等。概括地描述，AutoCAD 的软件特点主要包括这些：具有完善的二维图形绘制和编辑功能，提供强大的三维建模工具，可以定制各种制图标准样式，具有较强的数据交换能力，可以进行多种图形格式的转换，允许用户进行二次开发和界面定制，支持多种硬件设备，支持多种操作平台，具有通用性和易用性等。AutoCAD 的一个图形格式 DWG 是业界使用最广泛的设计数据格式之一，通过它可以让相关的人员及时而准确地了解设计人员的设计方案和最新设计决策。

AutoCAD 2018 是 2017 年正式发布的新版本，其社会化协同设计能力得到进一步增强，命令操作更加简洁而高效，一些常用功能得到增强。例如，PDF 输入、视觉体验、外部参照路径、三维图形性能、DWG 格式更新等功能有了明显的增强。

以 Windows 10 操作系统为例，成功安装 AutoCAD 2018 简体中文版软件后，用户可以在电脑视窗上双击快捷图标（如果设置在电脑桌面上显示该快捷图标的话），或者在电脑视窗左下角单击“开始”按钮并从打开的“开始”应用程序菜单中选择“AutoCAD 2018-简体中文（Simplified Chinese）”/“AutoCAD 2018-简体中文（Simplified Chinese）”命令，来启动 AutoCAD 2018 简体中文版软件。

启动 AutoCAD 2018 简体中文版软件，将弹出图 1-1 所示的 AutoCAD 2018 初始界面，该初始界面包含有“创建”选项页和“了解”选项页，其中，“创建”选项页主要提供“快速入门”“最近使用的文档”和“连接”等方面的内容。在“快速入门”选项组中可以执行“开始绘制（新建）”“打开文件”“打开图纸集”“联机获取更多样板”“了解样例图形”等命令操作；利用“最近使用的文档”列表可以快速打开最近使用过的文档，注意该列表下方

的 3 个按钮用于设置“最近使用的文档”列表以何种方式列出最近使用的文档；在“连接”选项组中，可以通过 A360（Autodesk 360）联机存储、共享、查看和协作设计文件，可以发送反馈以帮助改进产品等。在“了解”选项页中，则可以通过“新增功能”“快速入门视频”“学习提示”“联机资源”等栏目来了解 AutoCAD 2018 的相关应用知识。

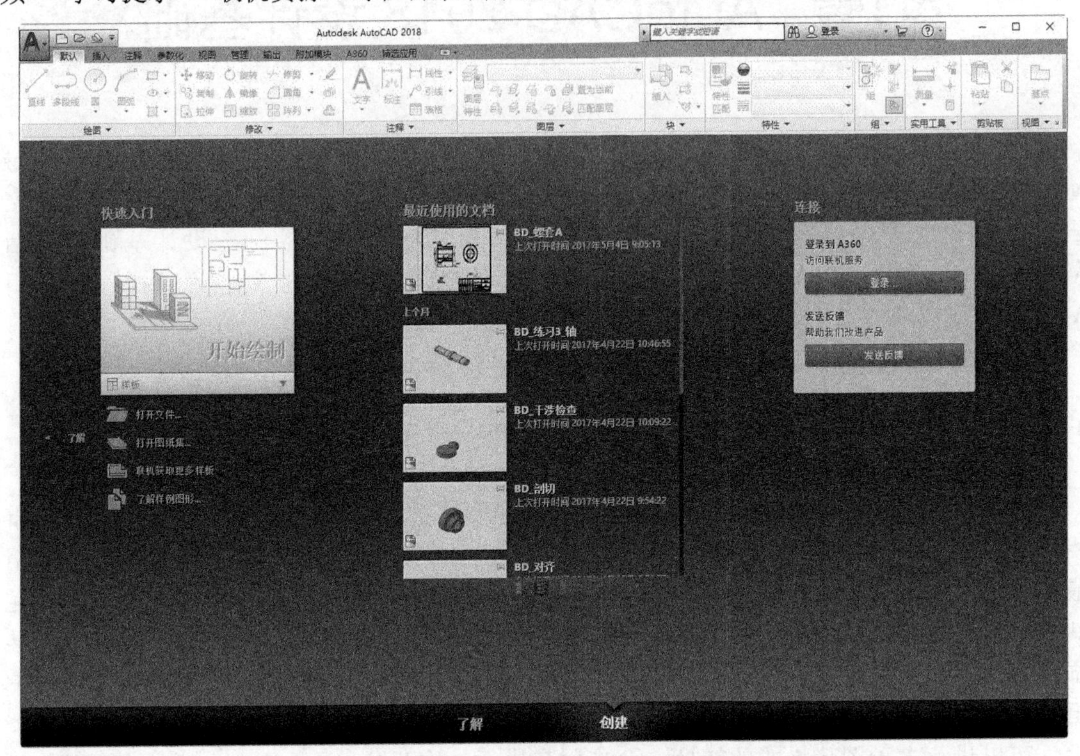

图1-1　AutoCAD 2018 初始界面

要退出 AutoCAD 2018，则通常单击“应用程序”按钮并从弹出的应用程序菜单中单击“退出 Autodesk AutoCAD 2018”按钮，或者在命令行中输入“QUIT”并按“Enter”键。当然，单击标题栏中的“关闭”按钮×，亦可退出 AutoCAD 2018。

1.2　AutoCAD 2018 工作界面

启用 AutoCAD 2018 打开其工作界面后，便可以进行绘制图形等相关工作了。在绘制图形之前，先来了解一下 AutoCAD 2018 的工作界面。

AutoCAD 2018 的工作界面与工作空间息息相关，所谓的工作空间是经过分组和组织的菜单、工具栏、选项板和面板等的集合，使得用户可以在面向任务或自定义的绘图环境中工作。使用工作空间时，AutoCAD 2018 工作界面只会显示与任务相关的工具和界面内容。AutoCAD 2018 提供 3 种预定义好的工作空间，它们分别是“草图与注释”“三维基础”和“三维建模”，用户可以根据实际的设计需要随时切换工作空间。

要切换工作空间，则在“快速访问”工具栏的“工作空间”下拉列表框中选择所需的工作空间选项即可，也可以在状态栏中单击“切换工作空间”按钮并从弹出的下拉列表中选择相应的工作空间选项，如图 1-2 所示。

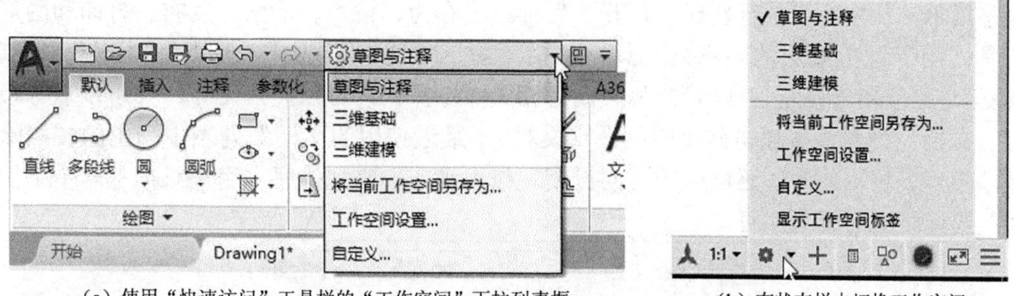

（a）使用“快速访问”工具栏的“工作空间”下拉列表框　　（b）在状态栏中切换工作空间

图1-2　切换工作空间

下面以图 1-3 所示的“草图与注释”工作空间为例，介绍其工作界面的主要组成要素。使用“草图与注释”工作空间的工作界面主要由“应用程序”按钮、“快速访问”工具栏、标题栏、功能区、图形窗口、浮动命令行窗口和状态栏等元素组成，其中，“应用程序”按钮、“快速访问”工具栏在默认时嵌入到标题栏中，而图形窗口也包含有用于快速切换当前文件的“文件”选项卡（用户可以设置不显示“文件”选项卡）。

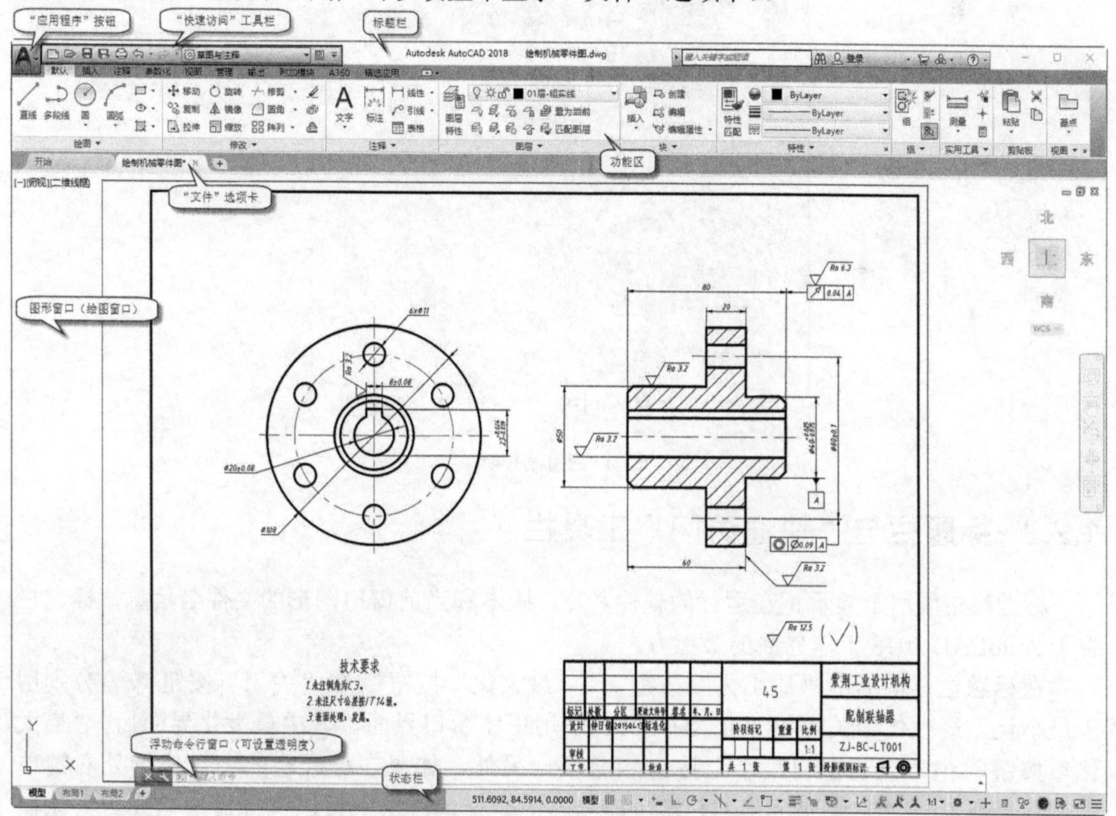

图1-3　使用“草图与注释”工作空间时的 AutoCAD 2018 工作界面

1.2.1　“应用程序”按钮

在 AutoCAD 2018 工作界面的左上角单击“应用程序”按钮，则打开图 1-4 所示的应用程序菜单，从中可以执行新建、打开、保存、另存为、输入、输出、发布、打印和图形实用工具（用于维护图形的一系列工具，包括“图形特性”“单位”“核查”“状态”“清理”“修复”“打开图形修复管理器”）和关闭等相关命令操作，可以搜索命令，并可以从“最近使用的文档”列表中快速访问所需的图形文档。“最近使用的文档”列表中列出的文档除了按已排序列表显示之外，还可以按访问日期、按大小或按类型排序，用户只需从一个下拉列表框中选择相应的选项即可。

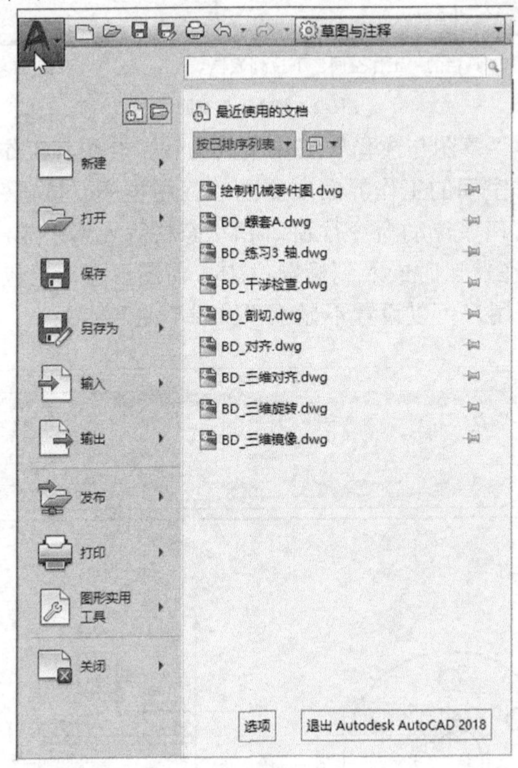

图1-4　应用程序菜单

1.2.2　标题栏与“快速访问”工具栏

标题栏主要用于显示正在运行的软件名称、版本和当前窗口图形的文件名信息，标题栏位于 AutoCAD 2018 工作界面的最上方。

在标题栏右端提供“最小化”按钮 —、“最大化”按钮 □ 和“关闭”按钮 ×，分别用于最小化、最大化和关闭 AutoCAD 2018 应用程序窗口界面。其中最大化界面后，“最大化”按钮 □ 由“恢复窗口大小”按钮 ⧉ 替换。另外，如果在标题栏的空白位置处右键单击，则会弹出一个关于 AutoCAD 窗口控制的快捷菜单，从中可以执行最小化或最大化窗口、恢复窗口、移动窗口和关闭 AutoCAD 等操作命令。

“快速访问”工具栏提供了若干个常用工具，包括“新建”按钮、“打开”按钮、“保存”按钮、“另存为”按钮、“打印”按钮、“放弃”按钮、“重做”按钮和“工作空间”下拉列表框等。用户可以根据设计需要而向“快速访问”工具栏添加更多的工具，其方法是在“快速访问”工具栏中单击“自定义快速访问工具栏”按钮，打开一个下拉菜单，如图 1-5 所示，从中选择要添加到“快速访问”工具栏的一个工具名称；如果该下拉菜单没有所需要的工具名称，则选择“更多命令”选项以打开“自定义用户界面”对话框，利用该对话框搜索到所需命令（工具名称），然后将该命令从“命令列表”窗格拖动到“快速访问”工具栏的适当位置处。

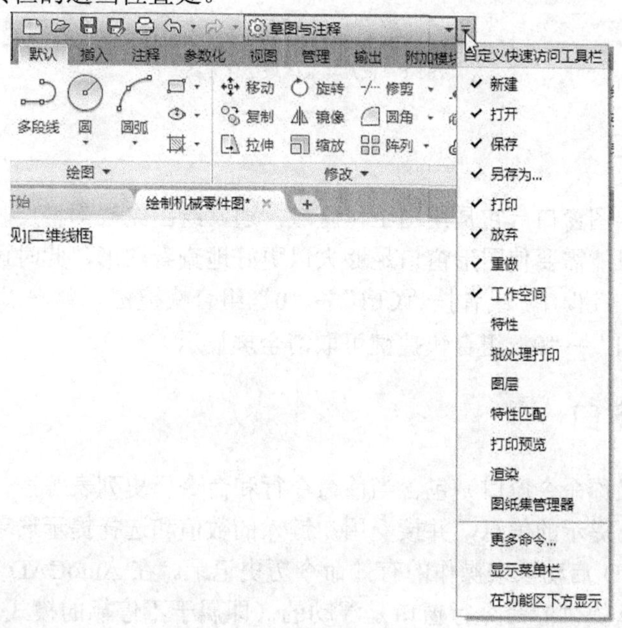

图1-5　自定义“快速访问”工具栏

初始默认时，“快速访问”工具栏嵌入到标题栏中，用户也可以从“自定义快速访问工具栏”下拉菜单中选择“在功能区下方显示”命令，以将“快速访问”工具栏设置显示在功能区的下方。

1.2.3　功能区

功能区其实是一种特殊的选项板，它默认时位于图形窗口的上方，用于显示与基于任务的工作空间相关联的按钮和控件。功能区由若干个选项卡组成，每个选项卡包含若干个面板，每个面板又包含若干个归组的命令按钮和工具控件。可以将功能区看作是传统菜单栏和工具栏的主要替代工具。

功能区可以被最小化为选项卡、最小化为面板标题或最小化为面板按钮，其设置方法是在功能区的选项卡标签行中单击“功能区选项”按钮，如图 1-6 所示，接着从弹出的下拉菜单列表中选择一种最小化选项即可，以后要恢复功能区原始状态，则在选项卡标签行中单击“切换”按钮/。如果选中了“循环浏览所有项”选项，那么单击“切换”按钮/，可以在最小化为选项卡、最小化为面板标题、最小化为面板按钮和功能区原始状态之间循环切换。

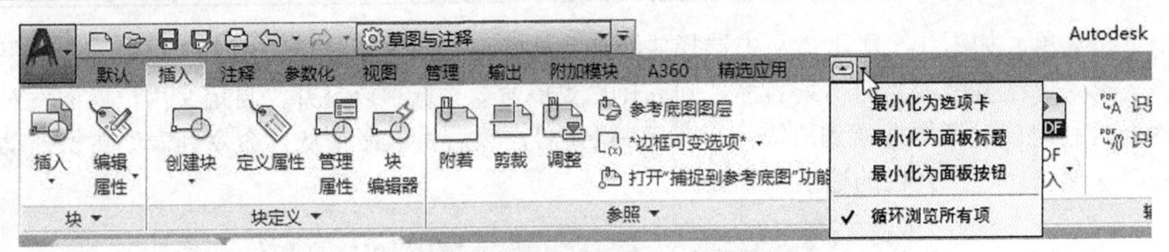

图1-6　设置功能区最小化方案

1.2.4　图形窗口

图形窗口也称绘图窗口，它是绘图工作区域，通常绘图结果都将反映在这个窗口中。在一些设计场合下，可能需要使图形窗口足够大以更好地查看图形，此时可以单击状态栏中的“全屏显示-启动”按钮，或者按“Ctrl”+“0”组合快捷键。单击“全屏显示-关闭”按钮，或者按“Ctrl”+“0”组合快捷键可取消全屏显示。

1.2.5　命令行窗口

命令行窗口（又称命令窗口）包含当前命令行和命令历史列表等控件，主要用于输入命令，显示 AutoCAD 提示的信息，并接受用户键入的数值和选择提示选项。命令历史列表可以保留着自 AutoCAD 启动以来操作的有效命令历史记录。在 AutoCAD 2018 的“草图与注释”工作空间中默认提供的命令行窗口是浮动的（即属于不停靠的模式），在浮动命令行窗口中单击“自定义”按钮，可以进行输入设置，定制提示历史记录行数，以及定义命令行的透明度等。浮动命令行窗口组成示意图如图 1-7 所示。在 AutoCAD 2013、AutoCAD 2014 和 AutoCAD 2015 的“AutoCAD 经典”工作空间中，默认的命令行窗口则是固定的。对于浮动的命令窗口，可以通过将命令窗口拖动到绘图区域的顶部或底部边来将其固定。

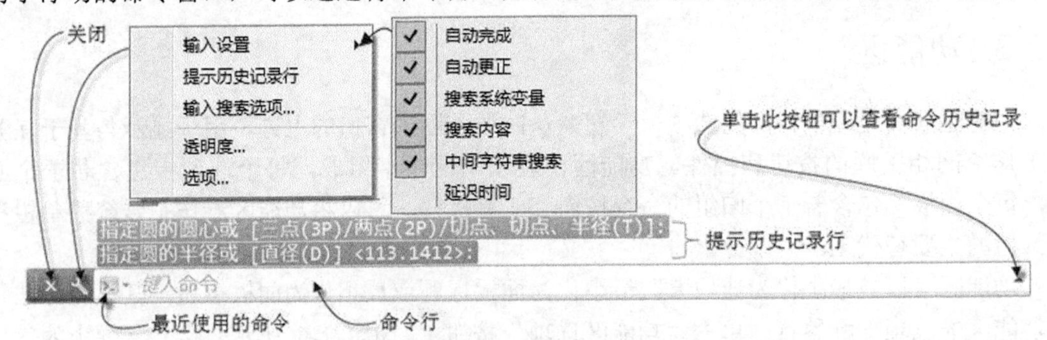

图1-7　浮动命令行窗口的组成示意图

在命令行中进行输入操作时，如果对当前输入命令的操作不满意，可以按键盘上的“Esc”键来取消该操作，然后重新输入。

在使用浮动命令窗口时，按“Ctrl”+“F2”组合快捷键可以打开一个独立的“AutoCAD 文本窗口”，如图 1-8 所示。而当使用固定命令窗口时，按“F2”键即可打开独立的“AutoCAD 文本窗口”。在该“AutoCAD 文本窗口”中可以查询和编辑命令历史操作记录，也可以在其中的命令行中进行输入命令或选项参数的操作。对于浮动命令窗口，按“F2”键可以从命令窗口中打开命令历史记录列表。

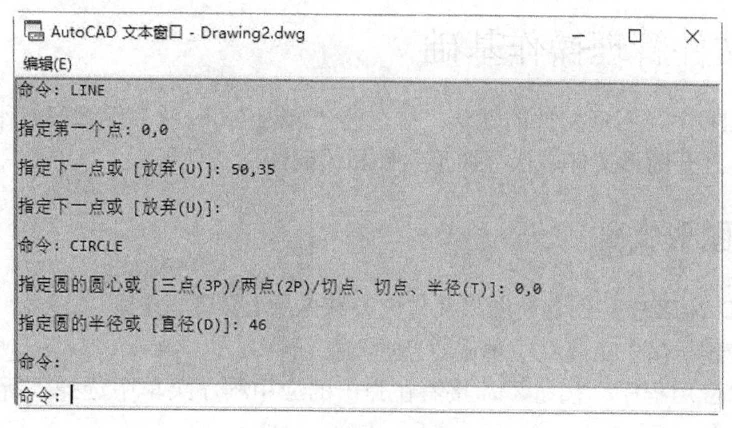

图1-8　AutoCAD 文本窗口

1.2.6　状态栏

状态栏位于 AutoCAD 工作界面的底部，主要用来显示 AutoCAD 当前的一些状态，如当前十字光标的坐标值，各模式的状态和相关图形状态等。用户可以对状态栏的显示内容进行自定义，其方法是在状态栏中单击“自定义”按钮，接着从弹出的列表中选择要显示或隐藏的工具对象，带有“✔”符号的工具对象表示要在状态栏中显示的工具或状态内容。经过自定义的状态栏样例如图 1-9 所示，位于状态栏左部的一组即时数字反映了当前十字光标所在图形窗口中的位置坐标，紧挨着坐标区的是一组模式按钮，包括“模型或图纸空间切换”、“显示图形栅格”、“捕捉模式”、“推断约束”、“动态输入”、“正交限制光标（正交模式）”、“极轴追踪”、“对象追踪捕捉”、“对象捕捉”、“显示隐藏线宽”、“选择循环”、“三维对象捕捉”、“动态 UCS”、“注释监视器”和“快捷特性”等，用户可以根据需要通过单击按钮的方式打开或关闭它们。状态栏的右侧区域还提供有其他一些状态工具按钮，用户可以通过将鼠标指针悬停在相应工具按钮上面以通过出现的提示了解该工具按钮的功能。

436.3163, 77.9127, 0.0000　模型

图1-9　状态栏

1.2.7　菜单栏

在系统初始默认的“草图与注释”“三维基础”“三维建模”工作空间中，AutoCAD 不显示传统菜单栏。如果要显示传统菜单栏，那么可以在“快速访问”工具栏中单击“自定义快速访问工具栏”按钮，接着在打开的下拉菜单中选择“显示菜单栏”命令即可。菜单栏将显示在标题栏的下方，其上提供“文件”“编辑”“视图”“插入”“格式”“工具”“绘图”“标注”“修改”“参数”“窗口”“帮助”菜单，如图 1-10 所示，在设计工作中用户可以从菜单栏的相关菜单中选择所需要的菜单命令。

图1-10　在“草图与注释”工作空间中设置显示的传统菜单栏

1.3　图形文件管理操作基础

在 AutoCAD 中，图形文件的默认扩展名为“.dwg”。图形文件管理操作基础主要包括新建图形文件、打开图形文件、保存图形文件和关闭图形文件等。

1.3.1　新建图形文件

在 AutoCAD 2018 中，创建新图形文件的方法主要有以下几种。

(1)　在“快速访问”工具栏中单击“新建”按钮。

(2)　单击“应用程序”按钮，接着在弹出的应用程序菜单中选择“新建”/“图形”命令。

(3)　在命令窗口的命令行中输入“NEW”命令，并按“Enter”键。

(4)　在菜单栏中选择“文件”/“新建”命令。

(5)　按“Ctrl”+“N”组合快捷键。

执行新建图形文件的上述操作之一后，系统将弹出图 1-11 所示的“选择样板”对话框（系统变量“STARTUP”初始值为 0、“FILEDIA”初始值为 1 时），通过“选择样板”对话框选择合适的样板文件后单击“打开”按钮，便会以所选样板为模板建立一个新图形文件。

图1-11　“选择样板”对话框

1.3.2　打开图形文件

通过 AutoCAD 2018 打开新图形文件的方法主要有以下几种。

(1)　在“快速访问”工具栏中单击“打开”按钮。

(2)　单击“应用程序”按钮，接着在弹出的应用程序菜单中选择“打开”/“图形”命令。

(3) 在命令窗口的命令行中输入“OPEN”命令，并按“Enter”键确定。

(4) 在菜单栏中选择“文件”/“打开”命令。

(5) 按“Ctrl”+“O”组合快捷键。

执行上述打开图形文件的命令操作之一，系统弹出图 1-12 所示的“选择文件”对话框，从中选择要打开的图形文件，然后单击“打开”按钮即可打开该图形文件。

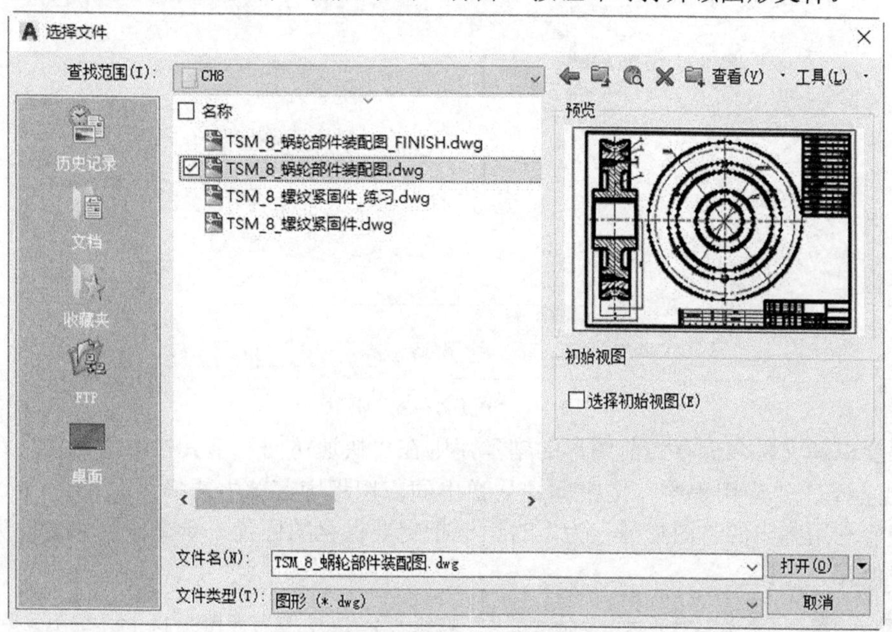

图1-12 “选择文件”对话框

提示： 打开 AutoCAD 图形时，有时需要同时打开多张图形进行对比操作，此时如果逐一打开，虽然能达到目的，但显然较慢。其实在执行 OPEN 命令打开“选择文件”对话框时，可以按住“Ctrl”键来一次性选择要打开的多个图形，单击“打开”按钮，从而打开多个图形文件。可以执行“水平平铺”或“垂直平铺”命令将多个图形同时显示。

1.3.3 保存图形文件

及时保存图形文件是很重要的，因为可以避免因意外情况而丢失图形设计数据。要保存当前图形文件，则可以按照以下方式之一进行。

(1) 在“快速访问”工具栏中单击“保存”按钮。

(2) 单击“应用程序”按钮并从弹出的应用程序菜单中选择“保存”命令。

(3) 在命令窗口的命令行中输入“QSAVE”命令，并按“Enter”键确定。

(4) 在菜单栏中选择“文件”/“保存”命令。

(5) 按“Ctrl”+“S”组合快捷键。

如果是第一次执行保存操作，将弹出图 1-13 所示的“图形另存为”对话框，从中指定要保存的位置、文件名和文件类型，然后单击“保存”按钮。需要用户注意的是：可以设置 AutoCAD 2018 图形保存的默认文件格式为“AutoCAD 2018 图形（*.dwg）”。

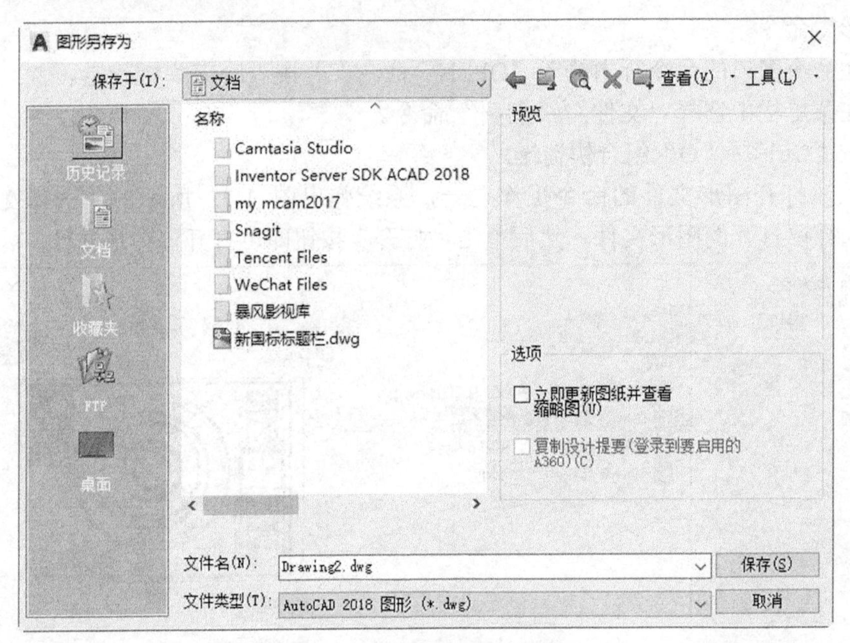

图1-13　“图形另存为”对话框

如果要以新文件名保存当前图形的副本，则在“快速访问”工具栏中单击“另存为”按钮，或者单击“应用程序”按钮并从弹出的应用程序菜单中选择“另存为”/“图形”命令，接着利用弹出的“图形另存为”对话框指定要保存的位置、新文件名和文件类型，然后单击“保存”按钮。

提示： 如果在“图形另存为”对话框中单击“工具”按钮工具(L)，则打开图 1-14 所示的下拉菜单，从中可以进行“添加/修改 FTP”“将当前文件夹添加到‘位置’列表中”“添加到收藏夹”“选项”“数字签名”命令操作。其中，选择“数字签名”命令，可以通过多个公共证书颁发机构之一来获取数字ID，这样可设置保存图形后附着数字 ID，提高文件安全性。数字 ID 也称数字身份或数字证书，是包含用户的个人安全信息的加密文件，数字 ID 可以在电子交易中证明用户的身份，并包含在数字签名中。

在应用程序菜单中单击“另存为”命令旁的“展开”按钮，打开其级联菜单，如图 1-15 所示，从中还可以选择以下的选项来执行其他需求的另存为操作。

- 绘制到云：将当前图形保存到 A360（即 Autodesk 360）。
- 图形样板：创建可用于创建新图形的图形样板（DWT）文件。
- 图形标准：创建可用于检查图形标准的图形标准（DWS）文件。
- 其他格式：将当前图形保存为 DWG、DWT、DWS 或 DXF 文件格式。
- 将布局另存为图形：将当前布局中的所有可见对象保存到新图形的模型空间中。
- DWG 转换：转换选定图形文件的图形格式版本。

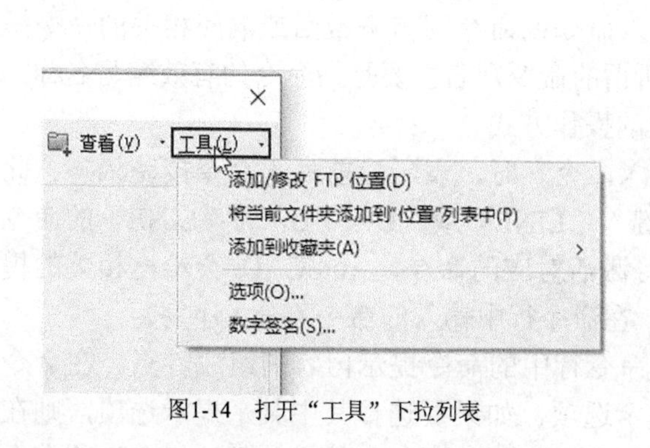

图1-14 打开“工具”下拉列表

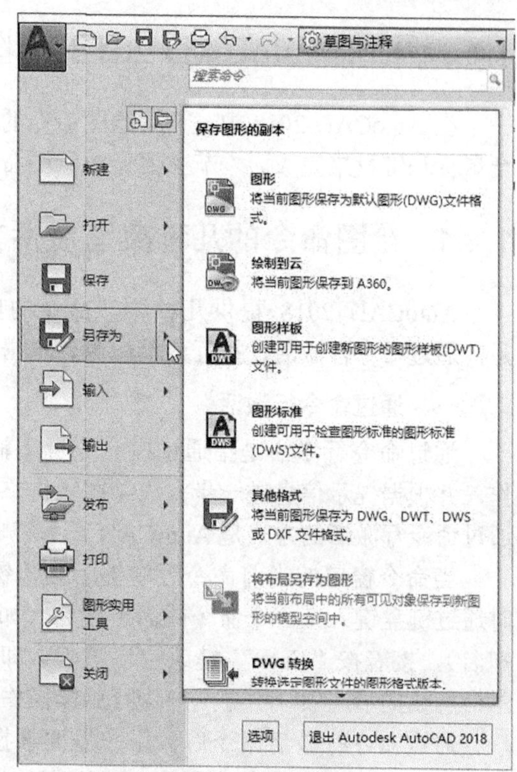

图1-15 其他另存为命令

1.3.4 关闭图形文件

完成图形绘制并保存后，可以按照以下常用方法之一关闭当前图形文件而没有退出AutoCAD 2018。

(1) 单击“应用程序”按钮，接着从应用程序菜单中选择“关闭”/“当前图形”命令。

(2) 在菜单栏中选择“窗口”/“关闭”命令，或者选择“文件”/“关闭”命令。

(3) 单击当前图形窗口对应的“关闭”按钮。

要关闭当前打开的所有图形，则从应用程序菜单中选择“关闭”/“所有图形”命令，或者从菜单栏中选择“窗口”/“全部关闭”命令。

如果修改图形后没有进行保存操作便关闭该图形，系统将弹出图1-16所示的AutoCAD警告对话框，询问是否将改动保存到该图形文件。此时单击“是”按钮，将保存当前图形文件并将其关闭；单击“否”按钮，将关闭当前图形文件但不保存；单击“取消”按钮，则取消关闭当前图形文件的操作，且不进行自动保存。

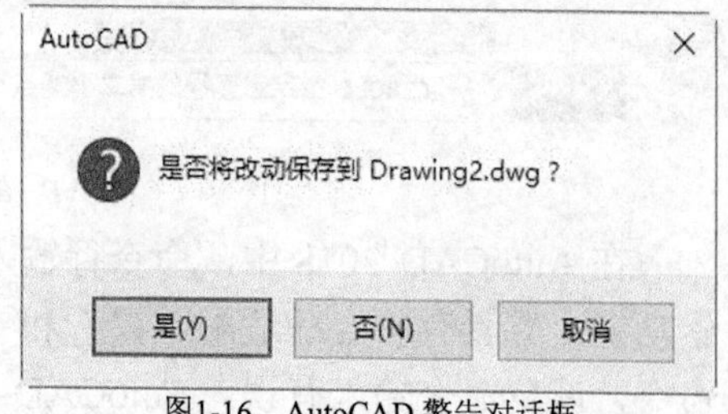

图1-16 AutoCAD 警告对话框

1.4　调用 AutoCAD 2018 绘图命令

在 AutoCAD 2018 中，调用绘图命令的方式很灵活，在整个命令操作过程中通常需要结合鼠标和键盘来完成。本节主要介绍绘图命令激活方式、命令重复与撤销方面的实用知识。

1.4.1　绘图命令的几种典型激活方式

视频：绘图命令的几种典型激活方式

AutoCAD 2018 提供几种激活命令的典型方式，分别是：通过命令行激活、执行菜单命令、单击工具按钮。

一、通过命令行激活

通过命令行激活是指通过在命令行中输入命令或命令别名来激活或响应相关的命令操作，并根据提示信息进一步完成绘图操作，所谓的命令别名主要是指命令的有效缩写名称。通过命令行激活的方式是 AutoCAD 最为经典的操作方式。

当命令窗口的当前命令行中提示为“键入命令”时，表示当前处于命令接受状态。此时通过键盘键入某一个命令或命令别名（如键入“LINE”或“L”，“L”为“LINE”的命令别名），接着按“Enter”键或空格键确认即可激活对应的命令，AutoCAD 会给出相关的提示信息或提示选项，引导用户进行后续操作。在命令行中输入的命令不分大小写。

通过命令行激活命令后，用户需要掌握命令行中的命令提示内容的组成特点。在命令提示内容中，“[]”中的内容为可供选择的提示选项，如果要选择其中某个提示选项，则在当前命令行中输入该提示选项圆括号中的选项标识（亮显字母），或者使用鼠标在当前命令行中单击该提示选项以选择它。若命令提示内容的最后含有一个“<>”尖括号，该尖括号内的值或选项表示当前 AutoCAD 系统默认的值或选项，此时直接按“Enter”键则表示接受系统默认的当前值或选项。在很多时候，在命令行提示信息下输入所需要的值或在图形窗口中单击捕捉某个位置，即可响应提示来继续绘图操作。例如，在命令行中键入“CIRCLE”并按“Enter”键，接着在命令提示下输入“2P”并按“Enter”键以选择“两点（2P）”选项，然后分别输入圆直径的第一个端点为“0,0”，第二个端点为“50,0”，如图 1-17 所示，从而通过指定两点完成一个圆的绘制。

```
命令: CIRCLE
指定圆的圆心或 [三点(3P)/两点(2P)/切点、切点、半径(T)]: 2P
指定圆直径的第一个端点: 0,0
CIRCLE 指定圆直径的第二个端点: 50,0
```

图1-17　在命令行中输入命令及选项、参数

在 AutoCAD 2018 中，命令行输入更智能和高效，提供命令建议列表和超强的互联网搜索功能，并具有“自动适配建议”和“同义词建议”等创新功能，便于用户快速访问和激活命令，就算命令输入有误，AutoCAD 系统也不会简单地提示“未知命令”，而是会自动提供最接近且有效的 AutoCAD 命令以供用户激活。

二、执行菜单命令

可以通过选择菜单栏或右键快捷菜单中的菜单命令来激活命令，接着根据命令提示进

行相关操作即可。例如，要使用 3 个点来绘制一段圆弧，可以在菜单栏中选择“绘图”/“圆弧”/“三点”命令，如图 1-18 所示，然后根据命令提示分别指定 3 个有效的点即可完成一段圆弧的绘制。

三、单击工具按钮

使用功能区面板或相关工具栏中的工具按钮进行绘图是操作直观的一种执行方式。该执行方式的步骤是：在功能区面板或相应工具栏中单击所需要的命令按钮，接着结合键盘与鼠标，并利用命令行辅助执行余下的操作。

例如，切换至“草图与注释”工作空间，从功能区“默认”选项卡的“绘图”面板中单击“多边形”按钮⬠以激活多边形绘制命令，如图 1-19 所示，接着根据命令行提示进行以下操作即可完成一个正六边形的绘制。

命令: _polygon

输入侧面数 <4>: 6↙

指定正多边形的中心点或 [边(E)]: 0,0↙

输入选项 [内接于圆(I)/外切于圆(C)] <I>: C↙

指定圆的半径: 26↙

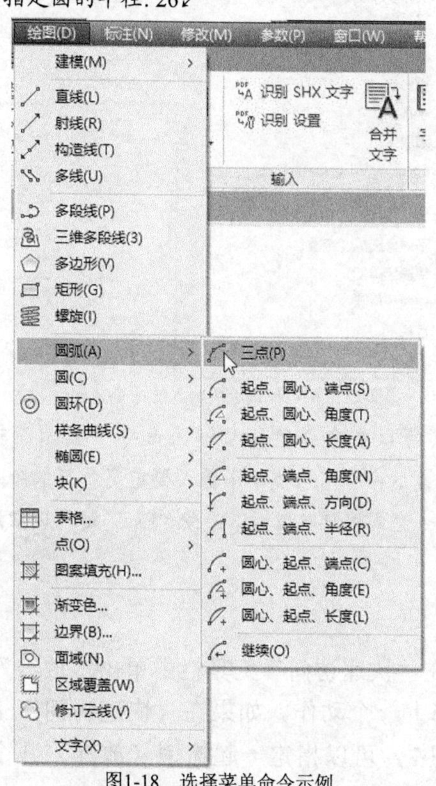

图1-18 选择菜单命令示例

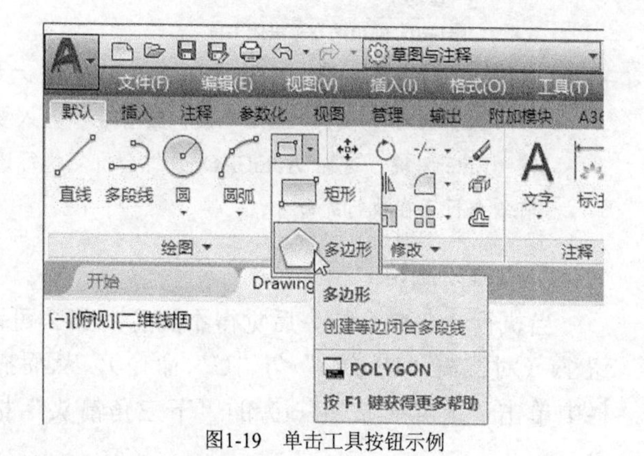

图1-19 单击工具按钮示例

1.4.2 命令重复、撤销与重做

在 AutoCAD 2018 中，可以快速重复执行上一个相同的命令，也可以撤销前面执行的一个或多个命令。撤销前面执行的命令后，还可以通过“重做”功能恢复上一个用“UNDO”

或“U”命令放弃（撤销）的效果。

一、命令重复执行

当完成某一个命令的执行后，如果需要重复执行该命令，可以按照以下方法之一进行。

(1) 在命令行的“键入命令”提示下按“Enter”键或空格键。

(2) 在图形窗口右击以弹出一个快捷菜单，上面第一行将显示重复执行上一次所执行的命令，选择此命令项便可重复执行对应的命令。例如，在执行“LINE”命令完成绘制直线后，在图形窗口右键单击以弹出图 1-20 所示的快捷菜单，该快捷菜单的第一行会显示“重复 LINE”命令，选择此“重复 LINE”命令即可重复执行直线绘制命令。

如果要想重复最近输入过的某个命令，那么可以在图形窗口中右键单击以打开一个快捷菜单，接着从快捷菜单中选择“最近的输入”命令以展开其级联菜单，如图 1-21 所示，然后从“最近的输入”级联菜单中选择所列出的其中一个所需的命令即可。

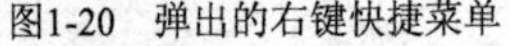
图1-20　弹出的右键快捷菜单

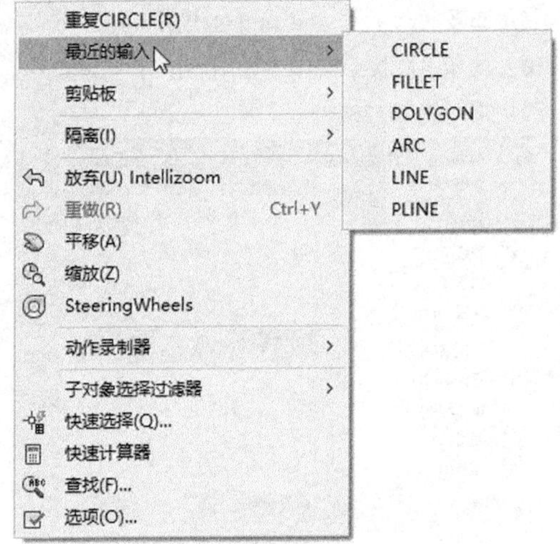

图1-21　拟选择最近所输入的命令之一

提示： 如果想连续重复同一个命令进行设计工作，那么可以在命令行的“键入命令”提示下输入“MULTIPLE”并按“Enter”键，接着在“输入要重复的命令名”提示下输入要重复执行的命令，按“Enter”键，这样 AutoCAD 系统会重复执行该命令直到用户取消为止。按“Esc”键可以取消当前命令行正在执行的命令。

二、命令撤销

当执行一条命令指令后觉得不满意，那么可以在“快速访问”工具栏中单击“放弃”按钮（对应着“UNDO”与“U”命令），从而撤销上一个动作。如果在“快速访问”工具栏中单击“放弃”按钮旁的“下三角箭头”按钮，可以指定一起撤销（放弃）几个命令。

三、命令重做

撤销命令操作后，亦可根据要求恢复之前的命令操作，其方法是在“快速访问”工具栏中单击“重做”按钮，从而恢复上一个撤销的命令操作。如果在“快速访问”工具栏中单击“重做”按钮旁的“下三角箭头”按钮，同样可以指定一起恢复几个命令操作。

1.5 对象选择操作

在编辑图形的过程中，通常离不开选择对象的操作。在 AutoCAD 中选择对象的方法有多种，如通过单击对象单个选择、利用矩形窗口或交叉窗口选择、栏选方法和快速选择法等。

1.5.1 通过单击对象来选择

可以通过单击单个对象来选择它，这是 AutoCAD 绘图中最为常见的一种对象选择方法。如果需要选择多个图形对象，只需使用鼠标逐个单击这些对象，即可选择它们。有时在执行某命令之前选择对象，有时也可以先选择某命令再选择。如果是在执行某命令之前选择对象，那么所选的对象将以特定加亮线或虚线显示，并显示其夹点，如图 1-22（a）所示。如果先选择某命令且系统提示“选择对象”时，置于图形窗口中的鼠标指针显示为一个小方框，该小方框被称为拾取框，使用拾取框去单击所需的对象，则所选的对象以特定加亮线或虚线显示，而没有显示其夹点，如图 1-22（b）所示。

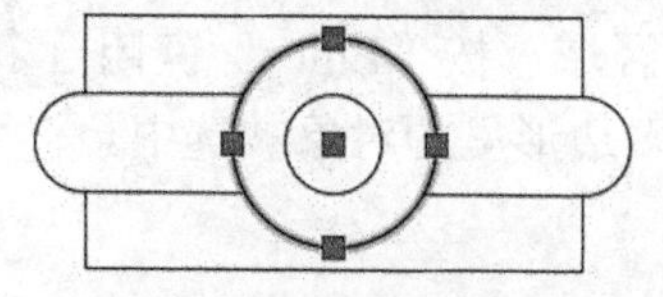

（a）先选择对象再选择命令时

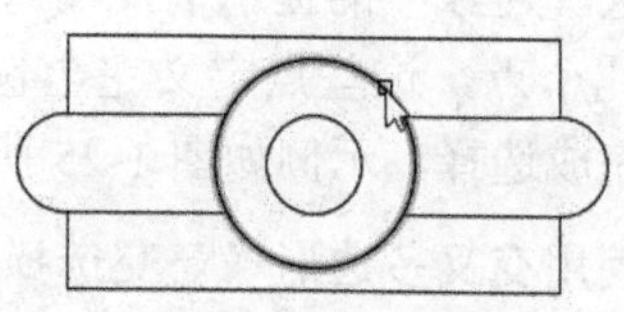

（b）先选择命令再选择对象时

图1-22　单击选择对象示例

要取消选择对象，则常用方法是按住“Shift”键并单击对象以将该对象从选择集中移除。当然，按“Esc”键可以取消选择全部选定对象。

1.5.2 窗口选择与交叉选择

窗口选择是确定选择图形对象范围的一种典型选择方法，它是指左到右拖动光标指定一个以实线显示的矩形选择框，以选择完全封闭在该矩形选择框中的所有对象，而位于窗口外及与窗口边界相交的对象则不会被选中，如图 1-23 所示。

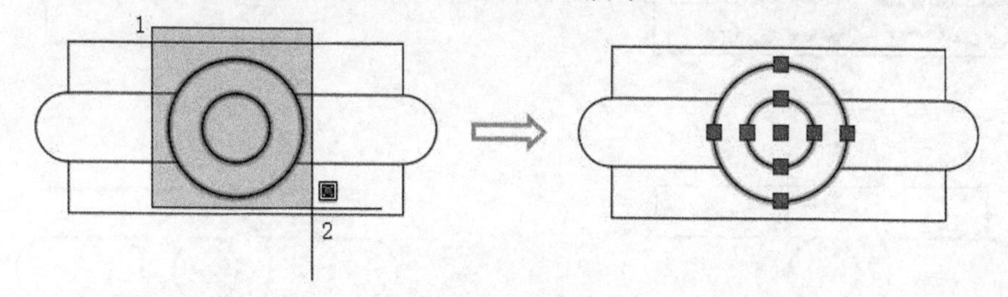

图1-23　窗口选择示例

交叉选择也称交叉窗口选择，它与窗口选择的选择方式类似，所不同的是使用鼠标移动光标选定矩形选择框对角点的方向不同，即交叉选择从右到左拖动光标指定一个以特定虚线显示的矩形选择框，与该矩形选择框相交或被完全包含的对象都将被选中，如图 1-24 所示。

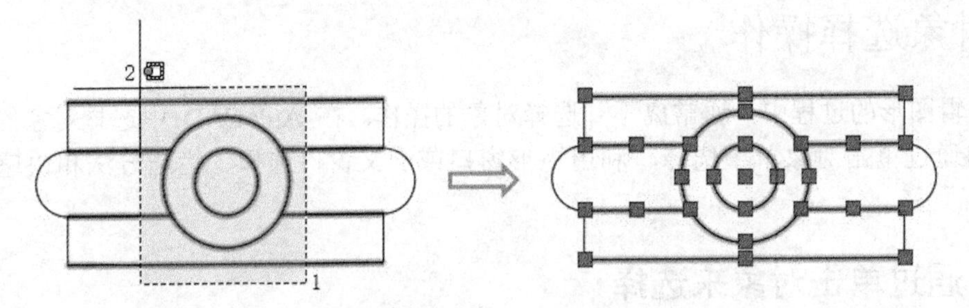

图1-24　交叉选择示例

1.5.3　选择不规则形状区域中的对象

选择不规则形状区域中的对象分两种情形，一种是使用窗口多边形进行选择（窗口选择），另一种则是使用交叉多边形进行选择（窗交选择）。

一、使用窗口多边形（窗口选择）

在“选择对象”的提示下，输入“WP”并按“Enter”键以启用窗口多边形选择模式，接着指定几个点，这些点定义完全包围要选择的对象的区域，按“Enter”键闭合多边形选择区域并完成选择，示例如图 1-25 所示，完全位于窗口多边形里的对象被选中。

二、使用交叉多边形（窗交选择）

在“选择对象”的提示下输入“CP”并按“Enter”键以启用交叉多边形选择模式，接着分别指定几个点，这些点定义包围或交叉要选择的对象，按“Enter”键闭合多边形选择区域并完成选择，示例如图 1-26 所示，与交叉多边形相交或被交叉多边形完全包围的对象都被选中。

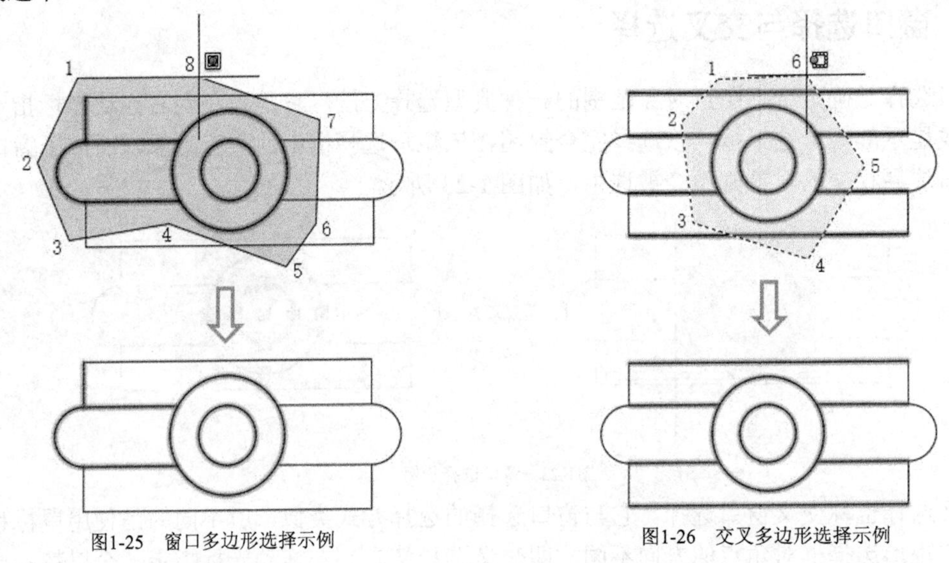

图1-25　窗口多边形选择示例　　图1-26　交叉多边形选择示例

1.5.4　栏选

栏选是指使用选择栏选择对象，所谓的选择栏其实是定义的一段或多段直线，它穿过的所有对象均被选中。使用选择栏选择对象的步骤是在后续命令的“选择对象”提示下，输入“F”并按“Enter”键以启用栏选模式，接着指定若干点创建经过要选择对象的选择栏，按“Enter”键完成选择，如图1-27所示。

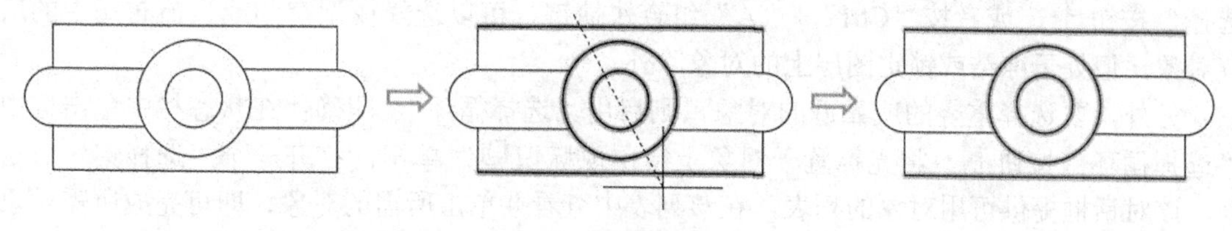

图1-27 栏选示例

1.5.5 套索选择

在AutoCAD 2018中，在编辑操作过程中可以使用套索方式来选择要编辑的对象。其方法是在执行某些编辑工具命令后，在“选择对象”的提示下于图形窗口中按住鼠标左键并拖出一个不规则的选择框，此时可以按空格键循环浏览套索选项，即按空格键在“窗交”“窗口”“栏选”这些套索方式之间循环切换，释放鼠标左键便可按照选定的套索方式选择所需的图形对象。在未执行编辑工具命令之前，也可以使用套索方式选择对象。

1.5.6 快速选择法

在AutoCAD 2018中选择具有某些共同特性的对象时，可以使用“快速选择”功能（QSELECT命令），此时可以根据对象的颜色、图层、线型、线宽及图案填充等特性和类型来创建选择集，其方法步骤简述如下。

1. 以“草图与注释”工作空间为例，从功能区“默认”选项卡的“实用工具”面板中单击“快速选择”按钮，系统弹出图1-28所示的“快速选择”对话框。

2. 利用“快速选择”对话框，设置要应用到的范围（如整个图形）、对象类型（如所有图元）、特性、运算符和值，在“如何应用”选项组中指定是将符合给定过滤条件的对象包括在新选择集内或是排除在新选择集之外。而“附加到当前选择集”复选框则指定是由“QSELECT”命令创建的选择集替换还是附加到当前选择集。

3. 单击“确定”按钮，从而根据设定的过滤条件创建选择集。

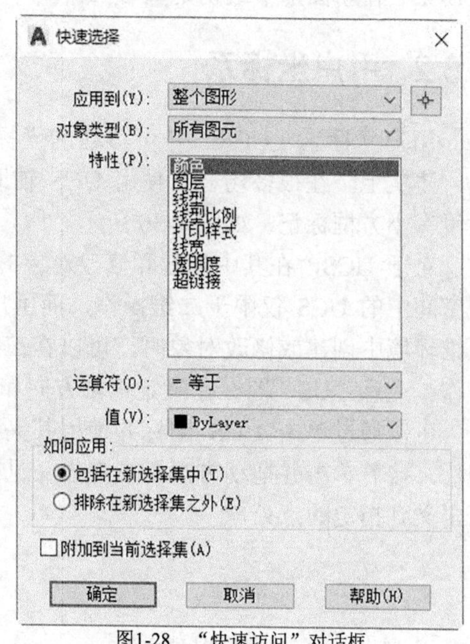

图1-28 “快速访问”对话框

1.5.7　其他选择方式

在“草图与注释”工作空间的功能区“默认”选项卡的“实用工具”面板中单击“全部选择”按钮，或者按“Ctrl”+“A”组合快捷键，可以选择模型空间或当前布局中的所有对象，但处于冻结或锁定图层上的对象除外。

另外，要选择重叠的或靠近的对象，则启用“选择循环”，即确保在状态栏中单击选中“选择循环”按钮，将光标置于对象上待出现标识时单击，打开一个“选择集”对话框，该对话框提供可用对象的列表，在该列表中查看并单击所需的对象，即可完成所需对象的选择。

1.6　使用坐标系

在制图过程中，很多时候需要用到某个坐标系作为参考以精确定位某个对象的位置。AutoCAD 2018 中的坐标系分为世界坐标系（WCS）和用户坐标系（UCS）两种。

1.6.1　世界坐标系

图形中的所有对象均可以由其世界坐标系（WCS）中的坐标定义，图形文件中的 WCS 无法移动或旋转。在一个新的图形文件中，对于二维制图而言，WCS 包括 x 轴和 y 轴（其 z 轴默认为 0），WCS 坐标轴的交汇处显示有一个小方框，x 轴正方向向右，y 轴正方向沿屏幕向上，如图 1-29 所示。WCS 和用户坐标系（UCS）在新图形中最初是重合的。

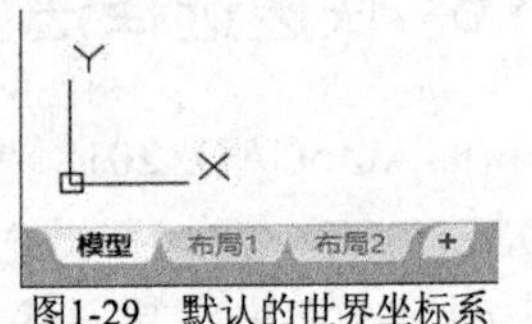

图1-29　默认的世界坐标系

1.6.2　用户坐标系

用户坐标系（UCS）是可移动的坐标系，它是一种用于二维图形和三维建模的基本工具。事实上，在很多场合下使用 UCS 辅助绘图是很高效而准确的。UCS 在图形窗口中显示时没有小方框标记，如图 1-30 所示。

对于 UCS，在其中创建和修改对象的 xy 平面被称为工作平面。需要用户注意的是，图纸空间中的 UCS 仅限于二维操作，而用户可以在布局上移动和旋转图纸空间中的 UCS。在三维环境中创建或修改对象时，可以在三维空间中的任何位置移动和重新定向 UCS 以简化工作。注意：USC 图标在确定正轴方向和旋转方向时遵循传统的右手定则。

可以通过单击 UCS 图标并使用其夹点来移动 UCS，其方法是在图形窗口中单击 UCS 图标，接着单击并拖动方形原点夹点（见图 1-31）到其新位置，则 UCS 原点（0,0,0）被重新定义到指定的点处。

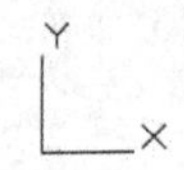

图1-30　用户坐标系示例

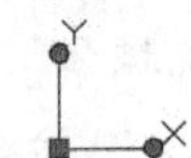

图1-31　单击 UCS 图标时显示其夹点

可以使用 UCS 命令来更改当前 UCS 的位置和方向。在命令行的“键入命令”提示下输入“UCS”，按“Enter”键，命令窗口出现图 1-32 所示的提示信息和提示选项。下面介绍这些提示选项的功能含义。

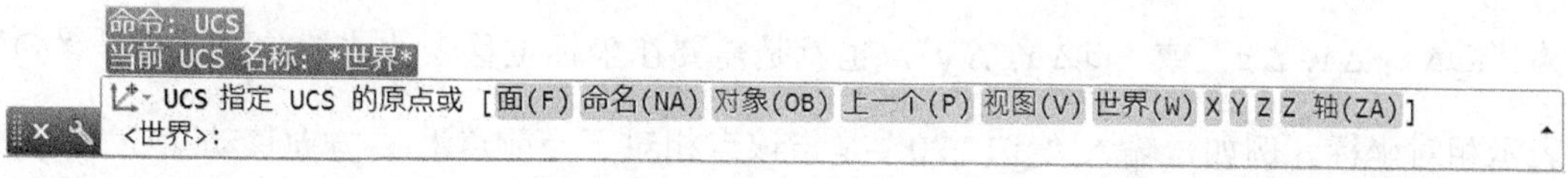

命令：UCS
当前 UCS 名称：*世界*
UCS 指定 UCS 的原点或 [面(F) 命名(NA) 对象(OB) 上一个(P) 视图(V) 世界(W) X Y Z Z 轴(ZA)]
<世界>:

图1-32　执行 UCS 命令

- 指定 UCS 的原点：使用一点、两点或三点定义一个新的 UCS。如果指定单个点，当前 UCS 的原点将会移动，而不会更改 *x*、*y* 和 *z* 轴的方向。如果指定第二点，则 UCS 将旋转以使正 *x* 轴通过该点。如果指定第三点，则 UCS 将围绕新 *x* 轴旋转来定义正 *y* 轴。
- 面：将 UCS 动态对齐到三维对象的面。
- 命名：保存或恢复命名 UCS 定义。
- 对象：将 UCS 与选定的二维或三维对象对齐。UCS 可以与除了参照线和三维多段线之外的任何对象类型对齐。大多数情况下，UCS 的原点位于离指定点最近的端点，*x* 轴将与边对齐或与曲线相切，并且 *z* 轴垂直于对象对齐。
- 上一个：恢复上一个 UCS。可以在当前任务中逐步返回到最后 10 个 UCS 设置。对于模型空间和图纸空间，UCS 设置单独存储。
- 视图：将 UCS 的 *xy* 平面与垂直于观察方向的平面对齐。原点将保存不变，而 *x* 轴和 *y* 轴分别变为水平和垂直。
- 世界：将 UCS 与世界坐标系（WCS）对齐。也可以单击 UCS 图标并从原点夹点菜单选择“世界”命令。
- X/Y/Z：设置绕指定轴旋转当前 UCS。
- Z 轴：将 UCS 与指定的正 *z* 轴对齐。UCS 原点移动到第一个点，其正 *z* 轴通过第二个点。

1.6.3　坐标输入法

在 AutoCAD 绘图过程中，当命令提示用户输入点时，既可以使用定点设备（如鼠标）指定点，也可以输入点的绝对坐标或相对坐标。在这里需要掌握什么是迪卡儿坐标和极坐标，以及相应的绝对坐标和相对坐标的输入格式。

一、迪卡儿坐标及输入格式

迪卡儿坐标系有 3 个轴，分别为 *x*、*y* 和 *z* 轴，迪卡儿坐标的 *x* 值指定水平距离，*y* 值指定垂直距离，原点（0,0）表示两轴相交的位置。在二维制图中，只需在 *xy* 平面（即工作平面）上指定点即可。

在没有启用“动态输入”模式的情况下，绝对迪卡儿坐标的输入格式为“*x*,*y*,*z*”，各坐标值之间用“,”隔开。对于单纯的二维绘图，则可以省略 *z* 坐标值，即只需按照“*x*,*y*”的输入格式输入迪卡儿坐标值即可。

相对迪卡儿坐标是指相对于前一个指定点的 *x* 轴、*y* 轴和 *z* 轴的位移，它们的位移增量

分别为Δx、Δy 和Δz。在没有启用“动态输入”模式的情况下，相对迪卡儿坐标的输入格式为“@Δx, Δy, Δz”或“@Δx, Δy”，也就是需要在坐标位移表达式的前面加符号“@”以表示相对坐标。例如，输入“@12,20”是指该点相对于当前点沿 x 方向移动 12，沿 y 方向移动 20。

二、极坐标及输入格式

极坐标使用距离和角度来定位点。不管是使用迪卡儿坐标还是极坐标，都可以基于原点（0,0）输入绝对坐标，或基于上一个指定点输入相对坐标。

在没有启用“动态输入”模式的情况下，绝对极坐标的输入格式为“极径距离<角度”，极径距离是指相对于极点的距离，角度是以 x 轴正向为度量基准，逆时针为正，顺时针为负。绝对极坐标以原点为极点，如输入“25<30”，表示与原点的距离为 25、方位角为 30° 的点。

相对极坐标是以上一个操作点为极点，其在非动态输入模式下的输入格式为“@极径距离<角度”。例如，输入“@15<30”，表示该点距上一点的距离为 15，以及和上一个点的连线与 x 轴成 30° 。

1.6.4　在状态栏中显示坐标

在 AutoCAD 2018 中，图形窗口中的当前光标位置在状态栏上显示为坐标（可能需要用户自定义在状态栏上显示坐标）。坐标在状态栏上的显示类型有 3 种，即静态显示、动态显示，以及距离和角度显示。

- 静态显示：仅当指定新点时才更新。
- 动态显示：随着光标移动而更新。
- 距离和角度显示：随着光标移动而更新相对距离（距离<角度）。此选项只有在绘制需要输入多个点的直线或其他对象时才可用。

要更改状态栏中坐标显示，那么在提示输入点时单击位于应用程序状态栏左端的坐标显示，接着重复按“Ctrl”+“I”组合快捷键以改变系统变量 COORDS 的值，当将 COORDS 的值设定为 0 时是静态显示，设定为 1 时是动态显示，设定为 2 时是距离和角度显示。

1.7　操作练习范例

视频：操作练习范例

本节介绍一个操作练习范例，目的是让用户练习创建新图形文件，切换工作空间，以及在绘图过程中输入坐标。在很多绘图工作中并不是自始至终只使用一种坐标模式，而是可以将多种坐标模式混合在一起使用。本操作练习范例的步骤如下。

1 在“快速访问”工具栏中单击“新建”按钮，弹出“选择样板”对话框。选择“acadiso.dwt”样板，单击“打开”按钮。

2 在“快速访问”工具栏的“工作空间”下拉列表框中选择“草图与注释”选

项，从而切换至“草图与注释”工作空间，注意关闭图形栅格显示模式。

3 在功能区“默认”选项卡的“绘图”面板中单击“直线”按钮╱，如图 1-33 所示，接着根据命令行提示执行以下操作。

命令: _line
指定第一个点: 0,0↙ //输入第 1 点的绝对坐标为“0,0”，按“Enter”键
指定下一点或 [放弃(U)]: @100<0↙ //为第 2 点输入相对极坐标“@100<0”，按“Enter”键
指定下一点或 [放弃(U)]: @0,61.8↙ //为第 3 点输入相对迪卡儿坐标，按“Enter”键
指定下一点或 [闭合(C)/放弃(U)]: 61.8<90↙ //为第 4 点输入绝对极坐标，按“Enter”键
指定下一点或 [闭合(C)/放弃(U)]: -20,30.9↙ //为第 5 点输入绝对迪卡儿坐标，按“Enter”键
指定下一点或 [闭合(C)/放弃(U)]: 0,0↙ //为第 6 点输入绝对迪卡儿坐标，按“Enter”键
指定下一点或 [闭合(C)/放弃(U)]: ↙ //按“Enter”键，完成绘制

完成绘制的图形如图 1-34 所示。

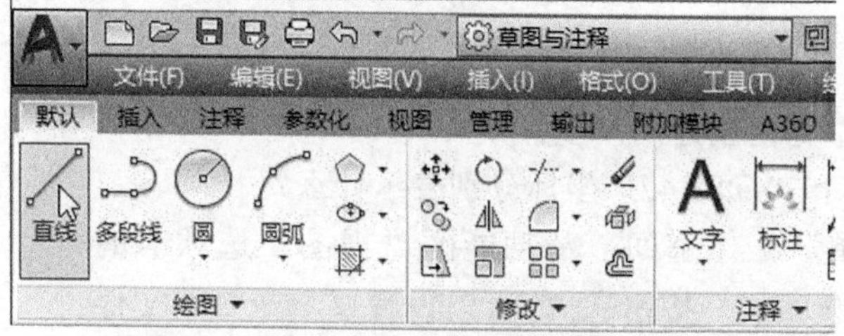

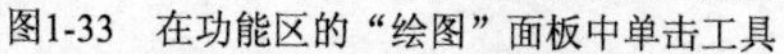

图1-33 在功能区的“绘图”面板中单击工具

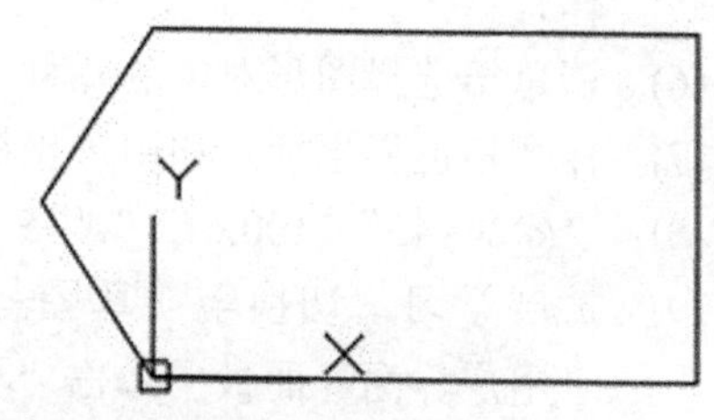

图1-34 完成绘制的图形

4 在“快速访问”工具栏中单击“保存”按钮，弹出“图形另存为”对话框，接着指定要保存到的文件夹，并确保从“文件类型”下拉列表框中选择“AutoCAD 2018 图形（*.dwg）”选项，在“文件名”文本框中将默认的文件名更改为“bczj_1a_czlx.dwg”，如图 1-35 所示，然后单击对话框中的“保存”按钮。

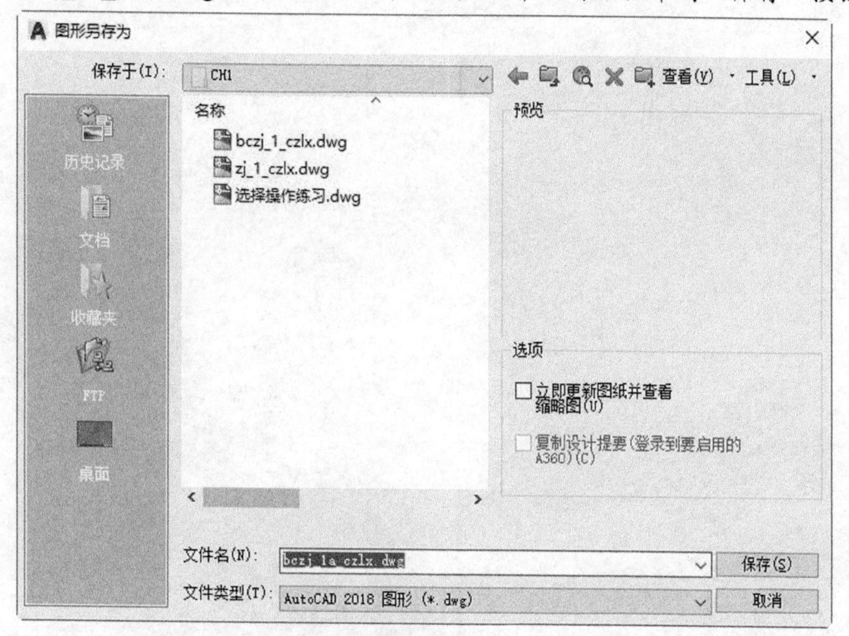

图1-35 在“图形另存为”对话框中进行设置

5 单击“应用程序”按钮，接着从应用程序菜单中选择“关闭”/“当前图形”命令。

1.8 思考与练习题

(1) 如何确保将“特性”按钮和“特性匹配”按钮设置显示在“快速访问”工具栏中？如何在“草图与注释”工作空间的工作界面上显示菜单栏？

(2) 在 AutoCAD 2018 中，使用其应用程序菜单可以进行哪些主要操作？

(3) 如果要关闭某个窗口图形文件而不退出 AutoCAD 2018 软件系统，那么应该如何操作？

(4) 在 AutoCAD 2018 中，绘制命令的激活方式主要有哪几种？

(5) 当完成某一个命令的执行后，如果需要重复执行该命令，那么应该如何操作？

(6) 请总结选择图形对象的几种方法，可以举例辅助说明。

(7) 什么是世界坐标系和用户坐标系？如何创建用户坐标系？

(8) “@20<45”“100,61.8”“35<10”和“@88,47”坐标分别表示什么？

(9) 扩展学习：切换至“草图与注释”工作空间，从功能区“视图”选项卡的“用户界面”面板中单击“文件选项卡”按钮，可以设置显示或隐藏文件选项卡，请了解这方面的知识。

第2章　基础设置与视图操作

在绘制图形之前，必须要了解 AutoCAD 2018 的一些基础设置，以及视图操作方法等，因为这些内容会影响到绘图的效率和准确性。

本章介绍的具体内容包括设置图形界限与量度单位、设置系统绘制环境、使用捕捉与栅格辅助定位、精确定位、启用"动态输入"、视图基本操作、模型空间与图纸空间切换、清理图形垃圾与修复受损图形文件。掌握好这些内容，可以灵活而精确地绘制各种图形，事半功倍。

2.1　设置图形界限与量度单位

设置图形界限是指在绘图区域中设置不可见的图形边界，也就是标明用户的工作区域和图纸的限制边界，让用户在该区域内绘图，以免所绘制的图形超出该限制边界。

设置图形量度单位是指控制坐标和角度的显示精度和格式。

2.1.1　设置图形界限

设置图形界限直接影响图纸空间范围，便于用户在设定的空间范围内绘图和读图。要设置图形界限，则在菜单栏中选择"格式"/"图形界限"命令，或者在命令行的"键入命令"提示下输入"LIMITS"并按"Enter"键，接着根据命令行提示执行以下操作。

```
命令: '_limits
重新设置模型空间界限:
指定左下角点或 [开(ON)/关(OFF)] <0.0000,0.0000>:↙
                                    //提示指定左下角位置，按"Enter"键可接受默认值
指定右上角点 <420.0000,297.0000>:↙  //提示指定右上角位置，按"Enter"键可接受默认值
```

完成图形界限设置后，用户可以在图形窗口左下角区域单击"布局 1"或"布局 2"选项卡，此时可以看到图纸空间的绘图区域。

2.1.2　设置量度单位

要更改默认的量度单位，则在菜单栏中选择"格式"/"单位"命令，或者在命令行的"键入命令"提示下输入"UNITS"命令并按"Enter"键，系统弹出图 2-1 所示的"图形单位"对话框。利用该对话框可以设置或查看以下设置内容。

(1) 在"长度"选项组中指定测量的当前单位及当前单位的精度，其中从"类型"下拉列表框中可以设置测量单位的当前格式，如"小数""分数""工程"

“建筑”和“科学”，其中，“工程”和“建筑”格式提供英尺和英寸显示并假定每个图形单位表示一英寸，其他格式可以表示任何真实世界单位。

(2) 在“角度”选项组中指定当前角度格式（如“十进制度数”“百分度”“度/分/秒”“弧度”或“勘测单位”）和当前角度显示的精度，通常取消选中“顺时针”复选框以默认正角度方向是逆时针方向。

(3) 在“插入时的缩放单位”选项组中控制插入到当前图形中的块和图形的测量单位，如果块或图形创建时使用的单位与该选项指定的单位不同，则在插入这些块或图形时，将对其按比例缩放，所谓的插入比例是源块或图形使用的单位与目标图形使用的单位之比。如果插入块时不按指定单位缩放，那么从该选项组的“用于缩放插入内容的单位”下拉列表框中选择“无单位”选项。当源块或目标图形中的“用于缩放插入内容的单位”设定为“无单位”时，将使用“选项”对话框“用户系统配置”选项卡中的“源内容单位”和“目标图形单位”设置。

(4) 在“输出样例”选项组中显示用当前单位和角度设置的例子。

(5) 在“光源”选项组中控制当前图形中光度控制光源的强度测量单位。

(6) 如果在“图形单位”对话框中单击“方向”按钮，将打开图 2-2 所示的“方向控制”对话框，从中可设置基准角度等，然后单击“确定”按钮。

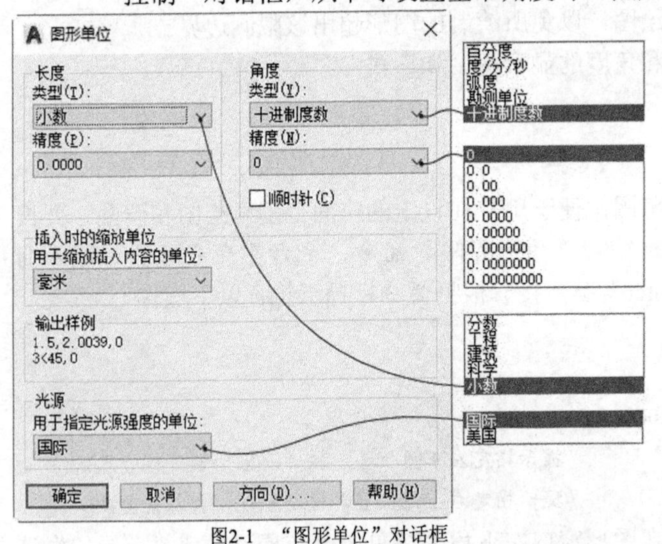

图2-1　“图形单位”对话框

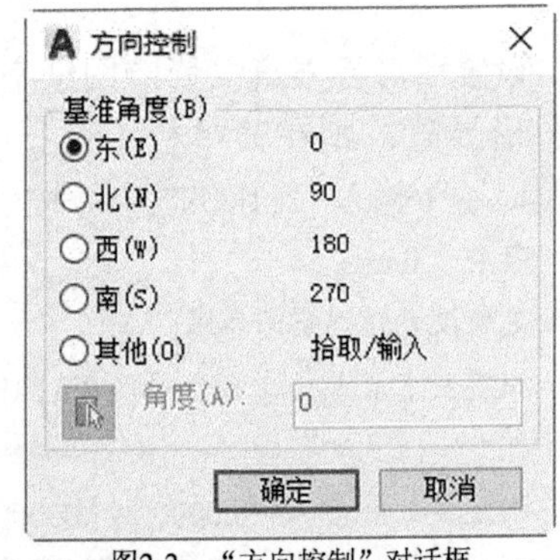

图2-2　“方向控制”对话框

在“图形单位”对话框中设置好相关的选项和参数后，单击“确定”按钮。

2.2 设置系统绘图环境

AutoCAD 2018 允许用户根据个人喜好或特定标准要求来更改系统绘图环境设置。例如想更改绘图区域的背景颜色、文件保存的当前版本、选择集选项、打印和发布设置等。而没有特殊要求的一般用户使用 AutoCAD 2018 系统默认的绘图环境设置即可。

要自定义系统绘图环境，可以在菜单栏中选择“工具”/“选项”命令，或者单击“应用程序”按钮 并从打开的应用程序菜单中单击“选项”按钮，弹出图 2-3 所示的“选项”

对话框，从中对当前绘图环境配置选项等进行自定义设置，包括“文件”“显示”“打开和保存”“打印和发布”“系统”“用户系统配置”“绘图”“三维建模”“选择集”“配置”“联机”这几大方面。由于相关的选项很多，不能一一道来，在这里以设置文件安全措施和设置图纸及布局的统一背景颜色为例进行介绍。系统绘图环境其他配置选项的设置也类似，希望读者能够举一反三。

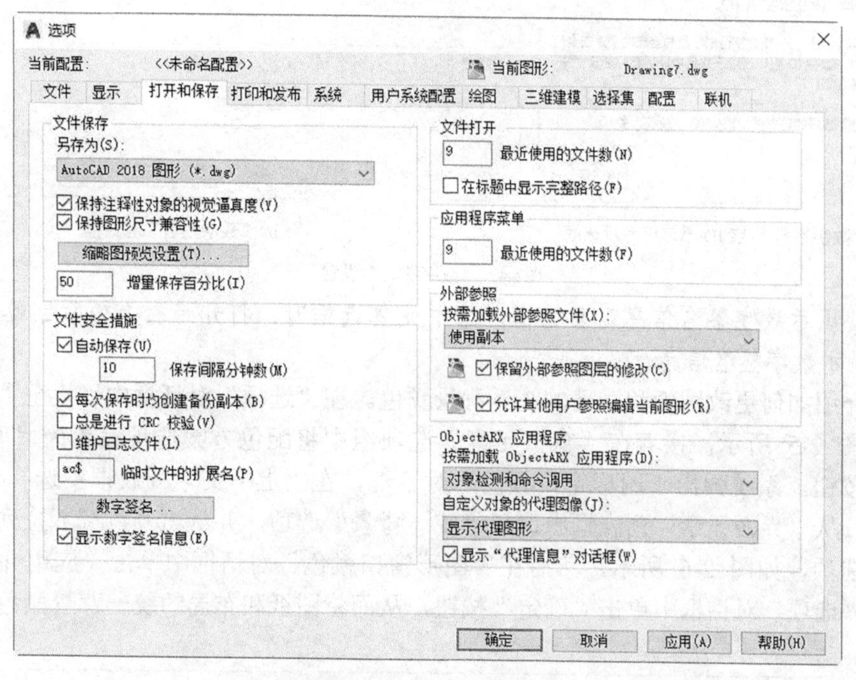

图2-3　“选项”对话框

首先来看一下如何设置文件安全措施。在“选项”对话框中切换至“打开和保存”选项卡，在“文件安全措施”选项组中进行以下设置，以帮助避免数据丢失及检测错误。

- “自动保存”复选框：选中此复选框，则以指定的时间间隔自动保存图形。
- “每次保存均创建备份副本”复选框：选中此复选框时，将提高增量保存的速度，特别是对于大型图形。
- “总是进行 CRC 检验”复选框：此复选框用于指定每次将对象读入图形时是否执行循环冗余校验（CRC），所谓的 CRC 是一种错误检查机制。如果图形被损坏，且怀疑存在硬件问题或软件错误，建议选中此复选框。
- “维护日志文件”复选框：此复选框用于设置是否将文本窗口的内容写入日志文件。
- “临时文件的扩展名”文本框：用于指定临时保存文件的唯一扩展名，默认的扩展名为“*.ac$*”。
- “数字签名”按钮：如果系统中没有有效的数字 ID，那么单击此按钮，将打开图 2-4（a）所示的“数字签名-数字 ID 不可用”对话框，提示用户可以通过信誉良好的证书颁发机构（CA）获取数字 ID。确定后，系统弹出图 2-4（b）所示的“数字签名”对话框。利用“数字签名”对话框可以选择所需的有效数字 ID 证书（如果有的话）并获悉其签名信息，同时可以设置保存图形后附着数字签名。

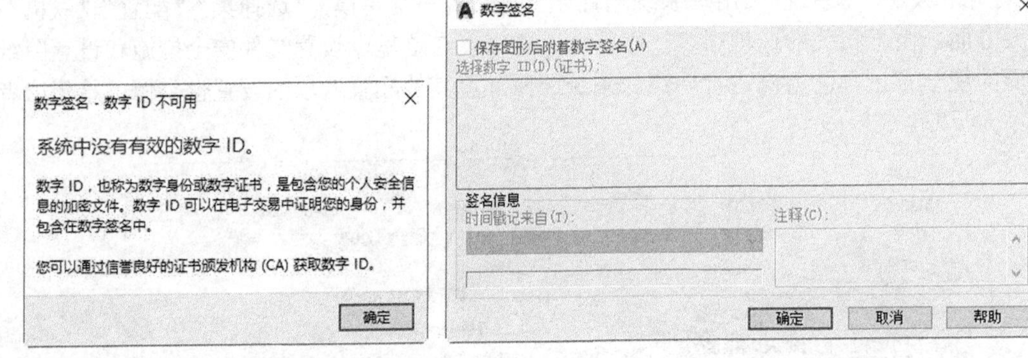

（a）“数字签名-数字 ID 不可用”对话框　　（b）“数字签名”对话框

图2-4　“数字签名”设置

- “显示数字签名信息”复选框：选中此复选框时，打开带有有效数字签名时显示数字签名信息。

再来介绍如何更改图纸和布局的统一背景颜色。在“选项”对话框中切换至“显示”选项卡，如图 2-5 所示，接着在“窗口元素”选项组中将配色方案选项设置为“明”，单击“颜色”按钮，系统弹出“图形窗口颜色”对话框，在“上下文”列表框中选择“图纸/布局”选项，从“界面元素”列表框中选择“统一背景”选项，并从“颜色”下拉列表框中选择“白”选项，如图 2-6 所示，然后在“图形窗口颜色”对话框中单击“应用并关闭”按钮，再在“选项”对话框中单击“确定”按钮，从而将图纸和布局的统一背景颜色设置为白色。

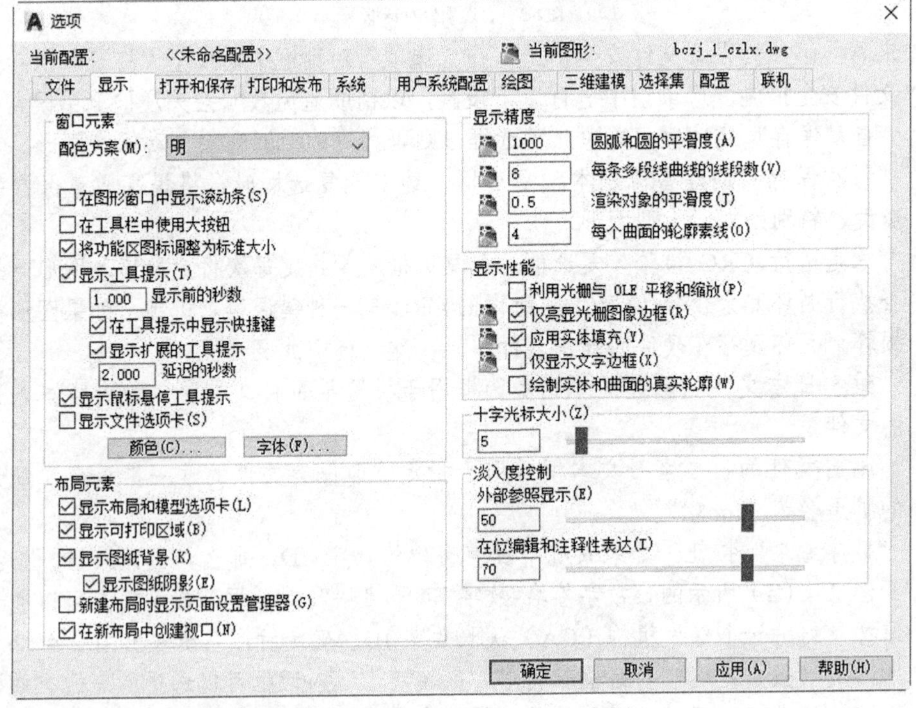

图2-5　“选项”对话框的“显示”选项卡

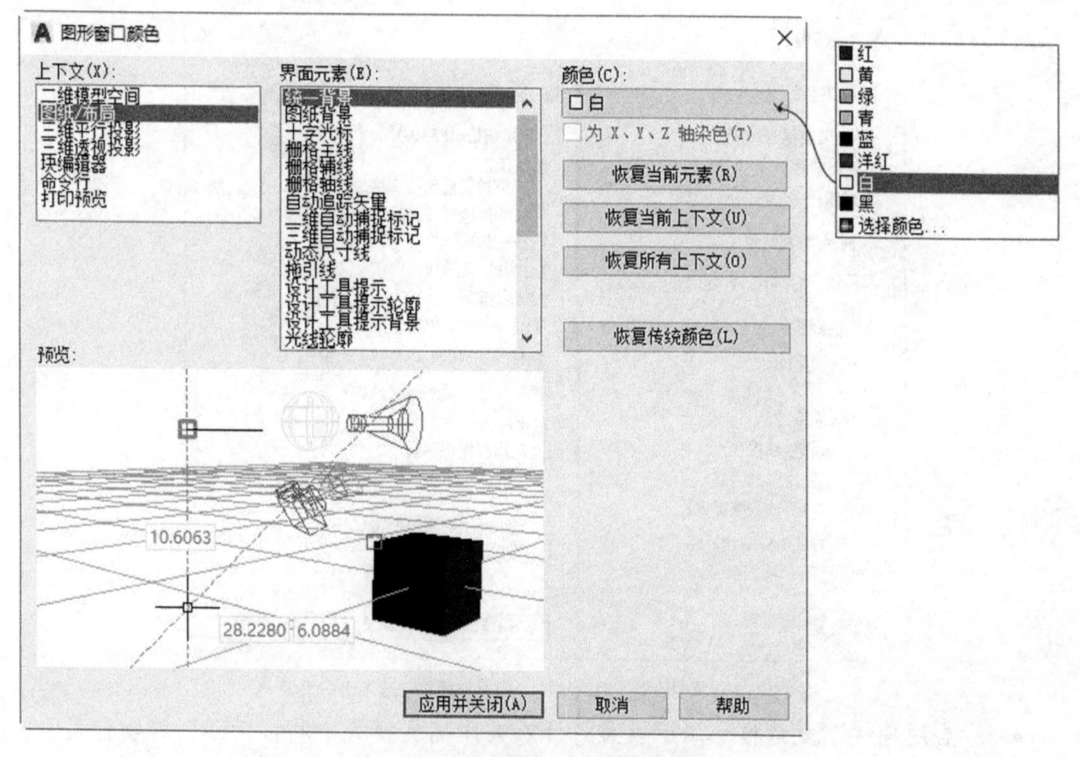

图2-6 “图形窗口颜色”对话框

提示： 如果想让界面要素恢复传统颜色，那么需要在打开的“图形窗口颜色”对话框中单击“恢复传统颜色”按钮。

2.3 使用捕捉与栅格辅助定位

为了在绘图过程中使用鼠标光标能准确定位，可以结合实际情况使用 AutoCAD 提供的捕捉模式和栅格显示模式等辅助定位。捕捉模式可用于设定光标移动间距，而栅格显示模式则可以提供直观的距离和位置参考。通常捕捉模式和栅格显示模式一起使用。

要启用捕捉模式，可以在状态栏中确保选中“捕捉模式”按钮，而按“F9”键也可以打开或关闭捕捉模式。要启用栅格显示模式，可以在状态栏中单击选中“显示图形栅格”按钮，而按“F7”键也可以打开或关闭栅格显示。

用户可以为捕捉和栅格设置相关选项及参数，其方法是在菜单栏中选择“工具”/“绘图设置”命令，或者在状态栏中右键单击“捕捉模式”按钮或“显示图形栅格”按钮并从弹出的快捷菜单中选择相应的设置命令，打开“草图设置”对话框，并自动切换至“捕捉和栅格”选项卡，如图 2-7 所示，从中指定捕捉和栅格设置。下面介绍“捕捉和栅格”选项卡中各组成要素的功能含义。

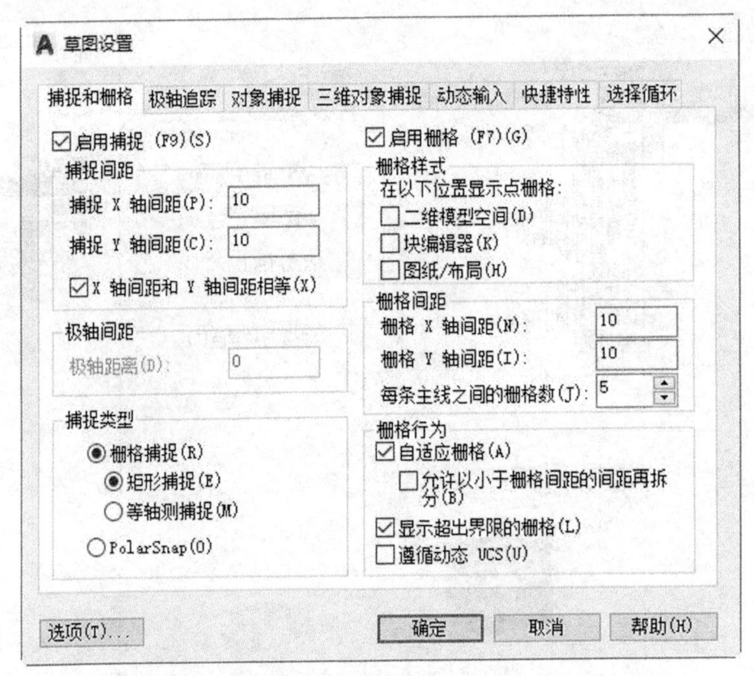

图2-7　在“草图设置”对话框的“捕捉和栅格”选项卡中设置

- “启用捕捉”复选框：用于设置打开或关闭捕捉模式，和按“F9”键功能是一样的。
- “启用栅格”复选框：用于设置打开或关闭栅格，和按“F7”键功能是一样的。
- “捕捉间距”选项组：控制捕捉位置的不可见矩形栅格，以限制光标仅在指定的 x 和 y 间隔内移动。
- “极轴间距”选项组：用于控制 PolarSnap 增量距离。
- “捕捉类型”选项组：用于设定捕捉样式和捕捉类型。
- “栅格样式”选项组：用于在二维上下文中设定栅格样式，可根据情况设置在二维模型空间、点编辑器和图纸布局显示点栅格。
- “栅格间距”选项组：用于控制栅格的显示，有助于直观显示距离。在该选项组中分别设置栅格 x 轴间距、栅格 y 轴间距和每条主线之间的栅格数。
- “栅格行为”选项组：用于控制栅格线的外观。

在 AutoCAD 中，在设置栅格显示时，要注意栅格间距不要太小，否则会导致图形模糊及屏幕重画太慢。

2.4 精确定位

除了输入坐标的方式之外，还可以使用对象捕捉、极轴追踪、对象捕捉追踪和正交等方式来精确定位。例如，使用对象捕捉可以快速地、精确地将点位置捕捉限制在现有对象的确切位置处（如交点、端点或中点等）。当打开极轴追踪和对象捕捉追踪模式时，可以利用屏幕上出现的追踪线在精确的位置和约定角度上创建对象。

2.4.1 对象捕捉

使用执行对象捕捉设置（简称对象捕捉），可以在对象上的精确位置指定捕捉点。

在状态栏中单击“对象捕捉”按钮可以打开或关闭对象捕捉模式，而按“F3”键亦可打开或关闭对象捕捉模式。

在使用对象捕捉模式之前，通常需要对对象捕捉模式进行相关设置。在状态栏中右键单击“对象捕捉”按钮，接着从弹出的右键快捷菜单中选择“对象捕捉设置”命令，打开“草图设置”对话框并自动切换至“对象捕捉”对话框，从中可以控制对象捕捉设置，如图 2-8 所示，然后单击“确定”按钮。

如果要快速设置某一个类型的对象捕捉模式，则可以在状态栏中右键单击“对象捕捉”按钮，打开一个快捷菜单，如图 2-9 所示，从该快捷菜单中单击所需的一个对象捕捉模式选项即可，如“端点”“中点”“圆心”“几何中心”“节点”“象限点”“交点”“范围”“插入”“垂足”“切点”“最近点”“外观交点”或“平行”。亦可单击“对象捕捉”按钮旁的图标▾来打开此快捷菜单。

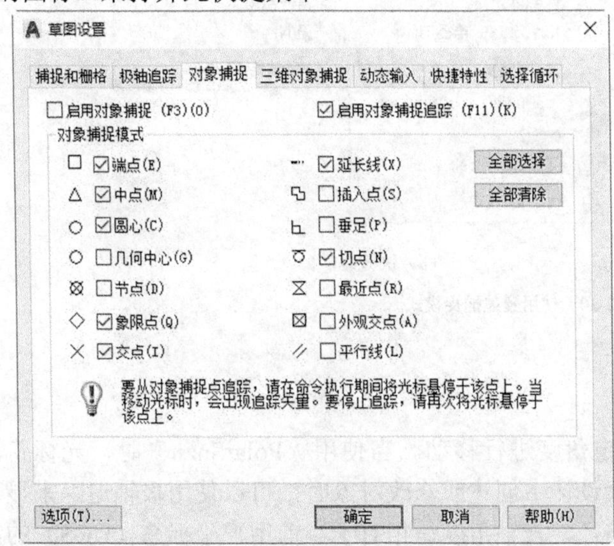

图2-8 设置对象捕捉模式

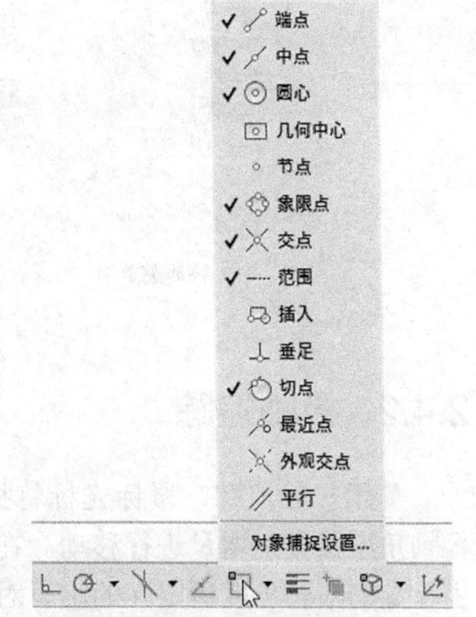

图2-9 快速进行对象捕捉模式设置

使用以上方法设置的对象捕捉模式始终为运行状态下的对象捕捉模式，直到关闭它们为止，不妨将这类捕捉模式称为运行捕捉模式。还有另外一种捕捉模式为覆盖捕捉模式，就是在执行某些制图命令的过程中临时打开的对象捕捉模式，它仅对本次捕捉点有效。要临时打开对象捕捉模式，通常可以在按“Shift”键的同时单击鼠标右键并从弹出的快捷菜单中选择相应的捕捉方式，如图 2-10（a）所示，也可以在不按“Shift”键时单击鼠标右键并从弹出的快捷菜单中选择“捕捉替代”级联菜单中的一个所需的捕捉选项，如图 2-10（b）所示。使用覆盖捕捉模式时，在命令行中将会显示有“于”或“到”等标记。

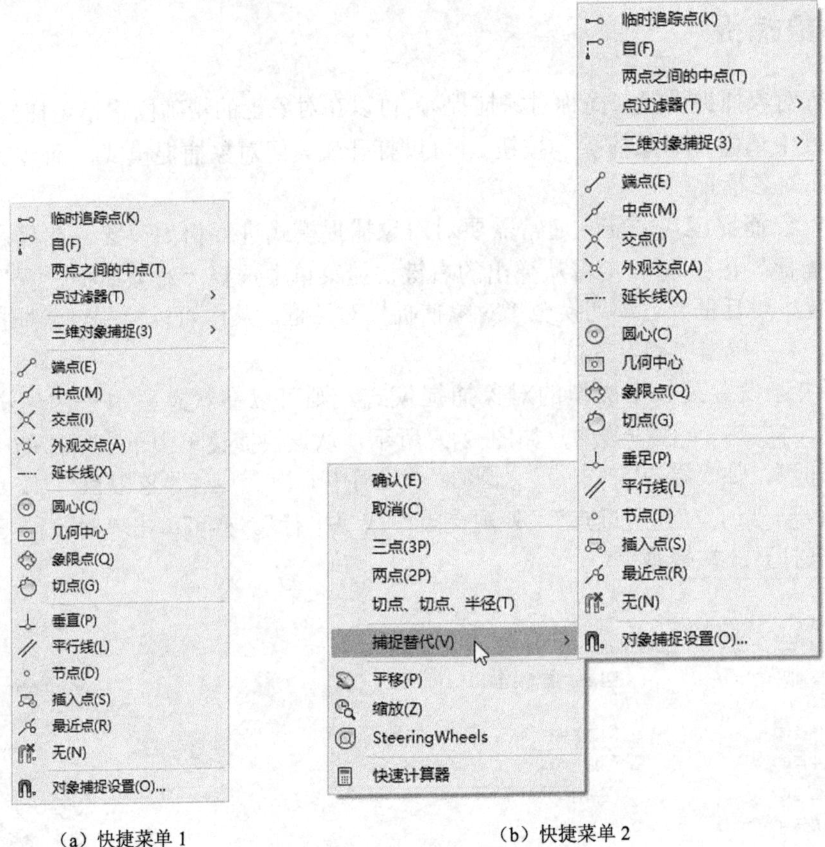

（a）快捷菜单 1　　（b）快捷菜单 2

图2-10　使用覆盖捕捉模式

2.4.2　极轴追踪

使用极轴追踪，鼠标光标将按指定角度进行移动。当使用“PolarSnap”时，光标将沿极轴角度按指定增量进行移动。在实际设计中创建或修改对象时，可以使用极轴追踪来显示由指定的极轴角度所定义的临时对齐路径。极轴角度是相对于当前用户坐标系（UCS）的方向和图形中基准角度约定的设置而定的（可通过“图形单位”对话框来设置）。注意：极轴追踪模式和正交模式不能同时开启。

在状态栏中单击“极轴追踪”按钮可以打开或关闭极轴追踪模式，而按“F10”键亦可打开或关闭极轴追踪模式。

在状态栏中右键单击“极轴追踪”按钮并从弹出的快捷菜单中选择“正在追踪设置”命令，弹出“草图设置”对话框并自动切换至“极轴追踪”选项卡，从中可以设置启用极轴追踪，以及设置极轴角增量和极轴追踪角测量方式等，如图 2-11 所示。下面详细介绍“极轴追踪”选项卡中各主要要素的功能含义。

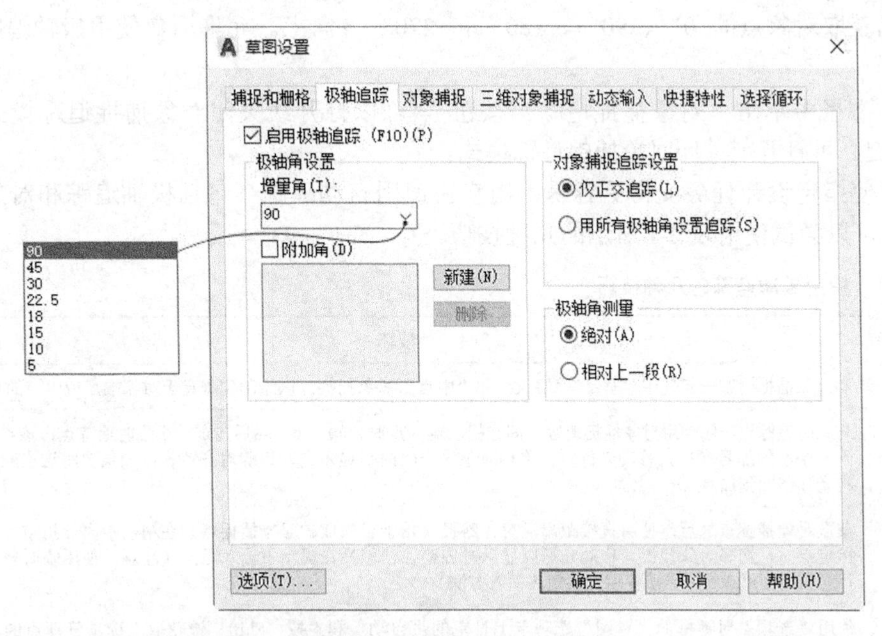

图2-11 控制自动极轴追踪设置

- “启用极轴追踪”复选框：用于打开或关闭极轴追踪，也可以通过按“F10”键或使用 AUTOSNAP 系统变量来打开或关闭极轴追踪。
- “极轴角设置”选项组：用于设定极轴追踪的对齐角度。在“增量角”下拉列表框中设定用来显示极轴追踪对齐路径的极轴角增量，既可以输入任何角度，也可以从该下拉列表框中选择 90、45、30、22.5、18、15、10 或 5 这些常用角度。当选中“附加角”复选框时，则对极轴追踪使用列表中设定的附加角度，单击“新建”按钮可添加新的角度（最多可以添加 10 个附加极轴追踪对齐角度）。附加角度是绝对的，而非增量的。
- “对象捕捉追踪设置”选项组：在该选项组中设定对象捕捉追踪选项。选择“仅正交追踪”单选按钮时，当对象捕捉追踪打开时，仅显示已获得的对象捕捉点的正交（水平或垂直）对象捕捉追踪路径；选择“用所有极轴角设置追踪”单选按钮时，将极轴追踪设置应用于对象捕捉追踪，使用对象捕捉追踪时光标将从获取的对象捕捉点起沿极轴对齐角度进行追踪。
- “极轴角测量”选项组：在该选项组中设定测量极轴追踪对齐角度的基准，“绝对”单选按钮用于根据当前用户坐标系（UCS）确定极轴追踪角度，“相对上一段”单选按钮用于根据上一个绘制线段确定极轴追踪角度。

2.4.3 对象捕捉追踪

对象捕捉追踪通常与对象捕捉一起使用。使用对象捕捉追踪，可以沿着基于对象捕捉点的对齐路径进行追踪。一次最多可以获取 7 个追踪点，获取点之后，当在绘图路径上移动光标时，将显示相对于获取点的水平、垂直或极轴对齐路径。例如，可以基于对象中点、端点或交点沿着某个路径选择一点。默认情况下，对象捕捉追踪将设定为正交。对齐路径将显示

在始于已获取对象点的 0°、90°、180° 和 270° 方向上。允许用户使用极轴追踪角度代替。

在状态栏中单击“对象捕捉追踪”按钮可以打开或关闭对象捕捉追踪模式，而按“F11”键亦可打开或关闭对象捕捉追踪模式。

为了使指定设计任务变得更容易，用户在使用自动追踪（包括极轴追踪和对象捕捉追踪）时，可以尝试使用表 2-1 所示的几种技巧。

表 2-1　使用自动追踪的几种技巧

序号	技巧
1	和对象捕捉追踪一起使用“垂足”“端点”和“中点”对象捕捉，以绘制到垂直于对象端点或中点的点
2	与临时追踪点一起使用对象捕捉追踪，即在提示输入点时，输入 tt，然后指定一个临时追踪点，该点上将出现一个小的加号（+），移动光标时，将相对于这个临时点显示自动追踪对齐路径；如果要将这点删除，则将光标移回到加号（+）上面
3	获取对象捕捉点之后，使用直接距离沿对齐路径（始于已获取的对象捕捉点）在精确距离处指定点；提示指定点时，选择对象捕捉，移动光标以显示对齐路径，然后在提示下输入距离（注意：使用临时替代键进行对象捕捉追踪时，无法使用直接距离输入方法）
4	使用“选项”对话框的“草图”选项卡上设定的“自动”和“按‘Shift’键获取”选项管理点的获取方式，点的获取方式默认设定为“自动”；当光标距要获取的点非常近时，按“Shift”键将临时不获取点

2.4.4 正交模式

正交模式也称“正交锁定”，是指可以将光标限制在水平或垂直方向上移动，以便于精确地创建和修改对象。在绘图和编辑过程中，可以根据设计情况随时打开或关闭正交模式，在输入坐标或指定对象捕捉时将忽略“正交”。

要打开或关闭正交模式，则在状态栏中单击“正交”按钮，或按“F8”键。注意：打开正交模式时，AutoCAD 系统将自动关闭极轴追踪。

2.5 动态输入

动态输入模式是 AutoCAD 中一种高效的输入模式，它在绘图区域中的光标附近提供直观的命令界面。当启用动态输入模式时，工具提示将在光标附近动态地显示更新信息，当运行命令时，还可以在工具提示界面中指定选项和值。这和在命令行中所进行的动作实际上是一样的，区别在于动态输入可以让用户的注意力保持在光标附近，但动态输入不会取代命令窗口。用户可以隐藏命令窗口以增加更多的绘图区域，但是有些操作还是需要显示命令窗口。

要打开或关闭动态输入模式，则在状态栏中单击“动态输入”按钮，或按“F12”键。

动态输入有 3 个组件，分别是光标（指针）输入、标注输入和动态提示。用户可以控制启用动态输入时每个组件所显示的内容，其方法是在状态栏中右键单击“动态输入”按钮，接着从打开的快捷菜单中选择“动态输入设置”命令，弹出图 2-12 所示的“草图设置”对话框的“动态输入”选项卡，从中控制指针输入、标注输入、动态提示及绘图工具提

示的外观。

一、指针输入

选中“启用指针输入”复选框时表示打开指针输入。如果同时打开指针输入和标注输入，那么标注输入在可用时将取代指针输入。如果在“指针输入”选项组中单击“设置”按钮，将打开图 2-13 所示的“指针输入设置”对话框，可以控制指针输入工具提示的设置。

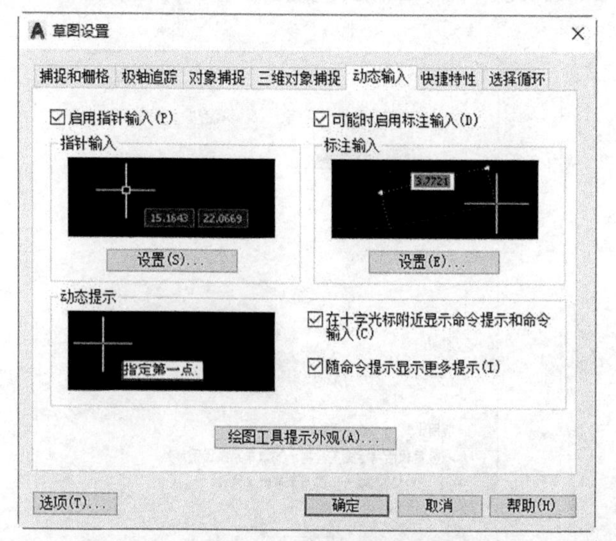

图2-12 “草图设置”对话框的“动态输入”选项卡

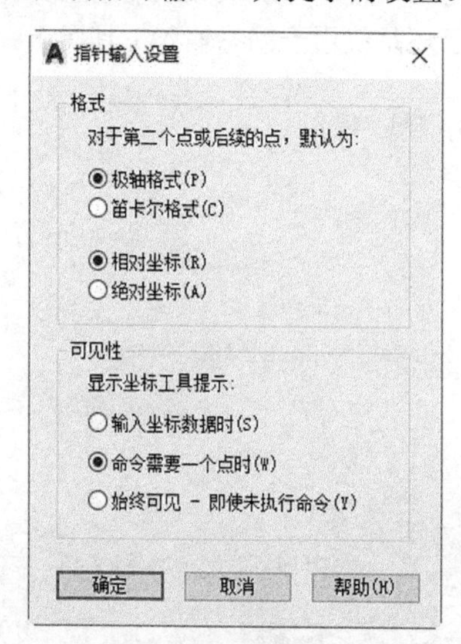

图2-13 “指针输入设置”对话框

若指针（光标）输入处于启用状态且命令正在运行，十字光标的坐标位置将显示在光标附近的工具提示输入框中，此时可以在工具提示中输入坐标，而不用在命令行上输入值。要在工具提示中输入坐标，务必要注意到这些内容：第二个点和后续点的默认设置为相对极坐标（对于 RECTANG 命令，为相对迪卡儿坐标），不需要输入“@”符号；如果需要使用绝对坐标，则使用“#”符号前缀。例如，要将对象移到原点，则在提示输入第二个点时，输入“#0,0”。

二、标注输入

可以设置在需要时启用标注输入。标注输入不适用于某些提示输入第二点的命令。启用标注输入时，当命令提示用户输入第二个点或距离时，将显示标注和距离值与角度值的工具提示，标注工具提示中的值将随着光标的移动而更改。此时用户可以在工具提示中输入值，而不用在命令上输入值。

在“标注输入”选项组中单击“设置”按钮，将打开图 2-14 所示的“标注输入的设置”对话框，从中控制标注输入工具提示的设置。

三、动态提示

动态提示是指需要时将在光标旁边显示工具提示中的提示，以完成命令。

在“动态提示”选项组的预览区域显示了动态提示的样例，可以设置在十字光标旁边显示命令提示和命令输入，以及设置随命令提示显示更多提示。

用户可以在工具提示（而不是在命令行）中输入响应，按下箭头键可以查看和选择选项，按上箭头键可以显示最近的输入。如果要在动态提示工具提示中使用粘贴文字，则键入

字母，然后在粘贴输入之前用退格键将其删除，否则，输入将作为文字粘贴到图形中。

四、设置绘图工具提示外观

单击“绘图工具提示外观”按钮，系统弹出图 2-15 所示的“工具提示外观”对话框，从中可以指定绘图工具提示的颜色及在指定上下文中的背景，设置工具提示的大小（默认大小为 0，使用滑块放大或缩小工具提示）和透明度，以及指定将设置应用于所有的绘图工具提示还是仅用于动态输入工具提示。

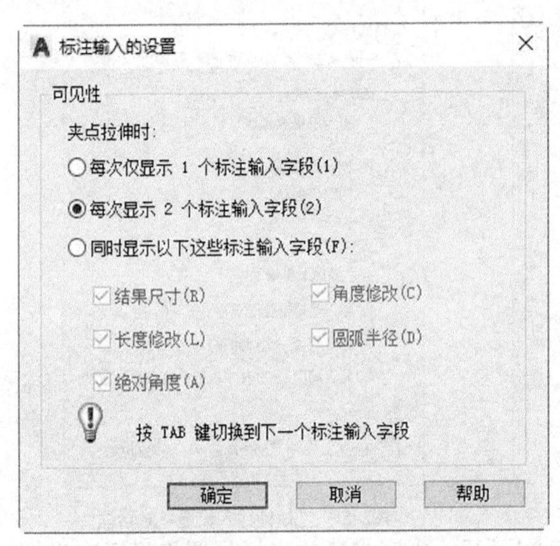

图2-14　“标注输入的设置”对话框

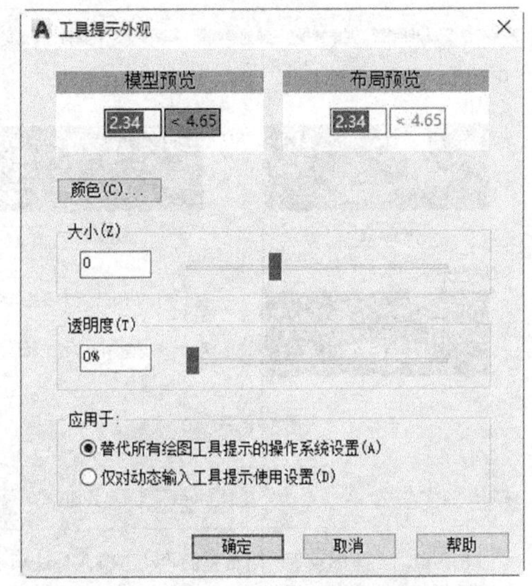

图2-15　“工具提示外观”对话框

五、使用动态输入模式绘制图形的范例

该范例要求启用动态输入模式来绘制一个圆心坐标为(0,118)、半径为 150 的圆，具体的操作步骤如下。

视频：使用动态输入模式绘制图形

1 使用“草图与注释”工作空间，按“F12”键以启用动态输入模式。

2 在功能区“默认”选项卡的“绘图”面板中单击“圆心、半径”按钮。

3 此时在图形窗口中，十字光标的坐标位置将显示在光标附近的工具提示输入框中，如图 2-16 所示，并要求指定圆的圆心。输入“0”，按“,”（逗号）键或“Tab”键，从而输入圆心的 x 坐标值，并切换至输入圆心的 y 坐标值状态，如图 2-17 所示。

图2-16　出现的工具提示输入框

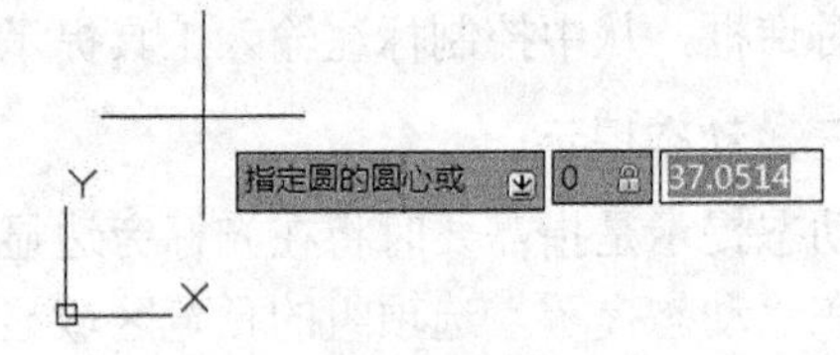

图2-17　输入圆心的 x 坐标值

4 输入“118”，按“Enter”键或空格键完成圆心的 y 坐标值输入。

5 在工具提示界面中文本框中输入圆的半径为“150”，如图 2-18 所示，然后按

"Enter"键确认，从而完成图 2-19 所示圆的绘制。

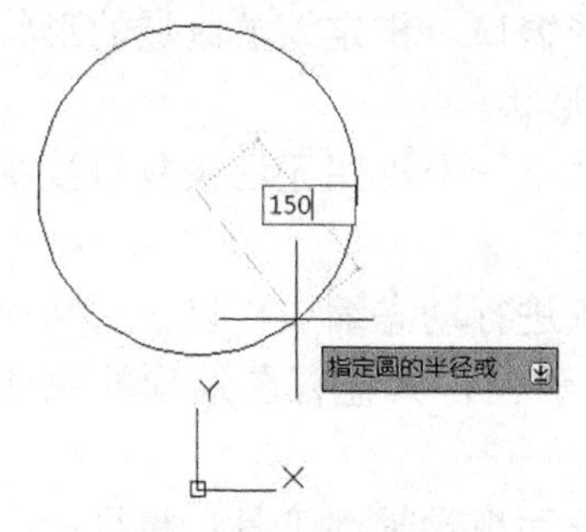

图2-18　输入圆的半径为 150

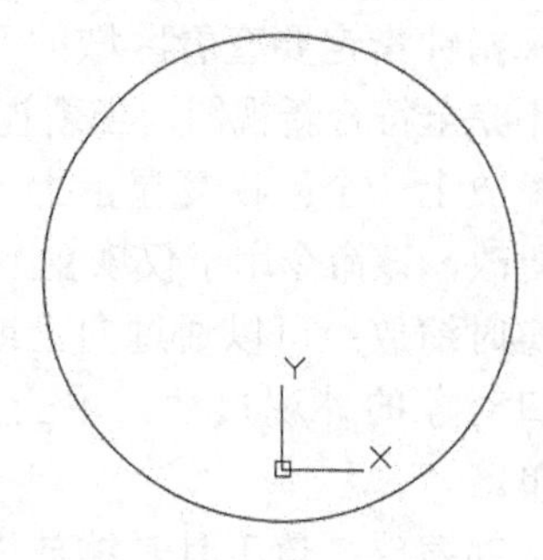

图2-19　完成圆的绘制

2.6 视图基本操作

在 AutoCAD 绘图中，免不了要对视图显示进行放大或放小操作。例如，当需要对图形进行细节观察时，通常可以适当地放大视图显示比例以显示图形中的细节部分，当需要观察全部图形时，可以根据情况适当缩小视图的显示比例。可以说，视图平移和视图缩放是基于 AutoCAD 的产品中最常用的两个工具，它们是用户操作后视图和浏览图形以检查、修改或参数几何图元的方式。对于视图，还可以对其进行"重画""重生成"或"全部重生成"操作。

2.6.1 视图缩放

视图是模型从空间中特定位置（视点）观察的图形表示。在设计过程中，会经常对视图进行缩放操作来观察图形对象。视图显示缩放只是放大或缩小屏幕上对象的视觉尺寸，即通过放大和缩小操作更改视图的显示比例，类似于使用相机进行缩放，视图显示缩放后，图形对象的实际尺寸仍然保持不变。

在 AutoCAD 2018 中，在功能区"视图"选项卡的"视口工具"面板中确保选中"导航栏"按钮，则在图形窗口右侧显示导航栏。在导航栏中可以找到视图缩放的相关工具，如图 2-20 所示，包括"范围缩放""窗口缩放""缩放上一个""实时缩放""全部缩放""动态缩放""缩放比例""中心缩放""缩放对象""放大"和"缩小"。这些视图缩放工具对应的菜单命令位于菜单栏的"视图"/"缩放"级联菜单中。下面介绍这些视图缩放工具的功能含义。

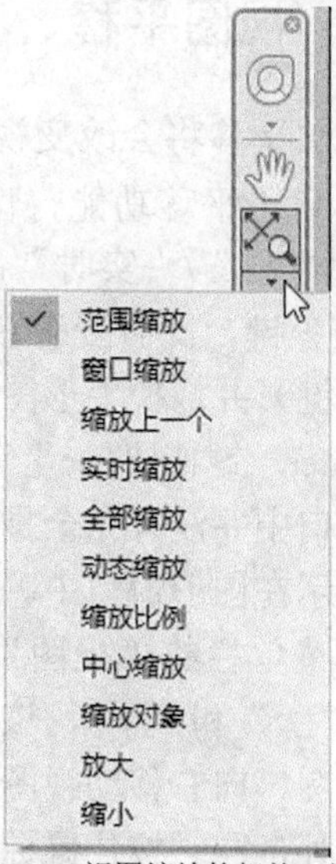

图2-20　视图缩放的相关工具

(1) 范围缩放：缩放以显示所有对象的最大范围，即用尽可能大的比例来显示视图以包含图形中的所有对象。此视图包含已关闭图层上的对象，但不包含冻结图层上的对象。

(2) 窗口缩放：缩放以显示由矩形窗口指定的区域。执行该命令后，需要使用鼠标指针指定要查看区域的两个对角以形成矩形窗口。指定缩放区域的形状并不完全符合新视图，当新视图必须符合视口的形状。
(3) 缩放上一个：恢复显示上一个视图。恢复显示上一个视图无法恢复对视图的更改，该命令用于仅恢复上一个视图而已。
(4) 实时缩放：可以通过向上或向下移动定点设备进行动态缩放，以显示当前视口对象的外观尺寸。单击鼠标右键，可以显示包含其他视图选项的快捷菜单。
(5) 全部缩放：该工具是缩放以显示所有可见对象和视觉辅助工具，将显示用户定义的栅格界限或图形范围，具体取决于哪一个视图较大。
(6) 动态缩放：使用矩形视框平移和缩放。
(7) 缩放比例：通过输入比例因子进行缩放，以更改视图的比例。
(8) 中心（圆心）缩放：缩放以显示由中心点及比例值或高度定义的视图。
(9) 缩放对象：缩放以在视图中心尽可能大地显示一个或多个选定对象。
(10) 放大：使用比例因子 2×放大视图，以增大当前视图的比例。
(11) 缩小：使用比例因子 0.5×缩小视图。

通常通过使用鼠标滚轮来快速完成视图缩放。如果使用命令行输入的方式，则可以按照以下方法步骤进行视图缩放操作。

命令: ZOOM↙　　　　　　　　//输入“ZOOM”命令按“Enter”键

指定窗口的角点，输入比例因子 (nX 或 nXP)，或者[全部(A)/中心(C)/动态(D)/范围(E)/上一个(P)/比例(S)/窗口(W)/对象(O)] <实时>:　　　　//根据设计要求响应提示并进行可能的余下操作

2.6.2 视图平移

视图平移将会改变视图在屏幕上的显示位置，而不会改变图形中对象的实际位置与比例。要启用平移功能，可以在导航栏中单击“平移”按钮，或者从菜单栏中选择“视图”/“平移”/“实时”命令，或者在命令行的“键入命令”提示下输入“PAN”命令并按“Enter”键，此时置于图形窗口中的光标显示为手形图标，按住鼠标左键（定点设备上的拾取键）并拖拽手形图标可实现视图任意平移，释放鼠标左键后，返回到平移等待状态。按“Enter”键或“Esc”键可停止实时平移模式。视图平移示例如图 2-21 所示，开始视图在图形窗口中并没有完全显示出来，有部分图形被屏幕遮挡，通过视图平移操作可以将其他图形也显示在图形窗口中。

在菜单栏的“视图”/“平移”级联菜单中还提供其他几个平移命令，如“点”“左”“右”“上”和“下”，该“点”命令用于将视图移动指定的距离，其他 4 个则分别用于向左移动视图、向右移动视图、向上移动视图和向下移动视图。

另外，同时按住鼠标滚轮并拖动可快速平移视图。

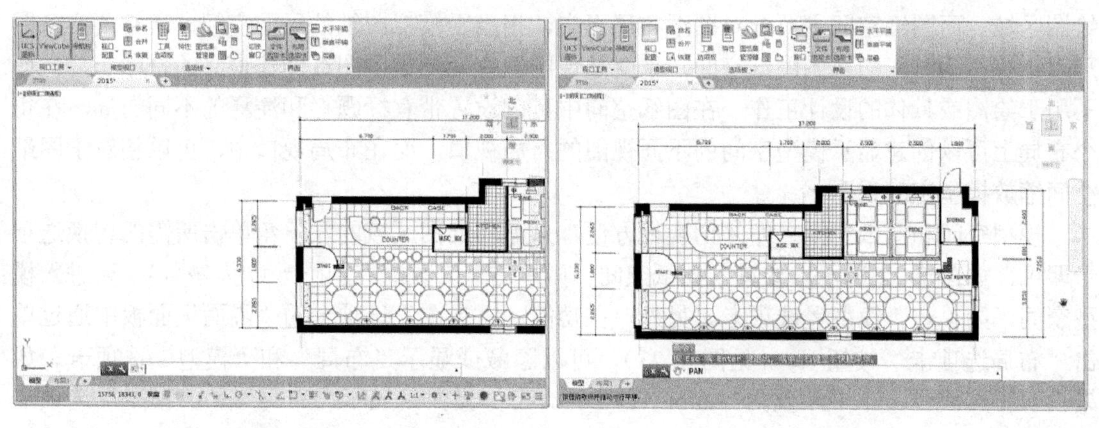

（a）视图平移前　　（b）视图平移后

图2-21　视图平移示例

2.6.3 使用触摸屏平移和缩放

如果使用触摸屏或触摸板，那么在 AutoCAD 2018 中可以使用触摸手势平移和缩放视图。注意：系统变量 TOUCHMODE 来控制功能区上“触摸”面板的显示，其初始值为 1，表示如果用户使用的是触摸屏幕，那么“触摸”面板将显示在功能区上，以便用户可以轻松地取消当前操作；如果将其值设置为 0，则“触摸”面板将不显示在功能区上。对于那些使用支持触摸的屏幕或界面的用户，可以根据实际情况取消或打开触摸板模式。

使用触摸手势平移和缩放视图的方法如表 2-2 所示。

表 2-2　使用触摸手势平移和缩放视图的方法

序号	操作目的	触摸手势
1	放大	将拇指和食指滑开
2	缩小	将拇指和食指捏合
3	平移	使用两指滑向想要移动内容的方向

2.6.4 视图重画、重生成与全部重生成

REDRAWALL 命令（对应的菜单命令为“视图”/“重画”）用于刷新所有视口中的显示，即删除由 VSLIDE 和所有视口中的某些操作遗留的临时图形。

要删除执行某些编辑操作后遗留在显示区域中的零散像素，则使用 REGENALL 命令（对应的菜单命令为“视图”/“全部重生成”）和 REGEN 命令（对应的菜单命令为“视图”/“重生成”）。

2.7 模型空间与图纸空间切换

在 AutoCAD 中，存在两个典型的工作环境，即模型空间和图纸空间。用户都可以在其中使用图形中的对象。默认情况下，用户的设计工作开始于被称为“模型空间”的无限三维

绘图区域。而图纸空间主要针对图纸布局而言，相当于模拟图纸的平面空间，通常要准备图形以进行打印时，切换到图纸空间，也就是说图纸空间侧重于图纸创建最终的打印布局，而不用于绘图或具体的设计工作。在图纸空间中可以设置带有标题栏和注释的不同布局，在每个布局上可以创建显示模型空间的不同视图的布局视口，而在布局视口中，可以相对于图纸空间缩放模型空间视图。

模型空间和图纸空间之间的切换很方便，只需在绘图区域的左下角单击所需的切换选项卡即可，如图 2-22 所示。要进入图纸空间，则单击“布局#”选项卡（#为序号）；要进入模型空间，则单击“模型”选项卡。另外，在功能区“视图”选项卡的“界面”面板中通过单击“布局选项卡”按钮（见图 2-23），可以隐藏或显示“布局”和“模型”选项卡。如果没有特殊说明，本书涉及的 AutoCAD 2018 工作界面是显示“布局”和“模型”选项卡的。

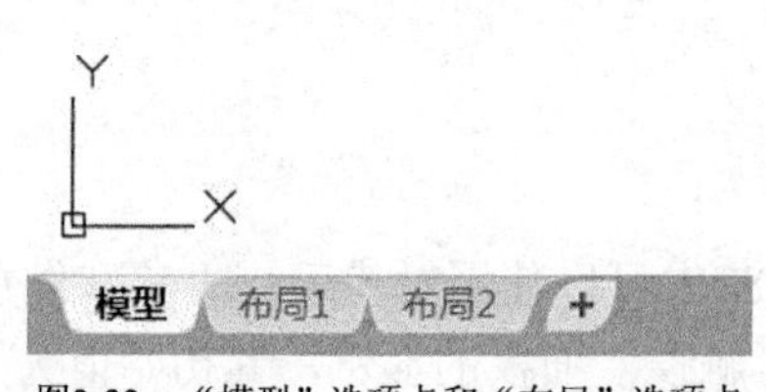

图2-22　“模型”选项卡和“布局”选项卡

图2-23　“布局选项卡”工具出处

切换至图纸布局时，在很多时候还需要进行图纸页面设置，以设置当前图纸空间“布局1”的页面为例，其方法如下。

1 右键单击“布局 1”选项卡，接着从弹出的快捷菜单中选择“页面设置管理器”命令，打开图 2-24 所示的“页面设置管理器”对话框。利用此对话框，可以创建命名页面设置、修改现有页面设置，或从其他图纸中输入页面设置。

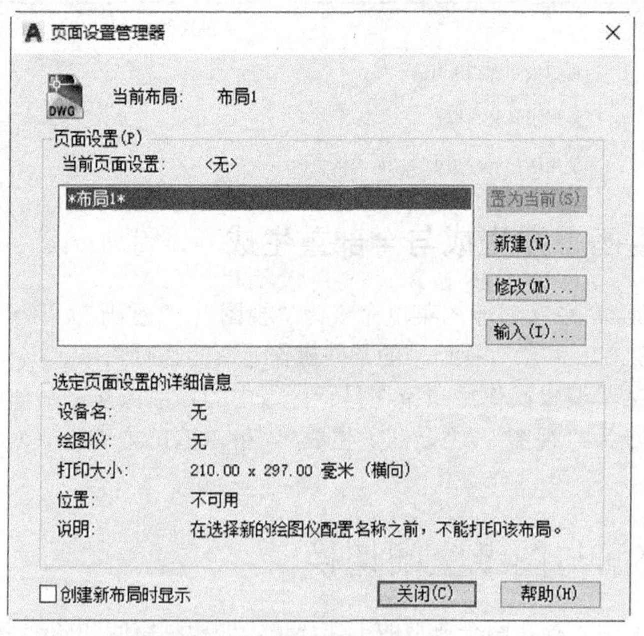

图2-24　“页面设置管理器”对话框

2 在“页面设置管理器”对话框的“页面设置”列表框中确保选中当前页面设

置，单击“修改”按钮，弹出“页面设置-布局 1”对话框，如图 2-25 所示。

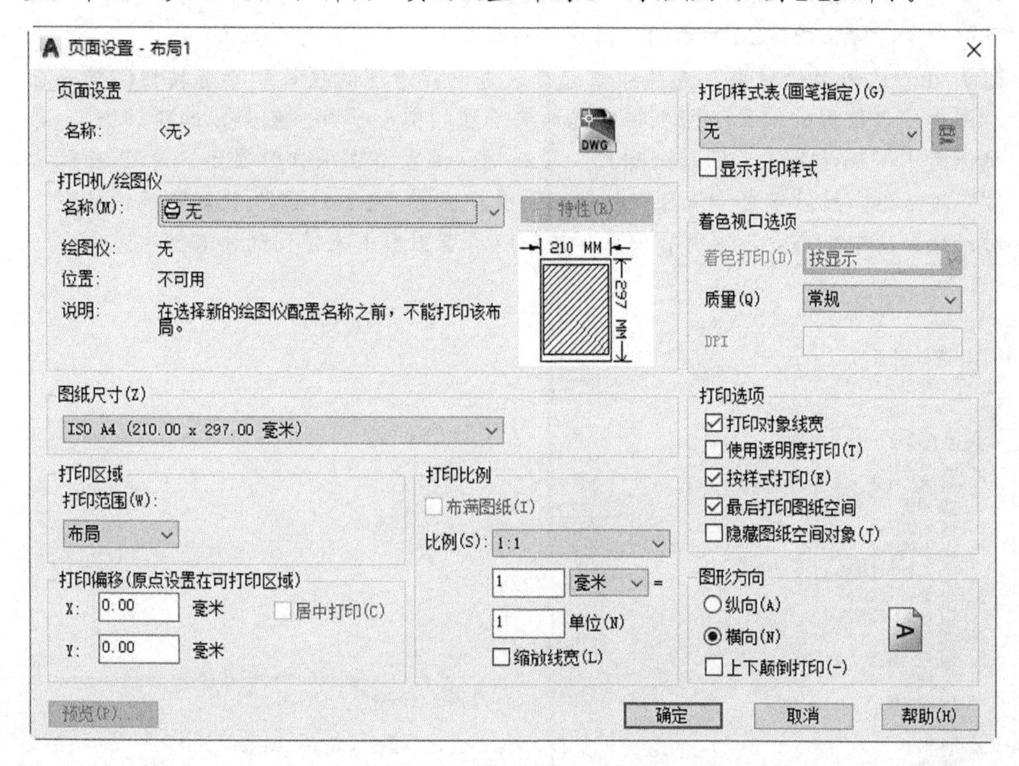

图2-25 “页面设置-布局 1”对话框

❸ 在“页面设置-布局 1”对话框指定页面布局和打印设备设置等内容。设置完成后单击“确定”按钮。

❹ 在“页面设置管理器”对话框中单击“关闭”按钮，返回到“布局 1”图纸空间。

2.8 清理图形垃圾与修复受损图形文件

本节介绍两个图形实用工具命令，即 PURGE 和 RECOVER，前者用于清理图形文件中的垃圾，而后者则修复受损图形文件。

2.8.1 清理图形垃圾

在使用 AutoCAD 进行绘图时，经常要用到图层、线型、图块、文字样式、标注样式等，这些对象有些需要保留，有些只是临时应用一下而对最终图形并无作用，有些虽然创建了但后来设计变更导致压根就没有用到。为了使图形文件简洁，可以使用图形实用工具命令 PURGE（清理）来对其进行清理，将无用的对象从图形文件中清除出去，这样图形保存后所占存储空间也将更小。

下面以一个特例的形式介绍如何清理图形垃圾。

❶ 在一个打开的图形文件中，在命令行的“键入命令”提示下输入“PURGE”

命令并按“Enter”键确认，或者在应用程序菜单中选择“图形实用工具”/“清理”命令，弹出图 2-26 所示的“清理”对话框。

2 在“已命名的对象”选项组中选择“查看能清理的项目”单选按钮，接着在“图形中未使用的项目”列表框中选择要清理的图形项目。例如，选择“块”，并确保选中“确认要清理的每个项目”复选框以设置清理项目时显示“清理-确认清理”对话框，然后单击“清理”按钮，系统弹出图 2-27 所示的“清理-确认清理”对话框，从中单击“清理所有项目”按钮以清理图形中未使用的命名图块。

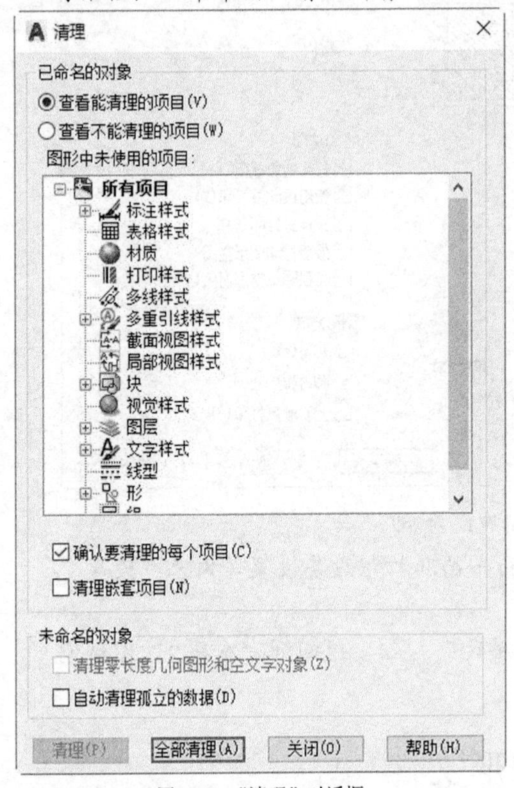

图2-26　“清理”对话框

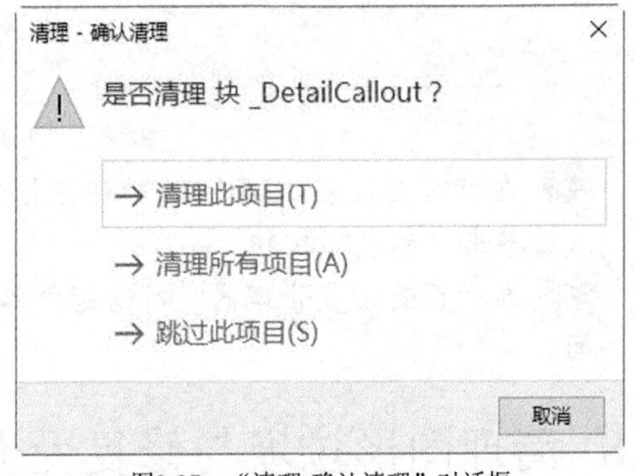

图2-27　“清理-确认清理”对话框

提示：如果在“清理”对话框中直接单击“全部清理”按钮，则清理所有未使用项目。“清理”对话框中的“清理零长度几何图形和空文件对象”复选框用于删除非块对象中长度为零的几何图形（直线、圆弧、多段线等），同时还删除非块对象中包含空格（无文字）的多行文字和单行文字。但 PURGE 命令不会从块或锁定图层中删除长度为零的几何图形或空文字和多行文字对象。

3 使用同样的方法，对图形中其他未使用的项目进行清理。必要时可选中“清理嵌套项目”复选框以设置可以从图形中删除所有未使用的命名对象，即使这些对象包含在其他未使用的命名对象中或被某些对象所参考。对于不能清理的选定项目，AutoCAD 系统会提示不能清理选定项目的详细原因。

4 在“清理”对话框中单击“关闭”按钮。

2.8.2 修复受损图形文件

对于受损的文件，AutoCAD 在加载该文件的过程中会对其进行检查并尝试自动修复错误，如果尝试修复不成功，那么用户还可以尝试使用 RECOVER（修复）命令对其进行修复。

新建一个空的 AutoCAD 图形文件中，在命令行的“键入命令”提示下输入“RECOVER”并按“Enter”键确认，或者在应用程序菜单中选择“图形实用工具”/“修复”/“修复”命令，系统弹出图 2-28 所示的“选择文件”对话框，从中选择需要修复的文件，单击“打开”按钮，AutoCAD 开始自动修复，并弹出图 2-29 所示的“AutoCAD 消息”对话框，单击“确定”按钮。执行“RECOVER”命令并选择要修复的文件后，在“选择文件”对话框中单击“打开”按钮，也可能弹出“打开图形-文件损坏”对话框，此时单击“关闭”按钮即可。

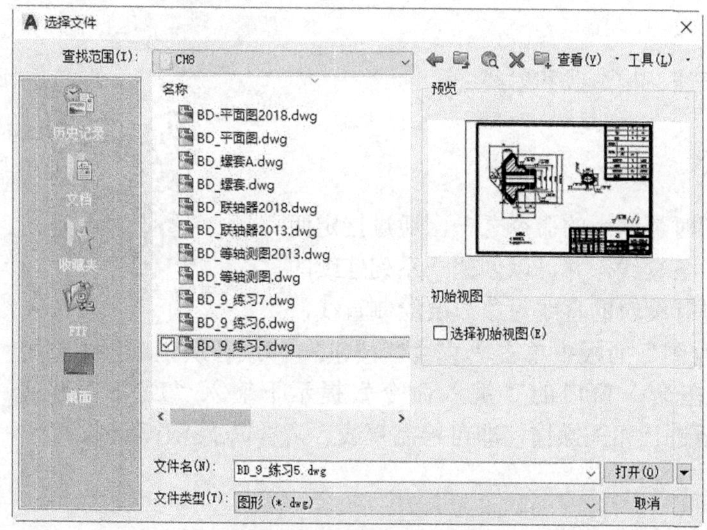

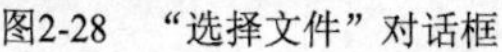
图2-28 “选择文件”对话框

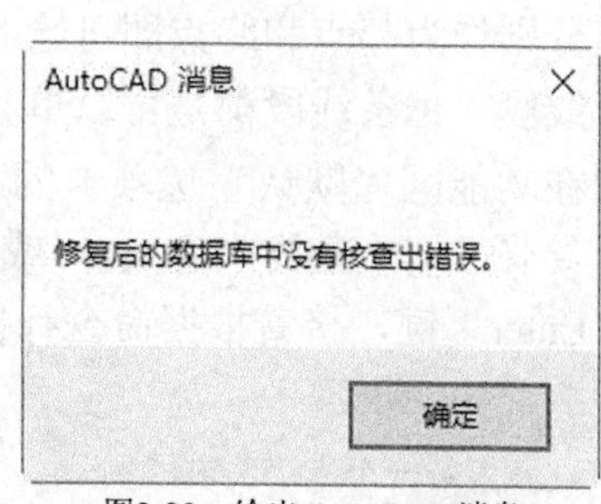

图2-29 给出 AutoCAD 消息

2.9 思考与练习题

(1) 什么是图形界限？如何设置图形界限？

(2) 如果想让 AutoCAD 每隔 3 分钟自动保存一次副本，那么应该如何设置？

(3) 极轴追踪与对象捕捉追踪有什么不同？

(4) 如何理解动态输入模式？

(5) 请简述视图缩放的操作方法。

(6) 请简述视图平移的操作方法。

(7) 如何理解模型空间和图纸空间？

(8) 对于图形文件中没有使用的对象，如何将其清理？

第3章　绘制二维图形

AutoCAD 在二维制图方面具有很大的优势，用户可以很轻松而准确地绘制出直线类图形（如直线段、构造线和射线）、圆、圆弧、矩形、多边形、椭圆、样条曲线、点、圆环、多段线、图案填充、面域、边界、修订云线、区域覆盖和多线对象等。本章结合典型范例介绍这些二维图形的绘制方法和技巧等。

3.1　绘制直线类图形

绘制直线类的图形主要包括直线、构造线和射线。

3.1.1　绘制直线

视频：绘制直线类图形

“直线”命令是进行二维绘图时最常用的命令之一，通过指定两点分别作为起点和终点即可绘制一条直线，并可以创建一系列连续的直线段，每条线段都是可以单独进行编辑的直线对象。要绘制直线，则在功能区“默认”选项卡的“绘图”面板中单击“直线”按钮，或者从菜单栏中选择“绘图”/“直线”命令，或者在命令窗口的“键入命令”提示下输入“LINE”并按“Enter”键，接着根据命令行提示进行相关操作，即可绘制直线。请看以下操作范例。

命令:LINE↙

指定第一个点: 50,50↙

指定下一点或 [放弃(U)]: 120,50↙

指定下一点或 [放弃(U)]: @70<120↙

指定下一点或 [闭合(C)/放弃(U)]: C↙

完成绘制的连续直线段如图 3-1 所示。在该绘制范例中，最后的操作是在“指定下一点或 [闭合(C)/放弃(U)]:”提示下输入“C”并按“Enter”键来确定选择“闭合”选项，从而以第一条线段的起始点作为最后一条线段的端点，形成一个闭合的线段环。只有使用直线工具连续绘制了两条或两条以上的线段之后，才可以使用此“闭合”选项。

图3-1　使用直线工具完成绘制的图形

3.1.2　绘制构造线

构造线是一种线性对象，它通过两个点并向两个方向无限延伸，通常用作创建其他对象的参照。显示图形范围的命令会忽略构造线。

通过指定两点创建构造线的方法步骤如下。

1 在功能区“默认”选项卡的“绘图”面板中单击“构造线”按钮，此时命令行出现“指定点或 [水平(H)/垂直(V)/角度(A)/二等分(B)/偏移(O)]:”的提示信息。

2 指定一个点以定义构造线的根。

3 指定第二个点作为构造线要经过的点。

4 根据需要继续指定构造线，所有后续构造线都经过第一个指定点。

5 按“Enter”键结束命令。

此外，执行“构造线”命令后，还可以使用以下提示选项来创建所需的构造线。

- 水平：用于创建一条通过选定点的水平构造线，即创建通过选定点并平行于 x 轴的构造线。
- 垂直：用于创建一条通过选定点的垂直构造线，即创建通过选定点并平行于 y 轴的构造线。
- 角度：以指定的角度创建一条构造线。选择该提示选项后，命令行将出现“输入构造线的角度 (0) 或 [参照(R)]:”的提示信息，此时可指定放置线的角度，或者选择“参照”选项并接着指定与选定参考线之间的夹角，此夹角角度从选定参考线开始按逆时针方向测量。
- 二等分：创建一条构造线，它经过选定的角顶点，并且将选定的两条线之间的夹角平分。此构造线将位于由 3 个点确定的平面中。
- 偏移：创建平行于另一条对象的构造线。选择该提示选项后，命令行将出现“指定偏移距离或 [通过(T)] <通过>:”的提示信息，此时指定新构造线偏离选定对象的距离，或者选择“通过”选项以创建从一条直线偏移并通过指定点的构造线。

请看以下绘制构造线的一个简单范例。

1 在“快速访问”工具栏中单击“打开”按钮，选择随书配套光盘中的“构造线即学即练.dwg”文件，单击“选择文件”对话框中的“打开”按钮，已有图形如图 3-2 所示。

2 在功能区“默认”选项卡的“绘图”面板中单击“构造线”按钮，根据命令行提示进行以下操作。

```
命令: _xline
指定点或 [水平(H)/垂直(V)/角度(A)/二等分(B)/偏移(O)]: B↙ //输入“B”并按“Enter”键
指定角的顶点:                    //选择角的顶点
指定角的起点:                    //选择一条边的另一个端点（非角顶点）
指定角的端点:                    //选择另一条边的另一个端点
指定角的端点:↙                   //按“Enter”键结束命令
```

采用“二等分”方式绘制的一条构造线如图 3-3 所示。

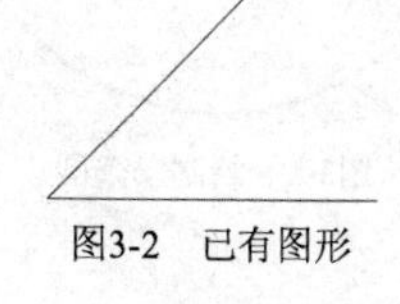
图3-2　已有图形

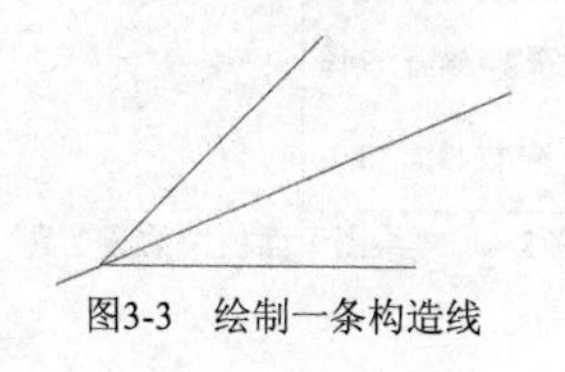
图3-3　绘制一条构造线

3.1.3 绘制射线

射线也是一种线性对象，它始于一点并通过第二点，并且只向一个方向无限延伸。通常射线也用作创建其他对象的参照，而显示图形范围的命令也会忽略射线。

要创建射线，可以按照以下方法步骤进行。

1. 在功能区“默认”选项卡的“绘图”面板中单击“射线”按钮，或者在命令行中输入“RAY”并按“Enter”键。
2. 指定射线的起点。
3. 指定射线要经过的点。
4. 根据需要继续指定点创建其他射线，所有后续射线都经过第一个指定点。
5. 按“Enter”键结束命令。

3.2 绘制圆

在 AutoCAD 2018 中，绘制圆的方式有“圆心、半径”“圆心、直径”“两点”“三点”“相切、相切、半径”和“相切、相切、相切”，相应的工具按钮位于“草图与注释”工作空间功能区“默认”选项卡的“绘图”面板中，如图 3-4 所示。

一、“圆心、半径”方式

“圆心、半径”方式是指通过指定圆心和半径绘制一个圆。在“绘图”面板中单击“圆心、半径”按钮，接着分别指定圆心位置和半径即可。创建示例如下。

命令: _circle　　//单击“圆心、半径”按钮
指定圆的圆心或 [三点(3P)/两点(2P)/切点、切点、半径(T)]: 0,0↙　　//输入圆心坐标
指定圆的半径或 [直径(D)]: 56↙　　//输入圆的半径值

绘制的圆如图 3-5 所示。

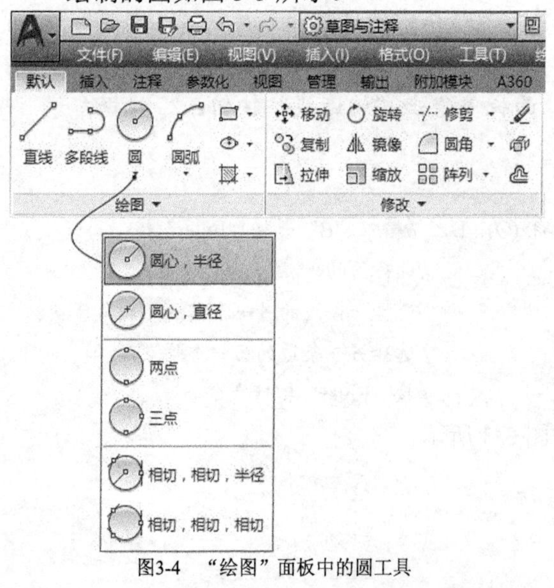

图3-4　“绘图”面板中的圆工具

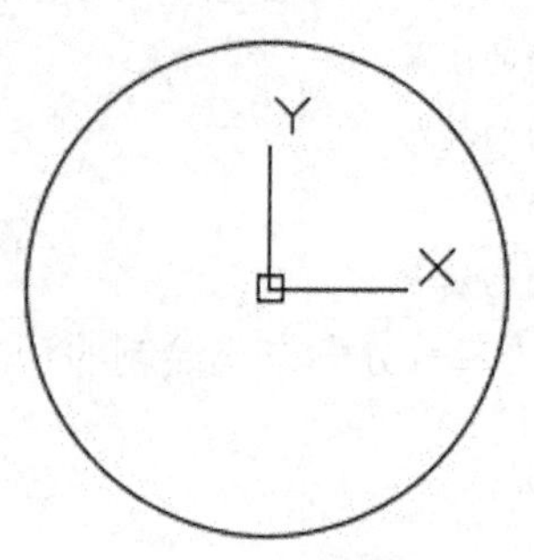

图3-5　绘制一个圆

二、“圆心、直径”方式

“圆心、直径”方式是指通过指定圆心和直径绘制一个圆。在“绘图”面板中单击“圆心、直径”按钮，接着分别指定圆心位置和直径即可。

三、“两点”方式

“两点”方式是指通过指定两点定义圆的直径，从而完成绘制一个圆。在“绘图”面板中单击“圆：两点”按钮，接着指定圆直径的第一个端点，然后再指定圆直径的第二个端点即可，示例如图 3-6 所示。

四、“三点”方式

“三点”方式是指基于圆周上的三点绘制圆。在“绘图”面板上单击“圆：三点”按钮，接着分别指定将位于圆周上的 3 个点即可绘制一个圆，如图 3-7 所示。

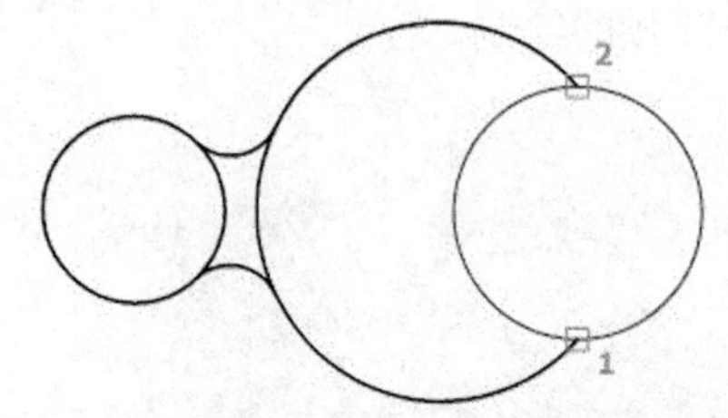

图3-6　基于圆直径上的两个端点绘制圆

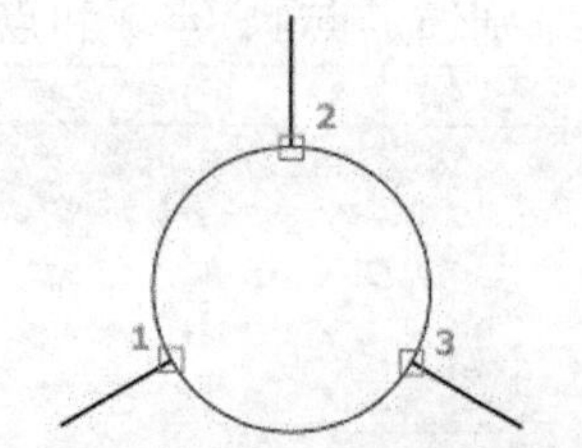

图3-7　基于圆周上的三点绘制圆

五、“相切、相切、半径”方式

“相切、相切、半径”方式是基于指定半径和两个相切对象绘制圆，如图 3-8 所示。操作步骤是在“绘图”面板上单击“相切、相切、半径”按钮，接着指定对象与圆的第一个切点，指定对象与圆的第二个切点，最后指定圆的半径。所谓的切点是一个对象与另一个对象接触而不相交的点。有时会有多个圆符合指定的条件，AutoCAD 程序将绘制具有指定半径的圆，其切点与选定点的距离最近。

六、“相切、相切、相切”方式

“相切、相切、相切”方式是创建相切于 3 个对象的圆，如图 3-9 所示。操作步骤是在“绘图”面板上单击“相切、相切、相切”按钮，接着选择要相切的第一个对象，选择要相切的第二个对象及选择要相切的第三个对象。注意选择对象的单击位置，这将决定生成的相切圆的位置和大小。

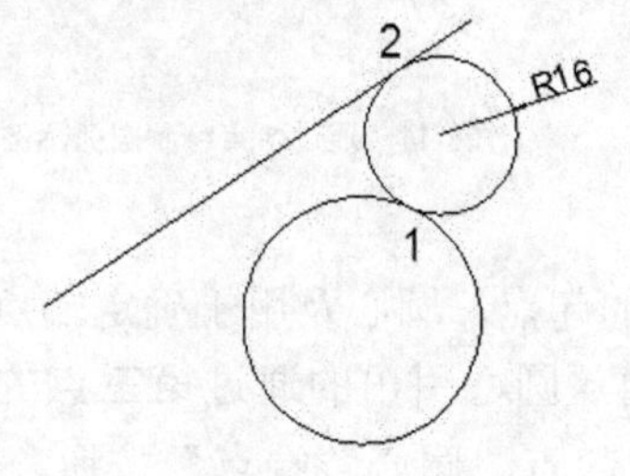

图3-8　“相切、相切、半径”示例

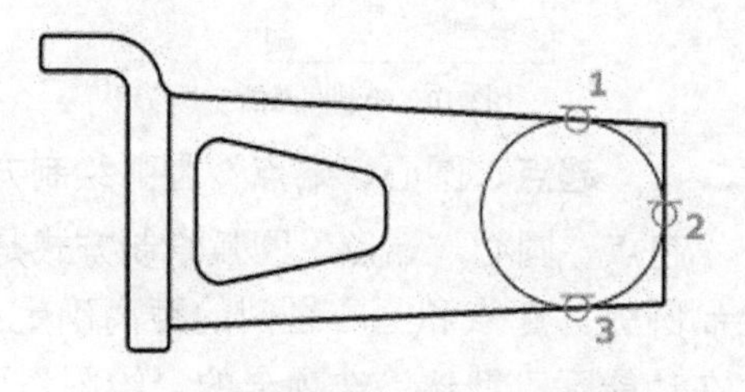

图3-9　创建相切于 3 个对象的圆

3.3　绘制圆弧

绘制圆弧的方式较多，包括“三点”“起点、圆心、端点”“起点、圆心、角度”“起点、圆心、长度”“起点、端点、角度”“起点、端点、方向”“起点、端点、半径”“圆心、起点、端点”“圆心、起点、角度”“圆心、起点、长度”和“连续”，用户可以从功能区“默认”选项卡的“绘图”面板中找到绘制圆弧的相应工具按钮，如图 3-10 所示。在默认情况下，以逆时针方向绘制圆弧；按住“Ctrl”键的同时拖动，以顺时针方向绘制圆弧。

一、“三点”圆弧绘制方式

“三点”圆弧绘制方式是指通过指定 3 个有效点绘制圆弧。请看图 3-11 所示的示例，在该示例中，从功能区“默认”选项卡的“绘图”面板中单击“圆弧：三点”按钮，接着在图形中分别选定点 1、点 2 和点 3，从而完成一个圆弧的绘制。

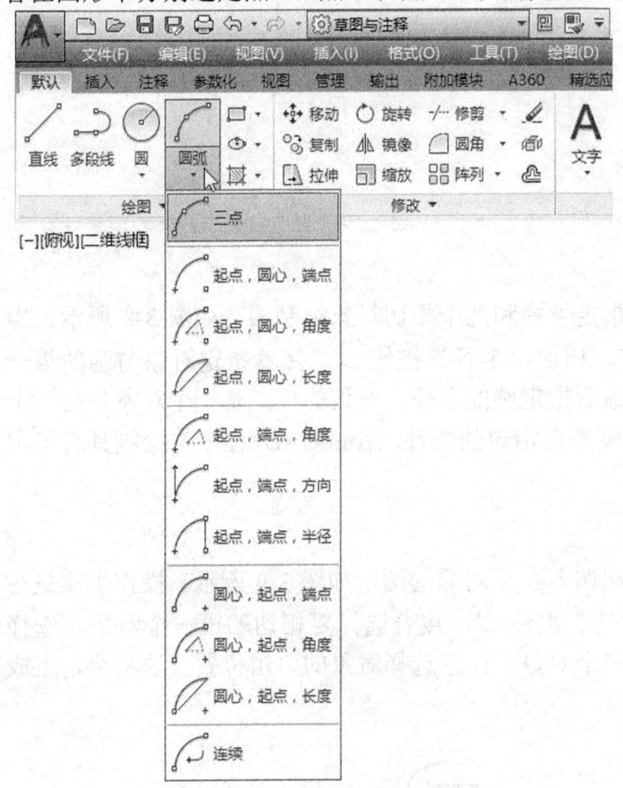

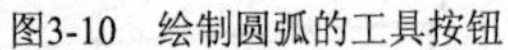
图3-10　绘制圆弧的工具按钮

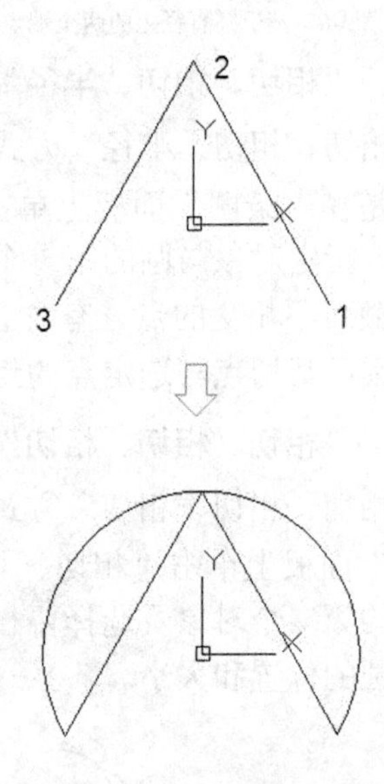

图3-11　通过 3 点绘制圆弧示例

二、“起点、圆心、端点”圆弧绘制方式

“起点、圆心、端点”圆弧绘制方式是指通过指定的起点、圆心及用于确定端点的第三点绘制圆弧，起点和圆心之间的距离确定半径，端点由从圆心引出的通过第三点的直线决定。在功能区“默认”选项卡的“绘图”面板中单击“起点、圆心、端点”按钮，接着在“指定圆弧的起点或 [圆心(C)]:”提示下指定圆弧起点再指定圆心，或者选择“圆心”提示选项先指定圆心再指定圆弧起点，指定圆弧起点和圆心位置后，最后指定圆弧的端点，从而绘制一个圆弧。

三、“起点、圆心、角度”圆弧绘制方式

“起点、圆心、角度”圆弧绘制方式是指使用起点、圆心和夹角绘制圆弧，其中，起点和圆心之间的距离确定半径，圆弧的另一端通过指定将圆弧的圆心用作顶点的夹角来确定。在该绘制过程中，使用不同的选项，可以先指定起点，也可以先指定圆心。

四、“起点、圆心、长度”圆弧绘制方式

“起点、圆心、长度”圆弧绘制方式是指使用起点、圆心和弦长绘制圆弧，其中，起点和圆心之间的距离确定半径，圆弧的另一端通过指定圆弧的起点与端点之间的弦长来确定，而圆弧的弦长实际上决定包含角度。在该绘制过程中，使用不同的选项，既可以先指定起点，也可以先指定圆心。

五、“起点、端点、角度”圆弧绘制方式

“起点、端点、角度”圆弧绘制方式是指使用起点、端点和夹角绘制圆弧，圆弧端点之间的夹角确定圆弧的圆心和半径。

六、“起点、端点、方向”圆弧绘制方式

“起点、端点、方向”绘制圆弧方式是指使用起点、端点和起点切向绘制圆弧，其中可以通过在所需切线上指定一个点或输入角度指定切向。注意：通过更改指定两个端点的顺序，可以确定哪个端点控制切线。

七、“起点、端点、半径”圆弧绘制方式

“起点、端点、半径”圆弧绘制方式是使用起点、端点和半径绘制圆弧，圆弧凸度的方向由指定其端点的顺序确定，可以通过输入半径或在所需半径距离上指定一个点来指定半径。

八、“圆心、起点、端点”圆弧绘制方式

“圆心、起点、端点”圆弧绘制方式是指通过指定圆弧圆心、圆弧起点和圆弧端点来绘制一个圆弧。

九、“圆心、起点、角度”圆弧绘制方式

“圆心、起点、角度”圆弧绘制方式是指通过指定圆弧圆心、圆弧起点和包含角来绘制一个圆弧。

十、“圆心、起点、长度”圆弧绘制方式

“圆心、起点、长度”圆弧绘制方式是指分别指定圆弧圆心、圆弧起点和弦长绘制圆。

十一、“连续”圆弧绘制方式

可以创建圆弧使其相切于上一次绘制的直线或圆弧。其操作步骤是在绘制好直线或圆弧后，在功能区“默认”选项卡的“绘图”面板中单击“连续”按钮，此时以上一条直线或圆弧的末端点作为新圆弧的起点，接着指定新圆弧的端点即可。

在这里，介绍一个绘制圆弧的典型范例，以让读者即学即练，加深印象。

1 在“快速访问”工具栏中单击“新建”按钮，弹出“选择样板”对话框，选择“acadiso.dwt”图形样板，单击“打开”按钮。

2 切换至“草图与注释”工作空间，从功能区“默认”选项卡的“绘图”面板中单击“起点、端点和半径”按钮，根据命令提示进行以下操作。

```
命令: _arc
指定圆弧的起点或 [圆心(C)]: 100,0↙
指定圆弧的第二个点或 [圆心(C)/端点(E)]: _e
指定圆弧的端点: 0,0↙
指定圆弧的中心点(按住 Ctrl 键以切换方向)或 [角度(A)/方向(D)/半径(R)]: _r
指定圆弧的半径(按住 Ctrl 键以切换方向): 60↙
```

通过指定起点、端点和半径绘制图 3-12 所示的一段圆弧。

3 从功能区“默认”选项卡的“绘图”面板中单击“连续”按钮，接着在“指定圆弧的端点(按住“Ctrl”键以切换方向):”提示下输入“68<135”并按“Enter”键，从而绘制图 3-13 所示的与上一条圆弧相切的圆弧。

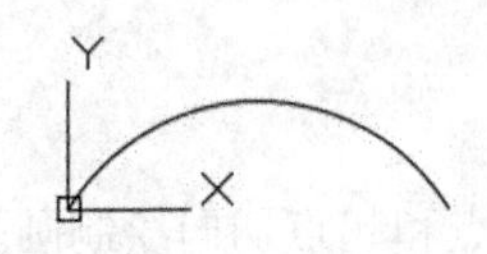

图3-12　绘制一段圆弧

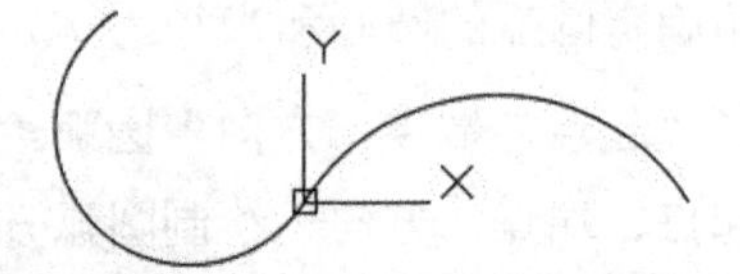

图3-13　完成绘制第二段圆弧

3.4　绘制矩形

在 AutoCAD 2018 中，可以从指定的矩形参数创建矩形多段线。在功能区“默认”选项卡的“绘图”面板中单击“矩形”按钮，则命令行将出现“指定第一个角点或 [倒角(C)/标高(E)/圆角(F)/厚度(T)/宽度(W)]:”的提示选项，下面简要地介绍这些提示选项。

- 指定第一个角点：指定矩形的一个角点，接着可以指定矩形的另一个角点以创建矩形。在指定矩形的一个角点后，还可以采用“面积”“标注”或“旋转”方式来绘制矩形。
- 倒角：设定矩形的倒角距离。
- 标高：指定矩形的标高。
- 圆角：指定矩形的圆角半径。
- 厚度：指定矩形的厚度，绘制的将是一个长方体模型。
- 宽度：为要绘制的矩形指定多段线的宽度。

下面以表格形式介绍创建矩形的几个典型实例，每个实例涉及不同的矩形创建方法，如表 3-1 所示。

表 3-1　创建矩形的几个典型实例

矩形方法描述	操作步骤	图形结果（图例）
普通直角矩形	命令: _rectang　　//单击“矩形”按钮 指定第一个角点或 [倒角(C)/标高(E)/圆角(F)/厚度(T)/宽度(W)]: 100,0↙ 指定另一个角点或 [面积(A)/尺寸(D)/旋转(R)]: @100,53↙	

续 表

矩形方法描述	操作步骤	图形结果（图例）
使用面积定义的直角矩形	命令: _rectang　　//单击“矩形”按钮 指定第一个角点或 [倒角(C)/标高(E)/圆角(F)/厚度(T)/宽度(W)]: 　　//在绘图区域任意单击一点 指定另一个角点或 [面积(A)/尺寸(D)/旋转(R)]: A↙ 输入以当前单位计算的矩形面积 <4800.0000>: 5600↙ 计算矩形标注时依据 [长度(L)/宽度(W)] <长度>:↙ 输入矩形长度 <100.0000>: 100↙	

使用标注定义的直角矩形	命令: _rectang　　//单击“矩形”按钮
	指定第一个角点或 [倒角(C)/标高(E)/圆角(F)/厚度(T)/宽度(W)]:
	　　//在绘图区域任意单击一点
	指定另一个角点或 [面积(A)/尺寸(D)/旋转(R)]: D↙
	指定矩形的长度 <100.0000>:↙
	指定矩形的宽度 <56.0000>: 68↙
	指定另一个角点或 [面积(A)/尺寸(D)/旋转(R)]:
	　　//在绘图区域适当位置处单击，确定矩形放置位置	

使用旋转定义的直角矩形	命令: _rectang　　//单击“矩形”按钮 指定第一个角点或 [倒角(C)/标高(E)/圆角(F)/厚度(T)/宽度(W)]: 100,100↙ 指定另一个角点或 [面积(A)/尺寸(D)/旋转(R)]: R↙ 指定旋转角度或 [拾取点(P)] <0>: 30↙ 指定另一个角点或 [面积(A)/尺寸(D)/旋转(R)]: D↙ 指定矩形的长度 <100.0000>:↙ 指定矩形的宽度 <68.0000>:↙ 指定另一个角点或 [面积(A)/尺寸(D)/旋转(R)]: @50,50↙	
带有倒角的矩形	命令: _rectang　　//单击“矩形”按钮 当前矩形模式:　旋转=30 指定第一个角点或 [倒角(C)/标高(E)/圆角(F)/厚度(T)/宽度(W)]: C↙ 指定矩形的第一个倒角距离 <0.0000>: 5↙ 指定矩形的第二个倒角距离 <5.0000>:↙ 指定第一个角点或 [倒角(C)/标高(E)/圆角(F)/厚度(T)/宽度(W)]: 300,100↙ 指定另一个角点或 [面积(A)/尺寸(D)/旋转(R)]: R↙ 指定旋转角度或 [拾取点(P)] <30>: 0↙ 指定另一个角点或 [面积(A)/尺寸(D)/旋转(R)]: @100,61.8↙	
带有圆角的矩形	命令: _rectang　　//单击“矩形”按钮 当前矩形模式:　倒角=5.0000 x 5.0000 指定第一个角点或 [倒角(C)/标高(E)/圆角(F)/厚度(T)/宽度(W)]: F↙ 指定矩形的圆角半径 <5.0000>: 10↙ 指定第一个角点或 [倒角(C)/标高(E)/圆角(F)/厚度(T)/宽度(W)]: 　　//在绘图区域中任意单击一点 指定另一个角点或 [面积(A)/尺寸(D)/旋转(R)]: @100,61.8↙	
带有自定义宽度的矩形	命令: _rectang　　//单击“矩形”按钮 当前矩形模式:　圆角=10.0000 指定第一个角点或 [倒角(C)/标高(E)/圆角(F)/厚度(T)/宽度(W)]: W↙ 指定矩形的线宽 <0.0000>: 2↙ 指定第一个角点或 [倒角(C)/标高(E)/圆角(F)/厚度(T)/宽度(W)]: F↙ 指定矩形的圆角半径 <10.0000>: 0↙ 指定第一个角点或 [倒角(C)/标高(E)/圆角(F)/厚度(T)/宽度(W)]: 80,-100↙ 指定另一个角点或 [面积(A)/尺寸(D)/旋转(R)]: @68,39↙	

3.5 绘制多边形

视频：绘制多边形

使用“POLYGON”命令（对应的工具按钮为“多边形”按钮），可以绘制等边三角形、正方形、五边形、六边形和其他多边形。绘制正多边形的方法主要有“内接”“外切”和“边”，下面结合范例分

别介绍。

一、绘制内接多边形

绘制内接多边形的步骤是：在功能区“默认”选项卡的“绘图”面板中单击“多边形”按钮，或者在命令行的“键入命令”提示下输入“POLYGON”并按“Enter”键，接着在命令提示下输入边数，指定多边形的中心，在“输入选项 [内接于圆(I)/外切于圆(C)] <I>:”提示下选择“内接于圆”提示选项，然后输入半径长度。绘制内接等边三角形的典型实例如下。

命令: _polygon　　//单击“多边形”按钮
输入侧面数 <4>: 3↙
指定正多边形的中心点或 [边(E)]: 0,0↙
输入选项 [内接于圆(I)/外切于圆(C)] <I>: I↙
指定圆的半径: 80↙

完成绘制的等边三角形如图 3-14 所示。

二、绘制外切多边形

绘制外切多边形的步骤是：在功能区“默认”选项卡的“绘图”面板中单击“多边形”按钮，或者在命令行的“键入命令”提示下输入“POLYGON”并按“Enter”键，接着在命令提示下输入边数，指定多边形的中心，在“输入选项 [内接于圆(I)/外切于圆(C)] <I>:”提示下选择“外切于圆”提示选项，然后指定圆的半径。请看如下外切正六边形的绘制实例。

命令: _polygon　　//单击“多边形”按钮
输入侧面数 <3>: 6↙
指定正多边形的中心点或 [边(E)]: 0,0↙
输入选项 [内接于圆(I)/外切于圆(C)] <I>: C↙
指定圆的半径: 80↙

完成绘制外切正六边形的图形效果如图 3-15 所示。

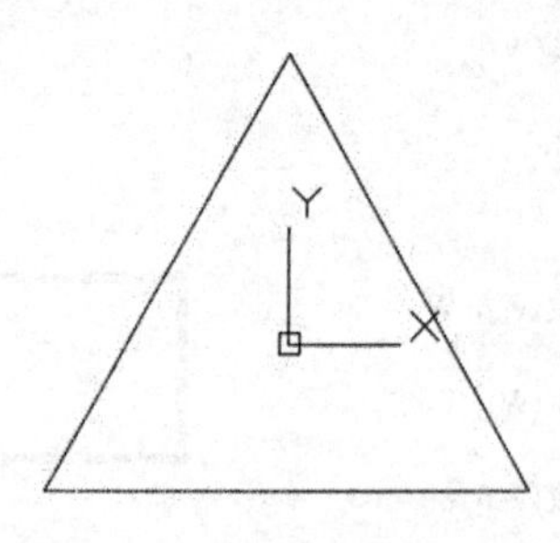

图3-14　绘制等边三角形（内接）

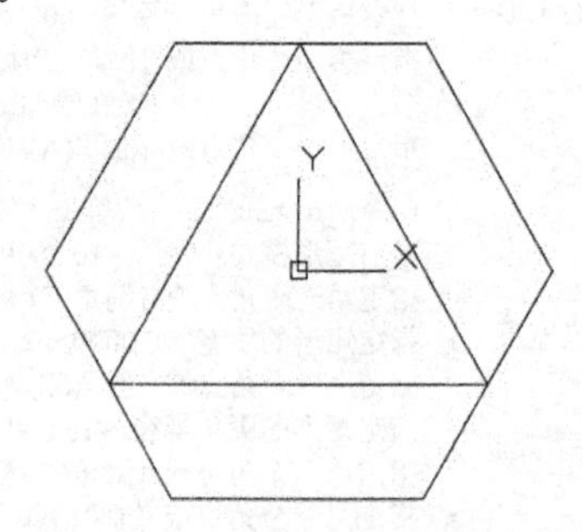

图3-15　绘制外切正六边形

三、通过指定一条表绘制多边形

通过指定一条边绘制多边形的步骤是：在功能区“默认”选项卡的“绘图”面板中单击“多边形”按钮，或者在在命令行的“键入命令”提示下输入“POLYGON”并按“Enter”键，接着在命令提示下输入边数，在“指定正多边形的中心点或 [边(E)]:”提示下选择“边（E）”选项，然后指定一条多边形线段的起点，再指定多边形线段的端点。请看以下使用该方法绘制正五边形的范例。

命令: _polygon　　　　　　　　　　　　//单击“多边形”按钮

输入侧面数 <6>: 5↙

指定正多边形的中心点或 [边(E)]: E↙　　　　//选择“边（E）”提示选项

指定边的第一个端点:　　　　　　　　　　//选择图 3-16 所示的点 1

指定边的第二个端点:　　　　　　　　　　//选择图 3-16 所示的点 2

通过指定一条边的两个端点绘制一个正五边形，结果如图 3-17 所示。

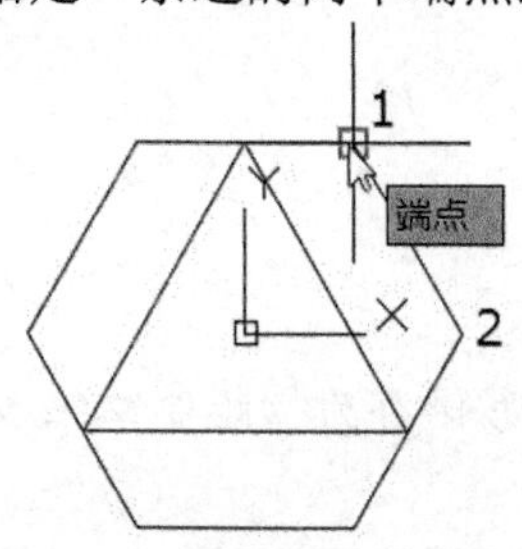

图3-16　分别指定边的起点和端点

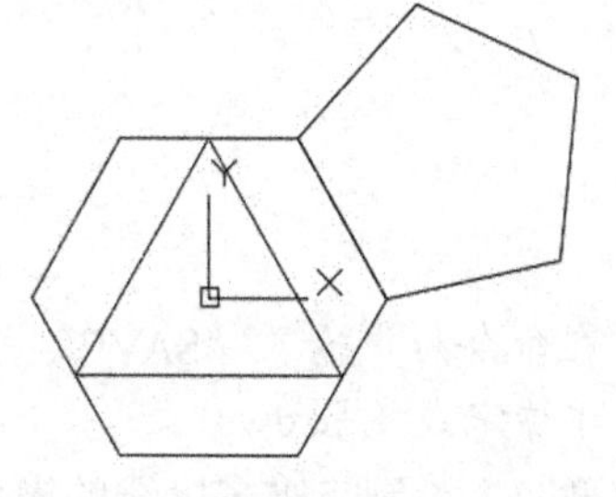

图3-17　绘制好正五边形的图形效果

3.6 绘制二维多段线

二维多段线是由直线段和圆弧段组成的单个对象，它作为单个平面对象创建的相互连接的线段序列。在创建多段线的过程中，可以根据需要在“直线”绘制状态和“圆弧”绘制状态之间切换，还可以为多段线设置线宽，多段线的每段线段从起点到终点可以有不同的线宽。合理有效地利用好“多段线”命令，可以将多步绘图操作（主要针对由直线和圆弧的连续线段组合）简化为一步操作，且操作简单，从而大幅提高绘图效率。

下面介绍两个绘制二维多段线的典型范例。首先看第一个范例的操作步骤，该范例涉及直线和圆弧的切换操作。

视频：绘制二维多段线

1 打开 AutoCAD 2018 后，新建一个使用“acadiso.dwt”默认图形样板的文件。

2 在功能区“默认”选项卡的“绘图”面板中单击“多段线”按钮，或者在命令窗口中输入“pline”并按“Enter”键，接着根据命令行提示进行以下操作。

命令: _pline

指定起点: 0,0↙

当前线宽为 0.0000

指定下一个点或 [圆弧(A)/半宽(H)/长度(L)/放弃(U)/宽度(W)]: 60<0↙

指定下一点或 [圆弧(A)/闭合(C)/半宽(H)/长度(L)/放弃(U)/宽度(W)]: @10<90↙

指定下一点或 [圆弧(A)/闭合(C)/半宽(H)/长度(L)/放弃(U)/宽度(W)]: @25<0↙

指定下一点或 [圆弧(A)/闭合(C)/半宽(H)/长度(L)/放弃(U)/宽度(W)]: A↙

指定圆弧的端点(按住 Ctrl 键以切换方向)或 [角度(A)/圆心(CE)/闭合(CL)/方向(D)/半宽(H)/直线(L)/半径(R)/第二个点(S)/放弃(U)/宽度(W)]: @25<90↙

指定圆弧的端点(按住 Ctrl 键以切换方向)或 [角度(A)/圆心(CE)/闭合(CL)/方向(D)/半宽(H)/直线(L)/半径(R)/第二个点(S)/放弃(U)/宽度(W)]: L↙

指定下一点或 [圆弧(A)/闭合(C)/半宽(H)/长度(L)/放弃(U)/宽度(W)]: @85<180↙

指定下一点或 [圆弧(A)/闭合(C)/半宽(H)/长度(L)/放弃(U)/宽度(W)]: A↙

指定圆弧的端点(按住 Ctrl 键以切换方向)或 [角度(A)/圆心(CE)/闭合(CL)/方向(D)/半宽(H)/直线(L)/半径(R)/第二个点(S)/放弃(U)/宽度(W)]: CL↙

绘制的闭合多段线如图 3-18 所示。

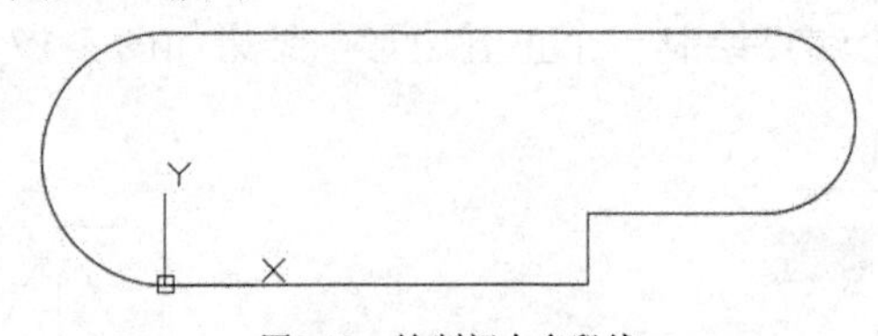

图3-18　绘制闭合多段线

3 在命令行中输入“SAVE”并按“Enter”键，将图形保存为“绘制二维多段线即学即练完成效果.dwg”。

再看第二个绘制二维多段线的操作范例，在该范例中主要涉及不同的线宽设置。

1 打开 AutoCAD 2018 后，新建一个使用“acadiso.dwt”默认图形样板的文件。

2 在功能区“默认”选项卡的“绘图”面板中单击“多段线”按钮，或者在命令窗口中输入“PLINE”并按“Enter”键，接着根据命令行提示进行以下操作。

命令: PLINE

指定起点: 100,0↙

当前线宽为 0.0000

指定下一个点或 [圆弧(A)/半宽(H)/长度(L)/放弃(U)/宽度(W)]: W↙

指定起点宽度 <0.0000>:↙

指定端点宽度 <0.0000>: 10↙

指定下一个点或 [圆弧(A)/半宽(H)/长度(L)/放弃(U)/宽度(W)]: @0,12.5↙

指定下一点或 [圆弧(A)/闭合(C)/半宽(H)/长度(L)/放弃(U)/宽度(W)]: W↙

指定起点宽度 <10.0000>: 5↙

指定端点宽度 <5.0000>:↙

指定下一点或 [圆弧(A)/闭合(C)/半宽(H)/长度(L)/放弃(U)/宽度(W)]: @0,10↙

指定下一点或 [圆弧(A)/闭合(C)/半宽(H)/长度(L)/放弃(U)/宽度(W)]: W↙

指定起点宽度 <5.0000>:↙

指定端点宽度 <5.0000>: 0↙

指定下一点或 [圆弧(A)/闭合(C)/半宽(H)/长度(L)/放弃(U)/宽度(W)]: A↙

指定圆弧的端点(按住 Ctrl 键以切换方向)或 [角度(A)/圆心(CE)/闭合(CL)/方向(D)/半宽(H)/直线(L)/半径(R)/第二个点(S)/放弃(U)/宽度(W)]: @35<180↙

指定圆弧的端点(按住 Ctrl 键以切换方向)或 [角度(A)/圆心(CE)/闭合(CL)/方向(D)/半宽(H)/直线(L)/半径(R)/第二个点(S)/放弃(U)/宽度(W)]: ↙

完成绘制的箭头图形效果如图 3-19 所示。

图3-19　箭头图形效果

3 在当前命令行中输入“SAVE”并按“Enter”键，将图形保存为“绘制二维多段线即学即练 2 完成效果.dwg”。

3.7 绘制样条曲线

样条曲线是经过或接近影响曲线形状的一系列点的平滑曲线。在默认情况下，AutoCAD 中的样条曲线是一系列 3 阶（也称为“三次”）多项式的过渡曲线段，这些曲线在技术上称为非均匀有理 B 样条（NURBS），只是我们将其简称为样条曲线。

在机械制图及其他工程制图中，经常会碰到因为图形太大而无法全部画出的情形，或者部分孔、槽等在某个视图上无法看出，此时需要在图中用样条曲线表示将部分图形“打断”掉或用作局部剖视的边界线。

用户既可以使用拟合点绘制样条曲线，也可以使用控制点绘制样条曲线，如图 3-20 所示，左侧的样条曲线是通过指定 5 个拟合点创建的，而右侧的样条曲线是通过依次指定 6 个控制点创建的。默认情况下，拟合点与样条曲线重合，而控制点定义控制框，所谓的控制框提供了一种便捷的方法，用来设置样条曲线的形状。两种方法都有各自的优点。

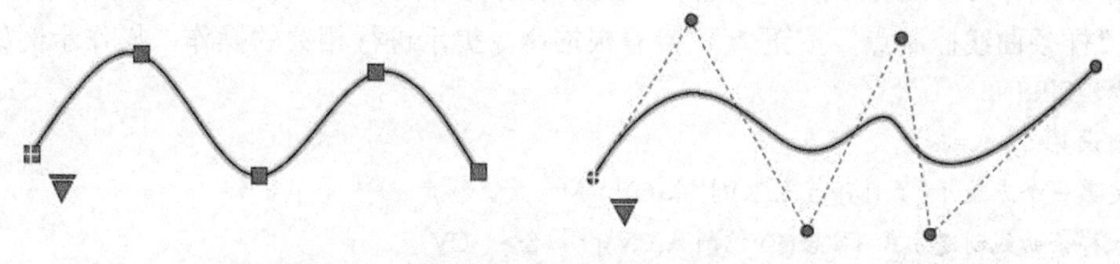

图3-20　“拟合点”样条曲线和“控制点”样条曲线

要使用拟合点绘制样条曲线，则在功能区“默认”选项卡的“绘图”面板中单击“样条曲线拟合”按钮，接着指定第一个拟合点，并指定样条曲线的下一个点，根据需要继续指定点，按“Enter”键结束，或者输入“C”并按“Enter”键来选择“闭合”选项以使样条曲线闭合。以下是通过 5 个拟合点绘制一条样条曲线的命令历史记录及操作说明。

```
命令: _SPLINE
当前设置: 方式=拟合    节点=弦
指定第一个点或 [方式(M)/节点(K)/对象(O)]: _M
输入样条曲线创建方式 [拟合(F)/控制点(CV)] <拟合>: _FIT
当前设置: 方式=拟合    节点=弦
指定第一个点或 [方式(M)/节点(K)/对象(O)]:                    //指定第 1 个拟合点
输入下一个点或 [起点切向(T)/公差(L)]:                        //指定第 2 个拟合点
输入下一个点或 [端点相切(T)/公差(L)/放弃(U)]:                //指定第 3 个拟合点
输入下一个点或 [端点相切(T)/公差(L)/放弃(U)/闭合(C)]:        //指定第 4 个拟合点
输入下一个点或 [端点相切(T)/公差(L)/放弃(U)/闭合(C)]:        //指定第 5 个拟合点
输入下一个点或 [端点相切(T)/公差(L)/放弃(U)/闭合(C)]: ↙     //按“Enter”键结束命令
```

知识点拨： 在创建样条曲线的过程中，如果需要可以选择以下在命令提示中出现的选项来进行相关的操作。

- 方式（M）：控制是使用拟合点还是使用控制点来创建样条曲线。
- 节点（K）：该选项针对使用拟合点的样条曲线，用于指定节点参数化，它是一种计算方法，用来确定样条曲线中连续拟合点之间的零部件曲线如何过渡。
- 对象（O）：将二维或三维的二次或三次样条曲线拟合多段线转换成等效的样条曲线。
- 起点切向（T）：指定在样条曲线起点的相切条件。
- 端点相切（T）：指定在样条曲线终点的相切条件。
- 公差（L）：指定样条曲线可以偏离指定拟合点的距离。公差值为 0 时则生成的样条曲线直接通过拟合点，公差值适用于所有拟合点（拟合点的起点和终点除外）。
- 闭合（C）：通过定义与第一个点重合的最后一个点，闭合样条曲线。默认情况下，闭合的样条曲线为周期性的，沿整个环保持曲率连续性（C2）。
- 放弃（U）：删除最后一个指定点。

使用控制点绘制样条曲线的过程和使用拟合点绘制样条曲线的过程类似。对于使用控制点的样条曲线，可以选择“阶次”选项设置生成的样条曲线的多项式阶数。在“绘图”面板中单击“样条曲线控制点”按钮，接着根据命令提示进行相关的操作，操作示例如下。

```
命令: _SPLINE
当前设置: 方式=拟合　　节点=弦
指定第一个点或 [方式(M)/节点(K)/对象(O)]: _M
输入样条曲线创建方式 [拟合(F)/控制点(CV)] <拟合>: _CV
当前设置: 方式=控制点　　阶数=3
指定第一个点或 [方式(M)/阶数(D)/对象(O)]:          //指定第 1 个点
输入下一个点:                                      //指定第 2 个点
输入下一个点或 [放弃(U)]:                          //指定第 3 个点
输入下一个点或 [闭合(C)/放弃(U)]:                  //指定第 4 个点
输入下一个点或 [闭合(C)/放弃(U)]:                  //指定第 5 个点
输入下一个点或 [闭合(C)/放弃(U)]: C↙               //输入“C”，按“Enter”键
```

该示例绘制的闭合样条曲线如图 3-21 所示。

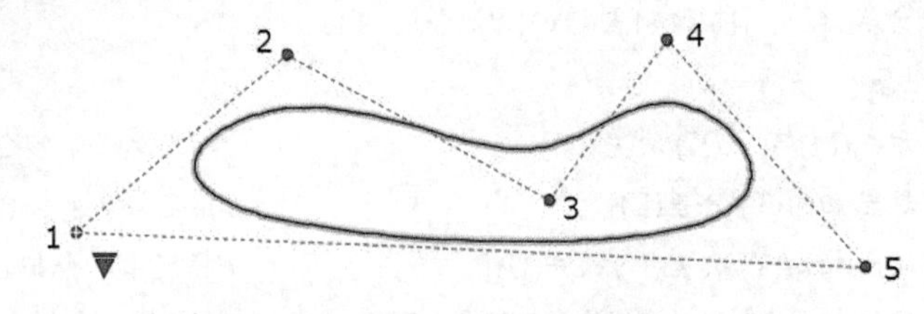

图3-21　绘制闭合的样条曲线（控制点方式）

3.8 绘制点

点可以作为捕捉对象的节点。由于点在屏幕上真实显示时很难看清楚，因此很多领域规定点有相应的显示样式。在绘制点之前，可以根据具体的使用领域及显示习惯设置所需的点

样式。可以绘制普通的点，还可以绘制定数等分点和定距等分点。对于“定数等分”和“定距等分”命令，还可创建相应的定数等分块和定距等分块。

3.8.1 设置点样式

视频：绘制定数等分点和定距等分点

要设置点样式，则在命令行中输入“DDPTYPE” 或“PTYPE”，按“Enter”键，系统弹出图 3-22 所示的“点样式”对话框，从中可以指定点样式和大小。“点样式”对话框提供 20 种点显示图像，通过选择点显示图像图标来更改点样式，在“点大小”文本框中设置点的显示大小，可以相对于屏幕设置点的大小，也可以按绝对单位设置点的大小。当按屏幕尺寸的百分比设定点的显示大小时，当进行缩放时，点的显示大小并不改变，点的大小默认为屏幕的 5%；当按“点大小”下指定的实际绝对单位设定点显示的大小时，进行缩放时，显示的点大小随之改变。

3.8.2 绘制点

要绘制点，通常可以在功能区“默认”选项卡的“绘图”面板中单击“多点”按钮 ▫，接着在绘图区域中指定点位置即可，可以继续创建其他的点，绘制好所需的点后，按“Esc”键退出命令。例如，在图 3-23 所示的图例中，绘制有 3 个点，分别位于椭圆中心和椭圆长轴的两端点处。用户也可以在命令行中输入“POINT”并按“Enter”键，接着指定位置来绘制一个点。

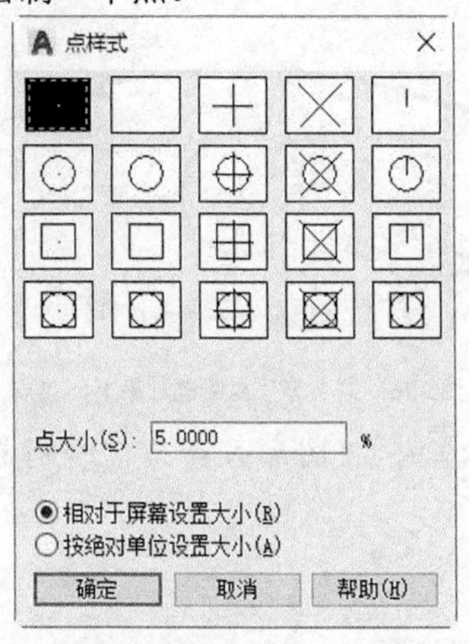

图3-22 “点样式”对话框

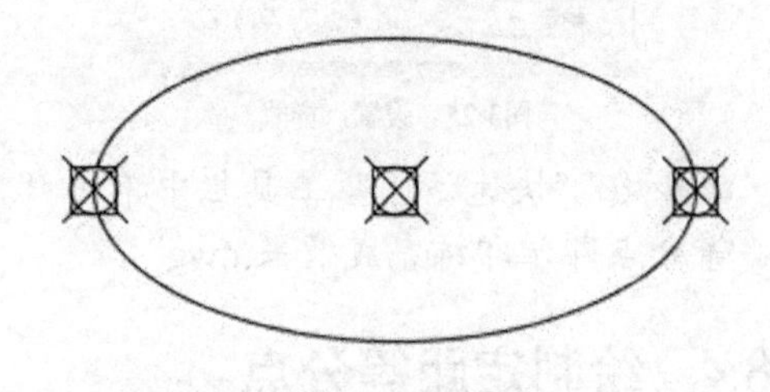
图3-23 绘制多点示例

3.8.3 绘制定数等分点

定数等分点是通过指定点数量来在选定对象上创建等分点，要绘制定数等分点，则在功能区“默认”选项卡的“绘图”面板中单击“定数等分”按钮，或者在命令行的“键入命令”提示下输入“DIVIDE”并按“Enter”键，接着选择要定数等分的对象，以及输入线段数目（即点的数目）即可。请看以下绘制定数等分点的一个实例。

在“快速访问”工具栏中单击“打开”按钮，弹出“选择文件”对话框，选择随书配套光盘中的“绘制定数等分点即学即练.dwg”文件来打开，原始图形如图 3-24 所示。

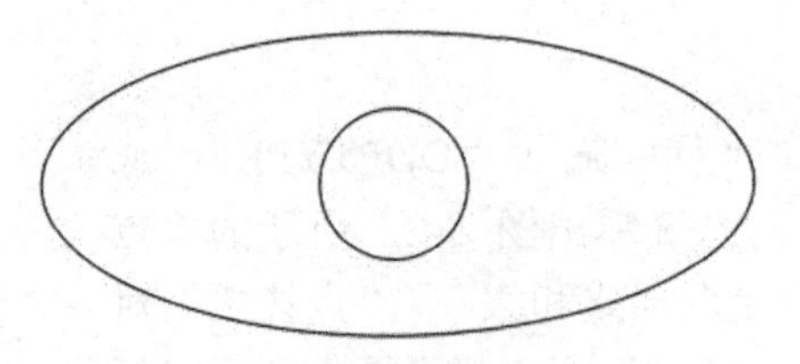

图3-24　原始图形

在命令行中输入“DDPTYPE”或“PTYPE”并按“Enter”键，打开“点样式”对话框，选择图 3-25 所示的点样式，并相对于屏幕设置大小，点大小为 3%，然后单击“确定”按钮。

在功能区“默认”选项卡的“绘图”面板中单击“定数等分”按钮，或者在命令行的“键入命令”提示下输入“DIVIDE”并按“Enter”键，选择椭圆作为要定数等分的对象，然后输入线段数目为 7，结果如图 3-26 所示。

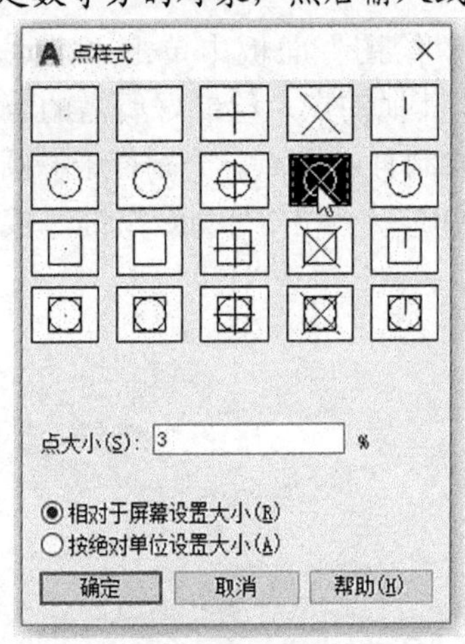

图3-25　设置点样式

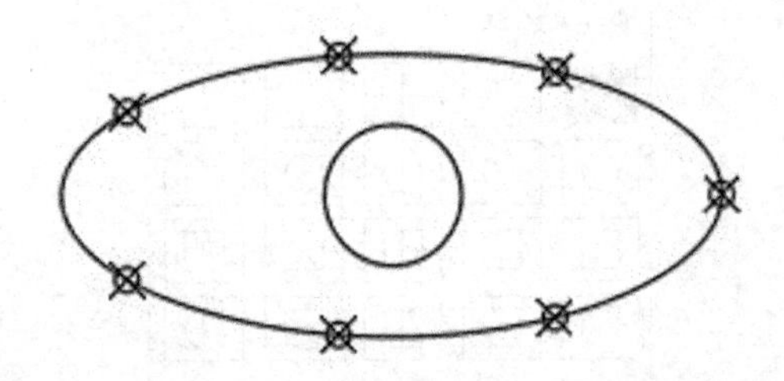

图3-26　按 7 等分在选定对象上创建点

在“快速访问”工具栏中单击“另存为”按钮，将图形另存为“绘制定数等分点即学即练完成效果.dwg”。

3.8.4　绘制定距等分点

定距等分是将所选单独图形对象按照设定的距离进行等分，其中最后一段可能达不到指定的长度。要绘制定距等分点，则在功能区“默认”选项卡的“绘图”面板中单击“定距等分”按钮，或者在命令行的“键入命令”提示下输入“MEASURE”并按“Enter”键，接着选择要定距等分的对象，以及输入线段长度（即要等分的距离）即可。请看以下绘制定距等分点的一个实例。

在“快速访问”工具栏中单击“打开”按钮，弹出“选择文件”对话框，选择随书配套光盘中的“绘制定距等分点即学即练.dwg”文件来打开，原始图形如

图 3-27 所示。

2 在命令行中输入“PTYPE”并按“Enter”键，打开“点样式”对话框，选择图 3-28 所示的点样式，并相对于屏幕设置大小，点大小为 3%，然后单击“确定”按钮。

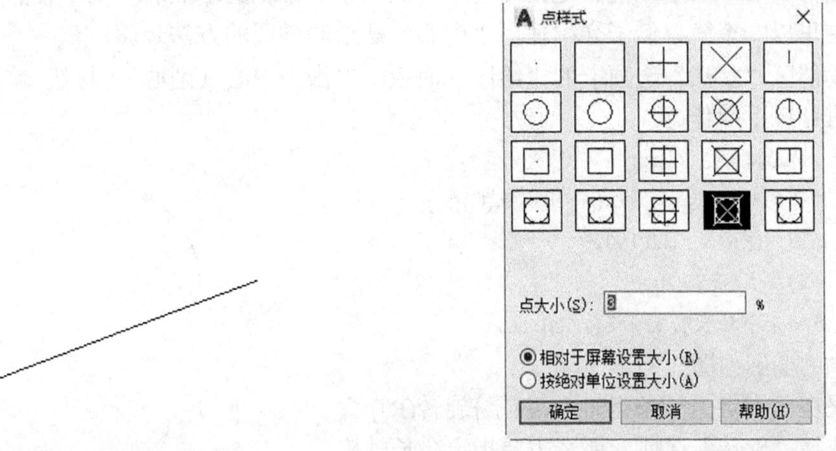

图3-27　已有的直线　　　　图3-28　定义点样式

3 在功能区“默认”选项卡的“绘图”面板中单击“定距等分”按钮，或者在命令行的“键入命令”提示下输入“MEASURE”并按“Enter”键，在靠近左端点处选择直线作为要定距等分的对象，如图 3-29 所示。接着输入等分距离为 50，结果如图 3-30 所示。

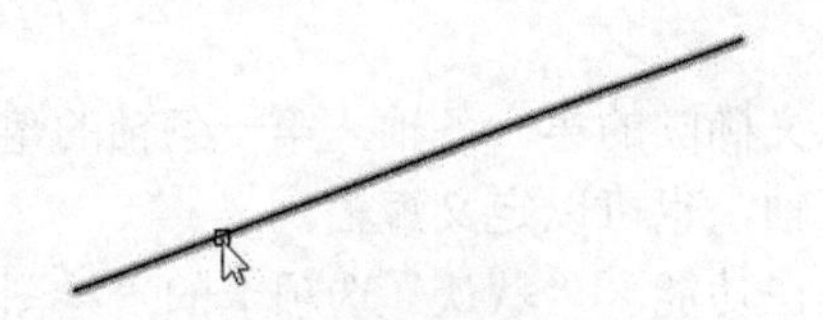

图3-29　选择要定距等分的对象

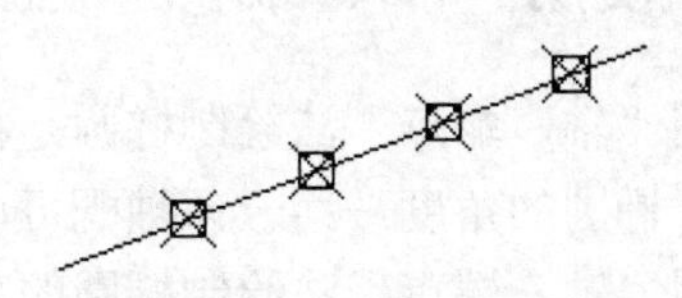

图3-30　创建定距等分点的结果

4 在“快速访问”工具栏中单击“另存为”按钮，将图形另存为“绘制定距等分点即学即练完成效果.dwg”。

知识点拨： 进行定距等分操作时，选择开放图形的位置不同，其结果可能会不相同，这是因为 AutoCAD 软件是从靠近用于选择对象的点的端点处开始放置，从该近端点处开始进行等分计算，而无法等分的那一段便留在最后。此外，闭合多段线的定距等分从它们的初始顶点（绘制的第一个点）处开始；圆的定距等分从设定为当前捕捉旋转角的自圆心的角度开始，如果捕捉旋转角为零，则从圆心右侧的圆周点开始定距等分圆。

3.9 绘制椭圆与椭圆弧

椭圆的造型由定义其长度和宽度的两个轴决定，即主轴和次轴，主轴又称为长轴，而次轴又称为短轴。绘制椭圆的方法主要有两种，一种是“中心（圆心）”法，另一种则是“轴、端点”法。椭圆弧是椭圆其中的一部分，绘制思路是在椭圆的基础上再分别指定其起止角度。

3.9.1　使用“中心”法绘制椭圆

使用“中心”法绘制椭圆是指使用中心点、第一个轴的端点和第二个轴的长度来创建椭圆。在这里以一个简单例子介绍使用“中心”法绘制椭圆的方法步骤。

在功能区“默认”选项卡的“绘图”面板中单击“中心（圆心）”按钮，接着根据命令提示进行以下操作。

命令: _ellipse

指定椭圆的轴端点或 [圆弧(A)/中心点(C)]: _c

指定椭圆的中心点: 100,100↙

指定轴的端点: @80,20↙

指定另一条半轴长度或 [旋转(R)]: 50↙

绘制的椭圆如图 3-31 所示。

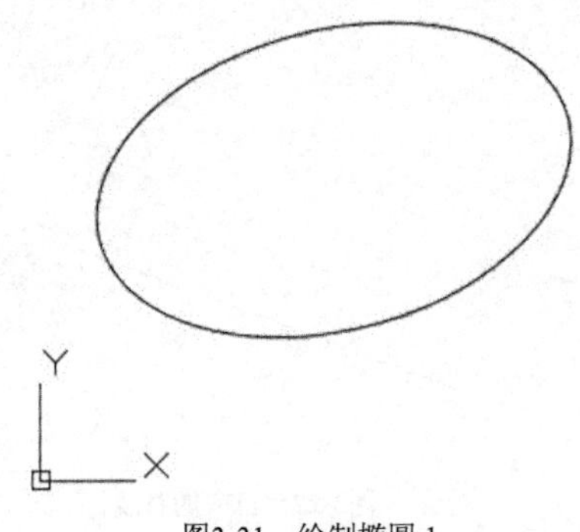

图3-31　绘制椭圆 1

如果在“指定另一条半轴长度或 [旋转(R)]:”提示下选择“旋转”选项，那么需要指定绕长轴旋转的角度，从而通过绕第一条轴旋转圆来创建椭圆。如果输入绕长轴旋转的角度值越大，则椭圆的离心率就越大，而输入该角度值为 0 时则定义一个圆。

3.9.2　使用“轴、端点”法绘制椭圆

使用“轴、端点”法绘制椭圆是根据两个端点定义椭圆的第一条轴，第一条轴的角度确定了整个椭圆的角度，第一条轴既可以定义椭圆的长轴，也可以定义短轴。

使用“轴、端点”法绘制椭圆的基本操作步骤是在功能区“默认”选项卡的“绘图”面板中单击“轴、端点”按钮，接着指定第一条轴的第一个端点和第二个端点，然后从中点拖离定点设备（如鼠标）并单击以指定第二条轴二分之一长度的距离（半轴长度），亦可输入另一条半轴长度。请看以下的一个简单操作范例。

命令: _ellipse　　//单击“轴、端点”按钮

指定椭圆的轴端点或 [圆弧(A)/中心点(C)]:　　//在绘图区域任意指定一点作为椭圆的一个轴端点

指定轴的另一个端点: @100,0↙　　//通过输入相对坐标指定轴的另一个端点

指定另一条半轴长度或 [旋转(R)]: 30.9↙　　//指定另一条半轴长度为 30.9

完成绘制的椭圆如图 3-32 所示。

3.9.3　绘制椭圆弧

通过指定起点和终点角度可以绘制椭圆弧，椭圆弧将从起点到端点按逆时针方向绘制。请看以下绘制椭圆弧的一个操作范例。

在功能区“默认”选项卡的“绘图”面板中单击“椭圆弧”按钮，接着根据命令行提示进行以下操作。

命令: _ellipse

指定椭圆的轴端点或 [圆弧(A)/中心点(C)]: _a

指定椭圆弧的轴端点或 [中心点(C)]: //在绘图区域任意指定一点

指定轴的另一个端点: @100,30↙

指定另一条半轴长度或 [旋转(R)]: 30.9↙

指定起点角度或 [参数(P)]: 0↙

指定端点角度或 [参数(P)/夹角(I)]: 210↙

完成绘制的椭圆弧如图 3-33 所示。

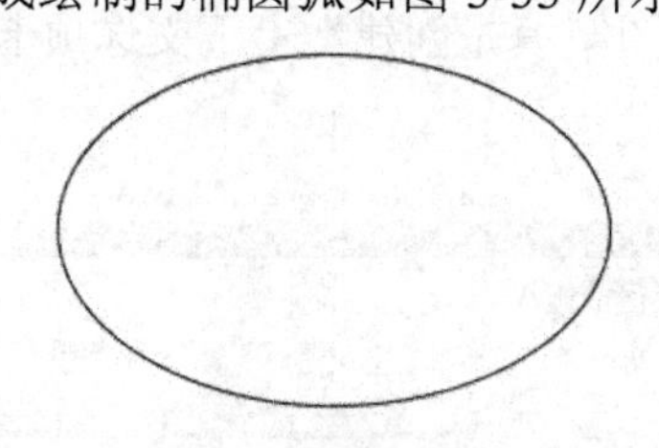

图3-32 绘制椭圆 2

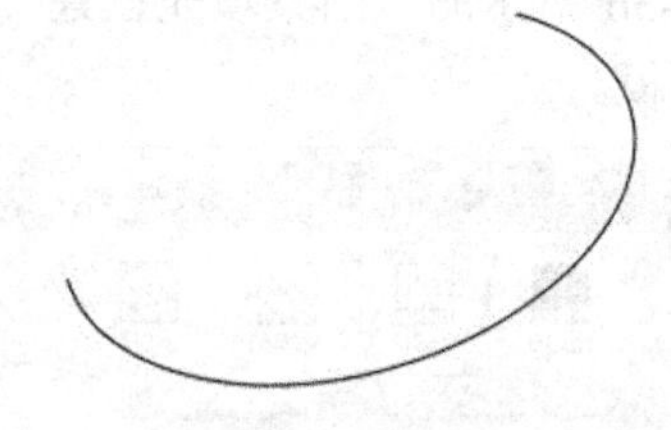

图3-33 绘制椭圆弧

3.10 绘制圆环

圆环是填充环或实体填充圆，属于带有宽度的实际闭合多段线。圆环多用在电路图中和某些特殊图标图案上。要创建圆环，需要指定它的内外直径和圆心位置。通过指定不同的中心点（圆心位置），可以继续创建具有相同直径的多个圆环副本。如果要创建实体填充圆，即绘制一个实心圆，那么可将内圆直径（内径值）设置为 0。

下面结合范例介绍创建圆环的步骤。

1 在功能区“默认”选项卡的“绘图”面板中单击“圆环”按钮◎。

2 指定圆环的内径。在本例中，指定内径为 12。

3 指定圆环的外径。在本例中，指定外径为 20。

4 指定圆环的圆心。在本例中，指定圆环圆心的绝对坐标为“100,50”。

5 指定另一个圆环的中心点，或者按“Enter”键结束命令。在本例中，按“Enter”键结束命令，绘制的一个圆环如图 3-34 所示。

知识点拨： 可以使用系统变量“FILL”控制圆环的填充，默认时“FILL”输入模式为“开（ON）”，表示绘制的圆环为填充圆环；当将“FILL”输入模式更改为“关（OFF）”，则绘制的圆环为不填充形式的圆环，如图 3-35 所示。更改“FILL”输入模式后，为了看设置后的圆环效果，可以在命令行的“键入命令”提示下输入“RE”或“REGEN”并按“Enter”键以重生成图形。

图3-34 绘制圆环

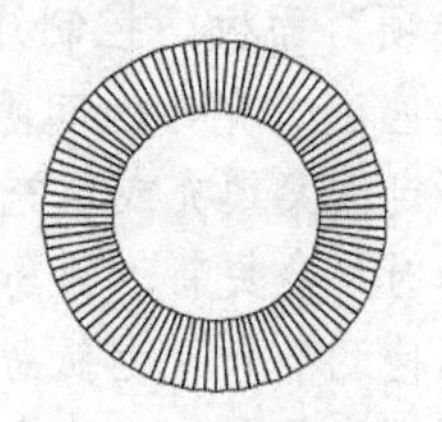

图3-35 不填充形式的圆环

3.11　图案填充与渐变色填充

在 AutoCAD 2018 中，可以使用选定的填充图案或渐变色来填充现有对象或封闭区域。

3.11.1　图案填充

在功能区“默认”选项卡的“绘图”面板中单击“图案填充”按钮，则在功能区中打开图 3-36 所示的“图案填充创建”上下文选项卡。“图案填充创建”上下文选项卡包括以下几个面板。

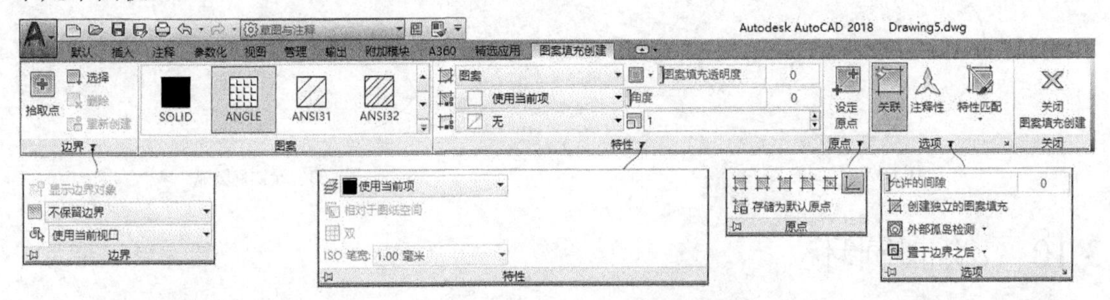

图3-36　“图案填充创建”上下文选项卡

- “边界”面板：该面板提供了“拾取点”“选择”“删除”“重新创建”和“显示边界对象”等工具。其中，“拾取点”工具用于通过选择由一个或多个对象形成的封闭区域内的点来确定图案填充边界；“选择”工具用于指定基于选定对象的图案填充边界，使用此选择选项时，不会自动检测内容对象，为了在文字周围创建不填充的空间，则将文字包括在选择集中；“删除”工具用于从边界定义中删除之前添加的任何对象；“重新创建”工具则用于围绕选定的图案填充或填充对象创建多段线或面域，并使其与图案填充对象相关联（可选）。
- “图案”面板：显示所有预定义和自定义图案的预览图像，用户从中选择所需的图案。当选择“SOLID”实体填充图案时，可以实现纯色填充。
- “特性”面板：在该面板中可以查看并设置图案填充类型、图案填充颜色或渐变色 1、背景色或渐变色 2、图案填充透明度、图案填充角度、填充图案缩放、图案填充间距和图层名等。
- “原点”面板：该面板用于控制填充图案生成的起始位置。某些图案填充（如砖块图案）需要与图案填充边界上的一点对齐，默认情况下，所有图案填充原点都对应于当前的 UCS 原点。
- “选项”面板：控制几个常用的图案填充或填充选项，如关联性、注释性、特性匹配、允许的间隙和孤岛检测选项等。其中，若选中“关联”按钮，则指定图案填充或填充为关联图案填充，关联的图案填充或填充在用户修改其边界时将会更新。孤岛检测选项包括“普通孤岛检测”“外部孤岛检测”“忽略孤岛检测”和“无孤岛检测”，“普通孤岛检测”用于从外部边界向内填充（如果遇到内部孤岛，填充将关闭，直到遇到孤岛中的另一个孤岛），“外部孤岛检测”用于从外部边界向内填充（此选项仅填充指定的区域，不会影响内部孤岛），“忽略孤岛检测”用于忽略所有内部的对象。

- “关闭”面板：在该面板中单击“关闭图案填充创建”按钮，则退出“HATCH”并关闭“图案填充创建”上下文选项卡。

需要用户注意的是，如果当前工作界面没有激活功能区，在菜单栏中选择“绘图”/“图案填充”命令时，那么将弹出图 3-37 所示的“图案填充和渐变色”对话框，在该对话框中进行图案填充操作和在功能区出现的“图案填充创建”上下文选项卡上进行图案填充操作实际上是一样的。

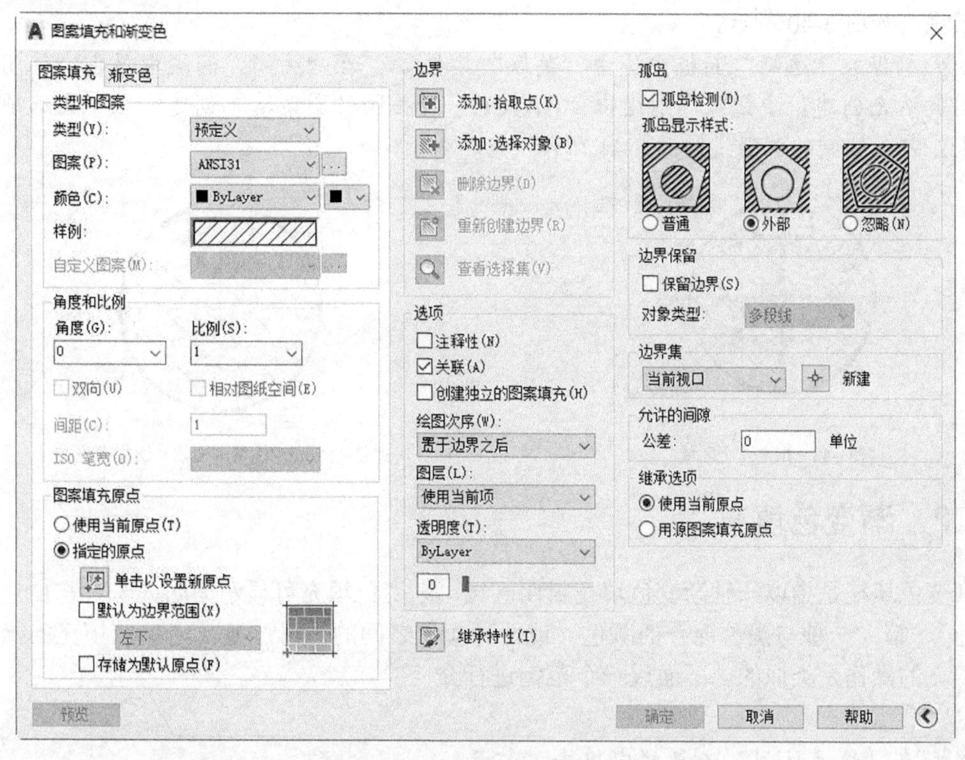

图3-37 “图案填充和渐变色”对话框

下面介绍一个图案填充的操作范例，即在一个机械零件的剖面图形中绘制剖面线。

1. 在“快速访问”工具栏中单击“打开”按钮，弹出“选择文件”对话框，选择随书配套光盘中的“绘制剖面线即学即练.dwg”文件来打开，原始图形如图 3-38 所示。

2. 切换至“草图与注释”工作空间，在功能区“默认”选项卡的“绘图”面板中单击“图案填充”按钮，打开“图案填充创建”上下文选项卡。

3. 在“图案填充创建”上下文选项卡的“图案”面板中选择“ANSI31”图案，并在“特性”面板中设置角度值为 0，填充图案比例为 0.75，如图 3-39 所示。

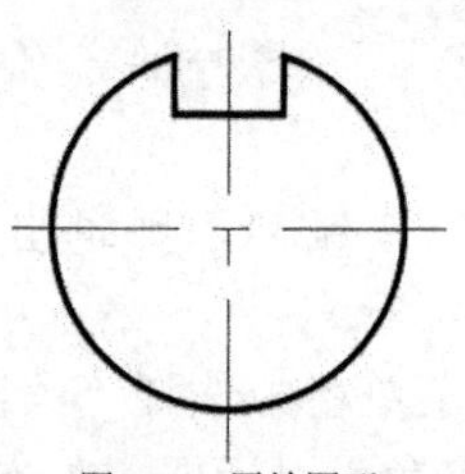

图3-38　原始图形

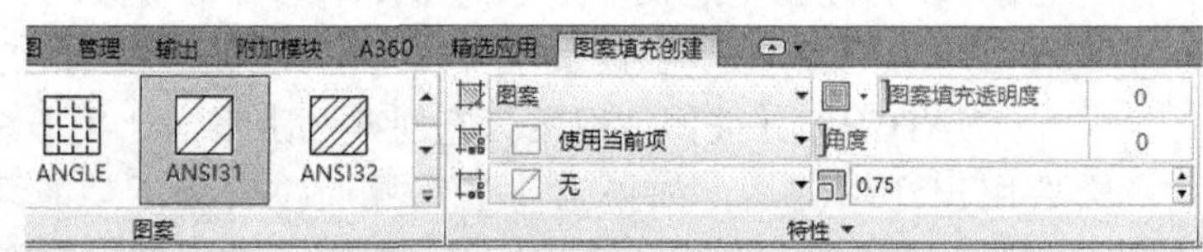

图3-39　指定要填充的图案及相关的特性

4 在“边界”面板中单击“拾取点”按钮，接着在图形窗口的区域 1、区域 2、区域 3 和区域 4 内依次任意单击一点，以选择这些区域作为要填充图案的闭合区域，如图 3-40 所示。

5 确保在“选项”面板中选中“关联”按钮，在“关闭”面板中单击“关闭图案填充创建”按钮，则退出“HATCH”并关闭“图案填充创建”上下文选项卡。完成绘制的剖面线如图 3-41 所示。

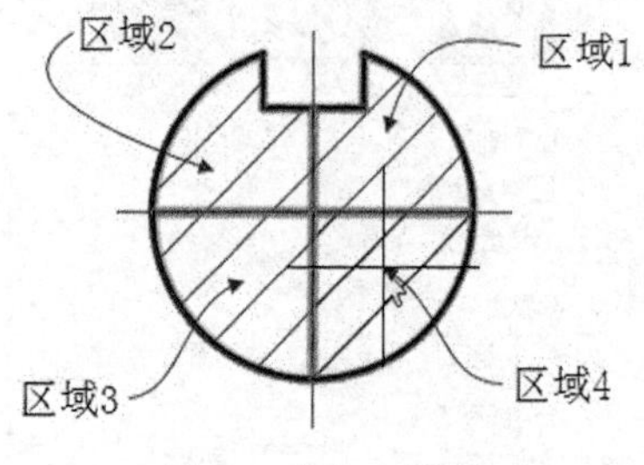

图3-40　指定 4 个区域

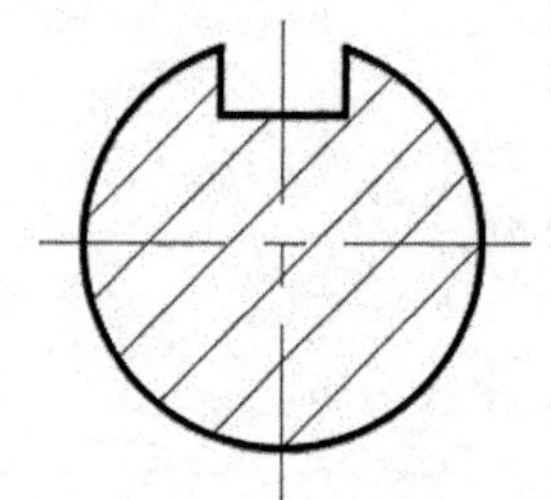

图3-41　完成绘制剖面线（图案填充）

3.11.2　渐变色填充

渐变色填充是指以一种渐变色填充封闭区域，渐变色填充可显示为明（一种与白色混合的颜色）、暗（一种与黑色混合的颜色）或两种颜色之间的平滑过渡。渐变色填充的操作与图案填充的操作是类似的。下面以一个范例进行介绍。

1 在“快速访问”工具栏中单击“打开”按钮，弹出“选择文件”对话框，选择随书配套光盘中的“渐变色填充即学即练.dwg”文件来打开，原始图形如图 3-42 所示。

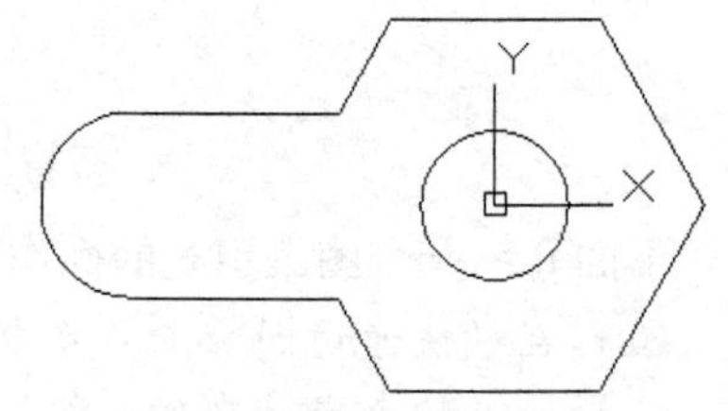

图3-42　原始图形

2 切换至“草图与注释”工作空间，从功能区“默认”选项卡的“绘图”面板中单击“渐变色”按钮，则在功能区中出现“图案填充创建”上下文选项卡，从“特性”面板的“图案填充类型”下拉列表框中可以看到当前的图案填充类型为“渐变色”，如图 3-43 所示。

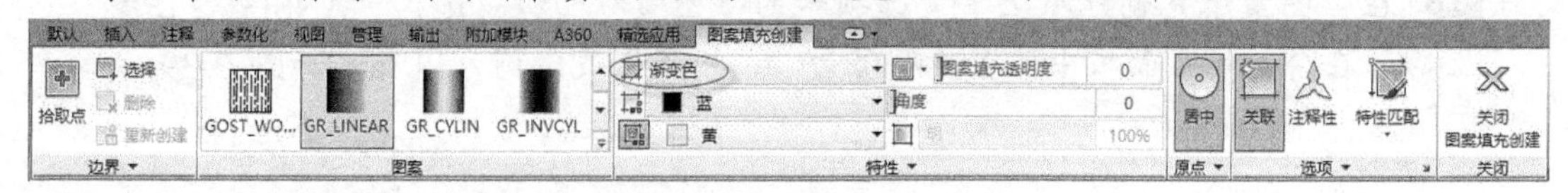

图3-43　图案填充类型默认为“渐变色”

3 在“图案”面板中选择“GB_LINEAR”渐变色图案，在“特性”面板中设置

渐变色 1 为蓝色，渐变色 2 为黄色，

4 在“选项”面板中单击“选项”溢出按钮，接着从“孤岛检测”下拉列表框中选择“普通孤岛检测”选项，如图 3-44 所示，并确保选中“关联”按钮。

5 在“边界”面板中单击“选择”按钮，接着在图形窗口中通过指定两个角点来选择全部的图形，此时渐变色填充效果如图 3-45 所示。

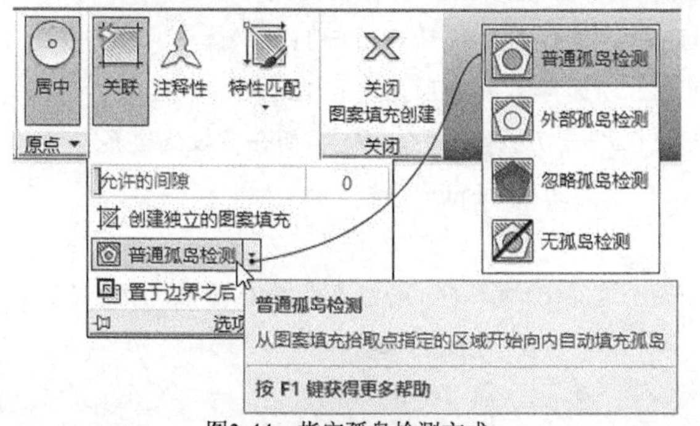

图3-44　指定孤岛检测方式

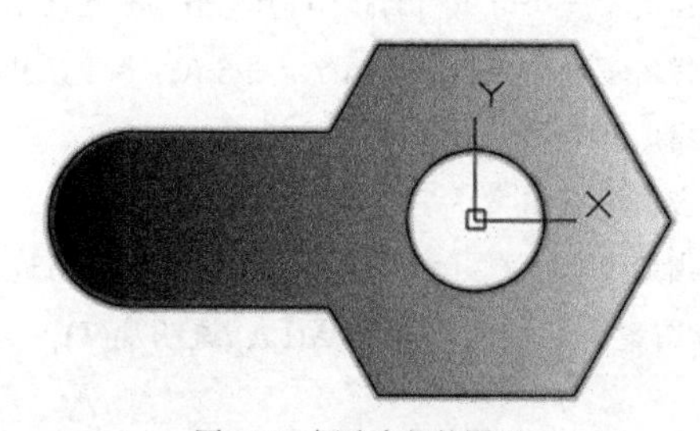

图3-45　框选全部的图形

6 在“关闭”面板中单击“关闭图案填充创建”按钮。

3.11.3　创建无边界图案填充

在 AutoCAD 2018 中，还可以创建无边界图案填充。下面以一个简单范例介绍如何创建无边界图案填充。

1 在“快速访问”工具栏中单击“打开”按钮，弹出“选择文件”对话框，选择随书配套光盘中的“创建无边界图案填充即学即练.dwg”文件来打开，原始图形如图 3-46 所示。

2 在命令窗口的命令行中进行以下操作。

命令: -HATCH↙　　//输入“-HATCH”

当前填充图案:　ANGLE

指定内部点或 [特性(P)/选择对象(S)/绘图边界(W)/删除边界(B)/高级(A)/绘图次序(DR)/原点(O)/注释性(AN)/图案填充颜色(CO)/图层(LA)/透明度(T)]: P↙　　//输入“P”以指定“特性”

输入图案名称或 [?/实体(S)/用户定义(U)/渐变色(G)] <ANGLE>: EARTH↙ //输入图案名称为 EARTH

指定图案缩放比例 <1.0000>: 3↙

指定图案角度 <0>: 45↙

当前填充图案:　EARTH

指定内部点或 [特性(P)/选择对象(S)/绘图边界(W)/删除边界(B)/高级(A)/绘图次序(DR)/原点(O)/注释性(AN)/图案填充颜色(CO)/图层(LA)/透明度(T)]: W↙　　//选择“绘图边界（W）”提示选项

是否保留多段线边界? [是(Y)/否(N)] <N>: N↙　　//设置定义图案填充区域后放弃多段线边界

指定起点:　　//选择图 3-47 所示的点 1

指定下一个点或 [圆弧(A)/长度(L)/放弃(U)]:　　//选择图 3-47 所示的点 2

指定下一个点或 [圆弧(A)/闭合(C)/长度(L)/放弃(U)]:　<正交 关> //选择图 3-47 所示的点 3

指定下一个点或 [圆弧(A)/闭合(C)/长度(L)/放弃(U)]:　　//选择图 3-47 所示的点 4

指定下一个点或 [圆弧(A)/闭合(C)/长度(L)/放弃(U)]:　　//选择图 3-47 所示的点 5

指定下一个点或 [圆弧(A)/闭合(C)/长度(L)/放弃(U)]:　　//选择图 3-47 所示的点 6

指定下一个点或 [圆弧(A)/闭合(C)/长度(L)/放弃(U)]:　　//选择图 3-47 所示的点 7

指定下一个点或 [圆弧(A)/闭合(C)/长度(L)/放弃(U)]:　　//选择图 3-47 所示的点 8

指定下一个点或 [圆弧(A)/闭合(C)/长度(L)/放弃(U)]:　　//选择图 3-47 所示的点 9

指定下一个点或 [圆弧(A)/闭合(C)/长度(L)/放弃(U)]:　　//选择图 3-47 所示的点 10

指定下一个点或 [圆弧(A)/闭合(C)/长度(L)/放弃(U)]:　　//选择图 3-47 所示的点 11

指定下一个点或 [圆弧(A)/闭合(C)/长度(L)/放弃(U)]:　　//选择图 3-47 所示的点 12

指定下一个点或 [圆弧(A)/闭合(C)/长度(L)/放弃(U)]: C↙　　//选择"闭合（C）"闭合多段线边界

指定新边界的起点或 <接受>:↙　　//按"Enter"键

当前填充图案: EARTH

指定内部点或 [特性(P)/选择对象(S)/绘图边界(W)/删除边界(B)/高级(A)/绘图次序(DR)/原点(O)/注释性(AN)/图案填充颜色(CO)/图层(LA)/透明度(T)]: ↙　　//按"Enter"键

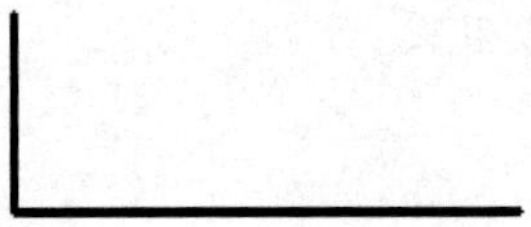

图3-46　原始图形

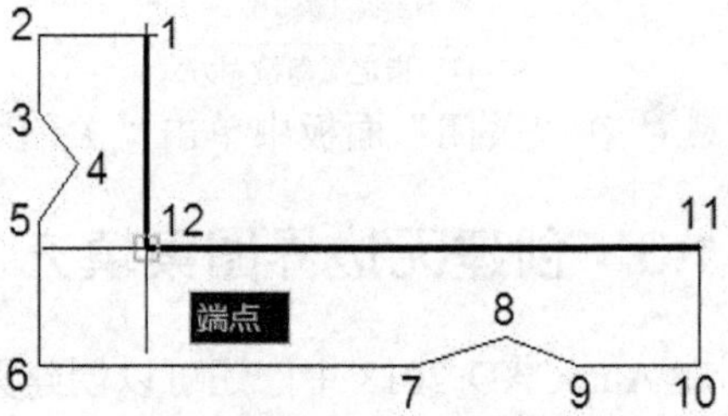

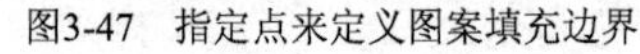

图3-47　指定点来定义图案填充边界

完成无边界图案填充的效果如图 4-48 所示。

图3-48　完成无边界图案填充的效果

3.12　面域与边界

本节介绍面域与边界，两者均可用来创建面域对象，但要注意它们在使用上的异同之处。

3.12.1　面域

面域是具有物理特性（例如，质心）的二维封闭区域。在实际设计中，可以将现有面域合并到单个复杂面域。面域通常用于提取设计信息，应用填充和着色，使用布尔操作将简单对象合并到更复杂的对象。

可以从形成闭环的对象创建面域，所谓的环可以是封闭某个区域的直线、多段线、圆、圆弧、椭圆、椭圆弧和样条曲线的组合。

创建面域的方法步骤如下。

1 在功能区“默认”选项卡的“绘图”面板中单击“面域”按钮，或者在命令窗口的命令行中输入“REGION”并按“Enter”键。

2 选择对象以创建面域。这些对象必须各自形成闭合区域，如圆、椭圆或闭合多段线。

3 按“Enter”键，命令提示下的信息指出检测到了多少个环及创建了多少个面域。

3.12.2 边界

使用“BOUNDARY（边界）”命令，可以从封闭区域创建面域或多段线。该命令对应的工具按钮为“边界”按钮。

在功能区“默认”选项卡的“绘图”面板中单击“边界”按钮，如图 4-49 所示。或者在命令行的“键入命令”提示下输入“BOUNDARY”并按“Enter”键，弹出图 4-50 所示的“边界创建”对话框。利用该对话框，基于封闭指定点的对象定义对象类型（可供选择的对象类型选项有“面域”和“多段线”）、边界集和孤岛检测方法，从而创建面域或多段线。在这里，先介绍“边界创建”对话框中的各工具按钮、复选框、下拉列表框及选项的功能含义。

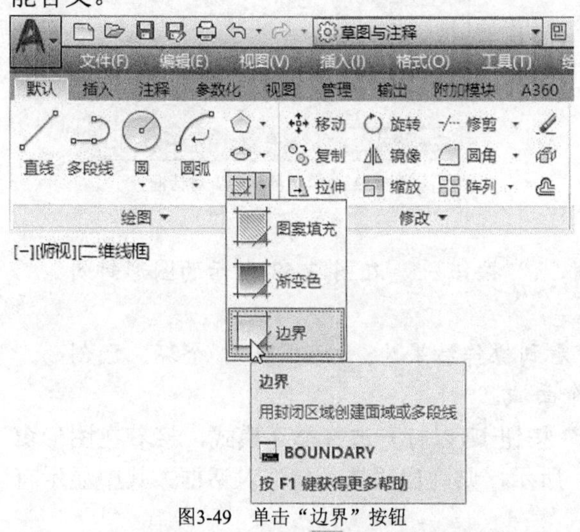

图3-49　单击“边界”按钮

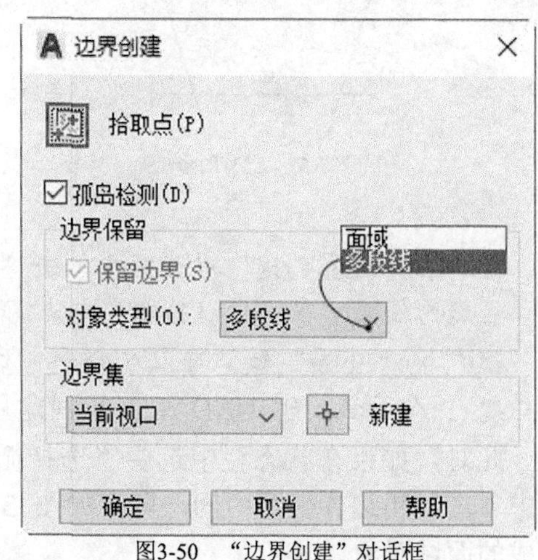

图3-50　“边界创建”对话框

- “拾取点”按钮：单击此按钮，接着拾取内部点，AutoCAD 系统根据围绕指定点构成封闭区域的现有对象来确定边界。
- “孤岛检测”复选框：控制“BOUNDARY（边界）”命令是否检测内部闭合边界，该边界称为孤岛。
- “对象类型”下拉列表框：用于控制新边界对象的类型，“BOUNDARY（边界）”命令将边界作为面域或多段线来创建。
- “边界集”下拉列表框：在该下拉列表框中可以根据需要选择“当前视口”选项或“现有集合”选项，以定义通过指定点定义边界时“BOUNDARY（边

界)”命令要分析的对象集。如果单击“新建”按钮则提示用户选择用来定义边界集的对象，BOUNDARY 仅包括可以在构造新边界集时，用于创建面域或闭合多行段的对象。

请看使用“BOUNDARY（边界)”命令创建一个面域的操作范例。

1 在“快速访问”工具栏中单击“打开”按钮，弹出“选择文件”对话框，选择随书配套光盘中的“边界即学即练.dwg”文件来打开，原始图形如图 3-51 所示。

2 在功能区“默认”选项卡的“绘图”面板中单击“边界”按钮，或者在命令行的“键入命令”提示下输入“BOUNDARY”并按“Enter”键，打开“边界创建”对话框。

3 确保选中“孤岛检测”复选框，并从“对象类型”下拉列表框中选择“面域”选项，从“边界集”下拉列表框中默认选择“当前视口”选项，如图 3-52 所示。

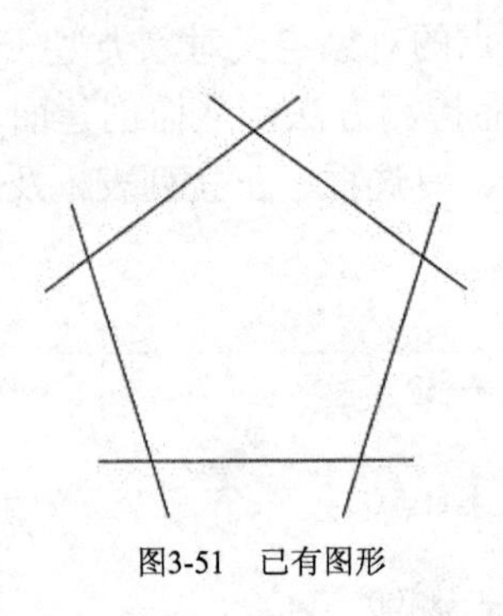

图3-51　已有图形

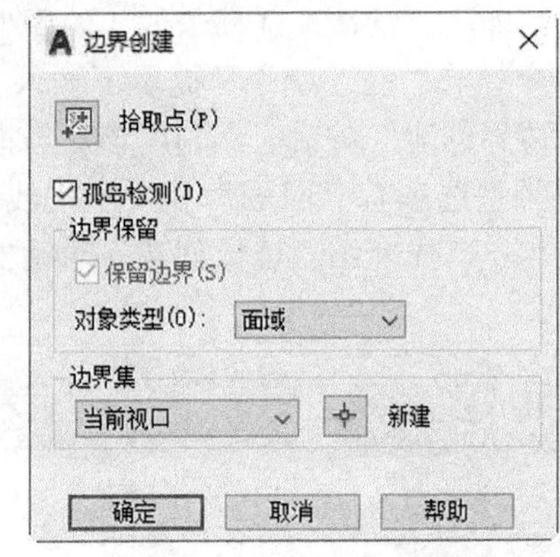

图3-52　“边界创建”对话框

4 在“边界创建”对话框中单击“拾取点”按钮，在图 3-53 所示的图形封闭区域内任意单击一点以拾取内部点。

5 按“Enter”键，可以从命令窗口中看到操作结果为：“已提取 1 个环。已创建 1 个面域。BOUNDARY 已创建 1 个面域。”

此时，如果在状态栏中选中“选择循环”按钮以打开选择循环模式，接着在图形窗口中单击封闭边界任意中间一段，如图 3-54 所示，则弹出“选择集”对话框，其中显示有生成的面域对象。

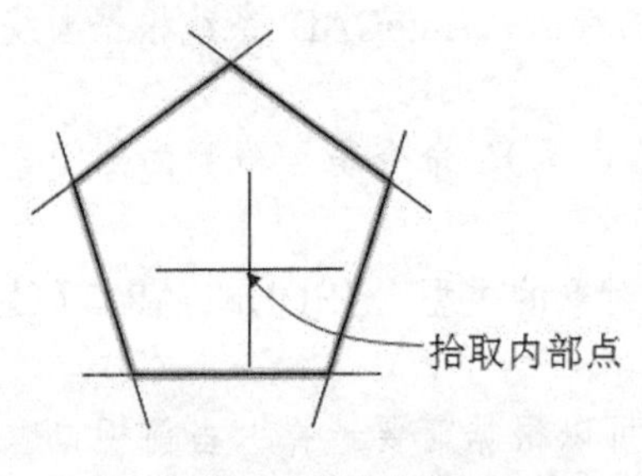

图3-53　拾取内部点

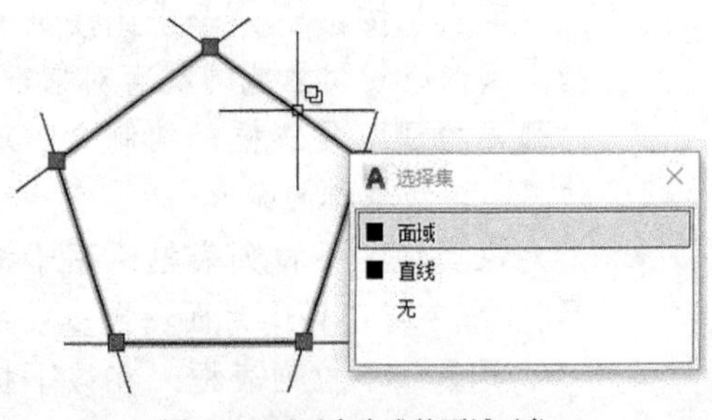

图3-54　显示有生成的面域对象

知识点拨：使用 REGION 命令和 BOUNDARY 命令均可以创建面域，但在本例中只能使用 BOUNDARY 命令创建面域，而不能使用 REGION 命令创建面域，REGION 命令只能由端点首尾相连形成封闭的图形来创建面域。

3.13 修订云线

修订云线是由连续圆弧组成的多段线，在形状上类似于“云线”，主要用于查看阶段提醒用户注意图形的某个部分。在查看或用红线圈阅图形时，可以使用修订云线功能亮显标记以提高工作效率。绘制有修订云线的示例如图 3-55 所示。在实际设计工程中，可以通过移动鼠标来从头开始创建修订云线，也可以对某些对象转换为修订云线，可以转换为修订云线的对象包括圆、椭圆、多段线和样条曲线。

要创建修订云线，则可以在命令行的“键入命令”提示下输入“REVCLOUD”并按“Enter”键，此时命令行窗口出现的提示信息如图 3-56 所示，接着根据命令行提示进行相应的操作。下面先简要地介绍各提示选项的功能含义。

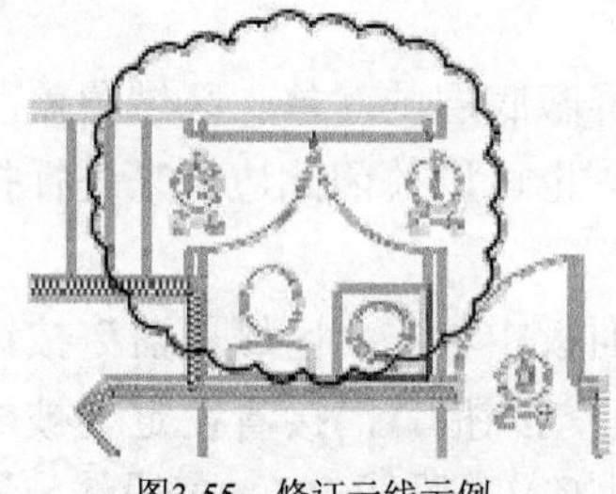

图3-55 修订云线示例

图3-56 REVCLOUD 命令提示

- 第一个角点：指定矩形修订云线的一个角点，还需要指定矩形修订云线的对角点。

知识点拨：对于多边形修订云线，提示为“指定起点”，此时需要指定的是起点和若干个其他用于定义多边形形状的点；对于徒手画修订云线，提示为“指定第一个点”，此时需要指定徒手画修订云线的第一个点，并可通过拖动光标创建新修订云线，要闭合修订云线时间光标拖回到修订云线的第一个点。

- 弧长：最小和最大圆弧长度的默认值为 0.5。所设置的最大弧长不能超过最小弧长的三倍。
- 对象：指定要转换为云线的对象。
- 矩形：使用指定的点作为对角点创建矩形修订云线。这是 AutoCAD 2018 新增加的修订云线绘制功能。
- 多边形：创建非矩形修订云线（由作为修订云线的顶点的 3 个点或更多点定义）。
- 徒手画：绘制徒手画修订云线。
- 样式：指定修订云线的样式。选择“样式”选项后，命令行出现“选择圆弧样式 [普通(N)/手绘(C)] <当前>:”的提示信息，此时，可以指定修订云线的圆

弧样式为“普通”或“手绘”。“普通”选项用于使用默认样式绘制修订云线，“手绘”选项用于像使用画笔绘图一样创建修订云线。

- 修改：从现有修订云线添加或删除侧边。

为了便于绘制修订云线，在功能区“默认”选项卡的“绘图”面板中和功能区“注释”选项卡的“标记”面板中均提供有一个“修订云线”下拉菜单，该下拉菜单中提供了“矩形修订云线”按钮、“多边形修订云线”按钮和“徒手画”按钮。当要创建矩形修订云线时，单击“矩形修订云线”按钮，接着分别指定修订云线的第一个角点和另一个角点，即可创建矩形修订云线；当要创建多边形修订云线，单击“多边形修订云线”按钮，接着指定修订云线的起点，再单击以指定修订云线的其他顶点；当要用画笔样式创建修订云线，则单击“徒手画”按钮，选择“样式”提示选项，并选择“手绘”提示选项，指定第一个点，并沿着要绘制的云线路径引导十字光标来绘制修订云线。如果绘制的徒手画修订云线不是闭合的，那么在命令行中还将出现“反转方向 [是(Y)/否(N)] <否>:”的提示信息，由用户选择是反转方向还是不反转方向。

3.14　区域覆盖

区域覆盖对象是一块多边形区域，它可以使用当前背景色屏蔽底层的对象。区域覆盖区域是由区域覆盖边框定义的，用户可以打开此边框来进行编辑，也可以关闭此边框来进行打印操作。

要遮罩绘图区域，则在功能区“默认”选项卡的“绘图”面板中单击“区域覆盖”按钮，或者在“注释”选项卡的“标记”面板中单击“区域覆盖”按钮，接着在定义被屏蔽区域周边的点序列中指定点，也可以从“指定第一点或 [边框(F)/多段线(P)] <多段线>:”提示选项中选择“多段线（P）”选项并单击要使用的现有多段线（该多段线必须闭合，仅包含线段且宽度为零），最后按“Enter”键结束命令。创建区域覆盖的典型示例如图 3-57 所示。

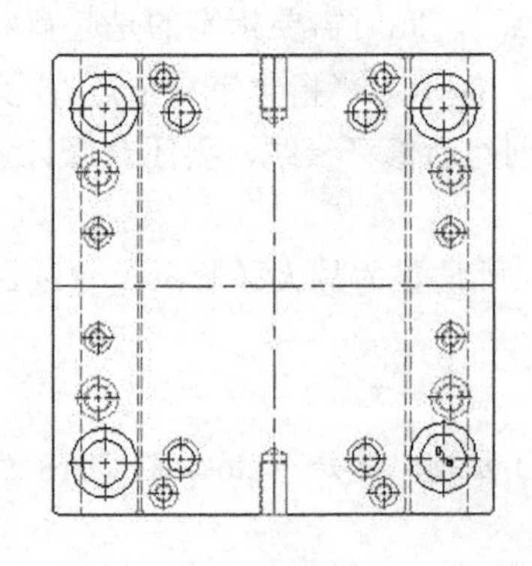

（a）原图

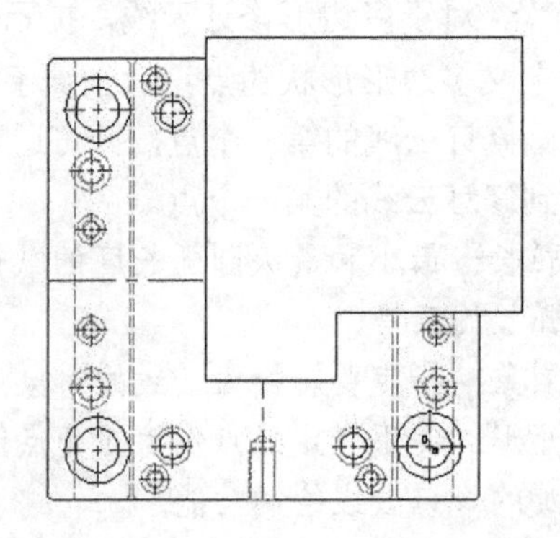

（b）在原图上创建一个区域覆盖对象

图3-57　创建区域覆盖对象示例

如果要切换区域覆盖边框，则在功能区“默认”选项卡的“绘图”面板中单击“区域覆盖”按钮，或者在“注释”选项卡的“标记”面板中单击“区域覆盖”按钮，接着在“指定第一点或 [边框(F)/多段线(P)] <多段线>:”提示下选择“边框（F）”，然后指定“开”

“关”或“显示但不打印”。

3.15 多线

多线由多条平行线组成，这些平行线被称为多线的元素。可以指定这些平行线的宽度，而且每条线都可以有自己的颜色和线型。在建筑平面图中，经常使用“多线”来绘制内外墙。

绘制多线时，可以使用包含两个元素的“STANDARD”多线样式，也可以指定一个以前创建的多线样式。开始绘制之前，可以更改多线的对正和比例。多线对正将确定在光标的哪一侧绘制多线，或者是否位于光标的中心上，而多线的比例用来控制多线的全局宽度（使用当前单位）。多线比例不影响线型。用户可以根据设计需要创建多线的命名样式，这些命名样式用来控制元素的数量和每个元素的特性。多线的特性包括：元素的总数和每个元素的位置、每个元素与多线中间的偏移距离、每个元素的颜色和线型、每个顶点出现的称为joints的直线的可见性、使用的端点封口类型和多线的背景填充颜色等。

下面通过绘制墙体的一个典型范例来讲解如何创建多线样式，如何绘制多线图形，以及如何编辑多线图形。

1. 在“快速访问”工具栏中单击“新建”按钮，新建一个使用acadiso.dwt默认图形样板的图形文件。切换至“草图与注释”工作空间，通过“快速访问”工具栏设置显示菜单栏。

2. 从菜单栏中选择“格式”/“多线样式”命令，或者在命令行中输入“MLSTYLE”并按“Enter”键，系统弹出图3-58所示的“多线样式”对话框。

3. 在“多线样式”对话框中单击“新建”按钮，系统弹出“创建新的多线样式”对话框，在“新样式名”文本框中输入“WALL-1”新样式名，如图3-59所示，然后单击“继续”按钮。

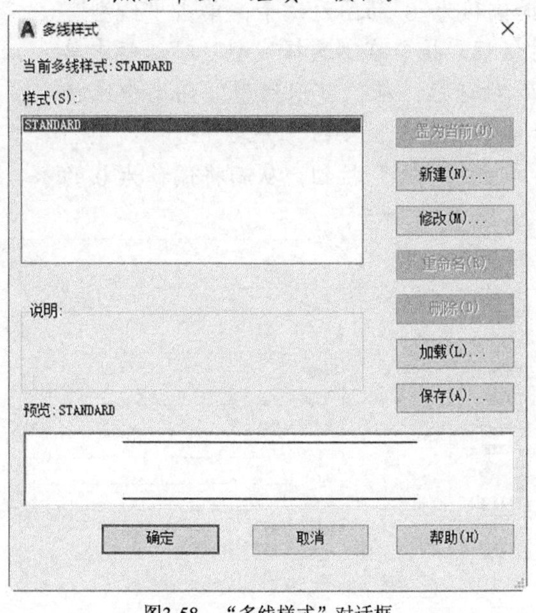

图3-58 “多线样式”对话框

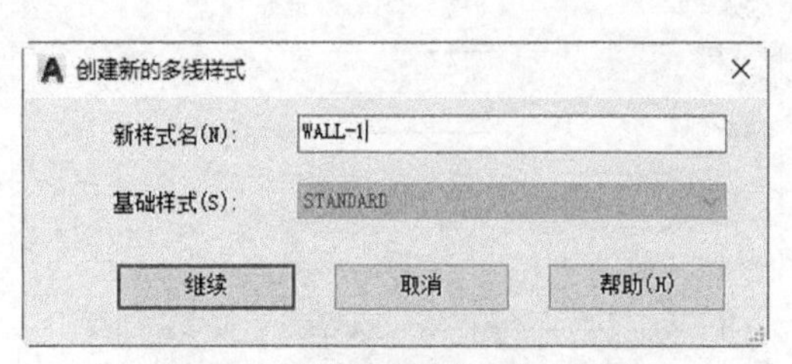

图3-59 “创建新的多线样式”对话框

4 系统弹出“新建多线样式：WALL-1”对话框。在“图元”选项组中单击“添加”按钮以添加一个图元，接着分别设置相应图元元素的偏移距离，即偏移距离分别为 118、0、-118，并在“图元”选项组中选择偏移为 0 的图元元素，将其颜色设置为红色。另外，在“封口”选项组中将封口的起点和端点样式均设为直线形式。在“说明”文本框中输入“墙体多线样式”。具体设置如图 3-60 所示。

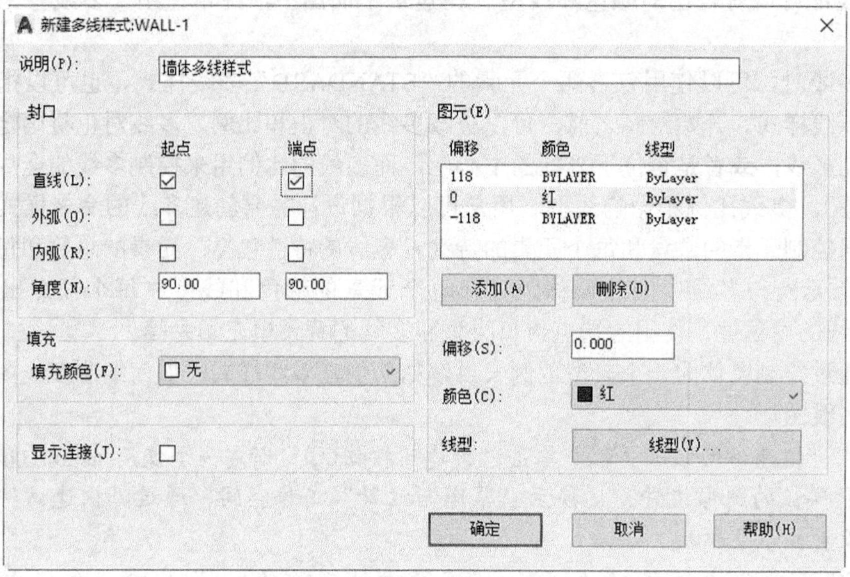

图3-60 “新建多线样式：WALL-1”对话框

知识点拨： 多线可以有不同的封口，例如，封口形式可以为直线、外弧和内弧等，起点和端点可以有不同的封口形式。在实际应用时要注意比较这些封口形式的异同之处。

5 在“图元”选项组的图元列表框中选择偏移为 0 的图元元素，单击“线型”按钮，打开图 3-61 所示的“选择线型”对话框。接着在“选择线型”对话框中单击“加载”按钮，打开“加载或重载线型”对话框，从“可用线型”列表中选择“CENTER”线型，如图 3-62 所示，然后单击“确定”按钮，并在“选择线型”对话框中选择刚加载的“CENTER”线型，单击“确定”按钮，从而将偏移为 0 的图元要素的线型设置为“CENTER”线型，如图 3-63 所示。

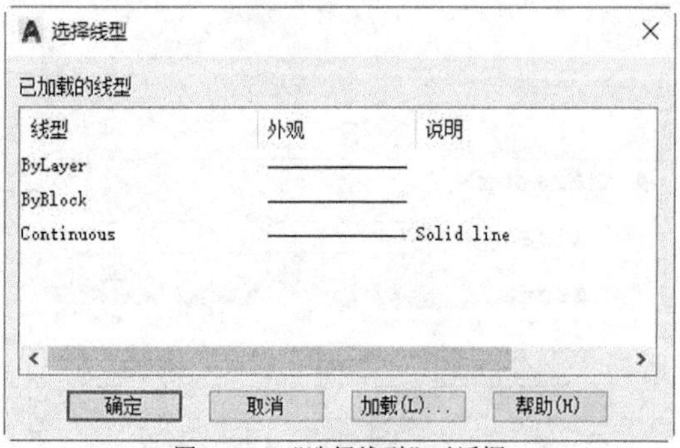

图3-61 “选择线型”对话框

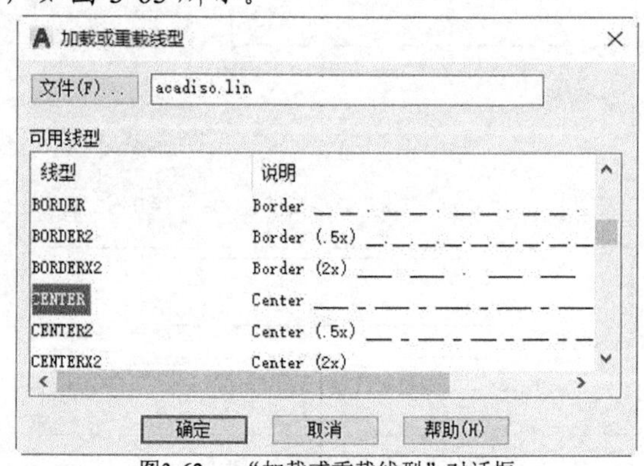

图3-62 “加载或重载线型”对话框

6 在“新建多线样式：WALL-1”对话框中单击“确定”按钮，接着在“多线样式”对话框的“样式”列表框中选择“WALL-1”样式，单击“置为当前”按钮，然后单击“确定”按钮，从而将该新多线样式设置为当前的多线样式。

7 下面开始绘制墙体。在命令行的“键入命令”提示下输入“ML”并按“Enter”键，或者在菜单栏中选择“绘图”/“多线”命令，接着根据命令行提示进行以下操作。

命令: ML↙　　//输入“MLINE”的命令别名

MLINE

当前设置: 对正 = 上，比例 = 20.00，样式 = WALL-1

指定起点或 [对正(J)/比例(S)/样式(ST)]: J↙　　//选择“对正”选项

输入对正类型 [上(T)/无(Z)/下(B)] <上>: Z↙　　//选择“无”选项

当前设置: 对正 = 无，比例 = 20.00，样式 = WALL-1

指定起点或 [对正(J)/比例(S)/样式(ST)]: S↙　　//选择“比例”选项

输入多线比例 <20.00>: 1↙

当前设置: 对正 = 无，比例 = 1.00，样式 = WALL-1

指定起点或 [对正(J)/比例(S)/样式(ST)]: 0,0↙

指定下一点: @0,4500↙

指定下一点或 [放弃(U)]: @7500,0↙

指定下一点或 [闭合(C)/放弃(U)]: @0,-6000↙

指定下一点或 [闭合(C)/放弃(U)]: @1200,0↙

指定下一点或 [闭合(C)/放弃(U)]: @0,-3900↙

指定下一点或 [闭合(C)/放弃(U)]: @8700<180↙

指定下一点或 [闭合(C)/放弃(U)]: @4500<90↙

指定下一点或 [闭合(C)/放弃(U)]: ↙

初步绘制的墙体如图 3-64 所示。

图元(E)

偏移	颜色	线型
118	BYLAYER	ByLayer
0	红	CENTER
-118	BYLAYER	ByLayer

添加(A)　删除(D)

偏移(S): 0.000

颜色(C): 红

线型: 线型(Y)...

图3-63　设置中间图元的线型

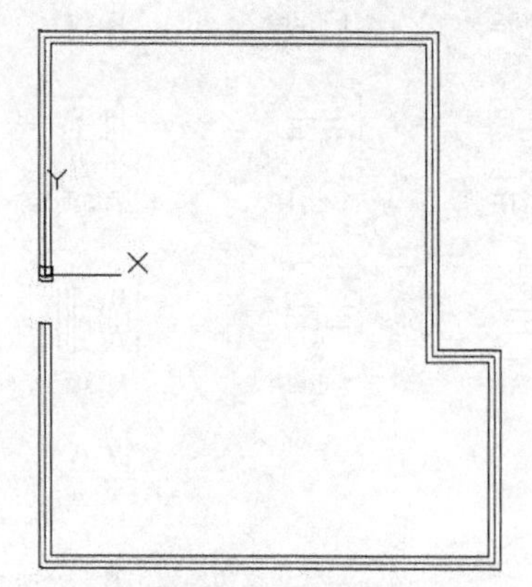

图3-64　绘制的墙体

8 继续使用“绘图”/“多线”命令（MLINE）绘制内侧墙体，如图 3-65 所示。

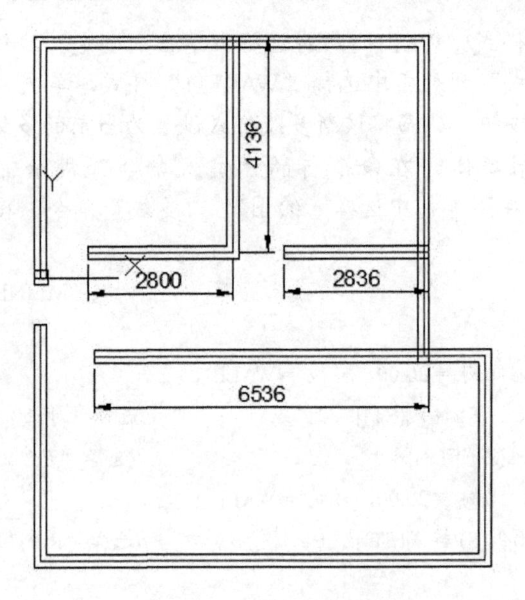

图3-65　绘制内墙体

9 在命令行的“键入命令”提示下输入“MLEDIT”，按“Enter”键，弹出图 3-66 所示的“多线编辑工具”对话框。

10 在“多线编辑工具”对话框中单击“T 形打开”图标，根据提示依次选择要编辑的相交多线进行修改。注意：先选择内墙体多线，再选择相交的外墙。编辑结果如图 3-67 所示。

图3-66　“多线编辑工具”对话框

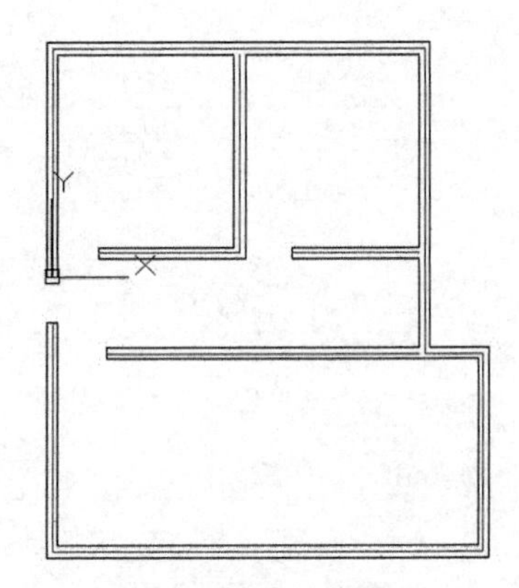

图3-67　T 形打开的效果

11 在“快速访问”工具栏中单击“保存”按钮，将该图形文件保存为“多线即学即练完成效果.dwg”。

3.16 思考与练习题

(1) 如何绘制由直线段组成的闭合图形？

(2) 构造线与射线有什么不同？

(3) 绘制圆和圆弧的方法分别有哪些？

(4) 绘制一个 120mm×65mm，旋转 30° 的矩形（用尺寸进行限制）。

(5) 如何绘制圆环？

(6) 如何创建面域？

(7) 什么是区域覆盖对象？如何使用区域覆盖功能？

(8) 上机练习：先绘制两个圆，大圆圆心位置为（0,0），其半径为 160，小圆圆心位置为（-20,20），小圆半径为 55，并在两个圆上均创建定数等分点（12 等分），如图 3-68（a）所示；接着使用直线工具绘制相关的直线，如图 3-68（b）所示；最后将所有的定数等分点删除，得到的图形效果如图 3-68（c）所示。

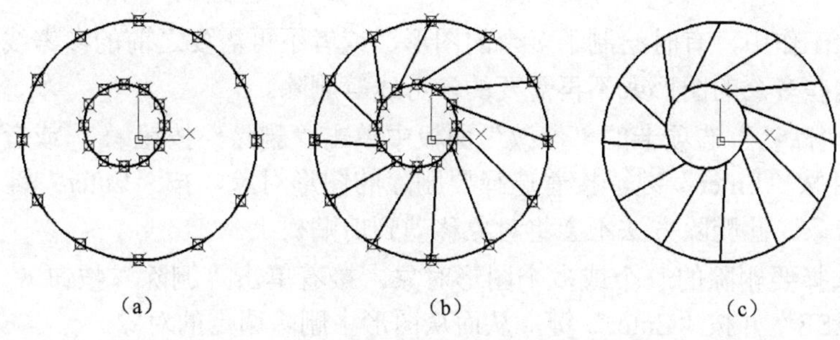

图3-68 上机练习题

(9) 请自行绘制一个平面图，要求应用到“多段线”“椭圆”“圆”“矩形”和“图案填充”这些绘图工具。

第4章　二维图形修改

仅仅掌握二维图形绘制工具命令是不够的，还需要掌握二维图形修改工具命令。事实上，绝大多数图形都需要经过修改才能成为最终想要的图形。二维图形修改主要包括删除、复制、镜像、旋转、偏移、阵列、缩放、移动、修剪与延伸、拉伸与拉长、圆角与倒角、分解（打散）、光顺曲线、打断和合并。

本章结合实例讲解 AutoCAD 2018 二维图形修改的方法和技巧等。

4.1　删除

在实际设计工作中，有时绘制了多余的图形，或者不再需要之前的参考线等，此时便可以从图形中将这些多余的图形或不再需要的参考线等删除。

在功能区 “默认”选项卡的“修改”面板中单击“删除”按钮，或者在命令行中输入“ERASE”并按“Enter”键，接着选择要删除的图形对象，按“Enter”键，即可从图形中删除选定的对象。此删除方法不会将对象移动到剪贴板上。

也可以先选择要删除的一个或多个图形对象，接着单击“删除”按钮，或者在命令行中输入“ERASE”并按“Enter”键，从而从图形中删除选定的对象。

4.2　复制

在绘图过程中，有时会遇到两个形状完全相同但放置位置不同的图形，如果都单独绘制则费时且繁琐，在这种情况下，可以先绘制好一个图形，再通过“复制”命令功能来完成另一个图形。

可以使用由基点及后跟的第二点指定的距离和方向复制对象。下面通过两个范例的形式介绍复制选定图形的方法和技巧。首先看第 1 个复制操作范例。

视频：二维图形修改—复制

1 在“快速访问”工具栏中单击“打开”按钮，选择“复制即学即练.dwg”图形文件来打开，该文件中已有的图形如图 4-1 所示。

2 切换至“草图与注释”工作空间，在功能区“默认”选项卡的“修改”面板中单击“复制”按钮，接着根据命令行提示进行以下操作。

```
命令: _copy
选择对象: 指定对角点: 找到 2 个                //指定窗口选择正六边形和小圆
选择对象: ↙                                  //按“Enter”键结束对象选择
```

当前设置：复制模式 = 单个

指定基点或 [位移(D)/模式(O)/多个(M)] <位移>: M↙　//选择“多个”选项

指定基点或 [位移(D)/模式(O)/多个(M)] <位移>:　//选择如图 4-2 所示的圆心作为复制基点

指定第二个点或 [阵列(A)] <使用第一个点作为位移>:　//选择如图 4-3 所示的新圆心

指定第二个点或 [阵列(A)/退出(E)/放弃(U)] <退出>:　//选择第 3 个圆心

指定第二个点或 [阵列(A)/退出(E)/放弃(U)] <退出>:　//选择第 4 个圆心

指定第二个点或 [阵列(A)/退出(E)/放弃(U)] <退出>:↙　//按“Enter”键结束命令

完成复制操作创建多个复制副本，结果如图 4-4 所示。在该复制操作中，如果没有选择“多个（M）”选项，那么复制模式为“单个”，一次操作只能创建一个复制副本，这样便需要多次执行“复制”命令操作。

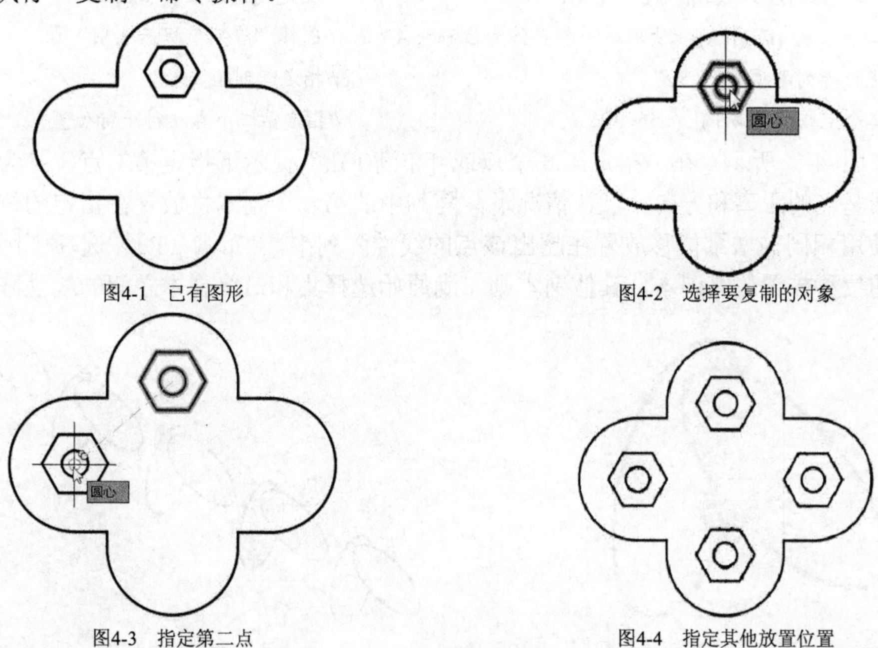

图4-1　已有图形　　图4-2　选择要复制的对象

图4-3　指定第二点　　图4-4　指定其他放置位置

知识点拨： 如果在“指定基点或 [位移(D)/模式(O)/多个(M)] <位移>:”提示下选择“位移”提示选项，则可以使用坐标指定相对距离和方向。指定的两点定义一个矢量，指示复制对象的放置离原位置有多远及以哪个方向放置。如果在“指定第二个点”提示下按“Enter”键，则第一个点将被认为是相对 x、y 和 z 位移。例如，如果指定基点为“10,2”并在下一个提示下按“Enter”键，对象将被复制到距其当前位置在 x 方向上 10 个单位、在 y 方向上 2 个单位的位置。

3　在“快速访问”工具栏中单击“另存为”按钮，指定保存路径，将图形另存为“复制即学即练完成效果.dwg”文件。

在 AutoCAD 2018 中，在复制操作过程中，可以根据设计要求指定在线性阵列中排列的副本数量。请看以下第 2 个复制操作实例。

1　在“快速访问”工具栏中单击“打开”按钮，选择“复制即学即练 2.dwg”图形文件来打开，该文件中的原始图形如图 4-5 所示。

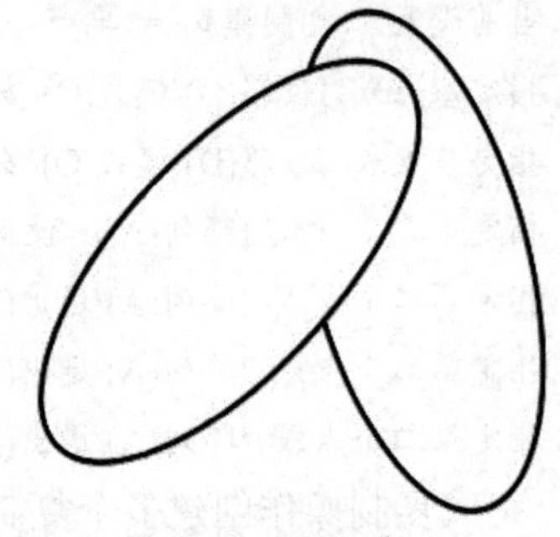

图4-5　原始图形

2 切换至“草图与注释”工作空间，在功能区“默认”选项卡的“修改”面板中单击“复制”按钮，接着根据命令行提示进行以下操作。

```
命令: _copy
选择对象: 指定对角点: 找到 2 个
//选择全部图形作为要复制的对象
选择对象: ↙
//按“Enter”键结束对象选择
当前设置:  复制模式 = 单个
指定基点或 [位移(D)/模式(O)/多个(M)] <位移>:            //指定复制基点，如图 4-6 所示
指定第二个点或 [阵列(A)] <使用第一个点作为位移>: A↙    //选择“阵列”提示选项
输入要进行阵列的项目数: 5↙                              //指定阵列项目数
指定第二个点或 [布满(F)]: @56<30↙                      //指定第二个点相对坐标位置
```

结果如图 4-7 所示。在“指定第二个点或 [布满(F)]:”提示下指定第二点，是为了确定阵列相对于基点的距离和方向。默认情况下，阵列中的第一个副本将放置在指定的位移，其他的副本使用相同的增量位移放置在超出该点的线性阵列中。“布满（F）”选项则用于在阵列中指定的位移放置最终副本，其他副本则布满原始选择集和最终副本之间的线性阵列。

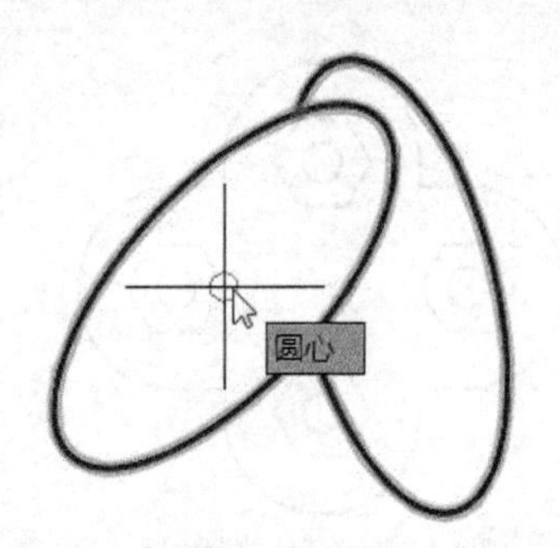

图4-6　指定基点

图4-7　复制的阵列结果

3 在“快速访问”工具栏中单击“另存为”按钮，指定保存路径，将图形另存为“复制即学即练 2 完成效果.dwg”文件。

4.3 镜像

在实际设计工作中会碰到很多图形是对称的，此时可以先创建表示半个图形的对象，接着选择这些对象并沿着指定的对称线进行镜像以创建另一半，如图 4-8 所示。

镜像图形的操作比较简单，即在单击“镜像”按钮，或者在命令行的“键入命令”提示下输入“MIRROR”并按“Enter”键，接着选择要镜像的图形对象，按“Enter”键完成对象选择，然后指定镜像线的第 1 点和第 2 点，指定的两个点将成为镜像线（直线）的两个端点，选定对象相对于这条镜像线（直线）被镜像，最后在提示下确定在镜像原始对象后是删除还是保留它们。

视频：二维图形修改—镜像

镜像图形的典型示例如下。

1 在“快速访问”工具栏中单击“打开”按钮，选择“镜像即学即练.dwg”图形文件来打开，该文件中的原始图形如图 4-9 所示。

图4-8 镜像示例　　图4-9 镜像前的原始图形

2 切换至“草图与注释”工作空间，在功能区“默认”选项卡的“修改”面板中单击“镜像”按钮，接着根据命令行提示进行以下操作。

```
命令: _mirror
选择对象: 指定对角点: 找到 4 个          //指定如图 4-10 所示的对角点 1 和对角点 2 选择对象
选择对象: ↙                              //按“Enter”键
指定镜像线的第一点:                      //在竖直中心线上选择端点 A 点，如图 4-11 所示
指定镜像线的第二点:                      //在竖直中心线上选择端点 B 点，如图 4-11 所示
要删除源对象吗？[是(Y)/否(N)] <N>: N     //选择“否”选项
```

镜像图形的结果如图 4-12 所示。

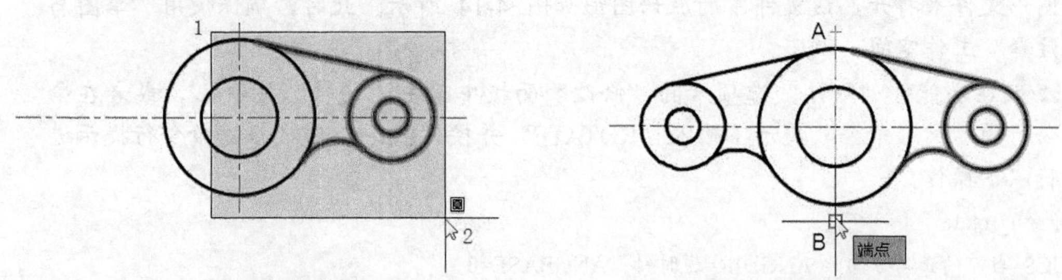

图4-10 选择要镜像的图形　　图4-11 指定镜像线上的两点

3 在“快速访问”工具栏中单击“另存为”按钮，指定保存路径，将图形另存为“镜像即学即练完成效果.dwg”文件。

如果在该例中，在“要删除源对象吗？[是(Y)/否(N)] <N>:”提示下选择“是”选项，那么最终得到的图形如图 4-13 所示。

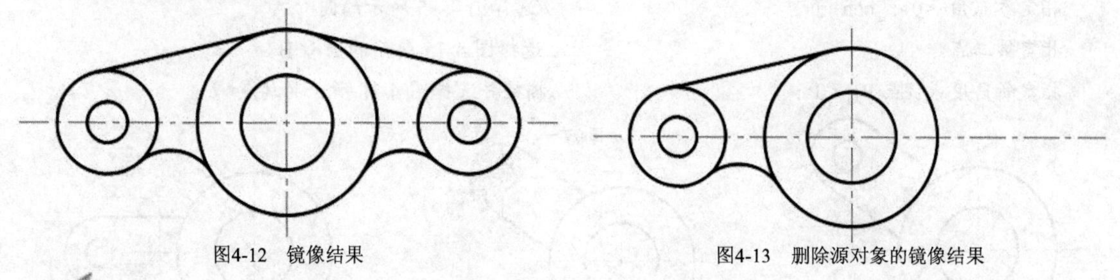

图4-12 镜像结果　　图4-13 删除源对象的镜像结果

知识点拨： 有时会遇到镜像文字对象的情况，在默认情况下，AutoCAD 镜像文字对象时不更改文字的方向。如果确实要反转文字，那么需要将 MIRRTEXT 系统变量设置为 1。

4.4 旋转

视频：二维图形修改—旋转

可绕指定基点旋转图形中的选定对象。旋转对象的步骤如下。

1 在功能区“默认”选项卡的“修改”面板中单击“旋转”按钮，或者在命令行的“键入命令”提示下输入“ROTATE”并按“Enter”键。

2 选择要旋转的对象，按“Enter”键。

3 指定旋转基点。

4 此时出现“指定旋转角度，或 [复制(C)/参照(R)] <当前默认值>:”的提示信息。执行以下操作之一。

- 输入旋转角度。输入正角度值可逆时针或顺时针旋转对象，具体取决于“图形单位”对话框中的基本角度方向设置。
- 绕基点拖动对象并指定旋转对象的终点位置点。为了更加精确，则使用“正交”模式、极轴追踪或对象捕捉。
- 输入“C”并按“Enter”键，创建选定的对象的副本。
- 输入“R”并按“Enter”键，将选定对象从指定参照角度旋转到绝对角度。

旋转图形的操作实例如下。

1 在“快速访问”工具栏中单击“打开”按钮，选择“旋转即学即练.dwg”图形文件来打开，该文件中的原始图形如图 4-14 所示。此时，确保使用“草图与注释”工作空间。

2 在功能区“默认”选项卡的“修改”面板中单击“旋转”按钮，或者在命令行的“键入命令”提示下输入“ROTATE”并按“Enter”键，根据命令行提示进行以下操作。

```
命令: _rotate
UCS 当前的正角方向:  ANGDIR=逆时针   ANGBASE=0
选择对象: 指定对角点: 找到 4 个                    //选择要旋转的图形
选择对象: ↙                                        //按“Enter”键
指定基点: _int 于                                  //选择两条主中心线的交点作为旋转基点
指定旋转角度，或 [复制(C)/参照(R)] <0>:   R↙       //选择“参照”选项
指定参照角 <0>: _cen 于                            //选择图 4-15 所示的圆心 A
指定第二点:                                        //选择图 4-15 所示的圆心 B
指定新角度或 [点(P)] <0>:                          //捕捉并选择图 4-16 所示的端点
```

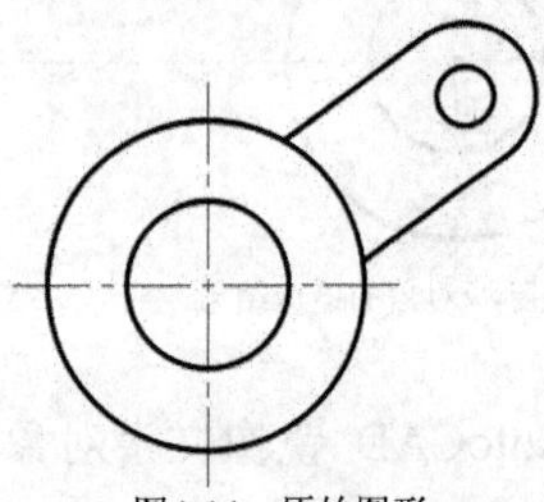

图4-14　原始图形

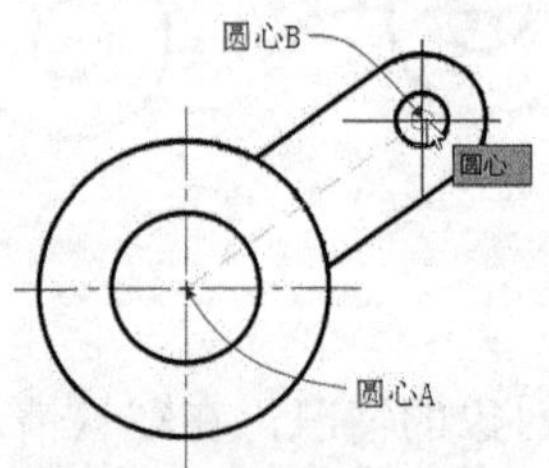

图4-15　指定参照角和第二点

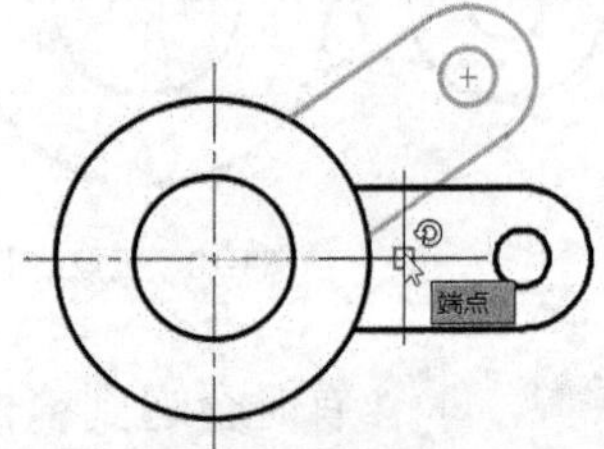

图4-16　指定新角度点

旋转 1 结果如图 4-17 所示。

3 继续进行旋转操作。在功能区“默认”选项卡的“修改”面板中单击“旋转”按钮，或者在命令行的“键入命令”提示下输入“ROTATE”并按“Enter”键，根据命令行提示进行以下操作。

命令: _rotate
UCS 当前的正角方向: ANGDIR=逆时针 ANGBASE=0
选择对象: 指定对角点: 找到 4 个　　//指定两个角点选择要旋转的图形
选择对象: ↙　　//按“Enter”键
指定基点:　　//选择左侧圆心即两中心线的交点
指定旋转角度，或 [复制(C)/参照(R)] <325>: C↙　　//选择“复制（C)”选项
旋转一组选定对象。
指定旋转角度，或 [复制(C)/参照(R)] <325>: 180↙　　//输入旋转角度，按“Enter”键

得到的旋转复制结果如图 4-18 所示。

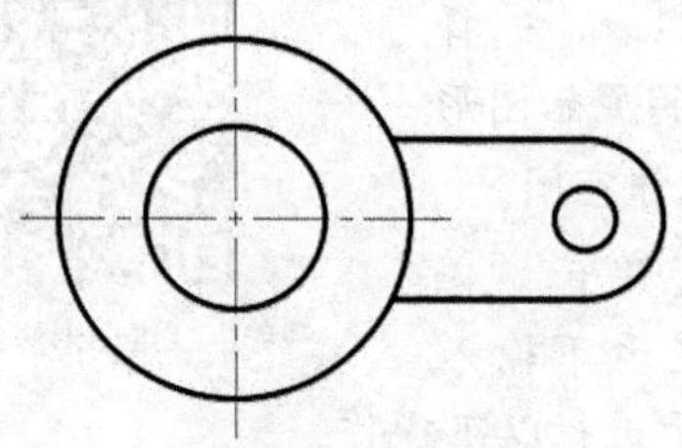
图4-17 旋转 1 结果

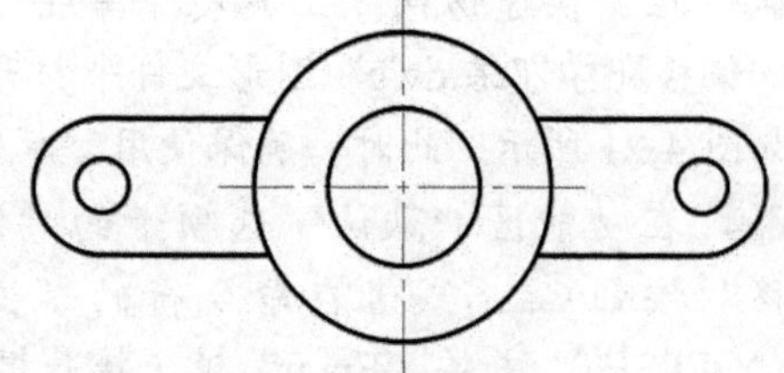
图4-18 旋转复制结果

4 在“快速访问”工具栏中单击“另存为”按钮，指定保存路径，将图形另存为“旋转即学即练完成效果.dwg”文件。

4.5 偏移

偏移对象以创建其形状与原始对象平行的新对象。例如，如果偏移圆或椭圆，那么会创建更大或更小的圆或圆弧，具体取决于指定为向哪一侧偏移。在实际设计中，经常会偏移对象，再修剪或延伸其端点，从而获得满足设计要求的图形，这也是一种常见的绘图技巧。

可以偏移的对象类型包括直线、圆弧、圆、椭圆和椭圆弧（形成椭圆形样条曲线）、二维多段线、构造线、射线和样条曲线。在进行偏移操作时，尤其要注意偏移多段线和样条曲线的以下情形。

- 二维多段线是作为单个线段来偏移，在线段之间产生交点或间隙，因此要完成偏移，应修剪相交线或填充间隙。系统变量 OFFSETGAPTYPE 控制着偏移多段线时处理线段之间的潜在间隙的方式。系统变量 OFFSETGAPTYPE 的默认值为 0，表示将线段延伸到投影交点；当将 OFFSETGAPTYPE 的值设置为 1 时，将线段在其投影交点处进行圆角，每个圆弧段的半径等于偏移距离；当将 OFFSETGAPTYPE 的值设置为 2 时，将线段在其投影交点处进行倒角，在原始对象上从每个倒角到其相应顶点的垂直距离等于偏移距离。偏移多段线的典型示例如图 4-19 所示，该实例的系统变量 OFFSETGAPTYPE 的默认值为 0。

- 二维多段线或样条曲线在偏移距离大于可调整的距离时将自动进行修剪，如图 4-20 所示。

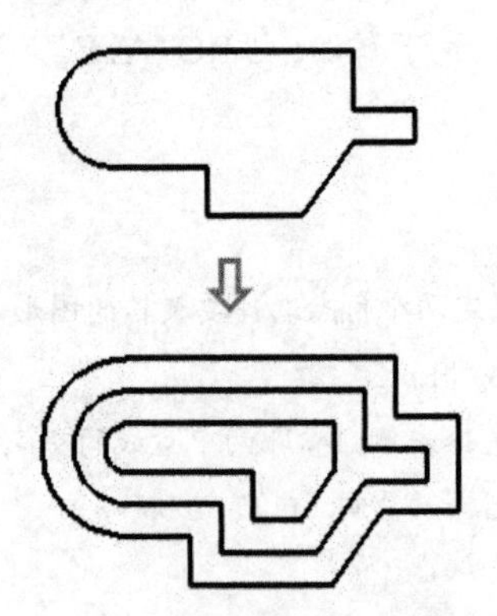

图4-19 偏移多段线示例

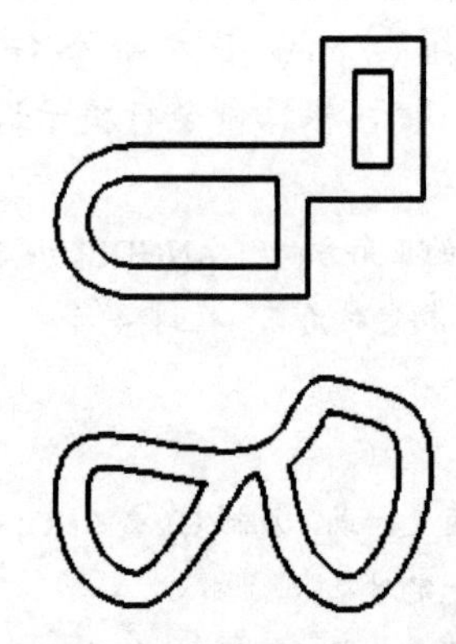

图4-20 偏移距离大于可调整的距离时

偏移操作实例如下。

1 在“快速访问”工具栏中单击“打开”按钮，选择“偏移即学即练.dwg”图形文件来打开，该文件中的原始图形如图 4-21 所示。此时，确保使用“草图与注释”工作空间。

视频：二维图形修改—偏移

2 在功能区“默认”选项卡的“修改”面板中单击“偏移”按钮，或者在命令行的“键入命令”提示下输入“OFFSET”并按“Enter”键，接着根据命令行提示进行以下操作。

命令: _offset

当前设置: 删除源=否 图层=源 OFFSETGAPTYPE=0

指定偏移距离或 [通过(T)/删除(E)/图层(L)] <10.0000>: T↙ //选择“通过（T）”选项

选择要偏移的对象，或 [退出(E)/放弃(U)] <退出>: //选择最外侧的圆

指定通过点或 [退出(E)/多个(M)/放弃(U)] <退出>: //选择图 4-22 所示的端点作为通过点

选择要偏移的对象，或 [退出(E)/放弃(U)] <退出>:↙ //按“Enter”键结束命令操作

得到的偏移结果 1 如图 4-23 所示。

图4-21 原始图形

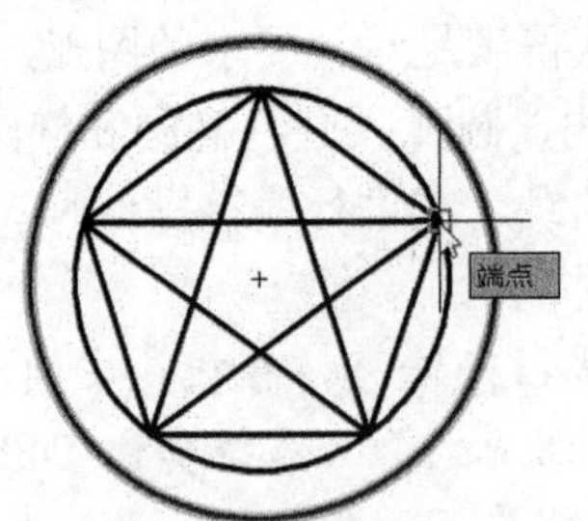

图4-22 指定通过点

图4-23 偏移结果 1

3 在功能区“默认”选项卡的“修改”面板中单击“偏移”按钮，或者在命令行的“键入命令”提示下输入“OFFSET”并按“Enter”键，接着根据命令行提示进行以下操作。

命令: _offset

当前设置: 删除源=否 图层=源 OFFSETGAPTYPE=0

指定偏移距离或 [通过(T)/删除(E)/图层(L)] <通过>: E↙
要在偏移后删除源对象吗? [是(Y)/否(N)] <否>: Y↙
指定偏移距离或 [通过(T)/删除(E)/图层(L)] <通过>: 85↙
选择要偏移的对象，或 [退出(E)/放弃(U)] <退出>: //选择最外侧的圆，如图 4-24 所示
指定要偏移的那一侧上的点，或 [退出(E)/多个(M)/放弃(U)] <退出>: //在内侧单击任意一点
选择要偏移的对象，或 [退出(E)/放弃(U)] <退出>:↙

完成第 2 次偏移操作的结果如图 4-25 所示。

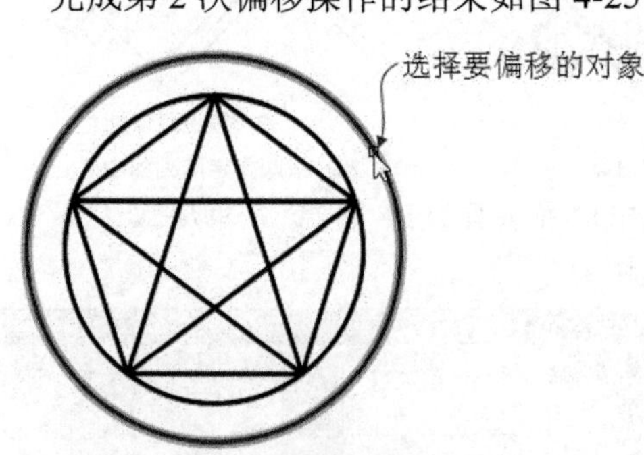

图4-24 选择要偏移的对象

图4-25 偏移结果 2

4 在“快速访问”工具栏中单击“另存为”按钮，指定保存路径，将图形另存为“偏移即学即练完成效果.dwg”文件。

4.6 阵列

AutoCAD 2018 提供 3 种阵列工具，分别为“环形阵列”按钮、“矩形阵列”按钮和“路径阵列”按钮。

4.6.1 环形阵列

视频：二维图形修改—阵列

创建环形阵列是指围绕中心点或旋转轴在环形阵列中均匀分布对象副本。环形阵列又称极轴阵列。本节主要介绍在二维制图中使用环形阵列。

在创建阵列的过程中，可以设置阵列的关联性，即阵列可以为关联阵列或非关联阵列。所谓的关联性可以允许用户通过维护项目之间的关系快速在整个阵列中传递更改。

- 关联：项目包含在单个阵列对象中，类似于块。可编辑阵列对象的特性，例如，间距或项目数；替代项目特性或替换项目的源对象；编辑项目的源对象以更改参照这些源对象的所有项目。
- 非关联：阵列中的项目将创建为独立的对象。更改一个项目不影响其他项目。

下面通过一个范例介绍如何在二维制图中创建环形阵列对象。

1 在“快速访问”工具栏中单击“打开”按钮，选择“环形阵列即学即练.dwg”图形文件来打开，该文件中的方形桌子、椅子和卡位原始组合如图 4-26 所示。此时，确保使用“草图与注释”工作空间，并在状态栏中确保启动极轴追踪、对象捕捉和对象捕捉追踪模式。

2 在功能区“默认”选项卡的“修改”面板中单击“环形阵列”按钮，接着在图形窗口中单击选择要阵列的对象，如图 4-27 所示，按“Enter”键完成对象选择，然后使用相关的追踪功能追踪到图 4-28 所示的点作为阵列的中心点。

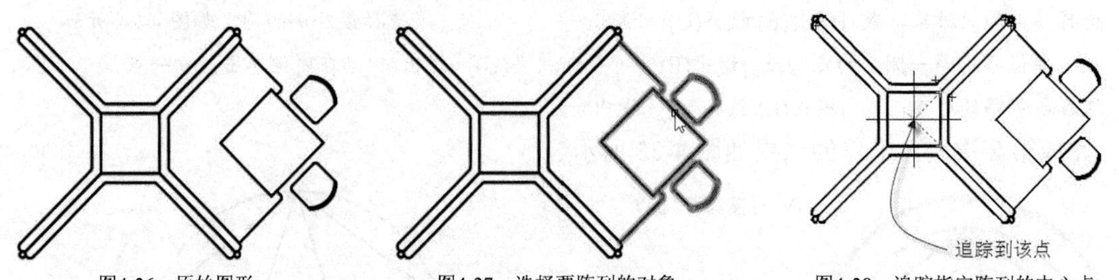

图4-26　原始图形　　图4-27　选择要阵列的对象　　图4-28　追踪指定阵列的中心点

3 此时功能区出现“阵列创建”选项卡，从中设置项目数为 4，填充角度默认为 360°，并设置其他参数和选项，如图 4-29 所示。

默认　插入　注释　参数化　视图　管理　输出　附加模块　A360　精选应用　阵列创建

类型	项目		行		层级		特性	关闭
极轴	项目数:	4	行数:	1	级别:	1	关联 基点 旋转项目 方向	关闭阵列
	介于:	90	介于:	3978.9297	介于:	1		
	填充:	360	总计:	3978.9297	总计:	1		

图4-29　在“阵列创建”选项卡中设置相关参数和选项

4 在“阵列创建”选项卡中单击“关闭阵列”按钮，创建的环形阵列如图 4-30 所示。

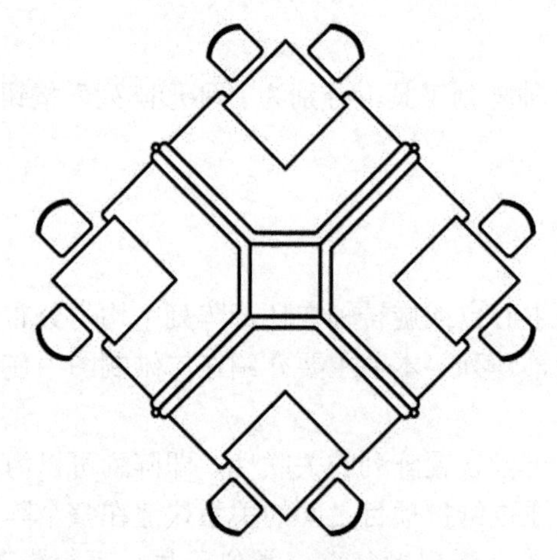

图4-30　创建的环形阵列

5 在“快速访问”工具栏中单击“另存为”按钮，指定保存路径，将图形另存为“环形阵列即学即练完成效果.dwg”文件。

知识点拨： 如果关闭了功能区，从菜单栏中单击选择“修改”/“阵列”/“环形阵列”命令，则接着根据命令行提示选择要阵列的对象，并指定阵列的中心点，然后在命令行中根据提示选择所需选项来进行余下的操作，这和在“阵列创建”选项卡中设置相关参数、选项的操作实际上是一样的。

4.6.2 矩形阵列

矩形阵列是应用较多的一种阵列，在矩形阵列中，项目分布到任意行、列和层的组合。用户可以通过拖动阵列夹点来增加或减小阵列中行和列的数量和间距。

创建矩形阵列的步骤简述如下。

1 在功能区“默认”选项卡的“修改”面板中单击“矩形阵列”按钮。

2 选择要阵列的对象，并按“Enter”键。此时将在图形窗口中显示默认的矩形阵列。

3 在阵列预览中，拖动相应的夹点以调整间距及行数和列数，如图 4-31 所示。还可以在“阵列创建”选项卡中修改相关的值。

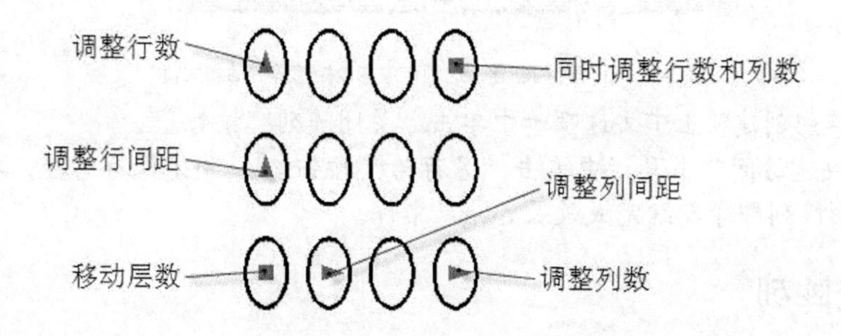

图4-31　使用夹点调整阵列参数

4 在“阵列创建”选项卡中单击“关闭阵列”按钮。

下面介绍一个创建有矩形阵列的范例。

1 在“快速访问”工具栏中单击“打开”按钮，选择“矩形阵列即学即练.dwg”图形文件来打开，文件中的原始图形如图 4-32 所示。

2 确保切换至“草图与注释”工作空间，在功能区“默认”选项卡的“修改”面板中单击“矩形阵列”按钮。

3 在图形窗口中从左到右指定两个角点来选择要阵列的图形对象，如图 4-33 所示，按“Enter”键结束对象选择。

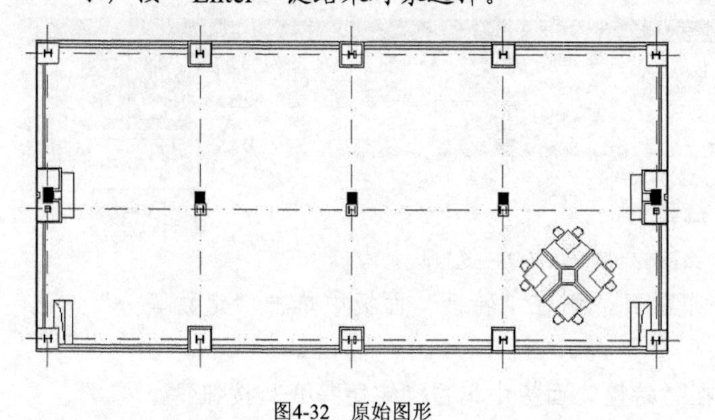

图4-32　原始图形

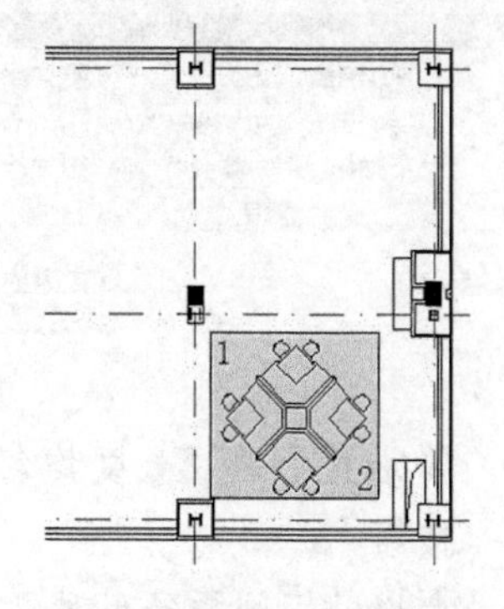

图4-33　选择要阵列的对象

4 在功能区出现的“阵列创建”选项卡中修改矩形阵列的相关参数值，如图 4-34 所示。

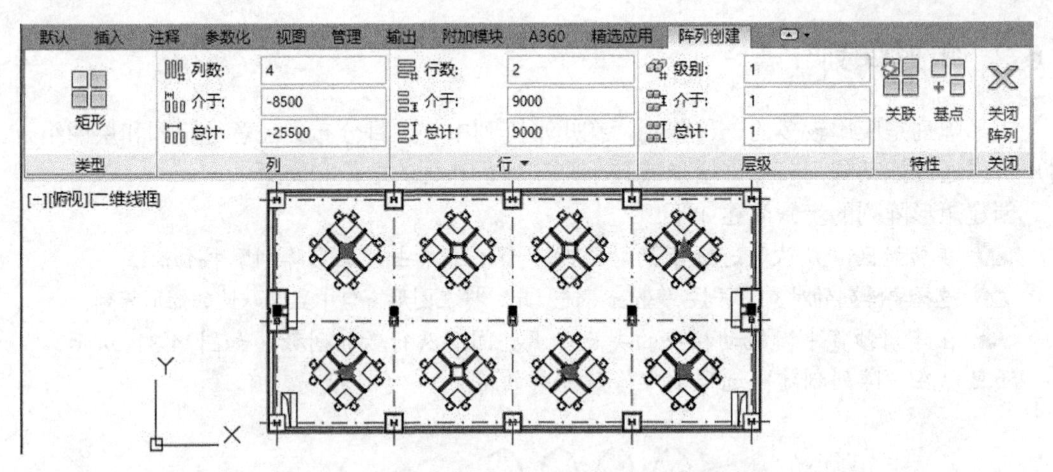

图4-34　在“阵列创建”选项卡中修改矩形阵列的相关值

5 在“阵列创建”上下文选项卡中单击“关闭阵列”按钮。

6 在“快速访问”工具栏中单击“另存为”按钮，指定保存路径，将图形另存为“矩形阵列即学即练完成效果.dwg”文件。

4.6.3 路径阵列

路径阵列是指将选定对象沿着指定的路径均匀地分布，路径可以是直线、多段线、三维多段线、样条曲线、螺旋、圆弧、圆或椭圆。

创建路径阵列的步骤简述如下。

1 在功能区“默认”选项卡的“修改”面板中单击“路径阵列”按钮。

2 选择要阵列的对象，并按“Enter”键。

3 选择所需对象（如直线、多段线、三维多段线、样条曲线、螺旋、圆弧、圆或椭圆）作为阵列的路径。

4 在功能区中出现图 4-35 所示的“阵列创建”选项卡，从中指定沿着路径分布对象的方法。

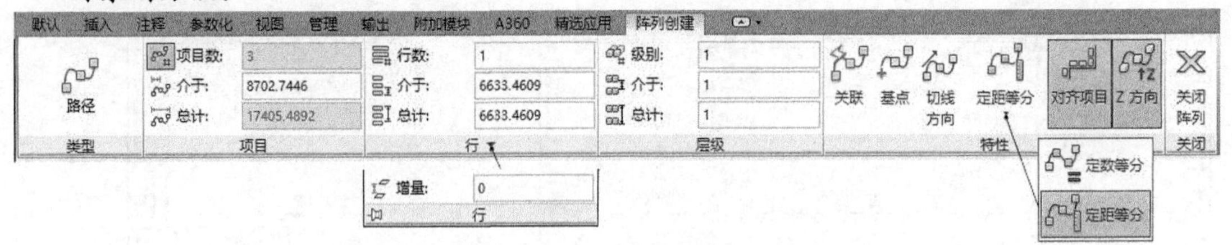

图4-35　路径阵列的“阵列创建”选项卡

- 要沿整个路径长度均匀地分布项目，则在“特性”面板中单击“定数等分”按钮。
- 要以特定间距分布对象，则在“特性”面板中单击“定距等分”按钮。

5 沿路径移动光标以进行调整，或者在“阵列创建”选项卡中设置其他相关的选项及参数值。

6 按“Enter”键完成阵列，或者单击“关闭阵列”按钮以完成阵列。

请看以下一个使用路径阵列的范例。

1 在“快速访问”工具栏中单击“打开”按钮，选择“路径阵列即学即练.dwg”图形文件来打开，文件中的原始图形如图 4-36 所示。

2 在功能区“默认”选项卡的“修改”面板中单击“路径阵列”按钮。

3 在图形窗口中选择树叶图形对象作为要阵列的对象，按“Enter”键。

4 在图 4-37 所示的大概位置处单击圆弧以将它作为阵列的路径。

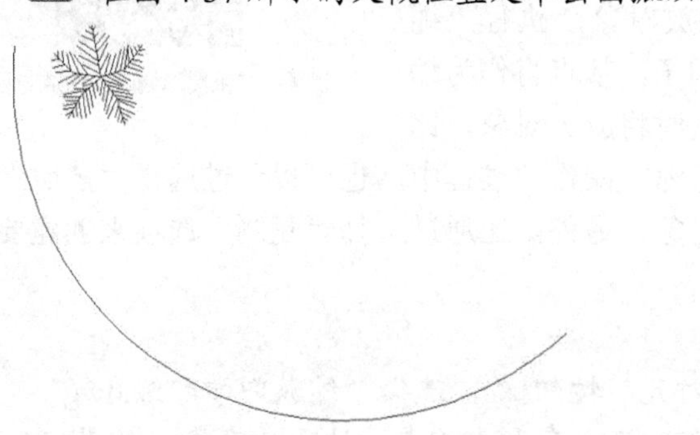

图4-36 原始图形

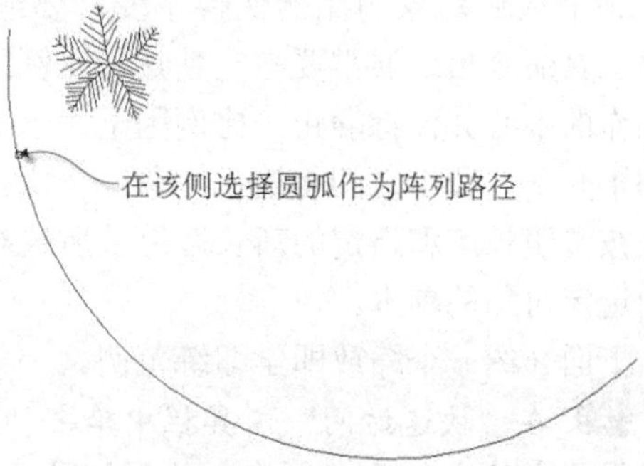

在该侧选择圆弧作为阵列路径

图4-37 指定阵列路径

5 在功能区出现的“阵列创建”选项卡中，单击“特性”面板中的“定数等分”按钮，并单击且选中“关联”按钮，项目数设置为 5，行数为 1，级别为 1，其他设置如图 4-38 所示。

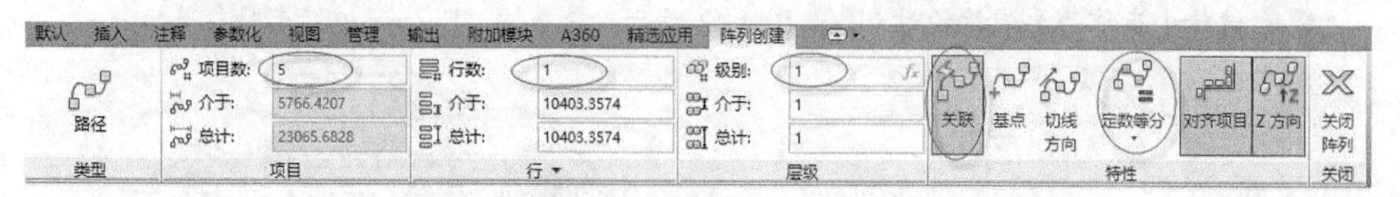

图4-38 设置路径阵列的相关内容

6 单击“关闭阵列”按钮，完成创建该路径阵列的结果如图 4-39 所示。

知识点拨： 本例中，如果在“阵列创建”选项卡的“特性”面板中取消选中“对齐项目”按钮，那么最终得到的路径阵列效果如图 4-40 所示。“对齐项目”按钮用于指定是否对齐每个项目以与路径的方向相切，对齐相对于第一个项目的方向；“Z 方向”按钮则控制是否保持项目的原始 z 方向或沿三维路径自然倾斜项目；“切线方向”按钮用于指定阵列中的项目如何相对于路径的起始方向对齐。

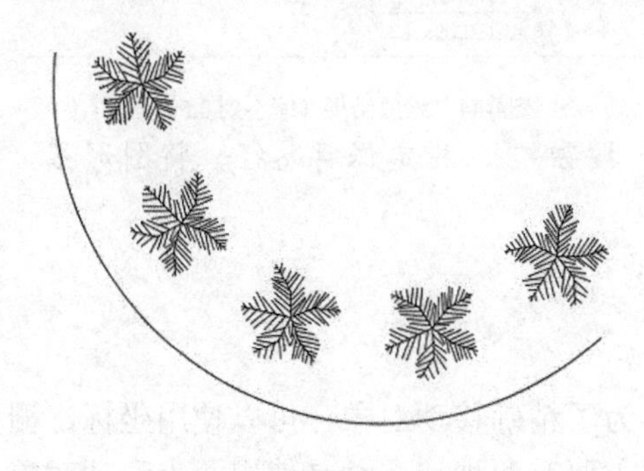

图4-39 完成创建路径阵列

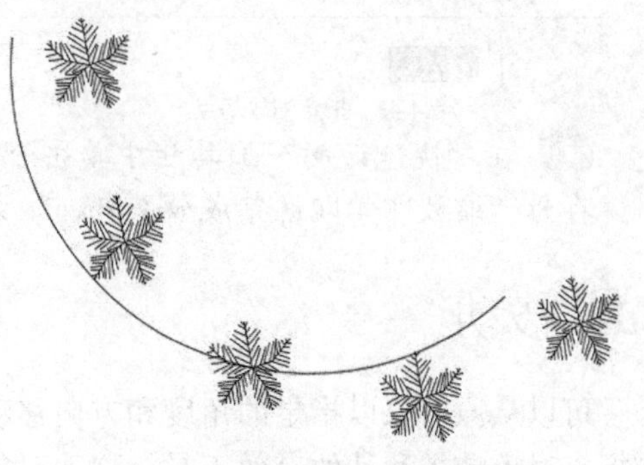

图4-40 取消选中“对齐项目”得到的结果

7 在“快速访问”工具栏中单击“另存为”按钮，指定保存路径，将图形另存为“路径阵列即学即练完成效果.dwg”文件。

4.7 缩放

视频：二维图形修改—缩放与移动

使用“缩放”工具（SCALE）可以放大或缩小选定对象，使缩放后对象的比例保持不变。要缩放对象，执行“缩放”工具命令后，通常要指定基点和比例因子，基点将作为缩放操作的中心并保持静止，比例因子大于 1 时将放大对象，比例因子介于 0 和 1 之间将缩小对象。在执行缩放操作的过程中，也可以通过选择“参照”选项来按参照长度和指定的新长度缩放所选对象，另外，还通过选择“复制”选项来创建要缩放的选定对象的副本。

下面介绍一个缩放即学即练范例。

1 在“快速访问”工具栏中单击“打开”按钮，选择“缩放即学即练.dwg”图形文件来打开，文件中的原始图形为一辆小车和一条表示地面的直线，如图 4-41 所示。

2 切换至“草图与注释”工作空间，从功能区“默认”选项卡的“修改”面板中单击“缩放”按钮。

3 选择小车作为要缩放的对象，如图 4-42 所示，接着按“Enter”键结束对象选择。

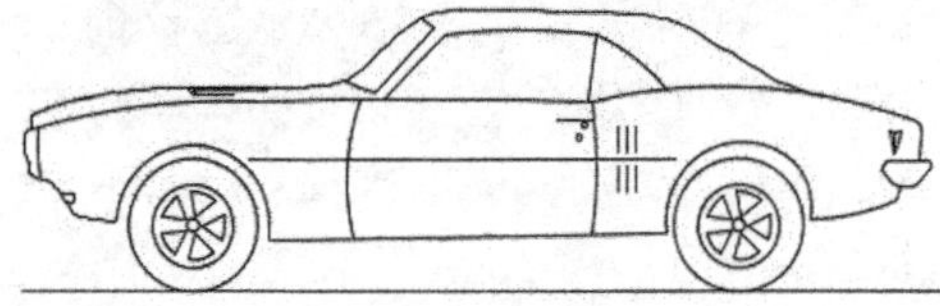

图4-41　原始图形

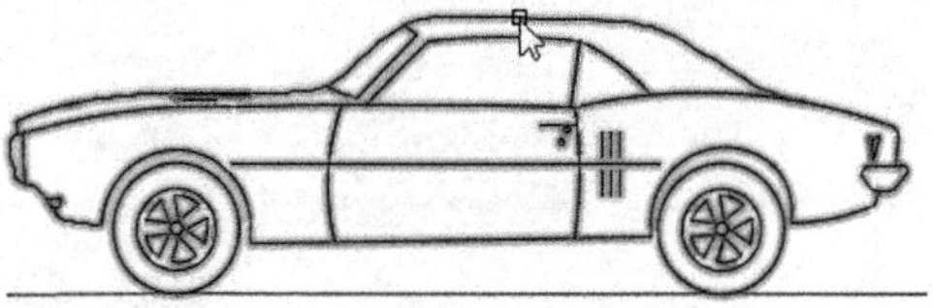

图4-42　选择要缩放的对象

4 选择图 4-43 所示的轮胎象限点作为缩放基点。

5 在“指定比例因子或 [复制(C)/参照(R)]:”提示下输入比例因子为“0.5”，按“Enter”键确认，缩放结果如图 4-44 所示。

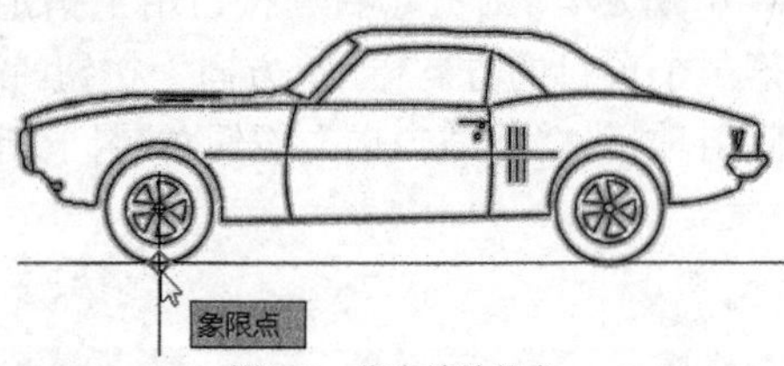

图4-43　指定缩放基点

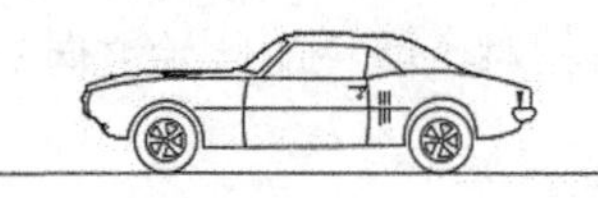

图4-44　缩放结果（缩小到 0.5）

6 在“快速访问”工具栏中单击“另存为”按钮，指定保存路径，将图形另存为“缩放即学即练完成效果.dwg”文件。

4.8 移动

可以从原对象以指定的角度和方向移动对象。为了精确移动对象，可以使用坐标、栅格捕捉、对象捕捉和其他有效工具。移动对象的方式主要有两种，一种是使用两点移动对象，另一种则是使用位移移动对象。

- 要使用两点移动对象，则在功能区“默认”选项卡的“修改”面板中单击“移动”按钮，接着选择要移动的对象并按“Enter”键，指定移动基点和指定第二个点，则选定的对象将移动到由第一点和第二点间的方向和距离确定的新位置。
- 要使用位移移动对象，则在功能区“默认”选项卡的“修改”面板中单击“移动”按钮，接着选择要移动的对象并按“Enter”键，以迪卡儿坐标值、极坐标值、柱坐标值或球坐标值的形式输入位移（无需包含前缀符号“@”，因为相对坐标是假设的），在输入第二个点提示下直接按“Enter”键，则坐标值将用作相对位移，而不是基点位置，选定对象将移到由输入的相对坐标值确定的新位置。

下面是一个移动即学即练的操作范例。

1 在“快速访问”工具栏中单击“打开”按钮，选择“移动即学即练.dwg”图形文件来打开，文件中的原始图形如图 4-45 所示。

2 切换至“草图与注释”工作空间，从功能区“默认”选项卡的“修改”面板中单击“移动”按钮，接着根据命令行提示进行以下操作。

命令: _move

选择对象: 找到 1 个　　//选择小车图块

选择对象: ↙

指定基点或 [位移(D)] <位移>:　　//选择后轮胎与地面直线的交点作为移动基点

指定第二个点或 <使用第一个点作为位移>: @1800,0↙

移动结果如图 4-46 所示。

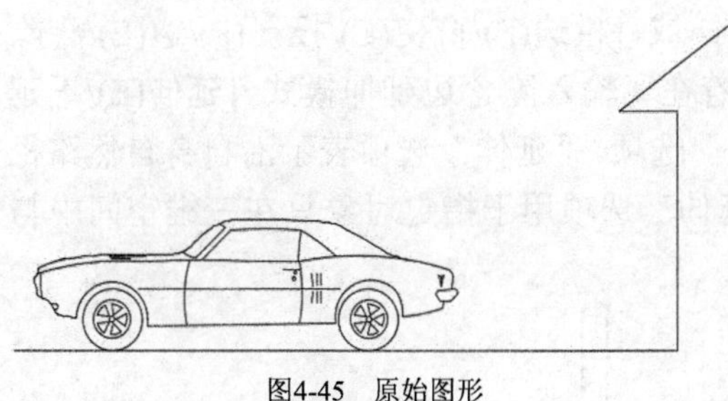

图4-45　原始图形

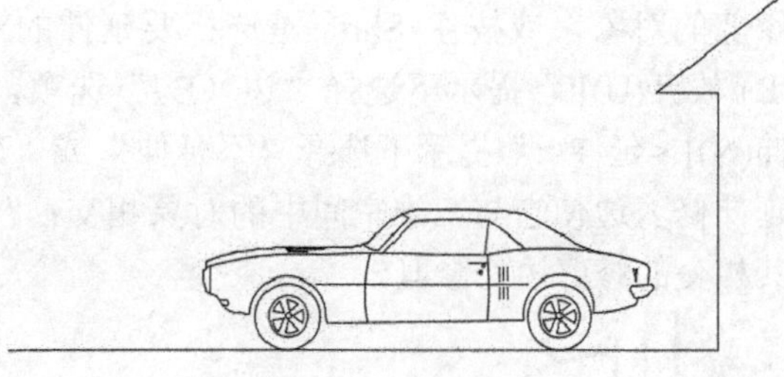

图4-46　移动结果

4.9 修剪与延伸

修剪与延伸的操作类似，其中修剪操作经常使用。本节结合范例介绍修剪与延伸的实用知识。

4.9.1 修剪

在 AutoCAD 中，可以修剪对象以与其他对象的边相接。在进行修剪操作过程中，可以选择对象作为边界，按“Enter”键结束边界选择后选择要修剪的对象。如果要将所有对象用作边界，则在首次出现“选择对象”提示时直接按“Enter”键。

以下是一个修剪即学即练的操作范例。

1 在“快速访问”工具栏中单击“打开”按钮，选择“修剪即学即练.dwg”图形文件来打开，文件中的原始图形如图 4-47 所示。

2 在功能区“默认”选项卡的“修改”面板中中单击“修剪”按钮，接着根据命令行提示进行以下操作。

图4-47　原始图形

命令: _trim

当前设置:投影=UCS，边=延伸

选择剪切边...

选择对象或 <全部选择>: 找到 1 个　　//选择图 4-48 所示的线段 1

选择对象: 找到 1 个，总计 2 个　　//选择图 4-48 所示的线段 2

选择对象: ↙　　//按“Enter”键

选择要修剪的对象，或按住 Shift 键选择要延伸的对象，或 [栏选(F)/窗交(C)/投影(P)/边(E)/删除(R)/放弃(U)]:　　//选择图 4-48 所示的线段 3

选择要修剪的对象，或按住 Shift 键选择要延伸的对象，或 [栏选(F)/窗交(C)/投影(P)/边(E)/删除(R)/放弃(U)]:　　//选择图 4-48 所示的线段 4

选择要修剪的对象，或按住 Shift 键选择要延伸的对象，或 [栏选(F)/窗交(C)/投影(P)/边(E)/删除(R)/放弃(U)]: ↙　　//按“Enter”键结束命令操作

修剪结果如图 4-49 所示。修剪操作中可设置边选项来确定对象是在另一对象的延长边处进行修剪。本例中，默认的边选项为“延伸”，如果要更改默认的边选项，则在“选择要修剪的对象，或按住 Shift 键选择要延伸的对象，或 [栏选(F)/窗交(C)/投影(P)/边(E)/删除(R)/放弃(U)]:”提示下选择“边（E）”选项，接着在“输入隐含边延伸模式 [延伸(E)/不延伸(N)] <延伸>:”提示下选择“不延伸”或“延伸”选项。“延伸”选项表示沿自身自然路径延伸修剪边使它与三维空间中的对象相交；“不延伸”选项用于指定对象只在三维空间中与其相交的修剪边处修剪。

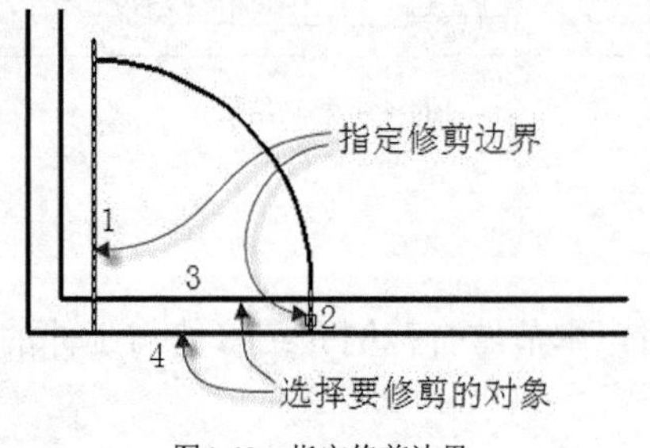

图4-48　指定修剪边界

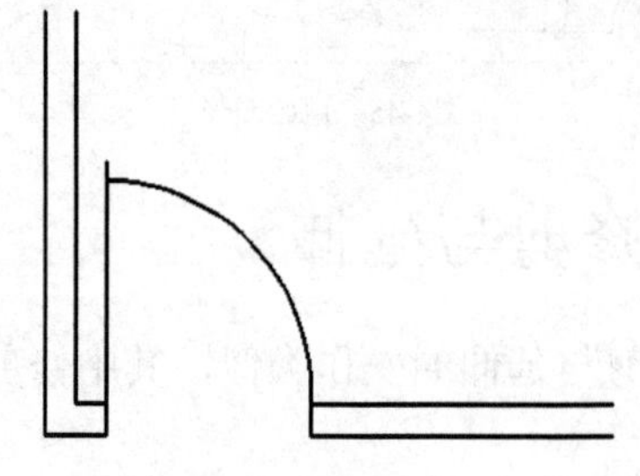

图4-49　修剪结果

4.9.2　延伸

使用 EXTEND 命令（对于的工具为“延伸”按钮）可扩展对象以与其他对象的边相接。延伸操作与修剪操作类似，在执行 EXTEND 命令后，可以先选择边界，接着按

“Enter”键，再选择要延伸的对象。如果要将所有对象用作边界，那么可在首次出现“选择对象”提示时直接按“Enter”键。

下面介绍延伸操作的典型范例。

1 在“快速访问”工具栏中单击“打开”按钮，选择“延伸即学即练.dwg”图形文件来打开，文件中的原始图形如图 4-50 所示。

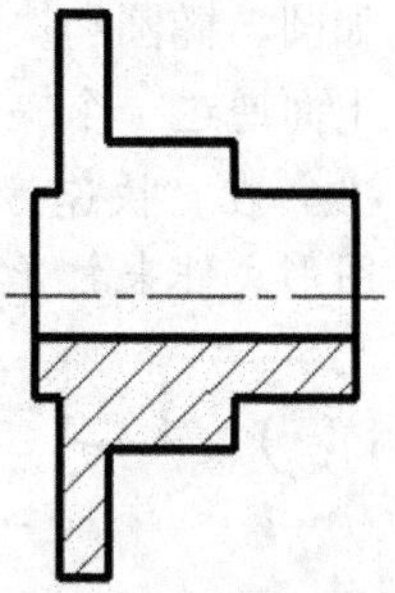

图4-50 原始图形

2 在功能区“默认”选项卡的“修改”面板中单击“延伸”按钮，接着根据命令行提示进行以下操作。

命令: _extend

当前设置:投影=UCS，边=延伸

选择边界的边...

选择对象或 <全部选择>: 找到 1 个　　　　　　//选择水平中心线

选择对象: ↙

选择要延伸的对象，或按住 Shift 键选择要修剪的对象，或 [栏选(F)/窗交(C)/投影(P)/边(E)/放弃(U)]:

//在要延伸的一侧单击选择图 4-51 所示的线段 1

选择要延伸的对象，或按住 Shift 键选择要修剪的对象，或 [栏选(F)/窗交(C)/投影(P)/边(E)/放弃(U)]:

//在要延伸的一侧单击选择图 4-51 所示的线段 2

选择要延伸的对象，或按住 Shift 键选择要修剪的对象，或 [栏选(F)/窗交(C)/投影(P)/边(E)/放弃(U)]:

//在要延伸的一侧单击选择图 4-51 所示的线段 3

选择要延伸的对象，或按 Shif 键选择要修剪的对象，或 [栏选(F)/窗交(C)/投影(P)/边(E)/放弃(U)]: ↙

//按“Enter”键结束命令操作

完成延伸操作得到的图形结果如图 4-52 所示。

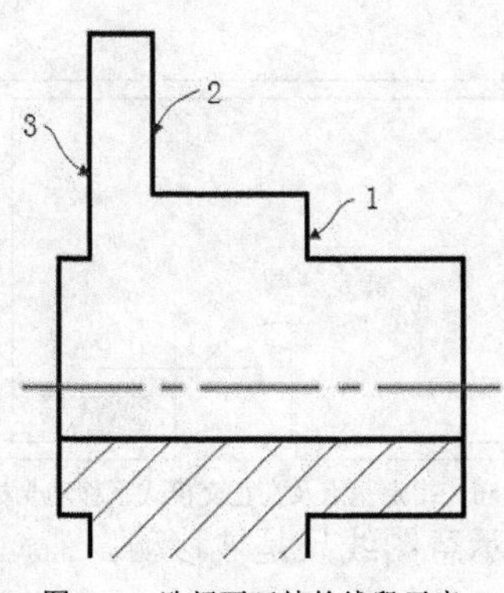

图4-51 选择要延伸的线段示意

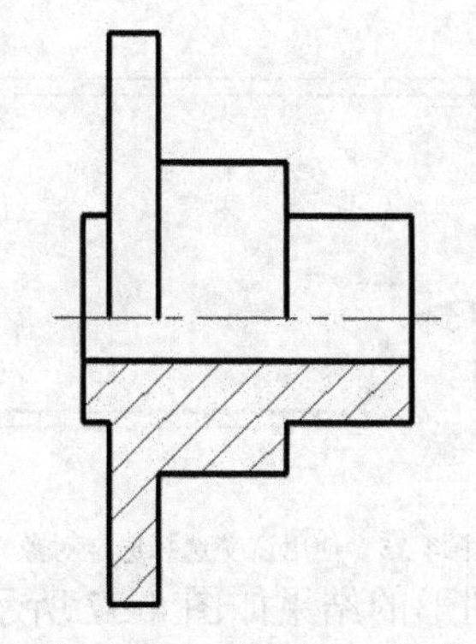
图4-52 完成延伸操作的图形结果

4.10 拉伸与拉长

“拉伸”按钮（对应的命令为 STRETCH）用于拉伸与选择窗口或多边形交叉的对象，“拉长”按钮用于修改对象的长度和圆弧的包含角。这两个工具命令虽然从中文字面上看都带有一个“拉”字，但是在功能用途上却截然不同。

4.10.1　拉伸

这里所述的拉伸用于二维制图，将拉伸窗交窗口（即交叉窗口）部分包围的对象，以及将移动（而不是拉伸）完全包含在窗交窗口中的对象或单独选定的对象，需要用户注意的是，如圆、椭圆和块这些类型的对象无法被拉伸。拉伸图形的典型示例如图 4-53 所示。

下面通过一个操作范例介绍拉伸图形的一般方法步骤。

1 在“快速访问”工具栏中单击“打开”按钮，选择“拉伸即学即练.dwg”图形文件来打开，文件中的原始图形如图 4-54 所示。

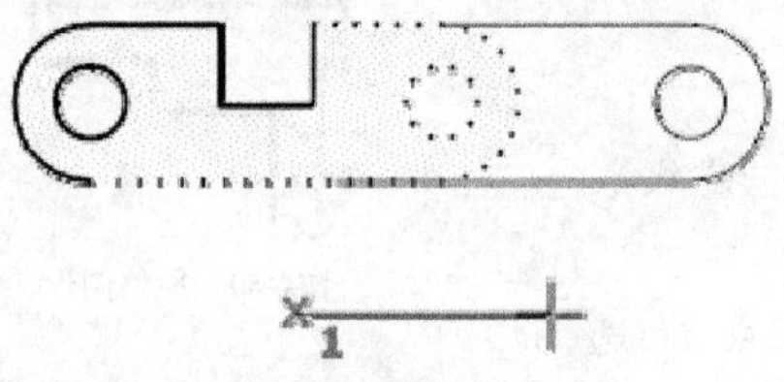

图4-53　拉伸图形的典型示例

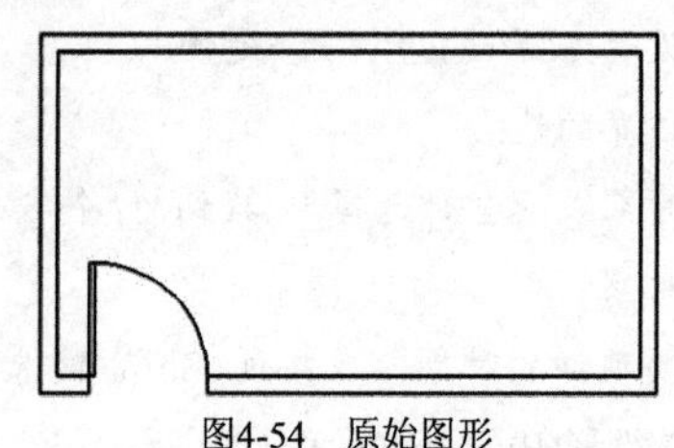

图4-54　原始图形

2 在功能区“默认”选项卡的“修改”面板中单击“拉伸”按钮，根据命令行提示进行以下操作。

```
命令: _stretch
以交叉窗口或交叉多边形选择要拉伸的对象...
选择对象: 指定对角点: 找到 9 个　//依次指定点 1 和点 2 来选择对象，如图 4-55 所示
选择对象: ↙
指定基点或 [位移(D)] <位移>:　　//指定基点，如图 4-56 所示，此时可在正交模式下移动光标看看
指定第二个点或 <使用第一个点作为位移>: <正交 开> @3200<0↙
```

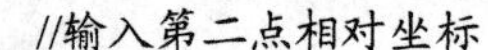

//输入第二点相对坐标

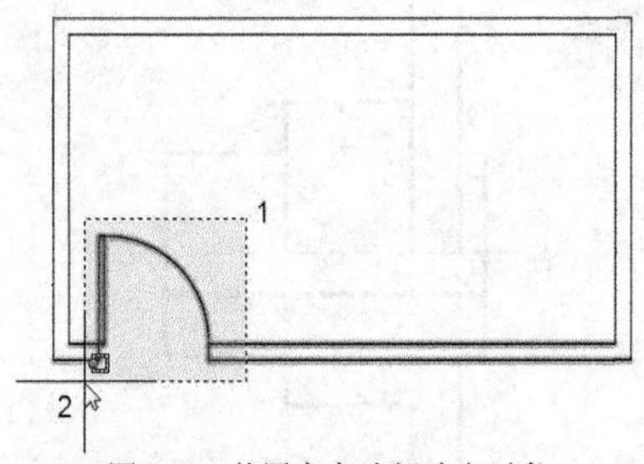

图4-55　使用窗交选择选定对象

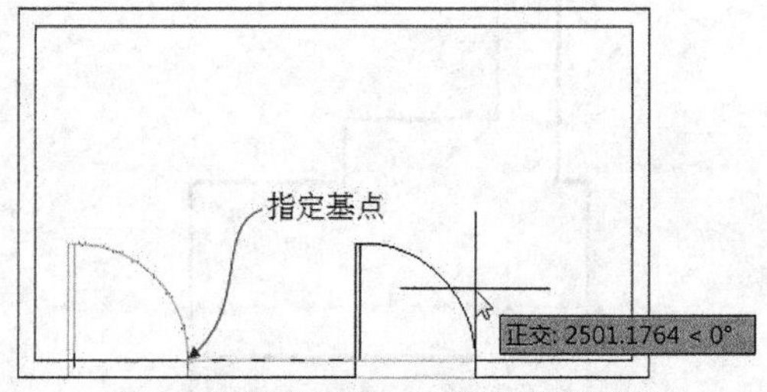

图4-56　指定基点及在正交模式下移动光标

拉伸图形的结果如图 4-57 所示，墙体被拉伸，门的示意图线只是被移动。

4.10.2　拉长

单击“拉长”按钮，可以更改选定对象的长度和圆弧的包含角，拉长图形时，可以将更改指定为百分比、增量或最终长度或角度。

拉长选定图形对象的方法较为简单，即在功能区“默认”选项卡的“修改”面板中单击“拉长”按钮，或者在命令行的“键入命令”提示下输入“LENGTHEN”并按“Enter”键，此时出现“选择要测量的对象或 [增量(DE)/百分比(P)/总计(T)/动态(DY)]：”提示信

息，从中选择“增量”“百分数”“总计”或“动态”选项来设置相应的参数，然后选择要拉长的对象，如直线段或圆弧，注意选择对象的单击位置。注意：LENGTHEN 命令不影响闭合的对象。

- 增量：以指定的增量修改对象的长度或圆弧的角度，该增量从距离选择点最近的端点处开始测量。正值扩展对象，负值修剪对象。对于直线段，可以通过指定长度差值来修改对象的长度；对于圆弧，可以设置以指定的角度修改选定圆弧的包含角。
- 百分比：通过指定对象总长度的百分数设定对象长度。
- 总计：通过指定从固定端点测量的总长度的绝对值来设定选定对象的长度。“总计”选项也按照指定的总角度设置选定圆弧的包含角。
- 动态：打开动态拖动模式。通过拖动选定对象的端点之一来更改其长度，其他端点保持不变。

拉长直线的典型示例如图 4-58 所示，该示例操作过程及说明如下。

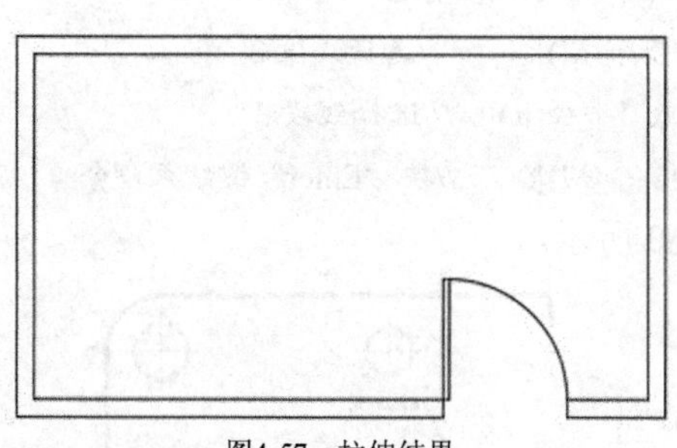
图4-57　拉伸结果

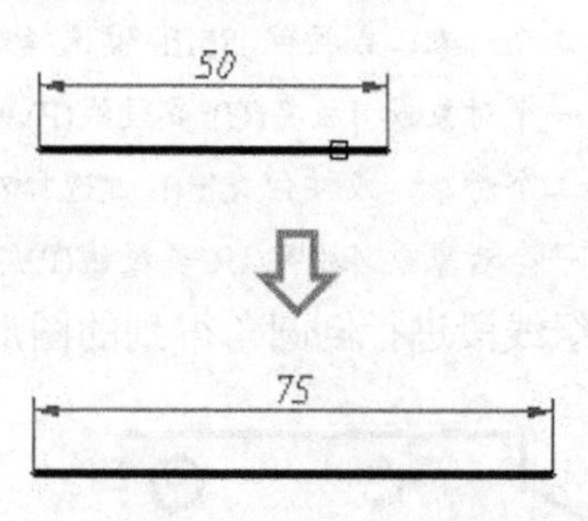

图4-58　拉长直线的典型示例

```
命令: _lengthen                                          //单击“拉长”按钮
选择对象或 [增量(DE)/百分比(P)/总计(T)/动态(DY)]: P↙     //选择“百分比”选项
输入长度百分数 <100.0000>: 150↙                          //指定长度百分数的值为“150”
选择要修改的对象或 [放弃(U)]:                            //选择要修改的直线
选择要修改的对象或 [放弃(U)]: ↙                          //按“Enter”键结束命令操作
```

4.11　圆角与倒角

圆角和倒角在二维制图中应用较多，是常见的图形要素。

视频：二维图形修改—圆角与倒角

4.11.1　圆角

圆角使用与对象相切并且具有指定半径的圆弧连接两个对象。圆角有内圆角和外圆角之分。AutoCAD 中的圆角功能（命令为“FILLET”）是较为强大的，除了可以在选定的两个对象之间创建圆角之外，还可以使用单个命令为多段线的所有角点添加圆角，也可以使用“多个”选项为多组对象添加圆角而无需退出命令。在圆角绘制过程中，可以使用“修剪”选项来指定是否修剪选定的对象、将对象延伸到创建的圆弧的端点，或不作更改。

下面通过一个范例介绍如何在二维图形中创建圆角。

1 在“快速访问”工具栏中单击“打开”按钮，选择“圆角即学即练.dwg”图形文件来打开，文件中的原始图形如图 4-59 所示。

2 在功能区“默认”选项卡的“修改”面板中单击“圆角”按钮，接着根据命令行的提示进行以下操作。

命令: _fillet

当前设置: 模式 = 修剪，半径 = 0.0000

选择第一个对象或 [放弃(U)/多段线(P)/半径(R)/修剪(T)/多个(M)]: T↙

输入修剪模式选项 [修剪(T)/不修剪(N)] <修剪>: T↙

选择第一个对象或 [放弃(U)/多段线(P)/半径(R)/修剪(T)/多个(M)]: M↙

选择第一个对象或 [放弃(U)/多段线(P)/半径(R)/修剪(T)/多个(M)]: R↙

指定圆角半径 <0.0000>: 12↙

选择第一个对象或 [放弃(U)/多段线(P)/半径(R)/修剪(T)/多个(M)]:　　//选择线段 1

选择第二个对象，或按住 Shift 键选择对象以应用角点或 [半径(R)]:　//选择线段 2

选择第一个对象或 [放弃(U)/多段线(P)/半径(R)/修剪(T)/多个(M)]:　　//选择线段 2

选择第二个对象，或按住 Shift 键选择对象以应用角点或 [半径(R)]:　//选择线段 3

选择第一个对象或 [放弃(U)/多段线(P)/半径(R)/修剪(T)/多个(M)]: ↙ //按“Enter”键结束命令

对两组线段进行倒圆角得到的图形效果如图 4-60 所示。

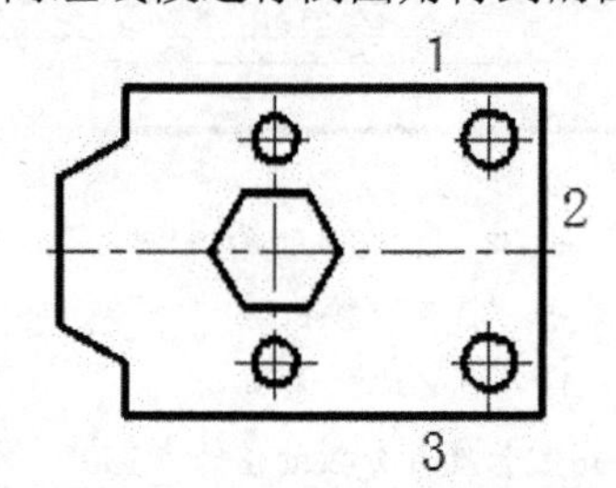

图4-59　要倒圆角的原始图形

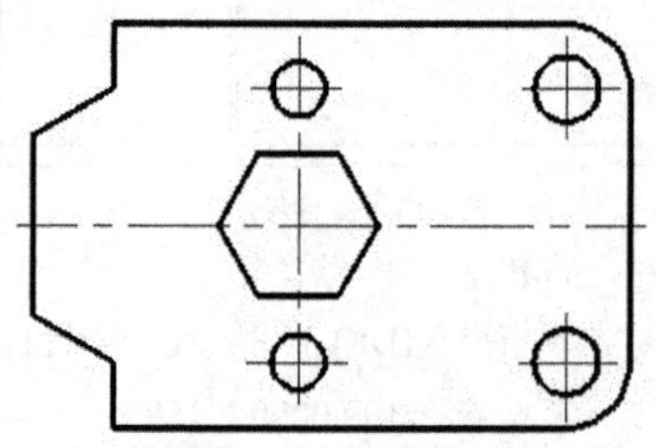

图4-60　倒圆角的图形效果

3 在功能区“默认”选项卡的“修改”面板中单击“圆角”按钮，接着根据命令行的提示进行以下操作。

命令: _fillet

当前设置: 模式 = 修剪，半径 = 12.0000

选择第一个对象或 [放弃(U)/多段线(P)/半径(R)/修剪(T)/多个(M)]: R↙

指定圆角半径 <12.0000>: 8↙

选择第一个对象或 [放弃(U)/多段线(P)/半径(R)/修剪(T)/多个(M)]: P↙

选择二维多段线或 [半径(R)]:　　//选择正六边形

6 条直线已被圆角

对正六边形多段线进行倒圆角后的图形效果如图 4-61 所示。

4 在功能区的“默认”选项卡的“修改”面板中单击“圆角”按钮，在图形中选择直线段 AB，接着在“选择第二个对象，或按住 Shift 键选择对象以应用角点或 [半径(R)]:”提示下按住“Shift”键选择直线段 CD，得到的操作结果如图 4-62 所示。

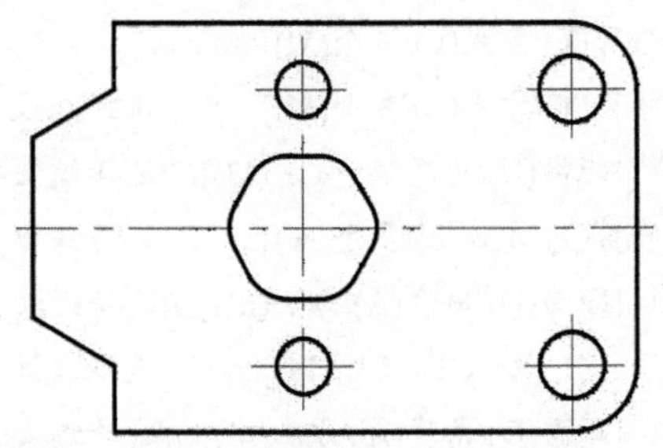

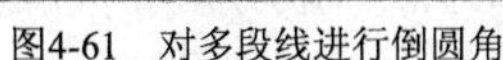
图4-61　对多段线进行倒圆角

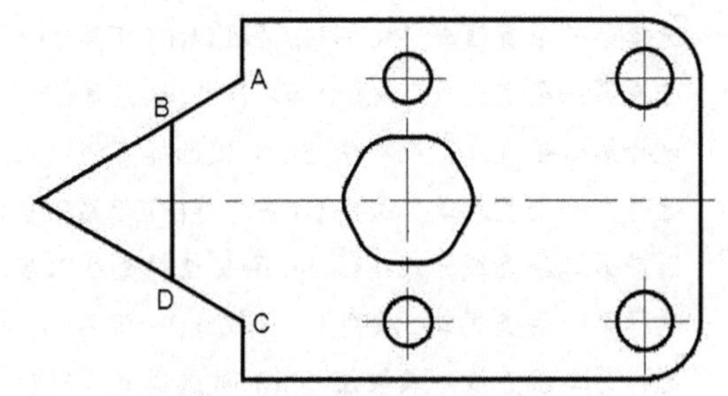

图4-62　特殊圆角操作的结果

5 在“快速访问”工具栏中单击“另存为”按钮，指定保存路径，将图形另存为“圆角即学即练完成效果.dwg”文件。

知识点拨：可以为平行直线、构造线和射线圆角，其中第一个选定的对象必须是直线或射线，而第二个对象可以是平行的直线、构造线或射线，示例如图 4-63 所示。

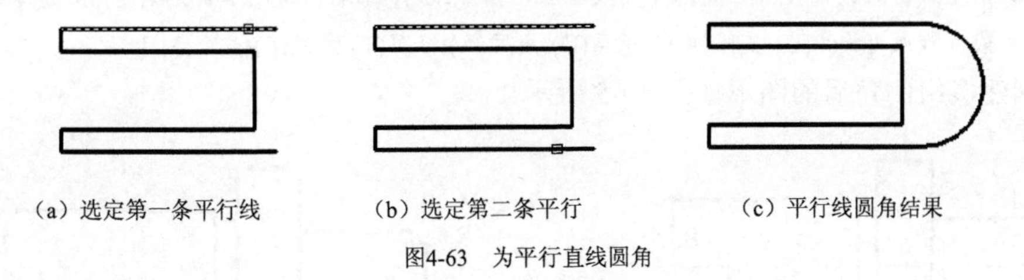
（a）选定第一条平行线　　（b）选定第二条平行　　（c）平行线圆角结果

图4-63　为平行直线圆角

4.11.2　倒角

倒角用于连接两个对象，使它们以平角或倒角相接。倒角的创建方法和圆角的创建方法是相似的。除了可以在两个选定对象之间创建倒角，还可以为多段线中的两条线段倒角（例如，可以为相邻或只能用一条圆弧段分开的多段线的线段创建倒角，对于被圆弧段间隔的多段线线段，倒角将删除此圆弧并用倒角线替换它），也可以对整条多段线进行倒角（对整条多段线进行倒角时，每个交点都被倒角，但只对那些长度足够适合倒角距离的线段进行倒角）。

下面通过一个范例介绍如何在二维图形中创建倒角。

1 在“快速访问”工具栏中单击“打开”按钮，选择“倒角即学即练.dwg”图形文件来打开，文件中的原始图形如图 4-64 所示。

2 在功能区“默认”选项卡的“修改”面板中单击“倒角”按钮，根据命令行提示进行以下操作。

命令: _chamfer

（“修剪”模式）当前倒角距离 1 = 0.0000，距离 2 = 0.0000

选择第一条直线或 [放弃(U)/多段线(P)/距离(D)/角度(A)/修剪(T)/方式(E)/多个(M)]: D↙

指定 第一个 倒角距离 <0.0000>: 3↙

指定 第二个 倒角距离 <3.0000>:↙

选择第一条直线或 [放弃(U)/多段线(P)/距离(D)/角度(A)/修剪(T)/方式(E)/多个(M)]: T↙

输入修剪模式选项 [修剪(T)/不修剪(N)] <修剪>: T↙

选择第一条直线或 [放弃(U)/多段线(P)/距离(D)/角度(A)/修剪(T)/方式(E)/多个(M)]: M↙

选择第一条直线或 [放弃(U)/多段线(P)/距离(D)/角度(A)/修剪(T)/方式(E)/多个(M)]:　　//选择线段 1

选择第二条直线，或按住 Shift 键选择直线以应用角点或 [距离(D)/角度(A)/方法(M)]: //选择线段 2

选择第一条直线或 [放弃(U)/多段线(P)/距离(D)/角度(A)/修剪(T)/方式(E)/多个(M)]:　　//选择线段 2

选择第二条直线，或按住 Shift 键选择直线以应用角点或 [距离(D)/角度(A)/方法(M)]: //选择线段 3

选择第一条直线或 [放弃(U)/多段线(P)/距离(D)/角度(A)/修剪(T)/方式(E)/多个(M)]:　　//选择线段 4

选择第二条直线，或按住 Shift 键选择直线以应用角点或 [距离(D)/角度(A)/方法(M)]: //选择线段 5

选择第一条直线或 [放弃(U)/多段线(P)/距离(D)/角度(A)/修剪(T)/方式(E)/多个(M)]:　　//选择线段 6

选择第二条直线，或按住 Shift 键选择直线以应用角点或 [距离(D)/角度(A)/方法(M)]: //选择线段 5

选择第一条直线或 [放弃(U)/多段线(P)/距离(D)/角度(A)/修剪(T)/方式(E)/多个(M)]:　　//选择线段 7

选择第二条直线，或按住 Shift 键选择直线以应用角点或 [距离(D)/角度(A)/方法(M)]: //选择线段 8

选择第一条直线或 [放弃(U)/多段线(P)/距离(D)/角度(A)/修剪(T)/方式(E)/多个(M)]:　　//选择线段 8

选择第二条直线，或按住 Shift 键选择直线以应用角点或 [距离(D)/角度(A)/方法(M)]: //选择线段 9

选择第一条直线或 [放弃(U)/多段线(P)/距离(D)/角度(A)/修剪(T)/方式(E)/多个(M)]: ↙

完成创建多组倒角后的图形如图 4-65 所示。

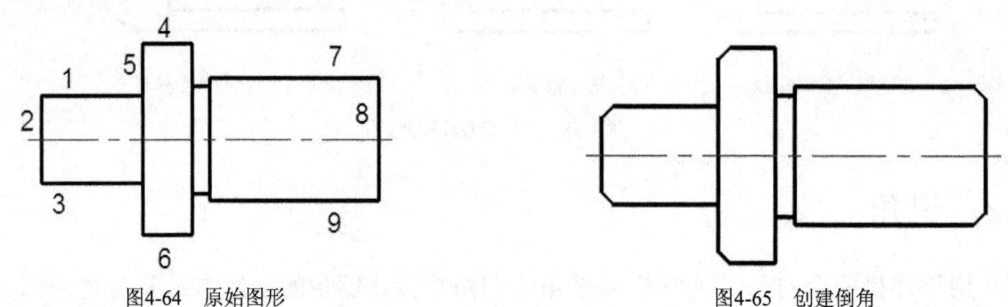

图4-64　原始图形　　　　图4-65　创建倒角

3 在功能区“默认”选项卡的“绘图”面板中单击“直线”按钮，连接相关的顶点绘制所需的直线，如图 4-66 所示。

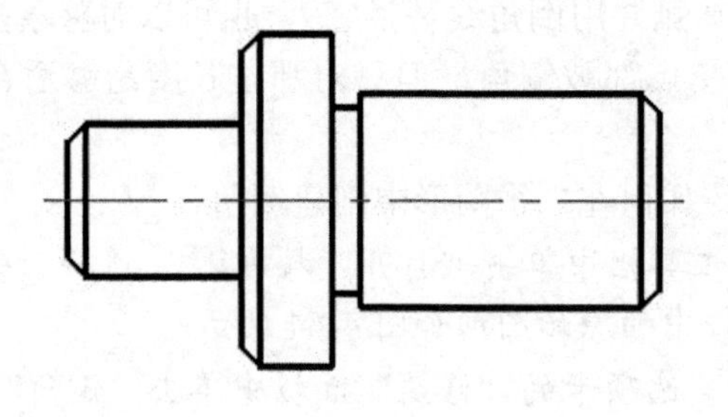

图4-66　绘制相关直线段

4.12　分解

在希望单独修改复合对象中的某一个组成图形要素时，可以先单击“分解”按钮来分解该复合对象。可以分解或打散的对象包括块、复合多段线及面域等。

分解对象的方法步骤很简单，即在功能区“默认”选项卡的“修改”面板中单击“分解”按钮，接着选择要分解的对象，按“Enter”键确认。

4.13 光顺曲线

使用“光顺曲线”命令（BLEND）可以在两条选定直线或曲线之间的间隙中创建样条曲线，生成的样条曲线的形状取决于指定的连续性，而选定对象的长度保持不变。有效对象包括直线、圆弧、椭圆弧、螺旋、开放的多段线和开放的样条曲线。

下面通过一个范例介绍创建光顺曲线的一般方法步骤。

1 在“快速访问”工具栏中单击“打开”按钮，选择“光顺曲线即学即练.dwg”图形文件来打开，文件中的原始图形如图 4-67 所示。

2 在功能区“默认”选项卡的“修改”面板中单击“光顺曲线”按钮，根据命令提示执行以下操作。在选择对象时，注意在所要求的端点附近单击对象。

```
命令: _BLEND
连续性 = 相切
选择第一个对象或 [连续性(CON)]: CON
输入连续性 [相切(T)/平滑(S)] <相切>: S↙
选择第一个对象或 [连续性(CON)]:          //选择直线段，如图 4-68 所示
选择第二个点:                            //选择样条曲线，如图 4-69 所示
```

光顺曲线的结果如图 4-70 所示。光顺曲线的连续性选项有“相切”和“平滑”，“相切”选项用于创建一条 3 阶样条曲线，在选定对象的端点处具有相切（G1）连续性；“平滑”选项用于创建一条 5 阶样条曲线，在选定对象的端点处具有曲率（G2）连续性。如果使用“平滑”选项，建议勿将显示从“控制点”切换为“拟合点”，因为此操作将样条曲线更改为 3 阶，这会改变样条的形状。

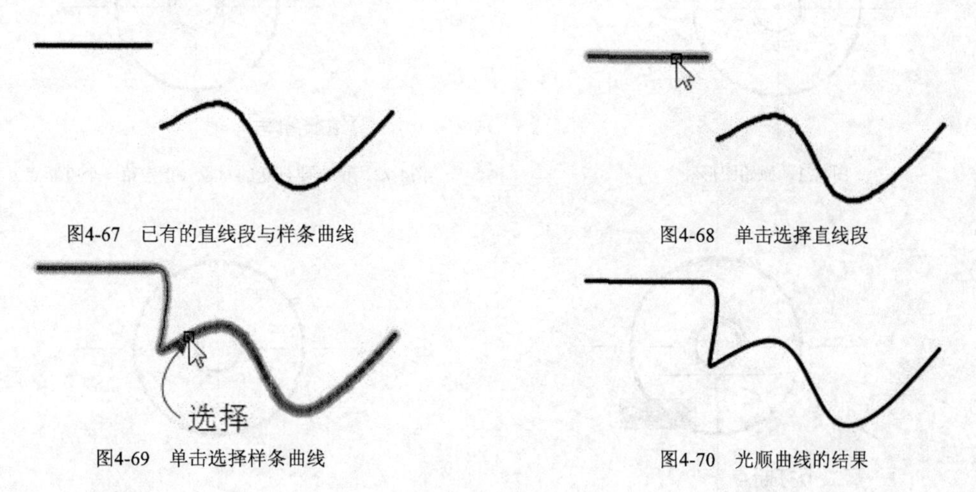

图4-67 已有的直线段与样条曲线

图4-68 单击选择直线段

图4-69 单击选择样条曲线

图4-70 光顺曲线的结果

4.14 打断

在 AutoCAD 2018 中，可以在两点之间打断选定对象，也可以在一点打断选定的对象。直线、圆弧、圆、椭圆、样条曲线、多段线、圆环及其他几种对象类型都可以打断为两个对象或将其中的一端删除。对于圆而言，AutoCAD 将按逆时针方向删除圆上第一个打断点到第二个打断点之间的部分，从而将圆转换为圆弧。

要在两点之间打断选定对象，则在功能区的“默认”选项卡中单击 修改 ▾ /“打断”按钮，接着选择要打断的对象（AutoCAD 程序将选择对象的选择点视为一个打断点），然后在“指定第二个打断点 或 [第一点(F)]:”提示下指定第二个打断点，则两个指定点之间的对象部分将被删除。如果第二个点不在对象上，则会自动投影到该对象上。有一种特殊情况，这就是要将对象一分为二并且不删除某个部分（即两点之间没有间隙），输入的第一个点和第二个点应该相同，即通过输入“@0,0”或“@”可以使两点位于同一个位置。此外，“指定第二个打断点 或 [第一点(F)]:”提示选项中的“第一点”选项用于用指定的新点替换原来的第一个打断点。

还有一个实用的打断工具，这就是“打断于点”按钮，它用于在单个点处打断选定的对象，其操作方法步骤比较简单，即单击“打断于点”按钮后，选择对象并指定第一个打断点即可。该打断工具主要针对非闭合对象（如圆），即主要针对于直线、开放的多段线和圆弧这些有效对象。

下面介绍打断图形的典型操作范例。

1 在“快速访问”工具栏中单击“打开”按钮，选择“打断即学即练.dwg”图形文件来打开，文件中的原始图形如图 4-71 所示。

2 在功能区的“默认”选项卡中单击 修改 ▾ /“打断”按钮，接着在图 4-72 所示的位置处单击圆以选择该圆作为要打断的对象，然后指定第二个打断点，如图 4-73 所示，得到的打断结果如图 4-74 所示。

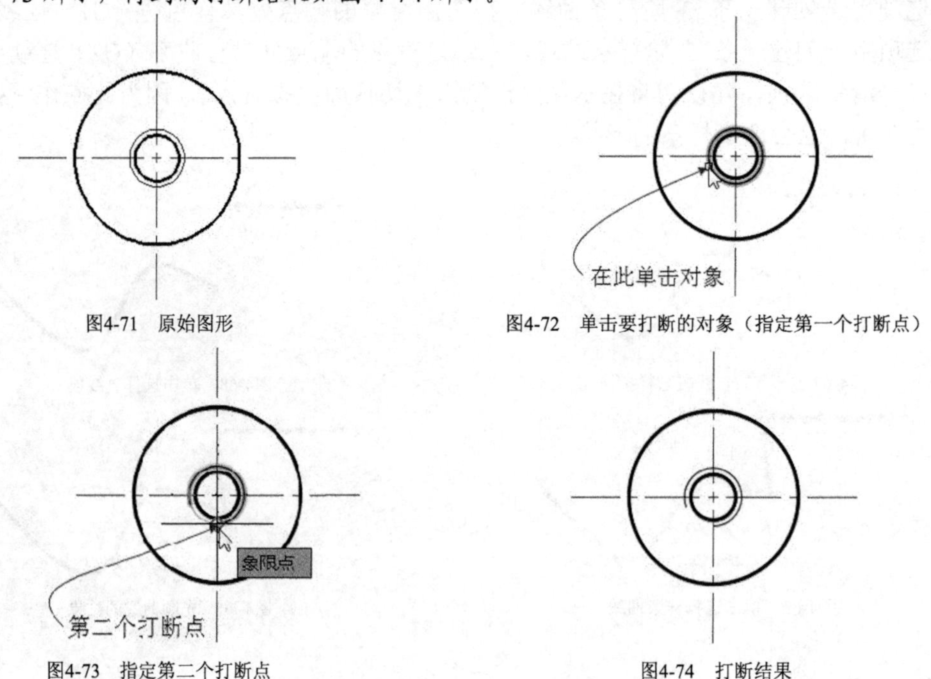

图4-71　原始图形

图4-72　单击要打断的对象（指定第一个打断点）

图4-73　指定第二个打断点

图4-74　打断结果

3 在功能区“默认”选项卡中单击 修改 ▾ /“打断于点”按钮，根据命令行提示进行以下操作。

命令: _break

选择对象:　　　　　　　　　　　　//单击竖直中心线

指定第二个打断点 或 [第一点(F)]: _f

指定第一个打断点: //在竖直中心线要打断的合适位置处单击

指定第二个打断点: @

执行该打断操作后，选择打断后的一条线段，可以看出竖直中心线已经被打断了，如图4-75所示。

4 使用和上步骤同样的方法，再将两条中心线在适当的位置处打断，如图 4-76所示。

5 单击“删除”按钮，将不再需要的中心线删除，结果如图 4-77 所示。

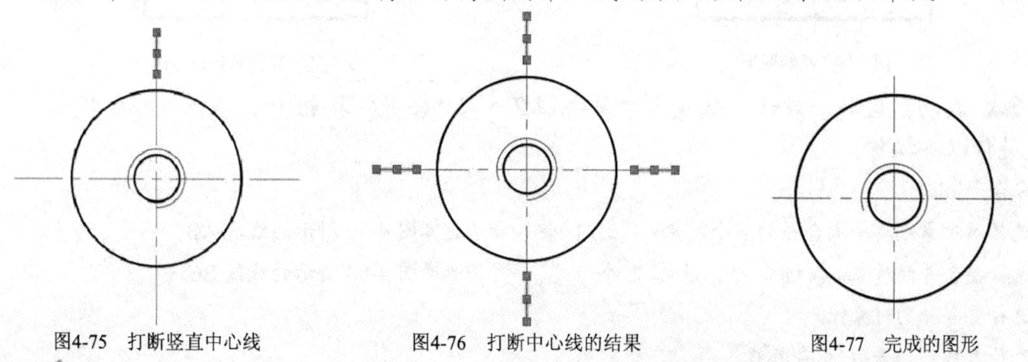

图4-75 打断竖直中心线　　图4-76 打断中心线的结果　　图4-77 完成的图形

知识点拨：打断竖直中心线和水平中心线，也可以直接单击“打断”按钮来完成，并可以使从端点和第一打断点之间的部分打掉，而不用单击“删除”按钮。

4.15 合并

使用“合并”命令（JOIN）可以将直线、圆弧、椭圆弧、多段线、三维多段线、样条曲线和螺旋通过其端点合并为单个对象。“合并”命令的功能与“打断”命令的功能有些相反。

合并操作的典型情形如下。

- 使用单条直线替换两条共线的直线。
- 如果要合并的对象是直线和多段线，则直线和多段线必须连接，合并后整个对象将变成一条单一的多段线。
- 闭合由“BREAK”命令产生的线中的间隙。
- 将圆弧转换为圆或将椭圆弧转换为椭圆。
- 在地形图中合并多个长多段线。
- 连接两个样条曲线，在它们之间保留扭折。

合并对象的步骤较为简单，即在功能区的“默认”选项卡中单击修改 ▾ /“合并”按钮，接着选择源对象或选择多个有效对象以合并在一起，有效对象包括直线、圆弧、椭圆弧、多段线、三维多段线和样条曲线。

下面介绍合并操作的一个典型范例。

1 在“快速访问”工具栏中单击“打开”按钮，选择“合并即学即练.dwg”图形文件来打开，文件中的原始图形如图 4-78 所示。

2 在功能区的“默认”选项卡中单击修改 ▾ / “合并”按钮 ，选择圆弧，按“Enter”键，接着在“选择圆弧，以合并到源或进行 [闭合(L)]:”提示下选择“闭合”选项，结果如图 4-79 所示。

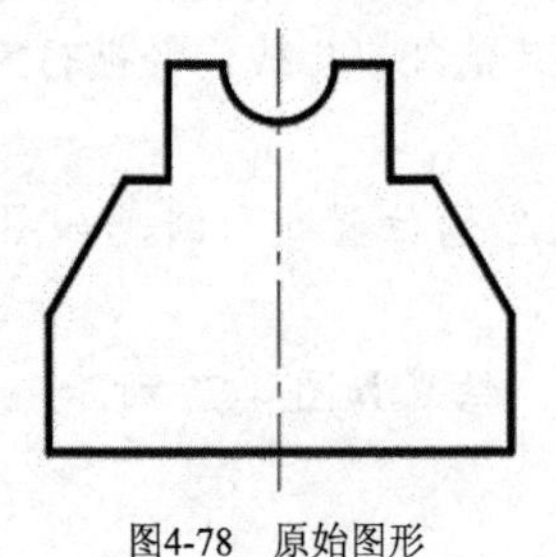

图4-78　原始图形

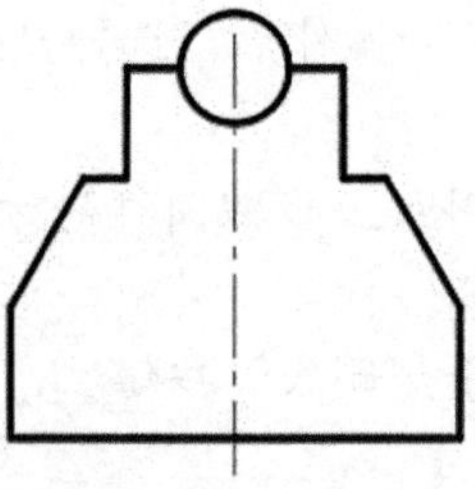

图4-79　将圆弧转换为圆

3 在功能区的“默认”选项卡中单击修改 ▾ / “合并”按钮 ，根据命令行提示进行以下操作。

命令: _join

选择源对象或要一次合并的多个对象: 找到 1 个　　　//选择图 4-80 所示的线段 AB

选择要合并的对象: 找到 1 个，总计 2 个　　　//选择图 4-80 所示的线段 BC

选择要合并的对象: ↙

2 条直线已合并为 1 条直线

此时，可以直接选择已合并为单一对象的直线，如图 4-81 所示。

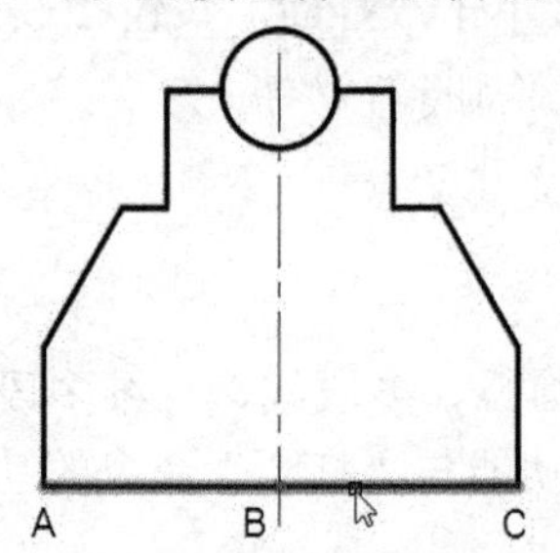

图4-80　选择要合并的线段

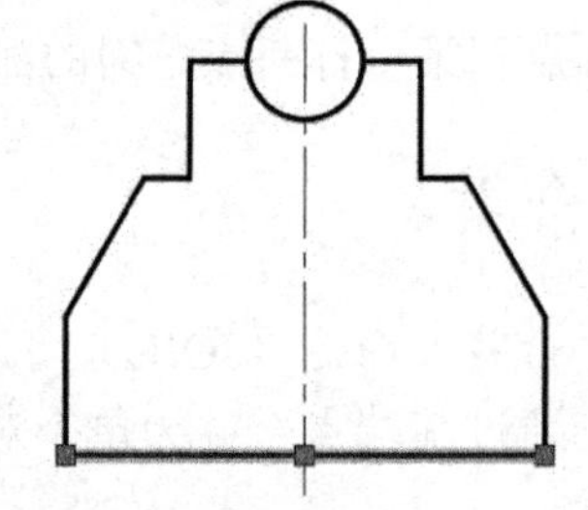

图4-81　将两条线段合并成一个条线段

4 在“快速访问”工具栏中单击“另存为”按钮 ，指定保存路径，将图形另存为“合并即学即练完成效果.dwg”文件。

4.16　思考与练习题

(1)　在复制操作的过程中，能否实现创建多个阵列副本？请举例进行说明。

(2)　请简述镜像图形的一般操作步骤。

(3)　请简述旋转图形的一般操作步骤。

(4)　在二维图形中，阵列分哪几种？

(5)　如何修剪与延伸图形？

(6)　拉伸与拉长有什么不同？

(7)　如何打断或合并图形对象？

(8)　上机操作：绘制图 4-82 所示的门图形。

(9) 上机操作：绘制图 4-83 所示的图形，具体尺寸由读者根据参考图自行确定。

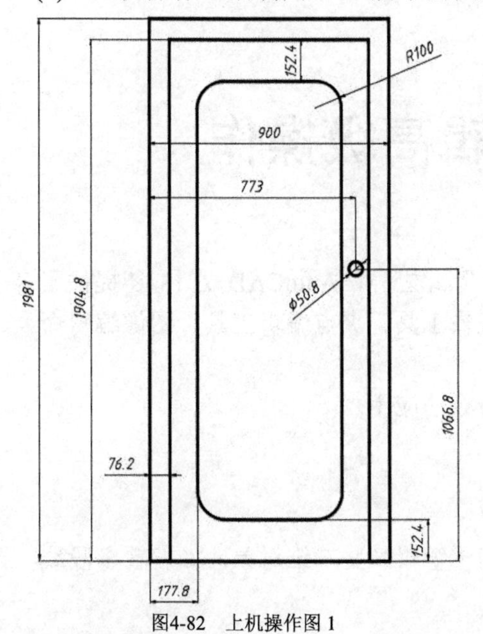

图4-82 上机操作图 1

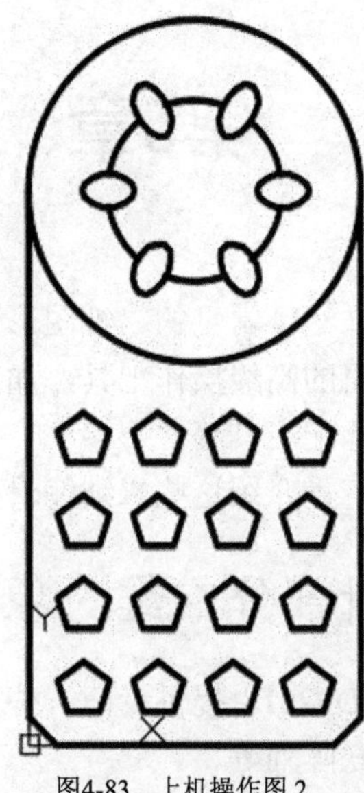

图4-83 上机操作图 2

第5章　二维编辑高级操作

前一章介绍了常见的二维图形修改操作命令，除此之外，AutoCAD 2018 还提供了多个关于二维编辑的高级操作工具，如某些二维对象编辑工具、夹点编辑工具、图像编辑命令、特性与特性匹配工具等。

本章将着重介绍这些二维编辑高级操作工具命令的应用。

5.1　编辑部分二维对象

AutoCAD 2018 提供专门一些工具命令专门用于编辑某些二维对象，如编辑多段线、样条曲线和关联阵列等。

5.1.1　编辑多段线

绘制好二维多段线后，可以使用“PEDIT”命令（其对应的工具按钮为“编辑多段线”按钮）来编辑它。“PEDIT”命令的主要用途包括合并二维多段线、将线条和圆弧转换为二维多段线，以及将多段线转换为近似 B 样条曲线的曲线（即拟合多段线）。

要编辑已有的一条二维多段线，则在功能区“默认”选项卡的“修改”面板中单击“编辑多段线”按钮，接着在“选择多段线或 [多条(M)]:”提示下选择要编辑的一条二维多段线，此时命令窗口出现图 5-1 所示的提示选项，从中选择所需的选项来完成编辑该多段线。

选择多段线或 [多条(M)]:
PEDIT 输入选项 [闭合(C) 合并(J) 宽度(W) 编辑顶点(E) 拟合(F) 样条曲线(S) 非曲线化(D) 线型生成(L) 反转(R) 放弃(U)]:

图5-1　选择多段线后出现的提示选项

- “闭合”或“打开”：对于编辑原本开放的二维多段线，AutoCAD 将提供“闭合”选项，“闭合”选项用于创建多段线的闭合线，将首尾连接，典型示例如图 5-2 所示。对于编辑原本闭合的二维多段线，AutoCAD 将提供“打开”选项，“打开”选项用于删除多段线的闭合线段。

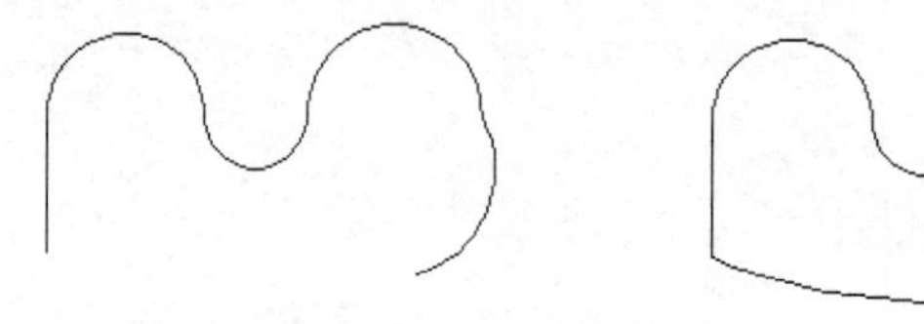

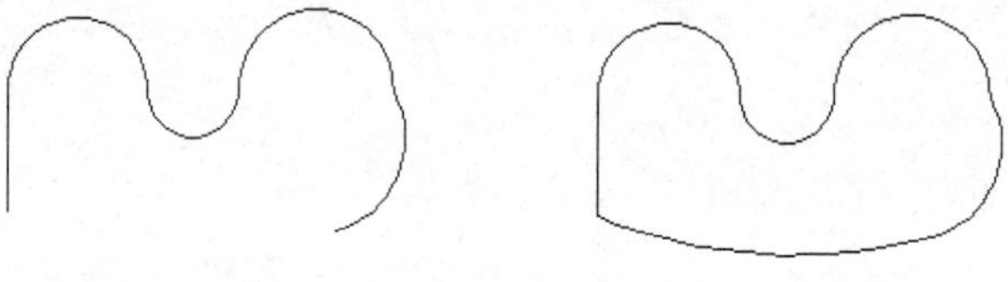

图5-2　将开放的二维多段线修改为闭合状态

- 合并：合并连续的多段线、直线、样条曲线或圆弧。
- 宽度：为整个多段线指定新的统一宽度。
- 编辑顶点：编辑多段线的顶点。
- 拟合：创建圆弧拟合多段线，即由连接每对顶点的圆弧组成的平滑曲线。典型示例如图 5-3 所示。

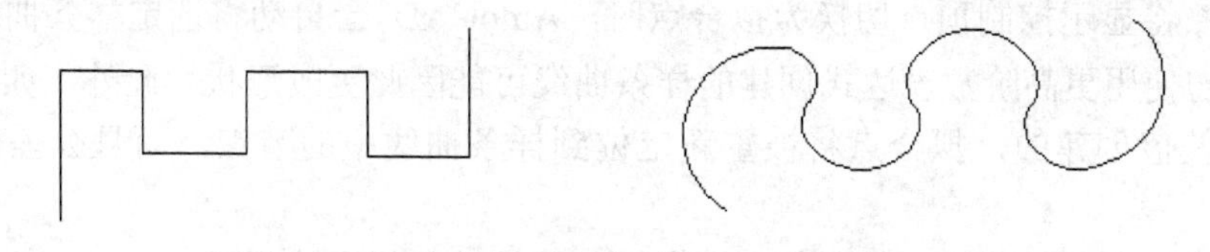

图5-3　将多段线拟合化

- 样条曲线：创建样条曲线的近似线，也就是使用选定多段线的顶点作为近似 B 样条曲线的曲线控制点或控制框架，该曲线（称为样条曲线拟合多段线）将通过第一个和最后一个控制点，除非原多段线是闭合的。曲线将会被拉向其他控制点但并不一定通过它们。在框架特定部分指定的控制点越多，曲线上这种拉拽的倾向就越大。可以生成二次和三次拟合样条曲线多段线。将二维多段线“样条曲线”化的典型示例如图 5-4 所示。

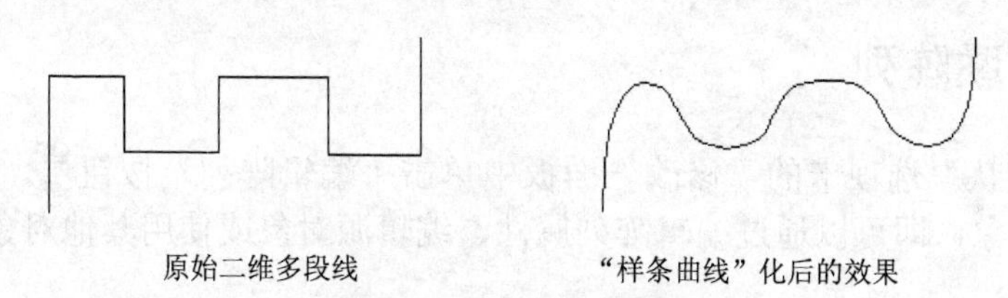

图5-4　将多段线“样条曲线”化

- 非曲线化：删除由拟合或样条曲线插入的其他顶点并拉直所有多段线线段。
- 线型生成：生成经过多段线顶点的连续图案的线型。关闭此选项，将在每个顶点处以点划线开始和结束生成线型。“线型生成”不能用于带变宽线段的多段线。
- 反转：反转多段线顶点的顺序。
- 放弃：还原操作，可以一直返回到 PEDIT 命令任务开始时的状态。

读者可以打开本书配套光盘中的“编辑二维多段线即学即练.dwg”文件来进行编辑多段线的相关练习操作，以加深对上述提示选项的理解。

需要用户注意的是，在单击“编辑多段线”按钮后，如果选择直线、圆弧或样条曲线，那么命令窗口将出现“是否将其转换为多段线？<Y>”的提示信息，输入“Y”并按“Enter”键以将对象转换为多段线，而若输入“N”并按“Enter”键则清除选择。AutoCAD 的多个系统变量将影响此转换。

5.1.2　编辑样条曲线

使用“SPLINEDIT”命令（其对应的工具按钮为“编辑样条曲线”按钮），可以修改

样条曲线的参数，或者将样条拟合多段线转换为样条曲线。

定义样条曲线的数据表示格式有“控制框”和“拟合点”两种，用户可以根据需要进行格式更改。控制框数据包括控制点、样条曲线的多项式阶数和指定给每个控制点的权值；拟合点数据包括拟合点、节点参数化、拟合公差及样条曲线端点处的切线。

知识点拨：将显示控制顶点切换为拟合点时，AutoCAD 会自动将选定样条曲线更改为 3 阶，那么最初使用更高阶数表达式创建的样条曲线可能因此更改形状。此外，如果样条曲线是使用正公差值创建的，拟合点将被重新定位到样条曲线中的节点，而且公差值将重置为 0。

下面介绍使用“SPLINEDIT”命令编辑样条曲线的一般方法步骤。

1 在功能区的“默认”选项卡的“修改”面板中单击“编辑样条曲线”按钮，或者在命令行的“键入命令”提示下输入“SPLINEDIT”并按“Enter”键。

2 选择样条曲线，此时命令提示为“输入选项 [闭合(C)/合并(J)/拟合数据(F)/编辑顶点(E)/转换为多段线(P)/反转(R)/放弃(U)/退出(X)] <退出>:”。

3 选择所需的提示选项来修改所选样条曲线的参数。例如，选择“转换为多段线”选项，接着指定精度值，则可以将样条曲线转换为多段线，其中设置的精度值决定生成多段线与样条曲线的接近程度，其精度有效值为 0 ~ 99 的任意整数。

5.1.3 编辑关联阵列

从功能区“默认”选项卡的“修改”面板中单击“编辑阵列”按钮，可以编辑关联阵列对象及其源对象，即可以通过编辑阵列属性、编辑源对象或使用其他对象替换项来修改关联阵列。

1 打开“编辑阵列即学即练.dwg”文件，该文件存在着图 5-5 所示的关联阵列。

2 在功能区“默认”选项卡的“修改”面板中单击“编辑阵列”按钮，接着根据命令行提示进行以下操作。

```
命令: _arrayedit
选择阵列:                         //在图形窗口中选择要编辑的关联阵列
输入选项 [源(S)/替换(REP)/基点(B)/行(R)/列(C)/层(L)/重置(RES)/退出(X)] <退出>: C↙
输入列数数或 [表达式(E)] <4>: 3↙
指定 列数 之间的距离或 [总计(T)/表达式(E)] <1000>: 1300↙
输入选项 [源(S)/替换(REP)/基点(B)/行(R)/列(C)/层(L)/重置(RES)/退出(X)] <退出>: R↙
输入行数数或 [表达式(E)] <3>: 4↙
指定 行数 之间的距离或 [总计(T)/表达式(E)] <600>: 400↙
指定 行数 之间的标高增量或 [表达式(E)] <0>:↙
输入选项 [源(S)/替换(REP)/基点(B)/行(R)/列(C)/层(L)/重置(RES)/退出(X)] <退出>:↙
```

编辑该关联阵列的结果如图 5-6 所示。

图5-5　原始关联阵列　　　　图5-6　编辑后的关联阵列

当然，还有一种操作更简洁的编辑操作，即在确保打开功能区的情况下，从图形窗口中双击要编辑的该关联阵列，系统打开“阵列”选项卡和一个特性面板，如图 5-7 所示，从中直观地修改该关联阵列的相关参数，然后单击“关闭阵列”按钮即可。

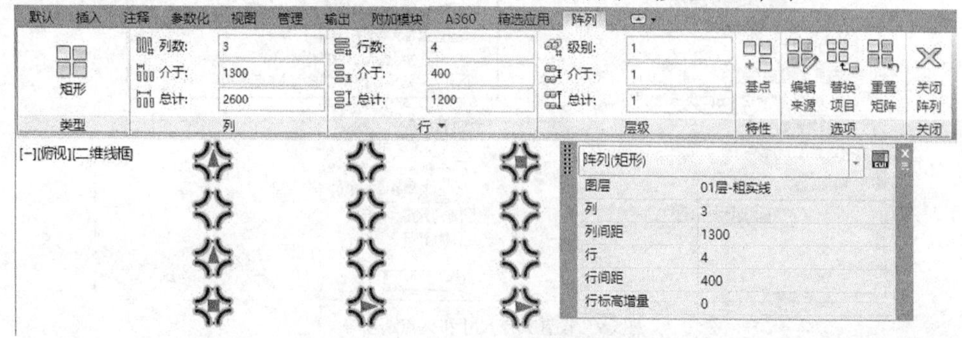

图5-7　在“阵列”选项卡及特性面板中修改参数

5.2 夹点编辑知识

在 AutoCAD 中，可以使用不同类型的夹点和夹点模式来以其他方式重新塑造、移动或操纵对象。在没有“选择对象”命令提示下使用定点设备（如鼠标）选择对象时，在所选对象上将显示有默认蓝色的小方格，有些对象还显示有小三角形，这便是夹点，举例夹点如图 5-8 所示。需要用户注意的是锁定图层上的对象不会显示夹点。选择夹点后，用户可以使用默认夹点模式（拉伸）编辑对象或在夹点上右键单击以访问夹点编辑选项，而不是输入命令。可以从选定对象上的选定夹点访问的编辑选项有“拉伸”“移动”“旋转”“缩放”和“镜像”。

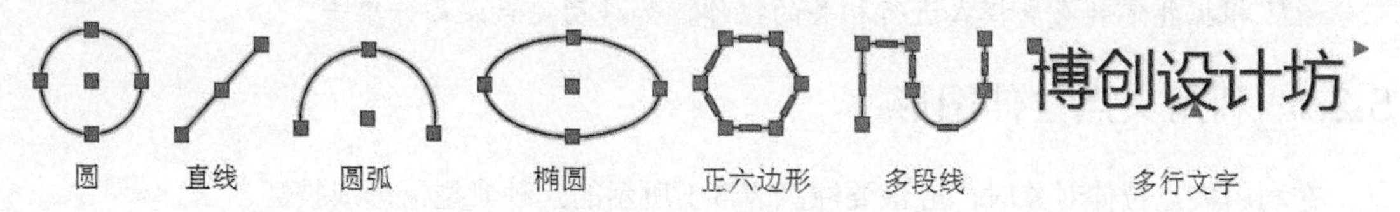

图5-8　各举例对象上的夹点显示

关于夹点的显示与否及如何显示，用户可以通过“选项”对话框去设置。单击“应用程序”按钮，接着从打开的应用程序菜单中单击“选项”按钮，弹出“选项”对话框，切换至“选择集”选项卡，此时在“夹点尺寸”选项组中通过拖动滑块指定夹点尺寸，并可以在“夹点”选项组中设置显示夹点、夹点颜色、显示夹点提示和显示动态夹点菜单等，如图 5-9 所示。在初始默认情况下，AutoCAD 系统启用显示夹点和显示夹点提示等。设置好后单击“确定”按钮。

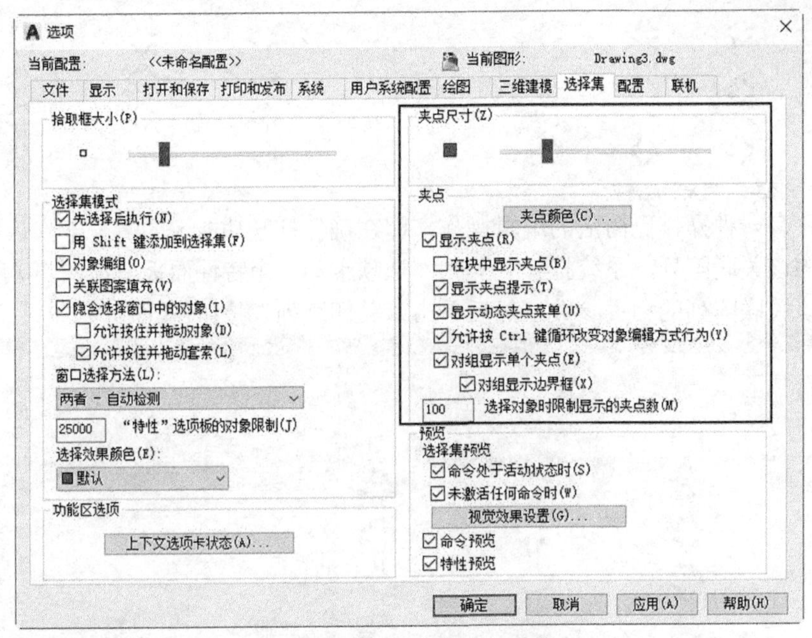

图5-9　设置夹点尺寸和夹点选项等

使用夹点编辑对象的方法步骤简述如下。

1. 选择要编辑的对象，此时所选对象上显示有相应的夹点。
2. 执行以下一项或多项操作。

- 选择所需夹点，此时默认的夹点模式为“拉伸”，移动所选夹点来拉伸对象。对于某些对象夹点（如块参照夹点），此操作将移动对象而不是拉伸它。
- 按“Enter”键或空格键循环到“移动”“旋转”“缩放”或“镜像”夹点模式，或在选定的夹点上右键单击以查看快捷菜单，该快捷菜单提供所有可用的夹点模式和其他选项。
- 将光标悬停在夹点上以参看和访问多功能夹点菜单（如果有），然后按“Ctrl”键循环浏览可用的选项。

3. 根据指定的夹点模式进行相关的操作，如移动定点设备并单击。

5.2.1　利用夹点拉伸图形

在利用夹点拉伸对象时，应该要注意表 5-1 所示的几种典型情形或技巧。

表 5-1　利用夹点进行拉伸的典型情形或技巧

序号	几种典型情形或技巧
1	对于块参照、文字、直线终点、圆心和点对象上的夹点，实现的动作是移动对象而不是拉伸它
2	当选择对象上的多个夹点来拉伸对象时，选定夹点间的对象的形状将保持原样；要选择多个夹点，请按住“Shift”键，然后选择适当的夹点
3	如果选择象限夹点来拉伸圆或椭圆，接着在输入新半径命令提示下指定距离（而不是移动夹点），此距离是指从圆心而不是从选定的夹点测量的距离
4	当二维对象位于当前 UCS 之外的其他平面上时，将在创建对象的平面上（而不是当前 UCS 平面上）拉伸对象

下面通过实例介绍如何利用夹点拉伸对象。

1 打开“利用夹点拉伸对象即学即练.dwg”文件，原始图形如图 5-10 所示。

2 使用鼠标光标选择正六边形，接着选择最右侧的一个小方块夹点，然后将该夹点拉伸到中心线圆的圆心位置处，如图 5-11 所示，然后单击以完成夹点拉伸。

3 按“Esc”键退出拉伸状态。结果如图 5-12 所示。

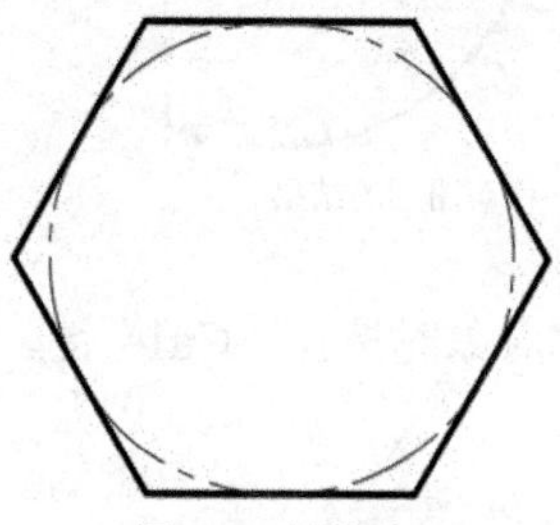

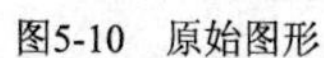

图5-10 原始图形

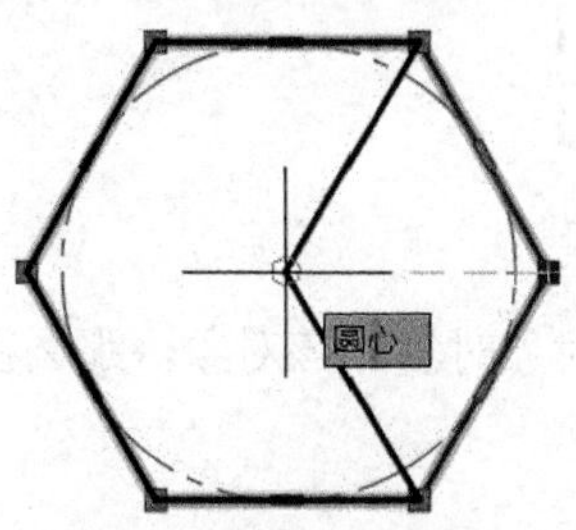

图5-11 选择夹点进行拉伸

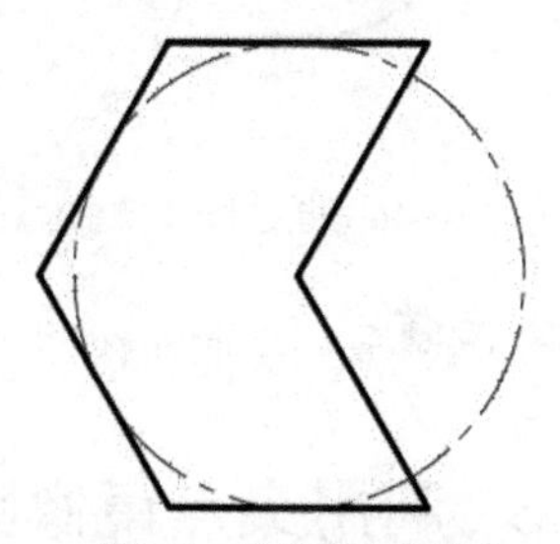

图5-12 拉伸夹点的结果

如果要利用夹点来拉伸多个对象，则先选择要拉伸的若干个对象，接着按“Shift”键并单击多个夹点以亮显这些夹点，松开“Shift”键并通过单击夹点选择一个夹点作为基准夹点，然后移动定点设备（如鼠标）并单击即可。

5.2.2 利用夹点移动图形

通过拖动、夹点编辑可以将选定对象快速移动。请看以下利用夹点移动图形的范例。

1 打开“利用夹点移动图形即学即练.dwg”文件，原始图形如图 5-13 所示。

2 选中左边的正五边形，接着单击此正五边形上最右侧的一个小方形夹点以亮显该夹点，如图 5-14 所示。

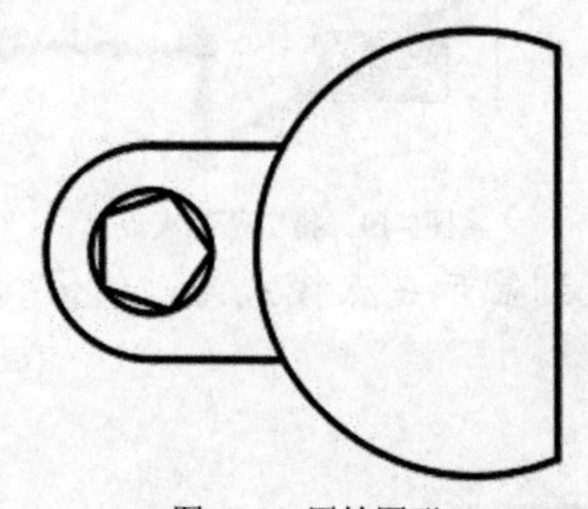

图5-13 原始图形

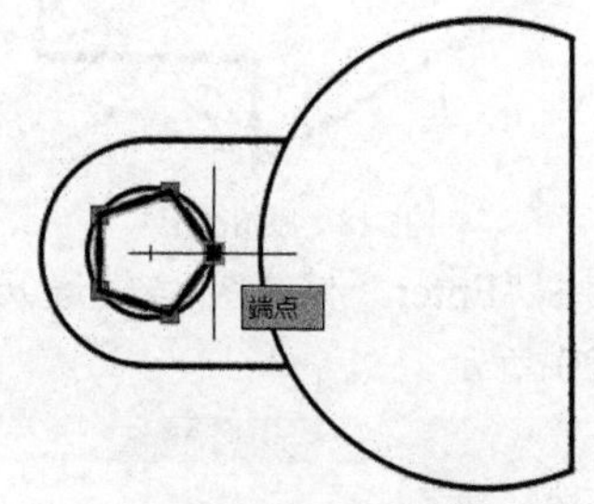

图5-14 选择要操作的夹点

3 按一下“Enter”键或空格键，从而遍历至“移动（MOVE）”夹点模式，如图 5-15 所示。

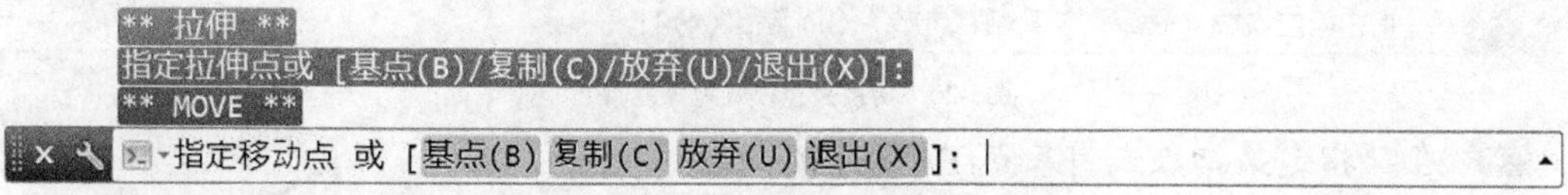

```
** 拉伸 **
指定拉伸点或 [基点(B)/复制(C)/放弃(U)/退出(X)]:
** MOVE **
指定移动点 或 [基点(B) 复制(C) 放弃(U) 退出(X)]:
```

图5-15 遍历至“移动（MOVE）”夹点模式

4 移动鼠标光标指定移动点，如图 5-16 所示，然后单击，得到图 5-17 所示的图形。

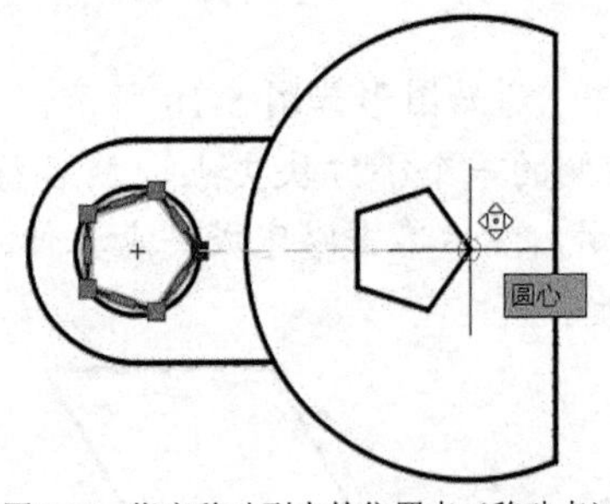

图5-16　指定移动到点的位置点（移动点）

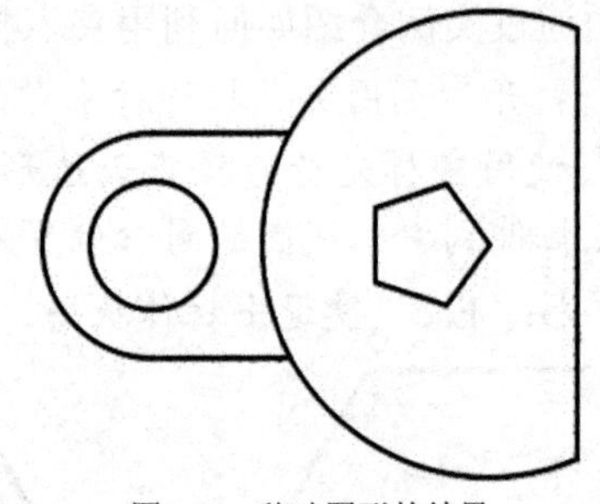

图5-17　移动图形的结果

知识点拨： 如果要在移动选定的对象时复制该对象，那么在移动此对象时按住“Ctrl”键。

5.2.3　利用夹点镜像图形

利用夹点镜像图形的操作实际上与使用 MIRROR 命令镜像图形的操作类似，但要注意的是利用夹点镜像图形时，初始默认情况下在夹点编辑镜像后自动删除原图形对象。请看以下的操作范例。

1. 打开“利用夹点镜像图形即学即练.dwg”文件，原始图形如图 5-18 所示。
2. 选择全部图形，接着单击箭头顶点处的夹点作为基准夹点，如图 5-19 所示。此时，激活默认的“拉伸”夹点模式。

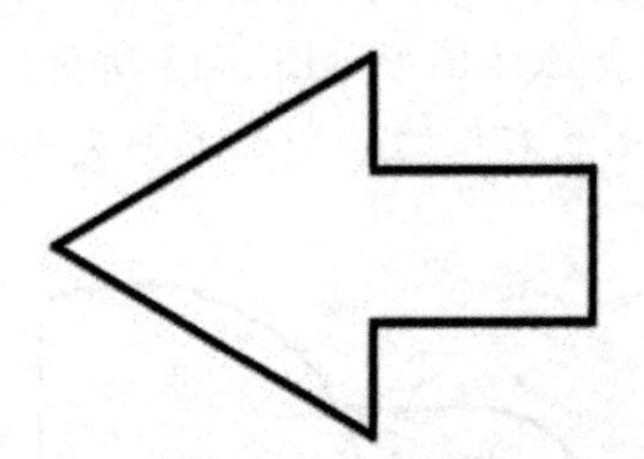

图5-18　原始图形

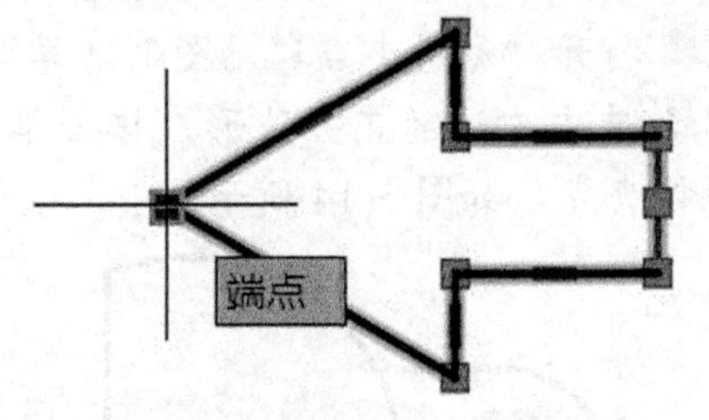

图5-19　指定基准夹点

3. 按“Enter”键或空格键遍历浏览夹点模式，直到显示夹点模式为“镜像”，如图 5-20 所示。

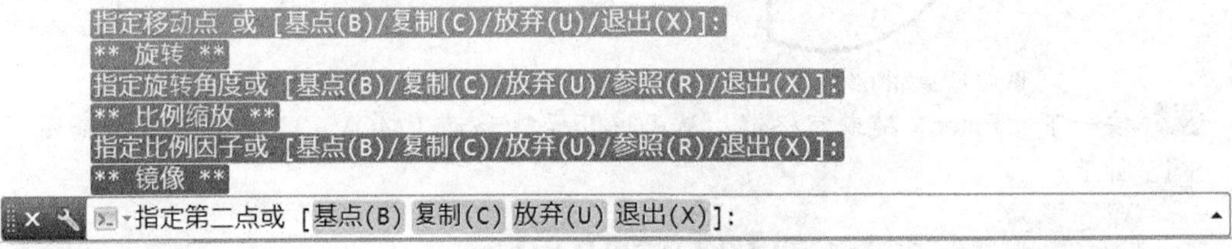

```
指定移动点 或 [基点(B)/复制(C)/放弃(U)/退出(X)]:
** 旋转 **
指定旋转角度或 [基点(B)/复制(C)/放弃(U)/参照(R)/退出(X)]:
** 比例缩放 **
指定比例因子或 [基点(B)/复制(C)/放弃(U)/参照(R)/退出(X)]:
** 镜像 **
指定第二点或 [基点(B) 复制(C) 放弃(U) 退出(X)]:
```

图5-20　切换夹点模式为“镜像”

4. 在“指定第二点或 [基点(B)/复制(C)/放弃(U)/退出(X)]:”提示下输入“@18<90”并按“Enter”键，镜像结果如图 5-21 所示。

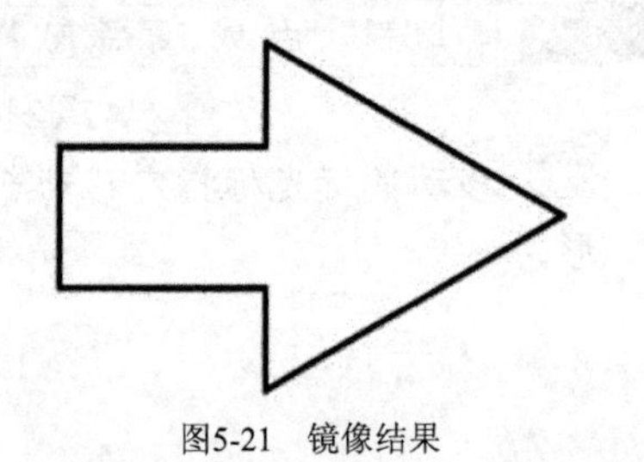

图5-21　镜像结果

知识点拨： 使用夹点为对象创建镜像时，若要使用鼠标光标在水平方向或竖直方向上指定第二点，那么通常在这种情况下打开“正交”模式是很有用的。

5.2.4 利用夹点旋转图形

利用夹点旋转图形与使用“旋转（ROTATE）”命令旋转图形的结果相同。在这里以实例形式介绍如何利用夹点旋转图形。

1. 打开“利用夹点旋转图形即学即练.dwg”文件，该文件中存在着图 5-22 所示一张规格为 1.8 米×2.0 米的双人床图形。
2. 选择整个双人床，选择双人床左上角的一个夹点作为基准夹点，将其激活，如图 5-23 所示。

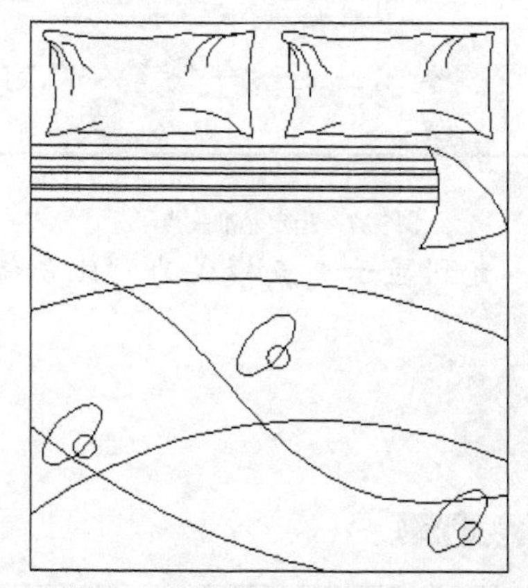

图5-22 规格为 1.8m×2.0m 双人床

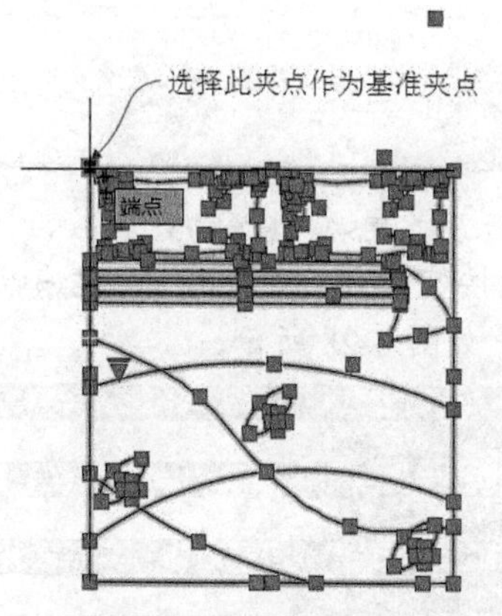

图5-23 指定基准夹点

3. 按空格键或“Enter”键遍历浏览夹点模式，直到显示夹点模式为“旋转”，如图 5-24 所示。

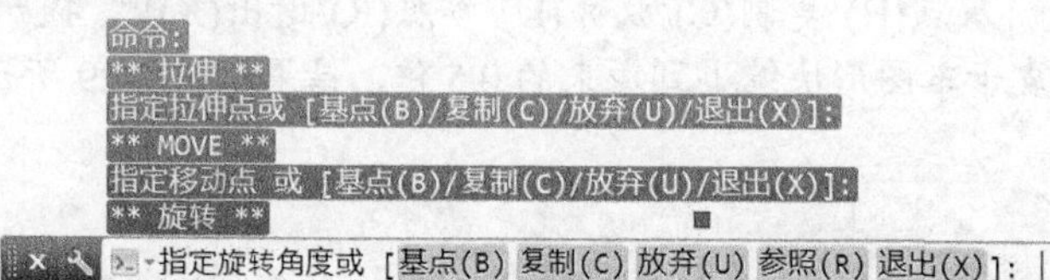

图5-24 切换夹点模式为“旋转”

4. 指定旋转角度为 90°，最后得到的双人床图形效果如图 5-25 所示。

图5-25 将双人床旋转 90°后的图形效果

5.2.5 利用夹点缩放图形

利用夹点缩放图形的操作结果和使用“缩放（SCALE）”命令缩放图形的操作结果可以相同。这里以范例的形式介绍如何利用夹点缩放图形。

1 打开“利用夹点缩放图形即学即练.dwg”文件，该文件中存在着图 5-26 所示的一辆皮卡车图形块。

2 单击选择皮卡车图形块，接着选择皮卡车上的一个夹点作为基准夹点，如图 5-27 所示。

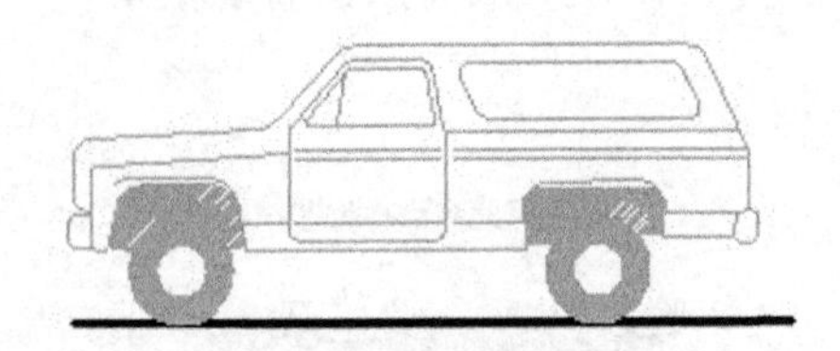

图5-26　原始图形

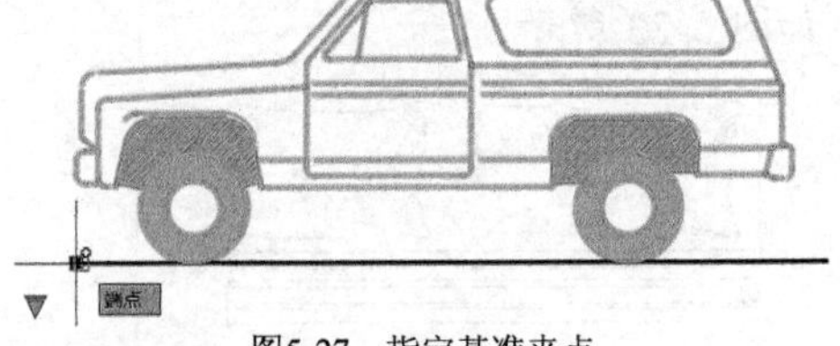

图5-27　指定基准夹点

3 按空格键或“Enter”键遍历浏览夹点模式，直到显示夹点模式为“比例缩放”，如图 5-28 所示。

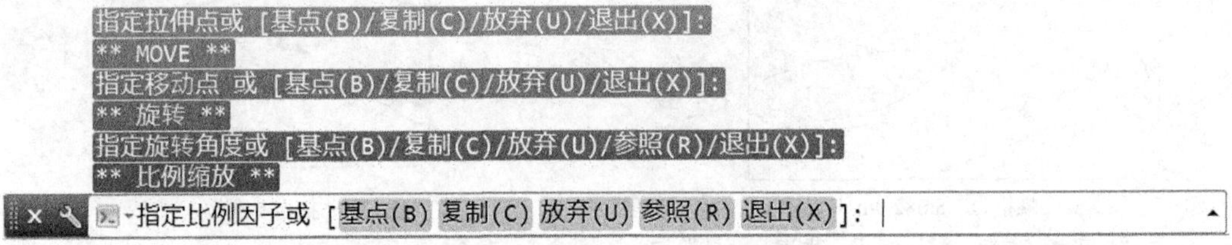

```
指定拉伸点或 [基点(B)/复制(C)/放弃(U)/退出(X)]:
** MOVE **
指定移动点 或 [基点(B)/复制(C)/放弃(U)/退出(X)]:
** 旋转 **
指定旋转角度或 [基点(B)/复制(C)/放弃(U)/参照(R)/退出(X)]:
** 比例缩放 **
指定比例因子或 [基点(B) 复制(C) 放弃(U) 参照(R) 退出(X)]:
```

图5-28　切换夹点模式为“比例缩放”

4 在“指定比例因子或 [基点(B)/复制(C)/放弃(U)/参照(R)/退出(X)]:”提示下输入比例因子为 0.5，确认后皮卡车图形块缩小到原来的 0.5 倍，结果如图 5-29 所示。

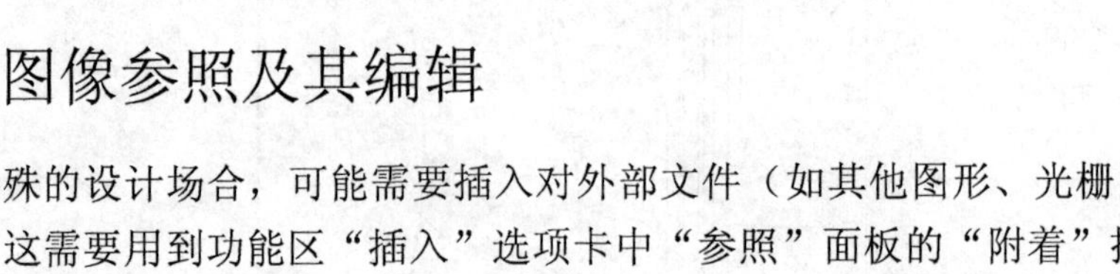

图5-29　利用夹点缩放皮卡车图形块的范例结果

5.3 插入图像参照及其编辑

在某些特殊的设计场合，可能需要插入对外部文件（如其他图形、光栅图像和参考底图）的参照，这需要用到功能区“插入”选项卡中“参照”面板的“附着”按钮。在这里，以插入光栅图像参考为例进行介绍。

在功能区“插入”选项卡的“参照”面板中单击“附着”按钮，亦可从菜单栏中选择“插入”/“光栅图像参照”命令，弹出图 5-30 所示的“选择参照文件”对话框，利用此对话框选择所需的一个图像参照文件，单击“打开”按钮，系统弹出“附着图像”对话框，

从中指定路径类型、插入点选项和缩放比例选项等（通常插入点和缩放比例均可设置为“在屏幕上指定”），如图 5-31 所示，单击“确定”按钮，然后根据命令行提示进行以下操作。

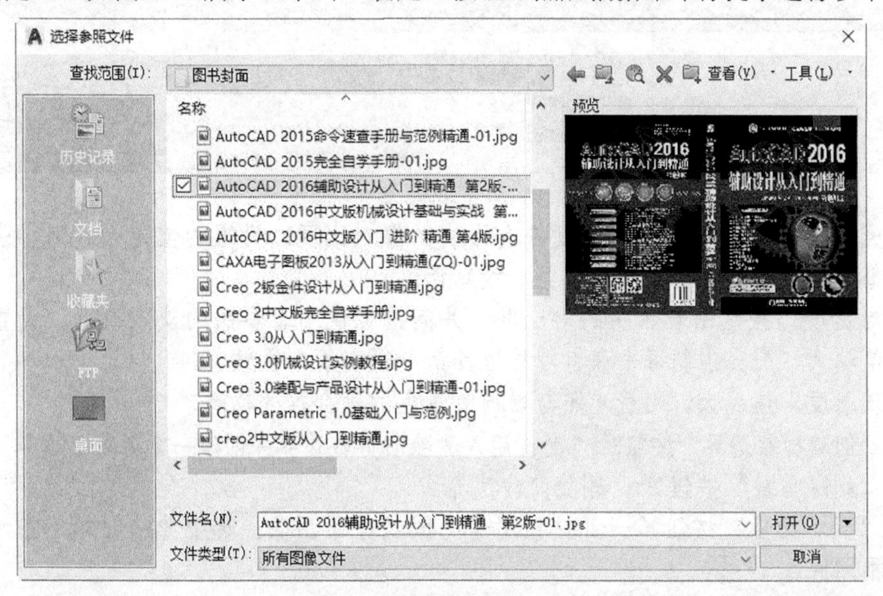

图5-30 “选择参照文件”对话框

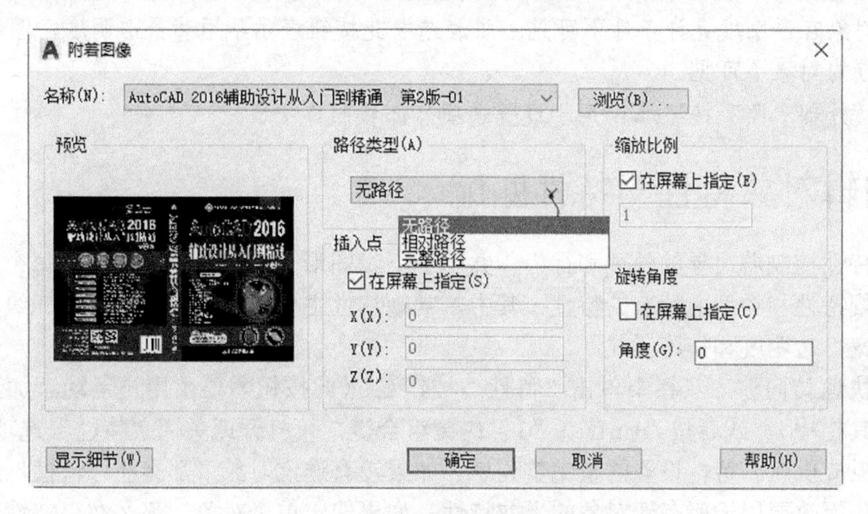

图5-31 “附着图像”对话框

命令: _attach

指定插入点 <0,0>:↙

基本图像大小: 宽: 397.933319，高: 266.022675，Millimeters

指定缩放比例因子或 [单位(U)] <1>:↙

从而在图形中插入一个外部图像参照。

如果要编辑该外部图像参照，则可以采用窗口选择的方式选择它，此时功能区将出现图 5-32 所示的“图像”选项卡，从中执行相关的工具来对图像参照进行调整和剪裁等相关编辑操作。

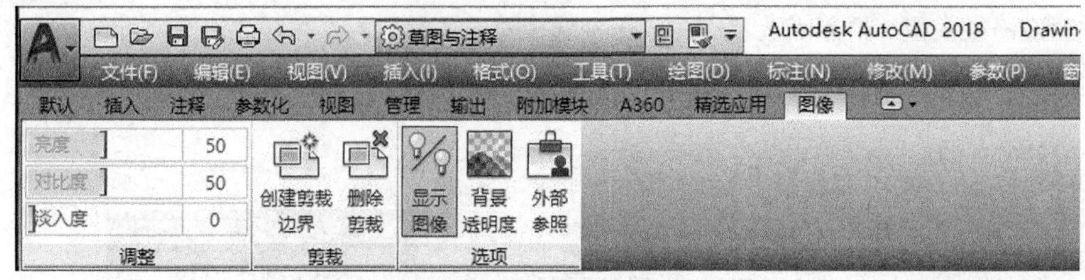

图5-32　“图像”选项卡

- 亮度：用于控制图像的亮度并会影响图像对比度。设置的值越大，则会强制每个像素越接近其第一级或第二级颜色。
- 对比度：控制附着参照的对比度，并间接控制附着参照的淡入效果。设置的值越大，则会强制每个像素越接近其第一级或第二级颜色。
- 淡入度：值越大，附着参照与当前背景色的融合程度越高。
- “创建剪裁边界”按钮：允许用户删除旧剪裁边界并创建一个新剪裁边界。
- “删除剪裁”按钮：删除剪裁边界。
- “显示图像”按钮：此按钮用于隐藏或显示图像。选中此按钮时，表示显示图像。
- “背景透明度”按钮：选中此按钮时表示启用背景透明度，使图像下方的对象在透明度允许条件下可见；取消选中此按钮表示禁用背景透明度，图像下方的对象不可见。
- “外部参照”按钮：用于设置选项外部参照选项板。

5.4　编辑对象特性与特性匹配

对象特性控制着对象的外观和行为，并用于组织图形。在 AutoCAD 中，每个图形对象都具有常规特性和类型所特有的特性，其中，常规特性主要包括其图层、颜色、线型、线型比例、线宽、透明度和打印样式。

在“快速访问”工具栏中单击“特性”按钮（此按钮需要由用户手动添加到“快速访问”工具栏中），或者按“Ctrl”+“1”快捷组合键，可打开或关闭“特性”选项板。“特性”选项板提供所有特性设置的最完整列表。如果没有选定对象，那么在“特性”选项板中可以查看和更改要用于所有新对象的当前特性；如果选定单个对象，那么在“特性”选项板中可以查看并更改所选对象的常规特性和其所特有的特性；如果选定多个对象，那么在“特性”选项板中可以查看并更改它们的常用特性。

下面介绍如何通过“特性”选项板来修改一个圆对象。

1. 打开“特性编辑即学即练.dwg”文件，该图形文件中已有的源图形对象如图 5-33 所示。
2. 在“快速访问”工具栏中单击“特性”按钮以打开“特性”选项板，接着在图形窗口中选择以中心线显示的圆，则“特性”选项板显示该圆的所有特性，如图 5-34 所示。

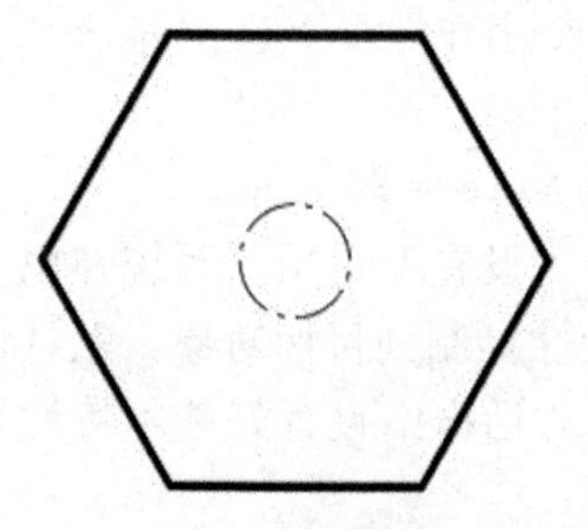

图5-33 已有图形

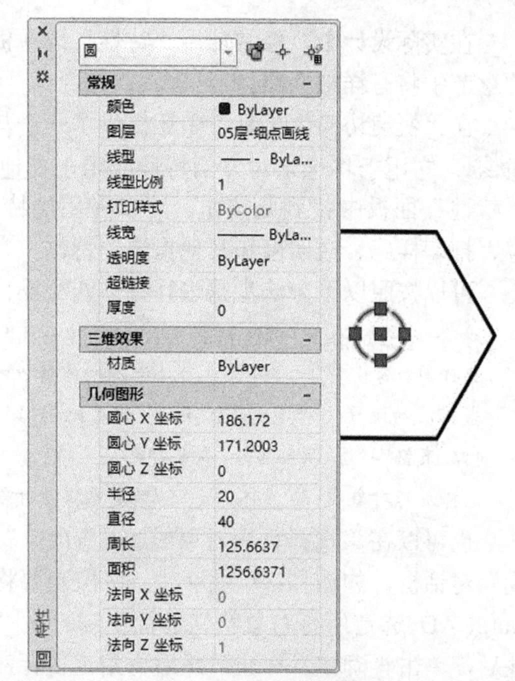

图5-34 显示圆的所有特性

3 在“特性”选项板的“常规”选项组中，将“图层”更改为“01-粗实线”层，并在“几何图形”选项组的“半径”框中输入“50”并按“Enter”键确认，此时直径跟随半径自动变化，如图 5-35 所示。

4 将光标置于绘图窗口中，按“Esc”键取消对象选择。再次单击“特性”按钮以关闭“特性”选项板。更改圆特性后的图形效果如图 5-36 所示。

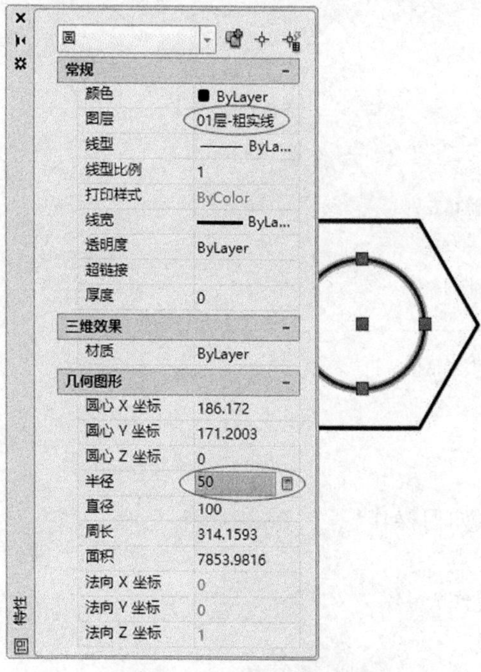

图5-35 修改对象的相关特性

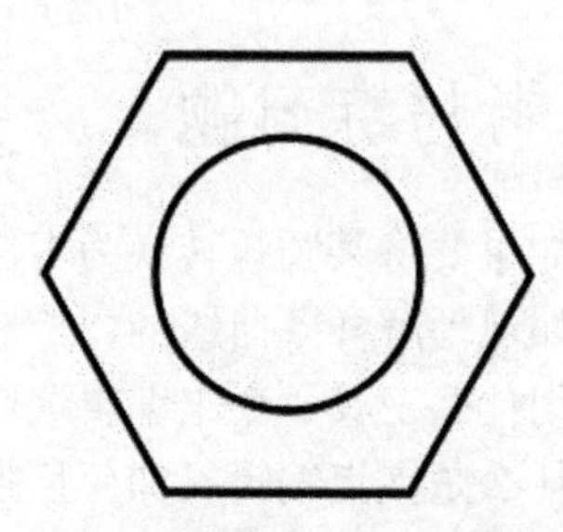

图5-36 修改特性后的图形效果

在实际设计中，经常使用“特性”选项板来为选定对象设置独立的尺寸公差，这在后面的章节中将有详细介绍。

在“快速访问”工具栏中还提供了一个与对象特性相关的实用工具，即“特性匹配”按钮，它用于将选定对象的特性应用于其他对象。用户也可以在功能区“默认”选项卡的“特性”面板中找到此按钮。可以应用的特性类型包括颜色、图层、线型、线型比例、线宽、打印样式、透明度和其他指定的特性。

可以按照以下方法步骤进行特性匹配操作。

```
命令: '_matchprop                //在“快速访问”工具栏中单击“特性匹配”按钮
选择源对象:                      //选择所需特性的一个对象作为源对象
当前活动设置: 颜色 图层 线型 线型比例 线宽 透明度 厚度 打印样式 标注 文字 图案填充 多段线 视口 表格 材质 阴影显示 多重引线
选择目标对象或 [设置(S)]:        //指定要将源对象的特性复制到其上的对象
```

也可以在“选择目标对象或 [设置(S)]:”提示下选择“设置”选项，系统弹出“特性设置”对话框，如图 5-37 所示，从中控制要将哪些对象特性复制到目标对象。默认情况下，AutoCAD 选定所有对象特性进行复制。在“特性设置”对话框中设置好基本特性和特殊特性后，单击“确定”按钮，然后再指定目标对象。

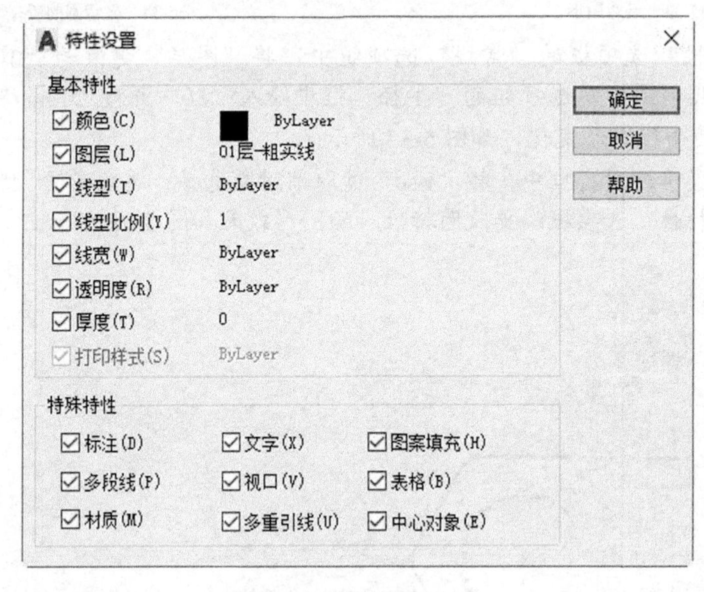

图5-37　“特性设置”对话框

5.5　思考与练习题

(1)　如果要将某圆弧转换为多段线，那么应该如何操作？

(2)　如何理解样条曲线的“控制框”和“拟合点”？

(3)　用什么工具命令来编辑关联阵列？如何操作？

(4)　什么是夹点编辑？如何切换夹点编辑模式？

(5)　如何在图形中插入光栅图像参照？以及如何编辑图像参照？

(6) 使用“特性”选项板可以进行哪些设计工作？

(7) 扩展知识：在状态栏中提供了一个“快捷特性”按钮▣以供用户打开或关闭“快捷特性”模式。打开“快捷特性”模式时，选择图形对象时将自动弹出该对象的“快捷特性”选项板（也称快捷特性浮动面板，在“快捷特性”选项板中仅显示简洁的特性内容），从中可修改其特性。很多时候双击对象也可打开“快捷特性”选项板。请自行练习通过“快捷特性”选项板来修改图形对象。

(8) 上机练习：请在新建的图形文件中绘制一个半径为 20 的圆，然后通过“特性”选项板将其半径更改为 60。

第6章 图层设置与管理

在 AutoCAD 2018 中，使用图层来管理图形对象是很方便的，而且也很实用，可以使组织和管理不同类型的图形对象变得简单。用户可以将不同类型的图形对象放置在不同的特定图层中，重叠这些可看作是透明图纸的图层便构成了完整的图形。可以在不同的图层中为图线定义不同的颜色、线型和线宽等。

本章介绍图层设置与管理的相关实用知识。

6.1 图层概述

AutoCAD 2018 中的每一个图层就好比是一张透明图纸，若干个图层重叠在一起就好比若干张透明图纸叠放在一起。由用户在指定的图层中绘制、编辑和组织所需的图形对象，通常将类型相同或相似的对象绘制在同一个图层中，而将类型不相同的对象分别绘制在其他指定图层中，例如，可以将中心线、构造线、轮廓线、标注和标题栏分别置于不同的图层中。在每一个图层中，都可根据需要设置其关联的颜色、线型、线宽、打印样式和开关状态等。事实上，图层用于按功能编组图形中的对象，以及用于执行颜色、线型、线宽和其他特性的标准。

图层是一种重要的组织工具，通过控制对象的显示或打印方式，它可以有效降低图形的视觉复杂程度，并提高显示性能。使用图层，可以控制图层上的对象是显示的还是隐藏的，对象是否使用默认特性（例如，该图层的颜色、线型或线宽）或对象特性是否单独指定给每个对象，是否打印及如何打印图层上的对象，是否锁定图层上的对象并且无法修改，对象是否在各个布局视口中显示不同的图层特性。例如，当图形看起来很复杂时，可以通过图层隐藏（关闭）当前一些不需要看到的对象，如图 6-1 所示，其中图 6-1（a）所示为显示全部图形时的效果，而图 6-1（b）则为通过关闭相应图层暂时隐藏门和电线后的图形效果。

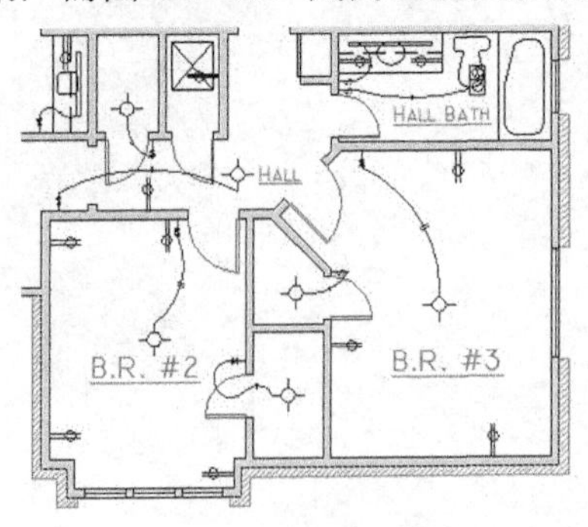

（a）显示全部图形时

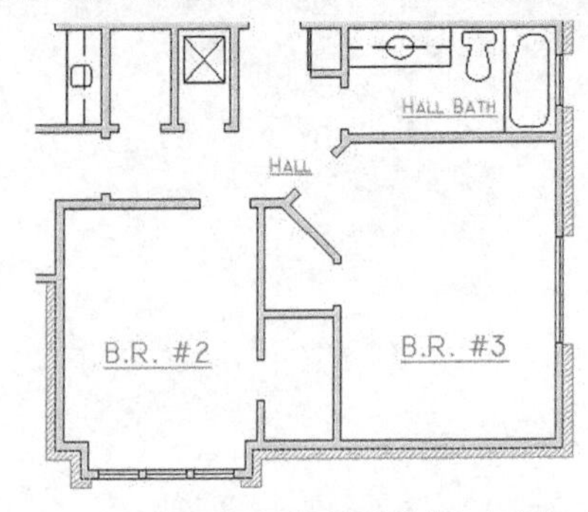

（b）通过关闭相应图层暂时隐藏门和电线

图6-1　示例：通过图层隐藏当前一些不需要看到的对象

每个 AutoCAD 图形都包括一个名为“0”的图层，该图层的用途是为了确保每个图形至少包括一个图层，并提供与块中的控制颜色相关的特殊图层。该名为“0”的图层不能被删除或重命名。在实际设计工作中，通常建议用户根据设计情况创建几个新图形来组织图形，而不是在图层“0”上创建整个图形。

如果要查看图形的组织方式，那么可使用“LAYER”命令（其对应的工具为“图层特性”按钮）来打开“图层特性管理器”选项板（可简称为图形特性管理器）。有关图层特性管理器的内容将在6.2节中详细介绍。

图层特性管理器占用较大的空间，而且用户并不总是需要所有选项。在这种情况下，用户可以关闭图层特性管理器，而在功能区中可以快速访问最常用的图层控件。当未选定任何对象时，功能区“默认”选项卡上的“图层”面板将显示当前图层的名称，以及提供一些常用的图层工具，如图6-2所示。在实际设计工作中，要不时地检查此“图层”面板的“图层”下拉列表框，以确保用户创建的对象位于正常的图层上。使用“图层”下拉列表框指定当前图层的方法很简单，即在该下拉列表框中单击下拉箭头以显示图层列表，然后从中单击所需的一个图层即可使其成为当前图层，指定当前图层后，所有新建图层对象都将落在该当前图层上。在“图层”下拉列表框中，还可以通过单击列表中的任何图标以更改相关图层的设置。

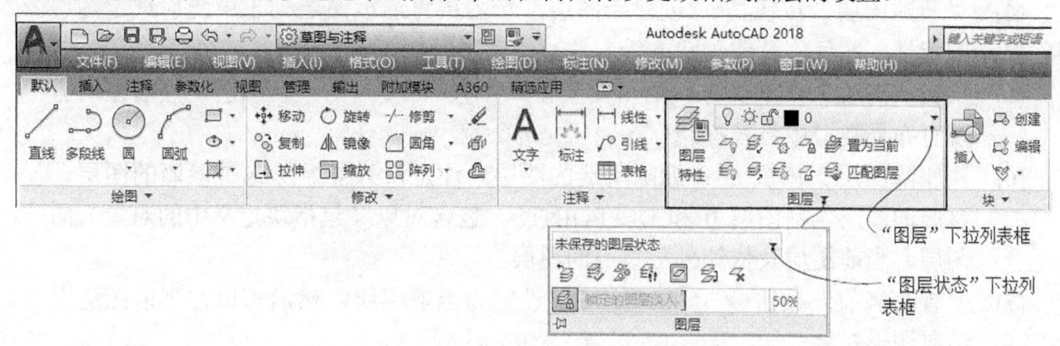

图6-2　功能区“默认”选项卡的“图层”面板

制图是一项严谨的且需要满足某些设计标准的工作，实践证明建立或遵从公司范围内的图层标准至关重要，这是因为图层标准对于团队项目非常重要。使用预设的图层标准，图形组织将随着实践的推移，在部门间变得更有逻辑、更一致、更兼容及更易于维护。

6.2　管理图层和图层特性

在“图层”面板中单击“图层特性”按钮，弹出图6-3所示的图层特性管理器。

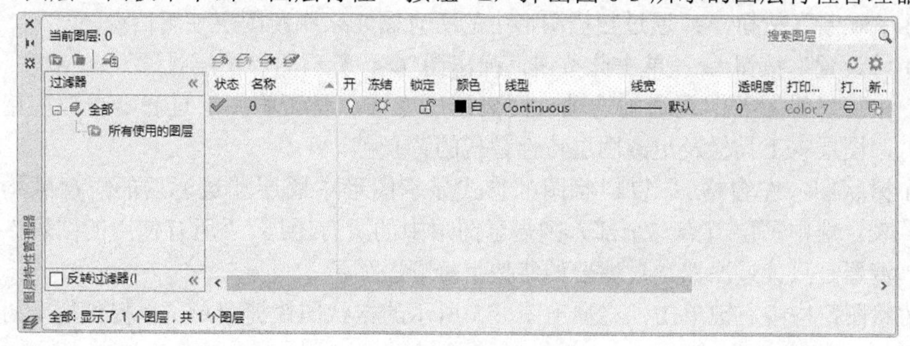

图6-3　图层特性管理器

图层特性管理器显示了图形中的图层的列表及特性。在图层特性管理器中，可以进行图层的管理操作和图层特性的定制操作。例如，可以添加、删除和重命名图层，更改图层特性，设置布局视口的特性替代或添加图层说明并实时应用这些更改。

6.2.1 熟悉图层特性管理器

下面介绍图层特性管理器中各个选项及按钮等组成部分的功能含义。

(1) “新建特性过滤器”按钮：单击此按钮，弹出“图层过滤器特性”对话框，从中可以根据图层的一个或多个特性创建图层过滤器。

(2) “新建组过滤器”按钮：单击此按钮，创建图层过滤器，其中包含选择并添加到该过滤器的图层。

(3) “图层状态管理器”按钮：单击此按钮，弹出“图层状态管理器”对话框，从中可以将图层的当前特性设置保存到一个命名图层状态中，以后可以再恢复这些设置。

(4) “新建图层”按钮：创建新图层，新图层将继承图层列表中当前选定图层的特性（颜色、开或关状态等）。

(5) “在所有视口中都被冻结的新图层视口”按钮：创建新图层，然后在所有现有布局视口中将其冻结。

(6) “删除图层”按钮：删除所选的图层，注意，只能删除未被参照的图层。参照的图层包括图层 0 和 DEFPOINTS、包含对象（包括块定义中的对象）的图层、当前图层及依赖外部参照的图层。

(7) “置为当前”按钮：将选定图层设置为当前图层，然后可以在当前图层上绘制图形对象。

(8) “当前图层”行：显示当前图层的名称。

(9) “搜索图层”框：输入字符时，按名称快速过渡图层列表。关闭图层特性管理器时，不保存此过滤器。

(10) 状态行：显示当前过滤器的名称、列表视图中显示的图层数和图形中的图层数。

(11) “反转过滤器”复选框：如果选中此复选框，则显示所有不满足选定图层特性过滤器中条件的图层。

(12) “刷新”按钮：通过扫描图形中的所有图元来刷新图层使用信息。

(13) “设置”按钮：单击此按钮，弹出图 6-4 所示的“图层设置”对话框，从中可以设置新图层通知选项、隔离图层方式、是否将图层过滤器更改应用于“图层”工具栏及更改图层特性替代的背景色。

(14) 树状图（左窗格）：以树状图的形式显示图形中图层和过滤器的层次结构列表。选中顶层节点（全部）则显示图形中的所有图层。“所有使用的图层”过滤器是只读过滤器。过滤器始终按字母顺序显示。

在树状图窗格中右键单击，将弹出图 6-5 所示的树状图快捷菜单，以提供用于树状图中选定项目的命令。

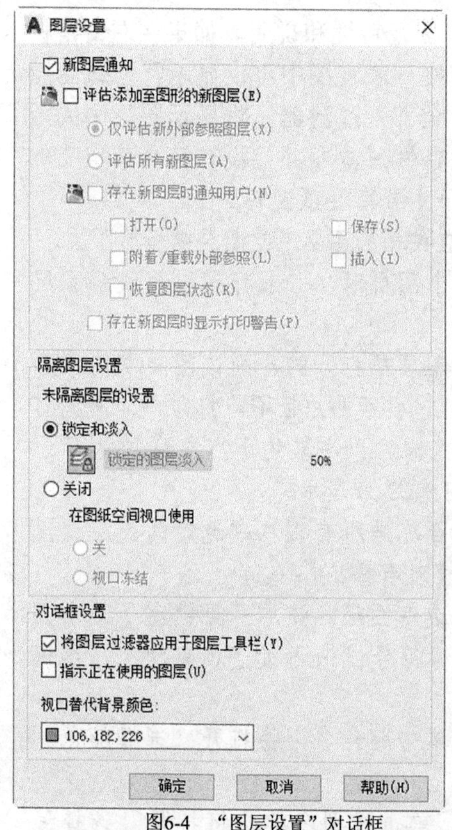

图6-4 “图层设置”对话框

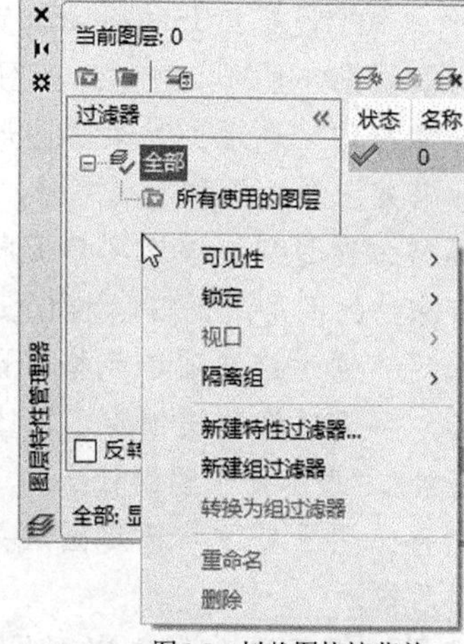

图6-5 树状图快捷菜单

- 可见性：更改选定过滤器（或“全部”或“所有使用的图层”过滤器，如果选定了相应过滤器）中所有图层的可见性状态。可供选择的可见性选项有“开”“关”“解冻”和“冻结”。
- 锁定：控制选定过滤器中图层的锁定状态。可供选择的锁定选项有“锁定”和“解锁”。锁定时不能修改图层上的任何对象，解锁则可以修改图层上的对象。
- 视口：在当前布局视口中，控制选定过滤器中图层的“视口冻结”设置。此选项对于模型空间视口不可用。可供选择的视口选项有“冻结”和“解冻”。
- 隔离组：冻结所有不在选定过滤器中的图层。只有选定过滤器中的图层是可见图层。可供选择的隔离组选项有“所有视口”和“仅活动视口”。
- 新建特性过滤器：选择该命令，则打开“图层过滤器特性”对话框，从中可以根据图层名和设置创建新的图层过滤器。
- 新建组过滤器：创建新图层组过滤器，并将其添加到树状图中。
- 转换为组过滤器：将选定图层特性过滤器转换为图层组过滤器。更改图层组过滤器中的图层特性不会影响该过滤器。
- 重命名：重命名选定的过滤器。
- 删除：删除选定的图层过滤器。无法删除“全部”过滤器、“所有使用的图层”过滤器或“外部参照”过滤器。该选项将删除图层过滤器，而不是过滤器中的图层。

(15) 列表视图（右窗格）：显示图层和图层过滤器及特性和说明。如果在左窗格树状图中选定了一个图层过滤器，则在右窗格列表视图中将仅显示符合该图层过滤器中的图层。如果选中树状图中的“全部”过滤器，将显示图形中的所有图层和图层过滤器。当选定某一个图层特性过滤器并且没有符合其定义的图层时，列表视图将为空。列表视图的以下主要特性项说明如下。

- 状态：指示项目的类型，如图层过滤器、正在使用的图层、空图层或当前图层。
- 名称：显示图层或过滤器的名称。新建一个图层时，一般都需要修改新图层的名称。按“F2”键可输入新名称。
- 开：用于设置打开和关闭选定图层。如果图层是打开的，则该图层中的图形对象可见并且可以打印；当图层是关闭的，它不可见并且不能打印，即使已打开“打印”选项。如果某图形处于打开状态时，以亮显的小灯泡来表示；如果某图形处于关闭状态时，以灰暗的小灯泡来表示。
- 冻结：通过单击该选项单元格可以设置是否冻结所有视口中选定的图层。没有冻结的图层用太阳标记，被冻结的图层则用雪花表示。
- 锁定：通过该选项单元格可以锁定或解锁选定图层。注意一旦锁定了某个图层，将无法修改该锁定图层上的对象。图标符号表示处于锁定状态，图标符号表示处于解锁状态。
- 颜色：用于更改与选定图层关联的颜色。单击颜色名，将打开“选择颜色”对话框。
- 线型：用于更改与选定图层关联的线型。单击线型名称，将打开“选择线型”对话框。
- 线宽：用于更改与选定图层关联的线宽。单击线宽名称，将打开“线宽”对话框。
- 透明度：指所有对象在选定图层上的可见性。对单个对象应用透明度时，对象的透明度特性将替代图层的透明度设置。单击“透明度”值将显示“图层透明度”对话框。
- 打印样式：用于更改与选定图层关联的打印样式。单击打印样式，可以显示“选择打印样式”对话框。
- 打印：用于控制是否打印选定图层。已关闭或冻结的图层不会被打印。表示打印选定图层，表示不打印选定图层。
- 视口冻结：在当前布局视口中冻结选定的图层。可以在当前视口中冻结或解冻图层，而不影响其他视口中的图层可见性。当在图形区域的左下角选择“布局”选项卡时，打开的“图形特性管理器”对话框中将会显示“视口冻结”列。
- 新视口冻结：用于设置在新布局视口中冻结选定图层。
- 说明：用于描述图层或图层过滤器，该选项单元格设置属于可选设置。

6.2.2 新建图层

系统提供了一个名为“0”的默认图层。用户可以根据设计需要新建若干个图层。新建图层的一般步骤简述如下。

1 确保使用“草图与注释”工作空间，从功能区“默认”选项卡的“图层”面板中单击“图层特性”按钮，打开图层特性管理器。

2 在图层特性管理器中单击“新建图层”按钮。此时，新建图层的图层名将自动添加到图层列表中，如图 6-6 所示。

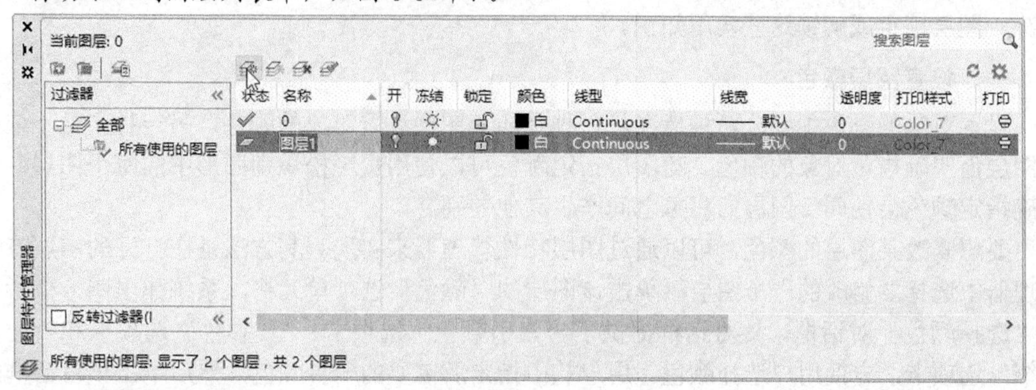

图6-6 新建图层

3 在亮显的图层名上更改新图层名。

4 修改该图层的相关特性。单击该图层所在行的相关图层特性单元格（如“颜色”“线型”和“线宽”等），从而修改这些特性。如果单击“说明”列单元格，则可以输入用于说明该图层特性的文字（输入图层说明信息属于可选操作）。

5 在图层特性管理器中单击“关闭”按钮。

在“图层”面板的“图层”下拉列表列表框中可以查到刚创建的新图层名。

6.2.3 重命名图层

AutoCAD 图形提供的名为“0”的图层不能够被重新命名。而对于新建的各图层则可以被重命名。通常，要重命名图层，可以按照如下的典型步骤进行操作。

1 确保使用“草图与注释”工作空间，从功能区“默认”选项卡的“图层”面板中单击“图层特性”按钮，打开图层特性管理器。

2 在图层特性管理器中选择要重命名的一个图层，单击其名称进入名称编辑状态，或按“F2”键使“名称”框处于输入状态。

3 在该“名称”框中输入新的名称，按“Enter”键。

知识点拨： 图层名最多可以包含 255 个字符（双字节或字母数字），并且可以包含字母、数字、空格和几个特殊字符。图层列表默认按字母顺序排序，首先是特殊字符、按值的顺序排列的数字，然后是按字母顺序排列的 Alpha 字符。图层名不能包含的字符有“<”“>”“/”“\”““”“:”“;”“?”“*”“|”“=”和“‘”等。

6.2.4 指定图层对象默认特性及可见性

新建图层并重命名该图层后，用户可以使用图层特性管理器来为每个图层上的对象指定

默认特性，并控制对象的可见性等。每个图层都可具有关联的特性（例如，颜色、线型、线宽和透明度），当将其对象特性设置为 ByLayer 而不是特定的值时，该图层上的所有新对象将采用这些图层特性。如果需要，可以在布局视口中使用替代来更改某些图层特性。在设计中，用户可以通过关闭或冻结图层使图层上的对象不可见。另外，锁定图层可防止意外某些误操作。下面主要介绍设置图层颜色、图层线型、图层线宽、图层打开或关闭、图层冻结或解冻、图层锁定或解锁这些实用知识。

一、设置图层颜色

设置对象的颜色主要分两种情况，一种是随其图层设置对象的颜色，另一种则是不依赖其图层而明确指定对象的颜色。随图层指定颜色可以使用户轻松识别图形中的每个图层，而明确指定颜色会使同一图层的对象之间产生其他差别。

要想修改某图层的颜色，可以通过图层特性管理器来实现。其方法是在打开的图层特性管理器中选择要修改的一个图层，单击该图层的“颜色”选项单元格，系统弹出图 6-7 所示的“选择颜色”对话框。该对话框提供了“索引颜色”选项卡、“真彩色”选项卡和“配色系统”选项卡，方便用户选择颜色。用户从中指定所需要的一种颜色，然后单击该对话框的“确定”按钮，即可完成图层颜色的设置。

在这里，简单地介绍为对象指定颜色时可以使用的几种调色板。

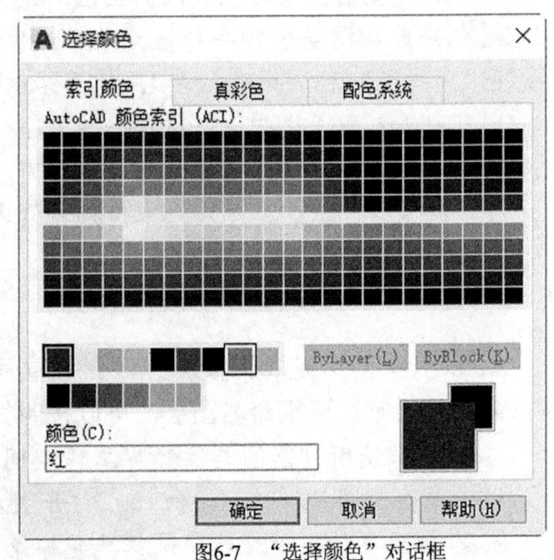

图6-7　“选择颜色”对话框

- AutoCAD 索引颜色（ACI）：ACI 颜色是在基于 AutoCAD 的产品中使用的标准颜色。每种颜色均通过 ACI 编号（1 到 255 之间的整数）标识。由用户从 AutoCAD 颜色索引中指定颜色。如果将光标悬停在某种颜色上，该颜色的编号及红、绿、蓝值将显示在调色板下面。单击一种颜色以选中它，或在“颜色”框里输入该颜色的编号或名称。大的调色板显示编号从 10 到 249 的颜色，第二个调色板显示编号从 1 到 9 的颜色（这些颜色既有编号也有名称），第三个调色板显示编号从 250 到 255 的颜色（这些颜色表示灰度级）。
- 真彩色：真彩色使用 24 位颜色定义来显示 1600 多万种颜色。用户可以使用 RGB 或 HSL 颜色模式来指定真彩色。如果使用 RGB 颜色模式，则可以指定颜色的红、绿、蓝组合；如果使用 HSL 颜色模式，则可以指定颜色的色调、饱和度和亮度要素，如图 6-8 所示。
- 配色系统：使用第三方配色系统或用户定义的配色系统来指定颜色，如图 6-9 所示。其中，从“配色系统”下拉列表框中指定用于选择颜色的配色系统。

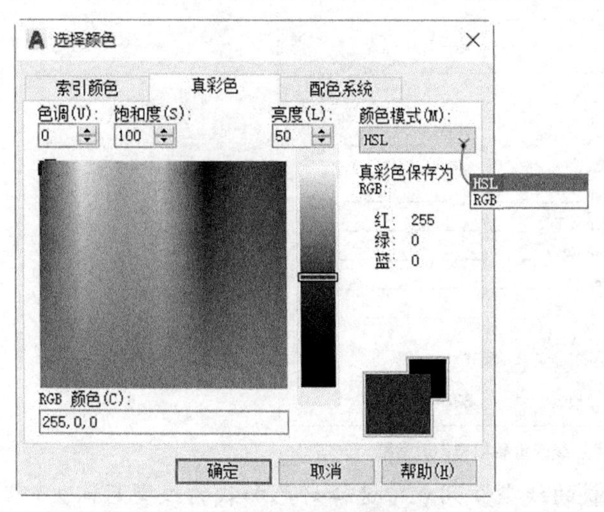

图6-8 使用真彩色

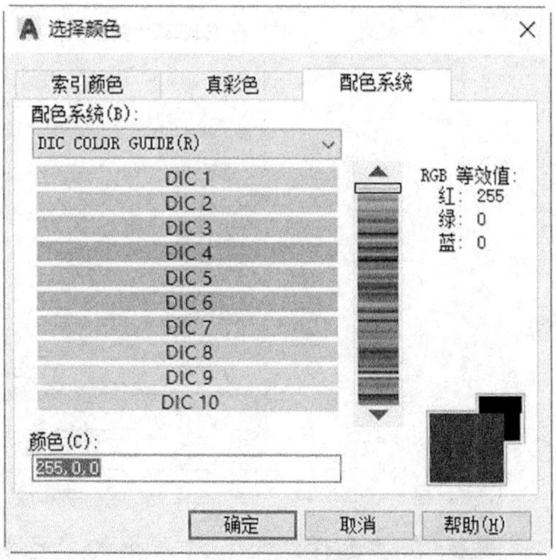

图6-9 使用配色系统

二、设置图层线型

通常，需要为每个图层设置专门的线型，以满足在绘图时不同对象组所需的线型，如粗实线、细实线、中心线、虚线、点画线和双点画线等。

为指定图层设置线型的典型步骤如下。

1 从功能区“默认”选项卡的“图层”面板中单击“图层特性”按钮，打开图层特性管理器。

2 在图层特性管理器中选择要修改的一个图层，单击该图层的“线型”单元格如图 6-10 所示，系统弹出图 6-11 所示的“选择线型”对话框。

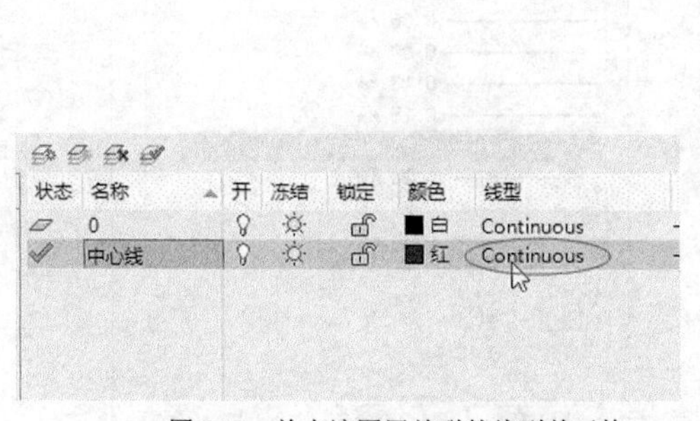

图6-10 单击该图层关联的线型单元格

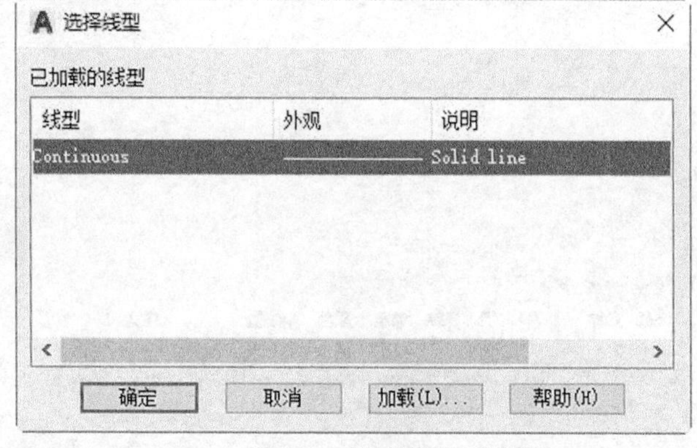

图6-11 “选择线型”对话框

3 在“选择线型”对话框中显示了已加载的线型，用户从“已加载的线型”列表中选择一个所需要的线型。如果没有所需要的线型，则可以单击“加载”按钮，打开图 6-12 所示的“加载或重载线型”对话框，从中选择一种所要求的线型，单击“确定”按钮。

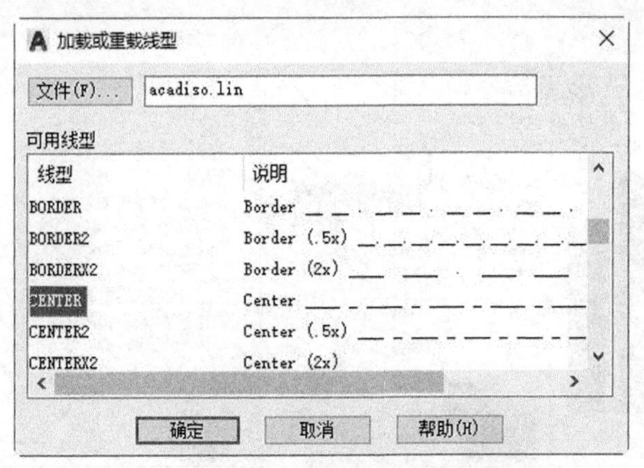

图6-12 “加载或重载线型”对话框

4 在“选择线型”对话框的“已加载的线型”列表中选择好已加载的线型后，单击“确定”按钮，从而完成该图层线型的设置。

三、设置图层线宽

可以按照制图标准或推荐规范，并结合图层的线型，为图层所用图线设置合适的线宽。线宽将对图形的打印效果产生影响，如容易区别粗实线与细实线。

设置图层线宽，也可通过图层特性管理器来实现。其方法是在打开的图层特性管理器中，选择要修改的一个图层，单击该图层的“线宽”单元格（见图 6-13），弹出图 6-14 所示的“线宽”对话框，从中选择所需要的线宽，例如，选择 0.18mm（毫米）的线宽，然后单击“线宽”对话框的“确定”按钮。

图6-13 单击指定图层的线宽单元格

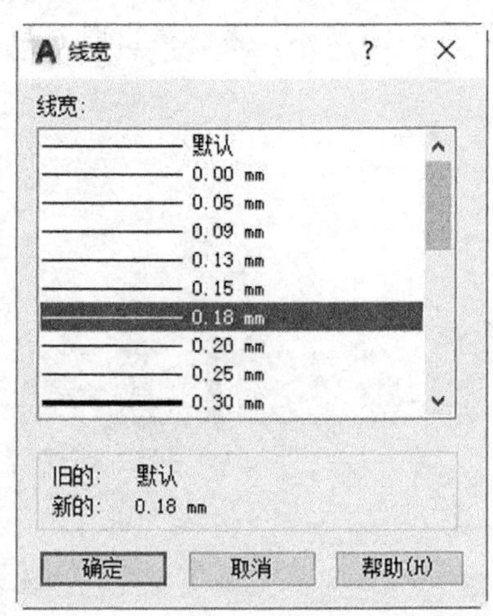

图6-14 “线宽”对话框

知识点拨：假设使用“草图与注释”工作空间，从功能区“默认”选项卡的“特性”面板中打开“线宽”下拉列表框，如图 6-15 所示，从中选择“线宽设置”命令，系统弹出“线宽设置”对话框，利用此对话框可以设置当前线宽（当前线宽通常设置为 ByLayer）、设定线宽单位、控制线宽的显示和显示比例，以及设定图层的默认线宽值，例如将默认线宽值设置为 0.35mm，如图 6-16 所示，然后单击“确定”按钮。

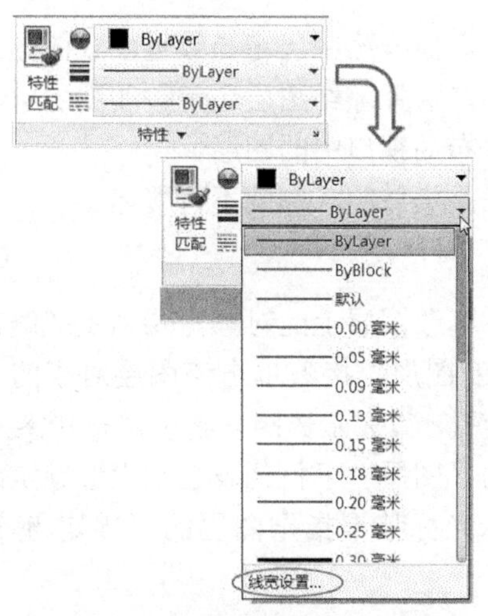

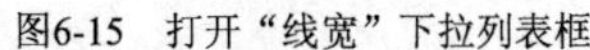
图6-15 打开“线宽”下拉列表框

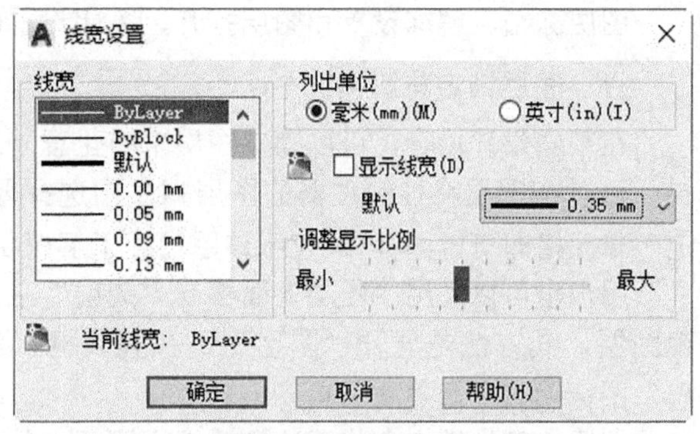

图6-16 “线宽设置”对话框

四、图层打开与关闭

处于打开状态的图层是可见的，而处于关闭状态的图层是不可见的。被关闭的图层不能被打印。

用户可以使用图层特性管理器打开或关闭图层，其方法如下。

1 从功能区“默认”选项卡的“图层”面板中单击“图层特性”按钮，打开图层特性管理器。

2 在图层特性管理器中选择一个要打开或关闭的图层。

3 单击该图层的“开”单元格图标，可以将其关闭或打开。图标为亮显的小灯泡时表示打开，图标为灰暗的小灯泡时表示关闭。

用户也可以利用“图层”面板或“图层”工具栏中的“图层”下拉列表框来设置图层的关闭或打开状态，方法是展开“图层”下拉列表框，然后将鼠标光标移至所需图层的灯泡图标处，如图 6-17 所示。单击即可实现该图层关闭或打开。

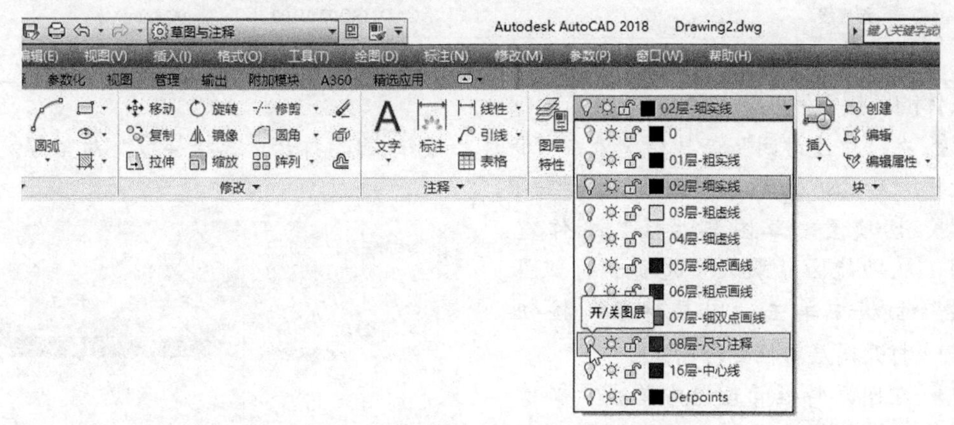

图6-17 利用“图层”下拉列表框关闭或打开图层

五、图层冻结或解冻

冻结的图层上的对象是不可见的，并且不会隐藏其他对象。在一些大型的复杂图形中，

冻结某些不需要的图层将加快显示和重生成的操作速度。而解冻图层将导致重生成图形。冻结和解冻图层通常会比打开和关闭图层花费更多的时间，选择冻结图层还是关闭图层取决于用户的工作方式和图形大小。在布局中，可以冻结各个布局视口中的图层。

图层冻结、解冻设置和图层打开、关闭设置的方法是类似的，在此不再赘述。

六、图层锁定与解锁

在某些设计场合，可以锁定图层来防止意外选择并修改图层上的对象。要锁定或解锁图层，可以在图层特性管理器的图层列表中选择要操作的图层，接着单击该图层对应的“锁定”单元格即可。图标表示该图层处于解锁状态，图标表示该图层处于锁定状态。

用户也可以利用“图层”面板或“图层”工具栏的“图层”下拉列表框来设置锁定或解锁图层，其方法是展开“图层”下拉列表框，将鼠标光标移至指定图层的“锁定/解锁图层”图标/处单击即可

图层一旦被锁定，将无法修改锁定图层上的对象。

6.2.5　图层定制实例解析

本小节介绍典型图层定制实例，读者可以参考该实例来创建适合自己常用的并且符合指定标准的图层样式，以便在以后绘图工作时调用。

本实例要求分别建立中心线层、粗实线层、细实线层、细虚线层和注释层，它们的主要特性如表 6-1 所示。

表 6-1　实例所用的部分图层特性

序号	图层名称	颜色	线型	线宽
1	中心线	红	CENTER2	0.18mm
2	粗实线	黑/白	Continuous	0.35mm
3	细实线	黑/白	Continuous	0.18mm
4	细虚线	黄	ACAD_ISO02W100	0.18mm
5	注释	洋红	Continuous	0.18mm

具体的图层定制步骤如下。

1 在“快速访问”工具栏中单击“新建”按钮，打开“选择样板”对话框，选择“acadiso.dwt”，单击“打开”按钮。

2 切换至“草图与注释”工作空间，从功能区“默认”选项卡的“图层”面板中单击“图层特性”按钮，打开图层特性管理器。

3 在图层特性管理器中单击“新建图层”按钮以创建一个新图层。此时，该新图层被自动添加到图层列表中，其默认的图层名为“图层 1”，如图 6-18 所示。

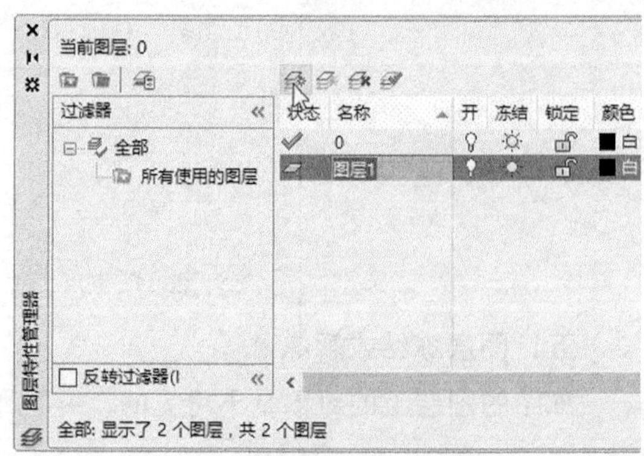

图6-18　新建一个图层

4 将该新图层的名称修改为“中心线”，如图 6-19 所示。

5 单击该新图层相应的“颜色”单元格，系统弹出“选择颜色”对话框，从中选择“红色”，如图 6-20 所示。然后单击“选择颜色”对话框中的“确定”按钮。

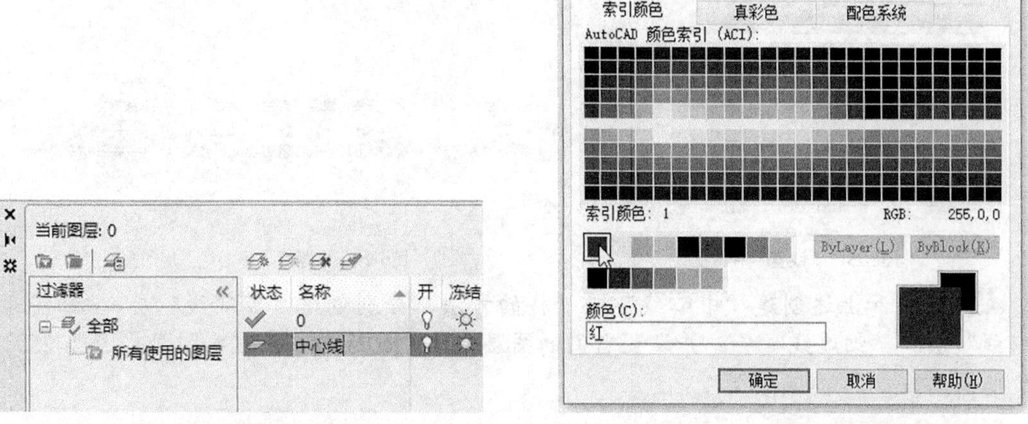

图6-19　修改新图层名称　　图6-20　选择颜色

6 单击该新图层相应的“线型”单元格，系统弹出“选择线型”对话框。在“选择线型”对话框中单击“加载”按钮，打开图 6-21 所示的“加载或重载线型”对话框，结合“Ctrl”键选择 ACAD_ISO02W100 和 CENTER2 线型，单击“确定”按钮。此时，刚加载的线型显示在“选择线型”对话框的“已加载的线型”列表中，如图 6-22 所示。

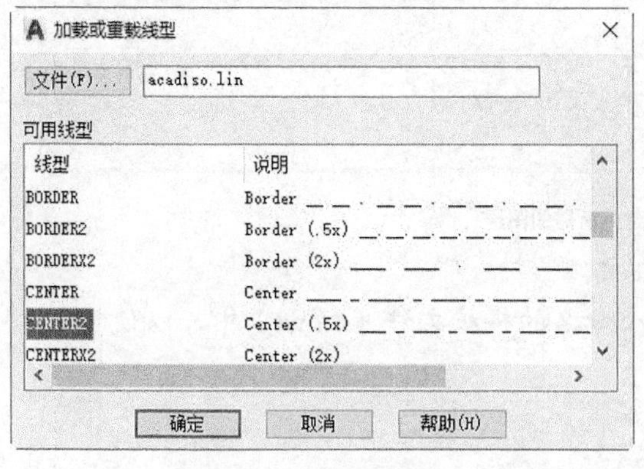

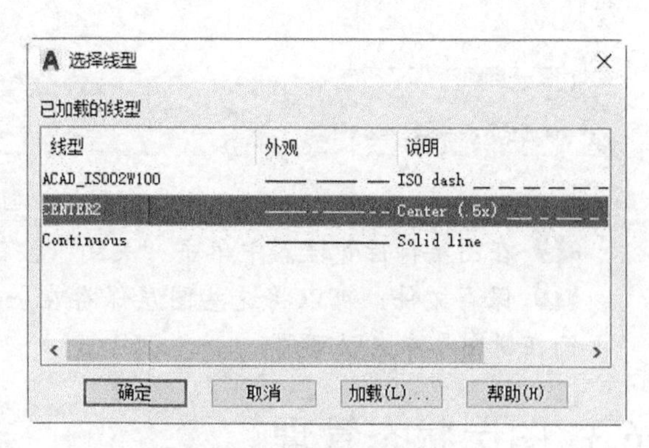

图6-21　“加载或重载线型”对话框　　图6-22　加载线型

在“已加载的线型”列表中选择 CENTER2 线型，单击“确定”按钮。

7 单击该新图层相应的“线宽”单元格，打开“线宽”对话框，从中选择 0.18 毫米的线宽，如图 6-23 所示，单击“确定”按钮。

此时，“中心线”层的主要特性显示如图 6-24 所示。

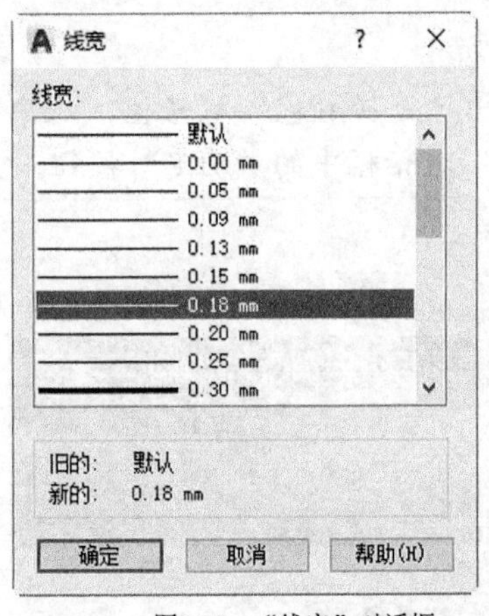

图6-23　“线宽”对话框

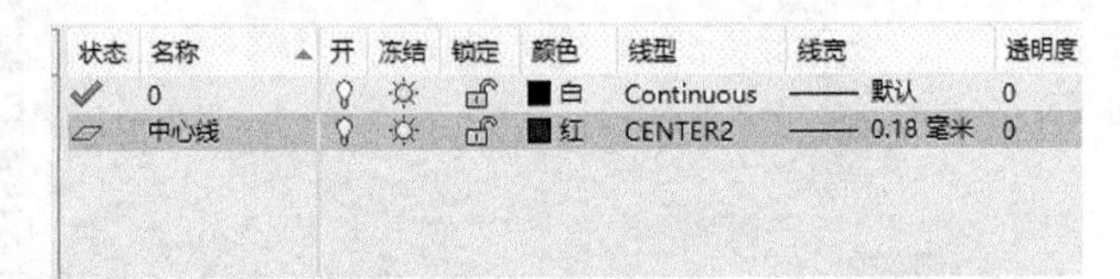

图6-24　设置好“中心线”层的主要特性

8. 使用和上述创建“中心线”层一样的方法，分别创建“粗实线”层、“细实线”层和“细虚线”层，并设置它们的图层特性。最后定制的这些图层如图 6-25 所示。

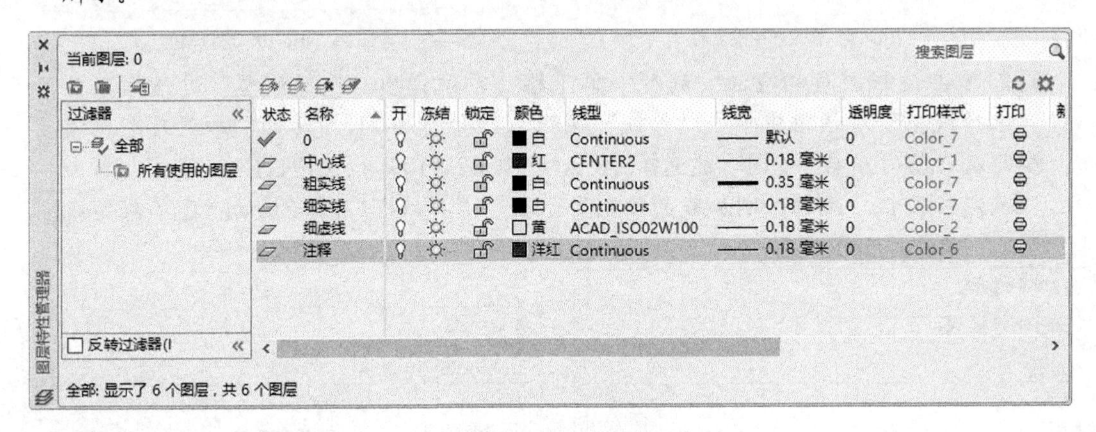

图6-25　创建好所需的图层

9. 在图层特性管理器中单击“关闭”按钮✖。

10. 保存文件。可以将这些图层保存在一个命名的样板文件（*.dwt）中，以使它们在新图形中自动可用。

6.3 图层状态管理

掌握好图层状态管理，可以给设计带来便捷和高效率。用户可以将图形的当前图层设置保存为命名图层状态，以后在需要时可再快速恢复这些设置。保存图层设置，有助于在绘图的不同阶段或打印的过程中恢复所有图层的特定设置。

在图层特性管理器中单击“图层状态管理器”按钮，将打开图 6-26 所示的“图层状态管理器”对话框。如果要想在“图层状态管理器”对话框中显示更多的选项，那么单击“更多恢复选项”按钮，则在对话框的右部区域变为如图 6-27 所示。“图层状态管理器”对话框显示图形中已保存的图形状态列表，用户可以通过此对话框中的相关命令工具来创建、重命名、编辑和删除图层状态。

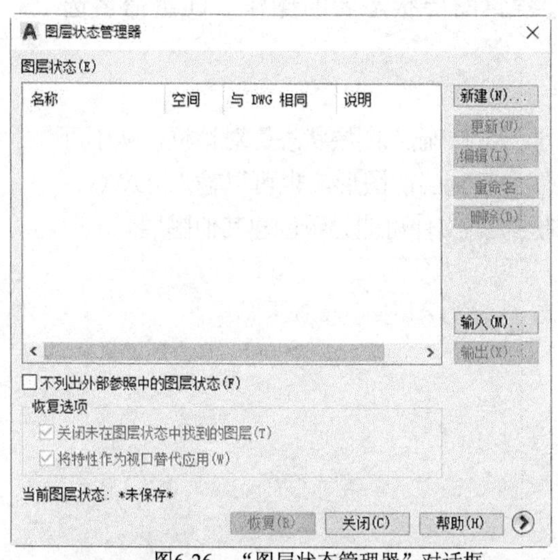

图6-26 “图层状态管理器”对话框

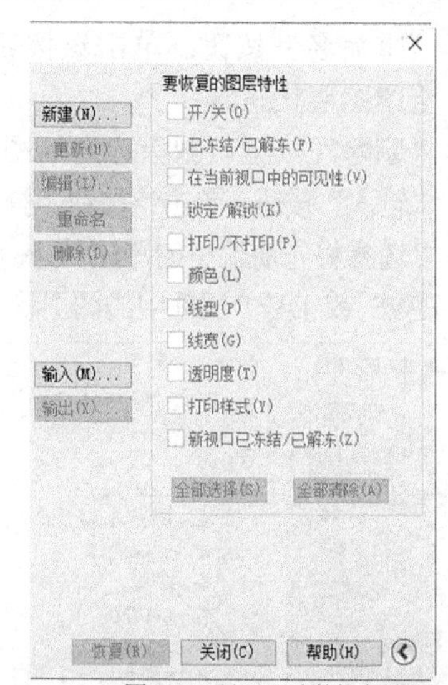

图6-27 显示更改的恢复选项

要掌握图层状态管理，用户需要首先理解“图层状态管理器”对话框中各组成元素的功能含义。在了解这些元素的功能含义后，再介绍图层状态管理的一些常用基本操作。例如，新建图层状态、保存图层状态、编辑命名图层状态、恢复图层设置及特性替代设置等。

6.3.1 熟悉“图层状态管理器”对话框

下面介绍“图层状态管理器”对话框中各组成元素的功能含义。

(1) “图层状态”列表框：在该列表框中列出图形中已保存的图层状态。

(2) “不列出外部参照中的图层状态”复选框：该复选框用来控制是否显示外部参照中的图层状态。

(3) “新建”按钮：单击该按钮，则打开图 6-28 所示的“要保存的新图层状态”对话框，从中输入新图层状态的名称和说明，从而创建新的图层状态。

(4) “更新（保存）”按钮：单击该按钮，将图形中的当前图层设置保存到选定的图层状态，从而替换以前保存的设置。另外，此操作还可保存默认的“要恢复的图层特性”设置。

(5) “编辑”按钮：单击该按钮，则打开图 6-29 所示的“编辑图层状态”对话框，从中可以修改选定的命名图层状态。

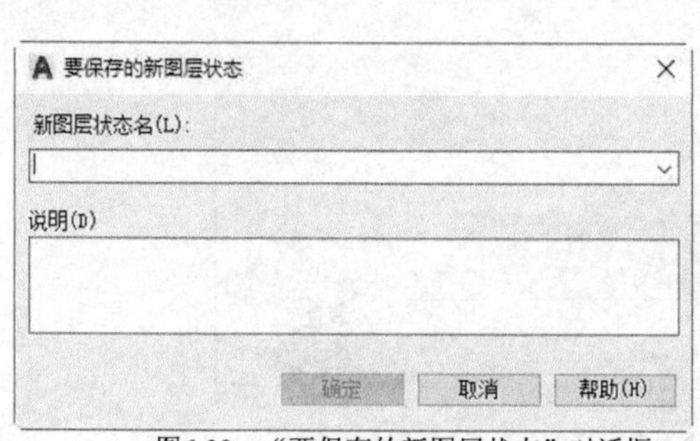

图6-28 “要保存的新图层状态”对话框

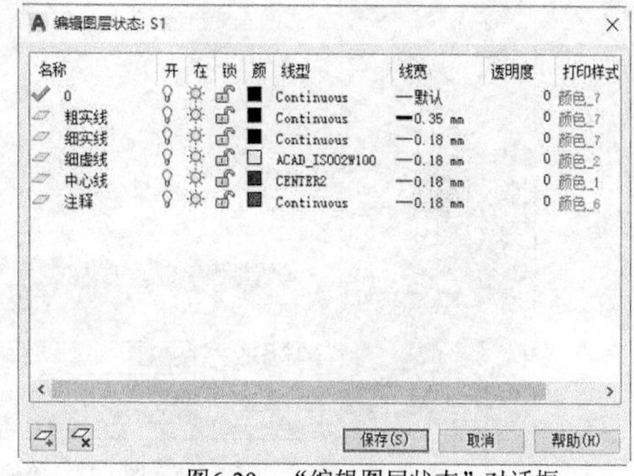

图6-29 “编辑图层状态”对话框

(6)　“重命名”按钮：单击该按钮，则进行编辑图层状态名的操作，即重命名选定的图层状态。

(7)　“删除”按钮：删除选定的图层状态。

(8)　“输入”按钮：单击该按钮，打开图 6-30 所示的“输入图层状态”对话框，从中可以选择将先前输出的图层状态（LAS）文件加载到当前图形，也可以输入 DWG、DWS 或 DWT 文件中的图层状态。输入图层状态文件可能导致创建其他图层。

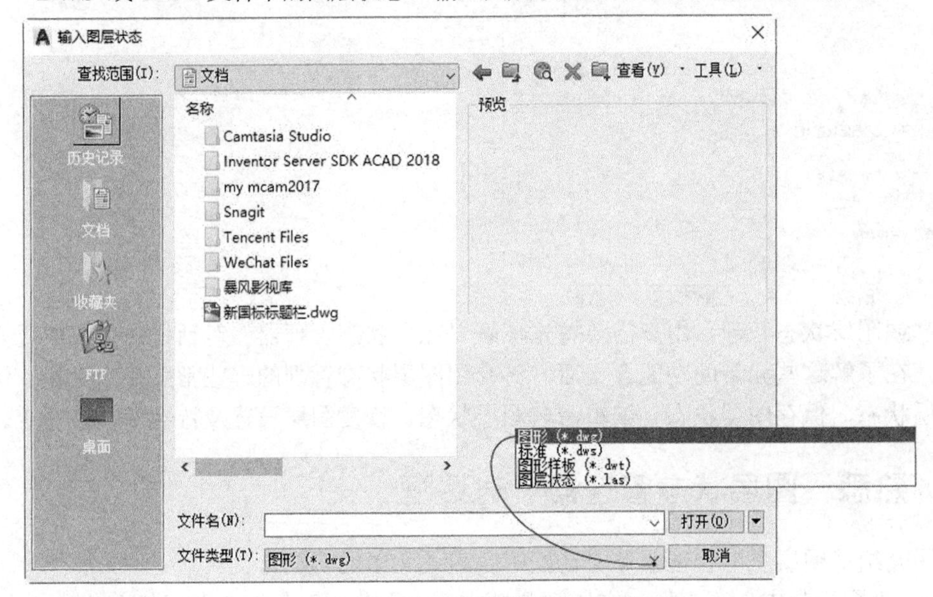

图6-30　“输入图层状态”对话框

(9)　“输出”按钮：单击该按钮，打开图 6-31 所示的“输出图层状态”对话框，从中可以将选定的图层状态保存到图层状态（LAS）文件中。

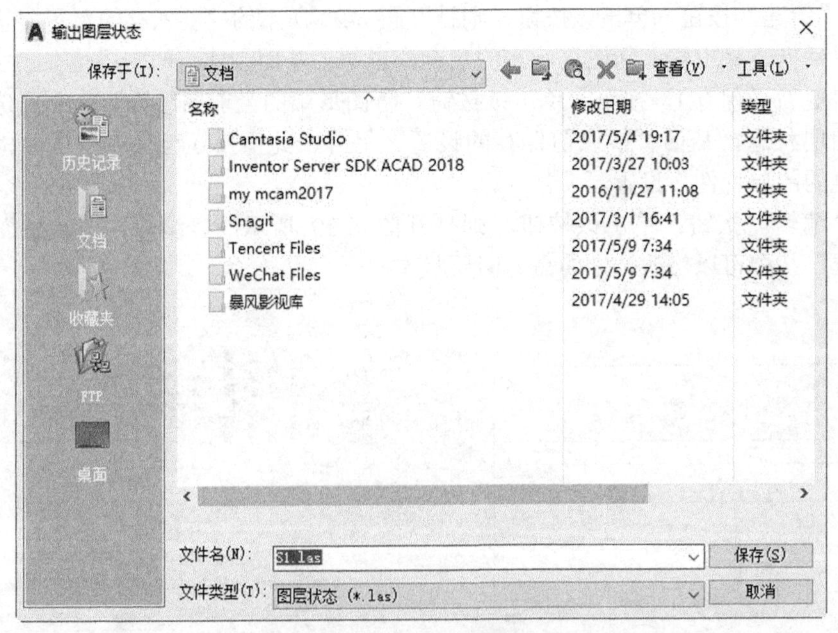

图6-31　“输出图层状态”对话框

(10) “恢复”按钮：单击该按钮，恢复保存在指定图层状态中的图层设置，具体取决于在“要恢复的图层特性”选项组中选中的哪些设置。

(11) “关闭”按钮，单击该按钮，则关闭“图层状态管理器”对话框并保存更改。

(12) “恢复选项”：选中“关闭未在图层状态中找到的图层”复选框时，表示恢复图层状态后，关闭未保存设置的新图层，以使图形看起来与保存命名图层状态时一样；如果选中“将特性作为视口替代应用”复选框，则将选定的图层状态作为图层特性替代应用到当前布局视口中，此复选框仅适用于布局视口内的布局。

(13) “更多恢复选项”按钮：单击该按钮，则在对话框中显示更多的恢复选项，而此时对话框显示有“更少恢复选项”按钮，如图 6-32 所示。

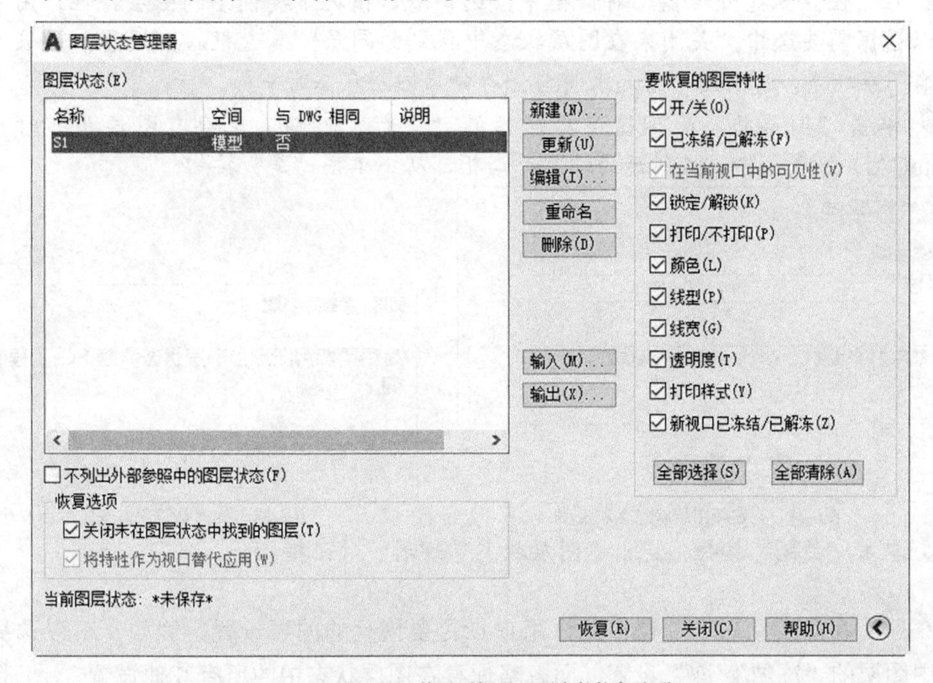

图6-32 使对话框显示更多的恢复选项

(14) “要恢复的图层特性”选项组：在该选项组中，设置要恢复的图层特性，包括“开/关”“已冻结/已解冻”“锁定/解锁”“打印/不打印”“颜色”“线型”“线宽”“透明度”“打印样式”“新视口已冻结/已解冻”和“在当前视口中的可见性”。在“模型”窗口中保存图层状态时，“在当前视口中的可见性”复选框不可用，即“在当前视口中的可见性”复选框仅适用于布局视口。注意，在恢复指定的图层状态后，仅应用指定的图层特性设置。

如果要一次选择“要恢复的图层特性”选项组中的所有选项设置，则单击“全部选择”按钮；而单击“全部清除”按钮，则清除所有图层特性设置。

6.3.2 新建和保存图层状态

新建图层状态和保存图形状态的典型方法及步骤如下。

1 在图层特性管理器中单击“图层状态管理器”按钮，将打开“图层状态管理器”对话框。

2 在“图层状态管理器”对话框中单击“新建”按钮，打开“要保存的新图层状态”对话框。

3 在“要保存的新图层状态”对话框中，输入新图层状态名或从列表中选择一个名称，接着可以输入相关的说明信息，如图 6-33 所示，然后单击“确定”按钮。

4 在“图层状态管理器”对话框中，选择默认情况下要恢复的图层特性。用户可以根据需要选中“关闭未在图层状态中找到的图层”复选框，以设置如果恢复命名图层状态，那么图形看起来将与保存命名图层状态时一样。

5 单击“图层状态管理器”对话框的“更新”按钮。已存有图层状态时，AutoCAD 会弹出图 6-34 所示的询问对话框，从中单击“是”按钮。

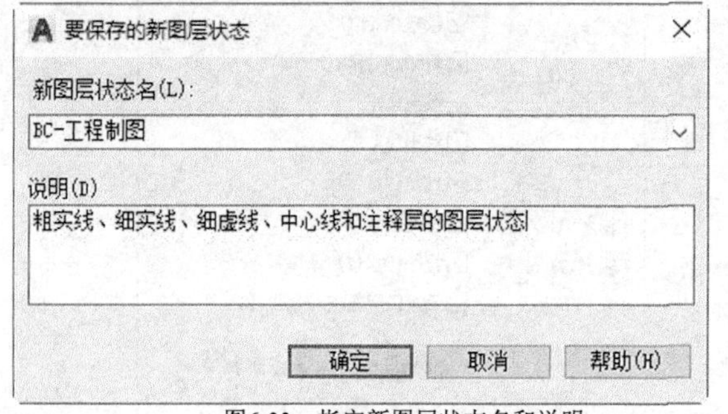

图6-33　指定新图层状态名和说明

图6-34　询问是否覆盖选定的图层状态

6 单击“关闭”按钮，退出“图层状态管理器”对话框。

知识点拨：在图层状态管理器中允许用户指定要恢复的图层设置。例如，可以选择只恢复图形中图层的“冻结/解冻”设置，而忽略保存在图层状态中的所有其他设置。

6.3.3 编辑命名图层状态

编辑命名图层状态的典型方法及步骤如下。

1 在图层特性管理器中单击“图层状态管理器”按钮，打开“图层状态管理器”对话框。用户也可以从功能区“默认”选项卡的“图层”面板的“图层状态”下拉列表框中选择“管理图层状态”命令以打开“图层状态管理器”对话框。

2 在“图层状态管理器”对话框的“图层状态”列表框中选择要编辑的一个命名图层状态，如图 6-35 所示，然后单击“编辑”按钮。

3 系统弹出图 6-36 所示的“编辑图层状态”对话框，该对话框显示保存在选定图层状态中的所有图层及其特性。在该对话框中可以修改保存在图层状态中的每个图层的设置，例如，修改指定图层的线宽、冻结/解冻状态等。单击相应的单元格可进行特性、状态的修改。

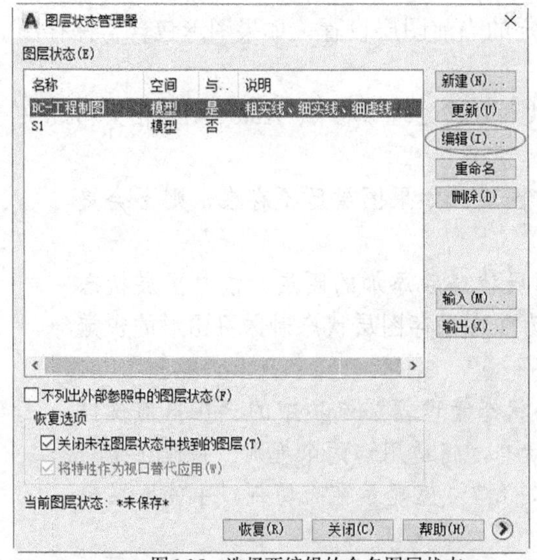

图6-35　选择要编辑的命名图层状态

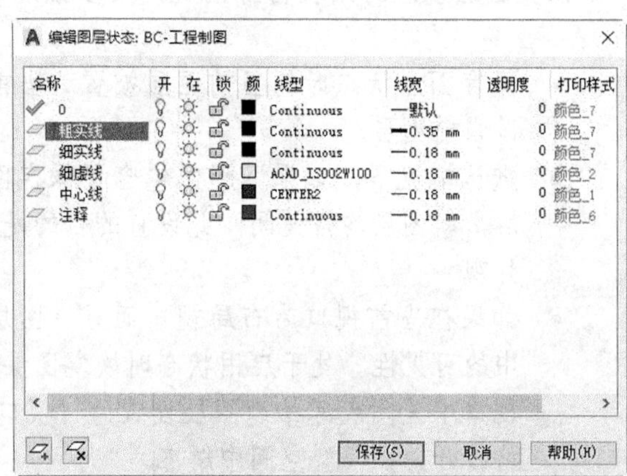

图6-36　“编辑图层状态”对话框

如果要从图层状态中删除选定的图层，那么先从对话框的图层列表中选择所需的图层，接着单击“从图层状态中删除图层”按钮。

如果要将图层添加到图层状态，则单击“将图层添加到图层状态”按钮。如果有可添加的图层，系统弹出图 6-37（a）所示的“选择要添加到图层状态的图层”对话框，从中选择要添加的图层，单击“确定”按钮。如果当前图形中的所有图层均已保存在图层状态中，那么系统将弹出图 6-37（b）所示的提示对话框。

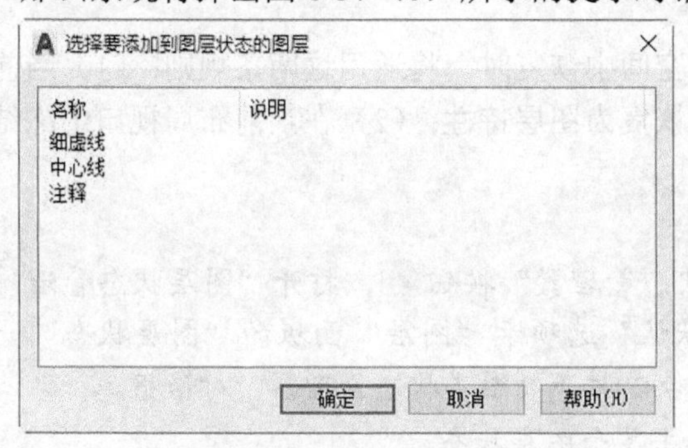

（a）“选择要添加到图层状态的图层”对话框

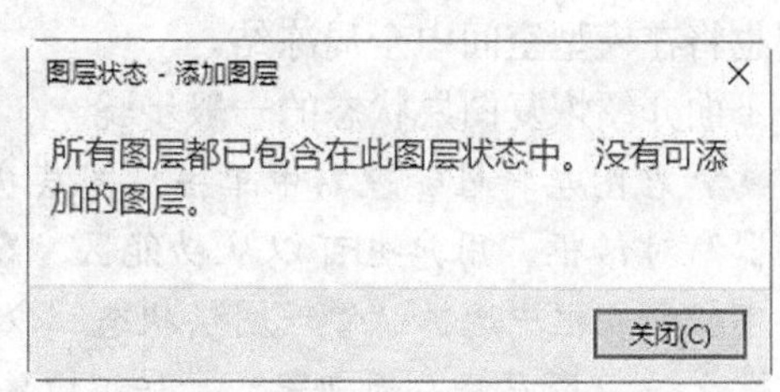

（b）“图层状态-添加图层”提示对话框

图6-37　“选择要添加到图层状态的图层”对话框

4 在“编辑图层状态”对话框中单击“确定”按钮。

5 可以保存该图层状态或以“输出”方式保存到图层状态文件（LAS）中。

6 在“图层状态管理器”对话框中单击“关闭”按钮，退出“图层状态管理器”对话框。

6.3.4 恢复图层状态

恢复图层状态时，将使用保存图层状态时指定的当前图层设置。如果图形包含自保存图层状态后添加的图层，则可以添加那些图层。

恢复图层状态时出现特殊情况，可以按照以下方式处理（参照 AutoCAD 相关帮助文件）。

- 保存图层状态时的当前图层被置为当前图层。如果图层已不存在，则不会更改当前图层。
- 默认情况下，如果图形中包含了保存图层状态后添加的图层，恢复图层状态后，新图层均将关闭。此设置的目的是为了在保存图层状态时保留图形的视觉外观。
- 如果在当前视口为布局视口而且“图层状态管理器”选项中的“在当前视口中的可见性”处于启用状态时恢复图层状态，将适用这两个规则：将应在布局视口中关闭或冻结的图层设置为“视口冻结”；应显示在布局视口中的图层也将打开并在模型空间中解冻。

在图层状态管理器中选中了“将特性作为视口替代应用”复选框，特性替代将恢复为恢复图层状态时的布局视口。布局视口中的特性替代仅针对当前布局视口保存，并且仅恢复为当前布局视口。

在模型空间中保存图层状态，并在图纸空间中恢复时，将适用这 3 条规则：（1）可以选择是否将颜色、线型、线宽、透明度或打印样式设置恢复为视口替代；（2）将视口替代应用于当前布局视口；（3）在当前布局视口的图层特性管理器中，将在模型空间中关闭或冻结的图层设定为“视口冻结”。

在图纸空间中保存图层状态，并在模型空间中恢复时，将适用这两条规则：（1）当前布局视口的图层特性替代将在模型空间中全局恢复为图层特性；（2）在当前布局视口中冻结的图层也将在模型空间中全局冻结。

下面介绍恢复图层状态的一般步骤。

1. 在图层特性管理器中单击“图层状态管理器”按钮，打开“图层状态管理器”对话框。用户也可以从功能区“默认”选项卡“图层”面板的“图层状态”下拉列表框中选择“管理图层状态”命令以打开“图层状态管理器”对话框。
2. 在“图层状态管理器”对话框中单击某个图层状态。
3. 单击“更多恢复选项”按钮，接着选择要恢复的图层特性和设置。
4. 单击“恢复”按钮。“图层状态管理器”对话框被关闭，恢复实现。

6.4 “图层”面板中的其他工具按钮

在“草图与注释”工作空间功能区“默认”选项卡的“图层”面板中还提供了以下实用的图层工具按钮，如图 6-38 所示。

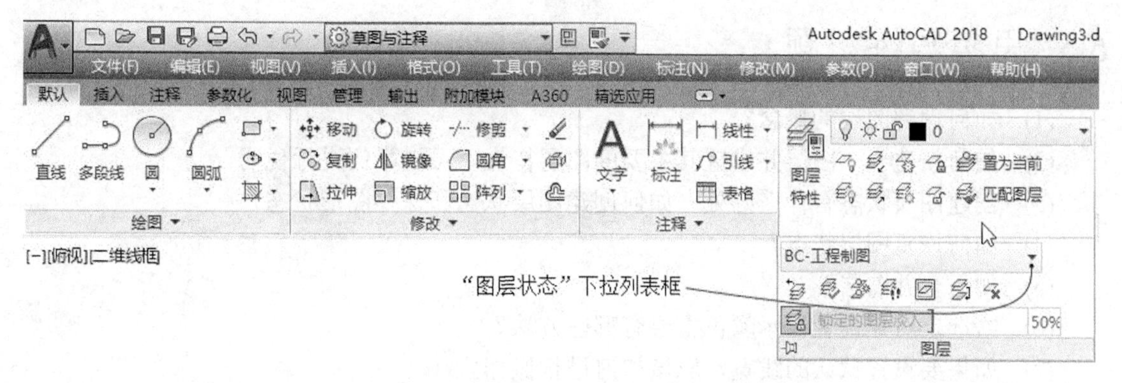

图6-38　“图层”面板中的其他工具按钮

(1)　“置为当前”按钮：将当前图层设置为选定对象所在的图层。

(2)　“匹配图层”按钮：将选定对象的图层更改为与目标图层相匹配。

(3)　“上一个”按钮：放弃对图层设置的上一个或上一组更改。

(4)　“隔离”按钮：隐藏或锁定除选定对象图层之外的所有图层。该按钮对应的命令为 LAYISO。

(5)　“取消隔离”按钮：恢复使用 LAYISO 命令隐藏或锁定的所有图层。

(6)　“冻结”按钮：冻结选定对象的图层。

(7)　“关”按钮：关闭选定对象的图层。

(8)　“打开所有图层”按钮：打开图形中的所有图层，即之前关闭的所有图层均被重新打开，在这些图层上创建的对象将变得可见，除非这些图层也被冻结。

(9)　“解冻所有图层”按钮：解冻图形中的所有图层，即之前所有冻结的图层都被解冻，在这些图层上创建的对象将变得可见，除非这些图层也被关闭或已在各个布局视口中被冻结。

(10)　“锁定”按钮：锁定选定对象的图层。

(11)　“解锁”按钮：解锁选定对象的图层。

(12)　“更改为当前图层”按钮：将选定对象的图层特性更改为当前图层。如果发现在错误图层上创建的对象，可以将其快速更改到当前图层上。

(13)　“将对象复制到新图层”按钮：将一个或多个对象复制到其他图层。也就是在指定的图层上创建选定对象的副本，用户还可以为复制的对象指定其他位置。

(14)　“图层漫游”按钮：显示选定图层上的对象，并隐藏所有其他图层上的对象。

(15)　“视口冻结当前视口以外的所有视口”按钮：冻结除当前视口外的其他所有布局视口中的选定图层。此命令将自动化使用图层特性管理器中的“视口冻结”的过程。用户可以在每个要在其他布局视口中冻结的图层上选择一个对象。

(16)　“合并”按钮：将选定图层合并为一个目标图层，从而将以前的图层从图形中删除。可以通过合并图层来减少图形中的图层数，将所合并图层上的对象移动到目标图层，并从图形中清理原始图层。

(17)　“删除”按钮：删除图层上的所有对象并清理图层。

(18)　“锁定的图层淡入”按钮：启用或禁用应用于锁定图层的淡入效果。

6.5 思考与练习题

(1) 如何理解图层的概念？

(2) 如何新建一个图层并设置其主要的图层特性？可以举例进行说明。

(3) 创建图层状态有什么好处？如何创建图层状态和保存图形状态？

(4) 如何恢复图层状态？

(5) 如何合并图层？

(6) 给选定对象设置显示颜色主要有哪些方法？

(7) 如果要设置默认的线宽，应该如何进行操作？

(8) 请按照表 6-2 所示在一个新图形中建立相应的图层。

表 6-2 图层练习

序号	图层名称	颜色	线型	线宽
1	中心线	红	CENTER	0.18mm
2	粗实线	黑/白	Continuous	0.35mm
3	细实线	黑/白	Continuous	0.18mm
4	细虚线	绿	ACAD_ISO02W100	0.18mm
5	标注层	红	Continuous	0.18mm

第7章　文字、表格及样式

在制图工作中，时常会要求输入文字和绘制表格。AutoCAD 中的文字和表格可由相应的样式控制，以满足约定的制图标准。

本章重点介绍文字及文字样式、表格和表格样式的实用知识。

7.1　设置文字样式

在 AutoCAD 中输入文字之前，需要先指定相关联的文字样式。可以说创建文字样式同样是绘图设置过程中的一部分。不同的行业使用的文字样式可能有所不同。例如，在机械制图中，国家标准对字号、英文字体（包括字母和数字）和汉字字体等都作为一定的要求。AutoCAD 2018 提供了符合国家制图标准中的中文字体“gbcbig.shx”，以及用于标注直体的英文字体“gbenor.shx”和用于标注斜体的英文字体“gbeitc.shx”。

AutoCAD 初始默认的文字样式为“Standard”样式。用户可以根据行业情况或相关制图标准来定制所需的文字样式，文字样式设置的内容主要包括文字的“字体”“大小”“高度”“宽度因子”“反向”和“倾斜角度”等。

下面通过一个范例介绍设置文字样式的典型方法和步骤。

1. 在“快速访问”工具栏中单击“打开”按钮，弹出“选择文件”对话框，选择本书配套光盘中的素材文件“定制机械制图文字样式.dwg”来打开。读者也可以自行新建一个空的图形文件。

2. 切换至“草图与注释”工作空间，在功能区的“默认”选项卡中单击“注释”溢出按钮 注释 ▾ /“文字样式”按钮，或者在命令行的“键入命令”提示下输入“ST”并按“Enter”键，弹出图 7-1 所示的“文字样式”对话框。

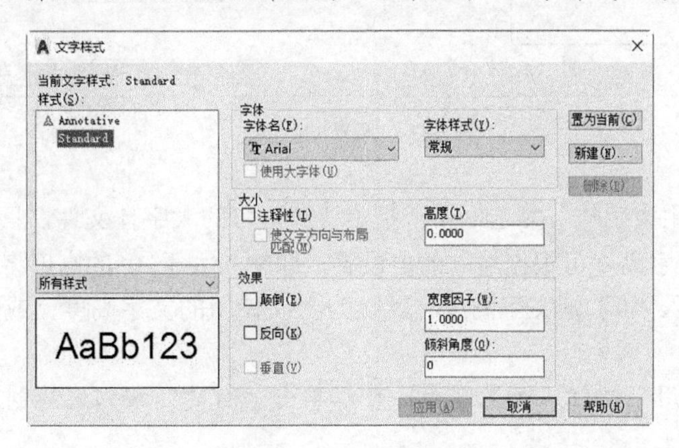

图7-1　“文字样式”对话框

3 在“文字样式”对话框中单击“新建”按钮，弹出“新建文字样式”对话框，在“样式名”文本框中输入样式名，如图 7-2 所示，然后单击“确定”按钮，返回到“文字样式”对话框。此时，在“文字样式”对话框的“样式”列表框中出现了刚创建的文字样式名，如图 7-3 所示。

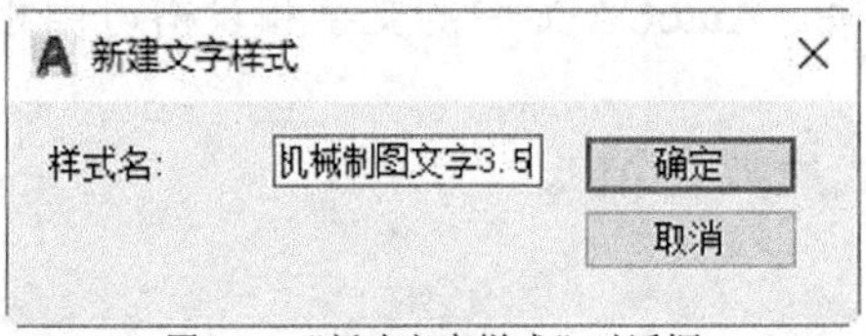

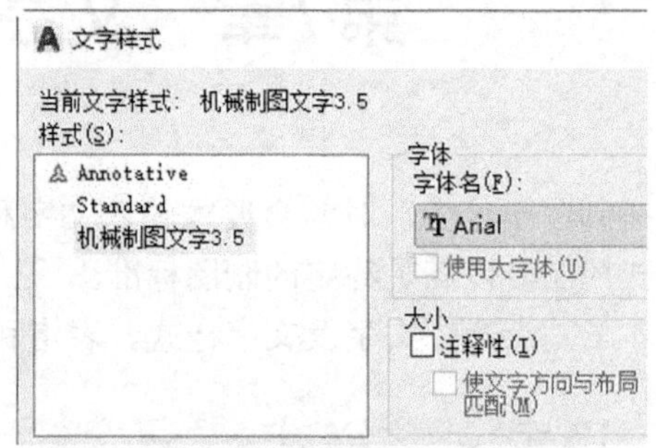

图7-2 “新建文字样式”对话框

图7-3 新建文字样式名出现在“样式”列表中

4 在“文字样式”对话框的“字体”选项组中，从“字体名”下拉列表框中选择“gbeitc.shx”选项，接着选中“使用大字体”复选框，并从“大字体”下拉列表框中选择“gbcbig.shx”选项，然后在“大小”选项组的“高度”文本框中输入“3.5”，宽度因子默认为 1，倾斜角度为 0，如图 7-4 所示。“文字样式”对话框左下角处的“预览”框显示随着字体的更改和效果的修改而动态更改的样例文字。

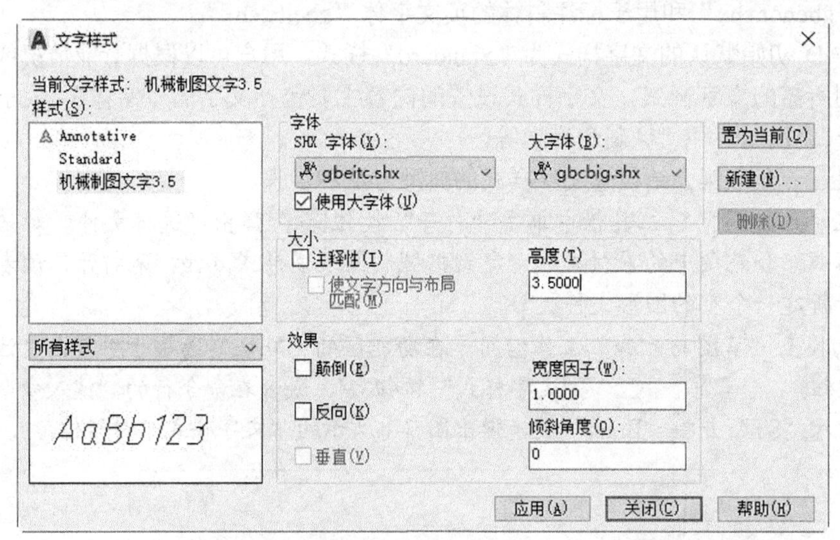

图7-4 设置文字样式

知识点拨：“使用大字体”复选框用于指定亚洲语言的大字体文件，只有 SHX 文件可以创建“大字体”。文字高度可根据输入的值设置，即输入大于 0 的高度将自动为此样式设置文字高度，如果输入“0”则文字高度将默认为上次使用的文字高度，或使用存储在图形样板文件中的值。

5 单击“应用”按钮。如果需要，可以单击“新建”按钮继续创建所需的其他文字样式。

6 在“文字样式”对话框中单击“关闭”按钮，结束文字样式设置。

设置好的文字样式将出现在图 7-5 所示的两处“文字样式”下拉列表框中（左边的“文字样式”下拉列表框位于功能区“默认”选项卡的“注释”面板中，而右边的“文字样式”下拉列表框中则位于功能区“注释”选项卡的“文字”面板中），“文字样式”下拉列表框用于选择图形中定义的文字样式，以便将其设为当前文字样式。

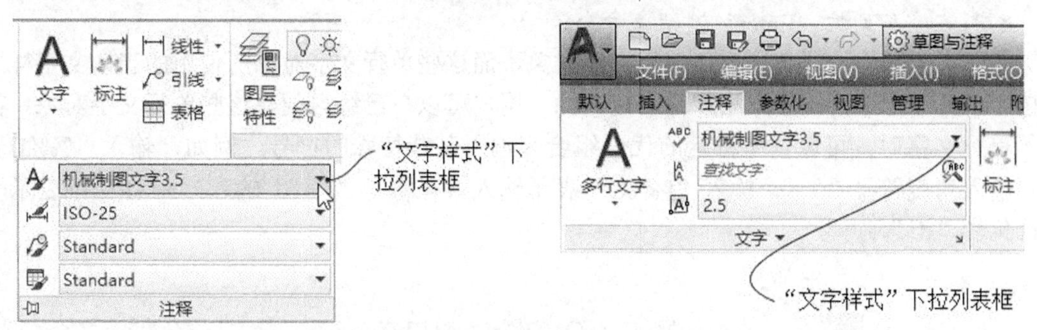

图7-5　两处“文字样式”下拉列表框

设置好当前文字样式后，便可以单击“单行文字”按钮或“多行文字”按钮来创建所需的文字注释了。

7.2 单行文字

单行文字的最大优点是每行文字均是一个独立的对象，用户可以对每行文字进行编辑处理。创建单行文字的工具是“单行文字”按钮（对应的命令为“TEXT”），单击此按钮可创建一行或多行文字，通过按“Enter”键结束每一行文字，每行文字都是独立的对象。在创建单行文字时，可以指定文字样式并设置对齐方式，其中文字样式设定文字对象的默认特征，而对齐方式决定字符的哪一部分与插入点对齐。

在实际设计工作中，如果要输入简短的注释和标签，那么通常使用单行文字。创建单行文字的操作步骤如下。

1 在功能区“默认”选项卡的“注释”面板中单击“单行文字”按钮，或者在功能区“注释”选项卡的“文字”面板中单击“单行文字”按钮，命令行提示如图 7-6 所示。

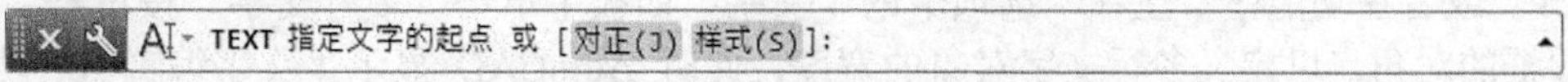

TEXT 指定文字的起点 或 [对正(J) 样式(S)]:

图7-6　执行“TEXT”命令时的命令行提示

2 如果不接受默认的文字样式，那么在提示选项中选择“样式（S）”，接着在“输入样式名或 [?] <当前文字样式>:”提示下指定新的样式名并按“Enter”键。如果要更改默认的对齐方式，那么在提示选项中选择“对正（J）”，接着在“输入选项 [左(L)/居中(C)/右(R)/对齐(A)/中间(M)/布满(F)/左上(TL)/中上(TC)/右上(TR)/左中(ML)/正中(MC)/右中(MR)/左下(BL)/中下(BC)/右下(BR)]:”提示下选择所需的一个对齐选项。

3 指定第一个字符的插入点等。如果直接按“Enter”键，则 AutoCAD 程序将使用之前创建的文字对象定位新的文字。

4 指定文字旋转角度。如果文字高度在当前文字样式中设定为 0，那么在指定文

字旋转角度之前还需要指定文字高度。

5 输入文字。在每一行结尾按“Enter”键。如果输入一行文字后使用鼠标光标在图形窗口中指定另一点，则可以在该点处输入一行文字。每次按“Enter”键或指定点时，都会创建新的文字对象

6 在空行处按“Enter”键结束命令。

图 7-7 所示的 6 行文字均是单行文字对象，而这些单行文字对象所使用的当前文字样式是按照本章 7.1 节介绍的方法步骤来建立的。用户可以自己练习创建这些单行文字对象。在输入单行文字时，可以使用特定的代码组合来输入某些特殊的符号。例如，输入“%%D”表示输入角度符号“°”，输入“%%C”表示输入直径符号“∅”，输入“%%P”则表示输入正负号“±”。

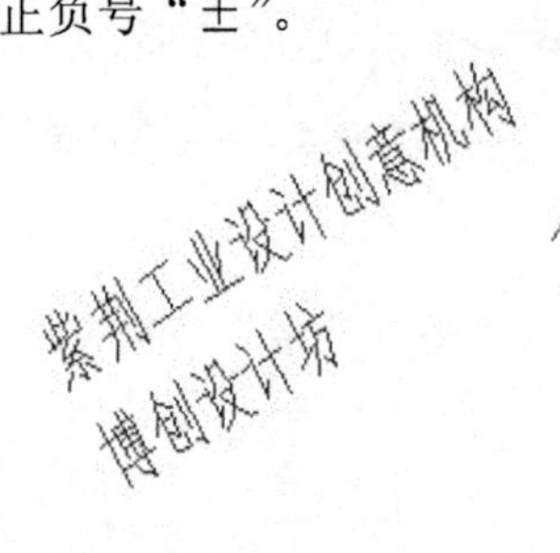

AutoCAD 2014制图高手　　360°±1°

广告设计、建筑设计、电气设计　　∅98

图7-7　单行文字示例

7.3 多行文字

当要输入较多的文字时，单行文字便显得不合时宜了，例如，单行文字不能换行，单行文字的格式选项没有多行文字的丰富，而多行文字是一个单独的对象，它可包含多个若干文字段落。通常对于具有内部格式的较长注释和标签，使用多行文字。多行文字的创建工具为“多行文字”按钮A，其对应的命令为“MTEXT”。

7.3.1 创建多行文字对象

要创建多行文字对象，则在功能区“默认”选项卡的“注释”面板中单击“多行文字”按钮A，或者在功能区“注释”选项卡的“文字”面板中单击“多行文字”按钮A，接着指定边框的对角点以定义多行文字对象的宽度，此时 AutoCAD 显示“文字编辑器”功能区选项卡，如图 7-8 所示。

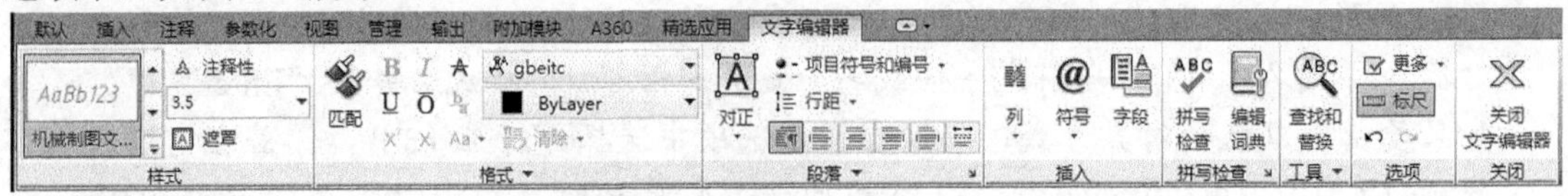

图7-8　“文字编辑器”功能区选项卡

知识点拨： 如果功能区未处于活动状态，当在命令窗口的“键入命令”提示下输入“MTEXT”命令，按“Enter”键，并接着指定边框的对角点定义多行文字对象的宽度时，AutoCAD 程序将显示在位文字编辑器，如图 7-9 所示，主要包括“文字格式”工具栏、文

字输入框和由“文字格式”工具栏中相关工具打开的菜单和对话框。

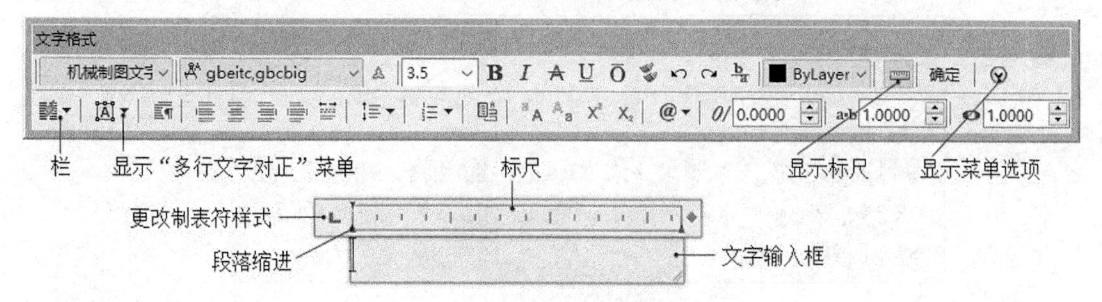

图7-9 在位文字编辑器

在文字输入框中输入文字。使用“文字编辑器”功能区选项卡可以更改选定文字的字体、高度、应用颜色等，并可以定义多行文字对正方式、段落缩进情况等。最后单击“关闭文字编辑器”按钮，或者按“Ctrl”+“Enter”组合快捷键，保存更改并退出编辑器。

以下是创建多行文字的一个典型范例。

1 打开“多行文字即学即练.dwg”文件。

2 在功能区“默认”选项卡的“注释”面板中单击“多行文字”按钮A，接着在绘图区域分别指定第一角点和第二角点以指出一个合适的矩形输入框，此时显示“文字编辑器”功能区选项卡。

3 在“文字编辑器”功能区选项卡的“样式”面板中可以看到默认的当前文字样式为“机械制图文字 3.5”文字样式，文字高度为 3.5。在矩形输入框的光标处输入第一行文字为“技术要求”，按“Enter”键后再输入一段文字，接着按“Enter”键继续输入一段文字，如图 7-10 所示。

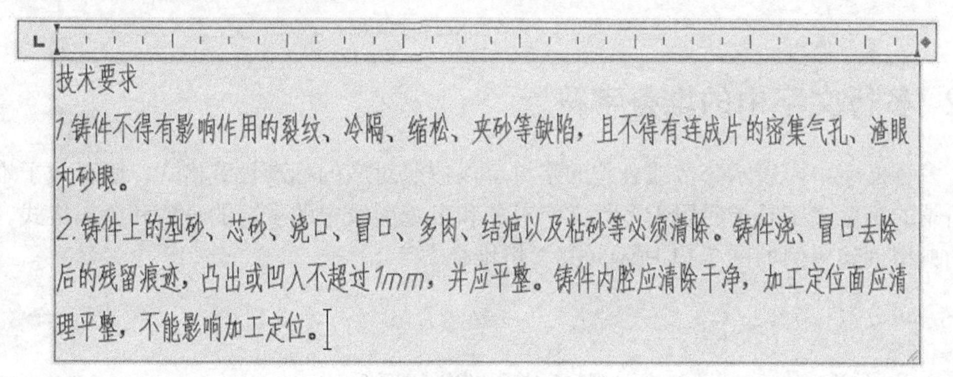

图7-10 输入多行文字

4 在输入框中选择第一行文字“技术要求”，接着在“文字编辑器”的“段落”面板中单击“居中”按钮，在“样式”面板中将文字高度设置为 5。

5 在输入框中选择“1.铸件不得有影响作用的裂纹、冷隔、缩松、夹砂等缺陷，且不得有连成片的密集气孔、渣眼和砂眼。”一段文字，确保在“段落”面板中单击“左对齐”按钮，并在输入框的标尺中拖动相应滑块调整首行缩进，如图 7-11 所示。需要时可拖动相应滑块调整多行文字的宽度。

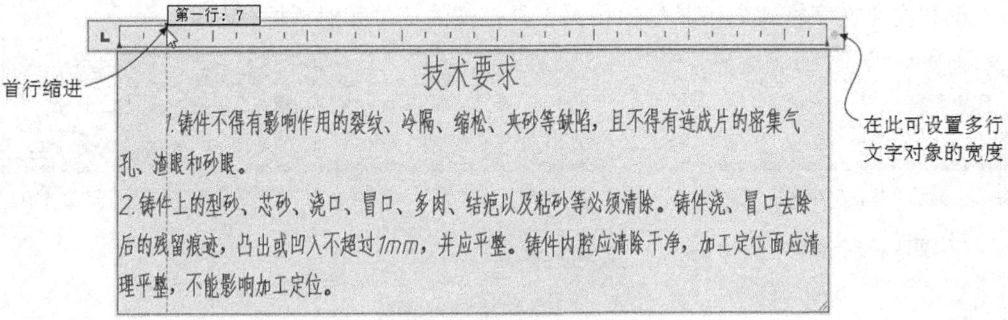

第一行：7

首行缩进

在此可设置多行文字对象的宽度

技术要求

1.铸件不得有影响作用的裂纹、冷隔、缩松、夹砂等缺陷，且不得有连成片的密集气孔、渣眼和砂眼。

2.铸件上的型砂、芯砂、浇口、冒口、多肉、结疤以及粘砂等必须清除。铸件浇、冒口去除后的残留痕迹，凸出或凹入不超过1mm，并应平整。铸件内腔应清除干净，加工定位面应清理平整，不能影响加工定位。

图7-11　调整段落首行缩进

6 在输入框中选择最后一段文字，同样在“段落”面板中单击“左对齐”按钮，并在输入框的标尺中拖动相应滑块调整和上一段一样的首行缩进。

7 单击“关闭文字编辑器”按钮，或者按“Ctrl” + “Enter”组合快捷键，保存更改并退出编辑器，完成输入的文字效果如图 7-12 所示。

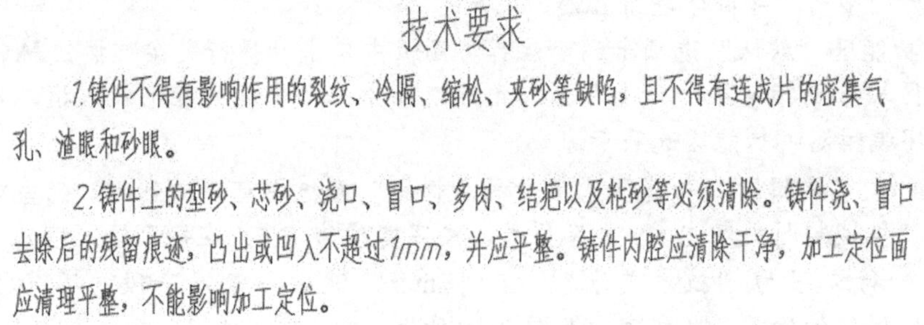

技术要求

1.铸件不得有影响作用的裂纹、冷隔、缩松、夹砂等缺陷，且不得有连成片的密集气孔、渣眼和砂眼。

2.铸件上的型砂、芯砂、浇口、冒口、多肉、结疤以及粘砂等必须清除。铸件浇、冒口去除后的残留痕迹，凸出或凹入不超过1mm，并应平整。铸件内腔应清除干净，加工定位面应清理平整，不能影响加工定位。

图7-12　完成输入的文字效果

7.3.2 多行文字中的堆叠字符

在多行文字中，表示分数或公差的字符可以按照对应的标准设置格式，则形成了堆叠字符。所谓的堆叠文字是指应用于多行文字对象和多重引线中的字符的分数和公差格式。堆叠文字的典型创建示例如图 7-13 所示（共 3 组堆叠文字）。

Ø56+0.051^-0.023 ⇨ $Ø56^{+0.051}_{-0.023}$　　Ø127H6/f7 ⇨ $Ø127\frac{H6}{f7}$　　4#5 ⇨ $^4/_5$

图7-13　堆叠文字的典型示例

在 AutoCAD 中，可以使用表 7-1 所示的特殊字符来指示如何堆叠选定的文字。

表 7-1　使用特殊字符堆叠选定的文字

序号	特殊字符	堆叠方式	举例
1	斜杠（/）	以垂直方式堆叠文字，由水平线分隔	3/5 ⇨ $\frac{3}{5}$
2	井字符（#）	以对角形式堆叠文字，由对角线分隔	3#5 ⇨ $^3/_5$
3	插入符号（^）	创建公差堆叠（垂直堆叠，且不用直线分隔）	50+0.5^-0.3 ⇨ $50^{+0.5}_{-0.3}$

创建堆叠文字的步骤简述如下。

1 单击“多行文字”按钮A，接着在图形窗口中指定输入框的对角点以定义多行文字的对象的宽度。

2 在“文字编辑器”功能区选项卡或在位文字编辑器中，根据需要设定文字样式和其他多行文字特性。

3 输入所需要的文字内容，其中包含要堆叠的文字，而在要堆叠的文字中通常包含有特定字符（如斜杠“/”、井字符“#”或插入符号“^”）作为分隔符。

4 选择要堆叠的文字，然后在“文字编辑器”功能区选项卡的“格式”面板中“堆叠”按钮，或者在在位文字编辑器的“文字格式”对话框中单击“堆叠”按钮，从而对文字进行堆叠。

如果事先默认启用自动堆叠特性（有关自动堆叠的相关知识稍后有相应介绍），当输入由堆叠字符分隔的数字字符，紧接着按空格键或“Enter”回车键，则系统对输入文字进行自动堆叠，此时单击在堆叠文字旁出现的符号可以对该自动堆叠对象进行相应的设置，包括“非堆叠”和“堆叠特性”设置等，典型操作图解示例如图 7-14 所示。

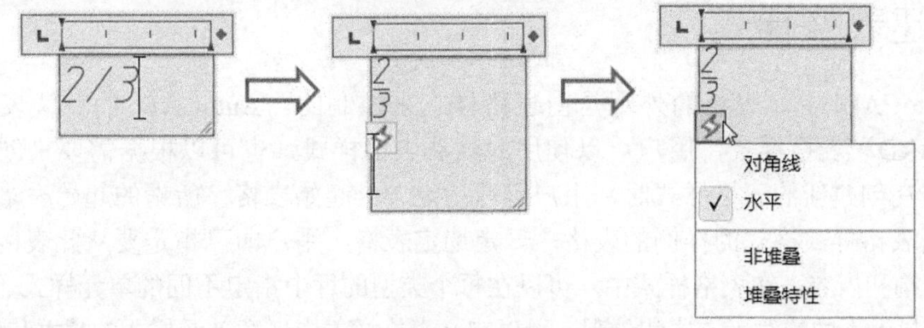

图7-14　自动堆叠文字的操作图解示例

知识点拨：自动堆叠功能仅应用于堆叠斜杠、井字符（有时也称磅字符）和插入符号前后紧邻的数字字符，即自动堆叠仅堆叠紧邻“^”“/”或“#”前后的数字字符。自动堆叠的相关设置请查看 7.3.3 小节。要堆叠非数字字符或包含空格的文字，则先选择要堆叠的文字，接着单击“堆叠”按钮。

5 在“文字编辑器”功能区选项卡的“关闭”面板中单击“关闭文字编辑器”按钮，或者在“文字格式”对话框中单击“确定”按钮。

7.3.3　堆叠文字特性与自动堆叠设置

创建堆叠文字后，用户可以根据设计实际情况去更改堆叠文字特性，其方法是双击要编辑的该多行文字对象，打开“文字编辑器”功能区选项卡或在位文字编辑器，选择要编辑的堆叠文字，在编辑器中单击鼠标右键并从弹出的快捷菜单中选择“堆叠特性”命令，打开图 7-15 所示的“堆叠特性”对话框，在该对话框中可更改文字和外观的设置，外观设置包括样式、位置和大小。

如果要设定自动堆叠特性，那么在“堆叠特性”对话框中单击“自动堆叠”按钮，打开图 7-16 所示的“自动堆叠特性”对话框。在“自动堆叠特性”对话框中设定是否启用自动堆叠（建议默认时启用自动堆叠），以及设置具体的自动堆叠特性，然后单击“确定”按钮

返回到“堆叠特性”对话框。

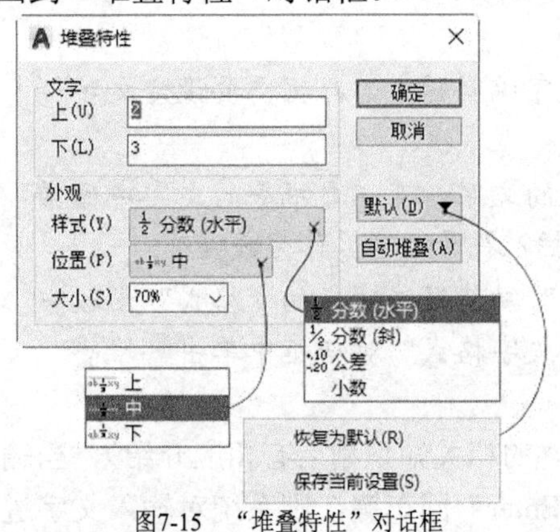

图7-15　“堆叠特性”对话框

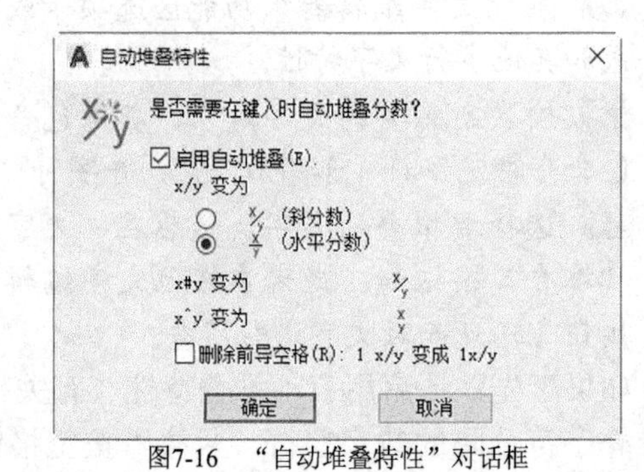

图7-16　“自动堆叠特性”对话框

完成堆叠特性设置后，单击“堆叠特性”对话框中的“确定”按钮，然后关闭文字编辑器。

7.4　创建表格样式

在 AutoCAD 中，表格的外观是由表格样式来控制的。AutoCAD 的默认表格样式为“STANDARD”表格样式，用户可以使用此默认表格样式，也可以根据需要来创建自己的表格样式。在创建新的表格样式时，用户可以指定一个起始表格，所谓的起始表格是图形中用作设置新表格样式格式的样例的表格，一定选定表格，用户即可指定要从此表格复制到表格样式的结构和内容。在表格样式中，可以在每个类型的行中指定不同的单元样式，可以为文字和网格线显示不同的对正方式和外观，可以定义表格样式中任意单元样式的数据和格式等。

在功能区的“默认”选项卡中单击“注释”/“表格样式”按钮，或者在功能区“注释”选项卡的“表格”面板中单击按钮，弹出图 7-17 所示的“表格样式”对话框。利用此对话框，可以设置当前表格样式，以及创建、修改和删除表格样式。

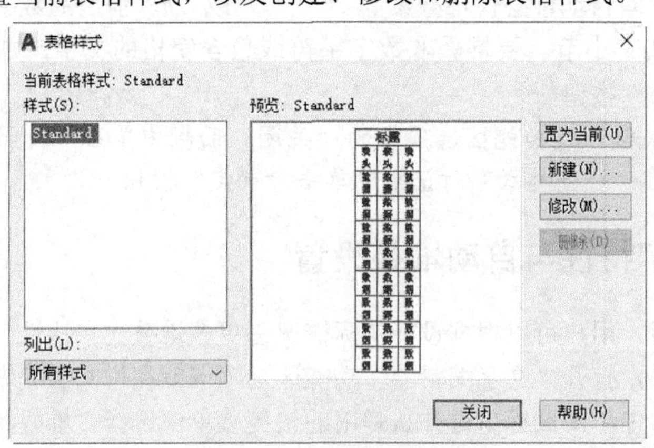

图7-17　“表格样式”对话框

下面结合典型表格样式创建样例介绍如何创建新的表格样式。

1 打开“创建表格样式即学即练.dwg”文件，使用“草图与注释”工作空间，从功能区的“默认”选项卡中单击“注释”/“表格样式”按钮，弹出“表格样式”对话框。

2 在“表格样式”对话框中单击“新建”按钮，弹出“创建新的表格样式”对话框，从中更改新样式名为“自定义表格样式 1”，默认的基础样式为“Standard”，如图 7-18 所示，然后单击“继续”按钮，系统弹出图 7-19 所示的“新建表格样式：自定义表格样式 1”对话框。

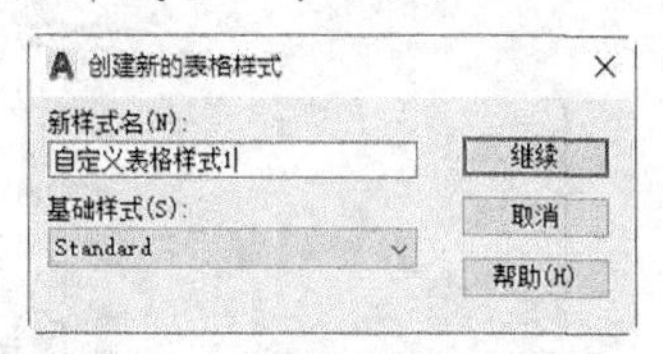

图7-18　“创建新的表格样式”对话框

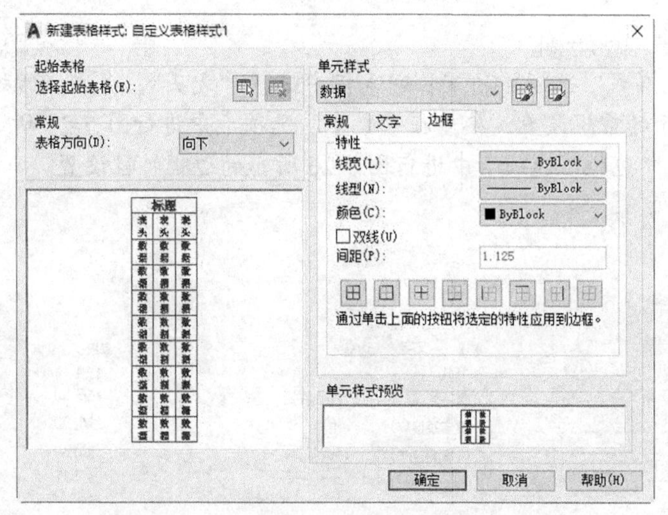

图7-19　“新建表格样式：自定义表格样式 1”对话框

3 在“常规”选项组的“表格方向”下拉列表框中选择“向上”选项，以定义标题行和列标题行位于表格的底部，将创建由下而上读取的表格，此时可以看到表格预览样式发生变化，如图 7-20 所示。

4 在“单元样式”选项组的下拉列表框中选择“标题”，接着在该选项组的“常规”选项卡中进行图 7-21 所示的设置。

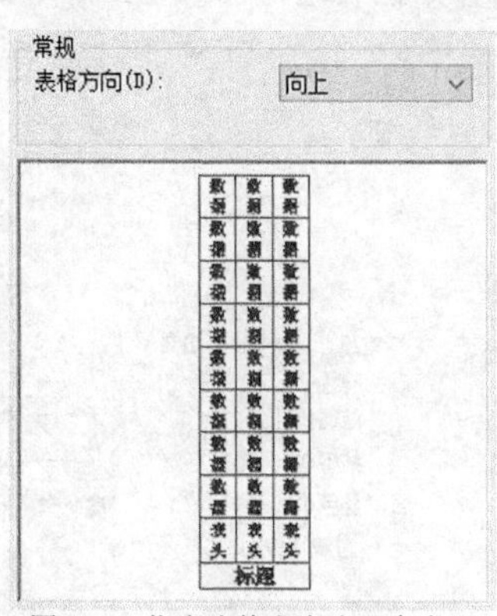

图7-20　指定表格方向为“向上”

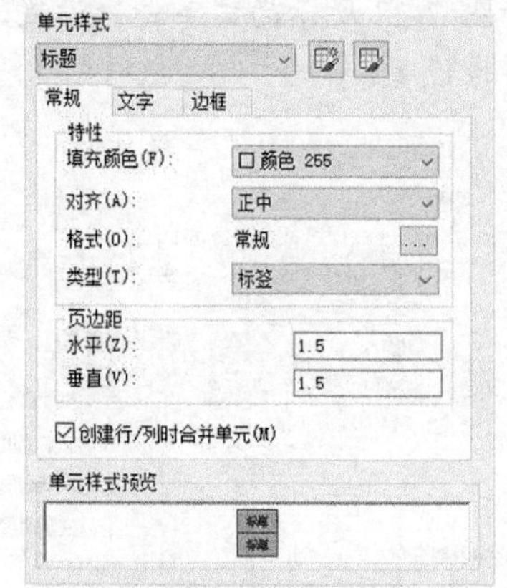

图7-21　“标题”单元样式的常规设置

5 切换至“文字”选项卡，从中设置图 7-22 所示的文字特性，接着切换至“边框”选项卡，设置图 7-23 所示的边框特性，如线宽改为 0.35mm，单击“所有边框”按钮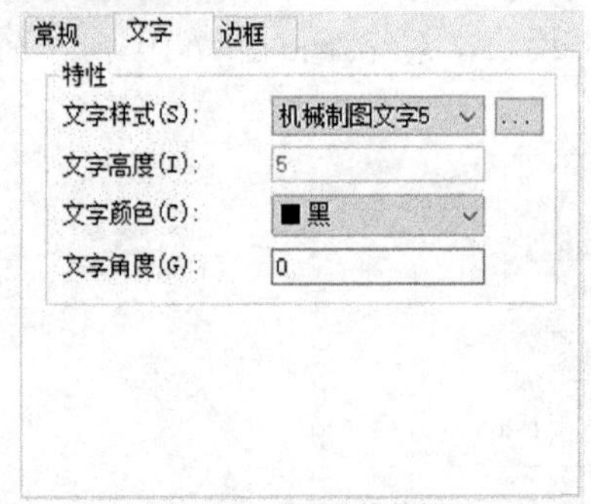。

图7-22　设置文字特性

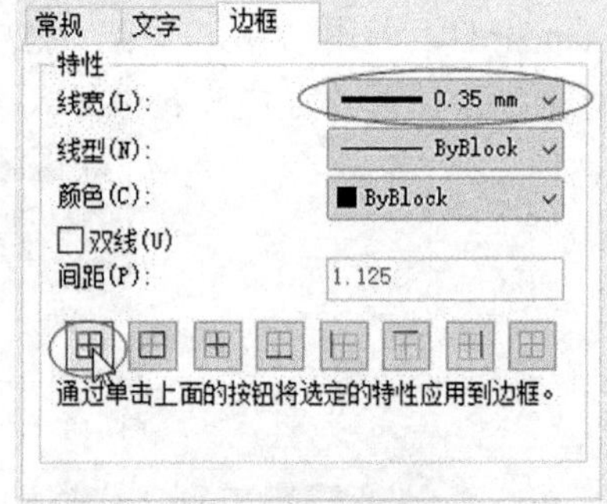

图7-23　指定边框特性

6 在“单元样式”选项组的下拉列表框中选择“表头”，并在“常规”选项卡进行图 7-24 所示的常规设置。接着在“文字”选项卡中进行图 7-25 所示的文字特性设置，以及在“边框”选项卡中进行图 7-26 所示的边框特性设置。

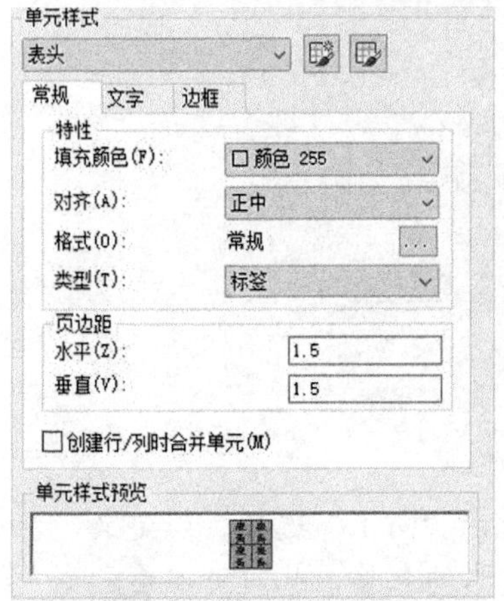

图7-24　设置表头的常规设置

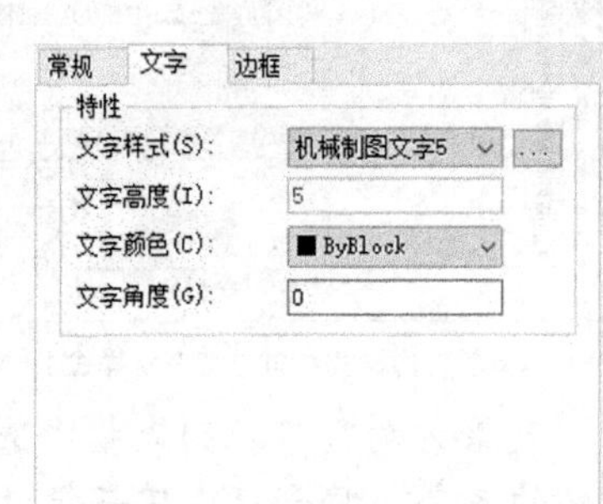

图7-25　设置表头的文字特性

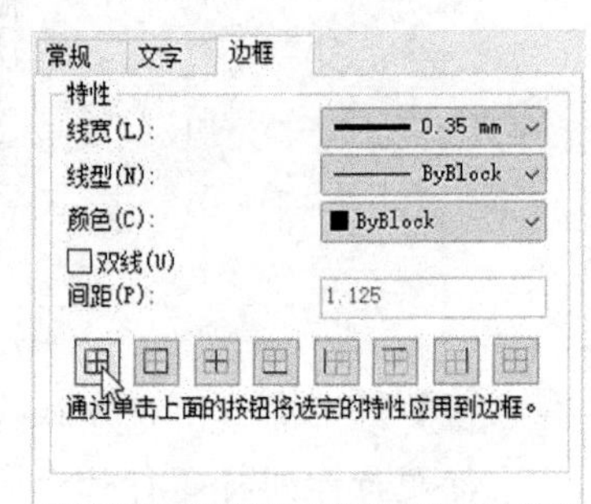

图7-26　表头的边框特性设置

7 在“单元样式”选项组的下拉列表框中选择“数据”以设置单元样式为数据，并在“常规”选项卡进行图 7-27 所示的常规设置，接着在“文字”选项卡中进行图 7-28 所示的文字特性设置，以及在“边框”选项卡中进行图 7-29 所示的边框特性设置。

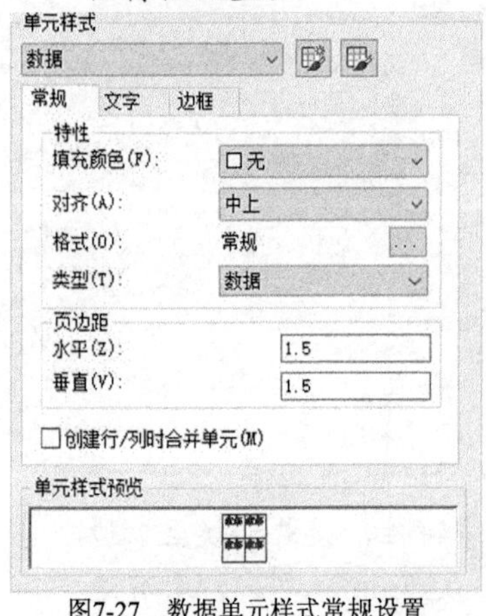

图7-27　数据单元样式常规设置

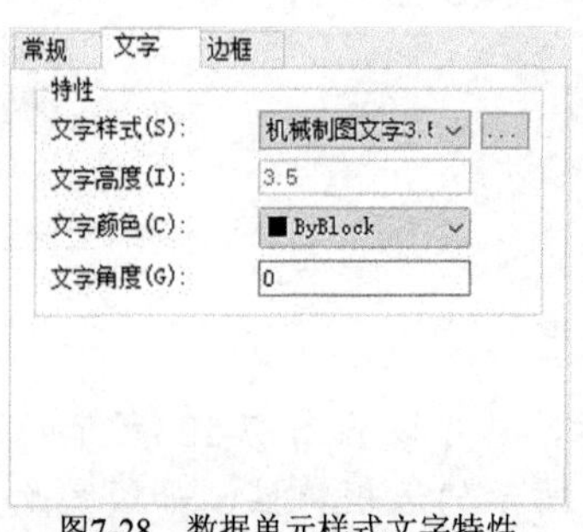

图7-28　数据单元样式文字特性

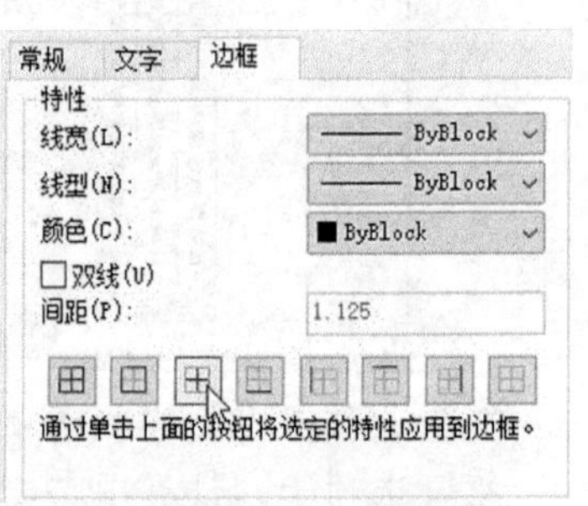

图7-29　数据单元样式边框特性

8 在“新建表格样式：自定义表格样式 1”对话框中单击“确定”按钮，返回到“表格样式”对话框，此时在“样式”列表框中可以看到刚创建的“自定义表格样式 1”表格样式，确保该表格样式为当前表格样式，如图 7-30 所示。

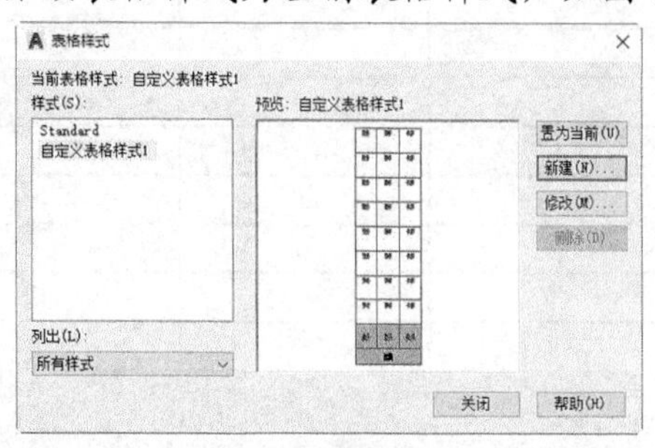

图7-30　设置好表格样式的“表格样式”对话框

9 在“表格样式”对话框中单击“关闭”按钮。

7.5 创建表格

在工程制图的过程中，经常会用到一些表格。例如，机械制图会用到装配明细表。有些表格，如果使用常规绘图工具去绘制，显然比较繁琐，而通过插入表格的方式则非常容易完成表格。创建表格的基本思路是选择合适的表格样式，输入相应的行和列参数，然后在输入相应的文字即可。

下面通过一个典型范例介绍如何创建表格。

1 使用 7.4 节完成的范例，在功能区“默认”选项卡的“注释”面板中单击“表格”按钮，或者在功能区“注释”选项卡的“表格”面板中单击“表格”按钮，系统弹出“插入表格”对话框。

2 从“表格样式”选项组中确保选择“自定义表格样式 1”作为当前表格样式，在“插入选项”选项组中默认选择“从空表格开始”单选按钮，在“插入方式”选项组中选择“指定插入点”单选按钮，在“列和行设置”选项组中设置列数为 5，数据行数为 8，列宽为 40，行高为 1，如图 7-31 所示。

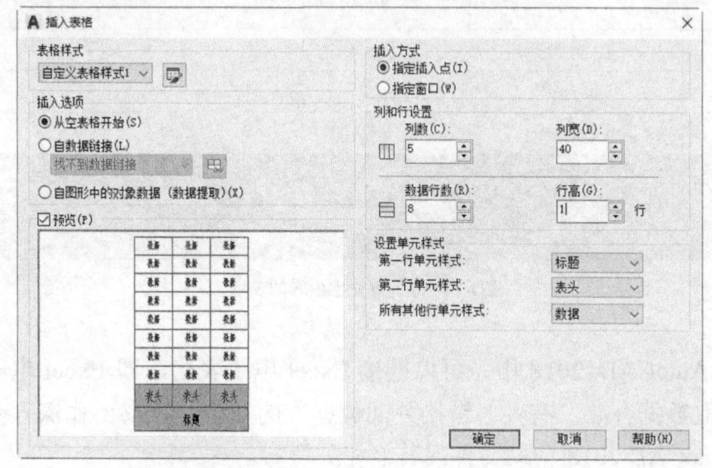

图7-31　在“插入表格”对话框中设置相关的表格参数和选项

3 在“插入表格”对话框中单击“确定”按钮，接着在图形窗口中指定表格的插入点，绘制的表格如图 7-32 所示。

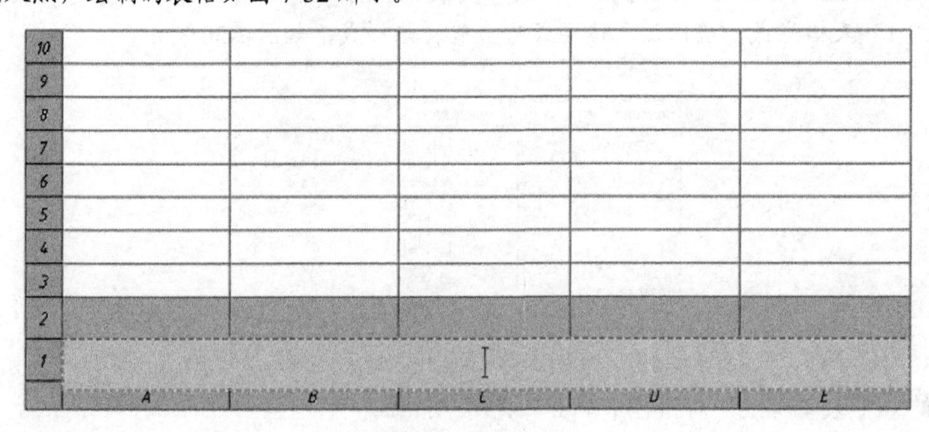

图7-32　绘制的表格

4 在标题栏中输入“明细表”，结果如图 7-33 所示。

	A	B	C	D	E
3					
2					
1	明细表				

图7-33　在标题栏中输入“明细表”

5 使用鼠标双击表格的其他单元格，并输入相应的文字，如果觉得表格单元格数据不满意（包括单元格文字对正方式等），则可以通过双击该单元格来对其进行编辑。最终的表格效果如图 7-34 所示。

8	ZJ-C001	强力拉索绳子	2	钢丝
7	BC-XP-2	轴承座	1	HT200
6	BC-XP-1	滑轮滚动轴承	2	45
5	ZJ-B002	特定螺母	4	A3钢
4	ZJ-B001	特定螺栓	4	A3钢
3	ZJ-A003	滑轮底座连接件B	1	45
2	ZJ-A002	滑轮底座连接件A	1	45
1	ZJ-A001	滑轮底座	1	Q235-A
序号	代号	名称	数量	材料
明细表				

图7-34　填写好文字内容的表格

知识点拨： 在 AutoCAD 2018 中，可以链接 Excel 电子表格，即 Excel 电子表格中的信息可以与图形中提取数据合并。有关“链接外部数据”的知识，本书不作深入介绍，有兴趣的读者可以参阅 AutoCAD 2018 帮助文件或其他相关资料。

7.6 思考与练习题

(1) 如何设置文字样式？

(2) 单行文字与多行文字有哪些不同之处？它们分别适用于什么场合？

(3) 什么是堆叠文字？如何在多行文字对象中创建堆叠文字？

(4) 如何更改堆叠文字特性？

(5) 简述创建表格样式的方法与步骤。

(6) 请自行定制一个表格样式，然后创建一个 5 行 7 列的表格，并自行填写表格的每个单元格。

(7) 上机练习：请分别绘制图 7-35 所示的单行文字或多行文字。

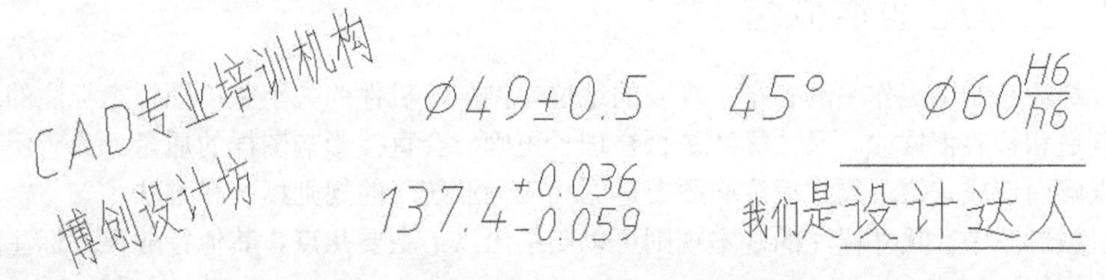

图7-35 绘制单行文字和多行文字的练习

(8) 上机练习：自行建立所需的文字样式，接着使用多行文字工具在图形窗口中创建图 7-36 所示的多行文字对象，务必要使用背景遮罩功能来将背景颜色设置为青色。

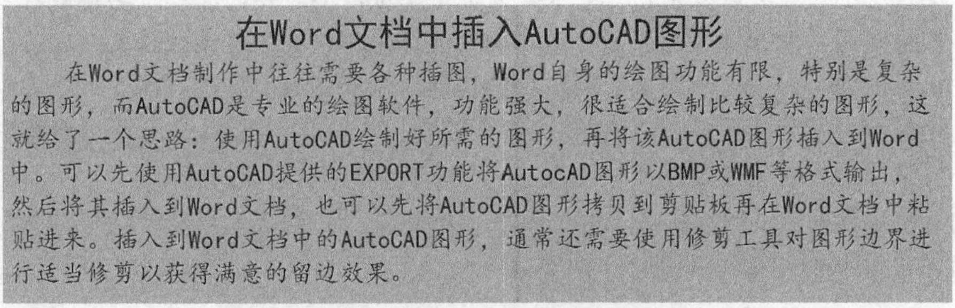

在Word文档中插入AutoCAD图形

在Word文档制作中往往需要各种插图，Word自身的绘图功能有限，特别是复杂的图形，而AutoCAD是专业的绘图软件，功能强大，很适合绘制比较复杂的图形，这就给了一个思路：使用AutoCAD绘制好所需的图形，再将该AutoCAD图形插入到Word中。可以先使用AutoCAD提供的EXPORT功能将AutocAD图形以BMP或WMF等格式输出，然后将其插入到Word文档，也可以先将AutoCAD图形拷贝到剪贴板再在Word文档中粘贴进来。插入到Word文档中的AutoCAD图形，通常还需要使用修剪工具对图形边界进行适当修剪以获得满意的留边效果。

图7-36 具有背景色的多行文字对象

提示： 要设置多行文字的背景色，则在“文字编辑器”功能区选项卡的“样式”面板中单击“背景遮罩”按钮，打开图 7-37 所示的“背景遮罩”对话框，从中选中“使用背景遮罩”复选框，并指定边界偏移因子和填充颜色即可。

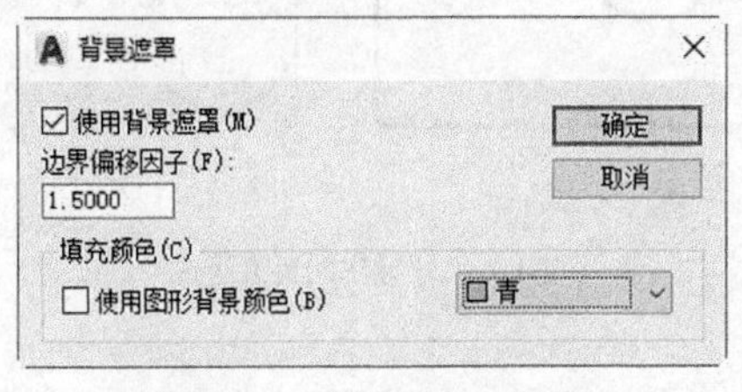

图7-37 “背景遮罩”对话框

第8章 标注样式与标注

标注是制图的一个不可或缺的环节。本章首先介绍尺寸标注的基本概念，接着分别介绍尺寸标注、多重引线标注、尺寸公差标注、形位公差标注和尺寸编辑等实用知识。

8.1 尺寸标注基本概念

尺寸标注在制图工作中具有举足轻重的地位，例如，机件的大小是以图样上标注的尺寸数值为制造和检验依据的。尺寸标注是否合理、正确，会直接影响图样的质量。为了保证不会因为误解而造成差错，尺寸标注必须要遵循相应行业统一的规则标准和方法。

在机械制图中，尺寸标注的基本规则可以归纳出以下主要几点。其他行业尺寸标注的基本规则也类似。

(1) 图样上标注的尺寸数值是机件实际大小的数值，该数值与绘图时采用的缩放比例和精确度都无关。图样上标注的尺寸是机件的最后完工尺寸，否则要另加说明。

(2) 图样上的尺寸默认以 mm（毫米）为计量单位，不需要标注单位名称或代号。如果应用其他计量单位，则必须注明相应计量单位的名称或代号。

(3) 机件的每个尺寸，一般只在反映该结构最清楚的图形上标注一次。

(4) 定形尺寸尽可能标准在反映形状特征的视图上，同一形体的尺寸尽量集中标注，尽可能避免在虚线上标注尺寸，务必要合理安排尺寸。

下面介绍尺寸标注的要素组成。尺寸标注一般包括尺寸界线、尺寸线、尺寸数字和尺寸线终端结构（箭头或斜线），如图 8-1 所示。

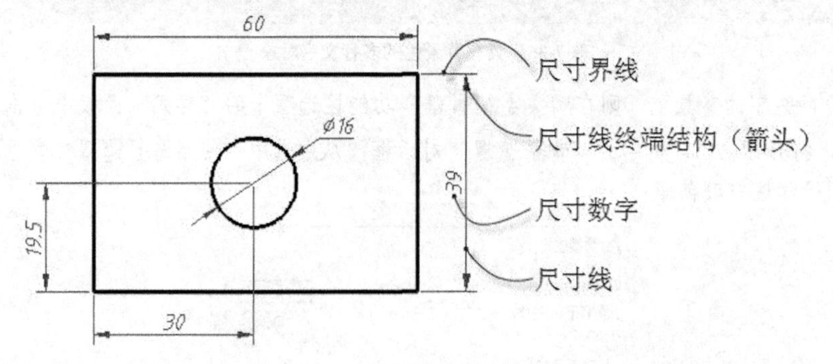

图8-1 尺寸标注的要素组成

一、尺寸界线

尺寸界线用细实线绘制，并由图形的轮廓线、对称中心线、轴线等处引出。也可以利用轮廓线、对称中心线、轴线作为尺寸界线。尺寸界线一般与尺寸线垂直，必要时才允许与尺寸线倾斜（例如，当尺寸界线过于贴近轮廓线时，允许将其倾斜画出）。

二、尺寸线与尺寸线终端结构

尺寸线用细实线绘制，尺寸线的终端可以有箭头或 45° 细倾斜线两种形式，如图 8-2 所示。只有当尺寸线和尺寸界线相互垂直时，尺寸线的终端才采用细倾斜线这种形式。为了统一而且不致引起误解，倾斜线终端应该以尺寸线为准沿逆时针方向旋转 45°。倾斜线这种形式常用于构架图及建筑图。在机械图样中一般采用箭头作为尺寸线的终端结构。

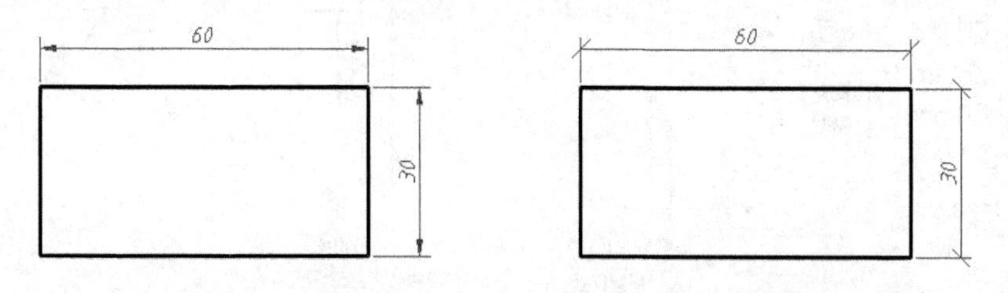

（a）尺寸线终端结构为箭头　　（b）尺寸线终端结构为倾斜线

图8-2　尺寸线终端结构的两种典型形式

需要用户注意的是：在同一张图样中，当尺寸线和尺寸界线相互垂直时，尺寸线的终端只能采用一种形式。

对于未完整表示的要素，可以仅在尺寸线的一端画出箭头，而尺寸线应该超过该要素的中心线或断裂处。例如，对称机械的图形只画出一半或略大于一半时，尺寸线应略超过对称中心线或断裂处的边界，此时只需在尺寸线的一端画出箭头。

当尺寸较小没有足够的位置画箭头时，允许用户用圆点或细倾斜线代替箭头。

三、尺寸数字

线性尺寸的尺寸数字一般应注写在尺寸线的上方，也允许注写在尺寸线的中断处。在某些场合，还允许尺寸数字注写在引出线处。在机械制图中，标注角度的数字一律写成水平方向，一般注写在尺寸线的中断处，必要时也可引出标注，或将数字书写在尺寸线的上方。

在 AutoCAD 中，绘制好图形后，在标注尺寸之前通常要建立所需的标注样式并将其设置为当前标注样式，接着使用相关的标注工具来清晰、合理地标注尺寸，并根据设计要求为相关尺寸指定尺寸公差，为指定对象添加几何公差等。尺寸标注的类型主要有线性标注、对齐标注、角度标注、弧长标注、半径标注、直径标注、坐标标注、折弯标注、连续标注和基线标注等。

8.2　创建标注样式

在进行尺寸标注之前，首先应该创建所需的标注样式。各个行业使用的标注样式可能不尽相同，这需要用户注意。创建好所需的标注样式后，可以将将它保存在一个样板图形中，便于以后制图时调用该样板图形文件。下面以创建适合机械制图的标注样式为例，详细地介绍创建标注样式的一般方法和步骤。在该范例中，除了创建“机械制图”标注样式外，还需要为该标注样式创建子标注样式以满足特定对象标注的标准要求。

1 打开“创建标注样式即学即练.dwg”文件，确保使用“草图与注释”工作空间。

2 在功能区“默认”选项卡的“注释”面板中单击“标注样式”按钮，如图 8-3 所示。系统弹出图 8-4 所示的“标注样式管理器”对话框。利用此对话框可创建新样式、设定当前样式、修改样式、设定当前样式的替代及比较样式。

图8-3　在“注释”面板单击工具

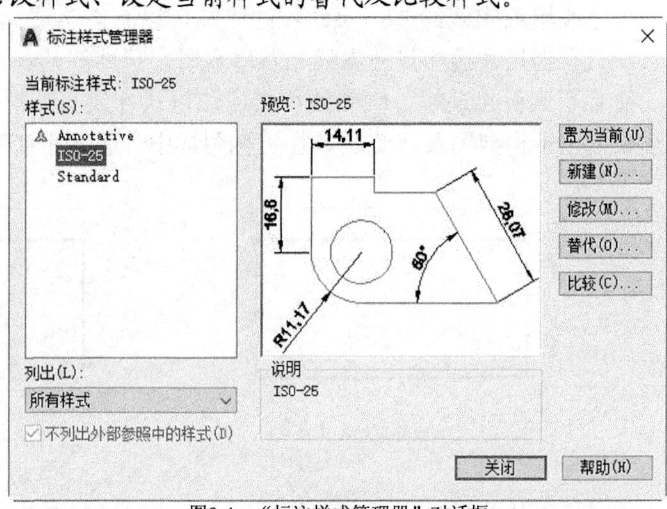

图8-4　“标注样式管理器”对话框

3 在“标注样式管理器”对话框中单击“新建”按钮，弹出“创建新标注样式”对话框，输入新样式名为“机械制图”，基础样式默认为“ISO-25”，默认用于所有标注，如图 8-5 所示，然后单击“继续”按钮，系统弹出“新建标注样式：机械制图”对话框

4 切换至“文字”选项卡，从“文字样式”下拉列表框中选择“机械制图文字 3.5”文字样式，从“文字对齐”选项组中选中“与尺寸线对齐”单选按钮，在“文字位置”选项组中分别设置垂直、水平和观察方向选项，设置从尺寸线偏移的值为 0.875，如图 8-6 所示。

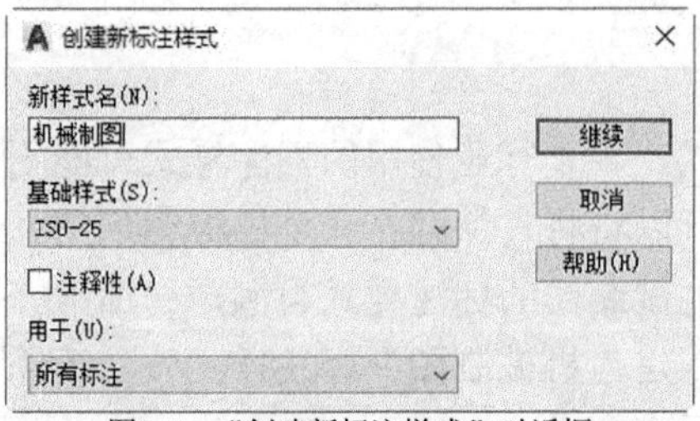

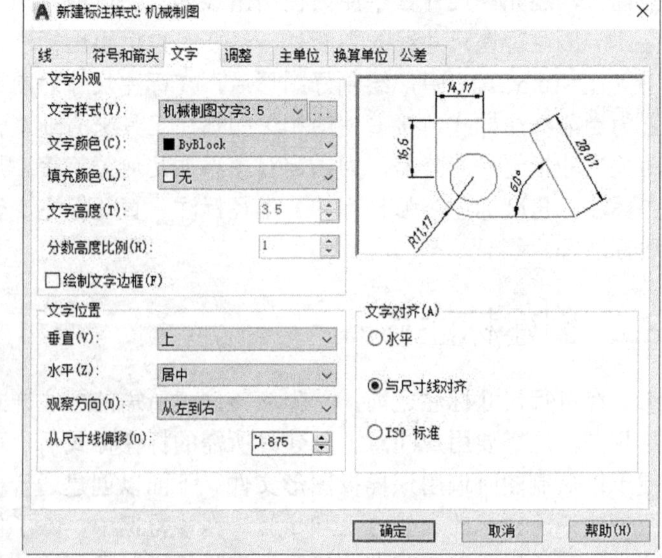

图8-5　“创建新标注样式”对话框

图8-6　设置标注样式的文字

5 切换至“线”选项卡，设置图 8-7 所示的选项和参数。

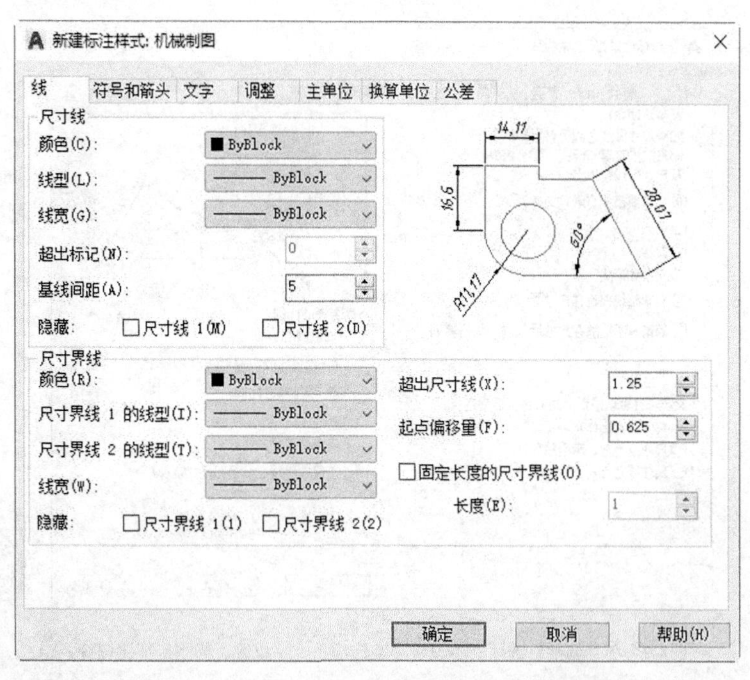

图8-7　在"线"选项卡中设置尺寸线、尺寸界线等

6 切换至"符号和箭头"选项卡，设置图 8-8 所示的符号和箭头内容。

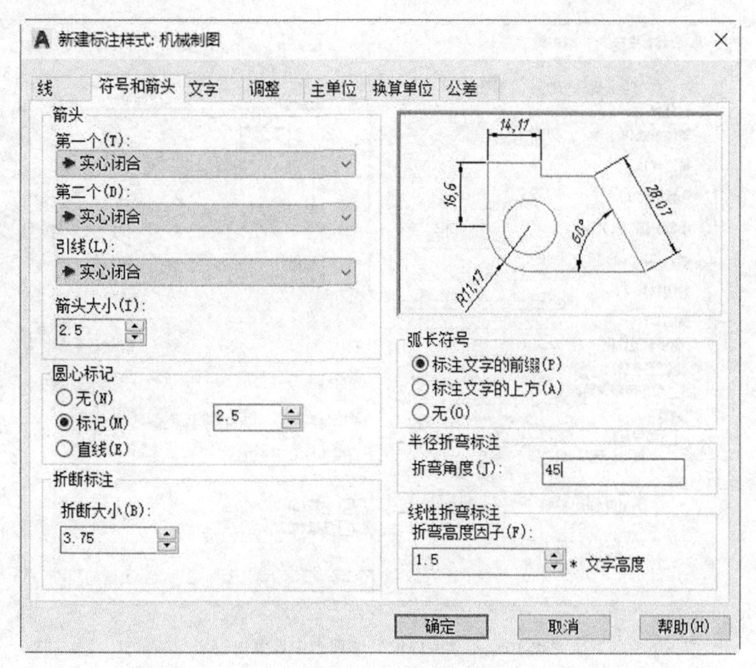

图8-8　设置标注样式的符号和箭头

7 切换至"调整"选项卡，从中进行图 8-9 所示的设置。

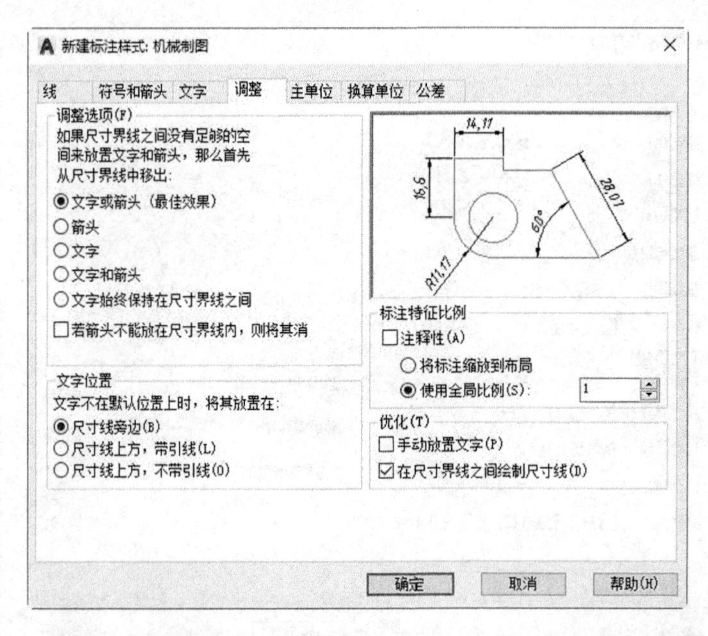

图8-9　在“调整”选项卡中设置调整选项、文字位置、标注特征比例等

8 切换至“主单位”选项卡，从中进行图 8-10 所示的设置，其中小数分隔符为“.”(句号)。

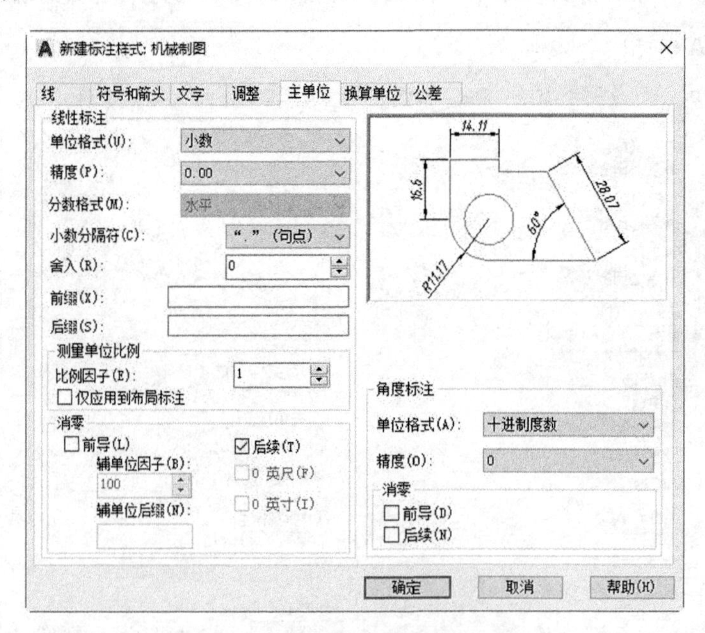

图8-10　在“主单位”选项卡中设置内容

9 在“换算单位”选项卡中确保取消选中“显示换算单位”复选框；而在“公差”选项卡中，从“公差格式”选项组的“方式”下拉列表框中默认选择“无”选项。

10 单击“新建标注样式：机械制图”对话框中的“确定”按钮，返回到“标注样式管理器”对话框。

11 确保在“样式”列表框中选择刚创建的“机械制图”标注样式，单击“新建”按钮，弹出“创建新标注样式”对话框，从“用于”下拉列表框中选择“角度标注”选项，如图 8-11 所示，然后单击“继续”按钮。

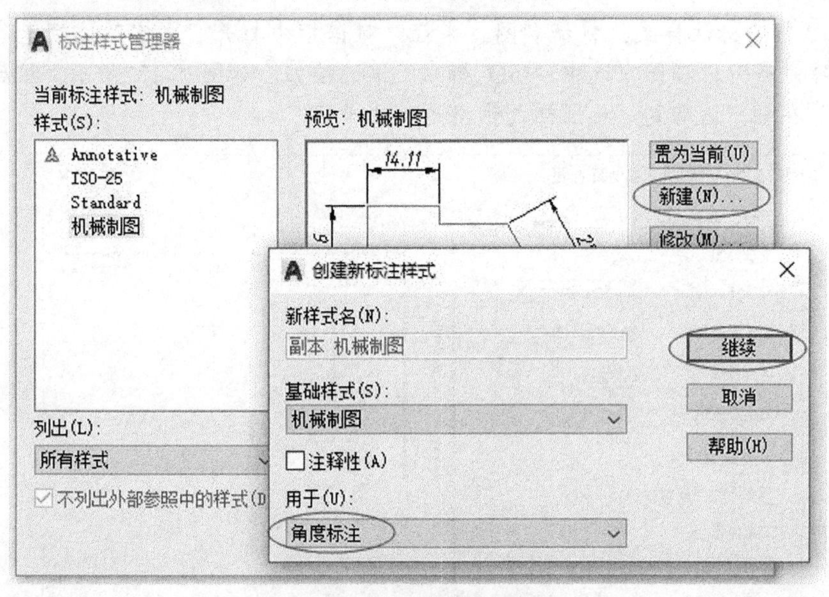

图8-11 创建新的子标注样式

12 在弹出的“新建标注样式：机械制图：角度”对话框中打开“文字”选项卡，从“文字对齐”选项组中选中“水平”单选按钮，如图 8-12 所示。然后单击“确定”按钮，返回到“标注样式管理器”对话框。

图8-12 设置角度标注的文字对齐方式为“水平”

13 在“标注样式管理器”对话框中单击“新建”按钮，弹出“创建新标注样

式”对话框，从“基础样式”下拉列表框中选择“机械制图”标注样式，从“用于”下拉列表框中选择“半径标注”选项，单击“继续”按钮，弹出“新建标注样式：机械制图：半径”对话框。

14 在“新建标注样式：机械制图：半径”对话框中打开“文字”选项卡，接着从“文字对齐”选项组中选中“ISO 标准”单选按钮，如图 8-13 所示。然后单击“确定”按钮，返回到“标注样式管理器”对话框。

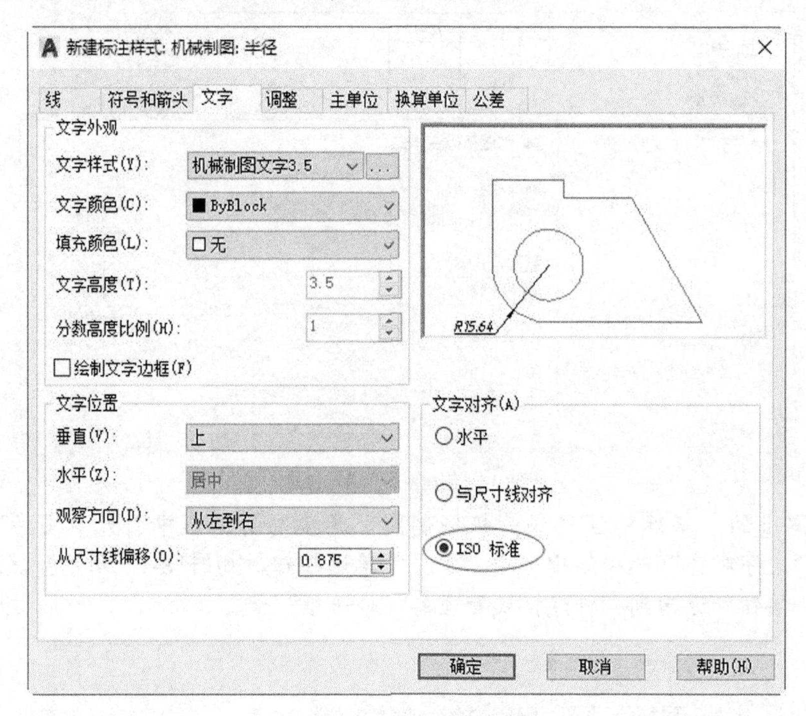

图8-13　选中“ISO 标准”单选按钮

15 在“标注样式管理器”对话框中单击“新建”按钮，弹出“创建新标注样式”对话框，从“基础样式”下拉列表框中选择“机械制图”标注样式，从“用于”下拉列表框中选择“直径标注”选项，单击“继续”按钮，弹出“新建标注样式：机械制图：直径”对话框。

16 在“新建标注样式：机械制图：直径”对话框中打开“文字”选项卡，在“文字对齐”选项组中选中“ISO 标准”单选按钮。

17 单击“确定”按钮，返回到“标注样式管理器”对话框。此时，“标注样式管理器”对话框如图 8-14 所示，在“样式”列表框中可以看到本例创建的“机械制图”标注样式及其相应的子标注样式。如果要更改当前标注样式，那么可以在“样式”列表框中选择某一个标注样式，然后单击“置为当前”按钮即可。在本例中，接受刚创建的“机械制图”标注样式作为当前标注样式。

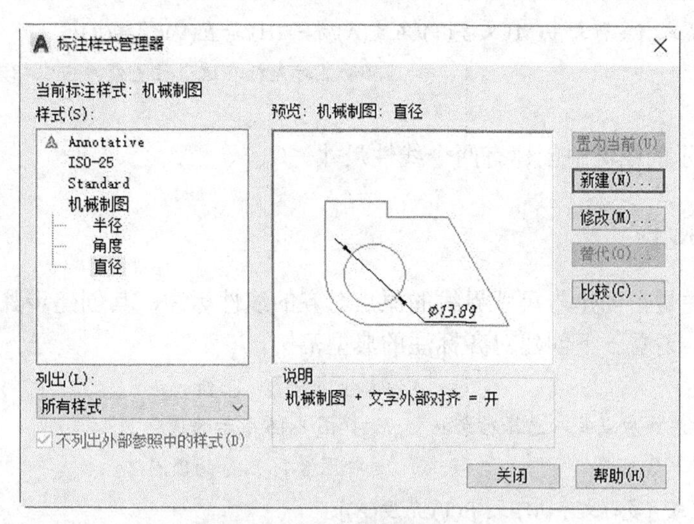

图8-14　“标注样式管理器”对话框

18 在“标注样式管理器”对话框中单击“关闭”按钮。

19 在“快速访问”工具栏中单击“另存为”按钮，指定合适的保存路径，将其保存为“创建标注样式即学即练完成效果.dwg”。

8.3 尺寸标注

尺寸标注的类型主要包括线性标注、对齐标注、角度标注、弧长标注、半径标注、直径标注、坐标标注、折弯标注、连续标注和基线标注。为了描述的简洁，如果没有特别说明，本节提及的尺寸标注工具均位于功能区“注释”选项卡的“标注”面板中。

8.3.1 线性标注

可以使用水平、竖直或旋转的尺寸线创建线性标注。要创建线性标注，则单击“线性”按钮，接着指定第一个尺寸界线原点，以及指定第二条尺寸界线原点，然后在“指定尺寸线位置或[多行文字(M)/文字(T)/角度(A)/水平(H)/垂直(V)/旋转(R)]:”提示下指定尺寸线位置即可创建一个线性尺寸标注。可以在指定尺寸线位置之前选择以下提示选项来进行设置。

- 多行文字：选择此选项时，打开文字编辑器以用来编辑标注文字。
- 文字：选择此选项时，则在命令行提示下自定义标注文字，生成的标注测量值显示在尖括号中。
- 角度：选择此选项时，修改标注文字的角度。
- 水平：选择此选项时，将创建水平线性标注。
- 垂直：选择此选项时，将创建垂直线性标注。
- 旋转：选择此选项时，将创建旋转线性标注。

用户也可以按照以下方法步骤来创建线性标注。

命令: _dimlinear　　//单击“线性”按钮
指定第一个尺寸界线原点或 <选择对象>:↙　//按“Enter”键
选择标注对象:　　//选择要标注的对象

指定尺寸线位置或 [多行文字(M)/文字(T)/角度(A)/水平(H)/垂直(V)/旋转(R)]:

//移动鼠标光标在适当位置处单击以指定尺寸线位置

标注文字 =48

在图 8-15 所示的图例中创建有两个线性尺寸。

8.3.2 对齐标注

创建对齐标注是指创建与尺寸界线的原点对齐的线性标注，其创建步骤和创建线性标注的步骤基本一致，请看一下创建对齐标注的典型范例。

命令: _dimaligned　　//单击“对齐”按钮

指定第一个尺寸界线原点或 <选择对象>:　　//选择图 8-16 所示的顶点 1

指定第二条尺寸界线原点:　　//选择图 8-16 所示的顶点 2

指定尺寸线位置或 [多行文字(M)/文字(T)/角度(A)]:

//在适当位置处单击以指定尺寸线位置

标注文字 =25

完成创建的对齐标注如图 8-16 所示。

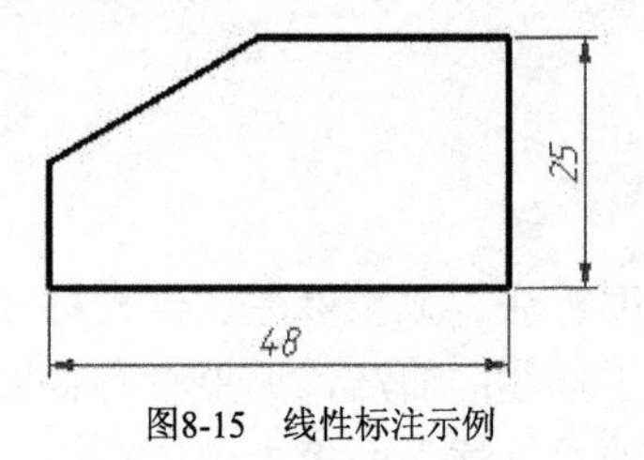

图8-15　线性标注示例

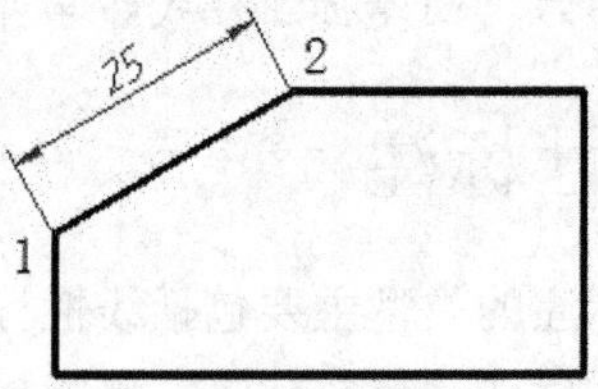

图8-16　对齐标注示例

8.3.3 角度标注

角度标注测量选定的几何对象或 3 个点之间的角度。角度标注的 4 种典型示例如图 8-17 所示。

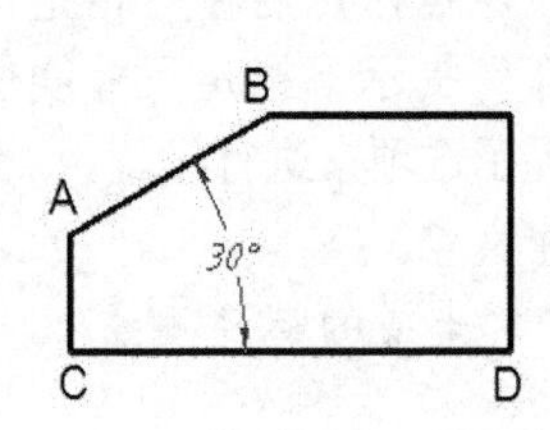

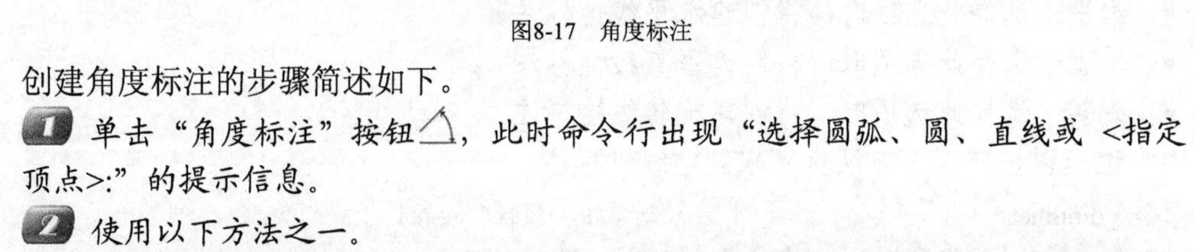

（a）标注两直线间的角度

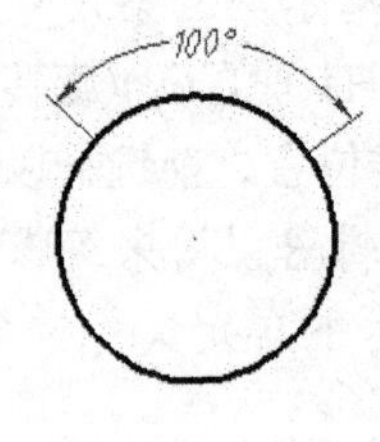

（b）选择圆标注指定点的圆心角

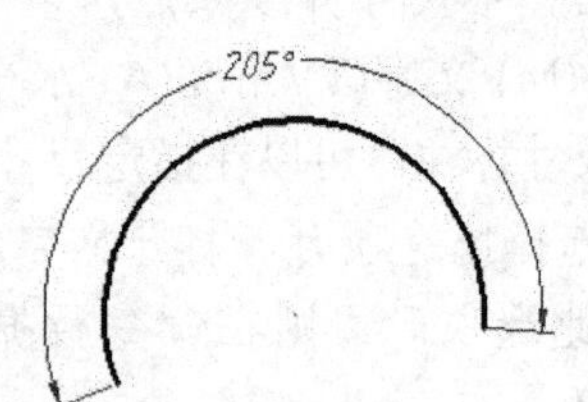

（c）标注圆弧角度

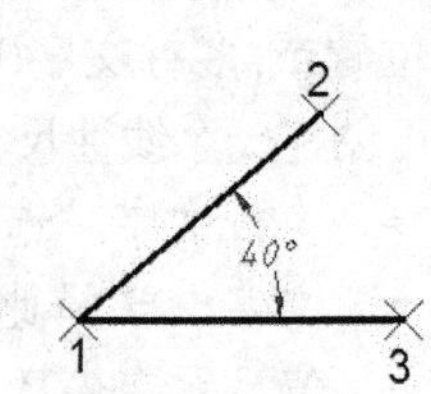

（d）创建基于指定 3 点的角度标注

图8-17　角度标注

创建角度标注的步骤简述如下。

1 单击“角度标注”按钮，此时命令行出现“选择圆弧、圆、直线或 <指定顶点>:”的提示信息。

2 使用以下方法之一。

- 要标注两条直线之间的角度，则分别选择所需的两条直线，例如，依次选择

图 8-17a 所示的直线段 AB 和直线段 CD，显示的角度将取决于光标位置。

- 要标注圆，则在角的第一端点选择圆，然后指定角的第二端点（该点无需位于圆上），AutoCAD 系统将默认圆的圆心作为角度的顶点。
- 要标注圆弧角度，则选择要标注的圆弧，选定圆弧的端点将作为三点角度标注的定义点（圆弧端点成为尺寸界线的原点），且圆弧的圆心是角度的顶点。
- 要创建基于指定三点的角度标注，则按“Enter”键，接着指定角的顶点，然后指定角的第一个端点，再指定角的第二个端点。例如，依次选择如图 8-17 所示的点 1、点 2 和点 3。

3 此时，命令行出现“指定标注弧线位置或 [多行文字(M)/文字(T)/角度(A)/象限点(Q)]:”的提示信息，根据需要选择其中的提示选项进行操作。

- 要编辑标注文字内容，则选择“文字”或“多行文字”选项。
- 要编辑标注文字角度，则选择“角度”选项。
- 要将标注限制到象限点，则选择“象限点”选项，并指定要测量的象限点。

4 指定尺寸线圆弧的位置。

8.3.4 弧长标注

弧长标注用于测量圆弧或多段线圆弧段上的弧长，其典型用法包括测量围绕凸轮的距离或表示电缆的长度。弧长标注的尺寸数字前方，会带有一个用细实线显示的圆弧符号“⌒”，如图 8-18 所示，圆弧符号也被俗称为“帽子”或“盖子”。圆弧符号的放置可在标注样式中设定。

要创建弧长标注，则单击“弧长”按钮，接着选择圆弧或多段线圆弧段，然后指定尺寸线的放置位置即可。

8.3.5 半径标注与直径标注

半径标注测量选定圆弧或圆的半径，直径标注测量选定圆弧或圆的直径。半径标注的尺寸数字前面会带有字母 R，而直径标注的尺寸数字前面会带有直径符号“∅”。通常对于圆弧，多使用半径标注，而对于圆则使用直径标注，如图 8-19 所示。

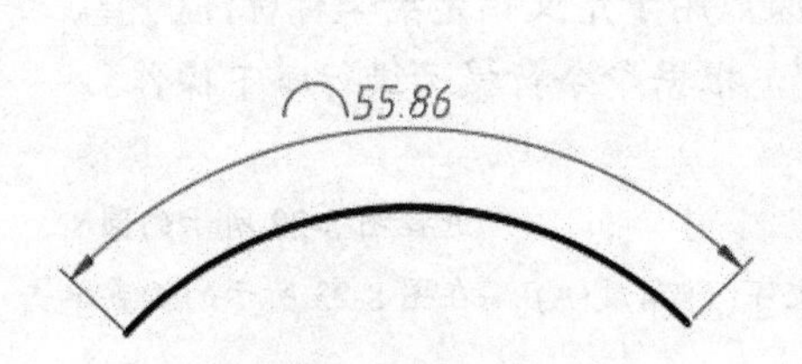

图8-18　弧长标注示例

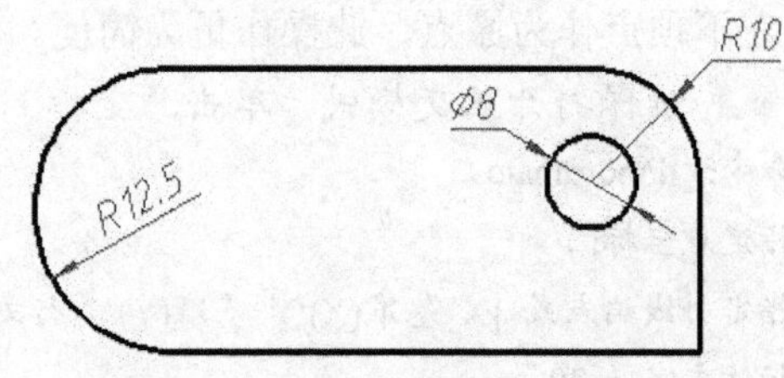

图8-19　半径标注与直径标注的典型示例

要创建半径标注，则单击“半径”按钮，接着选择圆弧、圆或多段线圆弧段，然后指定尺寸线（引线）的位置即可。

要创建直径标注，则单击“直径”按钮，接着选择要标注的圆或圆弧，然后指定尺寸线（引线）的位置即可。

8.3.6 坐标标注

坐标标注用于测量从原点（称为基准）到要素（如部件上的一个孔）的水平或垂直距离。坐标标注通过保持特征要素与基准点之间的精确偏移量来避免误差增大。

坐标标注由 x 或 y 值和引线组成。x 基准坐标标注沿着 x 轴测量特定点与基准点的距离，y 基准坐标标注沿 y 轴测量距离。有关坐标值是由当前 UCS 的位置和方向所确定，因此在创建坐标标注之前，通常要设定 UCS 原点以与基准相符。

创建坐标标注的典型范例如下。

1 打开“坐标标注即学即练.dwg”文件，原始图形如图 8-20 所示。接受此文件中默认的当前标注样式和当前图层。

2 在命令窗口中进行以下操作。

```
命令: UCS↙                          //在当前命令行中输入“UCS”并按“Enter”键
当前 UCS 名称: *世界*
指定 UCS 的原点或 [面(F)/命名(NA)/对象(OB)/上一个(P)/视图(V)/世界(W)/X/Y/Z/Z 轴(ZA)] <世界>:
                                    //在原始图形中选择左下顶点
指定 X 轴上的点或 <接受>:            //在原始图形中选择右下顶点
指定 XY 平面上的点或 <接受>:         //原始图形中选择左上顶点
```

从而设定 UCS 原点与所要求的基准相符，如图 8-21 所示。

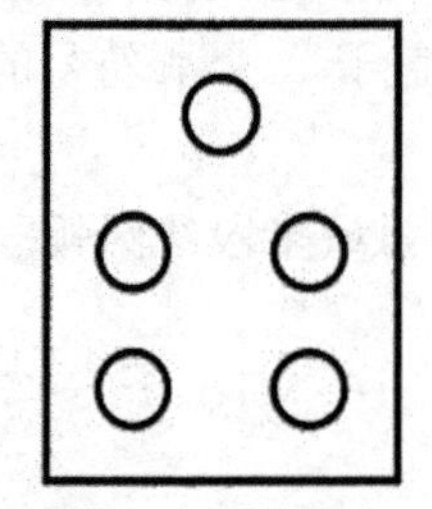

图8-20　原始图形

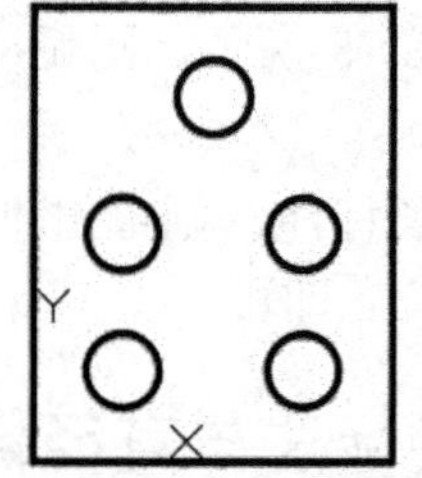

图8-21　设定 UCS 原点以与基准相符

知识点拨： 用户也可以设置显示菜单栏，从菜单栏中选择“工具”/“新建 UCS”/“原点”命令（对应的工具按钮为“原点”按钮），接着在“指定新原点”提示下选择原始图形的左下顶点作为原点，此操作更为简便。指定的原点用于定义指定给坐标标注的值。

3 确保打开正交模式，单击“坐标”按钮，根据命令行提示进行以下操作。

```
命令: _dimordinate
指定点坐标:                                                     //选择图 8-22 所示的圆心
指定引线端点或 [X 基准(X)/Y 基准(Y)/多行文字(M)/文字(T)/角度(A)]: //在图 8-23 所示的位置单击
标注文字 =20
```

完成的第一处坐标标注如图 8-24 所示，标注的是选定圆心点的 x 坐标。

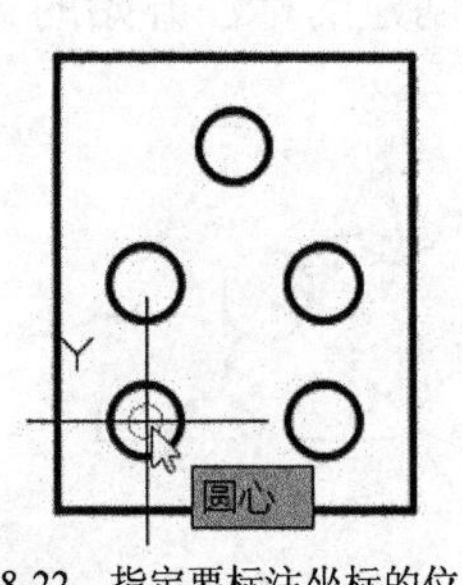

图8-22 指定要标注坐标的位置

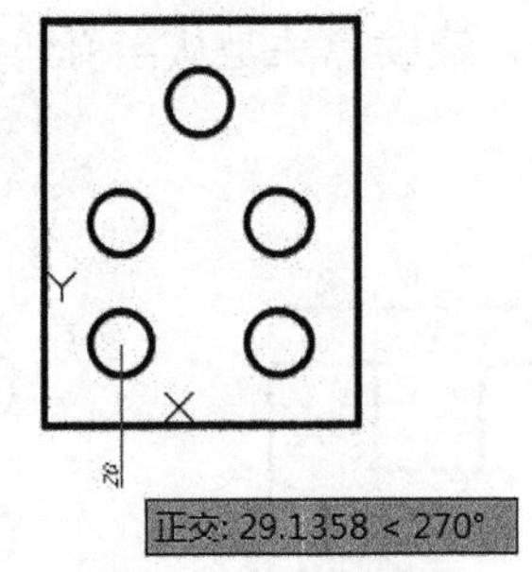

图8-23 指定引线端点

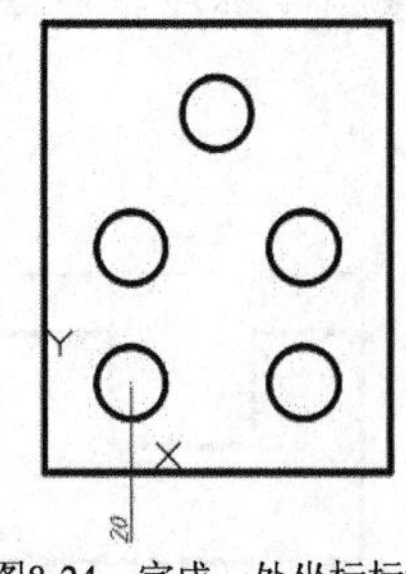

图8-24 完成一处坐标标注

4 使用和上步骤相同的方法，在相应指定位置点的下方放置其 *x* 坐标，结果如图 8-25 所示。

5 使用同样的方法，在相关位置点的左方放置其 *y* 坐标，结果如图 8-26 所示。

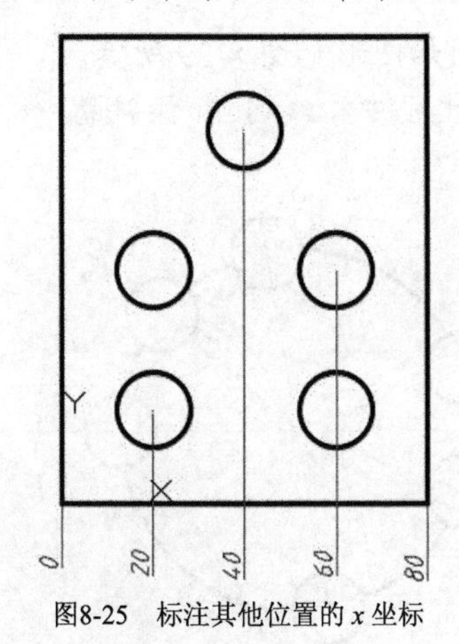

图8-25 标注其他位置的 *x* 坐标

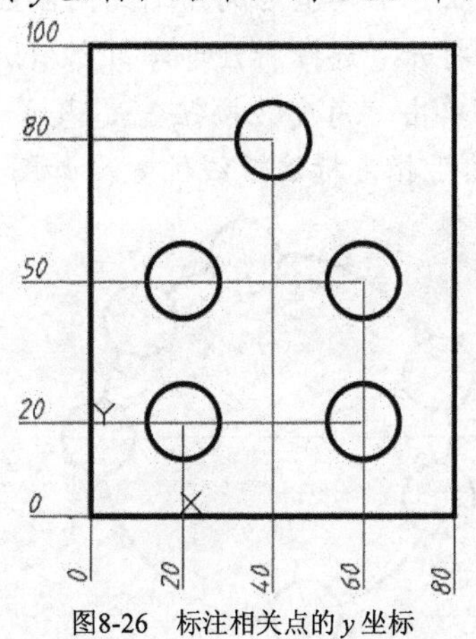

图8-26 标注相关点的 *y* 坐标

8.3.7 半径折弯标注

半径折弯折弯也称为缩放半径标注。当圆弧或圆的中心位于布局之外并且无法在其实际位置显示时，可以使用“DIMJOGGED”命令（其对应的工具为“折弯”按钮），在更方便的位置指定标注的原点（这称为中心位置替代），并执行相关的操作来创建半径折弯标注，如图 8-27 所示。

要创建半径折弯标注，首先单击“折弯”按钮，接着选择要标注的圆弧或圆，指定图示中心位置，并指定尺寸线位置，然后指定折弯位置即可。

半径折弯标注的折弯角度可以在定义标注样式时设置，默认的该折弯角度为 45°。

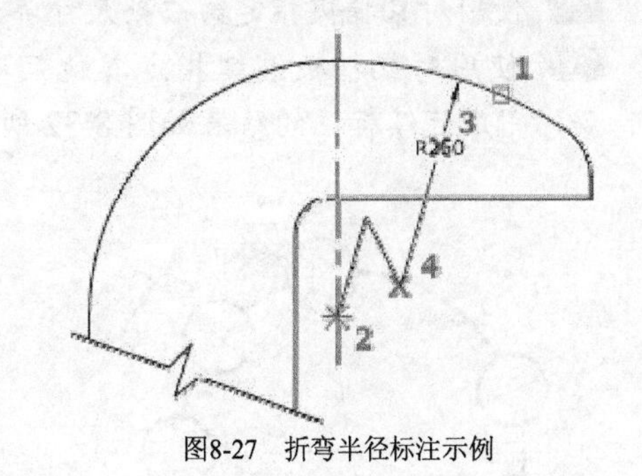

图8-27 折弯半径标注示例

8.3.8 连续标注

连续标注是首尾相连的多个标注，如图 8-28 所示。在创建连续标注之前，必须首先创建线性或角度标注。在默认情况下，连续标注是从当前任务中最新创建的标注开始的。

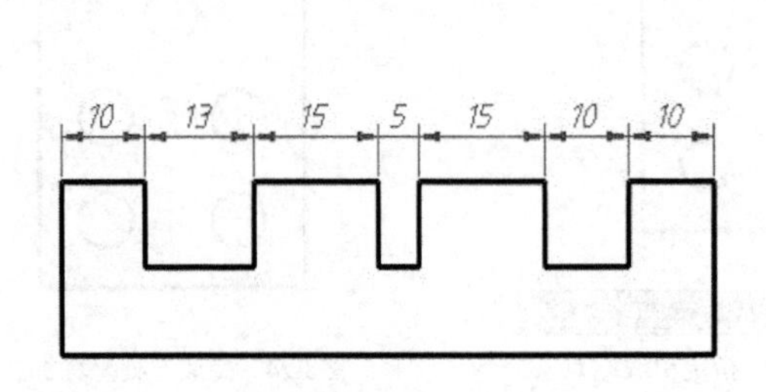

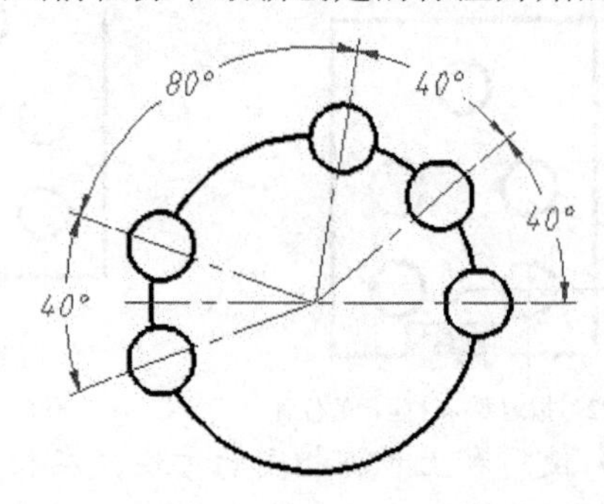

图8-28　连续标注的两个典型示例

下面以一个典型范例介绍如何创建连续标注。

1 打开“连续标注即学即练.dwg”文件，已有的原始图形如图 8-29 所示。

2 单击“角度”按钮，接着在图形中依次选择水平中心线 1 和倾斜的中心线 2，然后指定标注弧线位置，如图 8-30 所示。

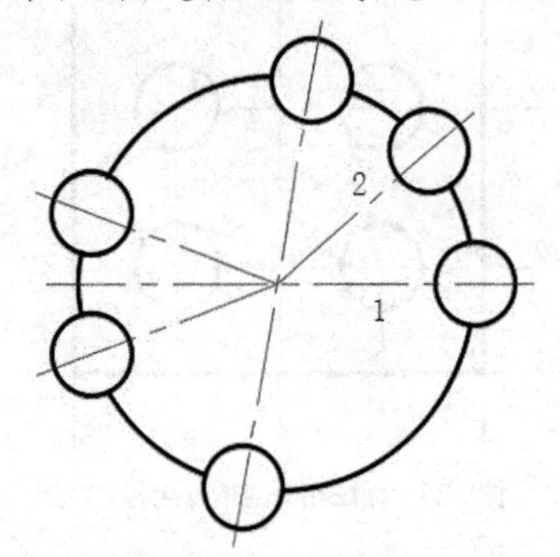

图8-29　原始图形

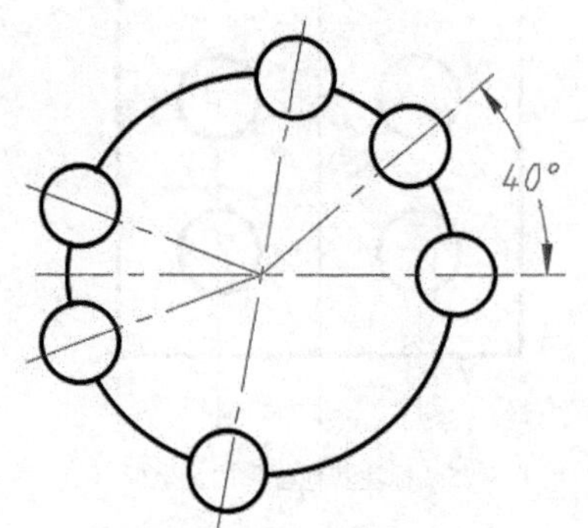

图8-30　创建一个角度尺寸

3 在功能区“注释”选项卡的“标注”面板中单击“连续”按钮，则上一次创建（刚创建）标注的第二条尺寸界线的原点被用作连续标注的第一个尺寸界线的原点。

4 使用对象捕捉指定第二条尺寸界线原点，如图 8-31 所示。

5 使用对象捕捉继续指定其他尺寸界线原点，然后按两次“Enter”键结束命令，完成连续标注的结果如图 8-32 所示。

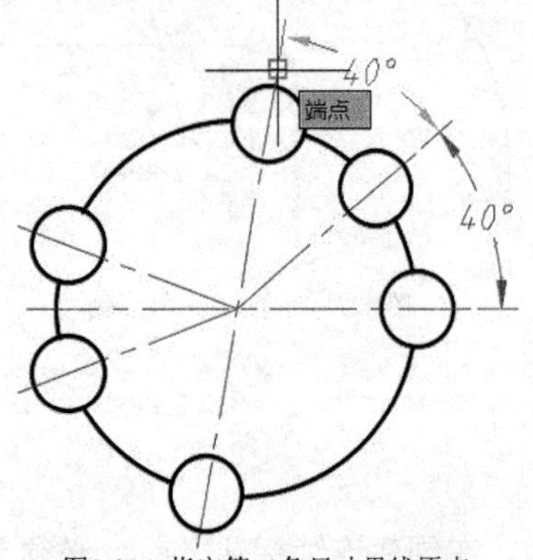

图8-31　指定第二条尺寸界线原点

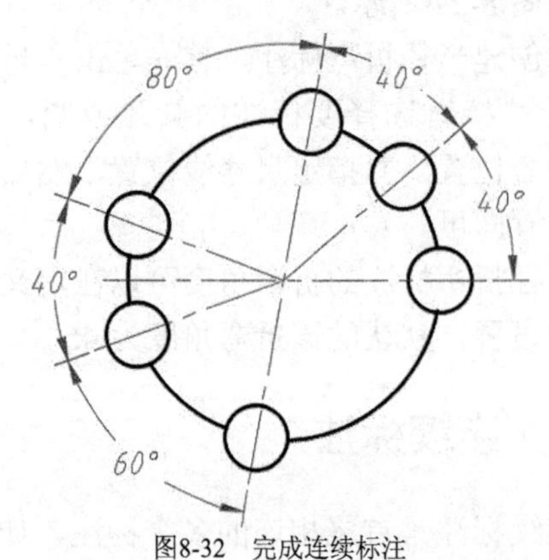

图8-32　完成连续标注

8.3.9 基线标注

基线标注是从相同位置测量的多个标注，所述的相同位置被用作基线（基准）。在创建基线标注之前，必须首先创建线性或角度标注。在默认情况下，基线标注从当前任务中最新创建的标注开始。基线标注的示例如图 8-33 所示。

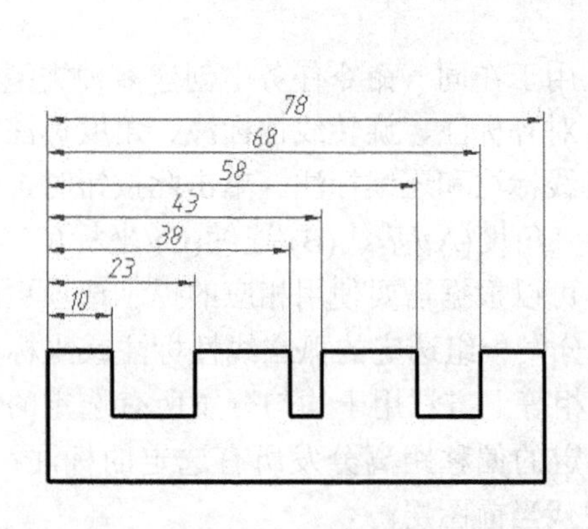

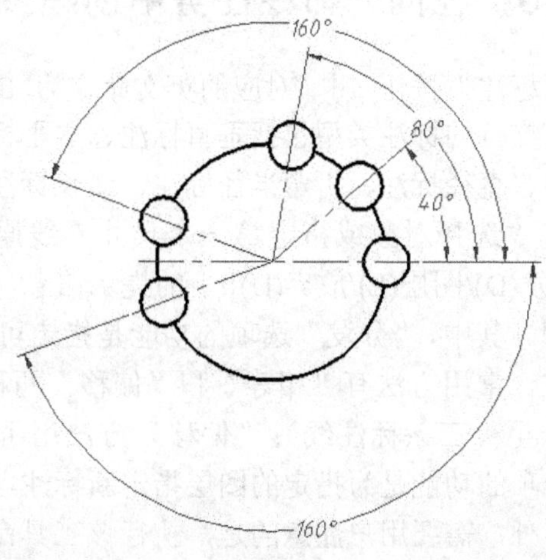

图8-33 基线标注的两种典型示例

下面以一个典型范例介绍如何创建连续标注。

1 打开“基线标注即学即练.dwg”文件，已有的原始图形如图 8-34 所示。

2 单击“线性”按钮，在图形中依次选择端点 1 和端点 2 作为尺寸界线原点，接着指定尺寸线位置，创建图 8-35 所示的一个线性尺寸。

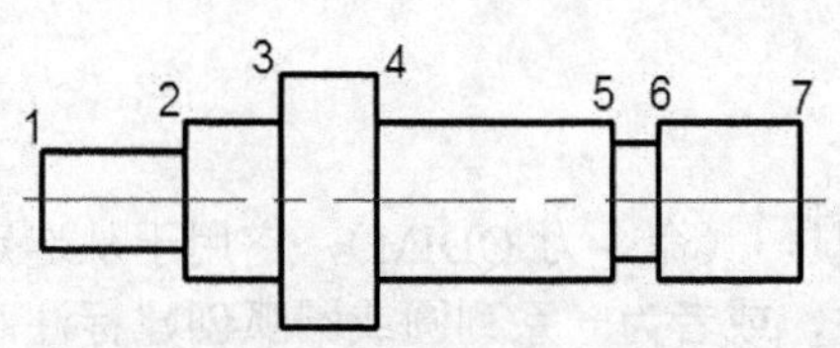

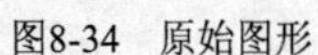
图8-34 原始图形

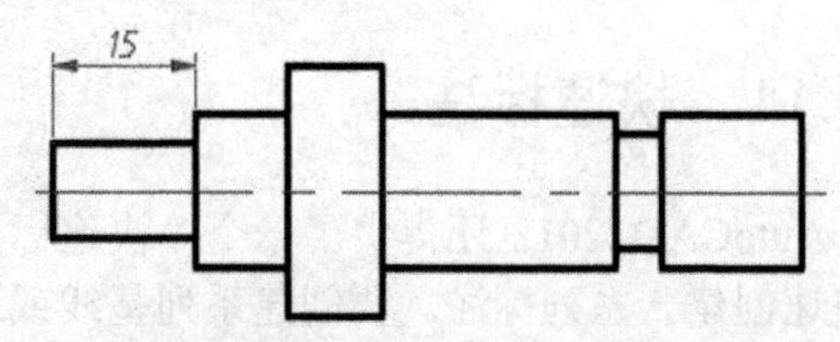

图8-35 标注一个线性尺寸

3 在功能区“注释”选项卡的“标注”面板中单击“基线”按钮，在图形中选择图 8-36 所示的端点作为第二条尺寸界线原点，再依次选择端点 4、端点 5、端点 6 和端点 7，按两次“Enter”键结束命令，完成创建基线标注的结果如图 8-37 所示。

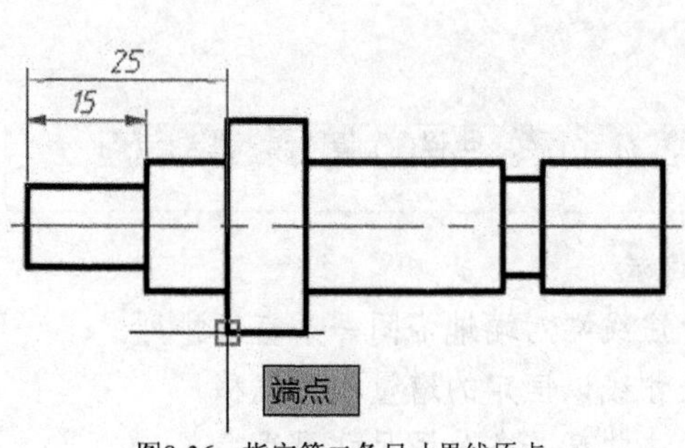

图8-36 指定第二条尺寸界线原点

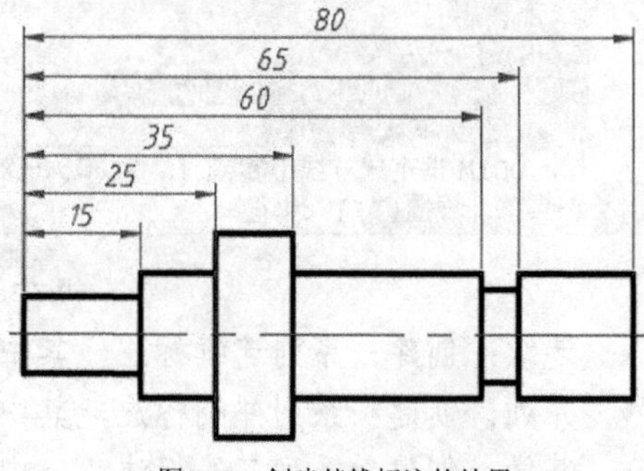

图8-37 创建基线标注的结果

知识点拨：在单击“基线”按钮或“连续”按钮时，如果对默认的基准标注不满意，那么可以在“指定第二条尺寸界线原点或 [放弃(U)/选择(S)] <选择>:”选择“选择(S)”选项，接着重新选择基准标注。

8.3.10　在同一命令任务中创建多种类型的标注

“标注”按钮（对应的英文命令为 DIM）用于在同一命令任务中创建多种类型的标注，其支持的标注类型包括垂直标注、水平标注、对齐标注、旋转线性标注、角度标注、半径标注、直径标注、折弯半径标注、弧长标注、基线标注和连续标注。单击此按钮时，命令行出现“选择对象或指定第一个尺寸界线原点或 [角度(A)/基线(B)/连续(C)/坐标(O)/对齐(G)/分发(D)/图层(L)/放弃(U)]:”的提示信息，用户可以根据需要使用相应的提示选项更改标注类型。其中，“分发”选项的功能是指定可用于分发一组选定的孤立线性标注或坐标标注的方法，常用方法有“相等”和“偏移”两种，“相等”方法用于均匀分发所有选定的标注（要求至少三条标注线）；“偏移”方法用于按指定的偏移距离分发所有选定的标注；“图层”选项的功能是为指定的图层指定新标注，以替代当前图层。

另外，需要用户注意的是，执行该工具命令（DIM）时，将光标悬停在标注对象上时，DIM 命令将自动预览要使用的合适标注类型，接着选择对象、线或点进行标注，然后单击绘图区域中的任意位置绘制标注。DIM 命令自动为所选对象选择合适的标准类型，并显示与该标注类型相对应的提示。例如，当选择的对象类型为圆弧时，将标注类型默认为半径标注；当选择的对象类型为圆时，将标注类型默认为直径标注；当选择的对象类型为直线时，将标注类型默认为线性标注；当选择的对象类型为标注时，显示选项以修改选定的标注。

8.3.11　快速标注

AutoCAD 2018 还提供了一个“快速标注”按钮（命令为 QDIM），它用于从选定对象快速创建一系列标注。要创建系列基线或连续标注，或者为一系列圆或圆弧创建标注时，此命令特别有用。

单击“快速标注”按钮，接着选择要标注的几何图形，按“Enter”键，此时命令行提示如图 8-38 所示，然后指定尺寸线位置，或者选择相应的提示选项进行相关操作。各提示选项的功能含义如下。

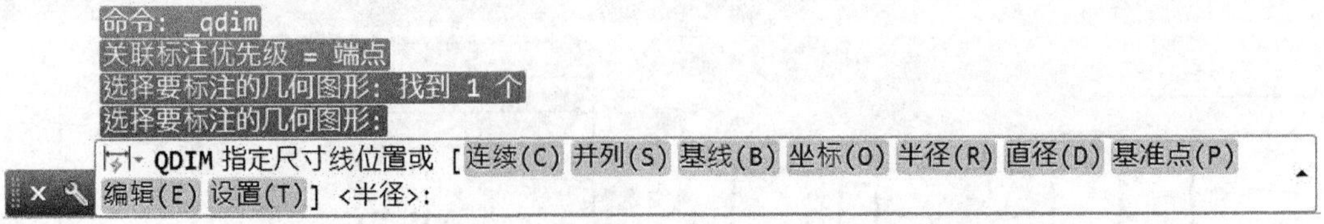

```
命令: _qdim
关联标注优先级 = 端点
选择要标注的几何图形: 找到 1 个
选择要标注的几何图形:
QDIM 指定尺寸线位置或 [连续(C) 并列(S) 基线(B) 坐标(O) 半径(R) 直径(D) 基准点(P)
编辑(E) 设置(T)] <半径>:
```

图8-38　命令行提示

- 连续：创建一系列连续标注，其中线性标注线端对端地沿同一条直线排列。
- 并列：创建一系列并列标注，其中线性尺寸线以恒定的增量相互偏移。
- 基线：创建一系列基线标注，其中线性标注共享一条公用尺寸界线。

- 坐标：创建一系列坐标标注，其中元素将以单个尺寸界线及 X 或 Y 值进行注释。相对于基准点进行测量。
- 半径：创建一系列半径标注，其中将显示选定圆弧和圆的半径值。
- 直径：创建一系列直径标注，其中将显示选定圆弧和圆的直径值。
- 基准点：为基线和坐标标注设置新的基准点。
- 编辑：在生成标注之前，删除出于各种考虑而选定的点位置。
- 设置：为指定尺寸界线原点（交点或端点）设置对象捕捉优先级。

下面以一个范例体现快速标注的优势。

1 打开“快速标注即学即练.dwg”文件。

2 单击“快速标注”按钮，接着根据命令行提示进行以下操作。

命令: _qdim

关联标注优先级 = 端点

选择要标注的几何图形: 找到 1 个　　　　//在图形窗口中单击图 8-39 所示的多段线

选择要标注的几何图形: ↙

指定尺寸线位置或 [连续(C)/并列(S)/基线(B)/坐标(O)/半径(R)/直径(D)/基准点(P)/编辑(E)/设置(T)] <连续>:　　　　//指定尺寸线放置位置，默认创建连续标注

快速标注的结果如图 8-40 所示。

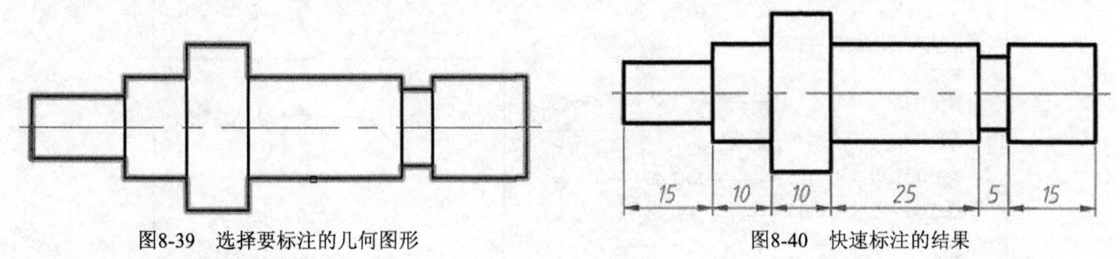

图8-39　选择要标注的几何图形　　　图8-40　快速标注的结果

8.4　多重引线标注

多重引线标注也是标注的一个组成部分。多重引线样式可以控制引线的外观。用户既可以使用默认的多重引线样式 STANDARD，也可以创建自己的多重引线样式。在多重引线样式中，可以指定基线、引线、箭头和内容的格式。准备好所需的多重引线样式后，便可以使用多重引线工具创建所需的多重引线对象，并可以对多重引线对象进行相关的编辑操作。

8.4.1　定义多重引线样式

定义多重引线样式的步骤如下。

1 在功能区的“默认”选项卡中单击“注释”溢出按钮 注释▼ /“多重引线样式”按钮，或者在功能区的“注释”选项卡中单击“引线”面板中的“多重引线样式管理器”按钮，弹出图 8-41 所示的“多重引线样式管理器”对话框。

2 在“多重引线样式管理器”对话框中单击“新建”按钮，弹出“创建新多重引线样式”对话框。在“创建新多重引线样式”对话框中指定新多重引线样式的名称。例如，将新样式名称设置为“序号标注”，并注意选择正确的基础样式，如图 8-42 所示。

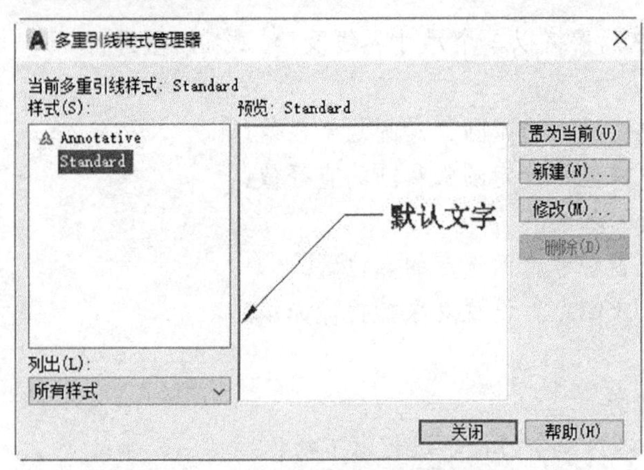

图8-41　“多重引线样式管理器”对话框

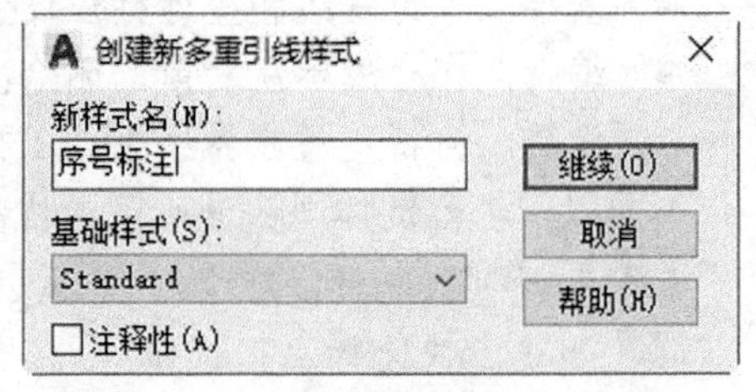

图8-42　“创建新多重引线样式”对话框

3 在“创建新多重引线样式”对话框中单击“继续”按钮，系统弹出“修改多重引线样式”对话框。

4 在“修改多重引线样式”对话框的“引线格式”选项卡中，分别指定基线的类型、颜色、线型和线宽，在“箭头”选项组中指定多重引线箭头的符号和尺寸，并设定引线打断大小，如图 8-43 所示。

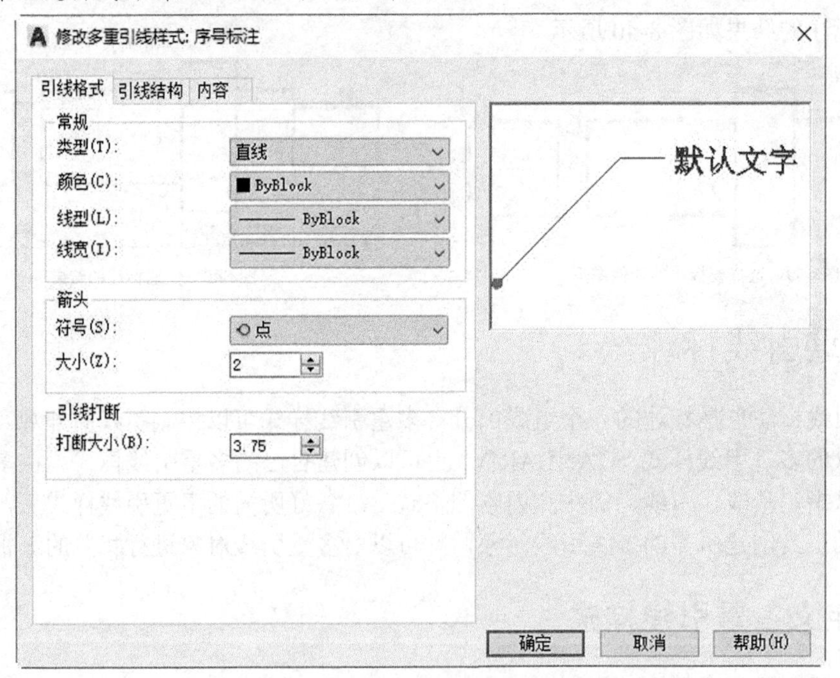

图8-43　“修改多重引线样式”对话框的“引线格式”选项卡

5 切换至“引线结构”选项卡，设置图 8-44 所示的引线结构选项及参数，主要包括最大引线点数、第一个线段角度和第二个线段角度、自动包含基线和设置基线距离等。

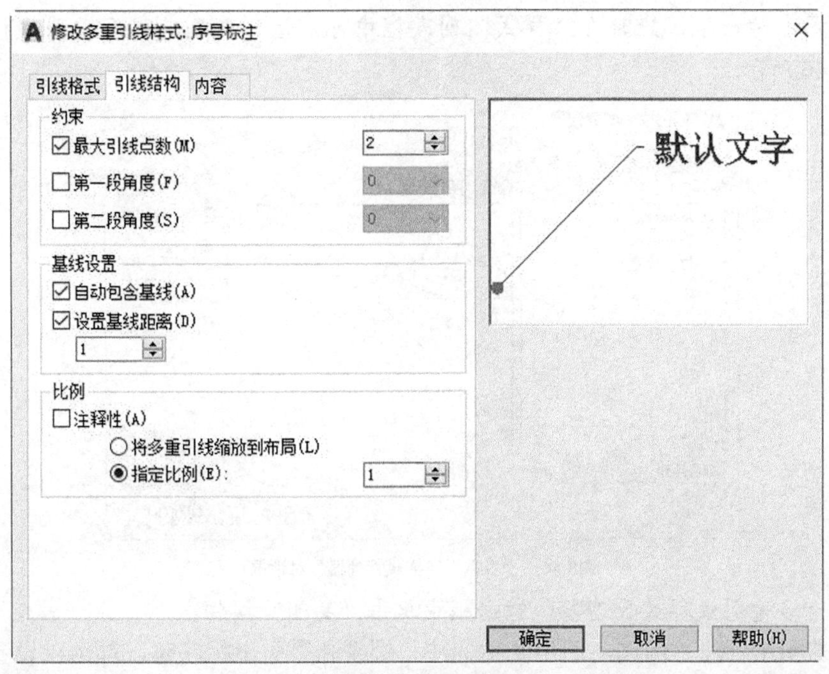

图8-44　设置引线结构

6 切换至“内容”选项卡，为多重引线指定文字或块。如果多重引线对象包含文字内容，那么需要设置相关的文字选项（默认文字、文字样式、文字角度、文字颜色和文字高度等），定义引线连接方式和基线距离等，如图 8-45 所示。如果将多重引线类型设置为“块”，那么还需要指定块源、附着方式和块内容的颜色。

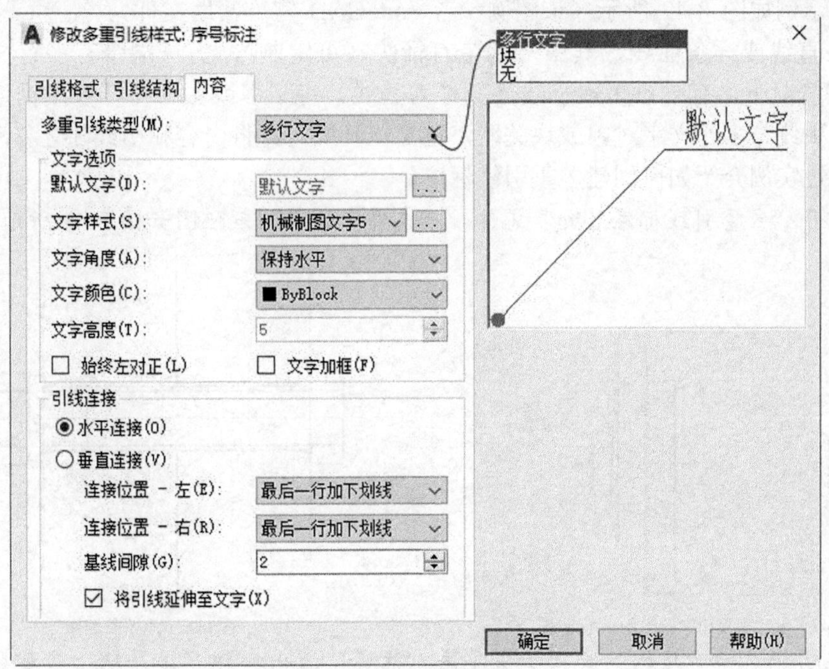

图8-45　设置多重引线的内容

7 在“修改多重引线样式”对话框中单击“确定”按钮，返回到“多重引线样

式管理器”对话框，此时在“样式”列表框中可以看到新创建的多重引线样式，如图 8-46 所示。

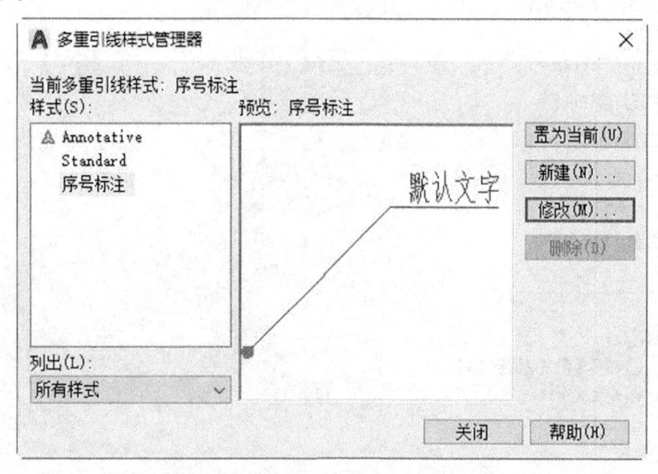

图8-46　“多重引线样式管理器”对话框

8 在“多重引线样式管理器”对话框中单击“关闭”按钮。

对于某些引出标注，例如，引出倒角标注、螺纹孔等引出标注等，都可以设置相应的多重引线样式。

8.4.2 创建多重引线标注

设定好所需的当前多重引线样式后，便可以从该指定样式创建多重引线。创建多重引线标注的典型示例如图 8-47 所示（该图例参考 AutoCAD 官方帮助文件）。注意：多重引线对象包含一条直线或样条曲线，其中一端带有箭头（可定制），另一端带有多行文字对象或块，在某些情况下，有一条短水平线（又称为基线）将文字或块和特征控制框连接到引线上，基线、引线与多行文字对象或块关联，重定位基线时可将内容和引线随之移动。

下面通过实例介绍如何创建多重引线标注。

1 打开“多重引线标注.dwg”文件，该文件中的原始装配图如图 8-48 所示。

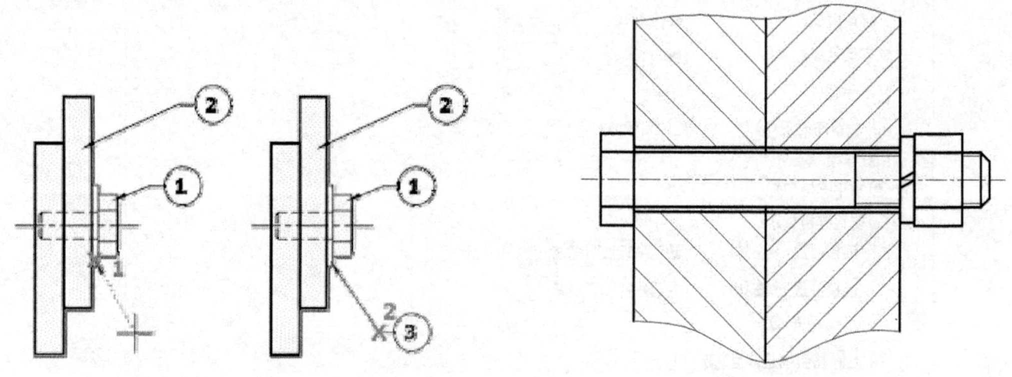

图8-47　创建多重引线标注的典型示例

图8-48　原始装配图

2 在功能区的“默认”选项卡中单击“注释”溢出按钮，接着从“多重引线样式”下拉列表框中确保选择“序号标注”选项，如图 8-49 所示。

3 在“注释”面板中单击“引线”按钮，指定引线箭头的位置，接着指定引线基线的位置，如图 8-50 所示。

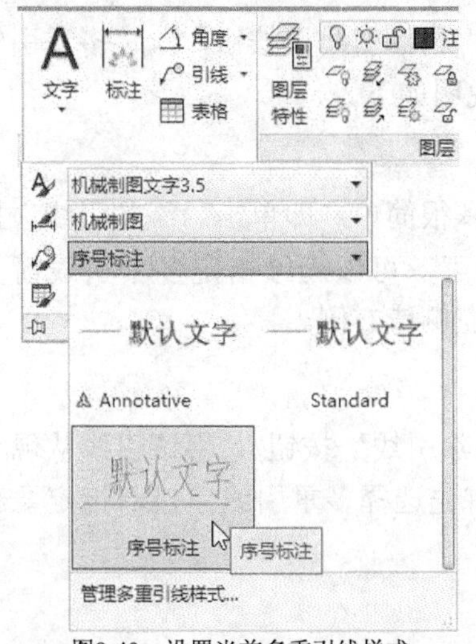

图8-49　设置当前多重引线样式

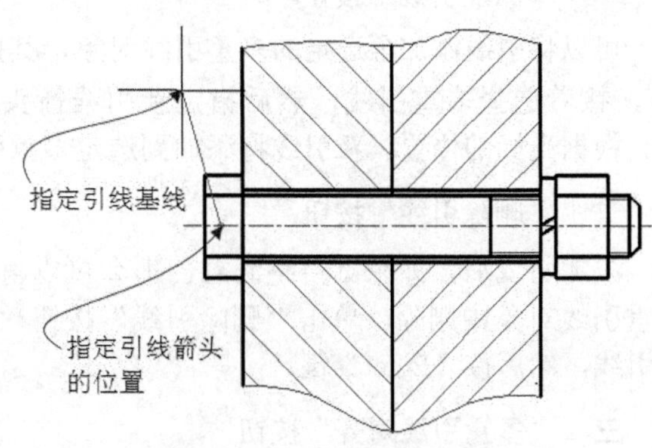

图8-50　指定引线箭头位置和基线位置

4 出现文字编辑器，在输入框中输入序号为“1”，如图 8-51 所示，单击“关闭文字编辑器”按钮，完成的第一个序号标注如图 8-52 所示。

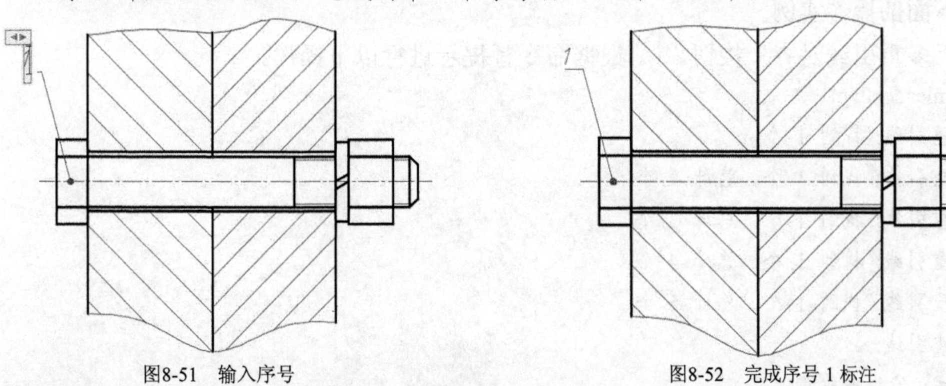

图8-51　输入序号　　图8-52　完成序号 1 标注

5 使用同样的方法标注其他零件序号，结果如图 8-53 所示。

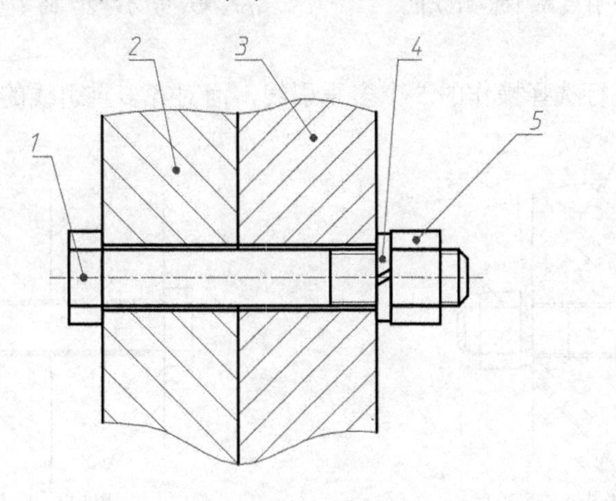

图8-53　标注其他零件序号

8.4.3 编辑多重引线标注

多重引线标注的编辑工具有“添加引线”按钮、“删除引线”按钮、“多重引线对齐”按钮和“多重引线合并”按钮，它们的应用说明如下。

一、“添加引线”按钮

可以将引线添加至选定的多重引线对象，其操作步骤很简单，即单击“添加引线”按钮，接着选择多重引线，然后指定新引线箭头位置即可，可以连续指定多个引线箭头位置。根据光标的位置，新引线将添加到选定多重引线的左侧或右侧。

二、“删除引线”按钮

添加引线后，如果觉得不满意，那么可以单击“删除引线”按钮将该引线从现有的多重引线对象中删除。单击“删除引线”按钮后，首先选择多重引线，接着指定要删除的引线，然后按“Enter”键。

三、“多重引线对齐”按钮

此按钮功能是将选定多重引线对象对齐并按一定间距排序。单击“多重引线对齐”按钮后，选择多重引线，并指定所有其他多重引线要与之对齐的多重引线。

请看下面的操作实例。

单击“多重引线对齐”按钮，根据命令行提示进行以下操作。

命令: _mleaderalign
选择多重引线: 找到 1 个
选择多重引线: 找到 1 个，总计 2 个
选择多重引线: 找到 1 个，总计 3 个
选择多重引线: 找到 1 个，总计 4 个
选择多重引线: 找到 1 个，总计 5 个
选择多重引线: ↙
当前模式: 使用当前间距
选择要对齐到的多重引线或 [选项(O)]:　　　　　　//选择序号为“2”的多重引线对象
指定方向:

图 8-54 所示要进行选择操作的 5 个多重引线，而对齐多重引线的结果如图 8-55 所示。

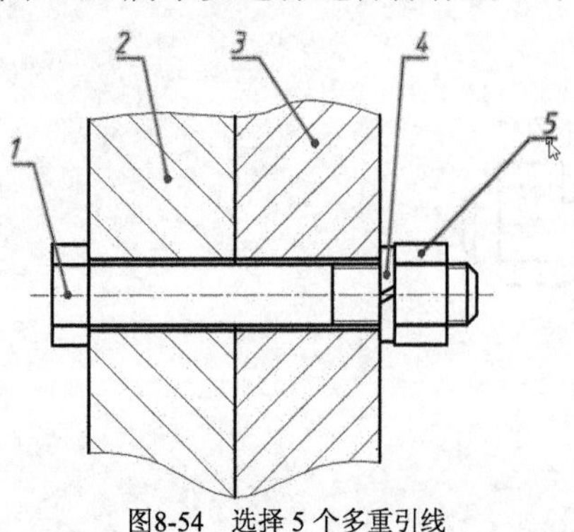

图8-54　选择 5 个多重引线

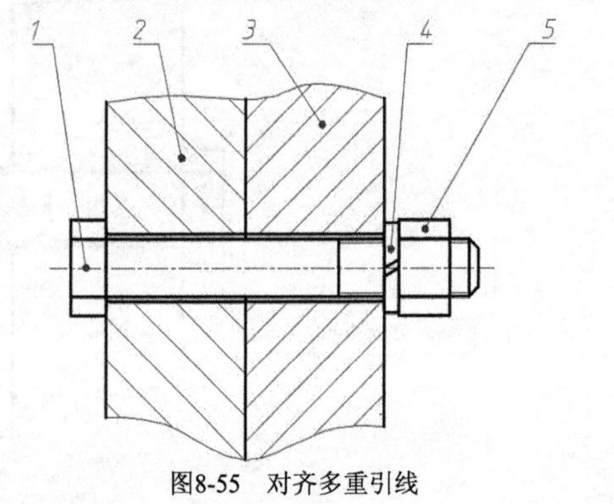

图8-55　对齐多重引线

四、“多重引线合并”按钮

此按钮用于将包含块的选定多重引线阵列到行或列中，并通过单引线显示结果。可以合并的多重引线对象，其样式内容的“多重引线类型”选项为“块”，如图 8-56 所示；要合并该样例中的 3 个多重引线对象（3 个序号），那么可以按照以下的方法步骤进行。

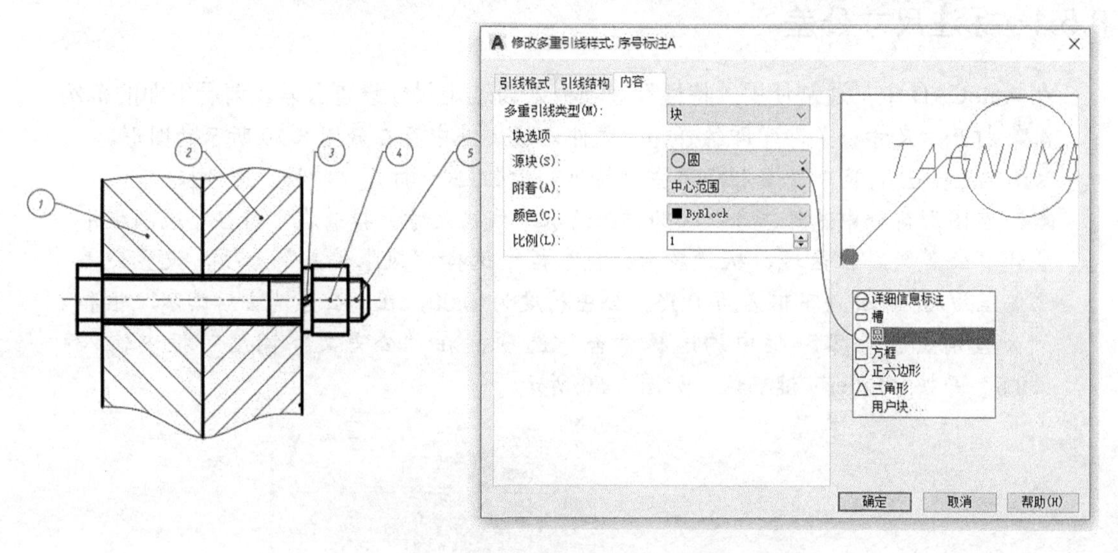

图8-56　可以合并的多重引线对象样例及样式内容设置

命令: _mleadercollect　　　　　　　　　　//单击“多重引线合并”按钮
选择多重引线: 找到 1 个　　　　　　　　　//选择序号为 3 的多重引线对象
选择多重引线: 找到 1 个，总计 2 个　　　//选择序号为 4 的多重引线对象
选择多重引线: 找到 1 个，总计 3 个　　　//选择序号为 5 的多重引线对象
选择多重引线: ↙
指定收集的多重引线位置或 [垂直(V)/水平(H)/缠绕(W)] <水平>: //在图 8-57 所示的位置单击

合并后的效果如图 8-58 所示。

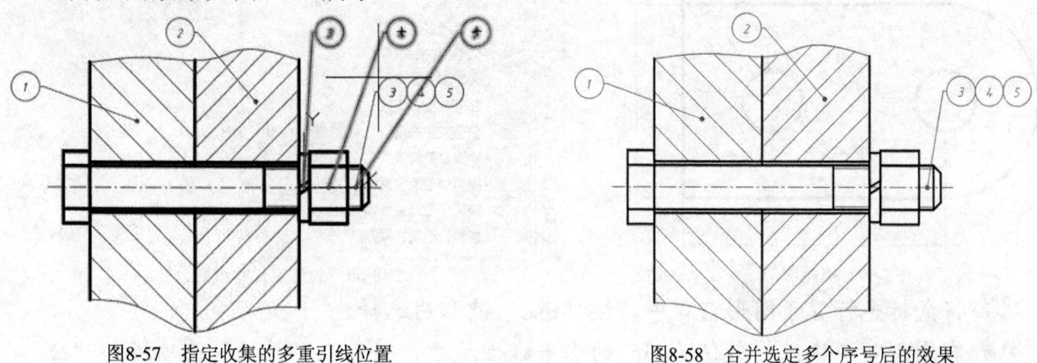

图8-57　指定收集的多重引线位置　　　　图8-58　合并选定多个序号后的效果

知识点拨： 在装配图设计中，序号指引线相互不能相交，当通过有剖面线的区域时，指引线不应与剖面线平行。对于一组紧固件及装配关系清楚的零件组，可以采用公共指引线来指示该零件组各零件序号。

8.5 标注尺寸公差与形位公差

在工程制图中，时常会标注尺寸公差和形位公差。

8.5.1 标注尺寸公差

在 AutoCAD 中，通常使用“特性”选项板来为选定尺寸设置公差。请看下面的范例。

1. 打开“尺寸公差即学即练.dwg”文件，该文件中存在着图 8-59 所示的图形。

2. 在“快速访问”工具栏中单击“特性”按钮，打开“特性”选项板。

3. 在图形窗口中选择选择数值为 53 的水平线性尺寸，接着在“特性”选项板中展开“公差”特性区域，从“显示公差”框中选择“极限偏差”选项，设置公差上偏差为 0.2，公差下偏差为 0.15，公差精度为 0.00，在“公差消去后续零”框和“公差消去前导零”框中均选择“否”选项，在“公差文字高度”框中输入“0.8”并按“Enter”键确认，如图 8-60 所示。

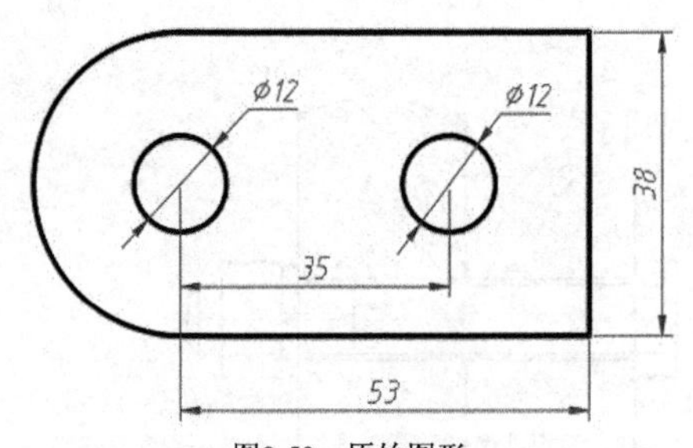

图8-59　原始图形

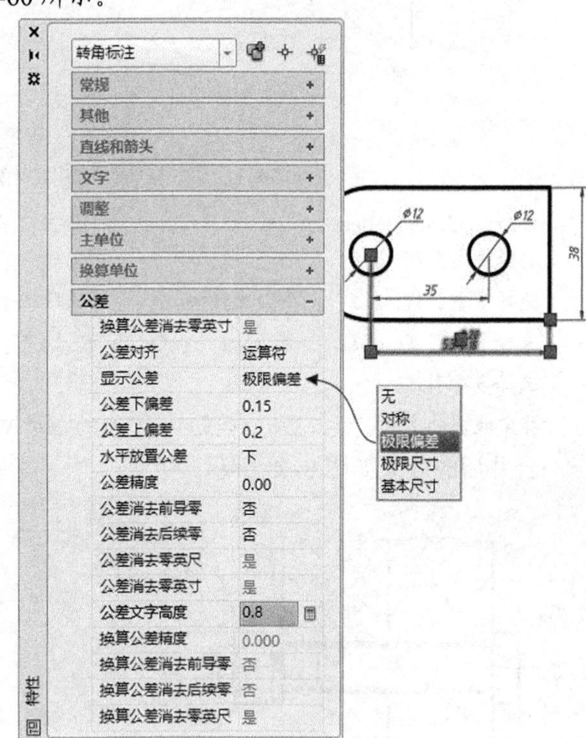

图8-60　为选定尺寸设置公差

4. 将鼠标光标置于图形窗口中，按“Esc”键取消选择。

5. 在图形窗口中选择数值为 35 的水平线性尺寸，接着在“特性”选项板的“公差”特性区域中设置显示公差为“对称”，设置公差上偏差为 0.5，如图 8-61 所示。

6. 关闭“特性”选项板，并按“Esc”键取消对象选择。完成设置尺寸公差后的图形标注效果如图 8-62 所示。

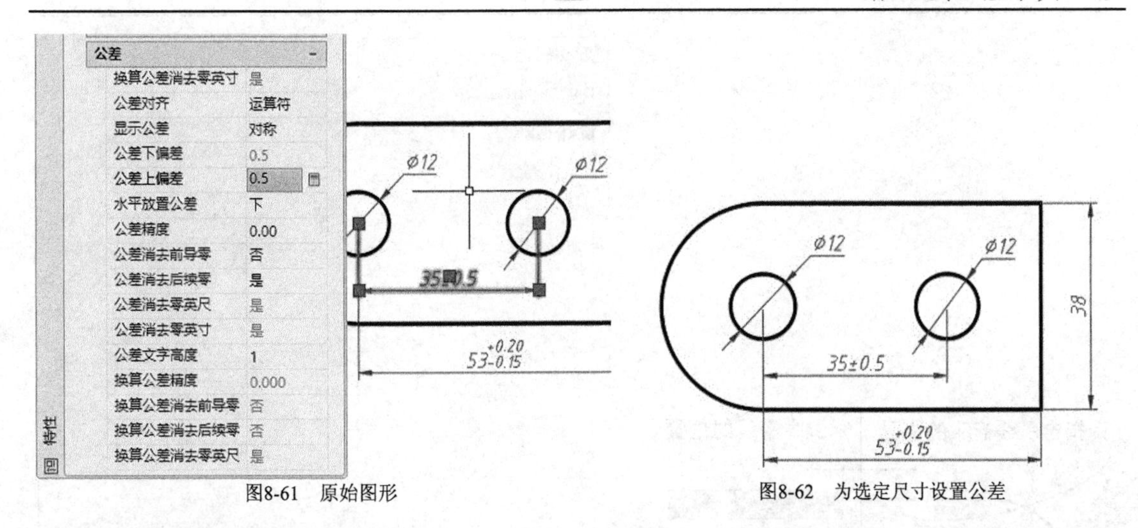

图8-61　原始图形　　　　图8-62　为选定尺寸设置公差

8.5.2 标注形位公差

形位公差标注在机械零件图中较为常见。在功能区“注释”选项卡的“标注”面板中单击“形位公差”按钮，打开图 8-63 所示的“形位公差”对话框，使用此对话框可以为特征控制框指定符号和值，接着单击“确定”按钮，然后将特征控制框放在指定位置。当创建的特征控制框没有带引线，还需要使用其他工具来绘制引线，包括引线箭头。

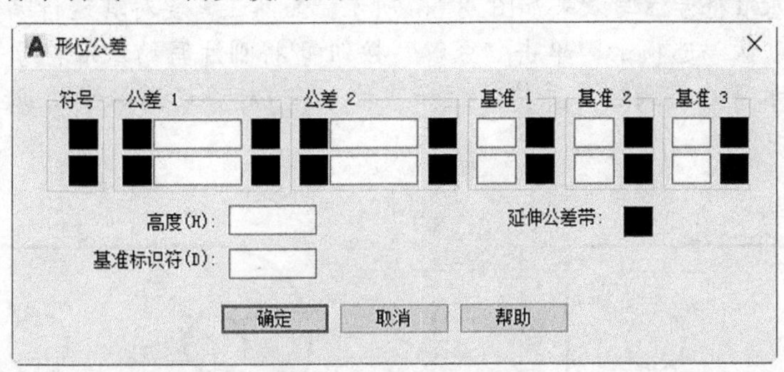

图8-63　“形位公差”对话框

事实上，使用“LEADER”可以在一次命令操作中完成带引线的形位公差，这将在以下操作范例中介绍。很多形位公差还会涉及到基准符号注写。基准符号注写可以采用多重引线的方式来完成，这将需要创建用于基准符号注写的多重引线样式。有关多重引线样式设置不再赘述。

1 打开“注写形位公差即学即练.dwg”文件。

2 首先介绍如何注写基准符号。在功能区的“注释”选项卡“引线”面板中，确保从“多重引线样式”下拉列表框中选择“形位公差”多重引线样式，接着单击“多重引线”按钮，分别指定引线箭头的位置和引线基线的位置，如图 8-64 所示，然后在弹出的“编辑属性”对话框中输入标记编号为“A”，如图 8-65 所示，单击“确定”按钮。

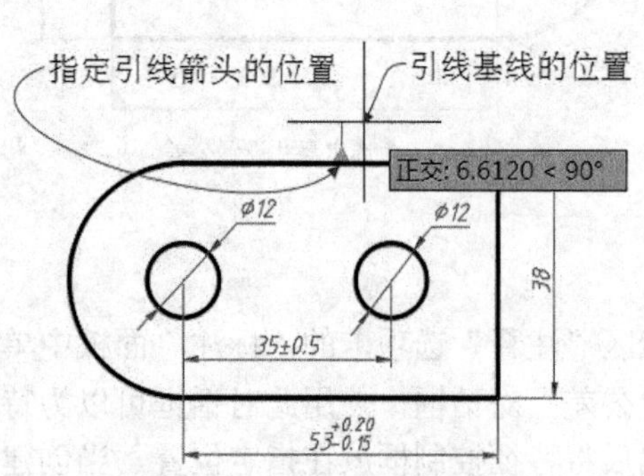

图8-64　指定引线箭头和引线基线位置

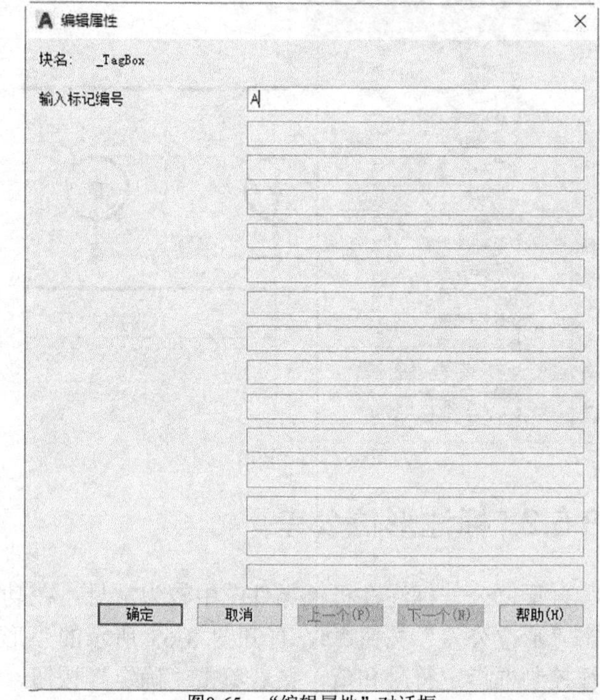

图8-65　“编辑属性”对话框

3 得到的基准符号注写效果如图 8-66 所示，显然还需要对其进行编辑。在功能区切换至“默认”选项卡，单击“分解”按钮将刚注写的基准符号分解，接着将分解后的水平基线删除，并将方框和字母 A 一起移动到引线的正上方，如图 8-67 所示。

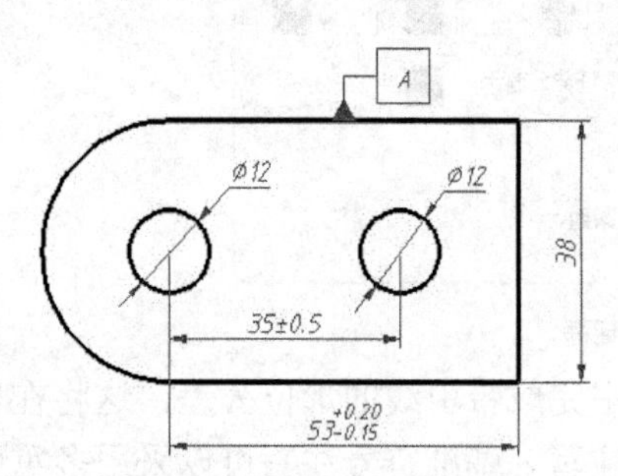

图8-66　基准符号的初步注写效果

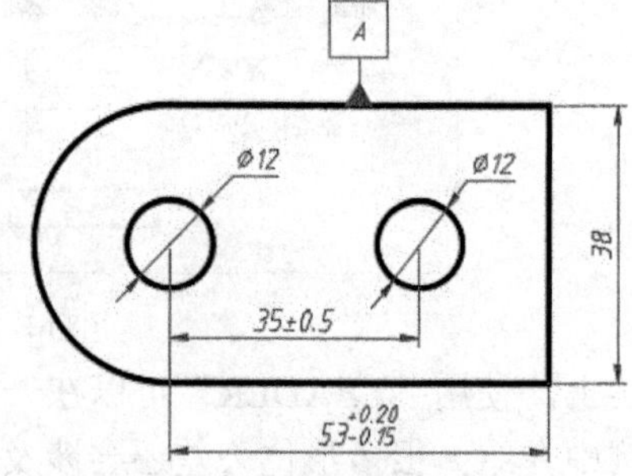

图8-67　编辑后的基准符号

4 在命令行的“键入命令”提示下输入“LEADER”命令并按“Enter”键，根据命令行的提示进行以下操作。

命令: LEADER↙

指定引线起点:　<正交 开>

指定下一点:

指定下一点或 [注释(A)/格式(F)/放弃(U)] <注释>:

指定下一点或 [注释(A)/格式(F)/放弃(U)] <注释>:↙

输入注释文字的第一行或 <选项>:↙

输入注释选项 [公差(T)/副本(C)/块(B)/无(N)/多行文字(M)] <多行文字>: T↙

此时，系统弹出“形位公差”对话框。

5 在“形位公差”对话框的“符号”选项组中单击第 1 行的方块，弹出“特征符号”对话框，从中单击平行度符号，如图 8-68 所示。接着在“形位公差”对话框将公差 1 的值设置为 0.05，在“基准 1”文本框中输入“A”，如图 8-69 所示。

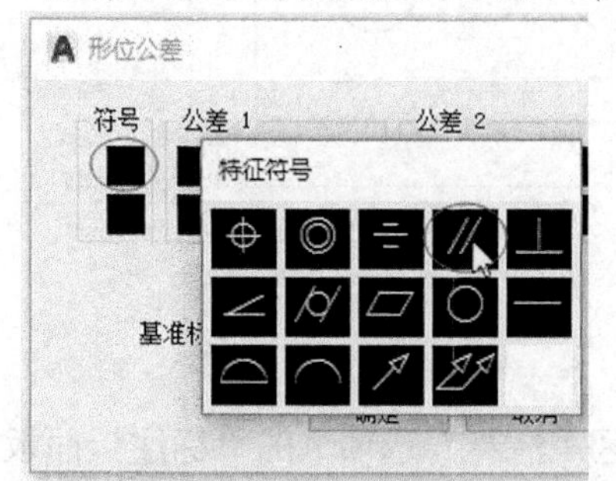

图8-68　指定特征符号

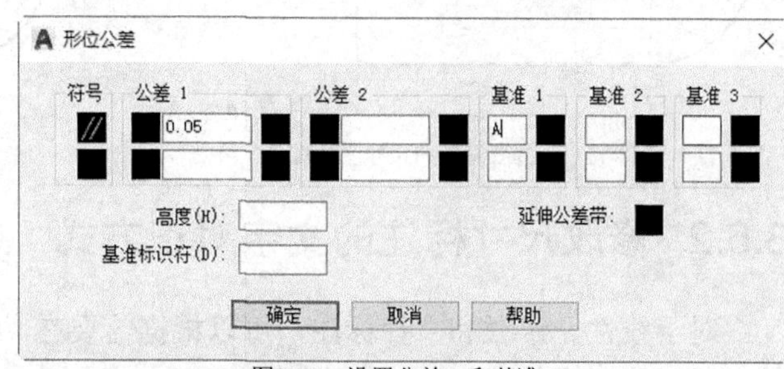

图8-69　设置公差 1 和基准 1

6 在“形位公差”对话框中单击“确定”按钮，完成结果如图 8-70 所示。

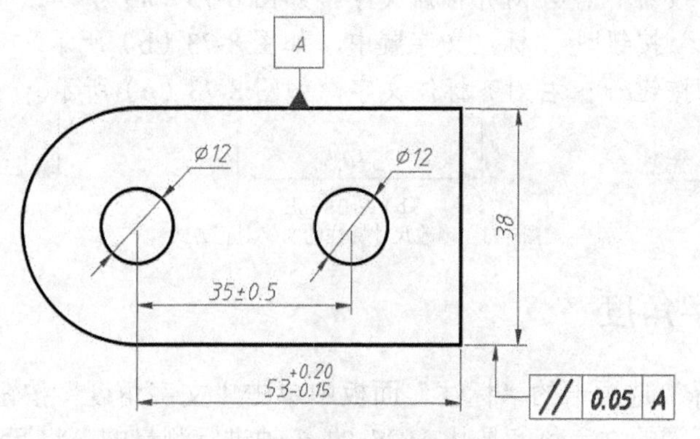

图8-70　完成范例的形位公差标注

8.6 编辑尺寸标注

创建好尺寸标注后，可以使用相关的标注修改工具（命令）去编辑它们，以获得满足设计要求的尺寸标注内容及外观等。本节介绍编辑尺寸标注的几个常用工具（命令）。

8.6.1 使用 TEXTEDIT 命令

TEXTEDIT（该命令基本替代了以往版本的 DDEDIT 命令）命令用于编辑选定的多行文字或单行文字对象，或标注对象上的文字。例如，可以使用该命令来为选定的尺寸注释添加前缀。请看以下的范例。

在命令窗口的命令行中输入“TEXTEDIT”或“DDEDIT”并按“Enter”键，接着在“选择注释对象:”提示下选择图 8-71 所示的直径尺寸，接着在该尺寸数值前添加“2×”前缀以表示对象数量，单击“关闭文字编辑器”按钮 ✕（在启用功能区状态下），编辑结果如图 8-72 所示。

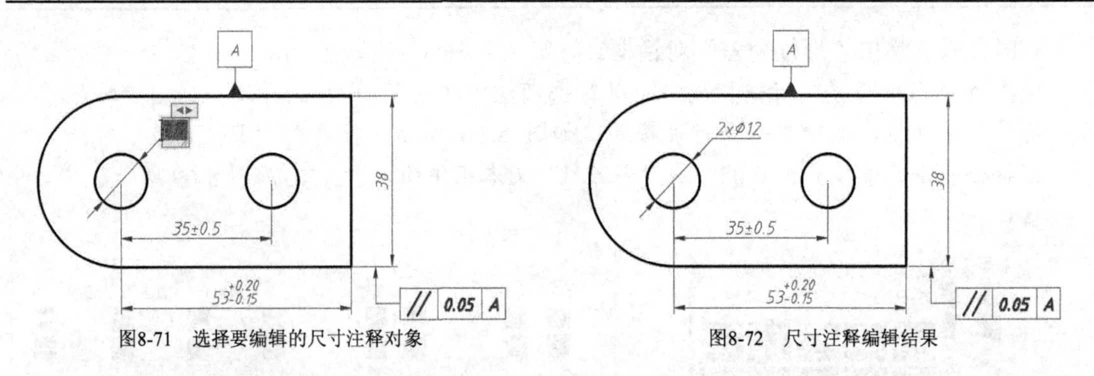

图8-71　选择要编辑的尺寸注释对象　　图8-72　尺寸注释编辑结果

8.6.2　修改尺寸标注的文字对正方式

对于线性、半径和直径标注，可以根据需要在功能区“注释”选项卡的“标注”面板中单击以下按钮来修改尺寸标注文字的对正方式。

- “左对正”按钮：左对齐标注文字，如图 8-73（a）所示。
- “居中对正”按钮：标注文字置中，如图 8-73（b）所示。
- “右对正”按钮：右对齐标注文字，如图 8-73（c）所示。

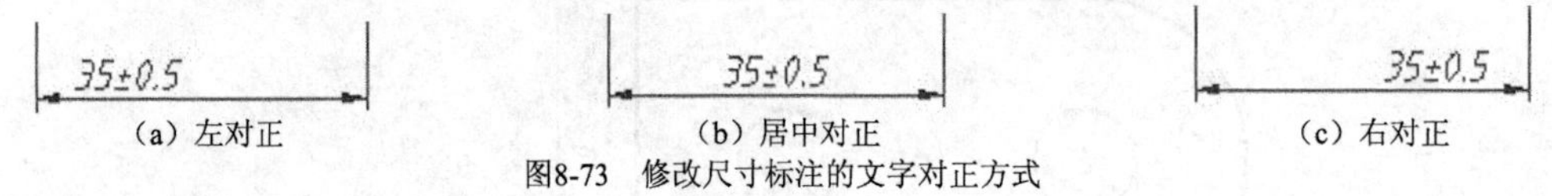

（a）左对正　　（b）居中对正　　（c）右对正

图8-73　修改尺寸标注的文字对正方式

8.6.3　编辑文字角度

在功能区“注释”选项卡的“标注”面板中单击“文字角度”按钮，可以将标注文字旋转一定角度，所谓的文字角度是从 UCS 的 x 轴进行测量的。将标注文字旋转一定角度的图例如图 8-74 所示，其编辑过程如下。

图8-74　编辑标注的文字角度

命令: _dimtedit　　//单击“文字角度”按钮

选择标注:　　//选择要编辑的尺寸标注

为标注文字指定新位置或 [左对齐(L)/右对齐(R)/居中(C)/默认(H)/角度(A)]: _a

指定标注文字的角度: 30↙　　//输入标注文字的角度为“30”，按“Enter”键

8.6.4　倾斜尺寸界线

在功能区“注释”选项卡的“标注”面板单击“倾斜”按钮，可以使线性标注的延伸线（尺寸界线）倾斜，其倾斜角从 UCS 的 x 轴进行测量。在尺寸界线与图形的其他要素冲突时，可根据需要倾斜尺寸界线。倾斜尺寸界线的典型图例如图 8-75 所示，其操作步骤如下。

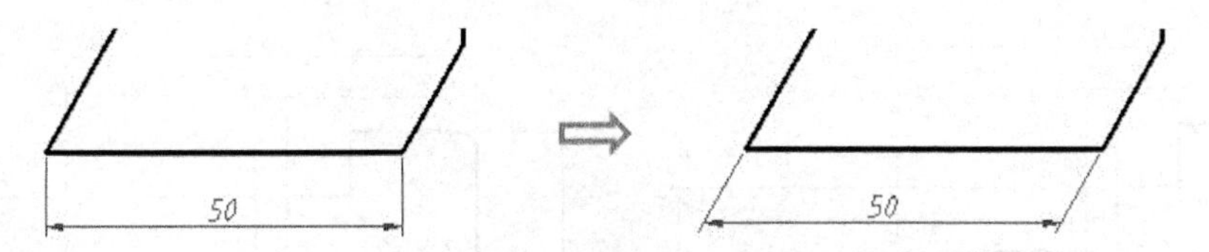

图8-75　倾斜尺寸界线

命令: _dimedit　　//单击“倾斜”按钮

输入标注编辑类型 [默认(H)/新建(N)/旋转(R)/倾斜(O)] <默认>: _o

选择对象: 找到 1 个　　//选择要编辑的尺寸对象

选择对象: ↙　　//按“Enter”键

输入倾斜角度 (按 ENTER 表示无): 60↙　　//输入倾斜角度为 60°

8.6.5　调整标注间距

有时在创建了一些线性标注或角度标注后，发现相关标注之间的间距参差不齐，影响图面整洁和美观性。此时，可以使用 DIMSPACE 命令（其对应的工具为“调整间距”按钮），将平行尺寸线之间的间距设置为相等，也可以通过使用间距值 0 使一系列线性标注或角度标注的尺寸线齐平。注意，此命令仅适用于平行的线性标注或共用一个顶点的角度标注。请看以下的一个操作实例。

1 打开“调整间距即学即练.dwg”文件，原始图形中的已有尺寸标注如图 8-76 所示。

2 在功能区“注释”选项卡的“标注”面板中单击“调整间距”按钮，选择数值为 20 的水平线性标注作为基准标注，接着依次选择数值为 10 和 5 的水平线性标注作为要产生间距的标注，按“Enter”键结束选择要产生间距的标注，然后输入间距值为“0”并按“Enter”键确认，等到的调整结果如图 8-77 所示。

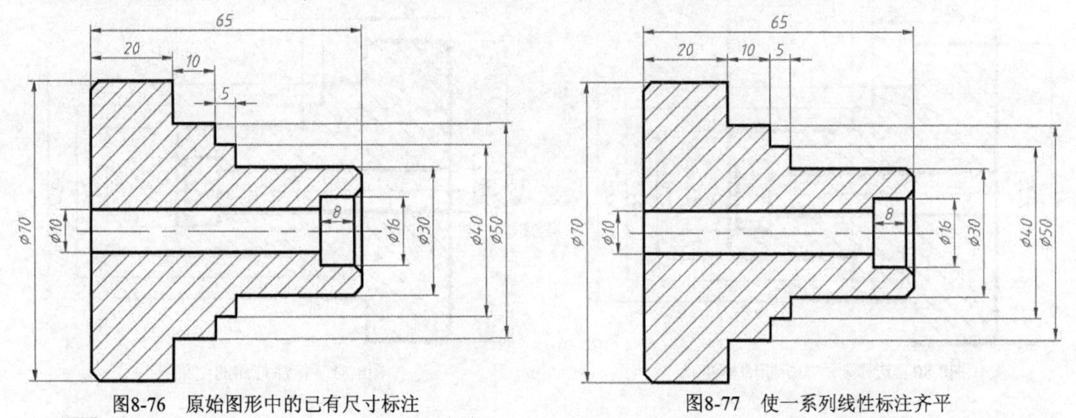

图8-76　原始图形中的已有尺寸标注　　图8-77　使一系列线性标注齐平

3 再次单击“调整间距”按钮，选择图 8-78 所示的一个直径线性尺寸作为基准标注，接着在该尺寸右侧从左到右依次选择 3 个尺寸作为要产生间距的标注，然后输入间距值为“7.2”并按“Enter”键，调整间距的结果如图 8-79 所示。

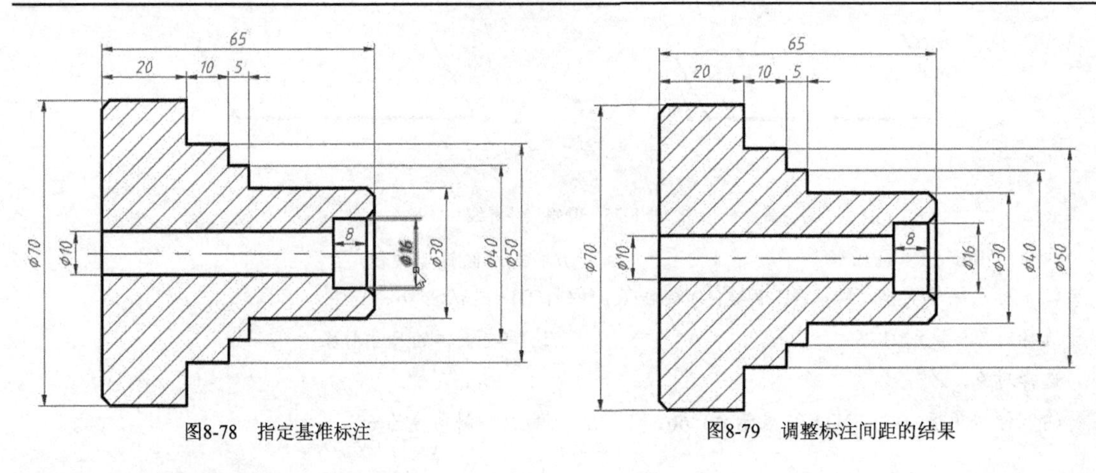

图8-78　指定基准标注　　　　图8-79　调整标注间距的结果

8.6.6 标注打断

可以在标注和尺寸界线与其他对象的相交处打断或恢复标注和尺寸界线。通常将折断标注添加到线性标注、角度标注和坐标标注中。

继续在 8.6.5 小节完成的范例中进行标注打断操作。

在功能区“注释”选项卡的“标注”面板中单击“标注打断”按钮，接着根据命令行提示进行以下操作。

```
命令: _DIMBREAK
选择要添加/删除折断的标注或 [多个(M)]:                                  //选择图 8-80 所示的标注
选择要折断标注的对象或 [自动(A)/手动(M)/删除(R)] <自动>:  //按“Enter”键以接受“自动”选项
1 个对象已修改。
```

标注打断的结果如图 8-81 所示。

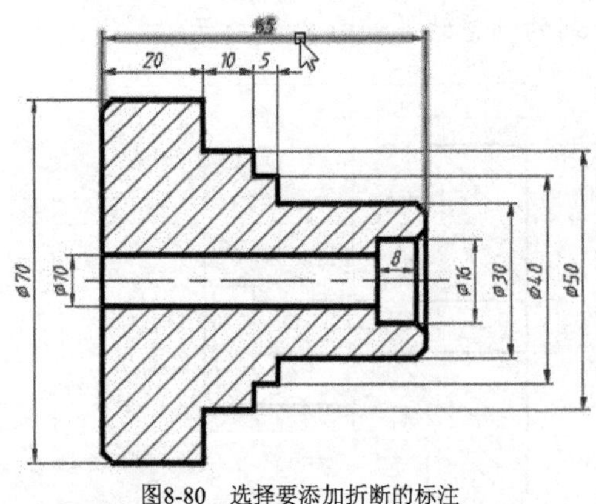

图8-80　选择要添加折断的标注

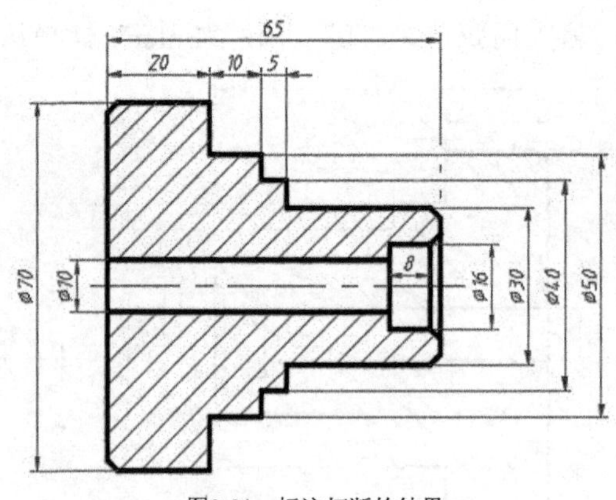

图8-81　标注打断的结果

知识点拨：“选择要折断标注的对象或 [自动(A)/手动(M)/删除(R)]”提供了 3 个选项，“自动”选项用于自动将折断标注放置在与选定标注相交的对象的所有交点处；“删除”选项用于从选定的标注中删除所有折断标注，“手动”选项用于手动放置折断标注（为折断位置指定标注、延伸线或引线上的两点）。

8.6.7 折弯线性

可以在线性标注或对齐标注中添加或删除折弯线，该标注中的折弯线表示所标注的对象中的折断，标注值表示实际距离，而不是表示图形中测量的距离。

下面结合实例介绍折弯线性的操作步骤。

1. 打开“折弯线性即学即练.dwg”文件，原始图形如图8-82所示。
2. 在功能区“注释”选项卡的“标注”面板中单击“折弯线性”按钮，此时命令行出现“选择要添加折弯的标注或 [删除(R)]:”的提示信息。提示选项“删除”用于指定要从中删除折弯的线性标注或对齐标注。
3. 在图形中选择数值为168所示的长度尺寸作为要添加折弯的标注。
4. 在“指定折弯位置 (或按 ‘Enter’ 键):”提示下按“Enter”键，则在标注文字与第一条尺寸界线之间的中点处放置折弯，如图8-83所示，或者在基于标注文字位置的尺寸线的中点处放置折弯。当然用户也可以自行指定折弯位置。

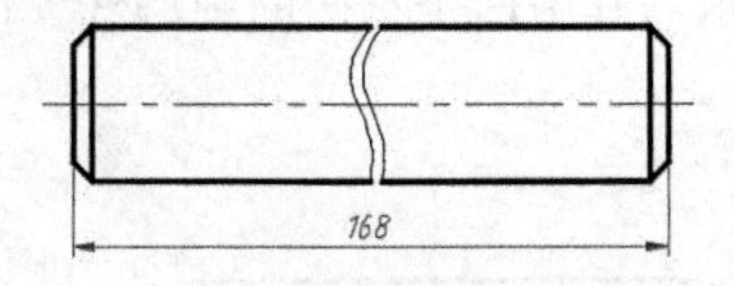

图8-82 原始图形

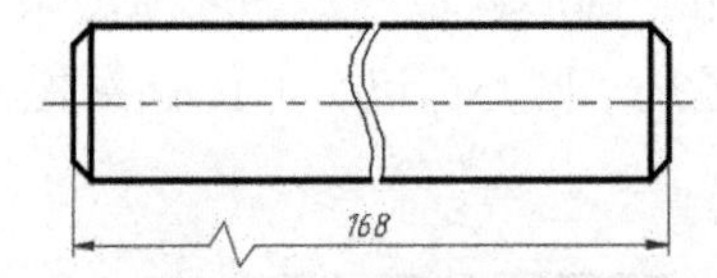

图8-83 完成折弯线性标注

8.6.8 检验标注

在有些时候，可能需要将常规标注转换为检验标注，检验标注使用户可以有效地传达检查制造的部件的频率，从而确保标注值和部件公差处于指定范围内。检验标注由边框和文字值组成，边框由两条平行线组成，末端呈圆形或方形，文字值用垂直线隔开。检验标注最多可以包含3种不同的信息字段，即检验标签、标注值和检验率，如图8-84所示。

要创建检验标注，则在功能区“注释”选项卡的“标注”面板中单击“检验”按钮，系统弹出图8-85所示的“检验标注”对话框，接着单击“选择标注”按钮，选择要使之成为检验标注的标注，按“Enter”键返回“检验标注”对话框，在“形状”选项组中选择“圆形”单选按钮、“角度”单选按钮或“无”单选按钮，并在“标签/检验率”选项组中设定是否选用“标签”和“检验率”，以及设置所需的标签、检验率（如果选用的话），然后单击“确定”按钮。

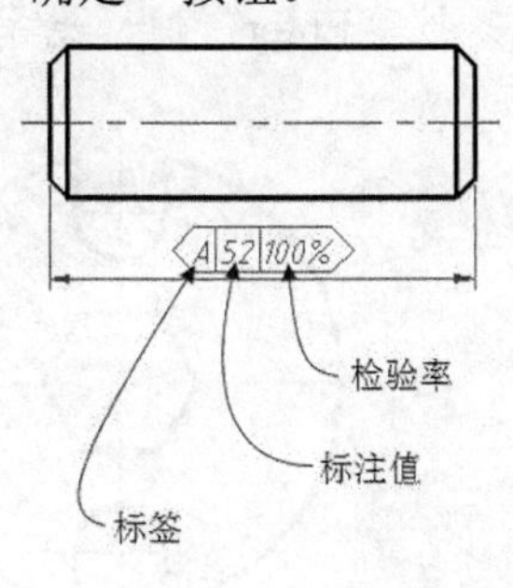

图8-84 检验标注图解

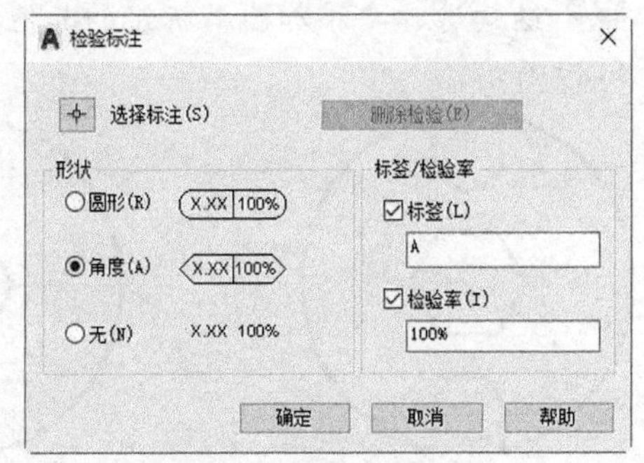

图8-85 “检验标注”对话框

8.7 创建圆心标记与关联中心线

中心标记和中心线通常用作对孔中心和对称轴的尺寸标注参考。在功能区“注释”选项卡的“中心线”面板中提供了“圆心标记”按钮和“中心线”按钮，分别用于创建关联中心标记（即圆心标记）和关联中心线。如果移动或修改关联对象，中心标记和关联中心线将进行相应的调整。在实际应用中，用户可以从对象中取消关联中心标记和中心线，或将其重新关联到选定对象。

8.7.1 创建圆心标记

使用“圆心标记”按钮可以创建中心标记来指示圆或圆弧的中心。其创建步骤很简单，即在功能区“注释”选项卡的“中心线”面板中单击“圆心标记”按钮，接着选择一个圆或圆弧，可以继续选择要放置中心标记的其他圆或圆弧，按“Enter”键结束命令。

使用“圆心标记”功能的典型示例如图 8-86 所示，其中两个小圆的中心线（圆心标记）是通过“圆心标记”工具命令来创建的。

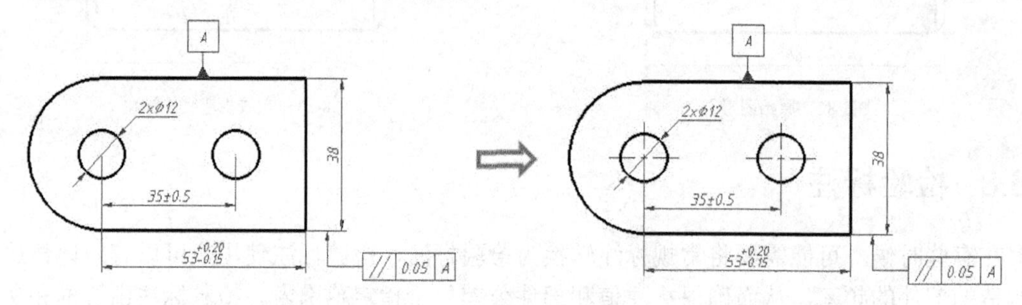

图8-86　创建圆的圆心标记/中心线

请看下面一个操作范例。

1. 打开“圆心标记即学即练.dwg”文件，原始图形如图 8-87 所示。使用“草图与注释”工作空间，并确保在功能区“默认”选项卡的“图层”面板中将名为“中心线”的图层设置为当前图层。
2. 在功能区中切换至“注释”选项卡，接着从“中心线”面板中单击“圆心标记”按钮，此时命令行窗口出现“选择要添加圆心标记的圆或圆弧:”的提示信息。
3. 选择要添加圆心标记的其中一段大圆弧，如图 8-88 所示。
4. 继续选择要添加圆心标记的其他两个小的半圆弧，按“Enter”键，结果如图 8-89 所示。

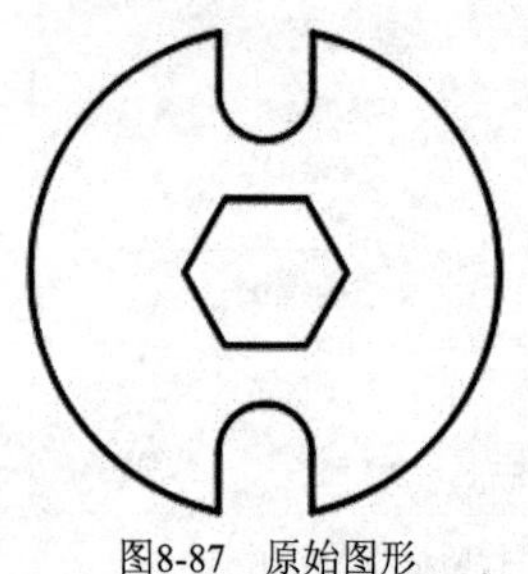

图8-87　原始图形

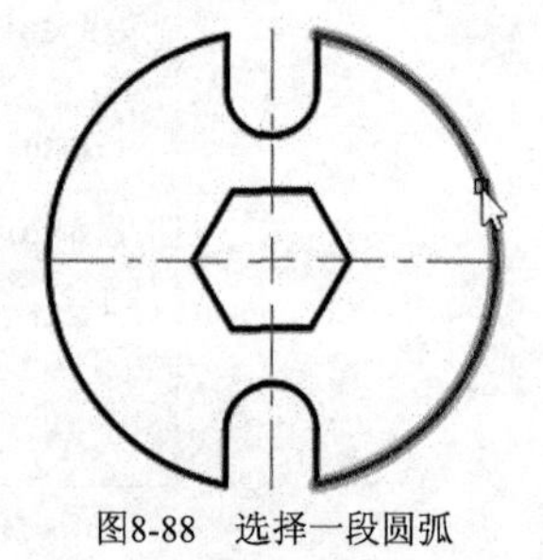

图8-88　选择一段圆弧

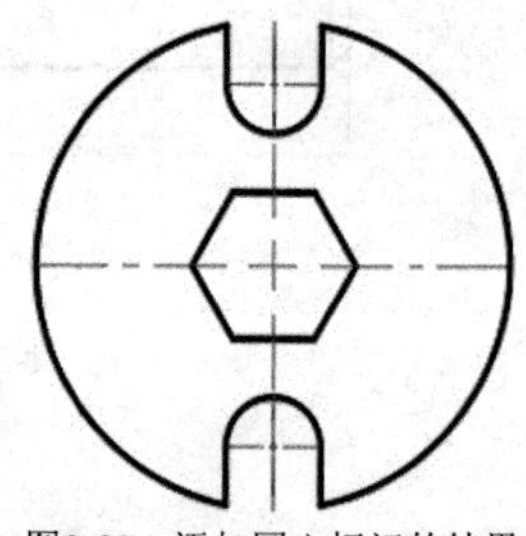

图8-89　添加圆心标记的结果

8.7.2 创建关联中心线

使用“中心线”按钮，创建两个线段之间关联的中心线，如图 8-90 所示。其操作步骤很简单，即在功能区“注释”选项卡的“中心线”面板中单击“中心线”按钮，接着依次选择第一条直线和第二条直线，便完成在所选的两条直线之间创建关联的中心线。请看以下一个操作范例。

图8-90　创建关联中心线示例

1. 打开“创建关联中心线即学即练.dwg”文件，原始图形如图 8-91 所示。使用“草图与注释”工作空间，并确保在功能区“默认”选项卡的“图层”面板中将名为“中心线”的图层设置为当前图层。
2. 在功能区中切换至“注释”选项卡，接着从“中心线”面板中单击“中心线”按钮。
3. 在图形中分别选择图 8-92 所示的直线段 1 和直线段 2，从而在这两条直线段之间创建一条关联中心线。
4. 使用同样的方法，再次单击“中心线”按钮，分别选择直线段 3 和直线段 4 来创建另一条关联中心线，如图 8-93 所示。

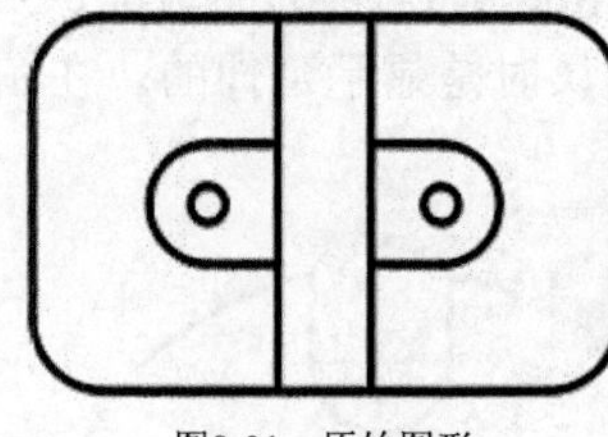

图8-91　原始图形

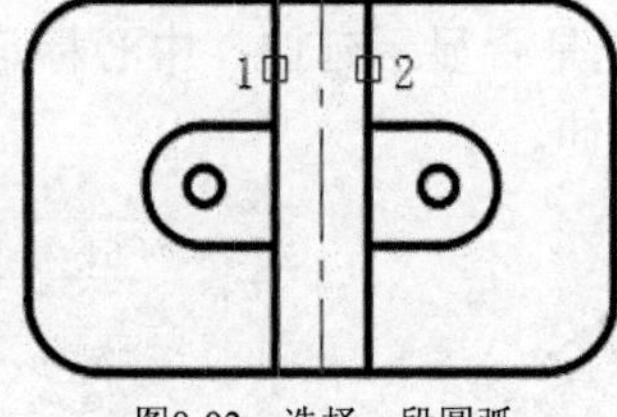

图8-92　选择一段圆弧

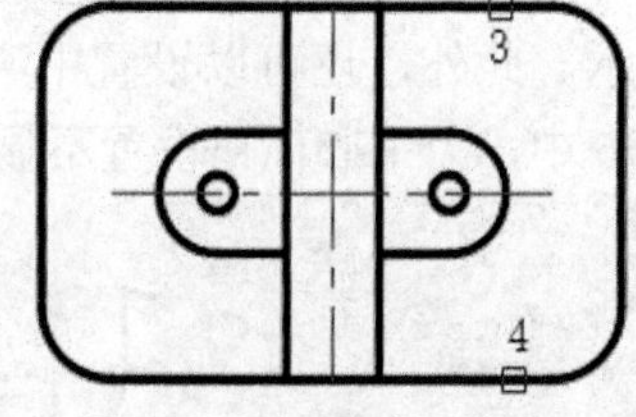

图8-93　添加圆心标记的结果

8.7.3 编辑中心标记和中心线

用户可以控制中心标记大小和中心线延伸的比例，还可以根据需要关闭中心线延伸。

除了可以使用系统变量控制新的中心标记和中心线的外观与行为（注意：更改系统变量设置并不会影响现有中心标记或中心线）之外，通常使用“特性”选项板窗口、“工具特性”对话框和夹点来编辑关联的中心标记和中心线。

单击“特性”按钮，或者按“Ctrl”+“1”组合快捷键，打开“特性”选项板窗口，接着选择要编辑的关联中心线，则“特性”选项板窗口显示此中心线的常规和几何图形等方面的设置，用户可以根据需要去更改其中的某些设置。例如，要更改起点延伸和终点延伸，那么在“特性”选项板窗口的“几何图形”选项组中更改起点延伸值和终点延伸值即可，如

图 8-94 所示。

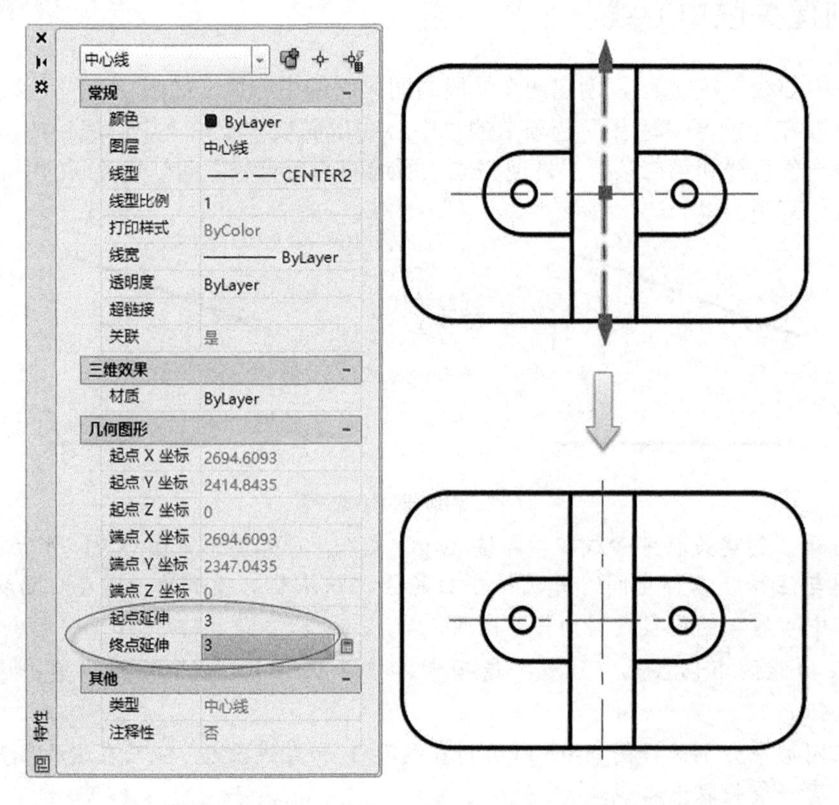

图8-94　利用“特性”选项板窗口更改中心线的起点延伸和终点延伸值

对于选定的中心标记（圆心标记）而言，在“特性”选项板窗口的“几何图形”选项组中可以设置的延伸值包括左侧延伸值、右侧延伸值、顶部延伸值和底部延伸值，如图 8-95 所示。此外，还可以设置中心标记是否显示延伸，中心标记在默认时是显示延伸的。在图 8-96 中，为中心标记设置不显示延伸。

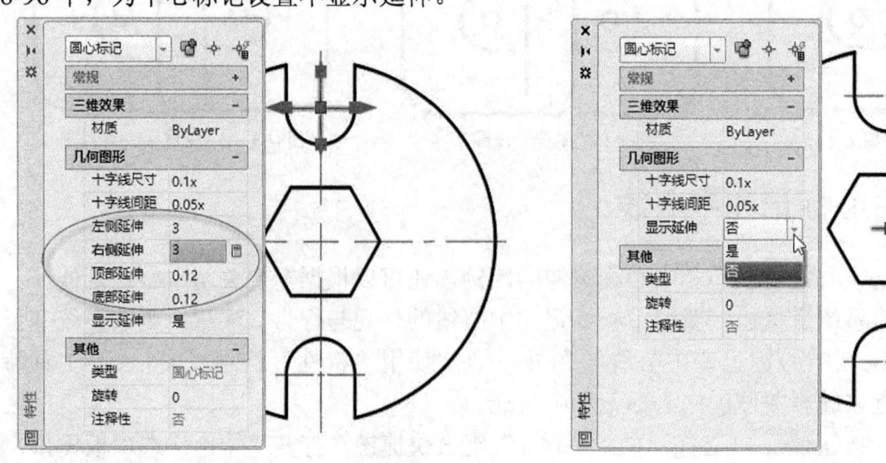

图8-95　设置中心标记的相关延伸值

图8-96　为中心标记设置不显示延伸

使用夹点来编辑关联的中心标记和中心线也是很方便的。图 8-97 展示了中心标记和中心线中的几个典型夹点，包括中心夹点、长度夹点和偏移量夹点。借助中心标记中多功能中心夹点，可以通过“拉伸”的方式移动中心标记；拖动长度夹点时，将调整中心线的长度，并且中心线延伸将随之移动；拖动外偏移量夹点时，仅控制该侧中心线延伸。

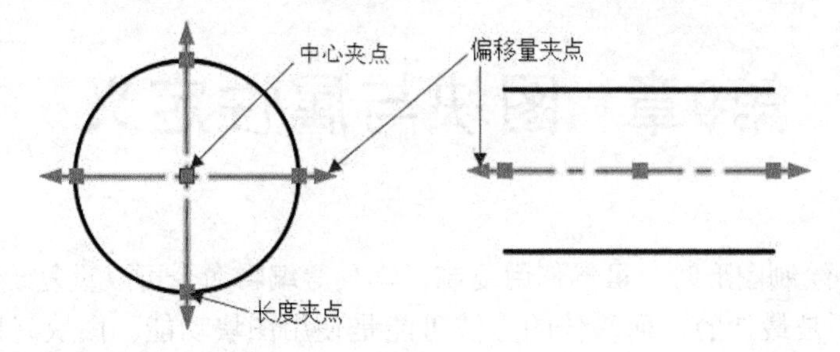

图8-97　使用夹点编辑中心标记和中心线

8.8　思考与练习题

(1)　尺寸标注的组成要素包括哪些？

(2)　如何创建标注样式？可以自行上机操练，以设置一种自定义的标注样式。

(3)　什么是坐标标注？如何创建坐标标注？

(4)　在什么情况下使用快速标注，标注效率较高？

(5)　什么是多重引线？在什么情况下可以使用多重引线标注？

(6)　如何为选定尺寸标注尺寸公差？

(7)　如何创建带有指引线的形位公差？

(8)　什么是检验标注？如何创建检验标注？

(9)　上机练习：分别绘制和标注图 8-98 所示的图形。

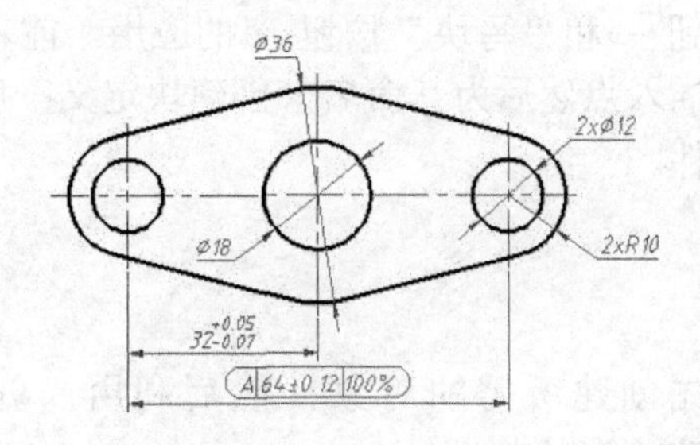

图8-98　绘制和标注图形

(10) 扩展学习：在功能区“注释”选项卡的“标注”面板中还提供了“更新”按钮和“重新关联”按钮，“更新”按钮的功能是用当前标注样式更新选定的标注对象；“重新关联”按钮的功能是将选定的标注关联或重新关联到对象或对象上的点。请自学它们并学以致用。

视频：绘制简单图形及标注尺寸练习

视频：图形绘制练习

第9章 图块与属性定义

在 AutoCAD 绘制图形时，虽然使用复制、阵列等编辑命令可以重复绘制某些相同的图形，但方法可能不是最佳的，而最佳的方法可能是使用图块功能。图块（图块可以简称为块）在本质上是一种块定义，它包含块名、块几何图形、用于插入块时对齐块的基点位置和所有关联的属性数据。在工程制图中，对于标题栏、表面结构符号、家居物品等常用对象，可以事先将它们生成块，并允许包含属性定义，以后在需要时可采用插入块的方式来快速生成。用户可以对插入的块进行编辑处理，如分解块和删除块等。

本章重点介绍图块与属性定义的实用知识。

9.1 创建块与写块

AutoCAD 中的图块可以是一个或多个对象的集合，也可以是绘制在几个图层上不同特性对象的组合，通常它保留了图层信息。块中的对象可以被设置为保留其原特性或从目标图形继承特性。块的使用使一些需要相同或显示图形的绘制过程变得更灵活、简捷和富有实效。

用户可以通过关联对象并为它们命名或通过创建用作块的图形来创建块。

本节介绍“创建块”按钮和“写块”按钮的应用。前者用于从选定对象创建块定义，即通过选择对象、指定插入点然后为其命名来创建块定义；后者则用于保存选定的对象或将块转换为指定的图形文件。

9.1.1 创建块

创建块的整体思路是先创建所需的对象，然后利用“创建块”按钮（命令为“BLOCK”）将这些当前图形对象创建成块。

在功能区“默认”选项卡的“块”面板中单击“创建块”按钮，或者在功能区“插入”选项卡的“块定义”面板中单击“创建块”按钮，弹出图 9-1 所示的“块定义”对话框。下面介绍“块定义”对话框中各主要组成要素的功能含义。

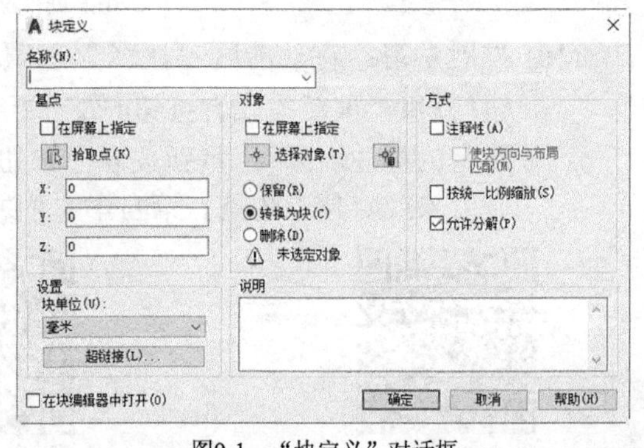

图9-1 “块定义”对话框

(1) “名称”框：在该框中指定块的名称，块名称最多可以包含 255 个字符，包括字母、数字和空格，以及操作系统或程序未作它用的任何特殊字符。块名称及块定义将保存在当前图形中。

(2) “基点”选项组：该选项组用于指定块的插入基点，其默认值为“0,0,0”。当在该选项组中选中“在屏幕上指定”复选框时，在“块定义”对话框中单击“确定”按钮关闭对话框后系统将提示用户指定基点。当取消选中“在屏幕上指定”复选框时，可以单击“拾取点”按钮，此时暂时关闭对话框，由用户在当前图形中拾取插入基点。X 框、Y 框和 Z 框分别用于指示 x、y 和 z 坐标值。

(3) “对象”选项组：该选项组用于指定新块中要包含的对象，以及创建块之后如何处理这些对象，例如，是保留还是删除选定的对象或是将它们转换成块实例。该选项组主要包含以下选项和按钮。

- “在屏幕上指定”复选框：用于关闭对话框时，由用户根据提示指定对象。
- “选择对象”按钮：单击此按钮，暂时关闭“块定义”对话框，由用户选择要生成块的对象，选择完对象后，按“Enter”键可返回到“块定义”对话框。
- “快速选择”按钮：单击此按钮，将弹出图 9-2 所示的“快速选择”对话框，通过该对话框定义选择集来快速选择所需的对象。
- “保留”单选按钮：选择此单选按钮时，在创建块以后，将选定对象保留在图形中作为区别对象。
- “转换为块”单选按钮：选择此单选按钮时，在创建块以后，将选定对象转换成图形中的块实例。
- “删除”单选按钮：选择此单选按钮时，在创建块以后，从图形中删除选定的对象。如果需要，可以使用“OOPS”恢复它们。

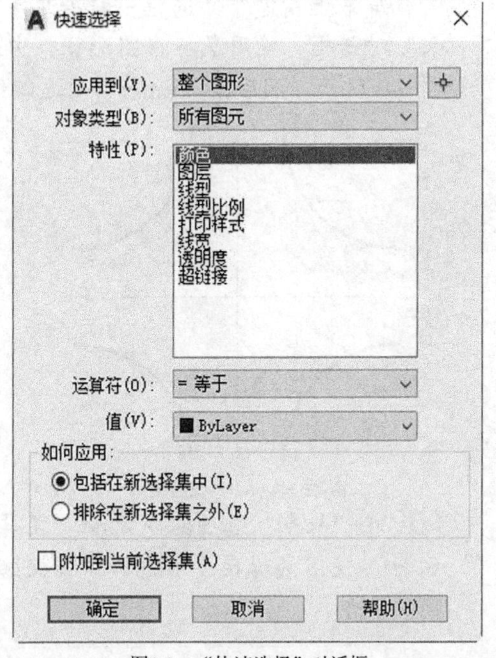

图9-2 “快速选择”对话框

(4) “方式”选项组：该选项组用于指定块行为方式，具体如下。

- “注释性”复选框：用于指定块是否为注释性。
- “使块方向与布局匹配”复选框：如果选中此复选框，则指定在图纸空间视口中的块参照的方向与布局的方向匹配。如果未选中“注释性”复选框，则“使块方向与布局匹配”复选框不可用。
- “按统一比例缩放”复选框：指定是否阻止块参考不按统一比例缩放。
- “允许分解”复选框：指定块参照是否可以被分解。默认选中此复选框。

(5) “设置”选项组：在该选项组中指定块的相关设置，如块单位、超链接。

(6)　“在块编辑器中打开”复选框：如果选中“在块编辑器中打开”复选框，那么单击“确定”按钮后，将在块编辑器中打开当前的块定义。

创建块的典型实例如下。

1 打开“创建块即学即练.dwg”图形文件，该文件中存在着表示道路交叉点的图形对象，如图 9-3 所示。先从功能区“默认”选项卡的“图层”面板中将“01 层-粗实线”层设置为当前图层。

2 在功能区“插入”选项卡的“块定义”面板中单击“创建块”按钮，打开“块定义”对话框。

3 在“名称”框中输入新块名为“自定义道路交叉点”。

4 在“对象”选项组中选中“转换为块”单选按钮，确保未选中该选项组中的“在屏幕上指定”复选框，接着单击“选择对象”按钮，暂时自动关闭“块定义”对话框，使用鼠标在图形窗口中选择要包括在当前块定义中的 4 个圆弧，如图 9-4 所示，然后按“Enter”键返回到“块定义”对话框。

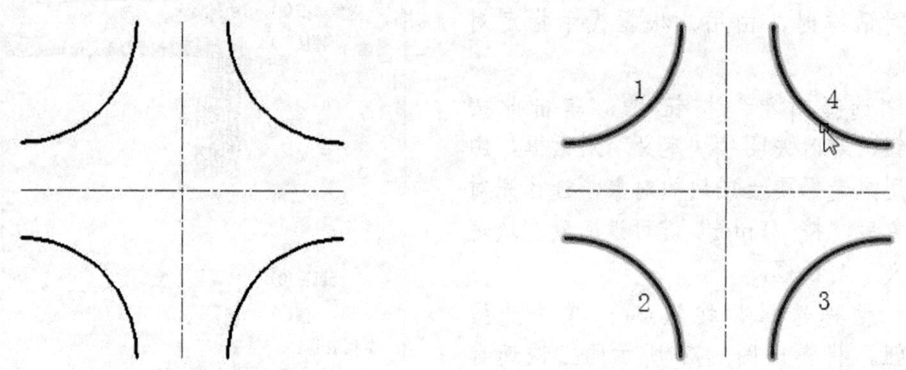

图9-3　文件中的原始图形　　图9-4　选择要包括在块定义中的对象

5 在“基点”选项组中清除“在屏幕上指定”复选框，接着单击“拾取点”按钮，使用鼠标在图形窗口中捕捉选择两条中心线的交点作为块插入的基点，如图 9-5 所示。

图9-5　指定插入基点后

6 在“方式”选项组中只选中“允许分解”复选框，而在“设置”选项组中默认块单位为“毫米”，接着在“说明”文本框中输入块定义的说明为“道路交叉口，公制单位，4 通”，此说明显示在设计中心中。

7 在“块定义”对话框中单击“确定”按钮。从而完成该块的定义。此时使用鼠标在图形窗口中单击其中一个圆弧，则可以发现选中的是由 4 段圆弧组成的块对象。

9.1.2 写块

写块的命令为 WBLOCK（其对应的工具按钮为“写块”按钮），该命令和 BLOCK（对应“创建块”按钮）一样可以定义块，不同之处是 WBLOCK 命令可以将块、选择集或整个图形作为一个图形文件单独存储在磁盘上，它建立的块属于全局块（也称“写块”），全局块也是一个图形文件，既可以单独打开，也可以被其他图形引用。而 BLOCK 命令创建的块只是 AutoCAD 内部文件中的一个特定对象，只能在该图形文件中使用。

下面通过一个范例介绍写块操作的步骤。

1 打开“写块即学即练.dwg”文件，该文件中的原始图形如图 9-6 所示。

2 在功能区“插入”选项卡的“块定义”面板中单击“写块”按钮，或者在命令行中输入“WBLOCK”并按“Enter”键，系统弹出图 9-7 所示的“写块”对话框。

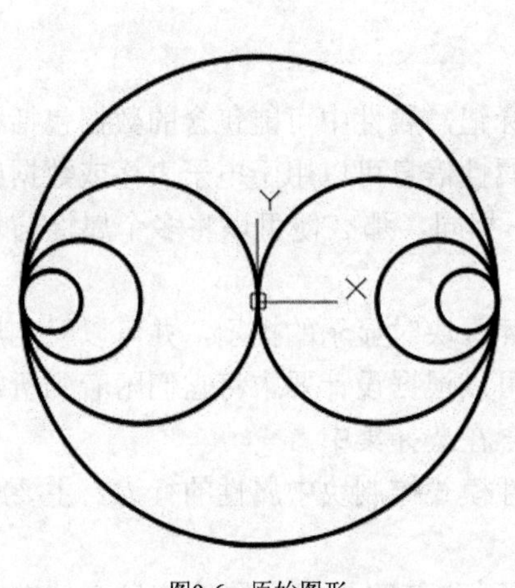

图9-6 原始图形

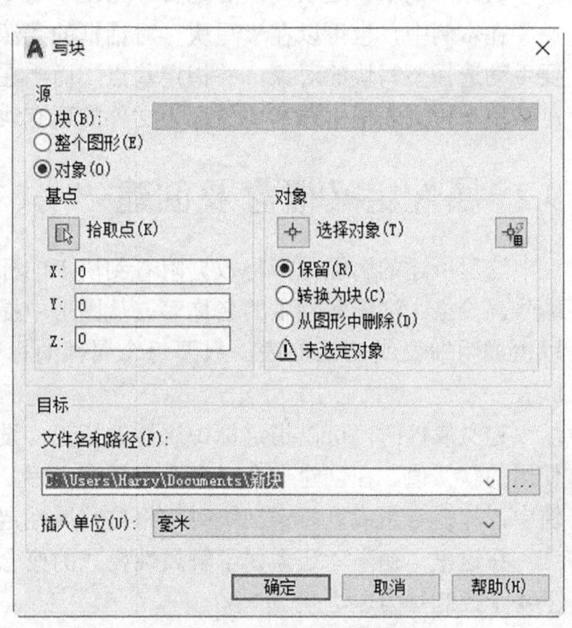

图9-7 “写块”对话框

知识点拨：“写块”对话框提供了一种快捷方法，用于将当前图形的零件保存到不同的图形文件，或者将指定的块定义另存为一个单独的图形文件。其中，“源”选项组用于指定块和对象，将其另存为文件并指定插入点。“目标”选项组用于指定文件的新名称和新位置以及插入块时所有的测量单位。

3 在“写块”对话框的“源”选项组中选中“整个图形”单选按钮，如图 9-8 所示。

4 在“目标”选项组中单击“文件名和路径”框右侧的“浏览”按钮…，弹出“浏览图形文件”对话框，从中指定保存的位置，并在“文件名”框中输入新文件名，如图 9-9 所示，然后单击“保存”按钮，返回到“写块”对话框。

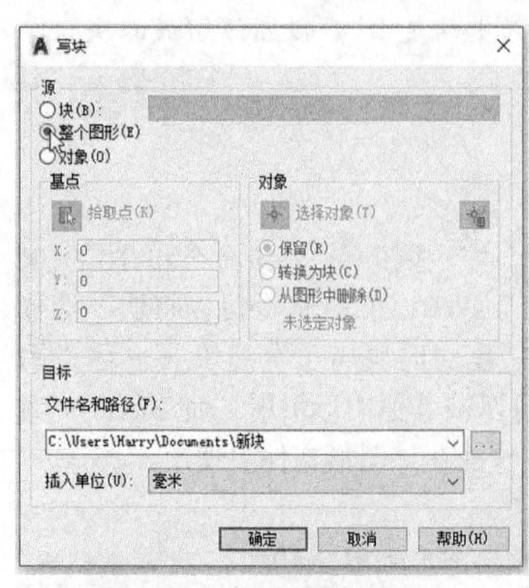

图9-8　选中“整个图形”单选按钮

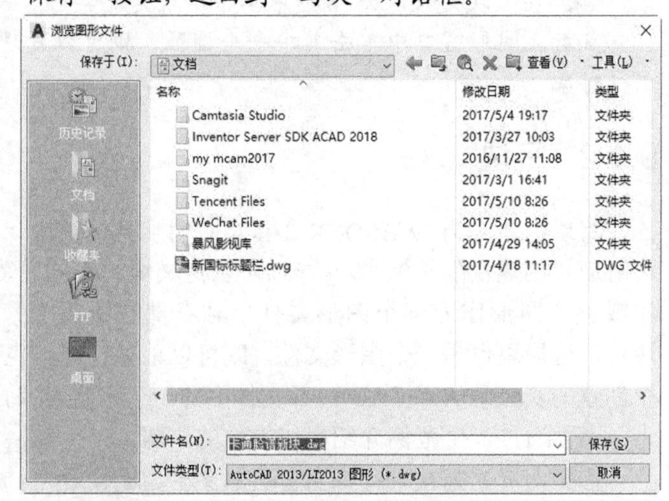

图9-9　“浏览图形文件”对话框

5 在“写块”对话框的“目标”选项组中，从“插入单位”下拉列表框中默认选择“毫米”选项，然后单击“确定”按钮。

在本例中，也可以在“写块”对话框的“源”选项组中选中“对象”单选按钮，此时需要手动选择要写块的对象，并指定基点。而当在“源”选项组中选中“块”单选按钮时，则可从块下拉列表框中选择要另存为文件的现有块的名称。

9.2　属性定义概念及创建

这里所述的属性是指将数据附着到块上的标签或标记，属性中可能包含的数据包括零件编号、价格、注释和物主的名称等。从图形中提取的属性信息可以用于电子表格或数据库，以生成明细表或 BOM 表。只要每个属性的标记都不相同，那么便可以将多个属性与块关联。

定义属性时，可以指定标识属性的标记，设定在插入块时显示的提示，并可以设定属性使用的默认值。在创建一个或多个属性定义后，用户可以根据设计要求将它们附着到所需的块中，即在定义或重新定义块时，将这些属性定义包含在选择集中。

在这里，初学者还需要了解属性模式的概念。属性模式控制块中属性的行为，主要有以下 4 个控制行为。

(1) 属性在图形中是否可见。不可见属性不能显示和打印，但其属性信息存储在图形文件中，并且可以写入提取文件供数据库程序使用。

(2) 属性是否是常量或变量。插入带有变量属性的块时，AutoCAD 系统会提示用户输入要与块一同存储的数据。块也可以使用常量属性（即属性值不变的属性），所述的常量属性在插入块时不提示输入值。

(3) 属性是否可以相对于块的其余部分移动。可以使用夹点更改属性的位置，无需重新定义块。要防止发生这种移动，用户可以锁定属性相对于块中其他对象的位置。

(4) 属性是单行文字属性还是多行文字属性。与单行文字属性（限制为 255 个字符）不同，多行文字属性提供增强的格式选项。

要创建属性定义，则在功能区“默认”选项卡的“块”面板中单击“定义属性”按钮，或者在功能区“插入”选项卡的“块定义”面板中单击“定义属性”按钮，弹出图 9-10 所示的“属性定义”对话框，从中定义属性模式、属性标记、属性提示、插入点和属性的文字设置，然后单击“确定”按钮即可。

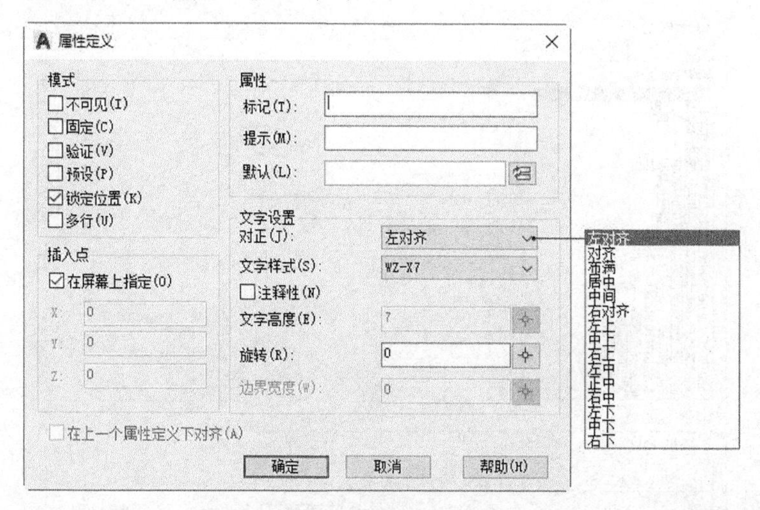

图9-10 “属性定义”对话框

下面介绍“属性定义”对话框上各组成元素的功能含义。

(1) “模式”选项组：用于定义属性模式，即设置在图形中插入块时与块关联的以下属性值选项。

- “不可见”复选框：指定插入块时不显示或打印属性值。
- “固定”复选框：在插入块时为属性指定固定值。
- “验证”复选框：插入块时提示验证属性值是否正确。
- “预设”复选框：插入包含预设属性值的块时，其属性为默认值。
- “锁定位置”复选框：锁定块参照中属性的位置。解锁后，属性可以相对于使用夹点编辑的块的其他部分移动，并且可以调整多行文字属性的大小。
- “多行”复选框：指定属性值可以包含多行文字，并允许用户指定属性的边界宽度。

(2) “插入点”选项组：该选项组用来指定属性位置。其中，当选中“在屏幕上指定”复选框时，需要使用定点设备（如鼠标）来指定属性相对于其他对象的位置。当取消选中“在屏幕上指定”复选框时，可以分别指定属性插入点的 x 坐标、y 坐标和 z 坐标。

(3) “属性”选项组：在该选项组中设定属性数据，如标记、提示和默认值。

- “标记”文本框：在该文本框中指定用来标识属性的名称。属性标记可以为任何字符组合（空格除外），注意小写字母会自动转换为大写字母。

- “提示”文本框：在此文本框中输入提示信息，该提示信息将在插入包含此属性定义的块时显示。如果不输入提示，那么属性标记将用作提示。注意：如果在“模式”选项组中选中“固定”复选框（即启用“固定”属性模式），则“属性”选项组中的“提示”文本框将不可用。
- “默认”文本框：指定默认属性值。对于非“多行”属性模式，可单击“字段”按钮以打开图 9-11 所示的“字段”对话框，接着在其中插入一个字段作为属性的全部或部分的值。

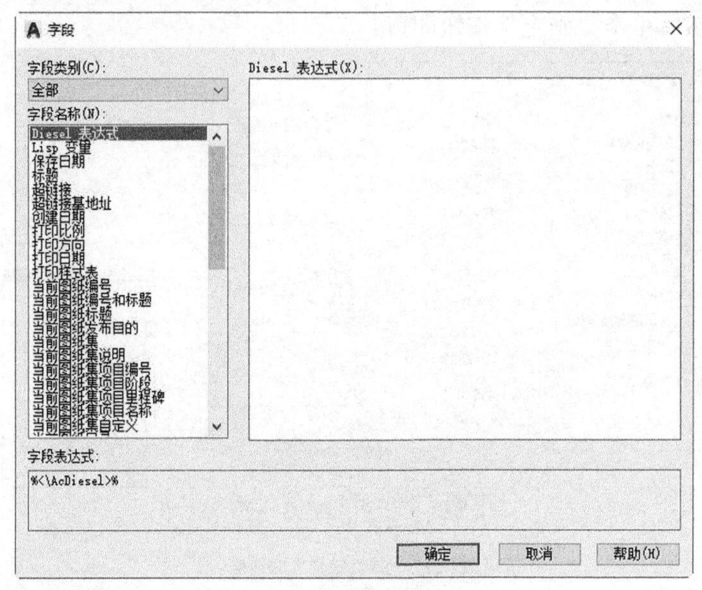

图9-11　“字段”对话框

(4)　“文字设置”选项组：用来设置属性文字的对正、样式、高度和旋转等。

(5)　“在上一个属性定义下对齐”复选框：如果选中此复选框，则将属性标记直接置于之前定义的属性的下面。如果在此之前没有创建属性定义，则此复选框不可用。

知识点拨： 创建好属性定义后，可以通过双击属性定义对象来编辑属性文字对象。双击属性定义时将弹出图 9-12 所示的“编辑属性定义”对话框，从中更改可在图形中标识属性的属性标记、在插入包含该属性定义的块时显示的属性提示，以及设置或更改默认属性值。用户也可以通过输入“TEXTEDIT”或“DDEDIT”命令并选择要编辑的属性定义来打开“编辑属性定义”对话框。

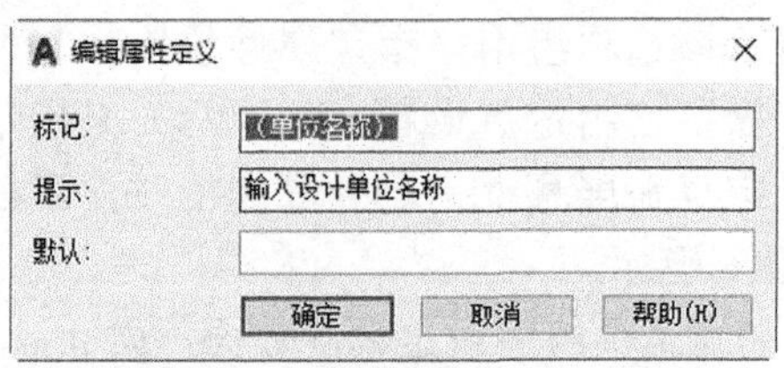

图9-12　“编辑属性定义”对话框

9.3 将属性附着到块上

创建好一个或多个属性定义后，可以在定义或重定义块的过程中，将所需的属性定义也选择作为要包含到块定义中的对象。对于包含多个属性的块而言，创建块时依次选择属性的顺序将决定着属性提示顺序，即通常属性提示顺序与创建块时选择属性的顺序相同；但是，如果使用“交叉选择（窗交选择）”或“窗口选择”的方式选择属性，那么属性提示顺序与创建属性的顺序相反。用户可以使用块属性管理器来修改插入块参照时提示输入属性信息的次序。

下面介绍创建属性并将其附着到块上的一个典型操作实例。

1 打开“创建属性并将其附着到块上.dwg”文件，该文件中已经建立好图 9-13 所示的图形，并确保当前图层为“08 层-尺寸注释”层。

标记	处数	分区	更改文件号	签名	年、月、日				
设计			标准化			阶段标记	重量	比例	
审核									
工艺			批准			共　张	第　张		投影规则标识:

图9-13　已有的图形

2 在功能区“插入”选项卡的“块定义”面板中单击“定义属性”按钮，弹出“属性定义”对话框。在“属性”选项组的“标记”文本框中输入“(图样名称)”，在“提示”文本框中输入“输入图样名称”，在“插入点”选项组中确保选中“在屏幕上指定”复选框，在“文字设置”选项组中设置对正选项为“正中”，文字样式设置为“WZ-7”，而在“模式”选项组中只选中“锁定位置”一个复选框，如图 9-14 所示，然后单击“确定”按钮，并在图形中指定该属性的插入点，放置第一个属性的效果如图 9-15 所示。

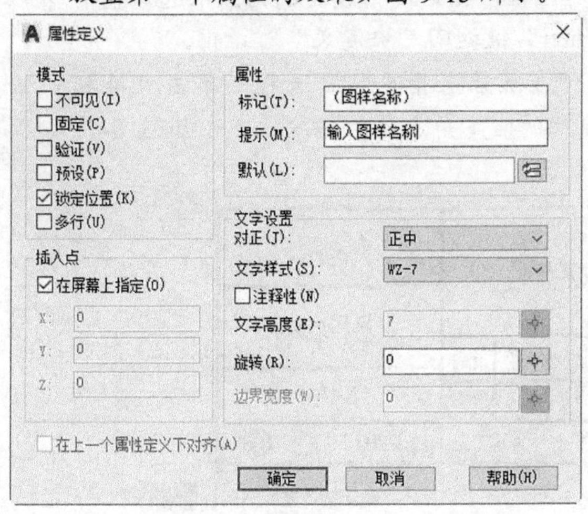

图9-14　“属性定义”对话框

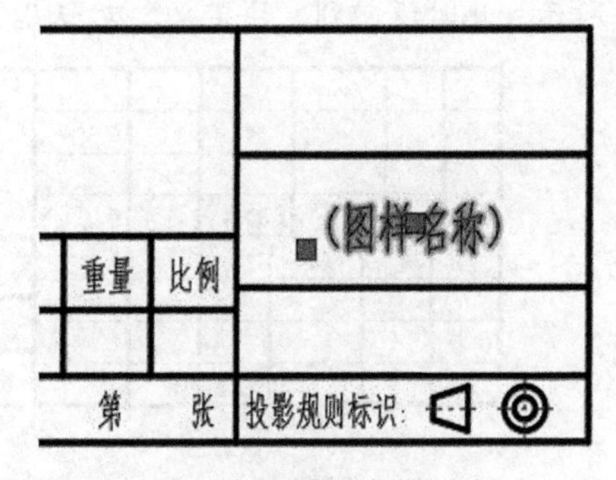

图9-15　创建第一个属性定义

3 使用和步骤 2 相同的方法，单击“定义属性”按钮在标题栏图形中创建相关的属性定义，相关属性定义的内容（属性标记、属性提示、文字对正形式和文字样式）如表 9-1 所示。

表 9-1　在标题栏中创建的属性定义一览表

序号	属性标记	属性提示	文字对正形式	文字样式
1	（图样名称）	输入图样名称	正中	WZ-7
2	（图样代号）	输入图样代号	正中	WZ-5
3	（单位名称）	输入设计单位名称	正中	WZ-7
4	（材料标记）	输入材料标记	正中	WZ-7
5	（比例）	输入制图比例	正中	WZ-5
6	（重量）	输入零部件重量	正中	WZ-5
7	P	输入图纸总张数	正中	WZ-5
8	P1	输入第几张图纸	正中	WZ-5
9	（签名）	输入第一设计者名字	正中	WZ-5
10	（年月日）	输入第一设计者签名日期	正中	WZ-3.5

创建好上述所需的属性后，则此时标题栏图形如图 9-16 所示。

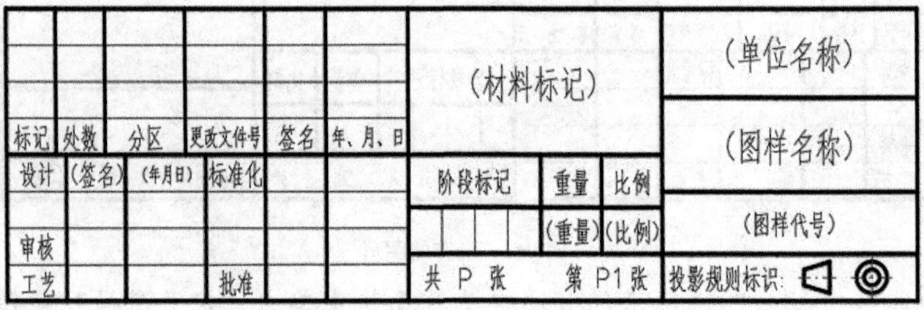

图9-16　定义相关属性后的标题栏图形

4 在功能区“插入”选项卡的“块定义”面板中单击“创建块”按钮，弹出“块定义”对话框。

5 在“块定义”对话框的“名称”框中输入新块名称为“GB 标题栏-BC”或其他名称。

6 在“对象”选项组中选中“转换为块”单选按钮，单击“选择对象”按钮，AutoCAD 系统临时关闭“块定义”对话框，指定两个合适的角点来选择整个标题栏（当然包括所有属性定义），按“Enter”键返回“块定义”对话框。

7 在“基点”选项组中确保取消选中“在屏幕上指定”复选框，单击“拾取点”按钮，在图形窗口中捕捉单击标题栏的右下角点作为插入基点，如图 9-17 所示。此时返回到“块定义”对话框。

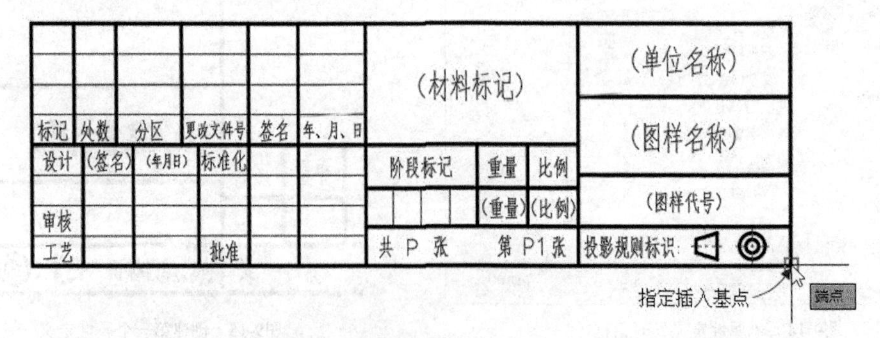

图9-17　指定插入点

8 在“说明”框中输入块定义的说明文本信息，并设置方式选项和块单位等，如图 9-18 所示。

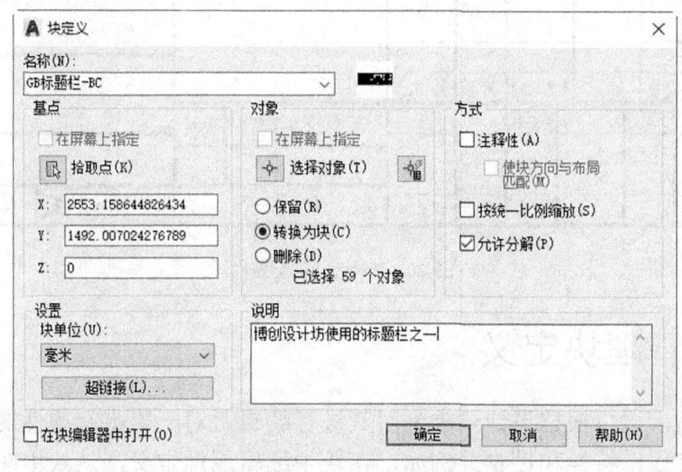

图9-18 “块定义”对话框

9 在“块定义”对话框中单击“确定”按钮，系统弹出图 9-19 所示的“编辑属性”对话框。使用此对话框可以更改块中的属性信息。“下一个”按钮用于显示下一页的属性值（如果存在），“上一个”按钮用于显示上一页属性值（如果存在）。

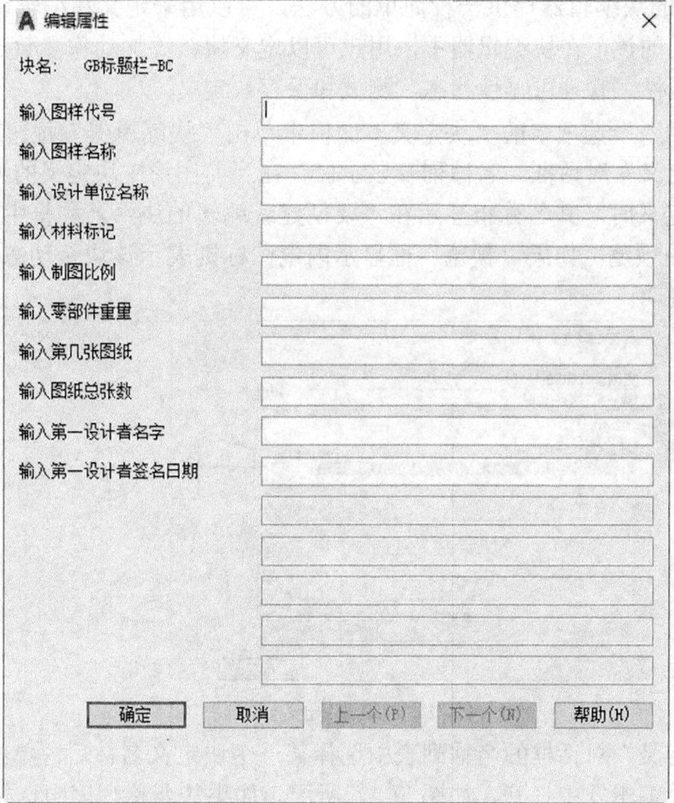

图9-19 “编辑属性”对话框

10 在“编辑属性”对话框中直接单击“确定”按钮，此时在当前图形窗口中转

换为块的标题栏如图 9-20 所示。

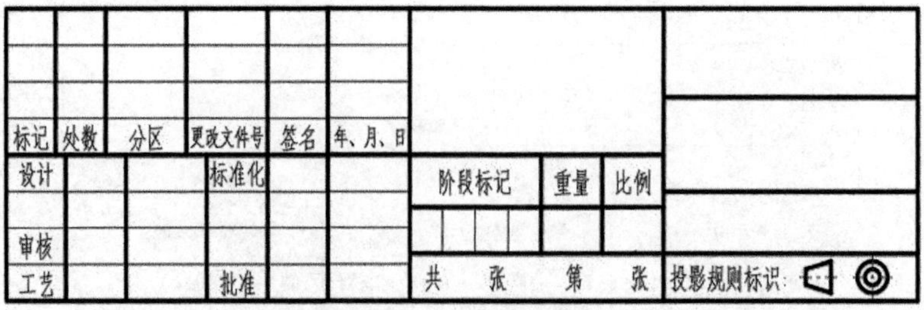

标记	处数	分区	更改文件号	签名	年、月、日				
设计			标准化			阶段标记	重量	比例	
审核									
工艺			批准			共　张	第　张		投影规则标识:

图9-20　转换为块的标题栏

9.4　编辑、管理块定义

完成块定义后，可以根据设计要求来对其进行编辑。对于附带有属性的块，还可以管理选定块定义的所有属性特性和设置。例如，在块中编辑属性定义，从块中删除属性及更改插入块时系统提示用户输入属性值的顺序。

9.4.1　使用块编辑器

AutoCAD 中的块编辑器提供一种简单的方法，可以用来定义和编辑块及将动态行为添加到块定义。概括的说，在块编辑器中，用户可以定义块、添加动作参数、添加几何约束或标注约束、定义属性、管理可见性状态、测试和保存块定义。

在功能区“插入”选项卡的“块定义”面板中单击“块编辑器”按钮，弹出图 9-21 所示的“编辑块定义”对话框。名称列表显示保存在当前图形中块定义的列表，从该名称列表中选择某个块定义时，其名称将显示在“要创建或编辑的块”名称框中。“预览”框用于显示选定块定义的预览，如果“预览”框显示闪电图标则表示该块是动态块。“说明”框显示选定块定义的说明。

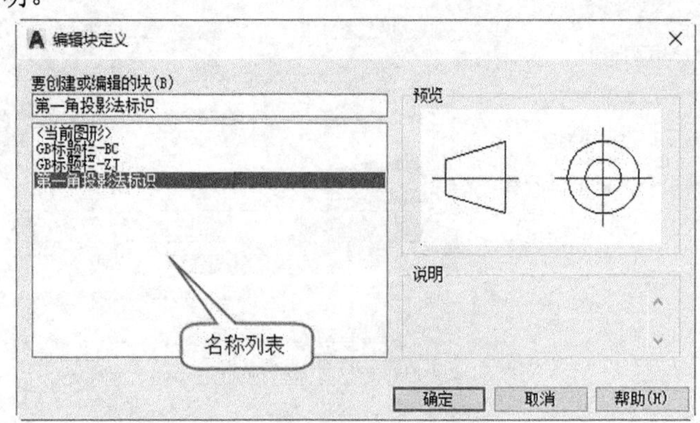

图9-21　“编辑块定义”对话框

在“编辑块定义”对话框的名称列表中选择某一个块定义名称后，单击“确定”按钮，则此块定义将在块编辑器中打开，如图 9-22 所示。如果从名称列表中选择“<当前图形>”选项，则单击“确定”按钮后，当前图形将在块编辑器中打开。

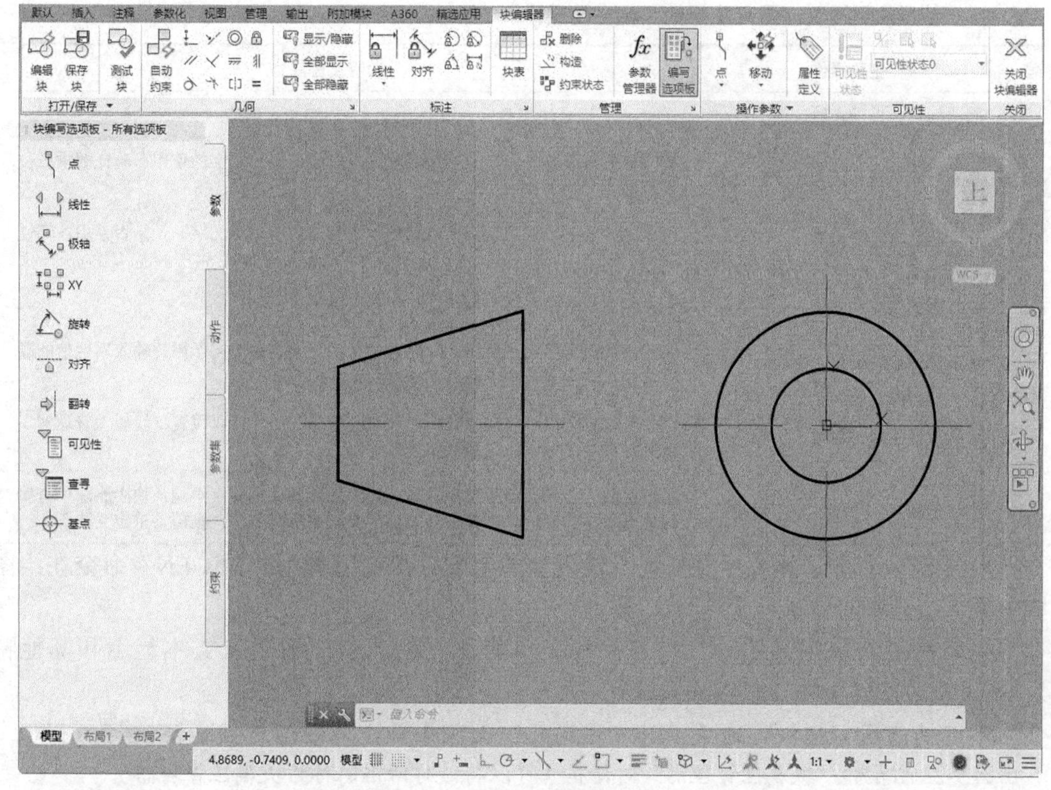

图9-22　块编辑器

块编辑器包含一个特殊的编写区域，在该区域中可以像在绘图区域中一样绘制和编辑几何图形，同时可以在块编辑器中添加参数和动作，以定义自定义特性和动态行为。“块编辑器”功能区选项卡提供了“打开/保存”“几何”“标注”“管理”“操作参数”和“可见性”等组方面的工具。在“块编辑器”功能区选项卡的“管理”面板中选中“编写选项板”按钮时，则打开块编辑器中的块编写选项板，块编写选项板中包含用于创建动态块的工具，“块编写选项板”窗口包括“参数”选项卡、“动作”选项卡、“参数集”选项卡和“约束”选项卡。

不允许在块编辑器中使用 UCS 命令。然而，在块编辑器内，UCS 图标的原点定义了块的基点，用户可以通过相对 UCS 图标原点移动几何图形或通过添加基点参数来更改块的基点。用户还可以将参数指定给现有的三维块定义，但不能沿 z 轴编辑该块。此外，虽然能向包含实体对象的动态块中添加动作，但无法编辑动态块内的实体对象（例如，拉伸实体、移动实体内的孔等）。

使用块编辑器中对块进行相关编辑操作后，可以单击“保存块”按钮保存块定义，然后单击“关闭块编辑器”按钮，关闭块编辑器。

9.4.2 使用块属性管理器

在 AutoCAD 2018 中，可以使用块属性管理器来修改块定义中的属性。例如，可以执行表 9-2 所示的 7 种主要操作。

表 9-2　使用块属性管理器可执行的 7 种主要操作

序号	主要操作	说明及备注
1	修改标记、提示和默认值	在插入了现有块参照后，这些更改不会影响输入的值
2	重置属性模式	模式控制标签的可见性、值是常量还是变量、多行文字的使用、验证要求及位置锁定
3	更改属性文字显示	可以修改对齐、样式、高度、旋转、宽度（对于多行文字）及是否使用注释性比例
4	设置相关特性	用来定义属性的图层、颜色、线宽和线型
5	更改属性提示的显示顺序	在定义块时选择属性所用的顺序确定在插入块参照时提示用户输入属性值的顺序。用户可以更改要求输入属性值的提示顺序
6	标识重复的标记名称	因为重复标记名可能会导致不可预测的结果，用户可以设置“块属性管理器”来亮显重复的标记，以便可以更改它们
7	删除属性	可以从块定义和当前图形中的现有块参照中删除属性；不能从块中删除所有属性，必须至少保留一个属性；如果需要删除所有属性，则需要重定义块

如果固定属性或嵌套属性块受到所做更改的影响，那么可使用“REGEN”命令在绘图区域中更新这些块的显示。

要编辑附着到块定义的属性（包括标记、提示、默认值、模式、文本显示和其他特性），则可以按照以下的方法步骤来进行。

1 在功能区“插入”选项卡的“块定义”面板中单击“管理属性”按钮，弹出图 9-23 所示的“块属性管理器”对话框（可以将该对话框简称为块属性管理器）。

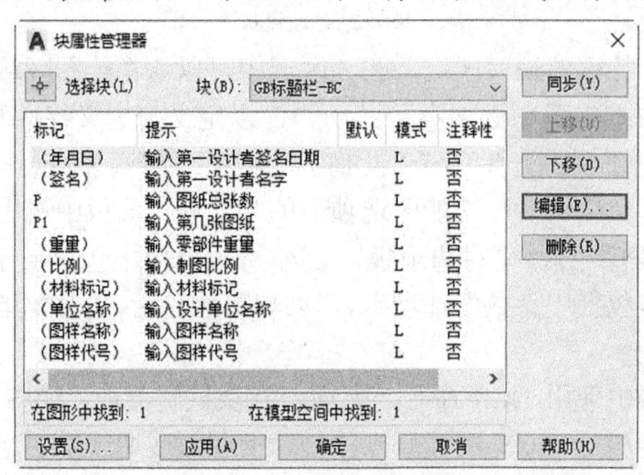

图9-23　“快属性管理器”对话框

2 在块属性管理器中，从“块”下拉列表框中选择一个块，或者单击“选择块”按钮来在绘图区域中选择所需的一个块。

3 在属性列表中双击要编辑的属性，或者在属性列表中选择该属性并接着单击“编辑”按钮，弹出“编辑属性”对话框，如图 9-24 所示。

4 在“编辑属性”对话框中使用“属性”选项卡、“文字选项”选项卡和“特性”选项卡进行相关的更改操作。其中，在“属性”选项卡中可以修改标记、提示和默认文字，设置模式，如属性是否可见、是否为常量值等；在“文字选项”选项卡中可以修改文字在图形中的显示方式；在“特性”选项卡中可以修改图层、线型、打印样式和颜色特性。

5 在“编辑属性”对话框中单击“确定”按钮，返回到块属性管理器。

6 如果要将更改应用到包含此属性的所有块参照，则在块属性管理器中单击“设置”按钮，弹出图 9-25 所示的“块属性设置”对话框，从中确保选中“将修改应用到现有参照”复选框，然后单击“确定”按钮，返回块属性管理器。最后在块属性管理器中单击“确定”按钮。

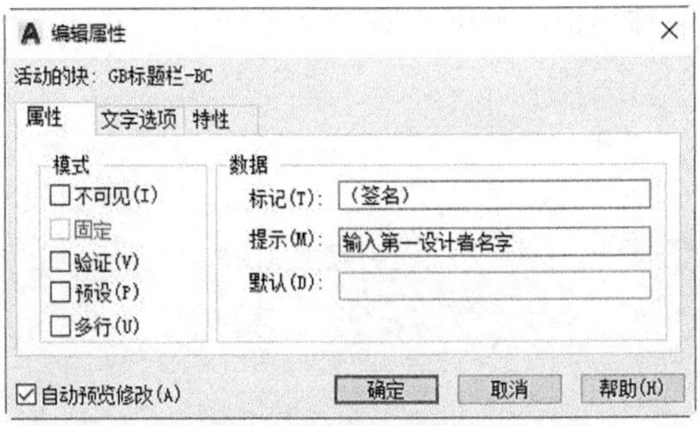

图9-24 “编辑属性”对话框

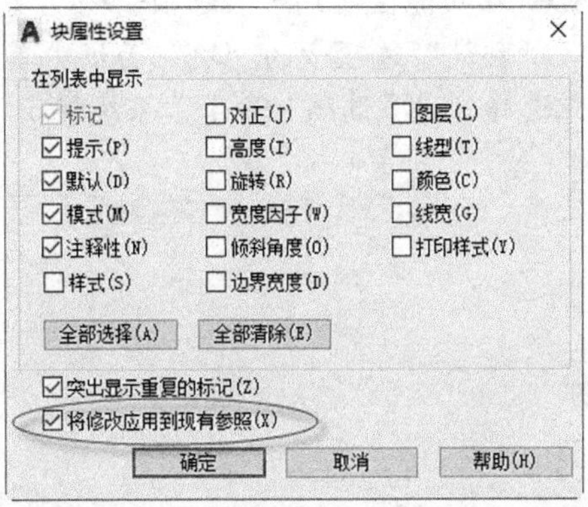

图9-25 “块属性设置”对话框

知识点拨：在“块属性设置”对话框中，可以控制块属性管理器中属性列表的外观。另外，“突出显示重复的标记”复选框用于打开和关闭复制标记强调，若选中此复选框，则在属性列表中，复制属性标记显示为红。“将修改应用到现有参照”复选框用于指定是否更新正在修改其属性的块的所有现有实例，选中此复选框时则通过新属性定义更新此块的所有实例，若不选中此复选框则仅通过新属性定义更新此块的新实例。

在块属性管理器中，“同步”按钮用于更新具有当前定义的属性特性的选定块的全部实例，此操作不会影响每个块中赋给属性的值。“删除”按钮用于从块定义中删除选定的属性。“上移”按钮和“下移”按钮则用于更改选定属性在提示列表中的顺序，这两个按钮不能用于含有常量值的属性，如图 9-26 所示，通过块属性管理器的“上移”按钮和“下移”按钮来调整标题栏中相关属性在提示列表中的顺序，即更改在插入带属性的该标题栏块时出现的提示的显示顺序。

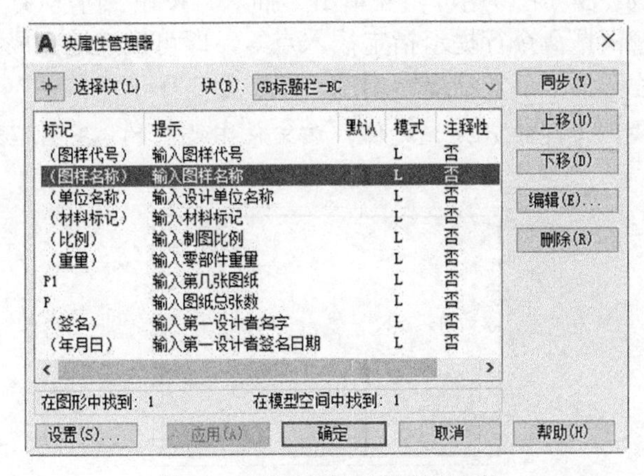

图9-26 在属性定义中更改提示顺序

9.5 插入块

插入块的方法实际上与插入单独的图形文件的方法相同，需要分别指定插入点、比例和旋转角度等。插入操作既可以插入图形文件中的块，也可以插入写块。

插入块的一般方法步骤如下。

1. 在功能区“插入”选项卡的“块”面板中单击“插入”按钮，或者在功能区“默认”选项卡的“块”面板中单击“插入”按钮，接着从打开的下拉菜单中选择“更多选项”命令，系统弹出“插入”对话框，如图 9-27 所示。

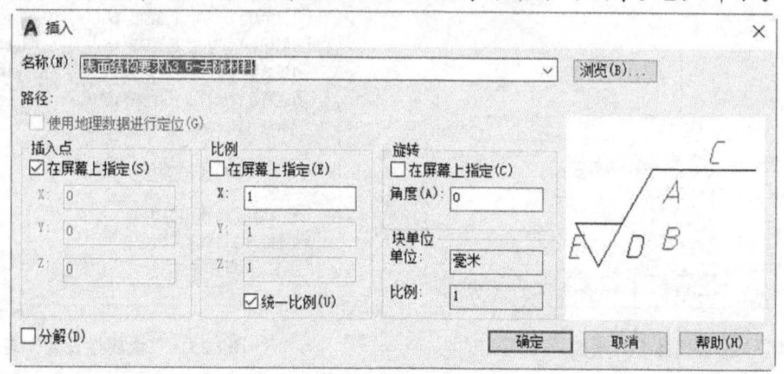

图9-27　“插入”对话框

2. 在“插入”对话框的“名称”下拉列表框中选择要插入块的名称，或者单击“浏览”按钮，利用弹出的对话框来选择要插入的写块或图形文件。
3. 分别指定插入点、比例和旋转角度。如果在相应的选项组中选中“在屏幕上指定”复选框，则需要在关闭对话框后使用定点设备（如鼠标）去指定相应的参数，否则在相应的选项组中输入相应的参数值。
4. 如果在“插入”对话框中选中“分解”复选框，则将分解块并插入该块的各个部分。注意：选中“分解”复选框时，只可以指定统一的比例因子。在大多数情况下，取消选中“分解”复选框。
5. 单击“确定”按钮以完成插入块的操作。对于需要在屏幕上指定的参数而言，还需要根据命令行的提示进行相关的操作即可。

在 AutoCAD 2018 中，用户也可以在单击“插入”按钮后从打开的下拉菜单中直接选择要插入的块，接着根据命令行提示指定插入点等，即可快速地完成插入块的操作。

下面介绍在图框线图形中插入标题栏块的一个典型操作示例。

1. 打开“插入块即学即练.dwg”文件，该文件中已有的 A3 图框线图形如图 9-28 所示。

图9-28　已有的 A3 图框线图形

2 在功能区的“插入”选项卡的“块”面板中单击“插入”按钮，接着从打开的下拉菜单中选择“更多选项”命令，打开“插入”对话框。

3 在“插入”对话框中，从“名称”下拉列表框中选择“GB 标题栏-ZJ”块名，并在“插入点”选项组中选中“在屏幕上指定”复选框，而在“比例”选项组和“旋转”选项组均确保取消选中“在屏幕上指定”复选框，统一比例值为 1，旋转角度为 0，取消选中“分解”复选框，如图 9-29 所示。

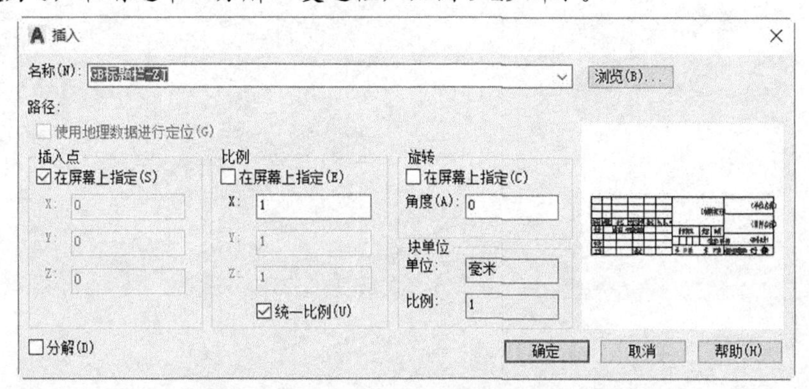

图9-29　在“插入”对话框中设置

4 在“插入”对话框中单击“确定”按钮。

5 在“指定插入点或 [基点(B)/比例(S)/旋转(R)]:”提示下选择图 9-30 所示的端点作为该块的插入基点。

6 系统弹出“编辑属性”对话框，在“输入设计单位名称”提示信息对应的文本框中输入“紫荆创意-博创设计坊”，如图 9-31 所示。

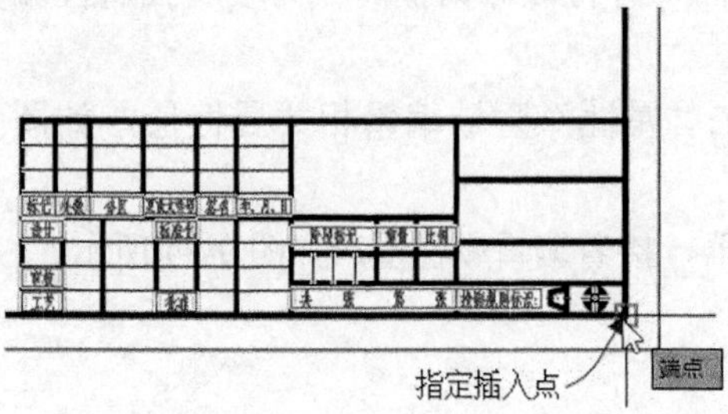

图9-30　指定插入点

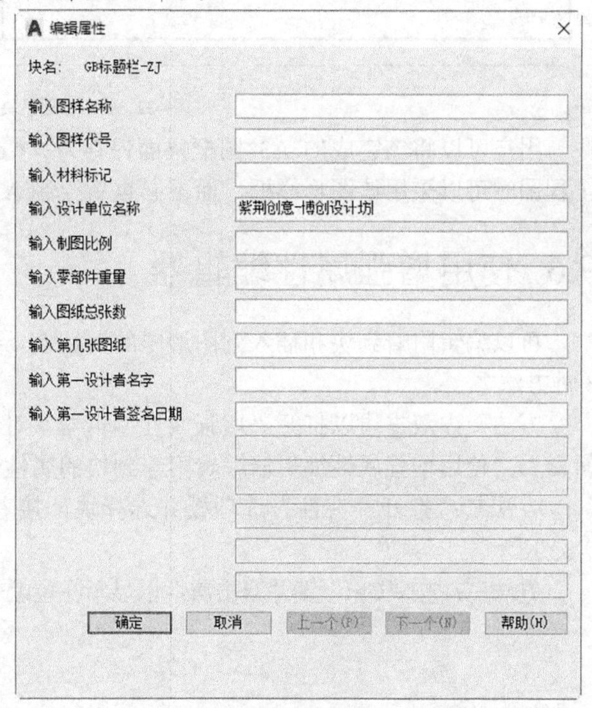

图9-31　编辑属性

7 在“编辑属性”对话框中单击“确定”按钮，从而完成插入标题栏块，其完成效果如图 9-32 所示。从结果来看，插入标题栏块时，通过弹出的“编辑属性”对话框只填写了一个属性值。

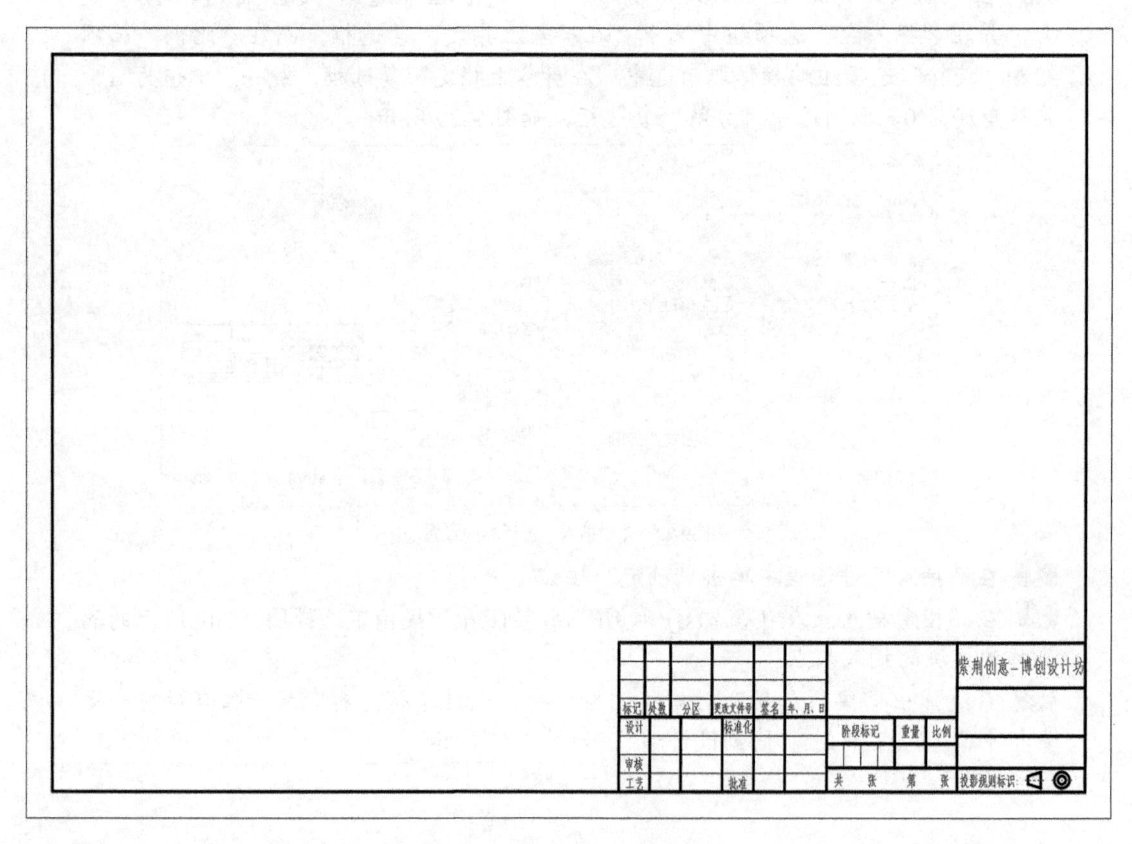

图9-32　插入标题栏块后的效果

用户可以将该完成的 A3 图框幅面保存为“*.dwt”图形样板文件，这样以后在绘制 A3 工程图时可以采用该图形样板，而不必重新绘制 A3 图框幅面（含标题栏）。

9.6 使用增强属性编辑器

可以编辑附着到块和插入到图形中的属性值。要编辑附着到块的属性值，可以使用以下 3 种方法之一。

方法一：双击块以打开“增强属性编辑器”对话框（可将该对话框简称为“增强属性编辑器”），使用增强属性编辑器编辑附着到块的属性值。

方法二：打开“特性”选项板并选择块，接着在“属性”区域编辑相关属性值，如图 9-33 所示。

方法三：按“Ctrl”键并双击属性以显示在位编辑器，接着编辑属性值，如图 9-34 所示。

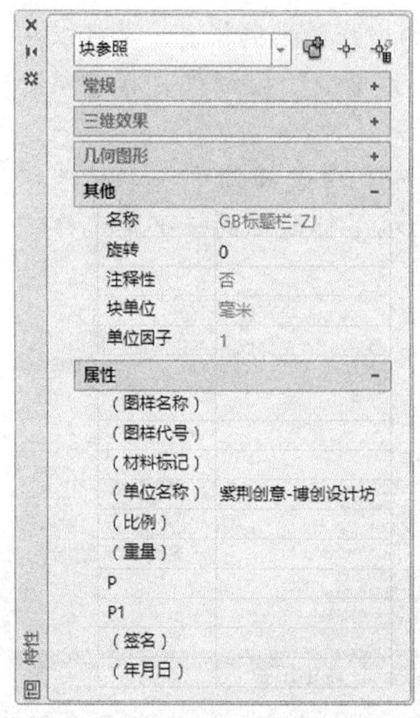

图9-33 使用“特性”选项板编辑块属性值

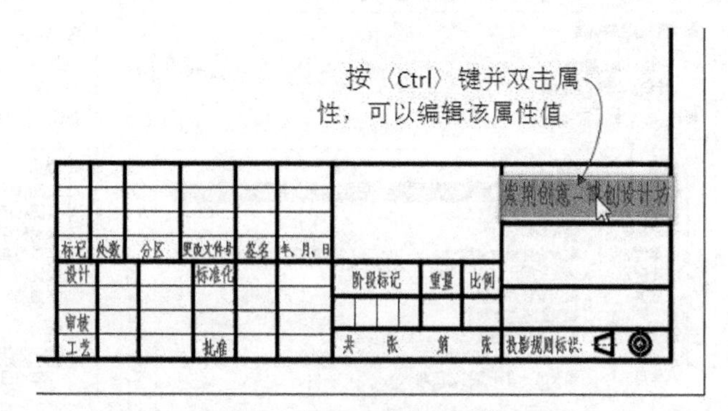

图9-34 使用在位编辑器编辑属性值

在这里重点介绍方法一（使用增强属性编辑器）。请看以下的操作范例。

1 打开“使用增强属性编辑器填写标题栏.dwg”文件，该文件中存在着一个没有填写好标题栏内容的螺套零件图，如图 9-35 所示。

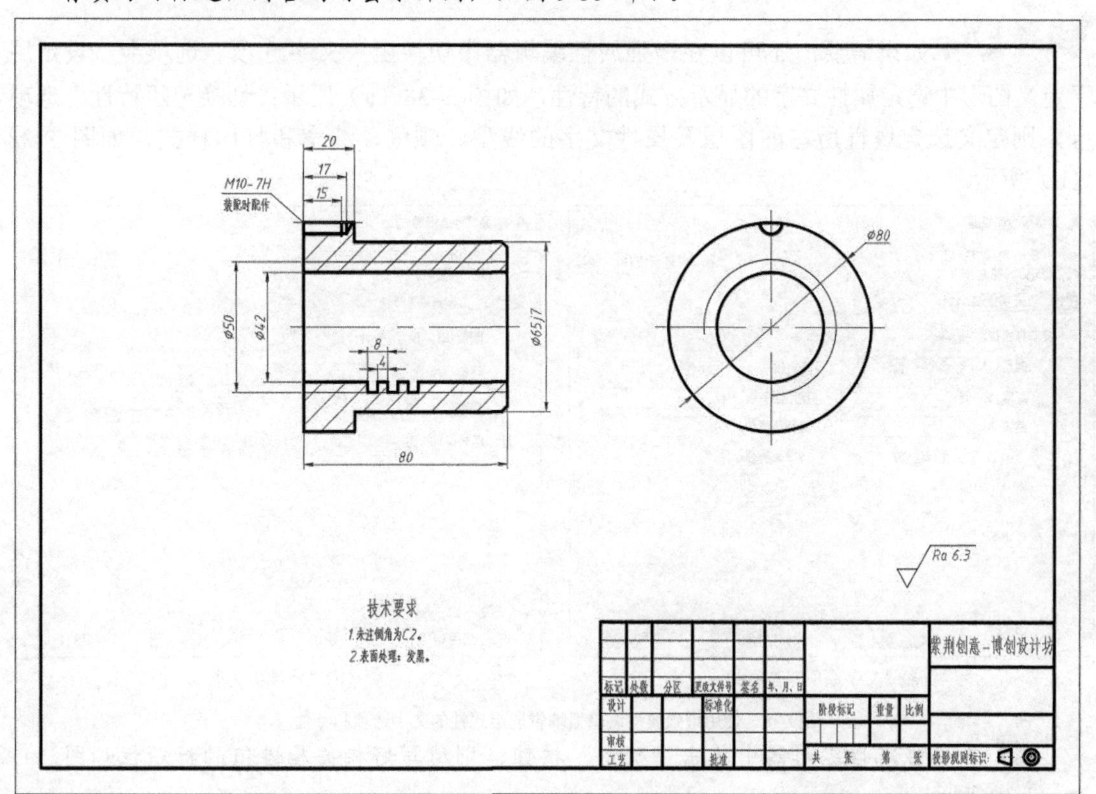

图9-35 没有填写好标题栏内容的螺套零件图

2 在图形窗口中双击标题栏块，打开图 9-36 所示的增强属性编辑器。也可以在功能区“插入”选项卡的“块”面板中单击“编辑属性-单个”按钮，接着在图形窗口中选择标题栏块，则系统也弹出增强属性编辑器。

3 在增强属性编辑器的“属性”选项卡，从选项列表中选择其中一个属性标记，接着在“值”文本框中输入相应的属性值，从而填写标题栏的一个单元格信息。编辑好各属性值的增强属性编辑器如图 9-37 所示。

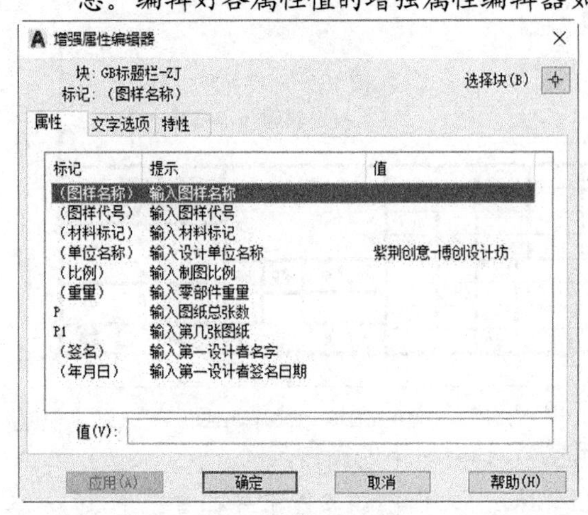

图9-36　增强属性编辑器

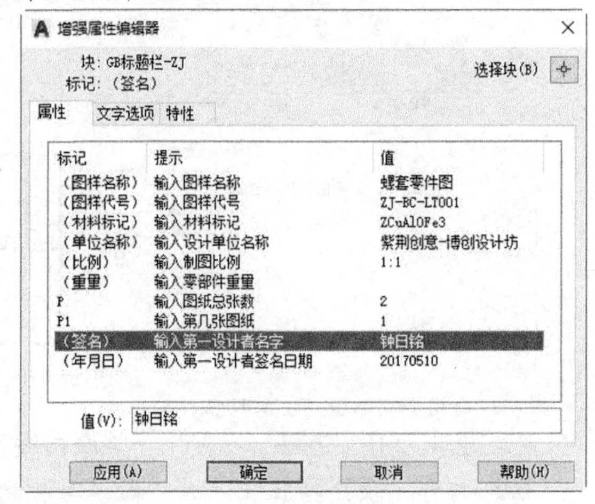

图9-37　填写好相关属性值

知识点拨：如果需要，还可以在增强属性编辑器中切换至“文字选项”选项卡，设定用于定义图形中选定属性文字的显示方式的特性，如图 9-38（a）所示；切换至“特性”选项卡，则定义选定属性所在的图层及属性文字的线型、颜色、线宽和打印样式，如图 9-38（b）所示。

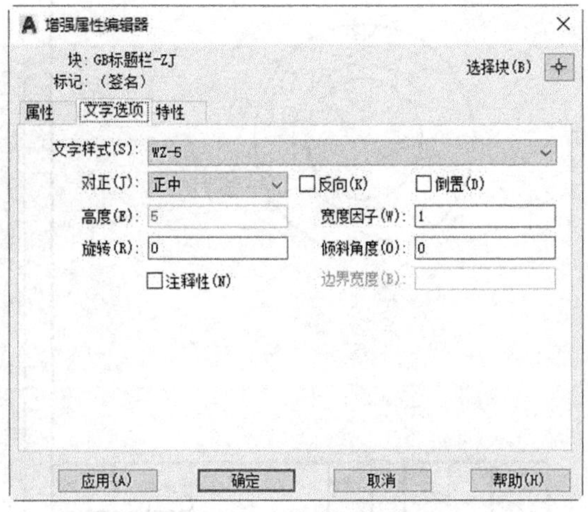

（a）“文字选项”选项卡

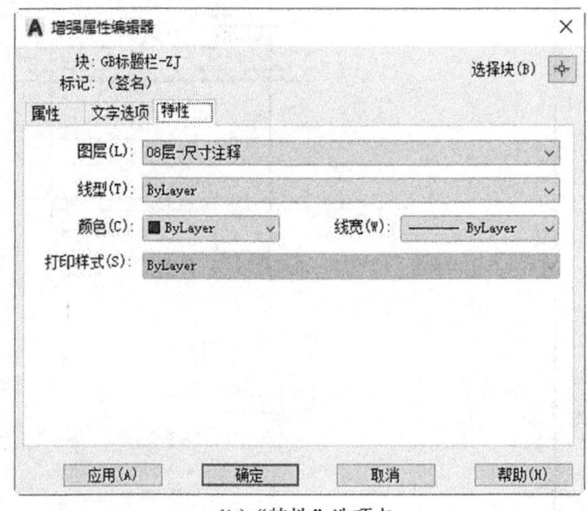

（b）“特性”选项卡

图9-38　使用增强属性编辑器编辑选定属性的文字选项和特性

4 在增强属性编辑器中单击“确定”按钮，则填写好相关属性值的标题栏如图 9-39 所示。

图9-39　填写好相关属性值的标题栏

9.7 分解块、删除块与清理块

在有的设计场合，可能需要先分解块再以某组成对象进行修改以获得符合要求的图形，以及将插入的多余块删除，或者清理图形中未使用的块对象。

9.7.1 分解块

块作为一个独立的对象，而将其分解后可以获得它的独立组成对象。对插入在图形中的块进行分解，并不会改变保存在图形列表中的块定义。

分解块的方法步骤较为简单，即在功能区“默认”选项卡的“修改”面板中单击“分解”按钮，接着选择要分解的块，然后按“Enter”键即可。

9.7.2 删除块与清理块

在功能区“默认”选项卡的“修改”面板中单击“删除”按钮，接着在图形窗口中选择要删除的块并按“Enter”键，即可将在图形中选定的块对象删除。

如果单击“应用程序”按钮，接着从打开的应用程序菜单中选择“图形实用工具”/“清理”命令，则可以使用打开的“清理”对话框来清理某些未使用的图块。

9.8 块库概念及应用

本节介绍块库概念及应用。

9.8.1 块库概念

块库是存储在单个图形文件中的块定义的集合。也就是说，在同一图形文件中创建若干个块，以集中组织一组相关的块定义，该图形文件可被形象地称为“块库”或“符号库”。可以将块库中的指定块定义单独插入到任何图形中。除了使用方法之外，块库图形与其他图形文件没有区别。

单击“创建块”按钮（其相应的英文命令名为“BLOCK”）来定义块库图形中的每个块定义时，可以指定简短的块说明，该说明可以在设计中心进行查看。使用设计中心可以

逐个查看块定义，可以将其从块库图形（或现有的任何图形）复制到当前图形中。设计中心不会使用来自其他图形的块定义覆盖图形中的现有块定义。有关设计中心的详细知识，读者可以借助帮助文件或其他资料自行研习。

用户除了可以自己建立块库之外，也可以打开系统自带的符号库（块库）图形文件，在其中绘制图形，必要时创建属性定义，并将绘制的图形包括属性定义一起创建成块，然后保存文件，则所创建的块便作为新符号元素添加到符号库中。注意，使用设计中心检索和打开系统自带的符号符（块库）图形文件比较方便。

例如，为了便于在机械图样中标注表面结构要求，可以在一个单独的图形文件中按照标准来创建常用的表面结构符号块，包括相关的属性定义，如图 9-40 所示（第一行的表面结构符号适用于字高为 3.5 的情形，第二行的表面结构符号适用于字高为 5 的情形，其中相关字母位置为相应属性定义的插入位置），然后将文件保存为“表面结构要求符号库.dwg”，该图形文件便可以看作是“表面结构要求符号”块库，以后在制图需要时，可以通过设计中心或工具选项板在当前图形中插入相应块，从而轻松地完成零件的相关表面结构要求标注。

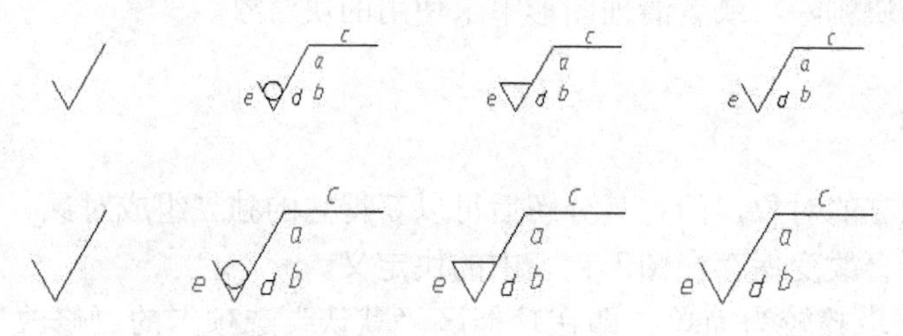

图9-40　建立各种表面结构符号块（举例）

9.8.2　使用设计中心插入块

在功能区“视图”选项卡的“选项板”面板中单击“设计中心”按钮，可以打开或关闭设计中心窗口。打开的设计中心窗口如图 9-41 所示，通过“文件夹”选项卡中的文件夹列表找到所需的块库文件，接着选择该图形文件下的“块”项目，在右侧的内容区域中将显示该图形文件中所包含的块定义。

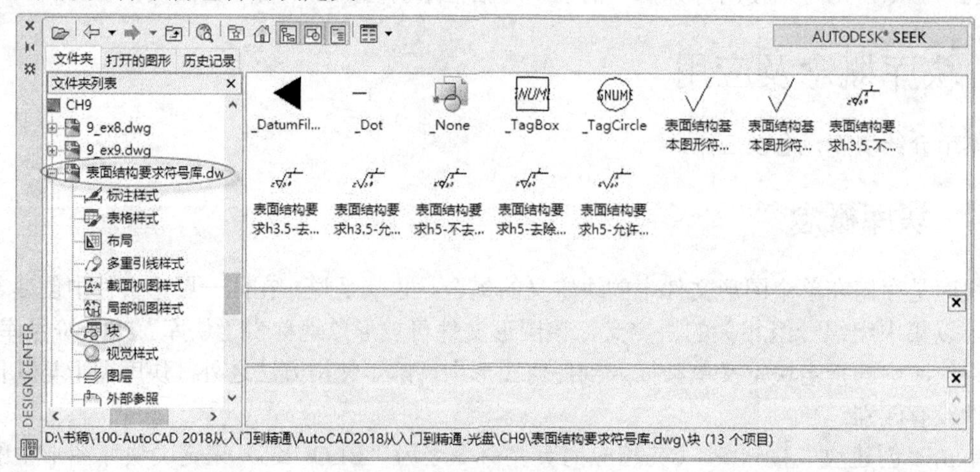

图9-41　设计中心窗口

在内容区域中选择要插入到当前图形中的块定义并右键单击，如图 9-42 所示，接着从弹出的快捷菜单中选择“插入块”命令，则打开“插入”对话框，使用此对话框按照前面章节介绍的方法完成在当前图形中插入块的操作。

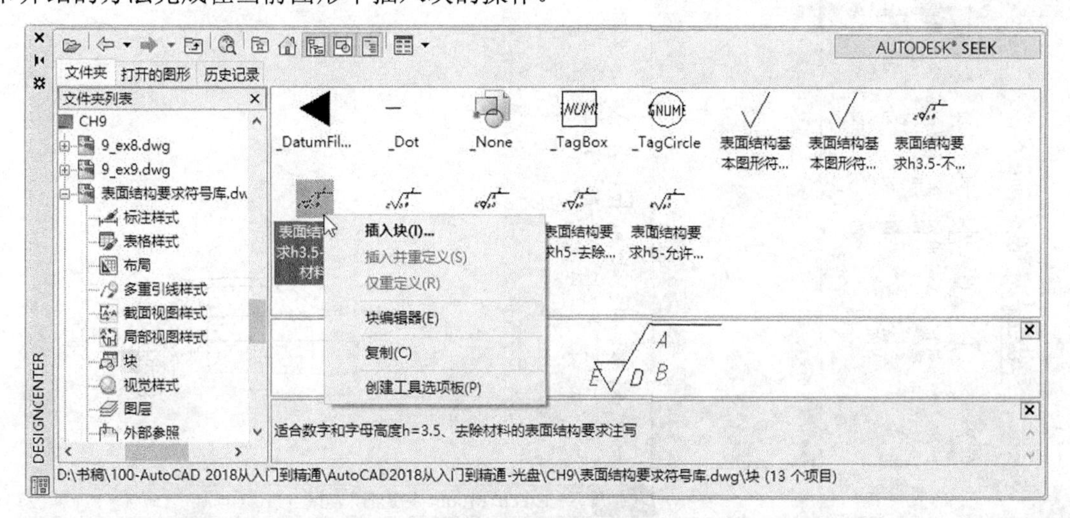

图9-42　在设计中心窗口中右键单击要插入的块定义

用户也可以在内容区域中按住鼠标左键将所需的块定义拖放到当前图形中适当的位置处释放，并在弹出的“编辑属性”对话框中输入相关的属性值（如果块定义包含相关属性定义的话），即可快速完成在当前图形中插入块的操作。

知识点拨：使用设计中心，可以通过多种方法从内容区域打开图形，即使用快捷菜单，按住“Ctrl”键的同时拖动图形，或将图形图标拖动至绘图区域的图形区外部的任意位置。图形名将被添加到设计中心记录表中，以便在将来的任务中快速访问。

9.8.3　使用工具选项板插入块

如果当前工作界面没有显示工具选项板，那么可以在功能区的“视图”选项卡的“选项板”面板中单击“工具选项板”按钮，则打开图 9-43 所示的包含所有工具选项板的“工具选项板”窗口。所谓的工具选项板用于组织包括从块到命令再到填充图案的工具，并且作为“工具选项板”窗口的一部分进行显示。用户可以自定义工具选项板，每个创建的工具选项板都代表“工具选项板”窗口的一个选项卡。默认的“工具选项板”窗口提供了“机械”“电力”“建筑”“结构”“土木工程”“图案填充”“建模”“注释”“表格”和“命令工具”等一些图例或样例，以供用户选用。

通常，要使用工具选项板在当前图形中插入块图形，则在相应工具选项板中选择（单击）所需的图块，此时，在命令行中出现“指定插入点或 [基点(B)/比例(S)/X/Y/Z/旋转(R)]:”的提示，将鼠标光标移至绘图区域则该图形块依附着光标，如图 9-44 所示，在绘图区域指定插入点放置此图块，当然可以选择所需的提示选项设置基点、比例和旋转参数等。

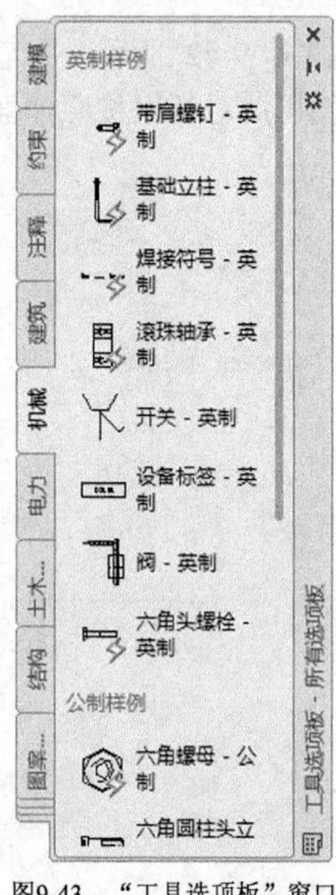

图9-43　“工具选项板”窗口

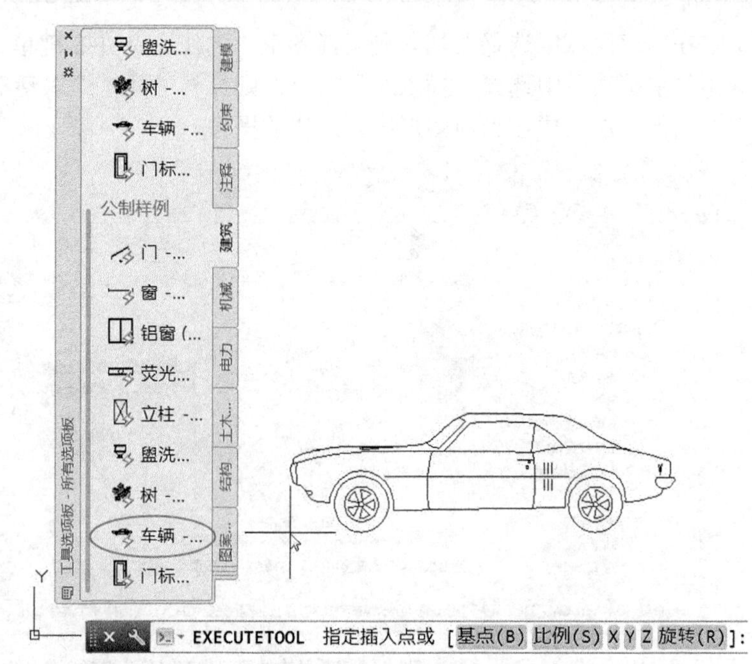

图9-44　从工具选项板插入图块

用户可以使用鼠标左键从工具选项板中选择并拖动所需的图块，将其拖至图形区域的所需放置处释放，即可快速地按照默认设置完成插入图块的操作。

为了便于制图，用户可以将设计中心中的图形、块和图案填充拖动到当前的工具选项板中，也可以添加到一个新的工具选项板中。例如，将前面创建的“表面结构要求符号库.dwg”图形文件中全部表面结构要求的符号块添加到一个新的工具选项板中，其操作方法是在设计中心窗口的内容区域中选择全部这些符号块，右键单击，接着从弹出的快捷菜单中选择“创建工具选项板”命令，如图 9-45 所示，则在“工具选项板”窗口出现一个默认名为“新建 选项板”的工具选项板（选项卡），如图 9-46 所示，在名称文本框中将选项卡名称更改为“表面结构要求”并按“Enter”键确定，从而在“工具选项板”窗口中完成建立一个名为“表面结构要求”的工具选项卡，该工具选项卡（相当于一个块库）包含了一些预定义好的表面结构要求符号图块，如图 9-47 所示。

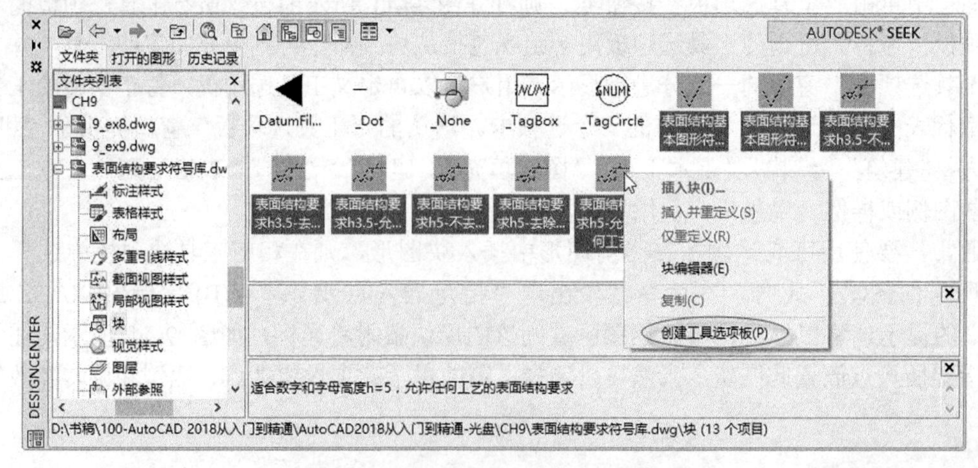

图9-45　从设计中心的选定块创建工具选项板

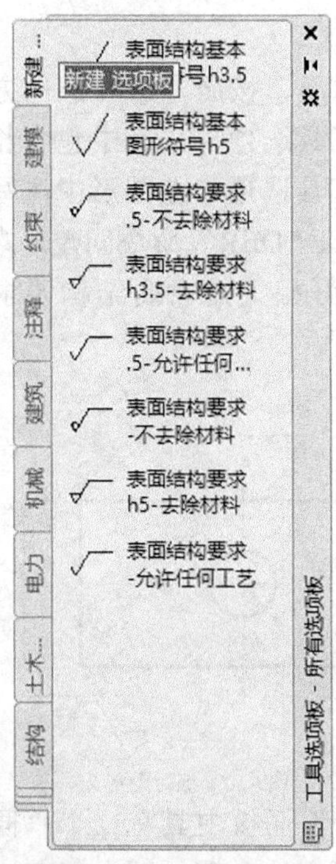

图9-46　出现一个新的选项卡

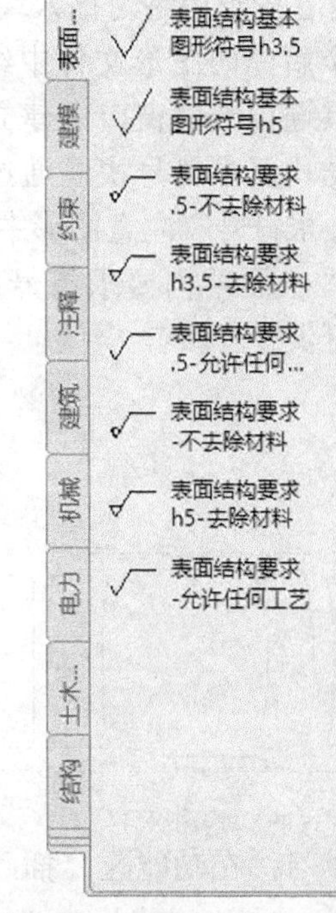

图9-47　“表面结构要求”工具选项板

需要用户注意的是，将已添加到工具选项板中的图形拖动到另一个图形中时，图形将作为块插入。

9.9 思考与练习

(1) 如何理解图块的含义？

(2) “创建块”按钮和“写块”按钮在应用上有什么异同之处？

(3) 如何理解属性定义的概念？

(4) 如何将属性附着到块上？将属性附着到块上有什么用处？

(5) 如何更改在插入带属性的块时出现的提示的显示顺序？

(6) 如何清理块定义？注意在清理块定义之前必须先删除块的全部参照。

(7) 请分别绘制图 9-48 所示的两组图形，具体尺寸自行设定，并分别将这两组图形创建成块。

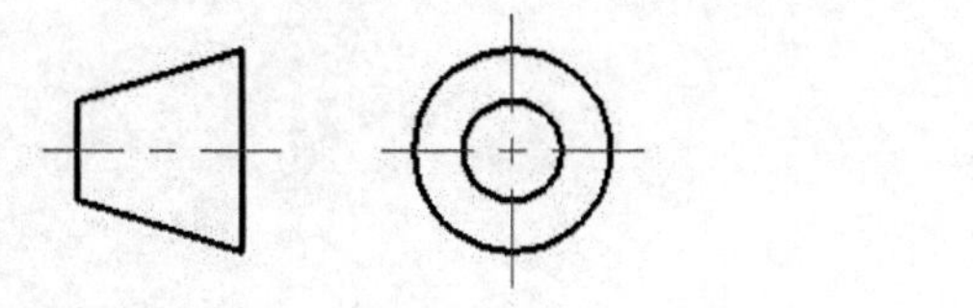

第一角投影法标识

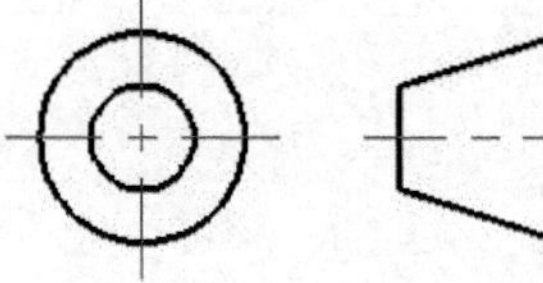

第三角投影法标识

图9-48　根据图形参考创建两个图块

(8) 打开“9_ex8.dwg”练习文件，练习将图 4-49 所示的跑车俯视图图形创建成图

块，并在图形中练习插入块的操作。

(9) 在一个新建的图形文件中绘制图 9-50 所示的图形，按照本章介绍的方法在“工具选项卡”窗口中建立“表面结构要求”工具选项卡，其中包含相关的表面结构要求符号块，通过“表面结构要求”工具选项卡在图形中注写表面结构要求符号。注意图形中的两条引线均可用“LEADER”命令创建。本书配套的“表面结构要求符号库.dwg”文件已经建好相关的表面结构要求符号块，可供读者参考。

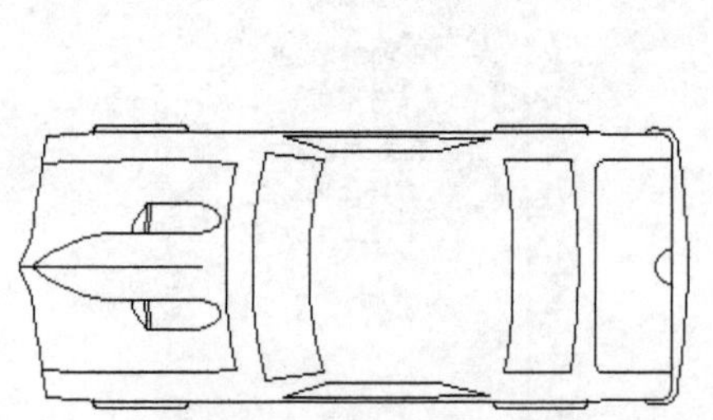

图9-49　练习图形 1

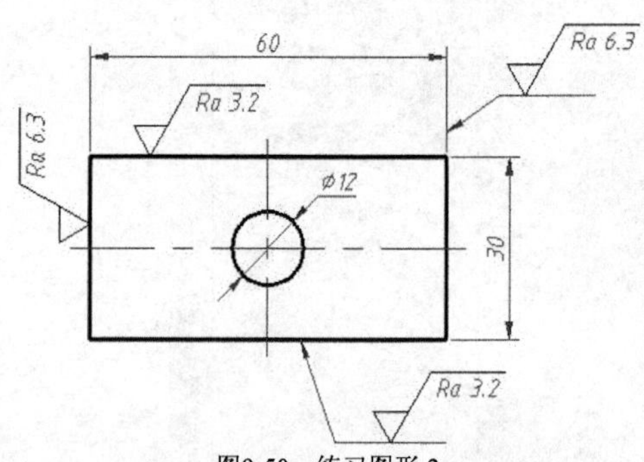

图9-50　练习图形 2

(10) 扩展学习：在功能区“插入”选项卡的“块定义”面板中具有一个“同步”按钮，它可以将块定义中的属性更改应用于所有块参照。请自行研习该工具按钮的应用。

第10章　绘制等轴测图

在一些行业中，可绘制轴测图作为辅助图样。轴测图立体感较强，能够同时反映物体的正面、侧面和水平面的形状，但轴测图只是一种应用二维技术的投影图，不是真正意义上的三维模型。

本章介绍等轴测图的绘制基础知识及两个等轴测图绘制实例。

10.1　轴测图的基础知识

轴测图是一种应用二维技术而产生的投影图，其立体感较强。根据轴测投影线方向和轴测投影面的位置不同，可以将轴测图分为正轴测图和斜轴测图两个主要类别，如果投影线方向垂直于轴测投影面，则得到的视图便是正轴测图（等轴测图）；如果投影线方向倾斜于轴测投影面，则得到的视图为斜轴测图。在相关行业的制图中，常使用的轴测图是正轴测图。正等轴测图绘制比斜轴测图绘制较为方便些。例如，在正轴测图中，平行于各坐标面的圆的轴测投影可以绘制为形状相同的椭圆。

事实上，轴测图的选用一般要考虑 3 个方面的基本要求，即第 1 个基本要求是机件结构表达要清晰明了，第 2 个基本要求是立体感强，第 3 个基本要求是作图简单。

本节先介绍轴测图的基础知识，包括将捕捉类型设定为“等轴测捕捉”及切换平面状态。

10.1.1　将捕捉类型设定为“等轴测捕捉”

在 AutoCAD 2018 中，在绘制等轴测图之前需要将捕捉类型设定为“等轴测捕捉”，其方法如下。

1 在 AutoCAD 2018 中创建一个新图形文件，切换到“草图与注释”工作空间。在状态栏中单击位于“捕捉模式”按钮旁的下三角符号▼，如图 10-1 所示，接着从弹出的列表中选择“捕捉设置”选项，系统弹出“草图设置”对话框并自动切换至“捕捉和栅格”选项卡。

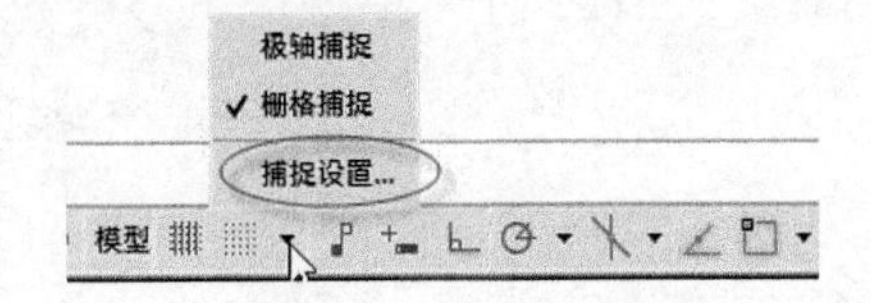

图10-1　拟进行捕捉设置

2 在“草图设置”对话框的“捕捉和栅格”选项卡，可以根据设计情况决定是

否选中“启用捕捉”复选框和“启用栅格”复选框，并修改捕捉间距和栅格间距。要绘制等轴测图，则需要在“捕捉类型”选项组中选中“等轴测捕捉”单选按钮，如图 10-2 所示。

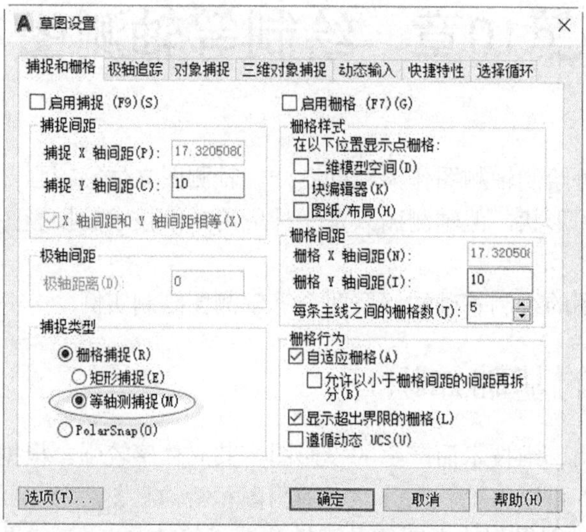

图10-2　设置捕捉类型为“等轴测捕捉”

3 在“草图设置”对话框中单击“确定”按钮，则 AutoCAD 开启了“等轴测捕捉”捕捉类型，此时光标在图形窗口中的显示图标如图 10-3 所示。

接下去便可以开始绘制等轴测图了。在绘制等轴测图的过程中，用户可根据操作情况和设计要求来决定是否启用捕捉模式、栅格模式、对象捕捉模式和对象捕捉追踪模式等，事实上很多场合下需要频繁地在状态栏上临时启用某种模式，或者临时关闭某种模式。这些模式的使用原则是“按需启用，灵活使用”，而并不是模式启用越多越好。

10.1.2　切换平面状态

绘制等轴测图时，需要注意 3 个等轴测投影坐标平面的状态（即 3 种平面状态），其分别为“〈等轴测平面 左视〉”（简称为左平面）、“〈等轴测平面 俯视〉”（简称上平面或顶部平面）和“〈等轴测平面 右视〉”（简称为右平面），根据制图情况可不断地在这 3 个等轴测平面之间切换。不同的等轴测平面所对应光标的显示图标不同，如图 10-4 所示。

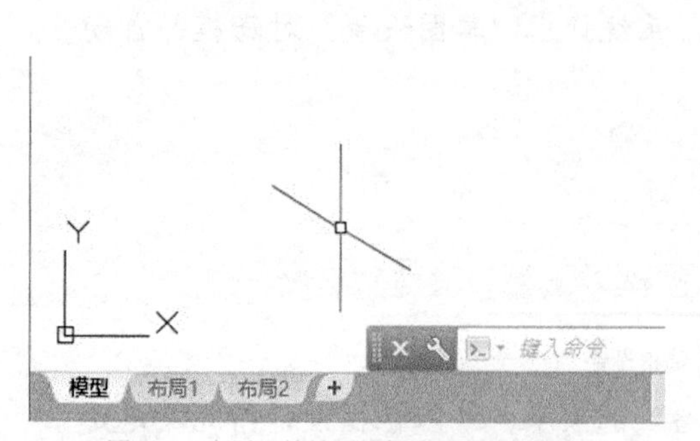

图10-3　启用“等轴测捕捉”时的光标图标

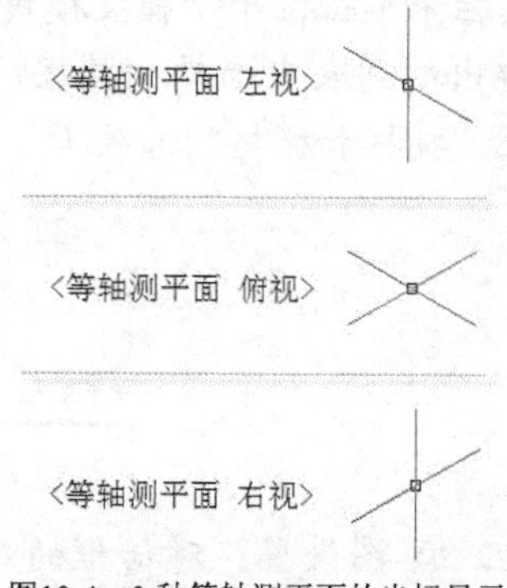

图10-4　3 种等轴测平面的光标显示

知识点拨：将捕捉样式设定为“等轴测”（本书将此设置描述为启用等轴测捕捉）后，用户可以在 3 个平面中的任意一个平面上工作，每个平面都有一对关联轴，如图 10-5 所示。选择 3 个等轴测平面之一将导致“正交”和十字光标沿相应的等轴测轴对齐。

在键盘上按“F5”键或“Ctrl”+“E”组合快捷键，可以循环切换不同的等轴测平面（即在上平面、右平面和左平面三者之间循环切换）。假设当前的等轴测平面为“右平面（右视）”时，按“F5”键可依次切换到“左平面（左视）”和“上平面（俯视）”，所执行的切换操作都会记录在命令窗口的命令历史记录中，此时若再按一次“F5”键，则又可以由“〈等轴测平面 俯视〉”状态切换回右平面。当在状态栏中单击“自定义”按钮并从弹出的列表中选中“等轴测草图”选项时，用户还可以根据设计要求随时从状态栏中选中等轴测草图平面，如图 10-6 所示。

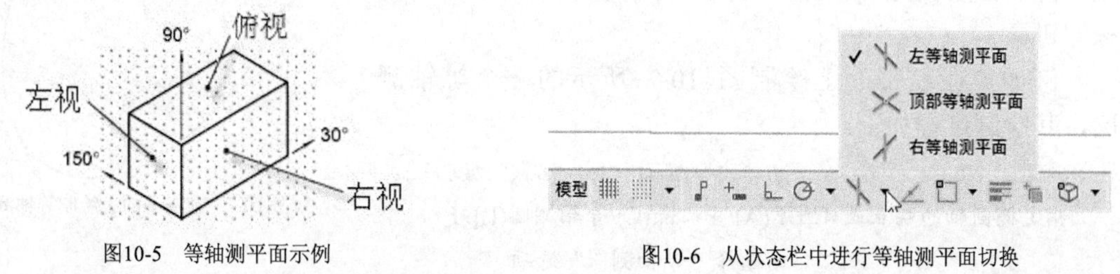

图10-5 等轴测平面示例

图10-6 从状态栏中进行等轴测平面切换

10.2 绘制基本的等轴测图形

通过沿 3 个主轴对齐，等轴测图形从特定的视点模拟三维对象。绘制等轴测图形的基本思路是先在某个等轴测平面上绘制所需的图形，接着再在另外两个等轴测平面上绘制所需的图形。例如，先绘制上平面，接着切换至左平面绘制图形，然后再切换到右平面绘制另一侧来完成图形。

本节先介绍在等轴测捕捉状态下绘制直线和等轴测圆的方法、步骤，而在 10.3 节和 10.4 节中再分别介绍等轴测图综合绘制实例。

10.2.1 在等轴测捕捉下绘制直线

启用等轴测捕捉后，可以单击“直线”按钮来在指定的等轴测平面上绘制单一的直线段或连续的直线段。在绘制过程中，可根据实际情况启用捕捉模式、正交模式、对象捕捉模式和对象捕捉追踪模式中的一种或多种模式，以便于制图工作。例如，打开正交模式时，指定点将沿着正在上面绘图的模拟平面正交对齐，很多时候打开正交模式是很有用的。在绘制相关直线的过程中，特别要注意选用正确的等轴测平面，以及为直线端点捕捉正确的位置点或输入正确的坐标值（使用相对坐标较为方便）。

在启用等轴测捕捉的状态下，亦可单击“多段线”按钮来在指定的等轴测平面上绘制直线段。

10.2.2　绘制等轴测圆

在等轴测平面上绘图时，使用椭圆表示从某一倾斜角度查看的圆，该椭圆是使用 ElLLIPSE 命令的“等轴测圆”选项来创建的。需要用户注意的是，仅当捕捉模式的“样式”选项设定为“等轴测”时，“等轴测圆”选项才可用。

要绘制等轴测圆，则在启用等轴测捕捉的情况下，从功能区“默认”选项卡的“绘图”面板中的单击“椭圆：轴、端点”按钮，或者在命令行中输入“ELLIPSE”并按“Enter”键，接着在“指定椭圆轴的端点或 [圆弧(A)/中心点(C)/等轴测圆(I)]:”提示下选择“等轴测圆”选项，然后分别指定等轴测圆的圆心和等轴测圆的半径或直径即可。

例如，在左平面上绘制图 10-7 所示的一个等轴测圆，其绘制过程如下。

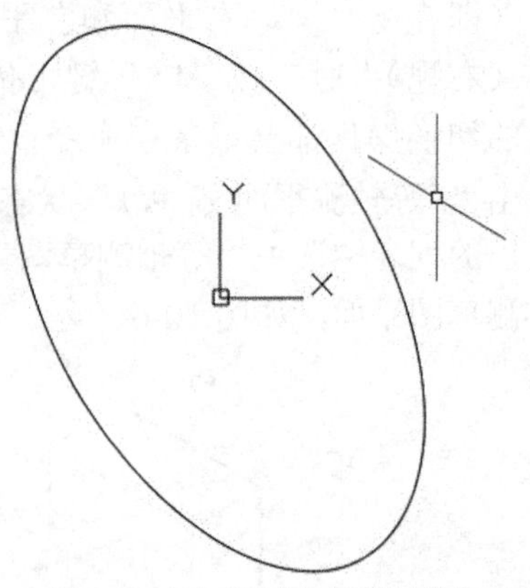

图10-7　在左平面上绘制等轴测圆

```
命令: _ellipse                //单击“椭圆: 轴、端点”按钮
指定椭圆轴的端点或 [圆弧(A)/中心点(C)/等轴测圆(I)]: I
                              //选择“等轴测圆”选项
指定等轴测圆的圆心: 0,0↙                //输入等轴测圆的圆心位置为（0,0）
指定等轴测圆的半径或 [直径(D)]: 50↙     //输入等轴测圆的半径为 50
```

如果要在某等轴测平面上表示同心圆，则使用 ELLIPSE 命令绘制一个等轴测圆后，再使用此命令绘制一个中心相同的等轴测圆，但是不能使用偏移命令偏移原来的椭圆，因为虽然偏移产生的是椭圆形的样条曲线，但却不能表示所期望的缩放距离。

10.3　绘制等轴测图综合实例 1

视频：绘制等轴测图综合实例 1

本节以绘制图 10-8 所示的等轴测图为例，详细地介绍其绘制步骤。在绘制过程中特别要注意相关等轴测平面的正确切换，以及要注意各等轴测平面上的等轴测圆的显示形状。

本等轴测图综合实例的操作步骤如下。

1. 在“快速访问”工具栏中单击“新建”按钮，弹出“选择样板”对话框，从中选择“acadiso.dwt”图形样板文件，单击“打开”按钮。

2. 切换至“草图与注释”工作空间，按“F7”键，取消栅格显示模式。在状态栏中右键单击“捕捉模式”按钮并从弹出的快捷菜单中选择“捕捉设置”命令，系统弹出“草图设置”对话框并自动切换至“捕捉和栅格”选项卡，在“捕捉类型”选项组中选中“栅格捕捉”单选按钮，并选中“等轴测捕捉”单选按钮，如图 10-9 所示，然后单击“确定”按钮。

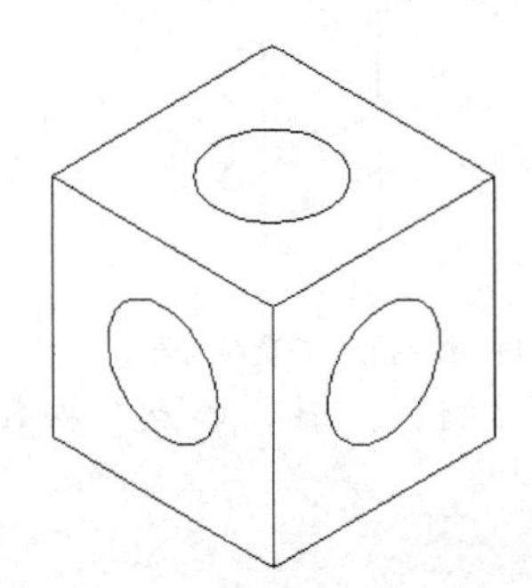

图10-8　综合范例 1 完成的等轴测图

图10-9　“草图设置”对话框

3 此时，确保等轴测平面处于左平面（左视）状态，按“F8”键以启用正交模式。在功能区“默认”选项卡的“绘图”面板中单击“直线”按钮，根据命令行提示进行以下操作。

命令: _line

指定第一个点: 0,0,0↙

指定下一点或 [放弃(U)]: @100<150↙

指定下一点或 [放弃(U)]: @100<270↙

指定下一点或 [闭合(C)/放弃(U)]: @100<-30↙

指定下一点或 [闭合(C)/放弃(U)]: C↙

在左平面绘制的闭合线段如图 10-10 所示。如果 UCS 图标在原点显示，而又想关闭此显示，那么可以在图形窗口中右键单击 UCS 图标，如图 10-11 所示，接着从弹出的快捷菜单中选择“UCS 图标设置”/“在原点显示 UCS 图标”复选命令以取消在原点显示 UCS 图标。

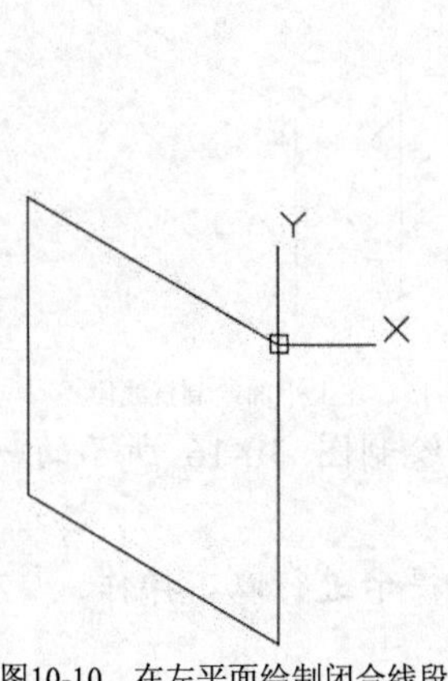

图10-10　在左平面绘制闭合线段

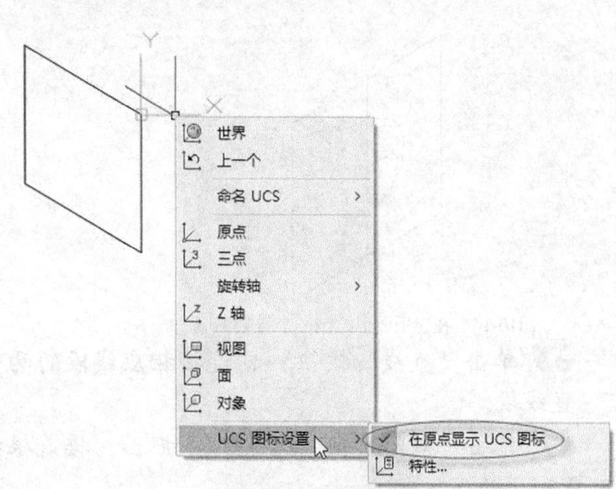

图10-11　UCS 图标设置

4 按“F3”键确保打开对象捕捉模式，单击“直线”按钮，分别选择图 10-12 所示的线段中点 A 和其对边线段的中点 B 来绘制一条直线段。继续单击“直线”按钮，分别选择图 10-13 所示的线段中点 C 和其对边线段的中点 D 来绘制另一条直线段。

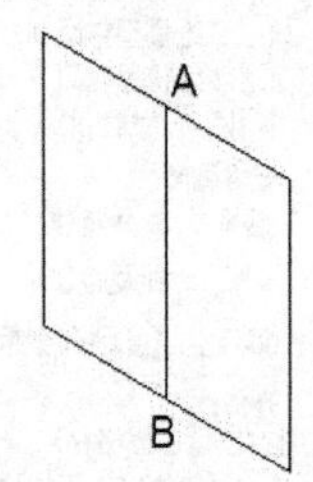

图10-12　绘制一条直线段

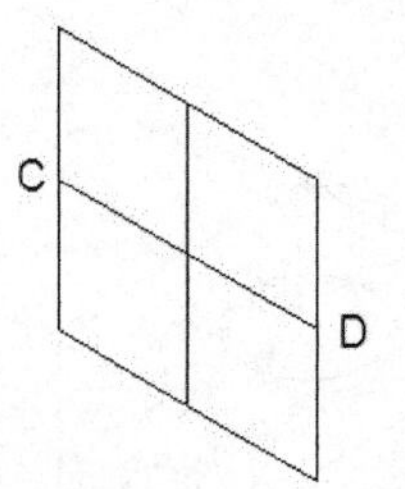

图10-13　绘制另一条直线线段

5 在功能区“默认”选项卡的“绘图”面板中的单击“椭圆：轴、端点”按钮，接着根据命令行提示进行以下操作。

命令: _ellipse

指定椭圆轴的端点或 [圆弧(A)/中心点(C)/等轴测圆(I)]: I↙　//选择“等轴测圆”选项

指定等轴测圆的圆心: _int 于　//选择线段 AB 和线段 CD 的交点

指定等轴测圆的半径或 [直径(D)]: 25↙　//指定等轴测圆的半径为 25

在左平面上绘制好该等轴测圆的图形效果如图 10-14 所示。

6 按“F5”键，将平面状态切换到上平面（即“等轴测平面 俯视”）。

7 单击“直线”按钮，根据命令行提示进行以下操作。

命令: _line

指定第一个点:　//捕捉并选择图 10-15 所示的顶点 E

指定下一点或 [放弃(U)]: @100<30↙

指定下一点或 [放弃(U)]: @100<150↙

指定下一点或 [闭合(C)/放弃(U)]: @100<210↙

指定下一点或 [闭合(C)/放弃(U)]: ↙

在上平面绘制好 3 条直线段后的图形效果如图 10-15 所示。

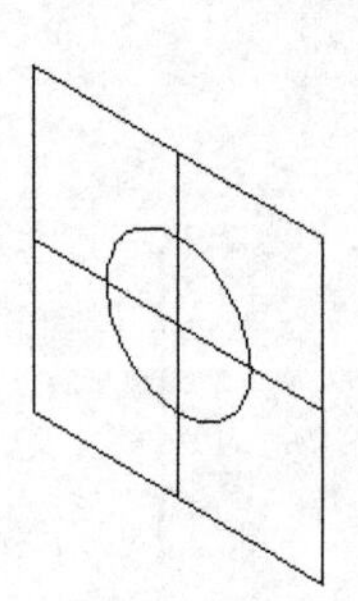

图10-14　在左平面上绘制一个等轴测圆

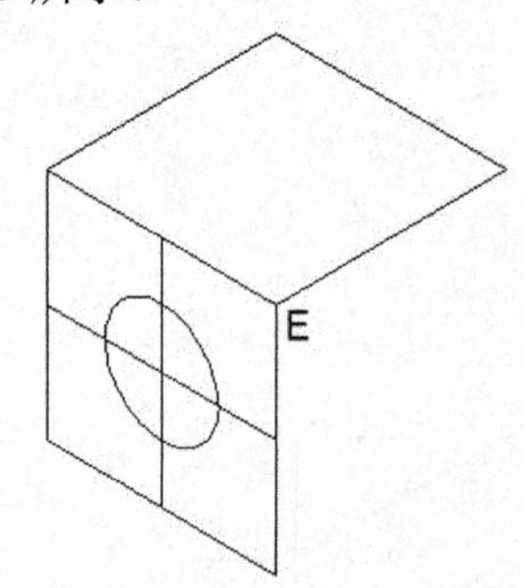

图10-15　在上平面绘制直线段

8 单击“直线”按钮，连接相应线段的两个中点来绘制图 10-16 所示的一条直线段。

9 单击“椭圆：轴、端点”按钮，接着根据命令行提示进行以下操作。

命令: _ellipse

指定椭圆轴的端点或 [圆弧(A)/中心点(C)/等轴测圆(I)]: I↙

指定等轴测圆的圆心: //选择上步骤所创建的直线段的中点

指定等轴测圆的半径或 [直径(D)]: 25↙

在上平面绘制好一个等轴测圆后的图形效果如图 10-17 所示。

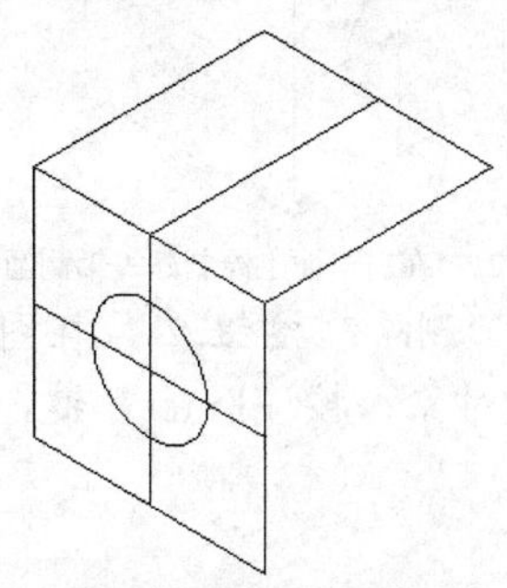

图10-16 绘制一条直线段

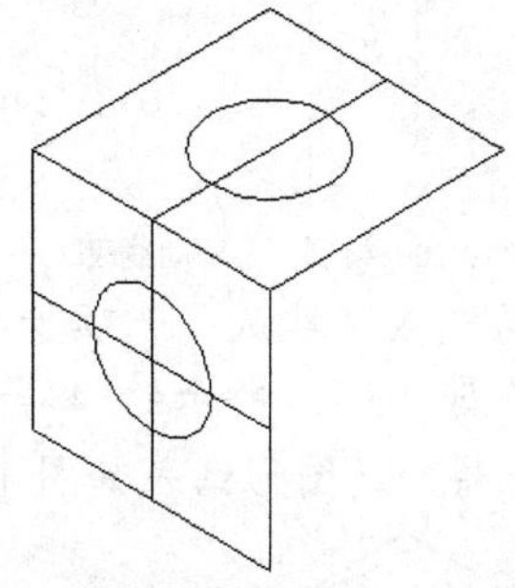

图10-17 在上平面绘制一个等轴测圆

10 按“F5”键，将平面状态切换右平面状态（即“等轴测平面 右视”平面状态）。

11 单击“直线”按钮，根据命令行提示进行以下操作。

命令: _line

指定第一个点: //选择图 10-18 所示的端点

指定下一点或 [放弃(U)]: @100<270↙

指定下一点或 [放弃(U)]: @100<210↙

指定下一点或 [闭合(C)/放弃(U)]: ↙

在右平面上完成该步骤所绘制的相关线段如图 10-19 所示。

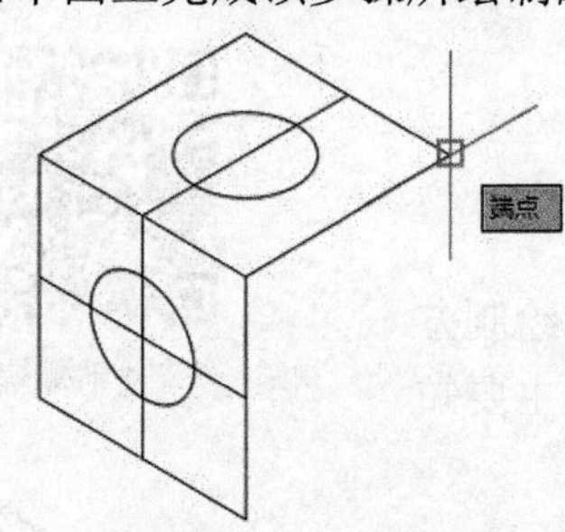

图10-18 选择直线端点

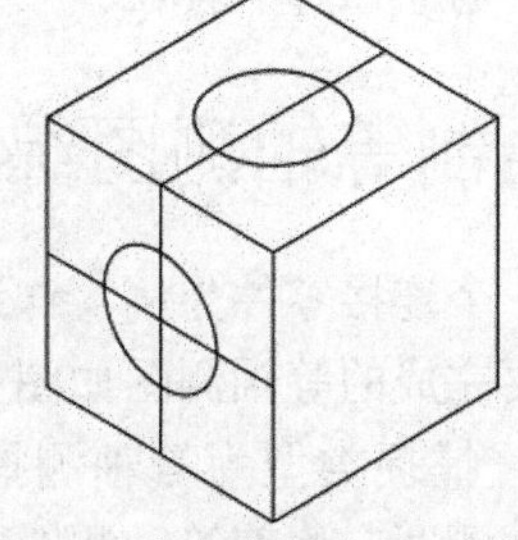

图10-19 在右平面上绘制一些线段

12 单击“直线”按钮，分别选择相应的两个中点来绘制一条辅助直线段，如图 10-20 所示。

13 单击“椭圆：轴、端点”按钮，接着根据命令行提示进行以下操作。

命令: _ellipse

指定椭圆轴的端点或 [圆弧(A)/中心点(C)/等轴测圆(I)]: I↙

指定等轴测圆的圆心: //在上步骤所创建的线段中捕捉并选择其中点

指定等轴测圆的半径或 [直径(D)]: 25↙

在右平面上绘制好的等轴测圆如图 10-21 所示。

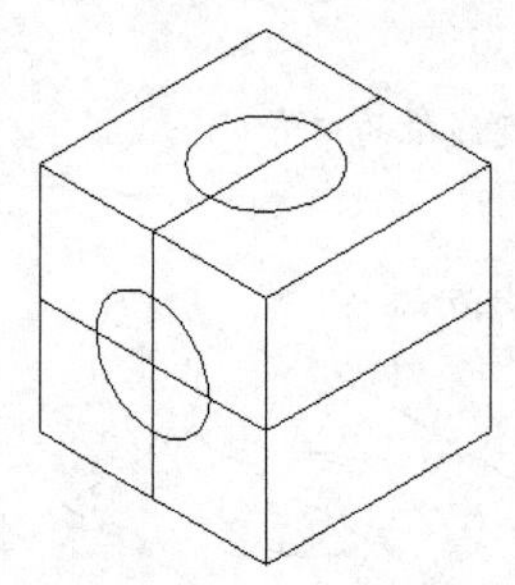

图10-20　绘制一条辅助线段

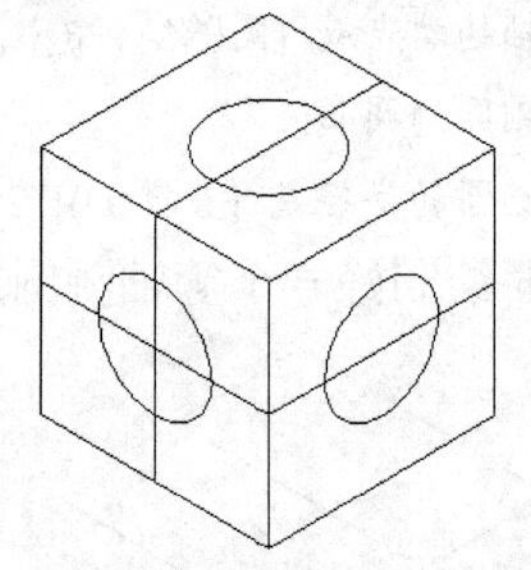

图10-21　在右平面上绘制好等轴测圆

14 在功能区“默认”选项卡的“修改”面板中单击“删除”按钮，在图形窗口中选择图 10-22 所示的 4 条辅助线段作为要删除的对象，按“Enter”键，删除所选对象得到的图形结果如图 10-23 所示。

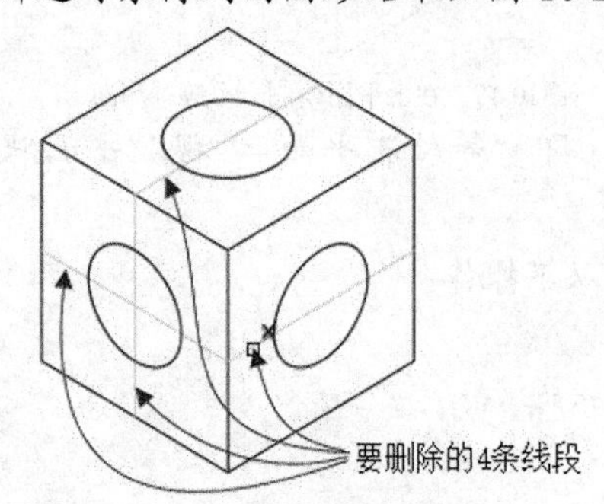

图10-22　选择要删除的线段

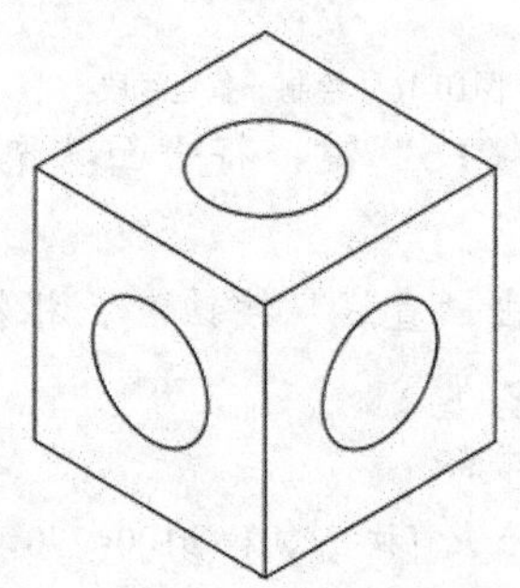

图10-23　删除选定对象后的图形效果

15 在“快速访问”工具栏中单击“保存”按钮，弹出“图形另存为”对话框，指定要保存到的位置并指定文件名为“绘制等轴测图综合实例 1.dwg”，单击对话框中的“保存”按钮。

10.4　绘制等轴测图综合实例 2

视频：绘制等轴测图综合实例 2

本节以一个连接零件为例，详细地介绍其等轴测图的绘制方法及步骤。要完成的等轴测图如图 10-24 所示。本实例的主要知识点包括设置捕捉类型为等轴测捕捉、切换平面状态、绘制等轴测圆、修剪等轴测图图线等。

本等轴测图综合绘制实例的具体操作步骤如下。

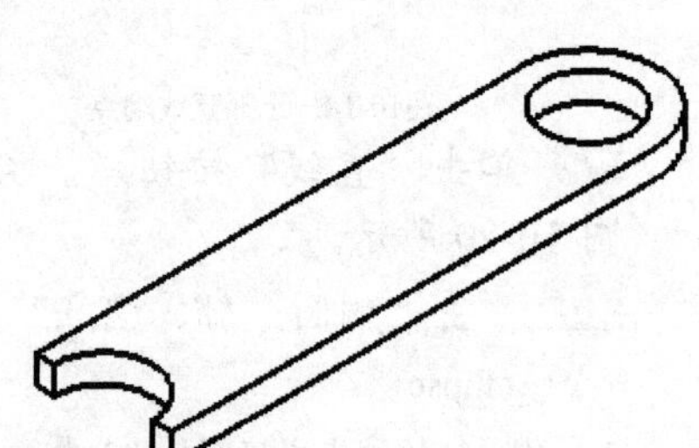

图10-24　连接零件的等轴测图

1 在“快速访问”工具栏中单击“新建”按钮，弹出“选择样板”对话框，选择“ZJ 标准图形样板.dwt”图形样板文件（该图形样板文件位于本书光盘配套素材内容的 CH10 文件夹中），单击“打开”按钮。

2 切换到“草图与注释”工作空间，在状态栏中单击位于“捕捉模式”按钮旁的下三角符号，接着从弹出的快捷菜单中选择“捕捉设置”命令，系统弹出“草图设置”对话框并自动切换至“捕捉和栅格”选项卡，在“捕捉类型”选项组中确保选中“栅格捕捉”单选按钮，并选中“等轴测捕捉”单选按钮，然后单击“确定”按钮。

3 确保处于等轴测左平面状态。从功能区“默认”选项卡的“图层”面板中选择“图层”下拉列表框中的“01 层-粗实线”层，接着按“F8”键以启用正交模式。

4 在功能区“默认”选项卡的“绘图”面板中单击“直线”按钮，根据命令行提示进行以下操作。

命令: _line

指定第一个点: 100,100,0↙

指定下一点或 [放弃(U)]: @50<150↙

指定下一点或 [放弃(U)]: @10<270↙

指定下一点或 [闭合(C)/放弃(U)]: @50<330↙

指定下一点或 [闭合(C)/放弃(U)]: C↙

在左平面上初步绘制的图形如图 10-25 所示。

5 按“F5”键两次，以将等轴测平面状态切换为右平面状态（即“等轴测平面 右视”平面状态）。

6 在右平面上绘制图形。单击“直线”按钮，根据命令行提示进行以下操作。

命令: _line

指定第一个点:　　　　//在左面图形中捕捉并单击右下角点（右下端点）

指定下一点或 [放弃(U)]: @180<30↙

指定下一点或 [放弃(U)]: @10<90↙

指定下一点或 [闭合(C)/放弃(U)]: @180<210↙

指定下一点或 [闭合(C)/放弃(U)]: ↙

在右平面上绘制的图形如图 10-26 所示。

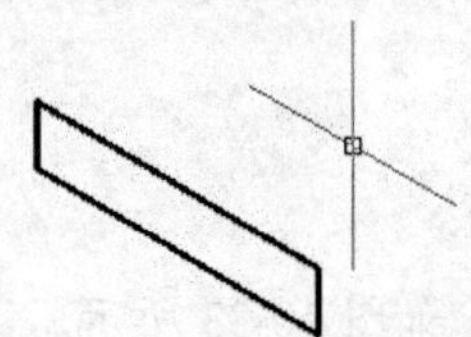

图10-25　在左平面上初步绘制的图形

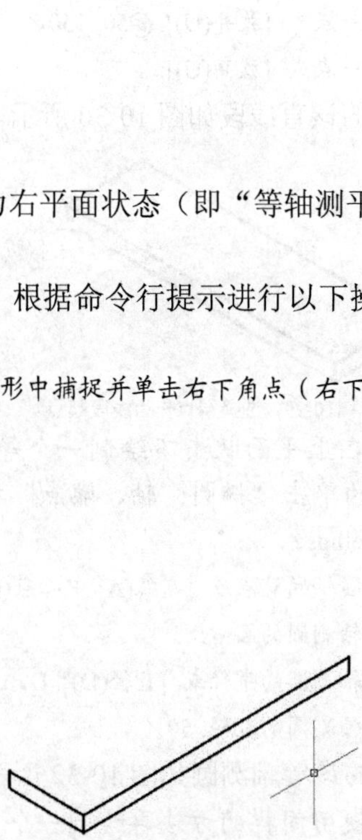

图10-26　在右平面上绘制的图形

7 按“F5”键两次，将等轴测平面状态切换为上平面状态（即“等轴测平面 俯视”平面状态）。

8 在上平面上绘制图形。单击“直线”按钮，根据命令行提示进行以下操作。

命令: _line

指定第一个点:　　　　//选择图 10-27 所示的端点

指定下一点或 [放弃(U)]: @50<150↙

指定下一点或 [放弃(U)]: @180<210↙

指定下一点或 [闭合(C)/放弃(U)]: ↙

在上平面上绘制相连的两段直线段后的图形效果如图 10-28 所示。

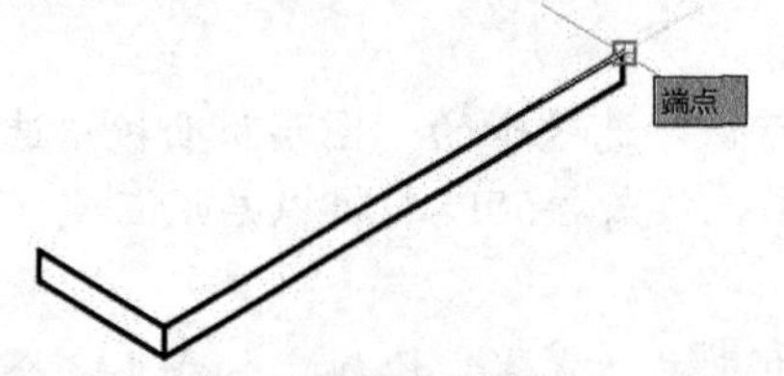

图10-27　指定直线起点

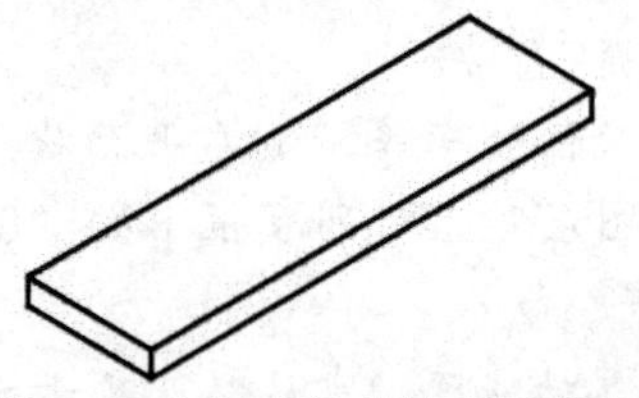

图10-28　在上平面上绘制两段直线段

9 继续在上平面状态下绘制直线段。单击“直线”按钮，根据命令行提示进行以下操作来绘制一条直线段。

命令: _line

指定第一个点:　　　　　　　　　　//选择图 10-29 所示的端点

指定下一点或 [放弃(U)]: @50<150↙

指定下一点或 [放弃(U)]: ↙

绘制的该直线段如图 10-30 所示。

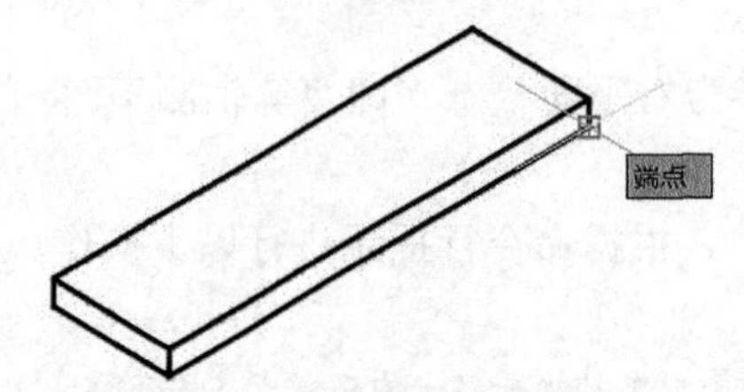

图10-29　选择端点作为线段起点

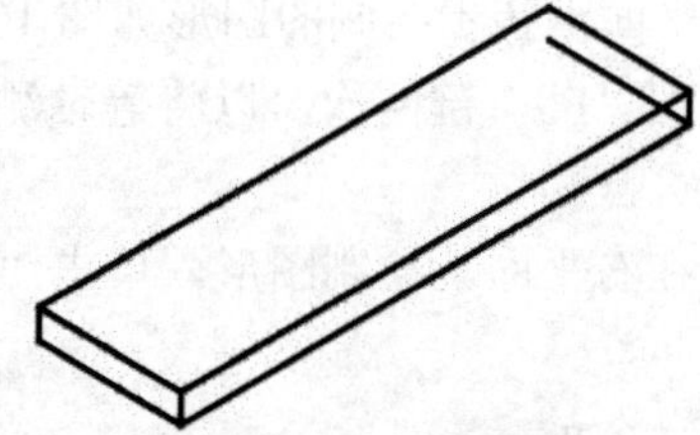

图10-30　绘制一条直线段

10 在上平面状态下绘制一个等轴测圆。从功能区“默认”选项卡的“绘图”面板中的单击“椭圆：轴、端点”按钮，根据命令行提示进行以下操作。

命令: _ellipse

指定椭圆轴的端点或 [圆弧(A)/中心点(C)/等轴测圆(I)]: I↙

指定等轴测圆的圆心:　　　　　　　　//选择图 10-31 所示的线段中点作为等轴测圆的圆心

指定等轴测圆的半径或 [直径(D)]: D↙

指定等轴测圆的直径: 50↙

绘制的该等轴测圆如图 10-32 所示。

11 使用同样的方法再绘制一个直径为 50 的等轴测圆，如图 10-33 所示。

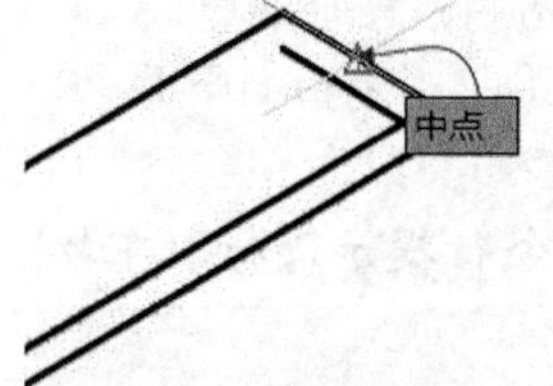

图10-31　指定等轴测圆的圆心

图10-32　绘制等轴测圆

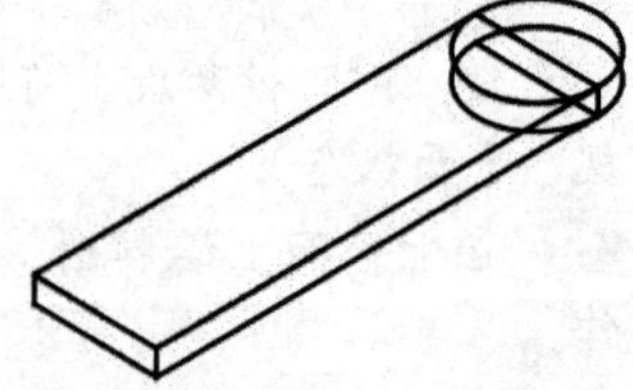

图10-33　再绘制一个等轴测

12 单击“椭圆：轴、端点”按钮，根据命令行提示进行以下操作。

命令: _ellipse

指定椭圆轴的端点或 [圆弧(A)/中心点(C)/等轴测圆(I)]: I↙

指定等轴测圆的圆心:　　　　　　　　//选择图 10-34 所示的中点作为等轴测圆的圆心

指定等轴测圆的半径或 [直径(D)]: 16↙

绘制的该等轴测圆如图 10-35 所示。

13 使用同样的方法，继续绘制一个等轴测圆。该等轴测圆为图 10-36 中显示有夹点的等轴测圆（特意选中以便于辨认），它的圆心落在底面对应的一条线段中点处。

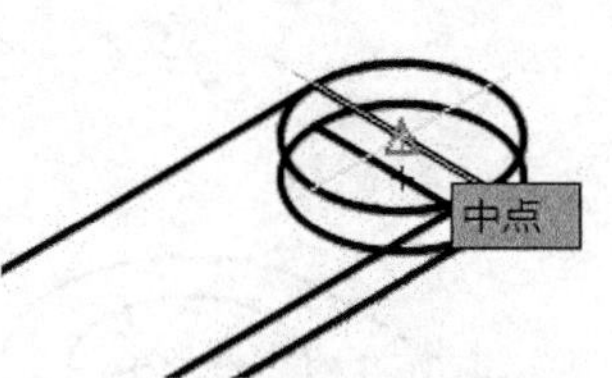

图10-34　指定等轴测圆的圆心

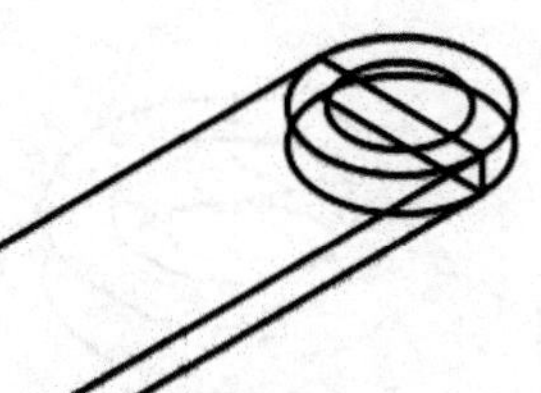
图10-35　绘制一个等轴测圆

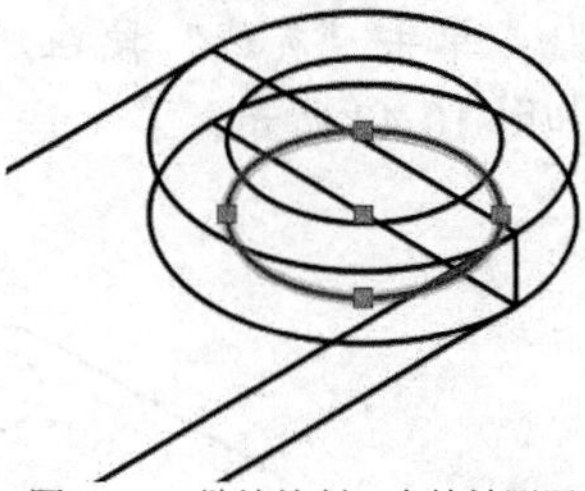

图10-36　继续绘制一个等轴测圆

14 在功能区“默认”选项卡的“修改”面板中单击“修剪”按钮，对图形进行修剪，并单击“删除”按钮将部分不需要的图线删除掉，结果如图 10-37 所示。

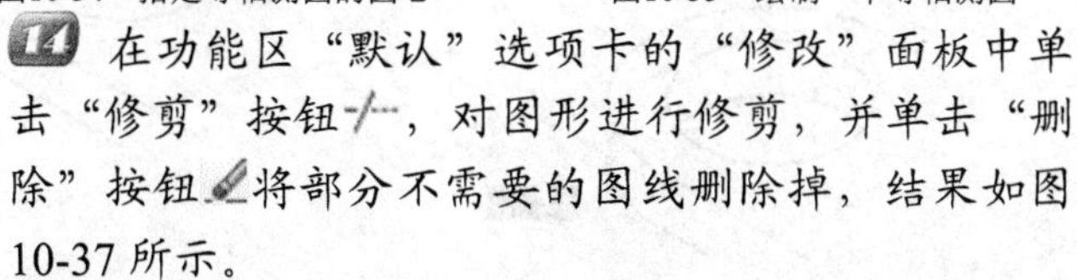

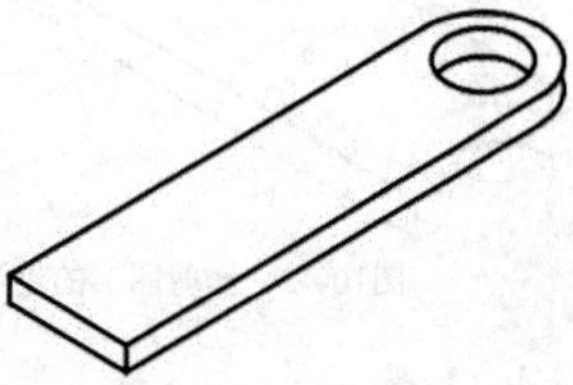

图10-37　编辑后的图形

15 单击“椭圆：轴、端点”按钮，根据命令行提示进行以下操作。

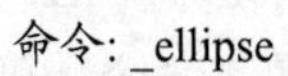

命令: _ellipse
指定椭圆轴的端点或 [圆弧(A)/中心点(C)/等轴测圆(I)]: I↙
指定等轴测圆的圆心:　　　　//选择图 10-38 所示的线段中点
指定等轴测圆的半径或 [直径(D)]: 18↙

绘制的该等轴测圆如图 10-39 所示。

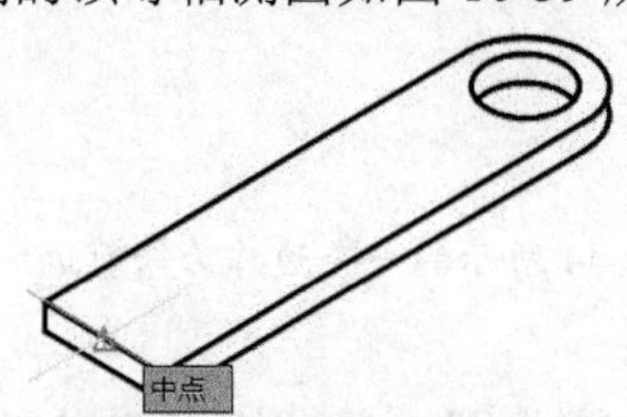

图10-38　指定等轴测圆的圆心

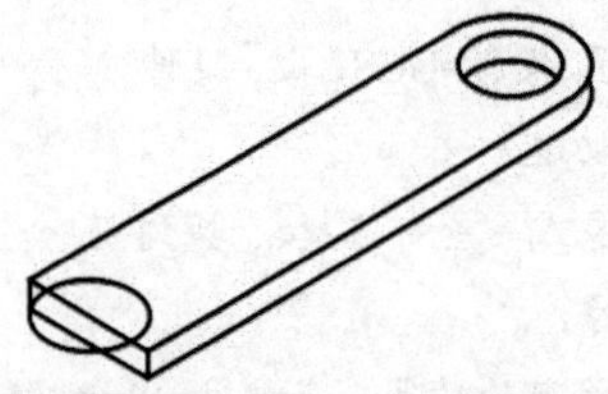
图10-39　绘制一个等轴测圆

16 继续单击“椭圆：轴、端点”按钮，根据命令行提示进行以下操作。

命令: _ellipse
指定椭圆轴的端点或 [圆弧(A)/中心点(C)/等轴测圆(I)]: I↙
指定等轴测圆的圆心:　　　　//选择图 10-40 所示的线段中点
指定等轴测圆的半径或 [直径(D)]: 18↙

绘制的该等轴测圆如图 10-41 所示。

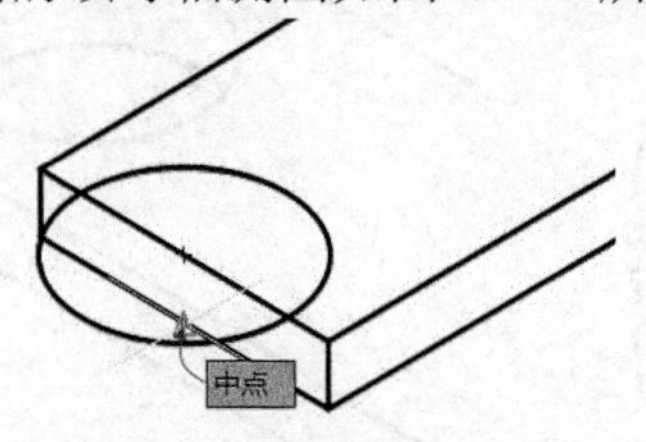

图10-40　指定等轴测圆的圆心

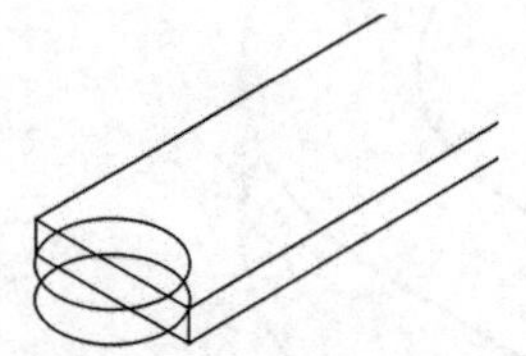
图10-41　绘制一个等轴测圆

17 在功能区“默认”选项卡的“修改”面板中单击“修剪”按钮，将图形修剪成如图 10-42 所示。

18 按“F5”键，将等轴测平面切换至右平面状态（即“等轴测平面 右视”平面状态）。

19 单击“直线”按钮，分别选择相应的两个象限点来绘制一条短的轮廓线，如图 10-43 所示。

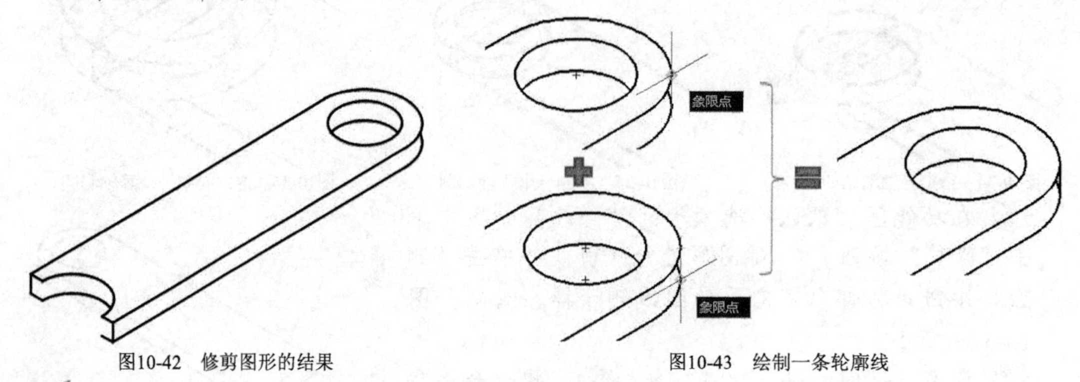

图10-42 修剪图形的结果　　图10-43 绘制一条轮廓线

知识点拨： 要选择象限点，务必要先在状态栏中确保选中“对象捕捉”按钮，且可以右键单击“对象捕捉”按钮并从弹出的快捷菜单中选择“对象捕捉设置”命令，弹出“草图设置”对话框，在“对象捕捉”选项卡的“对象捕捉模式”选项组中确保选中“象限点”复选框。

20 单击“修剪”按钮，根据命令行提示进行以下操作。

命令: _trim

当前设置:投影=UCS，边=延伸

选择剪切边...

选择对象或 <全部选择>: 找到 1 个　　　//选择图 10-44 所示的一条边作为修剪边

选择对象: ↙

选择要修剪的对象，或按住 Shift 键选择要延伸的对象，或 [栏选(F)/窗交(C)/投影(P)/边(E)/删除(R)/放弃(U)]:　　　//单击图 10-45 所示的图线

选择要修剪的对象，或按住 Shift 键选择要延伸的对象，或 [栏选(F)/窗交(C)/投影(P)/边(E)/删除(R)/放弃(U)]: ↙

修剪结果如图 10-46 所示。

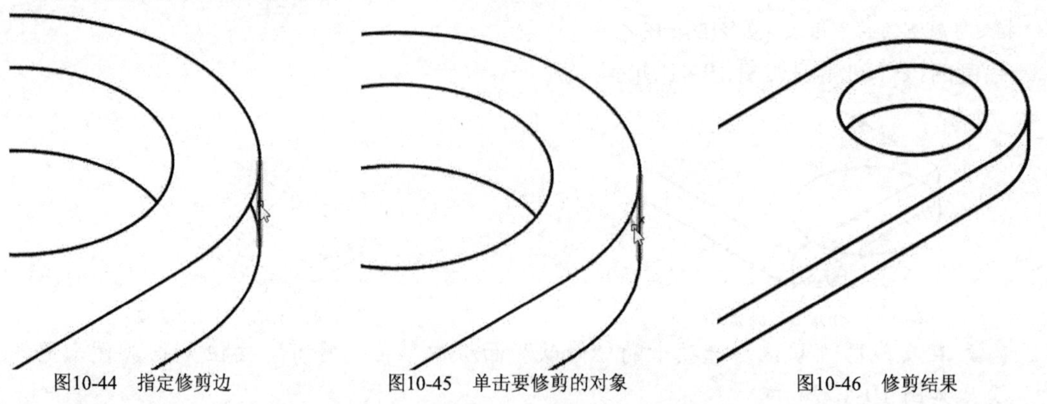

图10-44 指定修剪边　　图10-45 单击要修剪的对象　　图10-46 修剪结果

21 按“F5”键以将等轴测平面切换至左平面状态（即“等轴测平面 左视”）。

22 单击“直线”按钮，绘制图 10-47 所示的一条轮廓线。

23 单击“直线”按钮，绘制图 10-48 所示的另一条轮廓线。

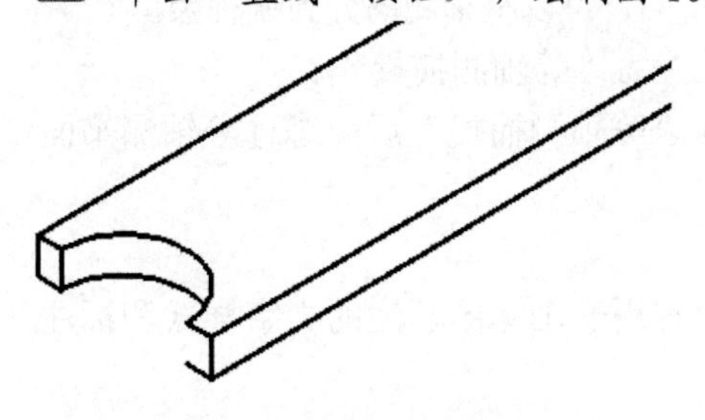

图10-47 绘制一条轮廓线

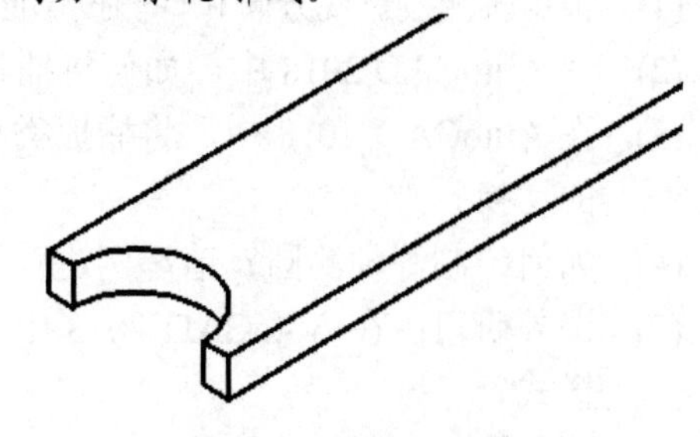

图10-48 绘制另一条轮廓线

24 在命令窗口中进行以下操作。

命令: Z↙

ZOOM

指定窗口的角点，输入比例因子 (nX 或 nXP)，或者

[全部(A)/中心(C)/动态(D)/范围(E)/上一个(P)/比例(S)/窗口(W)/对象(O)] <实时>: A↙

此时 AutoCAD 缩放以显示所有可见对象和视觉辅助工具，显示效果如图 10-49 所示。

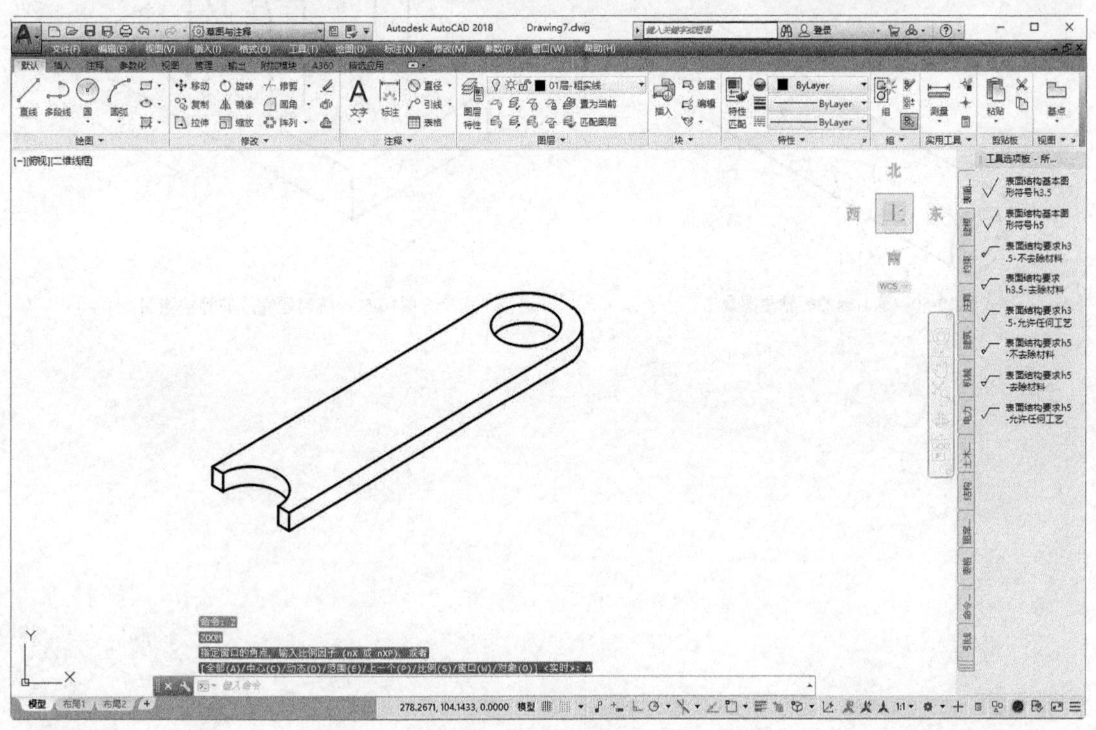

图10-49 显示全部

25 在“快速访问”工具栏中单击“保存”按钮，弹出“图形另存为”对话框，指定要保存到的位置并指定文件名为“绘制等轴测图综合实例 2.dwg”，单击对话框中的“保存”按钮。

10.5　思考与练习题

(1) 根据轴测投影线方向和轴测投影面的位置不同，可以将轴测图分为哪种类型？

(2) 在 AutoCAD 2018 中，如何将捕捉类型设置为“等轴测捕捉”？

(3) 在 AutoCAD 2018 中，将捕捉类型设置为“等轴测捕捉”后，进行等轴测平面的切换？

(4) 如何绘制等轴测圆？请举例进行说明。

(5) 课外研习：在 AutoCAD 2018 中，如何设置用于轴测图标注的文字样式和标注样式？

(6) 绘制图 10-50 所示的等轴测图，具体的尺寸由读者自行确定。本书提供了练习参考文件“10_ex6.dwg”，位于随书配套资料的“CH10”文件夹中。

(7) 按照图 10-51 所示的尺寸和参考等轴测图进行等轴测图上机操练。

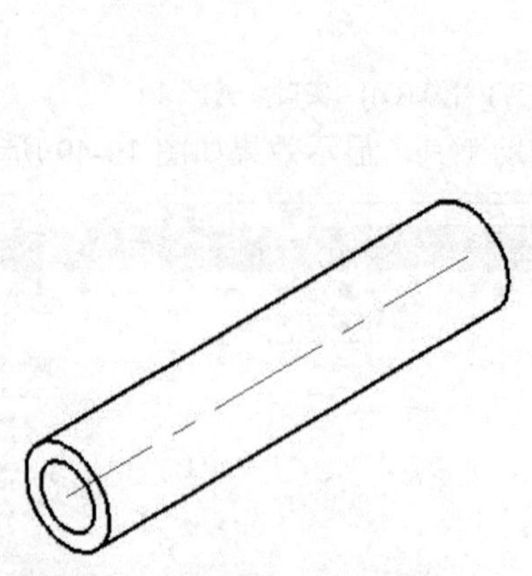

图10-50　练习题的等轴测图参考

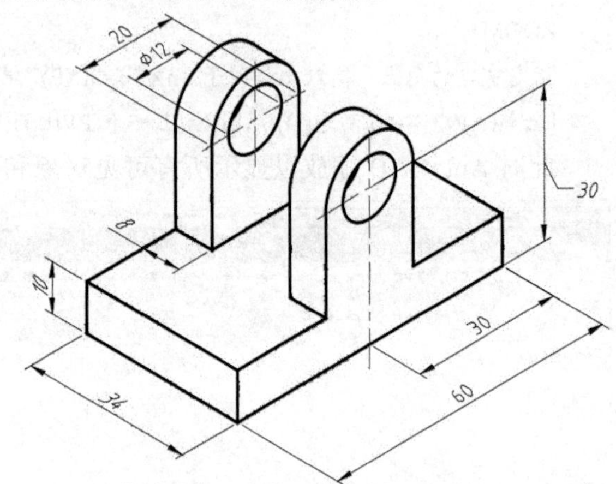

图10-51　练习题完成的等轴测图

第11章　打印输出

绘制好图形后，经常要进行打印输出操作，即将图形打印到图纸上，或者将图形输出为其他格式的文件以供别人使用其他应用程序读阅和交流。

本章首先介绍创建和管理布局，接着介绍打印与发布，输出为 DWF、DWFx 或 PDF 这些实用知识。

11.1　创建和管理布局

在 AutoCAD 默认情况下，创建的新图形具有一个模型空间和具有名为“布局 1”和“布局 2”的两个布局，当然用户可以对这两个布局重命名。在第 2 章中已经介绍了模型空间与图纸空间的概念。而在本节则再介绍一下创建和管理布局的其他实用知识。

在 AutoCAD 中可以创建多个布局，每个布局都可以包含不同的页面设置，每个布局都可代表一张单独的打印输出图纸。然而，为了避免在转换和发布图形时出现混淆，通常建议每个图形只创建一个命名布局。可以根据需要在每个布局中创建多个布局视口，每个布局视口类似于模型空间中的相框，包含按用户指定的比例和方向显示模型的视图。

使用图纸空间（布局）时，在功能区的“布局”选项卡中集中了与布局相关的工具，如图 11-1 所示。

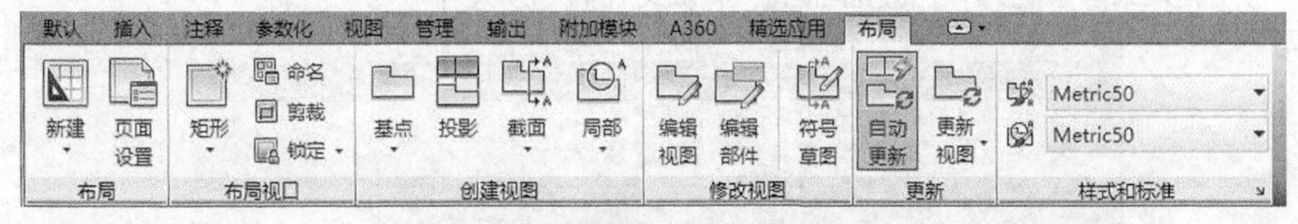

图11-1　功能区的“布局”选项卡

11.1.1　创建新布局

布局代表的是打印页面。要创建一个新的布局，则在功能区“布局”选项卡的“布局”面板中单击“新建布局”按钮，接着输入新布局名，即可创建一个新布局。也可以在图形窗口左下角处的“模型”或“布局”选项卡标签处右键单击，接着从弹出的快捷菜单中选择“新建布局”命令，从而添加一个新的布局选项卡。

也可以插入基于现有布局样板的新布局，即利用现有样板中的信息创建新的布局。所谓的布局样板是从 DWG 或 DWT 文件中输入的布局，AutoCAD 2018 提供了样例布局样板，以供设计新布局环境时使用。基于样板创建布局时，页面设置和图纸空间对象（包括任何视口对象）都用在新布局中。需要用户注意的是，任何图形都可以保存为图形样板（DWT 文件)，其中包括了所有图形对象、布局设置及其他设置等。使用 LAYOUT 命令的“另存为”选项，可以将布局保存为新的布局样板文件（DWT 格式）。

要从样板创建新布局，则可以按照以下的方法步骤进行。

1 在功能区的“布局”选项卡中单击“从样板”按钮，系统弹出图 11-2 所示的“从文件选择样板”对话框。

2 通过“从文件选择样板”对话框选择所需要的一个样板文件。例如，选择“Tutorial-iMfg”样板文件，单击“打开”按钮，打开图 11-3 所示的“插入布局”对话框。

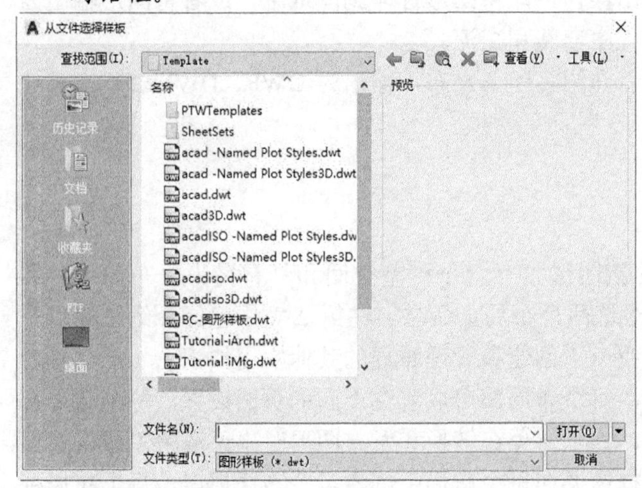

图11-2　“从文件选择样板”对话框

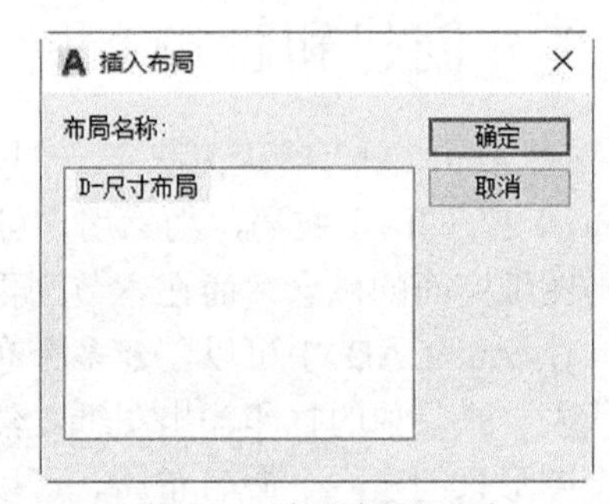

图11-3　“插入布局”对话

3 在“插入布局”对话框的“布局名称”列表框中选择所需的一个布局名称，单击“确定”按钮，从而完成在图形中添加一个来自样板的布局。如图 11-4 所示，在新图形中插入来自系统的“Tutorial-iMfg”样板文件的“D-尺寸布局”布局。

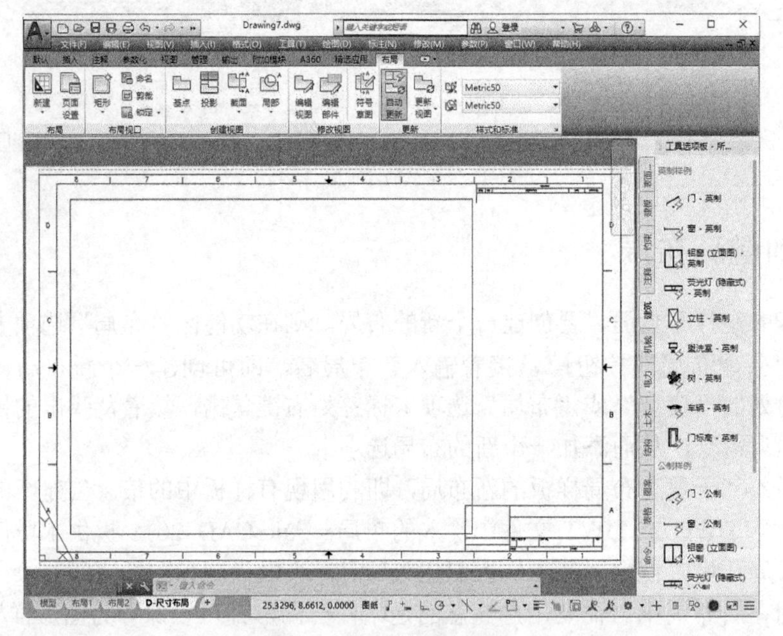

图11-4　插入来自样板的布局

此外，还可以使用“创建布局”向导或设计中心创建布局。

要使用“创建布局”向导创建新布局，则在命令行的“键入命令”提示下输入“LAYOUTWIZARD”并按“Enter”键，弹出图 11-5 所示的“创建布局”对话框，接着依次在该对话框的“开始”页、“打印机”页、“图纸尺寸”页、“方向”页、“标题栏”页、“定义视口”页、“拾取位置”页和“完成”页上设置相应的内容和单击相应的按钮来完成设计新布局。

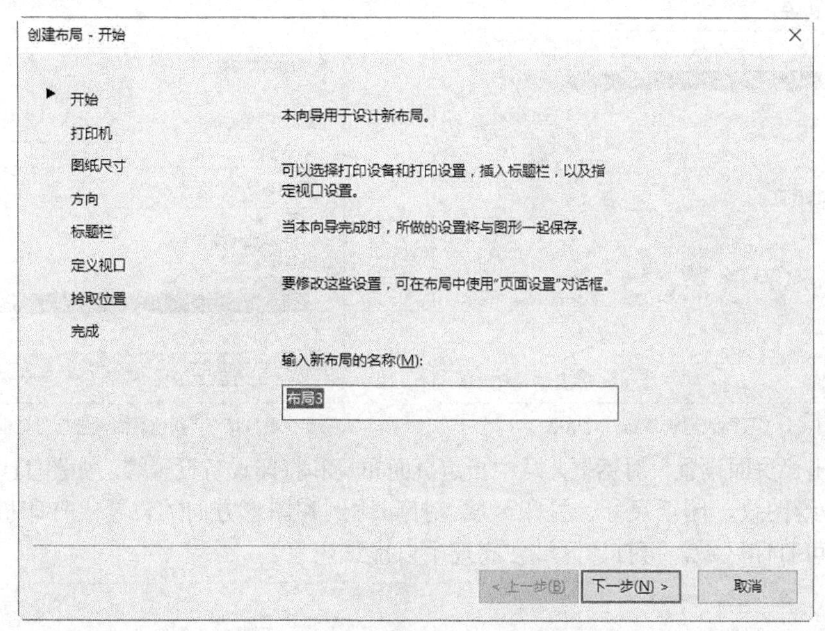

图11-5　“创建布局”对话框

用户可以使用设计中心将布局及对象从任意图形拖动到当前图形中，其方法是打开设计中心窗口，在设计中心树状图中查找要重复使用的布局的图形，双击图形名称，展开其下面的选项，接着选择“布局”图标以在内容区域中显示单独的布局，然后将布局图标从内容区域拖至当前图形中，或者在内容区域中选择所需布局并单击鼠标右键，然后从快捷菜单中选择“添加布局”命令，系统将创建新的布局，其中包括来自源布局的所有图纸空间对象、定义表和块定义。用户可以删除不需要的图纸空间对象，通常使用“PURGE”命令清除新布局中不需要的定义表信息。

11.1.2　布局的页面设置

创建布局后，可以为指定布局的页面指定所要求的设置，这操作便是页面设置。页面设置是打印设置和其他影响最终输出外观和格式设置的集合，用户可以在布局中修改或新建页面设置。指定页面设置的设置将与布局存储在一起，可以应用于其他布局，也可以输入到其他图形中。

创建新布局后确保打开该布局选项卡，在“布局”面板中单击“页面设置”按钮，系统弹出图 11-6 所示的“页面设置管理器”对话框，从中可以创建命名页面设置、修改现有页面设置，或者从其他图纸中输入页面设置。

以在当前布局中新建页面设置为例进行介绍。在“页面设置管理器”对话框中单击“新建”按钮，打开图 11-7 所示的“新建页面设置”对话框，从中指定新页面设置名。例如，将新页面设置名设置为“A3 设置 1”，并指定基础样式，然后单击“确定”按钮。

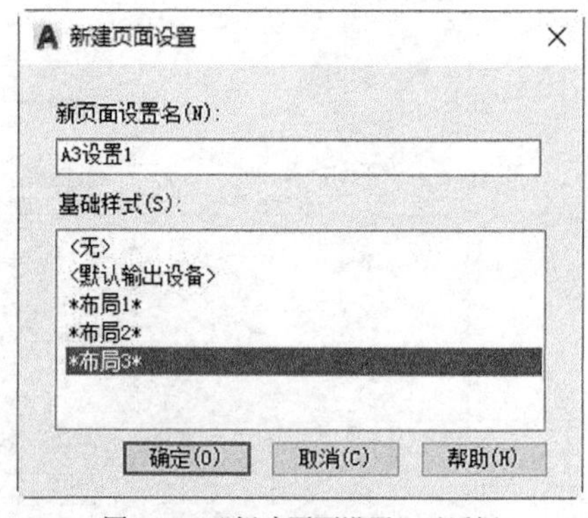

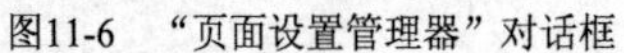

图11-6　“页面设置管理器”对话框　　　图11-7　“新建页面设置”对话框

系统弹出“页面设置”对话框，从中指定页面布局和打印设备设置等，如图 11-8 所示。要注意打印机/绘图仪、图纸尺寸、打印区域、打印比例和图形方向的设置。打印机/绘图仪会决定布局的可打印区域，可打印区域在布局中以虚线表示。

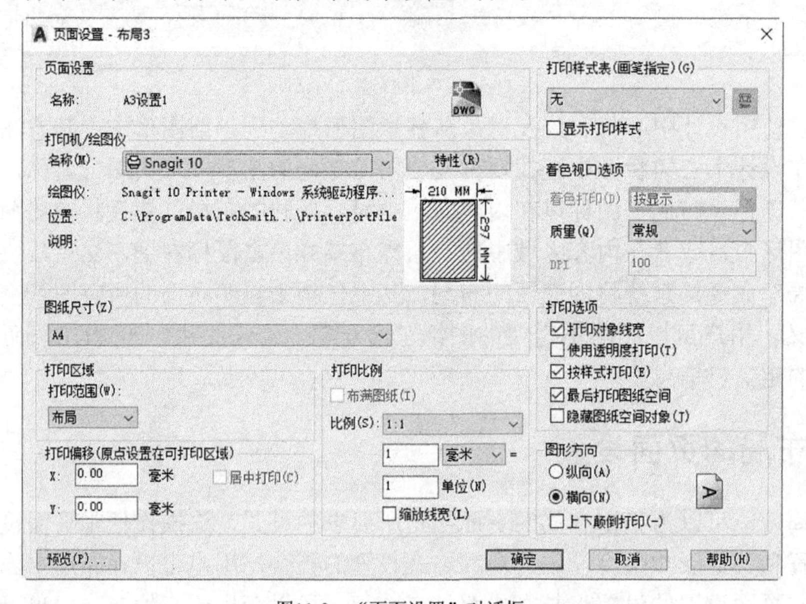

图11-8　“页面设置”对话框

11.1.3　布局视口

在每个布局（图纸空间）中可以根据需要创建多个视口，既可以创建布满整个布局的单一布局视口，也可以创建多个按照指定方式排列的布局视口。一旦创建了视口，便可以根据设计要求更改其大小、特性和比例，还可以按需要对其进行移动等。

要创建布局视口，则先确保切换至所需布局选项卡，接着在命令窗口的命令行中输入“VPORTS”并按“Enter”键，弹出图 11-9 所示的“视口”对话框，从中创建新的视图配置（布局视口的数目和排列及其相关设置称为视口配置），或命名和保存模型空间视口配置。注意，在各自的图层上创建布局视口是很重要的。有时在准备输出图形时，可以关闭图层并输出布局，而不打印布局视口的边界。

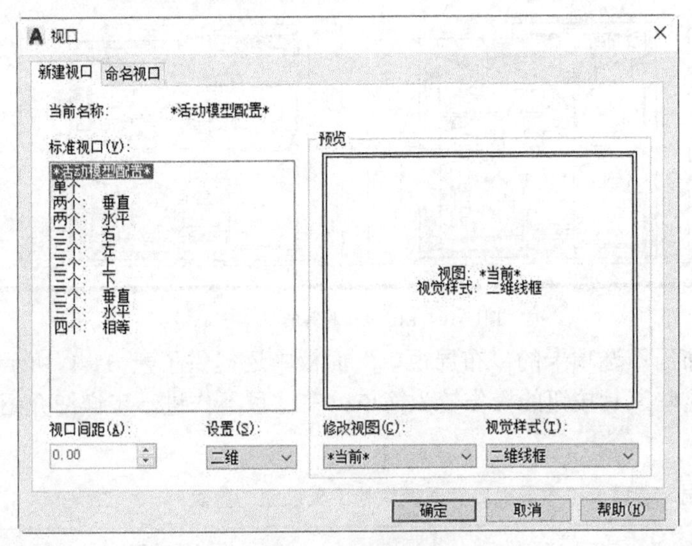

图11-9 “视口”对话框

在“视口”对话框的“新建视口”选项卡中，“标准视口”列表框用于显示标准视口配置列表并配置布局视口，在该列表框中选择所需的视口配置，则在“预览”框中显示相应的预览图像及在配置中被分配到每个单独视口的默认视图。在“视口间距”框中指定要在配置的布局视口之间应用的间距。从“设置”下拉列表框中指定二维或三维设置（该下拉列表框提供的选项有“二维”和“三维”），如果选择“二维”选项，则新的视口配置将最初通过所有视口中的当前视图来创建，如果选择“三维”选项，则一组标准正交三维视图将被应用到配置中的视口。从“修改视图”下拉列表框中选择视图替换选定视口中的视图，“视图样式”下拉列表框中用于将选定的视图样式应用到视口。

在“视口”对话框的“命名视口”选项卡中，显示任意已保存的和已命名的模型空间视口配置，以便用户在当前布局中使用。注意，不能保存和命名布局视口配置。需要注意的是：“视口”对话框提供的部分可用选项取决于用户配置的是模型空间视口（在“模型”布局上）还是布局视口（在命名“图纸空间”布局上），本小节介绍的是布局视口。

举例：在一个建筑图文件中切换至一个空的布局选项卡，在命令窗口的命令行中输入“VPORTS”并按“Enter”键，弹出“视口”对话框，在“新建视口”选项卡的“标准视口”列表框中选择“四个：相等”选项，在“视口间距”框中输入视口间距值为“10”，然后单击“确定”按钮，再在“指定第一个角点或 [布满(F)] <布满>:”提示下按“Enter”键以接受默认的选项为“布满”，最终得到布满布局的 4 个相等的布局视口，如图 11-10 所示。

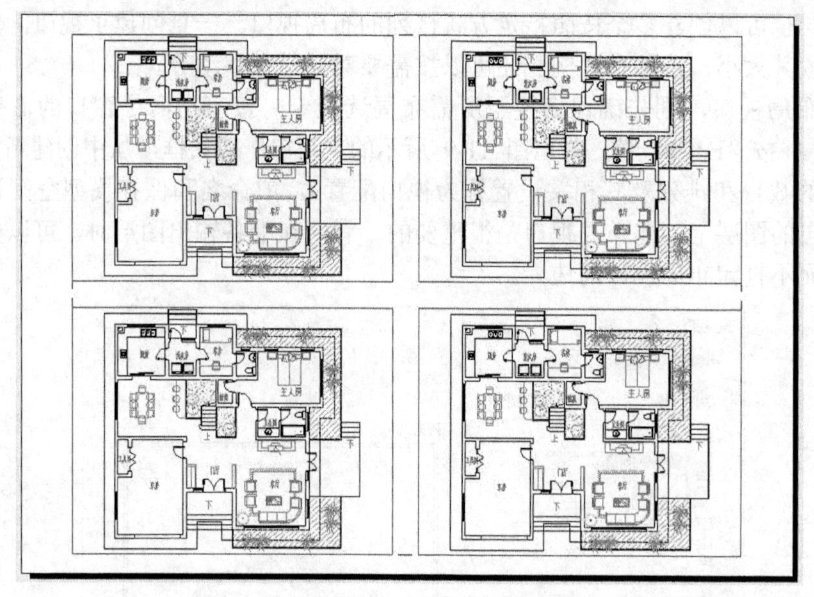

图11-10　创建 4 个相等的布局视口

在功能区“布局”选项卡的“布局视口”面板中还提供了表 11-1 所示的与布局视口有关的工具按钮。这些工具按钮的操作较为简单，在这里不作进一步详细介绍，希望读者自行研习，学以致用。

表 11-1　“布局”选项卡“布局视口”面板中的工具按钮一览表

序号	工具按钮	名称	功能用途
1		矩形视口	创建矩形图纸空间视口
2		多边形视口	用指定的点创建不规则形状的视口
3		对象视口	指定闭合的多段线、椭圆、样条曲线、面域或圆，以转换为视口
4		命名	显示图形中所保存视口配置的列表
5		裁剪	裁剪布局视口对象并重塑视口边界的形状
6		锁定	锁定视口对象的比例
7		解锁	解锁视口对象的比例

11.2　打印与发布

在 AutoCAD 2018 中绘制好图形后，可以将图形以打印的方式输出在图纸上，或者将其以指定文档来发布。打印的图形可以是整个图形，也可以是图形的某一个单一视图，或者是较为复杂的多个视图排列。本节将介绍打印与发布的相关实用知识。

11.2.1　与打印有关的术语和概念

用户需要了解与打印有关的术语和概念。有些术语在前面已经出现过，在这里注意加深理解。

一、布局

布局代表图纸，其通常包括图形边框、标题栏、显示模型空间的视图的一个或多个布局视口、常规注释、标签、标注、表格和明细表等。

通常，在“模型”选项卡的模型空间中创建图形对象，完成图形后，用户可以切换到布局选项卡或新建布局选项卡以创建要打印的布局。如果是首次单击布局选项卡，那么页面上只显示单一视口，其中的虚线表示图纸中当前配置的图纸尺寸和绘图仪的可打印区域。用户可以根据需要创建任意多个布局。布局的页面设置包括打印设备设置和其他影响输出的外观及格式设置。

二、绘图仪器管理器

绘图仪器管理器是一个窗口，在该窗口中列出了安装的所有非系统打印机的绘图仪配置（PC3）文件。绘图仪配置设置指定端口信息、光栅图形和矢量图形的质量、图纸尺寸及取决于绘图仪类型的自定义特性。绘图仪管理器提供了一个实用的“添加绘图仪”向导，使用该向导可以很轻松地创建新绘图仪配置。

如果希望使用的默认打印特性不同于 Windows 所使用的打印特性，也可以为 Windows 系统打印机创建绘图仪配置文件。

三、页面设置

页面设置是打印设备和其他影响最终输出的外观和格式的设置的集合。在创建布局时，需要指定绘图仪和相关设置（如图纸页面尺寸和方向等），这些设置都将作为页面设置保存在图形中。在每个布局中，可以与不同的页面设置相关联。

使用“页面设置管理器”，用户可以很方便地控制布局和模型空间中的页面设置。

用户如果在创建布局时未在“页面设置”对话框中指定所有设置，那么可以在打印之前再设置页面，或者在打印时替换页面设置。

四、打印样式

打印样式是一种可选方法，它用于控制每个对象或图层的打印方式。打印对象的外观受打印样式的影响。打印样式表收集了多组打印样式，并将它们保存到文件，以便以后打印时应用；而打印样式管理器是包含所有可用打印样式表及“添加打印样式”向导的文件夹。

通常打印样式分两种典型类型，即颜色相关和命名。

对于颜色相关打印样式表（其打印样式表文件的扩展名为.ctb），对象的颜色确定如何对其进行打印，不能直接为对象指定颜色相关打印样式。相反，要控制对象的打印颜色，必须更改对象的颜色。例如，图形中所有被指定为黄色的对象均以相同的方式打印。

对于命名打印样式表（其打印样式表文件的扩展名为.stb），其使用直接指定给对象和图层的打印样式。使用这些打印样式表可以使图形中的每个对象以不同颜色打印，与对象本身的颜色无关。

一个图形只能使用一种类型的打印样式表。用户可以在两种打印样式表之间转换。当然，用户也可以在设置了图形的打印样式表类型之后，修改所设置的类型。

五、打印戳记

打印戳记是添加到打印中的一行文字。要为打印指定打印戳记信息，可以在当前命令行的“键入命令”提示下输入“PLOTSTAMP”并按“Enter”键，打开图 11-11 所示的“打印

戳记”对话框。利用该对话框可以将定制的打印戳记信息（包括图形名、布局名称、日期和时间、设备名、图形尺寸和打印比例等）添加到任意设备的图形中。用户可以选择将打印戳记信息记录到日志文件中而不打印它，或既记录又打印。在“打印戳记”对话框中单击“添加/编辑”按钮，可以添加、编辑或删除用户定义的字段；单击“高级”按钮，则打开图 11-12 所示的“高级选项”对话框，从中设置打印戳记的位置和偏移、文字特性、单位，以及指定是否创建日志文件及位置。

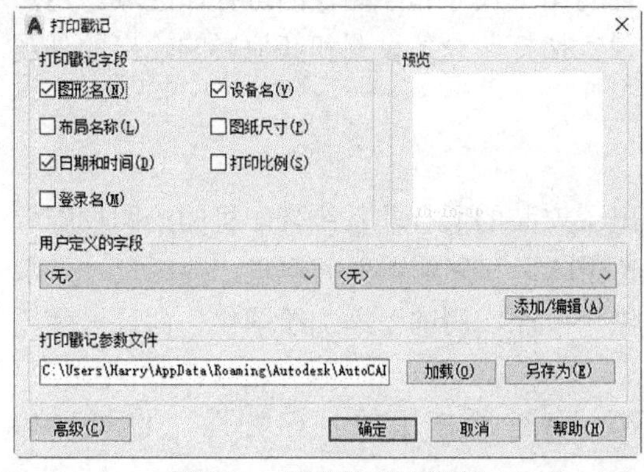

图11-11　“打印戳记”对话框

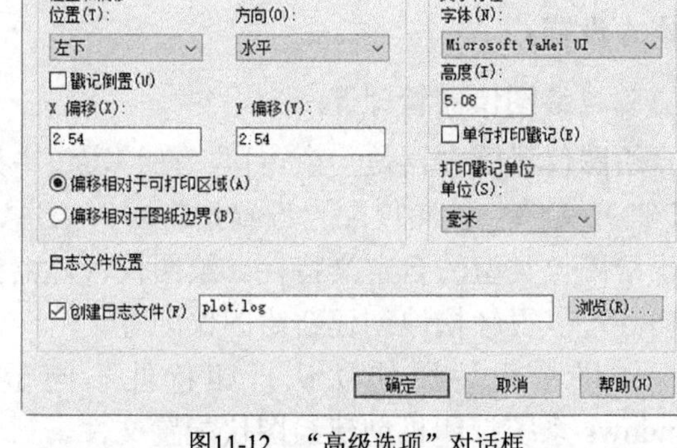

图11-12　“高级选项”对话框

知识点拨： 用户也可以单击“应用程序”按钮，接着从打开的应用程序菜单中单击“选项”按钮，打开“选项”对话框，切换至图 11-13 所示的“打印与发布”选项卡，从中单击“打印戳记设置”按钮，弹出“打印戳记”对话框，从而进行打印戳记的相关设置。切记“打印与发布”选项卡控制着与打印和发布相关的选项。

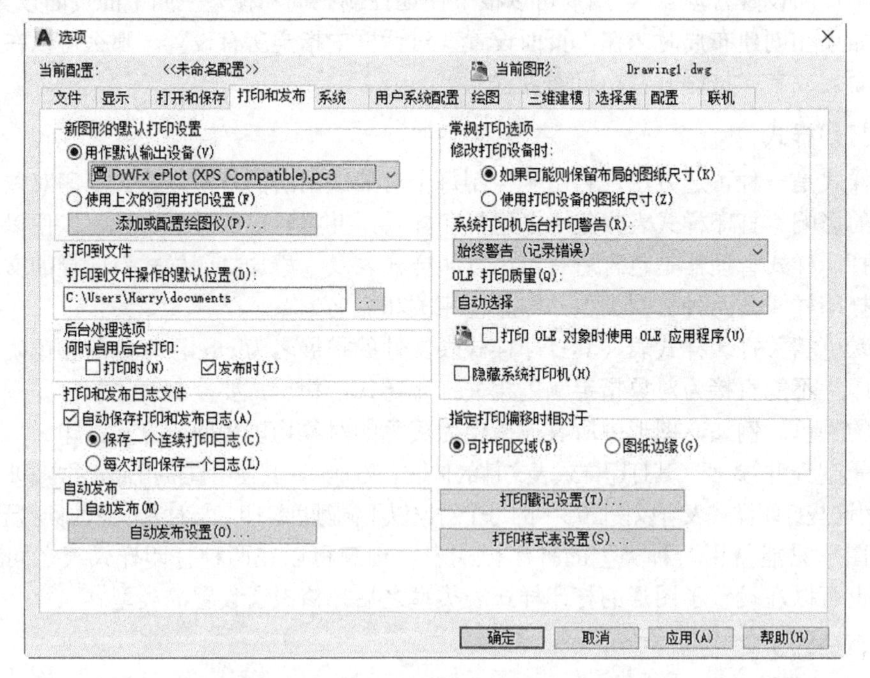

图11-13　“选项”对话框的“打印和发布”选项卡

11.2.2 页面设置管理器

前面已经介绍过页面设置是打印设备和其他用于确定最终输出的外观和格式的设置集合，这些设置存储在图形文件中。以“草图与注释”工作空间为例，从“输出”选项卡的“打印”面板中单击“页面设置管理器”按钮，弹出“页面设置管理器”对话框（此对话框可简称为页面设置管理器）。利用页面设置管理器控制每个新布局的页面布局、打印设备、图纸尺寸及其他设置。由于使用页面设置管理器进行页面设置的知识在 11.1.2 小节已有详细介绍，在此不再赘述。

11.2.3 绘图仪管理器

在一个打开的图形文件中，从功能区“输出”选项卡的“打印”面板中单击“绘图仪管理器”按钮，打开图 11-14 所示的 Plotters 窗口。使用该 Plotters 窗口，可以添加或编辑绘图仪配置。

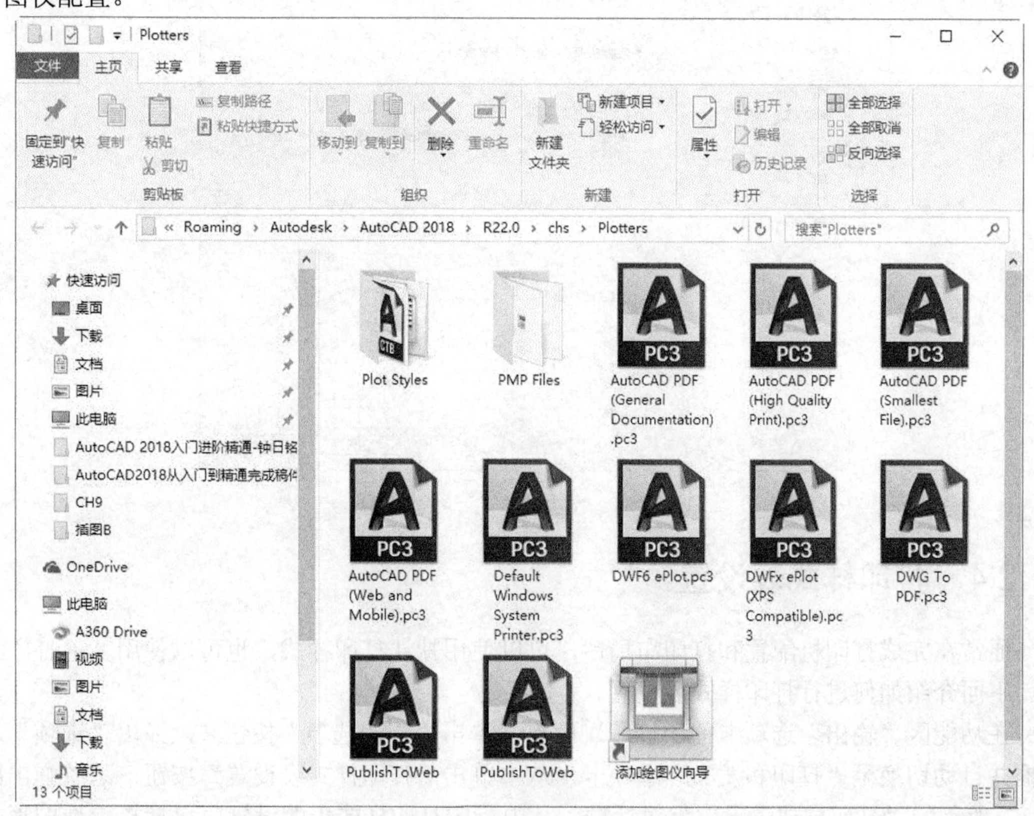

图11-14 Plotters 窗口

如果要添加新的绘图仪配置，可以双击“添加绘图仪向导”快捷方式，系统弹出图 11-15 所示的“添加绘图仪-简介”对话框，接着单击“下一步”按钮，则“添加绘图仪”对话框显示“开始”页，如图 11-16 所示。接下去就是按照向导提示设置相关的内容，完成一页设置后单击“下一步”按钮继续下一页设置，直到完成所有设置为止，然后单击出现的“完成”按钮。

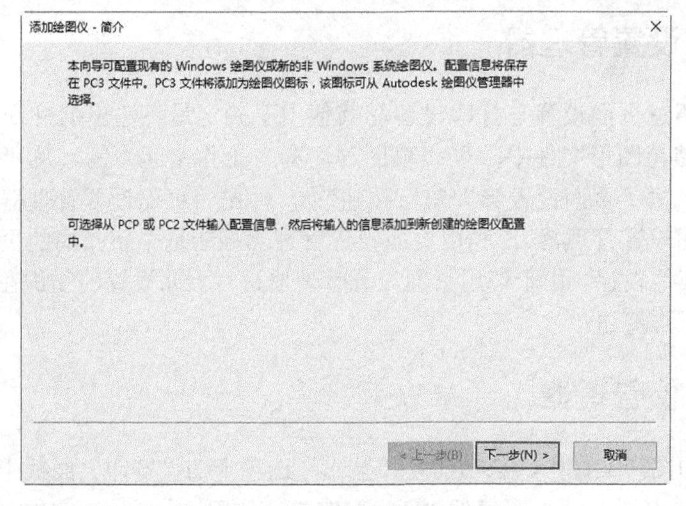

图11-15　“添加绘图仪-简介”对话框

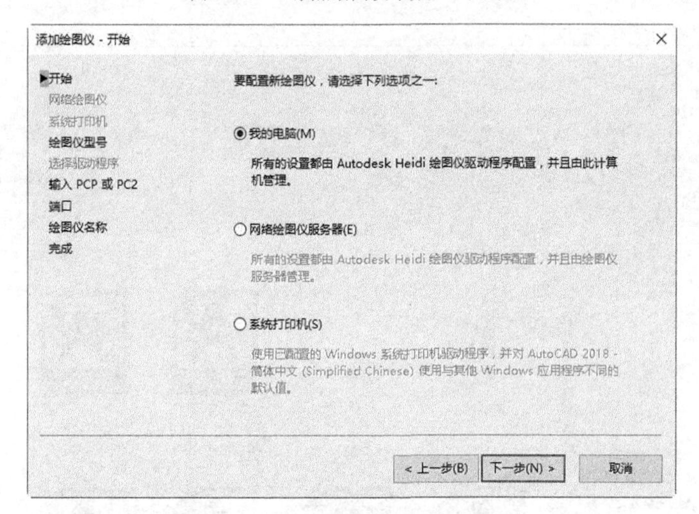

图11-16　“添加绘图仪-开始”对话框

11.2.4　打印样式表设置

通常在完成打印机配置和打印布局后，可以使用默认打印样式，也可以使用其他打印样式。下面介绍如何进行打印样式表设置。

在功能区“输出”选项卡的“打印”面板中单击“打印选项”按钮 ，弹出“选项”对话框并自动切换至“打印和发布”选项卡，从中单击“打印样式表设置”按钮，系统弹出图 11-17 所示的“打印样式表设置”对话框，从中指定打印样式表的设置，包括指定新图形的默认打印样式和当前打印样式表设置等。

如果要创建或编辑打印样式表，则在“打印样式表设置”对话框中单击“添加或编辑打印样式表”按钮，弹出 Plot Styles 窗口，如图 11-18 所示。Plot Styles 窗口保存了若干个命名打印样式表文件（STB）和颜色相关打印样式表文件（CTB）。用户可以根据需要选中其中一个打印样式表文件图标来双击，并通过弹出的对话框对其进行修改操作。若双击“添加打印样式表向导”图标，则可以通过向导方式来一步步地创建新打印样式表。

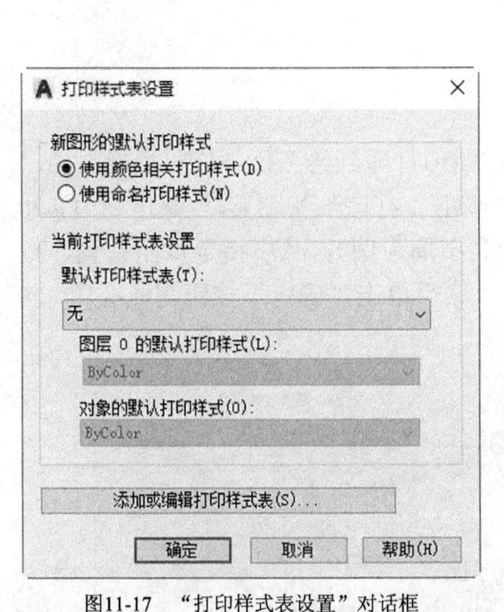

图11-17 “打印样式表设置”对话框

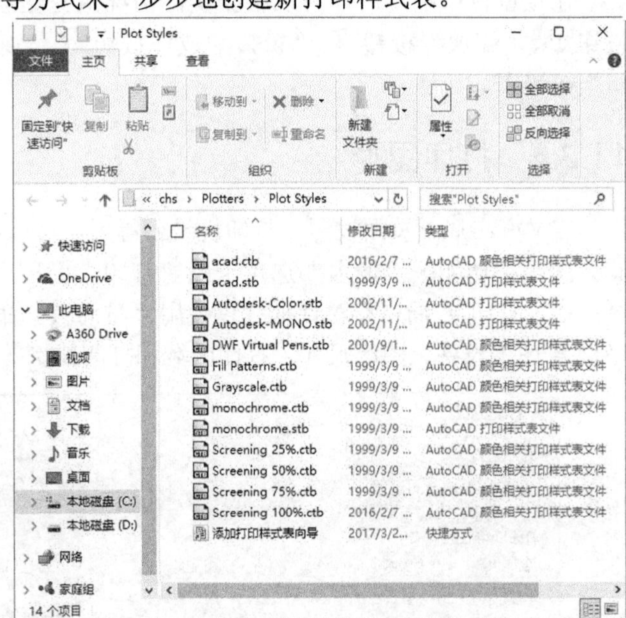

图11-18 Plot Styles 窗口

11.2.5 预览图形在打印时的外观

在功能区“输出”选项卡的“打印”面板中单击“预览”按钮（其命令为“PREVIEW”），可以基于当前打印配置（它由“页面设置”或“打印”对话框中的设置定义），预览显示图形在打印时的确切外观，包括线宽、填充图案和其他打印样式选项，出现的预览窗口如图 11-19 所示。

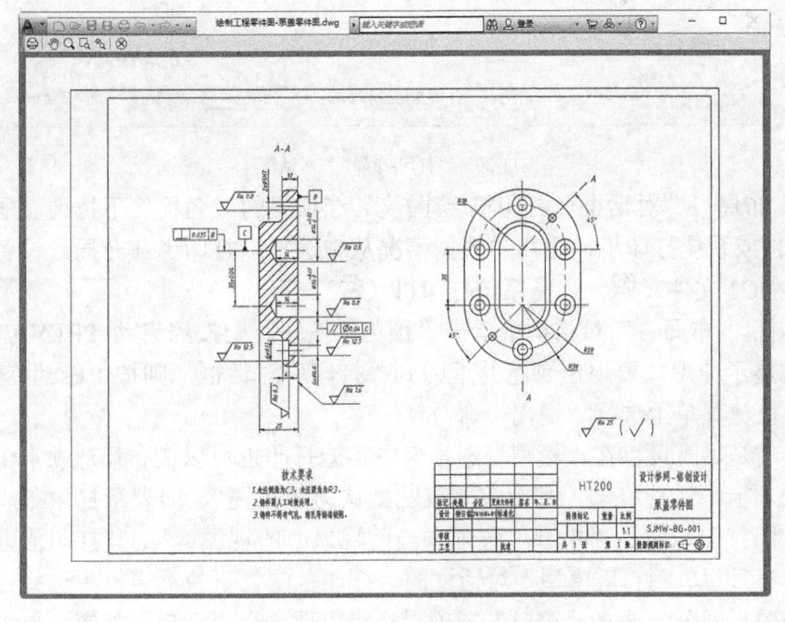

图11-19 预览图形在打印时的外观

在预览窗口中，用户可以根据实际情况执行这些按钮功能："打印"按钮、"平移"按钮、"缩放"按钮、"窗口缩放"按钮、"缩放为原窗口"按钮、"关闭预览窗口"按钮。

11.2.6　打印图形

定义好布局、页面设置、打印机设备等后，可以将图形打印到绘图仪、打印机或文件，其方法是在功能区"输出"选项卡的"打印"面板中单击"打印"按钮，弹出图 11-20 所示的"打印-布局 1"对话框（以使用"布局 1"命名布局为例），从中指定页面设置、打印机/绘图仪设备、图纸尺寸、打印区域和打印比例等，然后单击"确定"按钮完成打印。

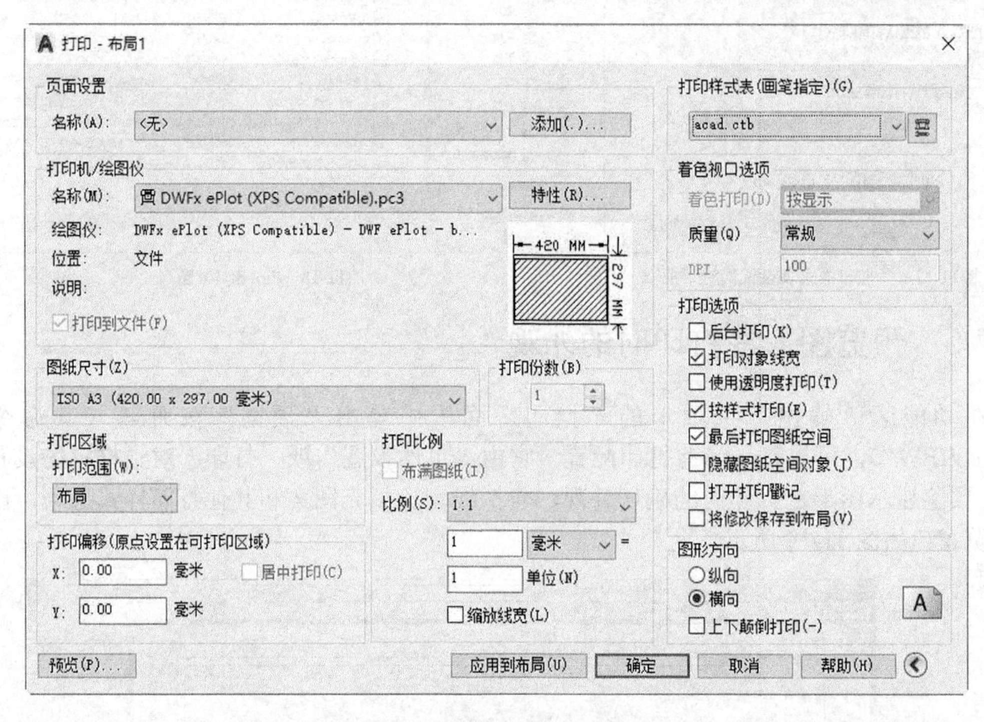

图11-20　"打印-布局 1"对话框

在"打印-布局 1"对话框"打印机/绘图仪"选项组的"名称"下拉列表框中列出了可用的 PC3 文件或系统打印机，由用户根据情况从中选择以打印当前布局。设备名称前面的图标标识其为 PC3 文件（）还是系统打印机（）。

如果在"打印-布局 1"对话框中单击"预览"按钮，则按照启动 PREVIEW 命令打印时的显示方式显示图形。要退出预览并返回到"打印"对话框，则按"Esc"键，或者单击鼠标右键并从快捷菜单上选择"退出"命令。

需要注意的是，既可以在"模型"选项卡中实施打印也可以在布局选项卡中实施打印。如果在布局选项卡中实施打印，那么打印范围默认为"布局"，即表示打印布局。而对于模型空间打印（即打印选定的"模型"选项卡当前视口中的视图），则其打印范围默认为"显示"，此时通常可以从"打印-模型"对话框的"打印范围"下拉列表框中选择"窗口"选项以打印指定的图形部分（选择"窗口"选项后，将出现一个"窗口"按钮，单击此按钮可使用鼠标指定要打印区域的两个角点，或输入坐标值）。可能的打印范围选项还包括“范围”（打印包含对象的图形的部分当前空间，当前空间内的所有几何图形都将被打印）、“图形界限”（专门针对从“模型”选项卡打印，将打印栅格界限定义的整个绘图区域）和“视图”（打印以前使用 VIEW 命令保存的视图，可从列表中选择命名视图，如果图形中没有已保存的视图，则此选项不可用）。

请看以下的打印设置范例。

1 在“快速访问”工具栏中单击“打开”按钮，打开“齿轮打印设置即学即练.dwg”图形文件，如图 11-21 所示。

2 默认时图形处于“模型”选项卡所代表的模型空间中。在功能区“输出”选项卡的“打印”面板中单击“打印”按钮，系统弹出图 11-22 所示的“打印-模型”对话框（该对话框已经收缩为显示更少选项，可以通过单击“更多选项”按钮来使对话框显示更多选项）。

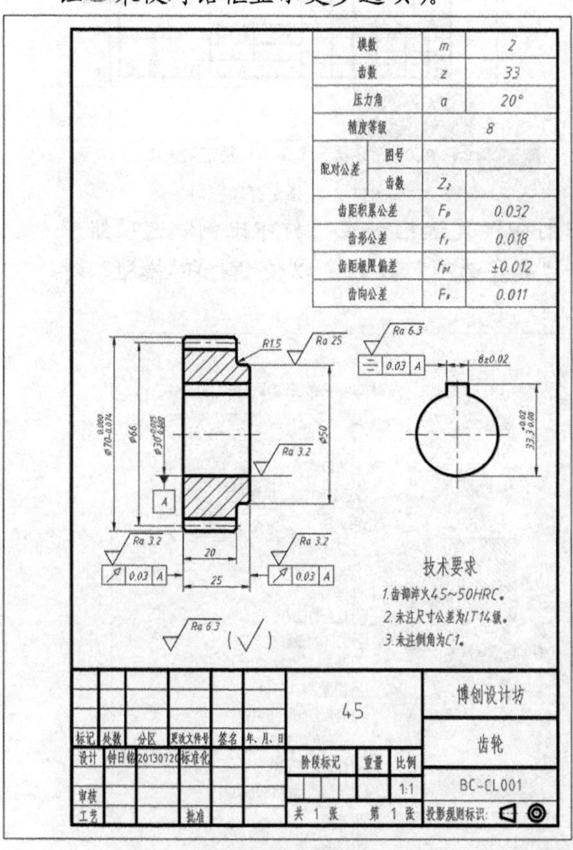

图11-21 已有零件图

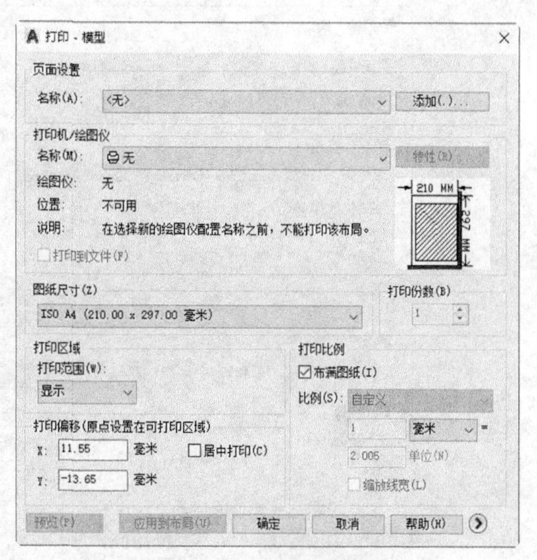

图11-22 “打印-模型”对话框

3 选择合适的打印机，并指定图纸尺寸为“ISO Full bleed A4（210.00×297.00 毫米）”，接着在“打印区域”选项组的“打印范围”下拉列表框中选择“窗口”选项，如图 11-23 所示。在模型空间中分别指定图 11-24 所示的角点 1 和角点 2 以定义打印窗口。

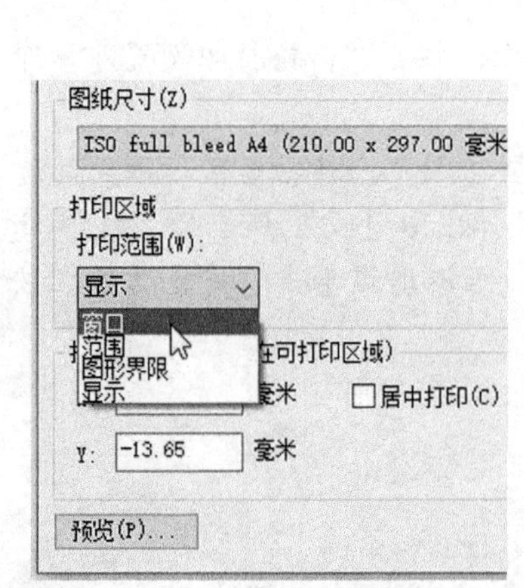

图11-23　更改打印范围选项

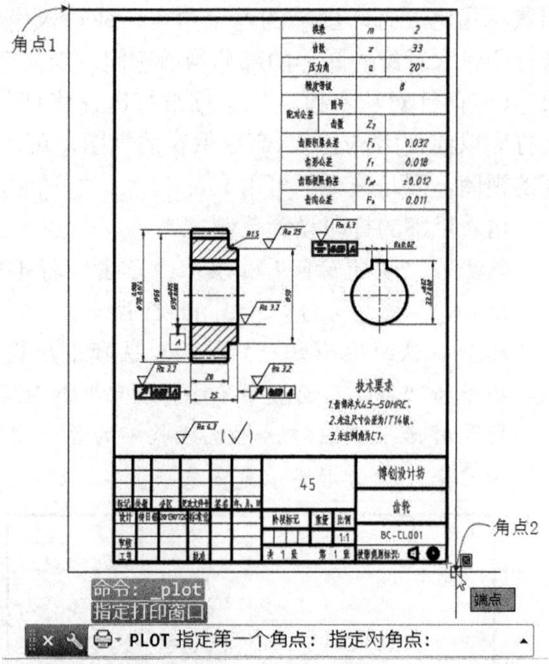

图11-24　指定打印窗口

4 在“打印偏移”选项组选中“居中打印”复选框，在“打印比例”选项组中确保选中“布满图纸”复选框，并单击“更多选项”按钮以使“打印-模型”对话框显示更多的选项，如图 11-25 所示。

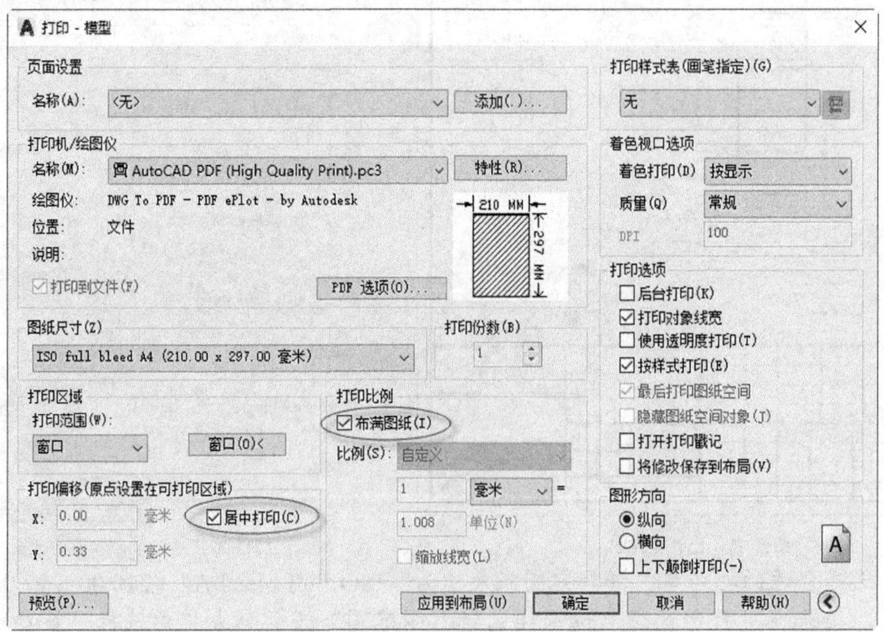

图11-25　在“打印-模型”对话框中进行相关选项设置

5 从“打印样式表（画笔指定）”下拉列表框中选择“DWF Virtual Pens.ctb”为当前打印样式表，如图 11-26 所示，系统弹出图 11-27 所示的“问题”对话框，从中单击“是”按钮，从而将此打印样式表指定给所有布局。

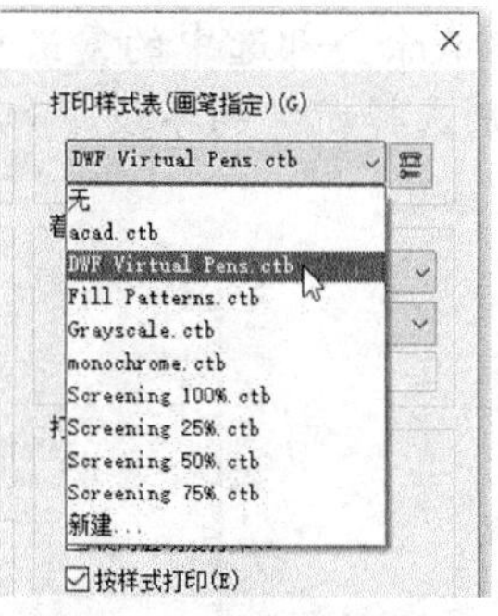

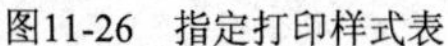

图11-26 指定打印样式表

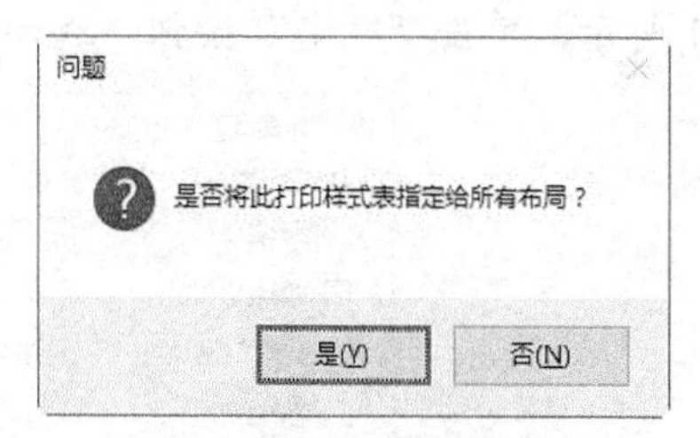

图11-27 “问题”对话框

6 在“打印选项”选项组中增加选中“打开打印戳记”复选框，如图 11-28 所示，并在“图形方向”选项组中选中“纵向”单选按钮。

7 在“打印选项”选项组中单击“打印戳记设置”按钮，弹出“打印戳记”对话框，在“用户定义的字段”选项组中单击“添加/编辑”按钮以打开“用户定义的字段”对话框，单击“添加”按钮以添加用户定义的字段 1，将该字段 1 输入为“紫荆工业设计创意机构”，如图 11-29 所示。再单击“添加”按钮，将用户定义的字段 2 设置为：“版权所有，违者必究！”然后单击“确定”按钮，返回到“打印戳记”对话框。

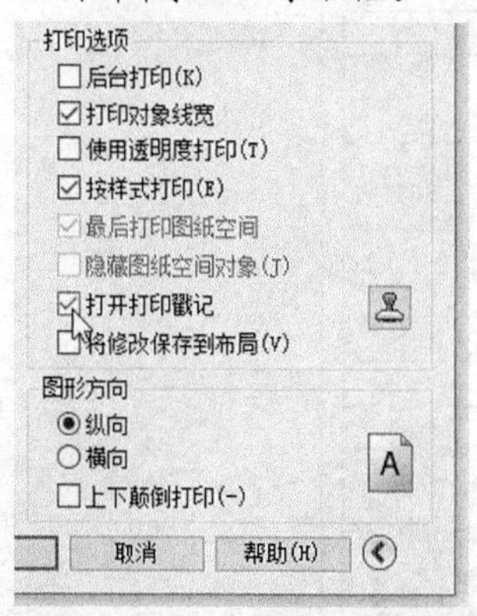

图11-28 选中“打开打印戳记”复选框

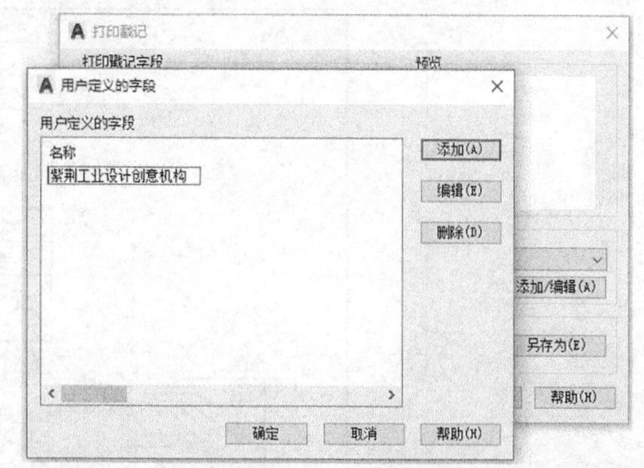

图11-29 用户定义字段 1

8 在“打印戳记”对话框中单击“高级”按钮，弹出“高级选项”对话框，从中进行图 11-30 所示的高级设置，单击“确定”按钮，返回到“打印戳记”对话框。

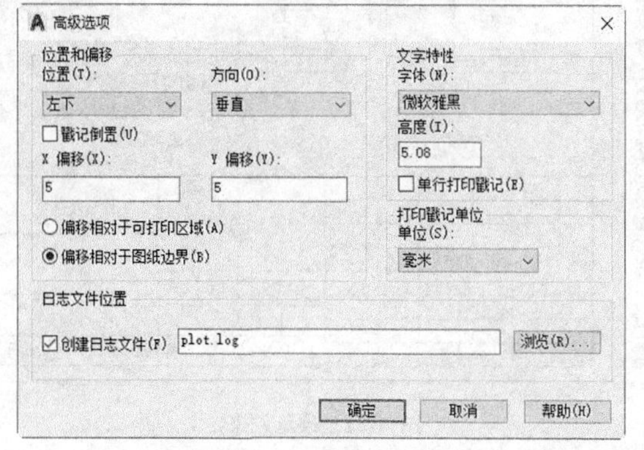

图11-30 “高级选项”对话框

9 在“打印戳记”对话框的“打印戳记字段”组中清除全部选中的复选框，并从“用户定义的字段”选项组的两个下拉列表框中分别选择所需的字段，如图 11-31 所示，单击“确定”按钮，返回到“打印-模型”对话框。

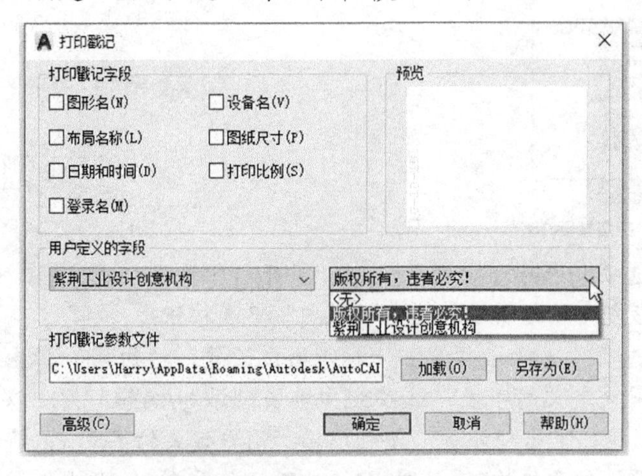

图11-31　在“打印戳记”对话框中设置字段

10 在“打印-模型”对话框中单击“预览”按钮，预览效果如图 11-32 所示。

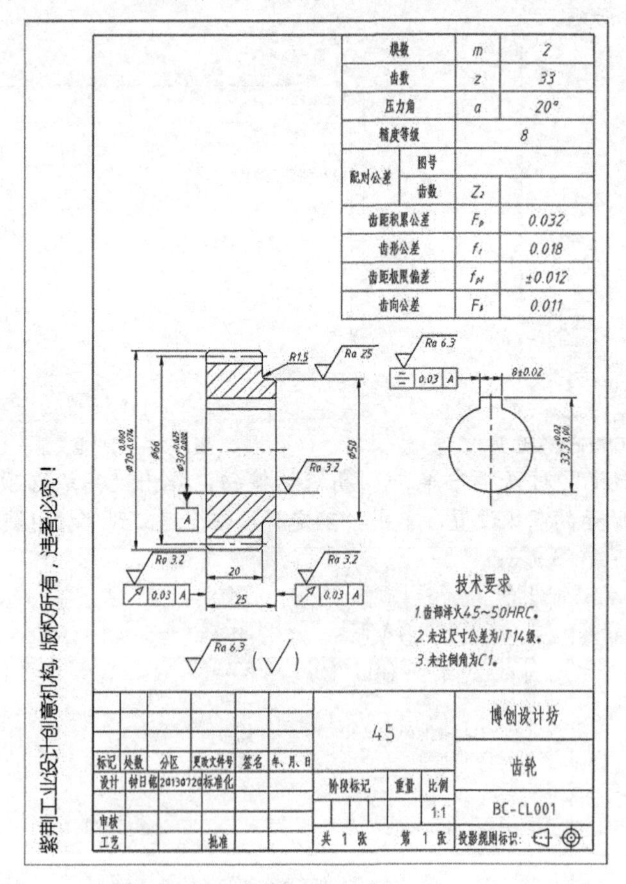

图11-32　预览效果

11 在预览窗口的工具栏中单击“打印”按钮以进行图形打印。根据所选的打印机/绘图仪，系统将弹出图 11-33 所示的“浏览打印文件”对话框，单击“保存”按钮。

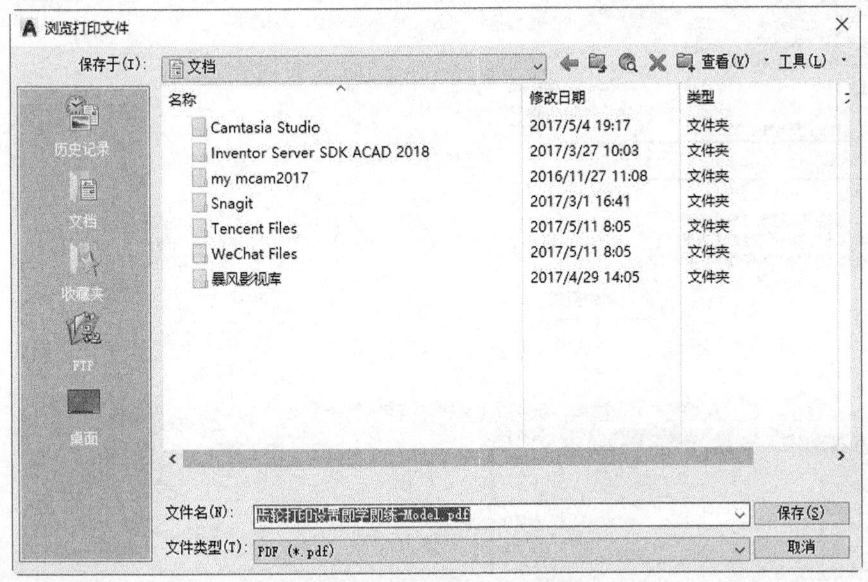

图11-33　“浏览打印文件”对话框

也可以在本例中通过布局来打印图形。有兴趣的读者，请自行上机练习。

11.2.7　发布（批处理打印）

在 AutoCAD 2018 中，电子图形集是打印的图形集的数字形式，用户可以通过将图形发布为 DWF、DWFx 或 PDF 文件来创建电子图形集。其中，将电子图形集发布为 DWF 或 DWFx 文件，可以在易于分发和查看的文件中提供图形的精确的压缩表示，从而节省时间并提高效率，这种处理方法还保留了原图形的完整性。之后便可以使用 Autodesk Design Review 查看或打印 DWF 和 DWFx 文件，以及可以使用 PDF 查看器查看 PDF 文件。通常在设计流程的最后阶段发布要查看的图形，这是建议设计工作者要养成的一个良好操作习惯。

要将图形发布为电子图形集（DWF、DWFx 或 PDF 文件），或者将图形发布到绘图仪，则在功能区“输出”选项卡的“打印”面板中单击“批处理打印”按钮，弹出图 11-34 所示的“发布”对话框。使用“发布”对话框，可以合并图形集，从而以图形集说明（DSD）文件的形式发布和保存该列表；可以为特定用户自定义该图形集合，并且可以随着工程或设计项目的进展添加和删除图纸。在“发布”对话框中创建图纸列表后，可以将图形发布至这些任意目标：每个图纸页面设置中的指定绘图仪（包括要打印至文件的图形）、单个多页 DWF 或 DWFx 文件（包含二维和三维内容）、单个多页 PDF 文件（包含二维内容）、包含二维和三维内容的多个单页 DWF 或 DWFx 文件、多个单页 PDF 文件（包含二维内容）。对于保存的图形集，可以将其替换或添加到现有列表中以进行发布。下面介绍“发布”对话框中各主要组成要素的功能含义。

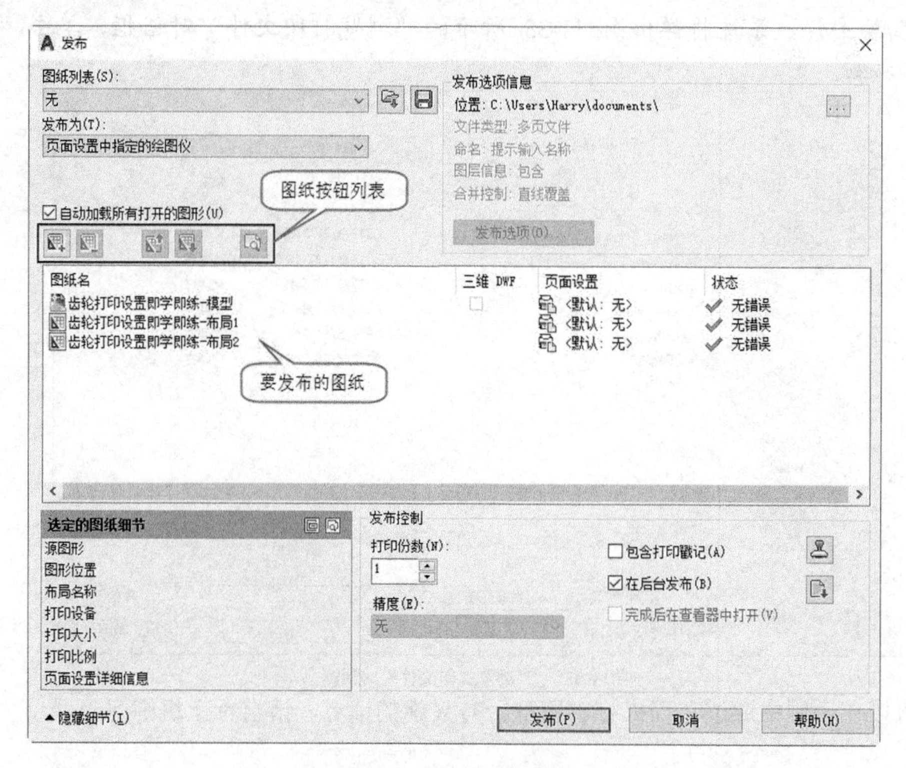

图11-34　“发布”对话框

(1) “图纸列表”下拉列表框：该下拉列表框显示当前图形集（DSD，DSD 文件用于说明这些图形文件列表及其中的选定布局列表）或批处理打印（BP3）文件，注意，BP3 文件在 AutoCAD LT 中不可用。在该下拉列表框右侧提供两个按钮，即“加载图形列表”按钮和“保存图形列表”按钮，前者用于加载所需的 DSD 文件或 BP3（批处理打印）文件；后者则用于将当前图纸列表保存为 DSD 文件。

(2) “发布为”下拉列表框：该下拉列表框用于定义发布图纸列表的方式，其中可供选择的选项有“DWF”“DWFx”“PDF”和“页面设置中指定的绘图仪”。也就说通过该下拉列表框可以定义发布为多页 DWF、DWFx 或 PDF 文件（电子图形集），也可以发布到页面设置中指定的绘图仪（图纸图形集或打印文件集）。“页面设置中指定的绘图仪”表明将使用页面设置中为每张图纸指定的输出设备。

(3) “自动加载所有打开的图形”复选框：选中此复选框时，所有打开文件（布局或模型空间）的内容将自动加载到发布列表中。当未选中此复选框时，则仅将当前文档的内容加载到发布列表中。

(4) 图纸按钮列表：图纸按钮列表提供以下 5 个图纸按钮。

- “添加图纸”按钮：单击此按钮，弹出“选择图形”对话框（标准文件选择对话框），从中选择要添加到图形列表的图形，AutoCAD 将从这些图纸文件中提取布局名，并在图纸列表中为每个布局和模型添加一张图纸。
- “删除图纸”按钮：用于从图纸列表中删除选定的图纸。

- “上移图纸”按钮：用于将列表中选定图纸上移一个位置。
- “下移图纸”按钮：用于将列表中选定图纸下移一个位置。
- “预览”按钮：按执行 PREVIEW 命令时在图纸上打印的方式显示图形，按“ESC”键可以退出打印预览并返回至“发布”对话框。

(5) 要发布的图纸：包含要发布的图纸的列表。在该区域中单击选定图纸的页面设置列可更改该图纸的设置，“状态”列用于将图纸加载图纸列表时显示图纸状态。使用快捷菜单可以添加图纸或对列表进行其他更改。

(6) “发布选项信息”选项组：在该选项组中显示了发布选项信息，该选项组中的“发布选项”按钮在“发布为”选项为“DWF”“DWFx”和“PDF”之一时可用。如果单击“发布选项”按钮，则弹出图 11-35 所示的“发布选项”对话框，从中可以指定用于发布的选项，包括默认输出位置（打印到文件）、常规 DWF/PDF 选项（类型、命名、名称、图层信息、合并控制）和 DWF 数据选项。

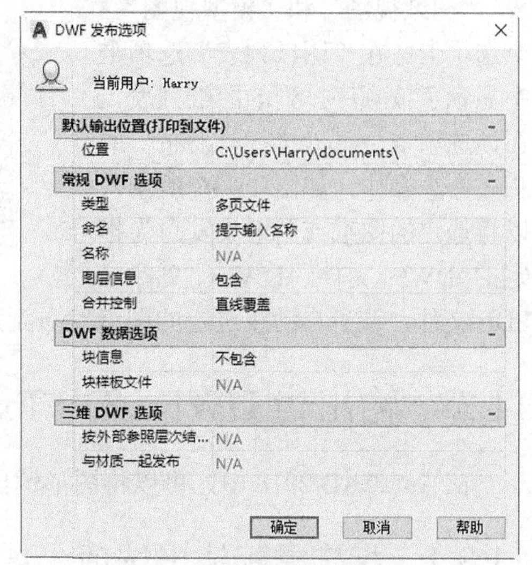

图11-35 “发布选项”对话框

(7) “选定的图纸细节”选项组：在该选项组中显示选定页面设置的以下有关信息：打印设备、打印尺寸、打印尺寸、打印比例和详细信息。

(8) “发布控制”选项组：在该选项组中设置以下内容。

- “打印份数”框：指定要发布的份数。如果从“发布为”下拉列表框中选择“DWF”“DWFx”或“PDF”时，则打印份数默认为 1 且不能更改。如果图纸的页面设置指定打印到文件，那么将忽略在“发布控制”选项组中设置的份数，只创建单个打印文件。
- “精度”下拉列表框：为指定领域优化 DWF、DWFx 和 PDF 文件的精度（DPI），也可以在精度预设管理器中配置自定义精度预设。
- “包含打印戳记”复选框：选中此复选框时，在每个图形的指定角放置一个打印戳记并将戳记记录在文件中。打印戳记数据可以在“打印戳记”对话框中设定。
- “打印戳记设置”按钮：单击此按钮，将弹出“打印戳记”对话框，从中可以指定要应用于打印戳记的信息，例如，图形名称和打印比例等。
- “在后台发布”复选框：选中此复选框，则切换选定图纸的后台发布。
- “完成后在查看器中打开”复选框：选中此复选框时，则完成发布后，将在查看器应用程序中打开 DWF、DWFx 或 PDF 文件。
- “发布”按钮：单击此按钮，开始发布操作。根据在“发布为”下拉列表框和“发布选项”对话框中选定的选项，创建一个或多个单页 DWF、DWFx 或 PDF 文件，或一个多页 DWF、DWFx 或 PDF 文件，或打印到设备或文件。

知识点拨： 可以使用图纸集管理器来显示图形图纸的命名集合并进行整理。按“Ctrl”+“4”快捷组合键可打开或关闭图纸集管理器。图纸集管理器窗口有“图纸列表”“图纸视图”和“模型视图”3个选项卡。在“图纸列表”选项卡中显示了按顺序排列的图纸列表，在该选项卡中可以执行“发布”的相关命令操作，如图 11-36 所示，以将选定的图纸或图纸集发布为指定的 DWF 文件、DWFx 文件或 PDF 文件，或者自动将选定的图纸发布到默认绘图仪或打印机等。

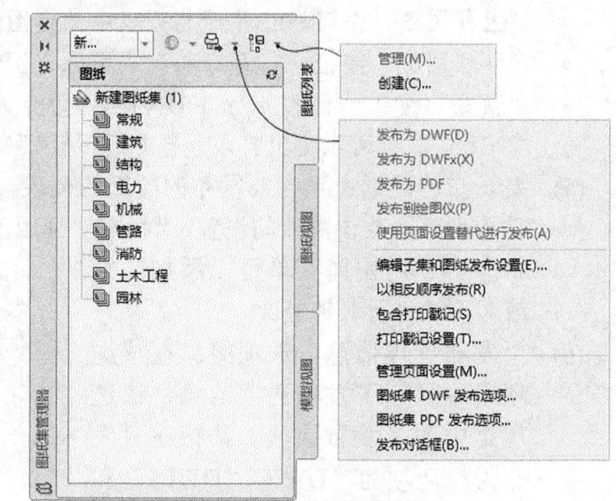

图11-36　图纸集管理器

11.3　输出为 DWF、DWFx 或 PDF

在 AutoCAD 2018 中，可以将图形输出为 DWF、DWFx 或 PDF 格式的文件。

11.3.1　指定常规输出选项

在将图形输出为 DWF、DWFx 或 PDF 格式的文件之前，可以先指定 DWF、DWFx 或 PDF 文件的常规输出选项。例如，为 DWF 和 DWFx 指定文件位置、是否要包括图层信息等。当然，用户可以接受默认的常规输出选项值。

一、输出为 DWF 选项

在功能区“输出”选项卡的“输出为 DWF/PDF”面板中单击“输出为 DWF 选项”按钮，打开图 11-37 所示的“输出为 DWF 选项”对话框，从中可设置以下选项。

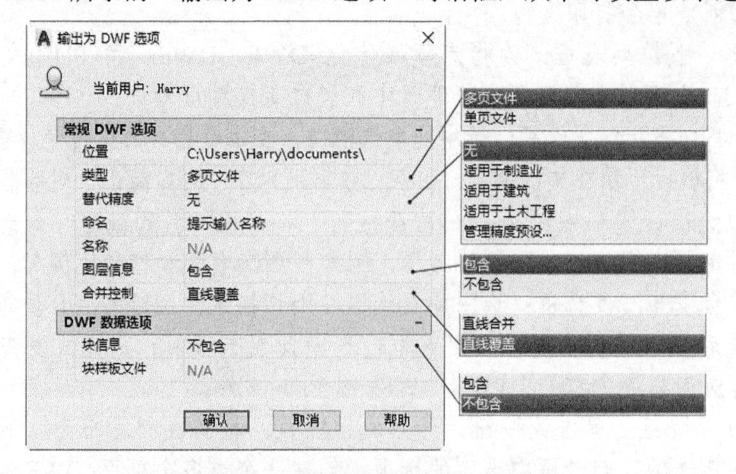

图11-37　“输出为 DWF 选项”对话框

- 位置：指定输出图形时保存 DWF 或 DWFx 文件的位置。
- 类型：指定从图形输出单页图纸还是多页图纸。
- 替代精度：为字段选择能够提供最佳文件分辨率的精度预设，也可以通过选择“管理精度预设”选项来创建新的精度预设。
- 命名：在该框中可选择“提示输入名称”或“指定名称”。当选择“指定名称”时，则可以在下一行的“名称”文本框中命名多页文件。
- 图层信息：设置是否在 DWF 或 DWFx 文件中包含图层信息。
- 合并控制：指定重叠的直线是执行合并（直线的颜色混合在一起成为第三种颜色）操作还是覆盖（最后打印的直线遮挡住它下面的直线）操作。
- 块信息：在 DWF 或 DWFx 文件中指定块特性和属性信息。
- 块样板文件：提供用于创建新的块样板（DXE）文件、编辑现有块样板文件或使用以前创建的块样板文件设置的选项。

二、输出为 PDF 选项

在功能区“输出”选项卡的“输出为 DWF/PDF”面板中单击“输出为 PDF 选项”按钮，打开图 11-38 所示的“输出为 PDF 选项”对话框，从中指定 EXPORTPDF 命令生成的 PDF 文件的特性。其中，“质量”选项组用于指定 PDF 文件的分辨率；“数据”选项组用于指定用户可以有选择地包含在 PDF 文件中的数据。

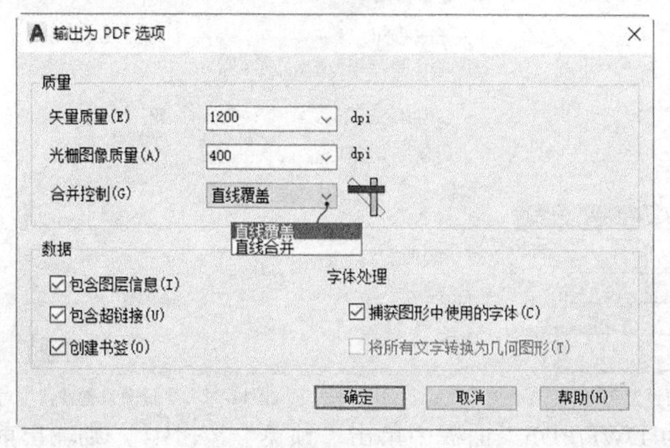

图11-38　“输出为 PDF 选项”对话框

11.3.2　设置输出内容与页面设置

通过功能区“输出”选项卡的“输出为 DWF/PDF”面板，可以快速创建 DWF、DWFx 和 PDF 文件及替代页面设置选项，而无需更改默认 PC3 驱动程序或重置页面设置选项。

“输出为 DWF/PDF”面板的“输出”下拉列表框用于指定要输出图形中的哪些内容，即指定要将图形的哪部分输出为 DWF、DWFx 或 PDF 文件。如果正处于图纸空间（布局）中，那么可以从该下拉列表框中选择“当前布局”或“所有布局”选项，如图 11-39（a）所示。如果正处于模型空间中，则可以从该下拉列表框中选择中“显示”“窗口”或“范围”选项，如图 11-39（b）所示。上述各输出内容选项的功能含义说明如下。

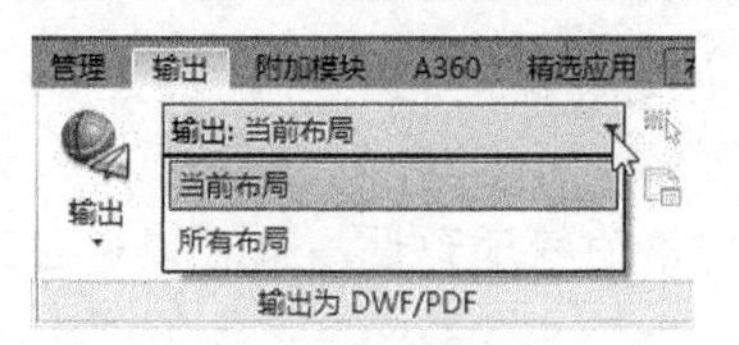

（a）处于图纸空间中时

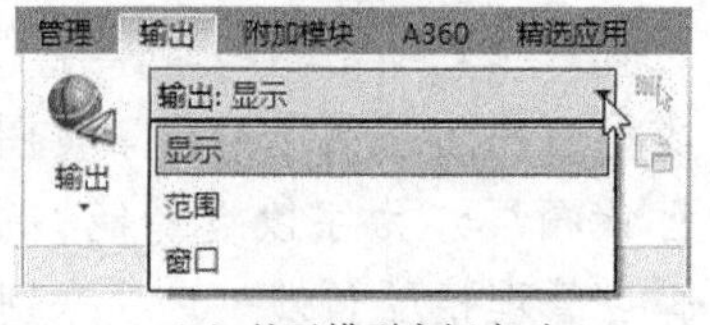

（b）处于模型空间中时

图11-39　设置输出内容

- 当前布局：仅输出当前布局，此选项仅在图纸空间中提供（可用）。
- 所有布局：输出所有布局，此选项仅在图纸空间中提供（可用）。
- 显示：在当前显示中输出对象，此选项仅在模型空间中提供（可用）。
- 范围：在图形范围中输出对象，此选项仅在模型空间中提供（可用）。
- 窗口：在指定窗口中输出对象，此选项仅在模型空间中提供（可用）。选择此选项时，需要从模型空间中指定两个对角点来指定输出的窗口区域。

在“输出为 DWF/PDF”面板的“页面设置”下拉列表框中可以选择“当前”选项或“替代”选项，如图 11-40 所示。以使用当前图形页面设置选项或替代当前选项将对象输出为 DWF、DWFx 或 PDF 文件。当选择“替代”选项时，系统弹出图 11-41 所示的“页面设置替代”对话框，从中指定页面设置替代设置。在退出应用程序之前，替代设置将保留，因此每次输出为 DWF、DWFx 或 PDF 文件时，均无需重置替代。也允许用户在需要时单击位于“页面设置”下拉列表框右侧的“页面设置替代”按钮来打开“页面设置替代”对话框。

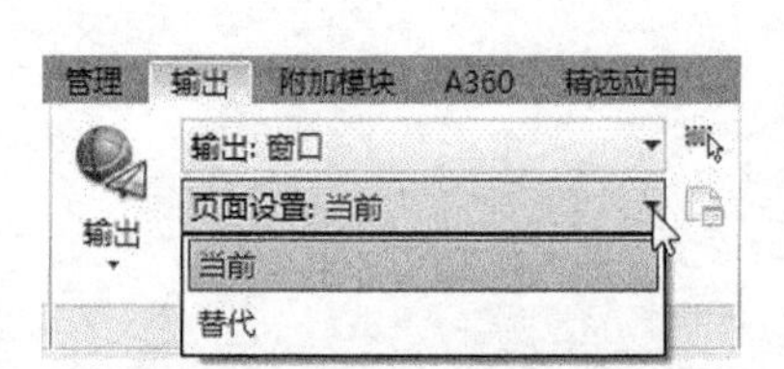

图11-40　指定页面设置选项

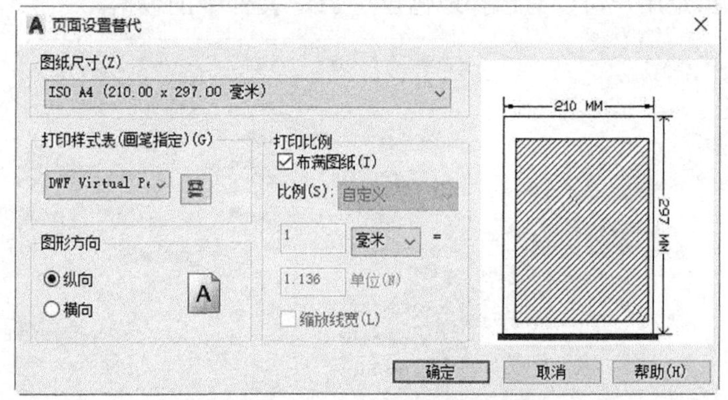

图11-41　“页面设置替代”对话框

如果在“输出为 DWF/PDF”面板中单击“预览”按钮，则输出前在预览窗口中显示对象，即在预览窗口中打开图形。

11.3.3　输出 DWF 和 DWFx 文件

在 AutoCAD 中可以组合图形的集合并将其输出为 DWF 和 DWFx 文件格式。对于大多数设计组而言，主要的提交对象是图形集，电子图形集将输出另存为 DWF 和 DWFx 文件。用户使用 Autodesk Design Review 来查看或打印 DWF 和 DWFx 文件。如果要输出单个图形，那么也可以使用由“打印”按钮打开的“打印”对话框来完成。

如果要将图形输出为 DWF 文件，那么在功能区“输出”选项卡的“输出为 DWF/PDF”面板中单击“输出”/“DWF”按钮，系统弹出图 11-42 所示的“另存为 DWF”对话框，从中选择所需的选项，输入文件名，然后单击“保存”按钮。

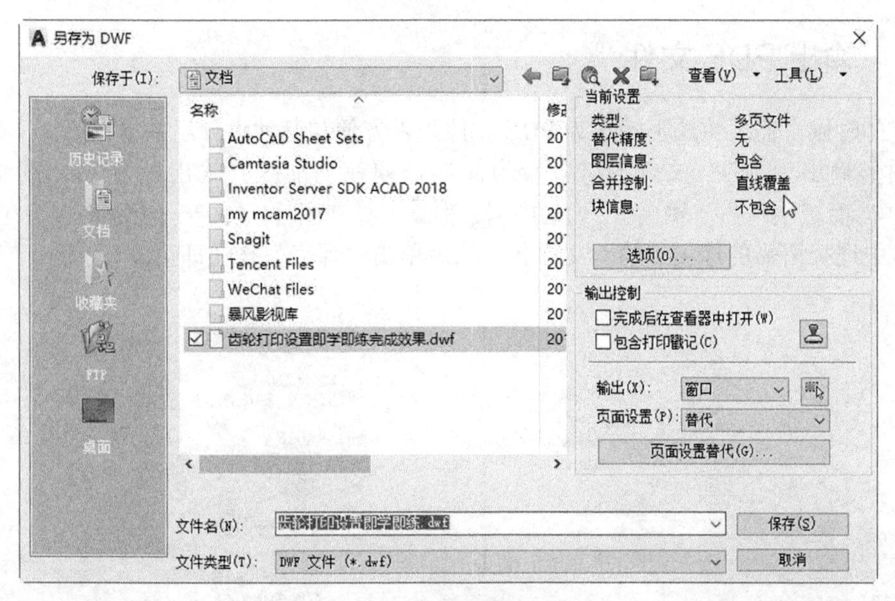

图11-42 “另存为 DWF”对话框

如果要将图形输出为 DWFx 文件，那么在功能区“输出”选项卡的“输出为 DWF/PDF”面板中单击“输出”/“DWFx”按钮，打开图 11-43 所示的“DWFx”对话框，从中选择所需的选项，输入文件名，然后单击“保存”按钮。

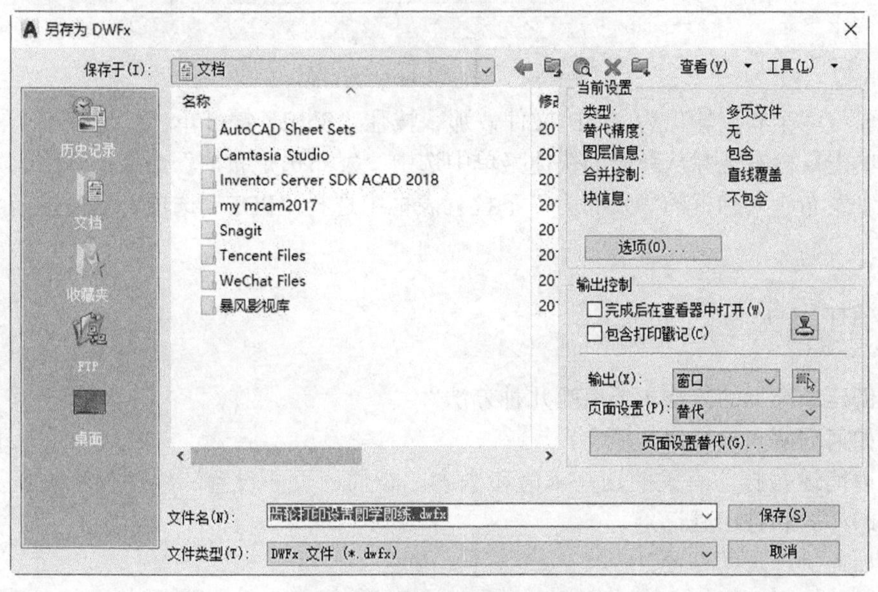

图11-43 “另存为 DWFx”对话框

如果要将多个布局输出为 DWF 或 DWGx 文件，那么可以按住“Shift”键并单击以选择多个布局选项卡，单击鼠标右键并从弹出的快捷菜单中选择“发布选定布局”命令，弹出“发布”对话框，接着从“发布”对话框的“发布为”下拉列表框中选择“DWF”或“DWFx”选项，然后单击“发布”按钮。

11.3.4　输出 PDF 文件

在有些时候，需要将图形输出为 PDF 文件，以方便与其他设计组共享信息。

将图形输出为 PDF 文件的步骤较为简单，即在功能区“输出”选项卡的“输出为 DWF/PDF”面板中单击“输出”/“PDF”按钮，打开图 11-44 所示的“另存为 PDF”对话框，从中选择所需的选项，输入文件名，然后单击“保存”按钮即可。

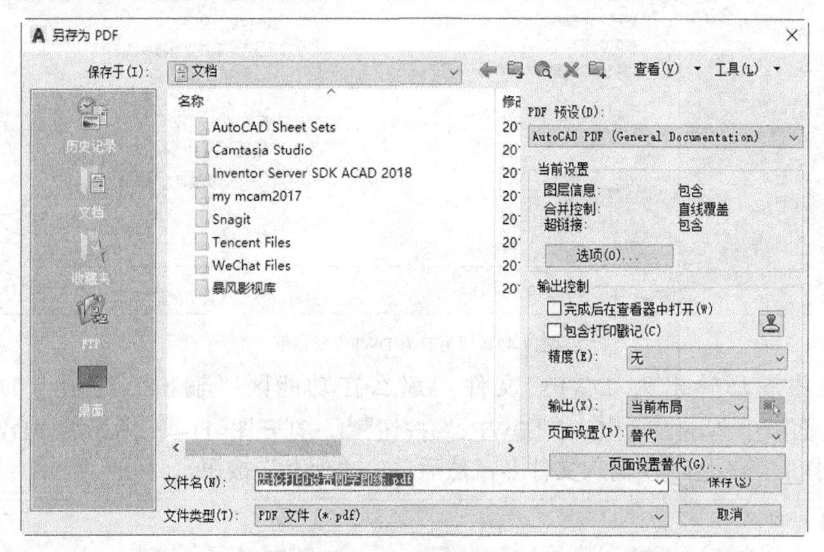

图11-44　“另存为 PDF”对话框

如果要将多个布局输出为 PDF 文件，那么按住“Shift”键并单击以选择多个布局选项卡，接着单击鼠标右键并从弹出的快捷菜单中选中“发布选定布局”命令，弹出“发布”对话框，从“发布”对话框的“发布为”下拉列表框中选择“PDF”选项，然后单击“发布”按钮。

11.4　思考与练习题

(1) 创建新布局的方法主要有哪几种方法？

(2) 如何理解布局视口的概念？

(3) 请简述与打印有关的这些术语和概念：布局、页面设置、绘图仪管理器、打印样式和打印戳记。

(4) 如何进行页面设置？

(5) 什么是打印样式表？打印样式表分为哪两种类型？它们的区别在哪里，分别应用在什么场合？

(6) 总结一下将图形输出为 DWF、DWFx 或 PDF 文件的一般方法和步骤？

(7) 在什么情况下使用批处理打印较为合适？

(8) 单击“应用程序”按钮，接着从应用程序菜单中展开“输出”子菜单，从中可以选择相应命令以输出为其他格式，如选择“三维 DWF”“DGN”“FBX”和“其他格式”命令等，请读者课外研习这方面的知识。

第12章　参数化图形设计

参数化图形设计在一些设计场合显得很重要，例如，通过在工程项目的设计阶段应用约束，可以在试验各种设计或进行更改时强制执行要求。约束分几何约束和标注约束。

本章将结合理论和应用实际来介绍参数化图形设计的知识，包括参数化图形的基本概念、几何约束、标注约束、编辑受约束的几何图形和使用参数管理器控制几何图形等。

12.1　参数化图形的基本概念

AutoCAD 2018 具有较强的参数化图形绘制功能。参数化图形是一项用于使用约束进行设计的技术，所谓约束是应用于二维几何图形的关联和限制。应用约束后，对对象所做的更改操作可能会自动调整其他对象。

AutoCAD 中的约束分两种常用类型，即几何约束和标注约束。几何约束控制对象相对于彼此的关系，而标注约束控制对象的距离、长度、角度和半径值。在图 12-1 所示的图形中，显示了使用默认格式和可见性的几何约束和标注约束。

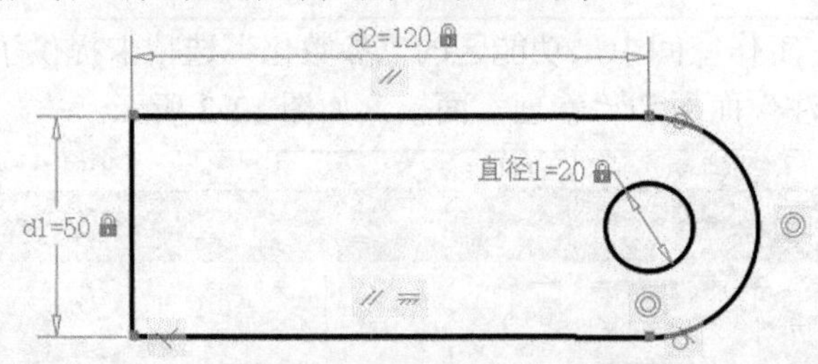

图12-1　应用了几何约束和标注约束的二维图形

正是应用约束，用户可以通过约束图形中的几何图形来保持设计规范和要求，可以立即将多个几何约束应用于对象，可以在标注约束中使用公式和方程式，可以通过更改变量值来快速更改设计。在这里介绍应用约束的一条最佳经验：首先在设计中应用几何约束以确定设计的形状，再应用标注约束以确定对象的形状大小。

在使用约束进行图形设计时，需要了解图形的这 3 种状态，如表 12-1 所示。需要注意的是：AutoCAD 会防止用户应用任何会导致过约束情况的约束。

表 12-1　图形的 3 种状态

序号	状态	说明
1	未约束	未将约束应用于任何几何图形
2	欠约束	将某些约束应用于几何图形，但是未达到完全约束图形的状态
3	完全约束	将所有相关几何约束和标注约束应用于几何图形，完全约束的一组对象还需要包括至少一个固定约束，以锁定几何图形的位置

在 AutoCAD 中，有以下两种方法可以通过约束进行设计。所选的具体方法取决于设计实践及主题的要求。

(1) 可以在欠约束图形中进行操作，同时进行更改，其方法是使用编辑命令和夹点的组合，添加或更改约束。

(2) 可以先创建一个图形，并对其进行完全约束，然后以独占方式对设计进行控制，其方法是释放并替换几何约束，更改标注约束中的值。要临时释放选定对象上的约束以进行更改，则在已选定夹点或在执行编辑命令期间指定选项时，单击“Shift”键以交替使用释放约束和保留约束。在编辑期间不保留已释放的约束，而完成编辑过程后，如果可能则约束会自动恢复，而不再有效的约束将被删除。

除了可以在图形中的对象间应用约束外，还可以在表 12-2 所示的对象之间应用约束。对块参照应用约束时，可以自动选择块中包含的对象。向块参照添加约束，可能会导致块参照因此而移动或旋转。在块定义中使用约束可生成动态块，而向动态块应用约束会禁止显示其动态夹点。

表 12-2　对块和参照使用约束

序号	对象之间
1	图形中的对象与块参照中的对象
2	某个块参照中的对象与*其他*块参照中的对象（而非同一个块参照中的对象）
3	外部参照的插入点与对象或块，而非外部参照中的所有对象

在“草图与注释”工作空间中，功能区的“参数化”选项卡提供了用于参数化图形设计的“几何”面板、“标注”面板和“管理”面板，如图 12-2 所示。

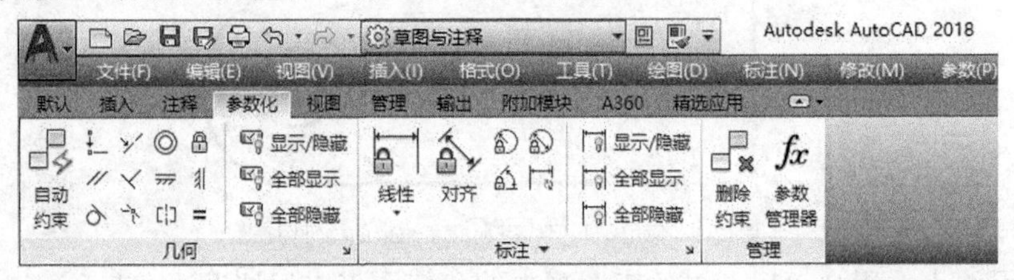

图12-2　功能区的“参数化”选项卡

12.2　几何约束

在绘制二维对象的过程中，可以根据设计要求指定二维对象或对象上点之间的几何约束，这样之后编辑受约束的几何图形时将保留约束，从而在图形中始终遵守着设计意图。几何约束通常还需要与标注约束一起使用。

本节主要介绍几何约束的类型、自动约束和约束栏。

12.2.1　几何约束的类型

在 AutoCAD 2018 中，几何约束的类型包括重合、垂直、平行、相切、水平、竖直、共线、同心、平滑、对称、相等和固定，如表 12-3 所示。创建几何约束关系的典型步骤很简单，即在功能区“参数化”选项卡的“几何”面板中单击所需的约束按钮图标，接着按照提示选择相应的有效对象或参照即可。

表 12-3　几何约束命令的应用内容

约束类型	光标附带图标	按钮图标	约束功能及应用特点
重合			约束两个点使其重合，或者约束一个点使其位于对象或对象延长部分的任意位置，注意第 2 个选定点或对象将设为与第 1 个点或对象重合
垂直			约束两直线或多段线线段，使其夹角始终保持为 90°，第 2 个选定对象将设为与第 1 个对象垂直
平行			选择要置为平行的两个对象，默认时第 2 个对象将被设为与第 1 个对象平行
相切			约束两条曲线，使其彼此相切或其延长线彼此相切
水平			约束一条直线或一对点，使其与当前 UCS 的 x 轴平行；默认时对象上的第 2 个选定点将设定为与第 1 个选定点水平
竖直			约束一条直线或一对点，使其与当前 UCS 的 y 轴平行；默认时对象上的第 2 个选定点将设定为与第 1 个选定点垂直
共线			约束两条直线，使其位于同一无限长的线上；默认时应将第 2 条选定直线设为与第 1 条共线
同心			约束选定的圆、圆弧或椭圆，使其具有相同的圆心点
平滑			约束一条样条曲线，使其与其他样条曲线、直线、圆弧或多段线彼此相连并保持 G2 连续性；选定的第 1 个对象必须为样条曲线，第 2 个选定对象将设为与第 1 条样条曲线 G2 连续
对称			约束对象上的两条曲线或两个点，使其以选定直线为对称轴彼此对称
相等			约束两条直线或多段线线段使其具有相同长度，或约束圆弧和圆使其具有相同半径值；使用“多个”选项可以将两个或多个对象设为相等
固定			约束一个点或一条曲线，使其固定在相对于世界坐标系的特定位置和方向上，例如，使用固定约束，可以锁定圆心

下面介绍一个应用几何约束的简单范例。

1 新建一个图形文件，切换至“草图与注释”工作空间，从功能区的“默认”选项卡的“绘图”面板中单击“圆心、半径”按钮，接着根据命令行的提示进行以下操作来绘制一个圆。

命令: _circle

指定圆的圆心或 [三点(3P)/两点(2P)/切点、切点、半径(T)]: 0,0↙

指定圆的半径或 [直径(D)]: 50↙

2 继续单击“圆心、半径”按钮，根据命令行提示进行以下操作来绘制另一个圆。

命令: _circle

指定圆的圆心或 [三点(3P)/两点(2P)/切点、切点、半径(T)]: 180,30↙

指定圆的半径或 [直径(D)] <50.0000>: 82↙

绘制的两个圆如图 12-3 所示。

3 为左边的第一个圆对象创建固定约束。在功能区中切换至“参数化”选项卡，从“几何”面板中单击“固定”按钮，接着在“选择点或 [对象(O)] <对

象>:”提示下按“Enter”键以选择默认的“对象”选项，然后在图形窗口中单击左边第一个圆，从而为所选的该圆对象建立一个固定约束。注意，其固定约束的显示标识，如图 12-4 所示。

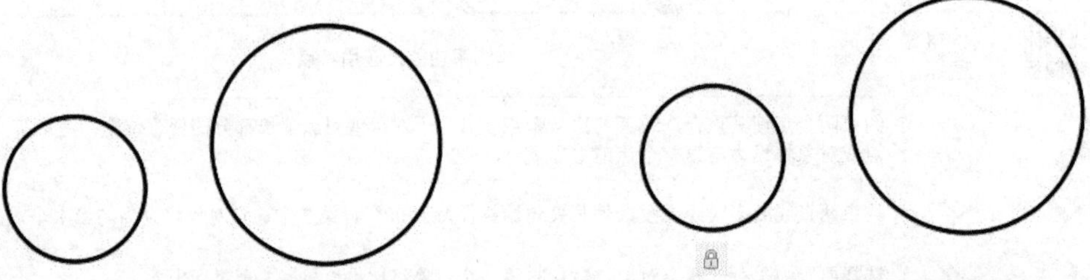

图12-3　绘制的两个圆　　　　图12-4　为第一个圆对象建立固定约束

4 为右边的圆心建立固定约束。在“几何”面板中单击“固定”按钮，接着在图形窗口中单击右边的圆，从而建立一个固定约束来锁定该圆的圆心位置，如图 12-5 所示。注意，此固定标记的显示与第一个固定标记的显示是有区别的。

5 由于临时改变设计意图，需要创建一个相切约束使第 2 个圆与第 1 个圆相切，而两个圆的圆心位置都不变。在“几何”面板中单击“相切”按钮，选择右边的圆作为第 1 个对象，接着选择左边的小圆作为第 2 个对象，从而为所选的两圆建立一个相切约束关系，如图 12-6 所示。

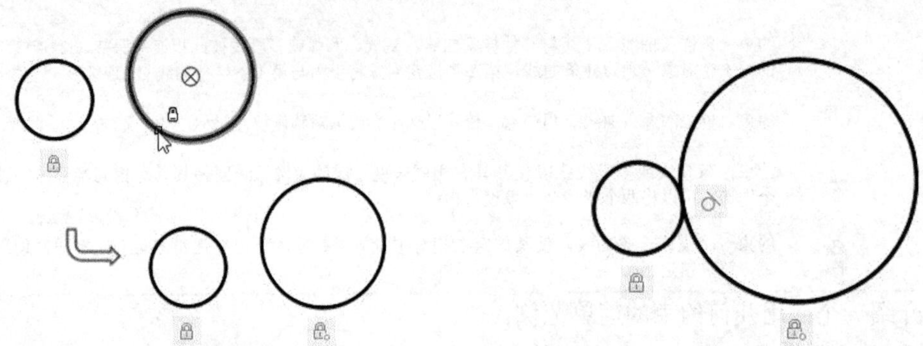

图12-5　使用约束锁定第 2 个圆的圆心　　　　图12-6　为两个圆建立相切约束

6 使用“CIRCLE”命令在预定大概区域创建一个圆，接着在“几何”面板中单击“同心”按钮，分别选择要同心的两个圆，使它们之间建立同心约束，如图 12-7 所示。

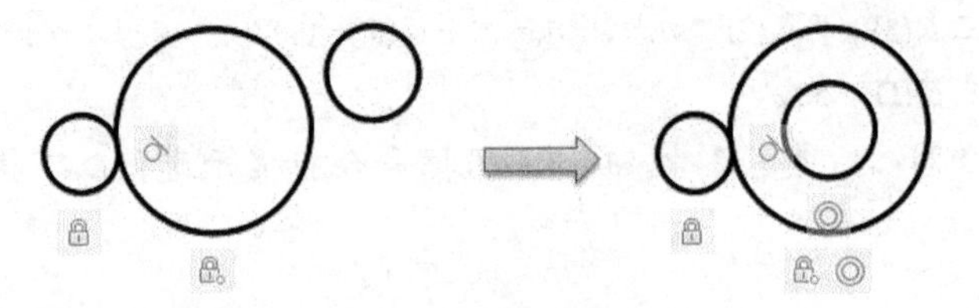

图12-7　建立同心约束

12.2.2　自动约束及设置

在实际制图中，使用自动约束是很高效的，因为可以根据对象相对于彼此的方向将几何约束自动地应用于对象的选择集。

使用自动约束的操作步骤如下。

1 在功能区“参数化”选项卡的“几何”面板中单击“自动约束”按钮，此时出现“选择对象或 [设置(S)]:”的提示信息。

2 选择要受几何约束的对象。

3 按“Enter”键结束对象选择，从而完成按默认的自动约束设置来在对象的选择集中创建几何约束，AutoCAD 则提示已将多少个约束应用于多少个对象。

在单击“自动约束”按钮进行自动约束的操作过程中，用户可以自行设置要自动应用到对象的几何约束类型，以及设置几何约束的优先级和公差范围（距离公差和角度公差）等。在出现“选择对象或 [设置(S)]:”提示下输入“S”并按“Enter”键（即选择“设置”提示选项），AutoCAD 系统弹出“约束设置”对话框并自动切换到“自动约束”选项卡，如图 12-8 所示，从中控制应用于选择集的约束，以及使用“AUTOCONSTRAIN”（自动约束）命令时约束的应用顺序等。下面介绍“约束设置”对话框的“自动约束”选项卡中各组成要素的功能含义。

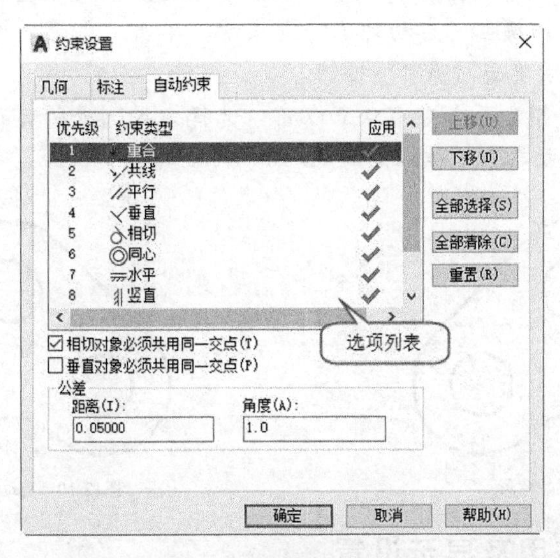

图12-8 “约束设置”对话框

- 选项列表：在该选项列表中显示各约束类型的优先级和应用设置。选项列表的自动约束标题包括“优先级”“约束类型”和“应用”，其中“优先级”控制约束的应用顺序；“约束类型”控制应用于对象的约束类型；“应用”则控制是否将约束应用于多个对象。
- “上移”按钮：通过在列表中上移选定项目来更改其顺序。
- “下移”按钮：通过在列表中下移选定项目来更改其顺序。
- “全部选择”按钮：用于选择所有几何约束类型以进行自动约束。
- “全部清除”按钮：用于清除所有几何约束类型以进行自动约束。
- “重置”按钮：用于将自动约束设置重置为默认值。
- “相切对象必须共用同一交点”复选框：选中此复选框时，指定两条曲线必须共用一个点（在距离公差内指定）以便应用相切约束。

- “垂直对象必须共用同一交点”复选框：如果选中此复选框，则指定直线必须相交或一条直线的端点必须与另一条直线或直线的端点重合（在距离公差内指定）。
- “公差”选项组：在该选项组中设定可接受的公差值以确定是否可以应用约束，“距离”公差应用于重合、同心、相切和共线约束，角度公差应用水平、竖直、平行、垂直、相切和共线约束。

用户也可以在单击“自动约束”按钮之前在功能区的“参数化”选项卡中单击“几何”面板中的“几何约束设置”按钮，弹出“约束设置”对话框，手动切换至“自动约束”选项卡，从中进行自动约束设置。

下面介绍一个在图形中应用自动约束的操作范例。

1. 打开“自动约束即学即练.dwg”文件，该文件中存在的原始图形如图 12-9 所示。
2. 在功能区“参数化”选项卡的“几何”面板中单击“自动约束”按钮。
3. 在“选择对象或 [设置(S)]:”提示下选择“设置（S）”选项，弹出“约束设置”对话框并自动切换至“自动约束”选项卡，单击“重置”按钮后再单击“全部选择”按钮，然后单击“确定”按钮。
4. 在图形窗口中指定两个对角点来以窗口选择方式选择所有的图形对象，然后按“Enter”键，自动约束的结果如图 12-10 所示。

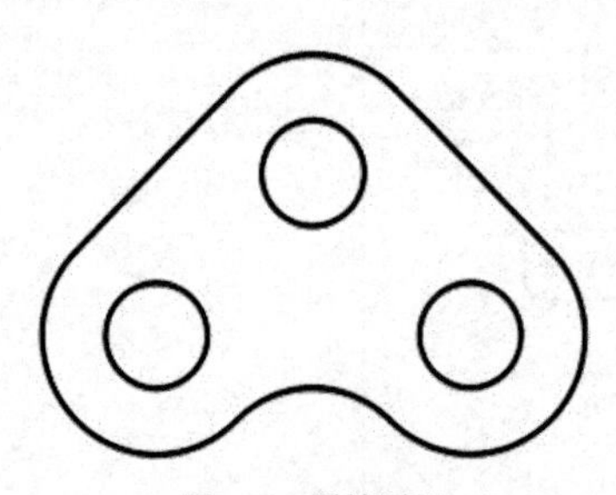

图12-9　原始图形

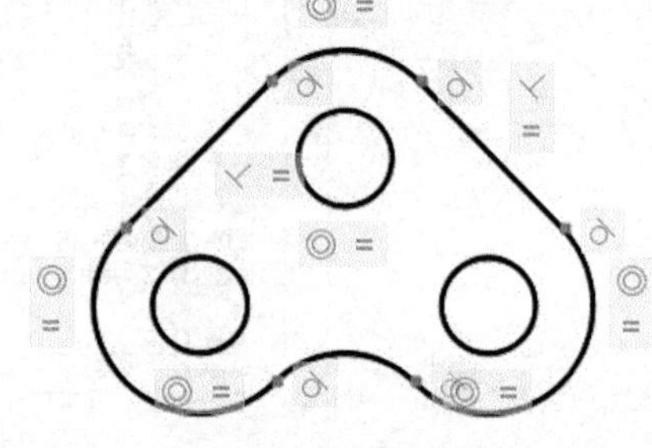

图12-10　自动约束的结果

12.2.3　约束栏应用及显示设置

约束栏提供了有关如何约束对象的信息，约束栏显示一个或多个图标，这些图标表示已应用于对象的几何约束，如图 12-11 所示。为了视觉上的美观，用户可以根据需要将约束栏拖到合适位置处，也可以控制约束栏是处于显示还是隐藏状态。

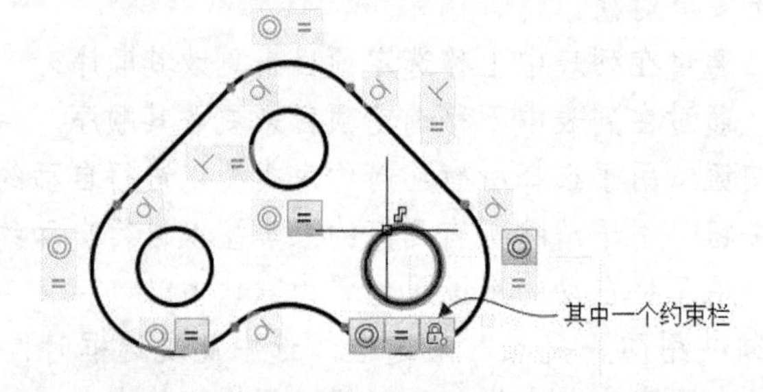

图12-11　使用约束栏

一、使用约束栏验证对象上的几何约束

使用约束栏可以验证对象上的几何约束。例如，在约束栏上滚动浏览约束图标时，将亮显与该几何约束关联的对象，如图 12-12 所示。另外，也可以将鼠标悬停在已应用几何约束的对象上，此时会亮显与该对象关联的所有约束栏，如图 12-13 所示。

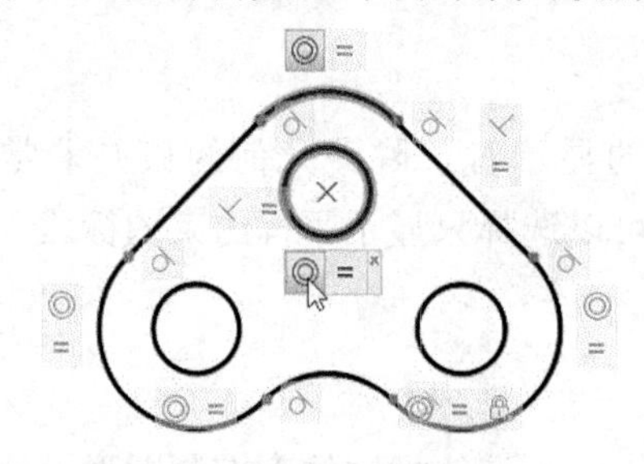

图12-12　在约束栏上浏览约束图标时

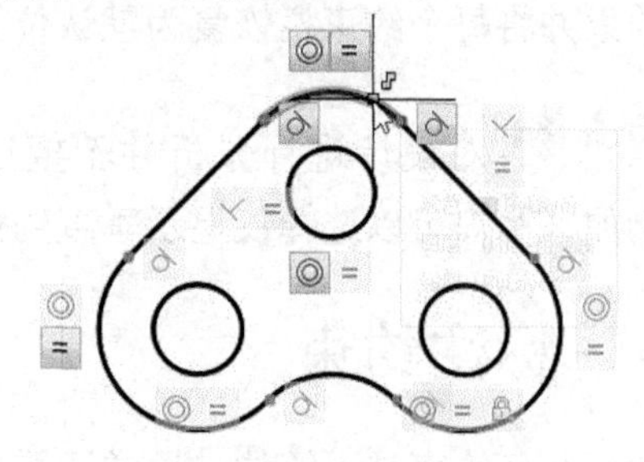

图12-13　将鼠标置于对象处时

二、控制约束栏的显示

要控制约束栏中约束的显示，包括控制约束栏上显示或隐藏的几何约束类型，以及控制约束栏透明度等，则在功能区的“参数化”选项卡中单击“几何”面板中的“几何约束设置”按钮↘，打开“约束设置”对话框，如图 12-14 所示。在“几何”选项卡中进行相关设置即可。例如，全部选择约束栏要显示的几何约束类型，以及选中“将约束应用于选定对象后显示约束栏”复选框和“选定对象时显示约束栏”复选框。

在功能区“参数化”选项卡的“几何”面板中提供了 3 个按钮用于单独或全局显示/隐藏几何约束和约束栏，如图 12-15 所示，它们的功能含义如表 12-4 所示。

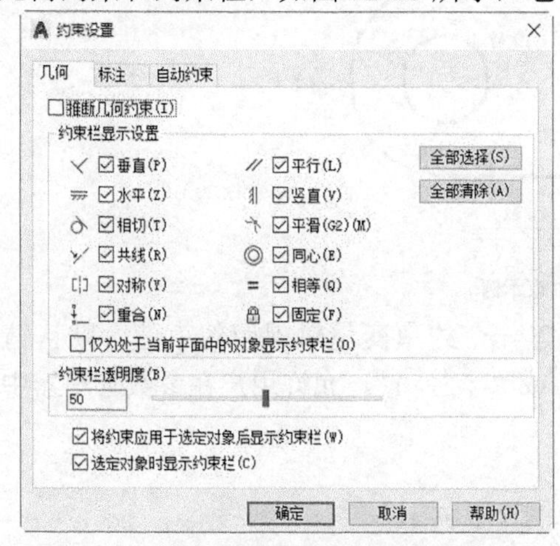

图12-14　“约束设置”对话框的“几何”选项卡

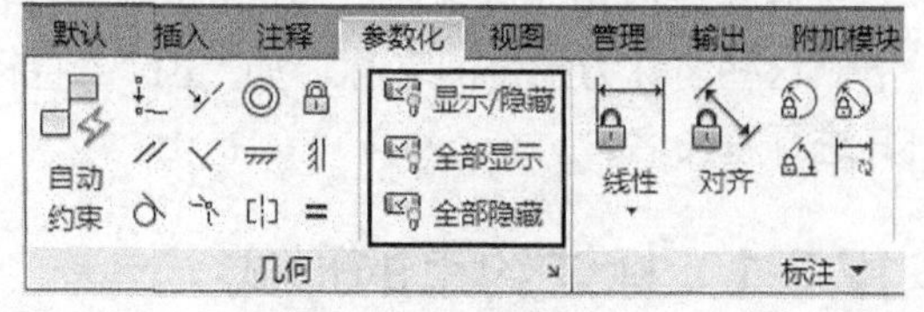

图12-15　“几何”面板

表 12-4　与几何约束和约束栏显示或隐藏相关的 3 个按钮

序号	按钮	名称	功能用途	备注
1		显示/隐藏	显示或隐藏选定对象的几何约束	选择某个对象以亮显相关几何约束
2		全部显示	显示图形中的所有几何约束	可以针对受约束几何图形的所有或任意选择集显示或隐藏约束栏
3		全部隐藏	隐藏图形中的所有几何约束	可以针对受约束几何图形的所有或任意选择集隐藏约束栏

要显示或隐藏几何约束，则单击“显示/隐藏”按钮，接着选择约束对象并按“Enter”键，然后在“输入选项 [显示(S)/隐藏(H)/重置(R)]<显示>:”提示下选择“显示”“隐藏”和“重置”3 个选项之一，当选择“显示”选项时则显示选定对象的几何约束；当选择“隐藏”选项时则隐藏选定对象的几何约束；当选择“重置”选项时则显示选定对象的几何约束并将每个约束栏恢复为默认位置。

知识点拨：对设计进行分析并希望过滤几何约束的显示时，隐藏几何约束是非常有用的。例如，用户可以选择仅显示垂直约束图标，接着可以选择只显示平行约束图标。

12.3　标注约束

使用几何约束是不够的，通常还需要使用标注约束。所谓的标注约束控制图形设计的大小和比例。例如，约束对象之间或对象上点之间的距离，约束对象之间或对象上点之间的角度，以及约束圆弧和圆的大小。在图 12-16 所示的图例中，创建有 3 个标注约束，分别是两个圆心之间的水平距离标注约束、小圆的直径标注约束和圆弧的半径标注约束。标注约束会使几何对象之间或对象上的点之间保持指定的距离和角度。如果要更改标注约束的值，则会计算对象上的所有约束，并自动更新受影响的对象。可以向多段线中的线段添加约束，就像这些线段为独立的对象一样。注意，标注约束中显示的小数位数由“LUPREC”和“AUPREC”系统变量控制。

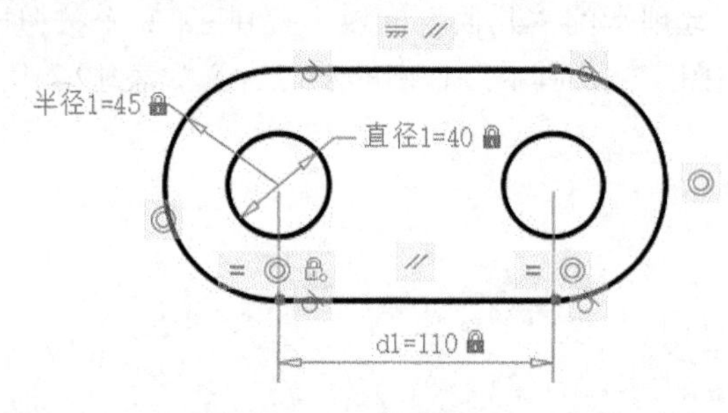

图12-16　标注约束示例

将标注应用于对象时，AutoCAD 会自动创建一个约束变量以保留约束值。默认情况下，这些名称为指定的名称，如“d1”“直径 1”或“半径 1”。允许用户在参数管理器中对其进行重命名。

12.3.1　标注约束的形式

标注约束的形式分动态约束和注释性约束两种。用户可指定要创建哪种标注约束形式，其设置方法是在功能区的“参数化”选项卡中打开“标注”面板的溢出列表，从中单击“动态约束模式”按钮或“注释性约束模式”按钮来启用相应的标注约束模式，如图 12-17 所示。

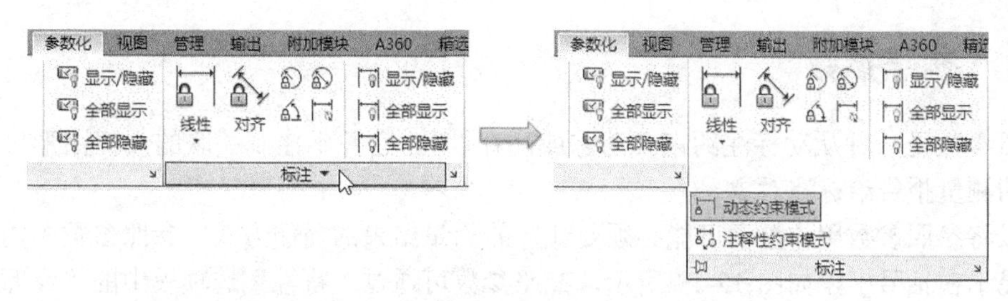

图12-17 启用动态约束模式或注释性约束模式

一、动态约束（动态标注约束）

在初始默认情况下，启用的是动态约束模式，即创建的标注约束是动态的，它们对于常规参数化图形和设计任务来说非常理想。动态约束具有以下特征。

(1) 缩小或放大时保持大小相同。

(2) 可以在图形中轻松全局打开或关闭。

(3) 使用固定的预定义标注样式进行显示。

(4) 自动放置文字信息，并提供三角形夹点，可以使用这些夹点更改标注约束的值。

(5) 打印图形时不显示。

对于动态标注约束，可以使用位于功能区“参数化”选项卡的“标注”面板中的以下 3 个按钮来设置其显示或隐藏。

- “显示/隐藏”按钮：显示或隐藏选定对象的动态标注约束。
- “全部显示”按钮：显示图形中的所有动态标注约束。
- “全部隐藏”按钮：隐藏图形中的所有动态标注约束。

当需要控制动态约束的标注样式时，或者需要打印标注约束时，可以使用“特性”选项板将标注的约束形式由“动态”更改为“注释性”，如图 12-18 所示。

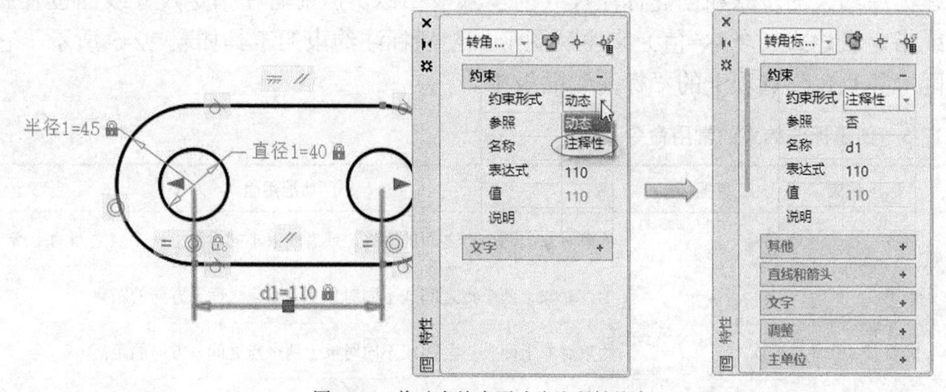

图12-18 将动态约束更改为注释性约束

二、注释性约束

如果希望标注约束具有缩小或放大时发生变化、随图层单独显示、使用当前标注样式显示、提供与标注上的夹点具有类似功能的夹点功能、打印图形时显示这些特征时，则将标注约束创建为注释性标注。完成打印后，还可以使用“特性”选项板将注释性约束转换回动态约束。

12.3.2　参照参数

参照参数是一种从动标注约束（动态或注释性），它并不控制关联的几何图形，但是会将类似的测量报告给标注对象。

可以将参照参数用作显示可能必须要计算的测量结果的简便方式。参照参数中的文字信息始终显示在括号中，如图 12-19 所示，参照参数可通过“特性”选项板中的“参照”框来设置。另外，当某图形形状处于完全约束状态，此时执行“标注”面板中的相关标注约束工具创建新的标注约束并确认标注测量值时，系统会弹出一个对话框询问是创建参照标注还是重新选择要进行标注约束的对象。

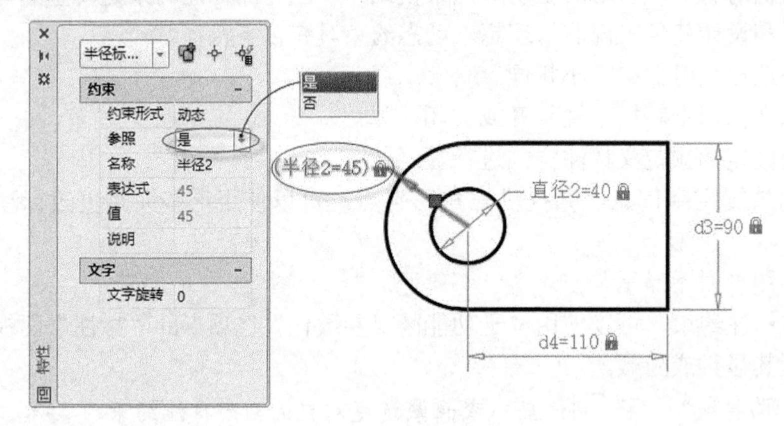

图12-19　将动态约束设置参照参数

12.3.3　创建标注约束

创建标注约束的步骤和创建标注尺寸的步骤很相似，但前者在指定尺寸线的位置后，可输入值或指定表达式（名称=值）来驱动图形。创建标注约束的工具如表 12-5 所示，它们位于功能区“参数化”选项卡的“标注”面板中。

表 12-5　创建标注约束的常用命令

序号	标注约束	工具图标	功能用途
1	对齐		约束对象上两个点之间的距离，或者约束不同对象上两个点之间的距离
2	水平	（水平）	约束对象上两个点之间或不同对象上两个点之间 x 方向的距离
3	竖直		约束对象上两个点之间或不同对象上两个点之间 y 方向的距离
4	线性	（线性）	约束两点之间的水平或竖直距离
5	角度		约束直线段或多段线线段之间的角度、由圆弧或多段线圆弧扫掠得到的角度，或对象上 3 个点之间的角度
6	半径		约束圆或圆弧的半径
7	直径		约束圆或圆弧的直径

下面介绍一个操作实例，让读者学习如何在图形中创建各种动态标注约束。

1 打开“标注约束即学即练.dwg”文件，该文件中存在的原始图形如图 12-20 所示，可在功能区“参数化”选项板的“几何”面板中单击“全部显示”按钮以显示图形中的所有几何约束。

2 在功能区的“参数化”选项卡中打开“标注”面板的溢出列表，确保选中“动态约束模式”按钮以打开动态约束模式，如图 12-21 所示。

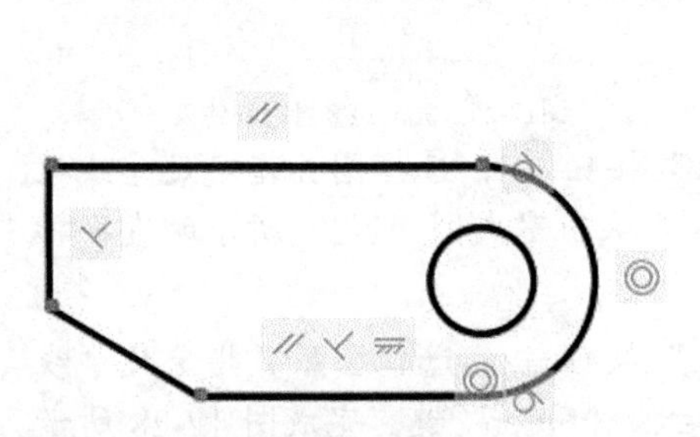

图12-20　原始图形

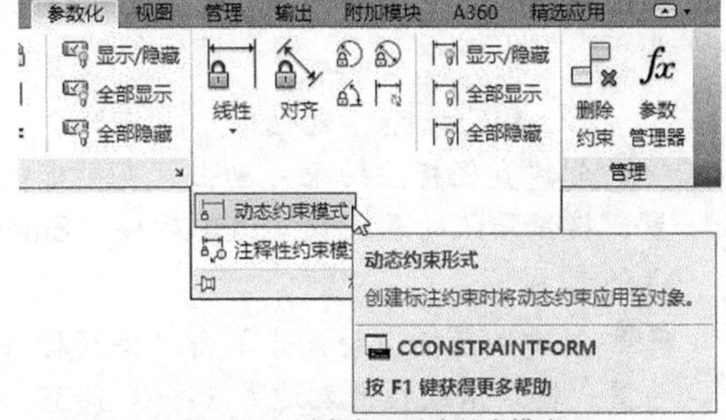

图12-21　确保打开动态约束模式

3 创建水平标注约束。单击“水平标注约束”按钮，分别指定两个约束点，如图 12-22 所示，然后在图 12-23 所示的位置指定尺寸线位置，出现一个标注屏显框，从中可以输入值或指定表达式（名称=值），在这里接受默认的值，按“Enter”键确定，完成创建的水平标注约束如图 12-24 所示。

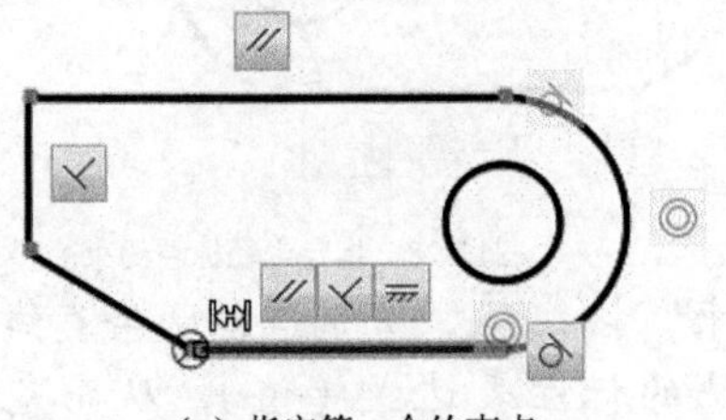

（a）指定第一个约束点

（b）指定第二个约束点

图12-22　指定两个约束点

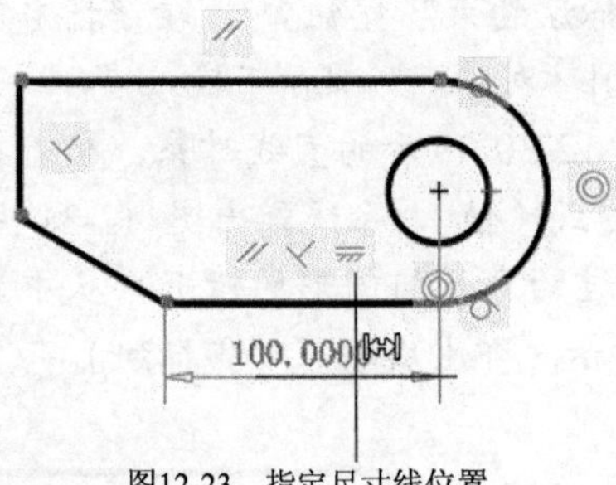

图12-23　指定尺寸线位置

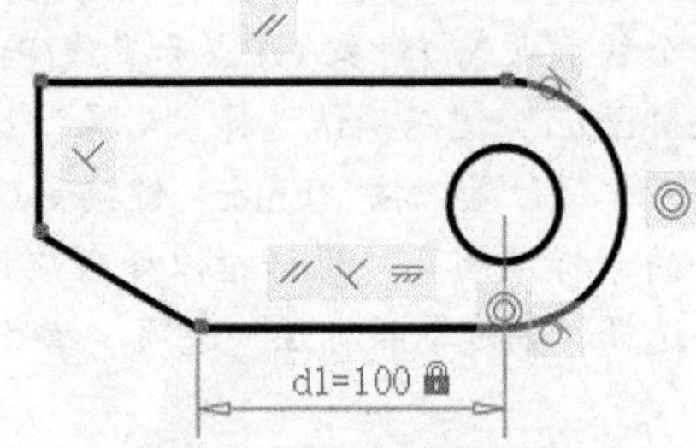

图12-24　创建水平标注约束

4 创建竖直标注约束。单击“竖直标注约束”按钮，接着根据命令行提示进行以下操作。

命令: _DcVertical
指定第一个约束点或 [对象(O)] <对象>: O　　//选择“对象”选项
选择对象:　　//选择图 12-25 所示的直线
指定尺寸线位置:　　//使用鼠标在指定尺寸线的位置处单击

标注文字 ＝48

此时，按“Enter”键接受默认的尺寸参数值，创建的竖直标注约束如图 12-26 所示。

d1=100

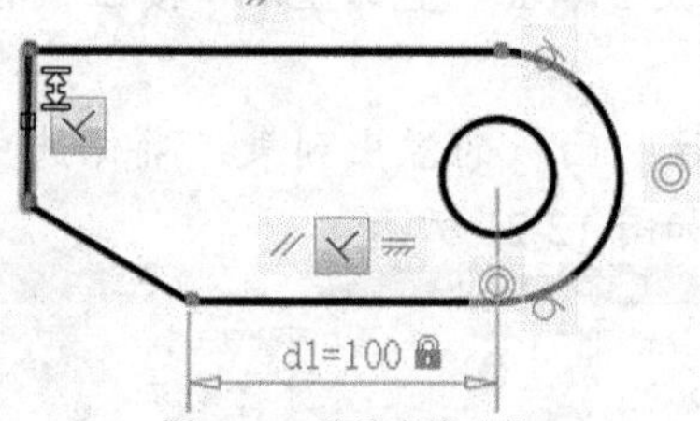

图12-25　选择直线对象

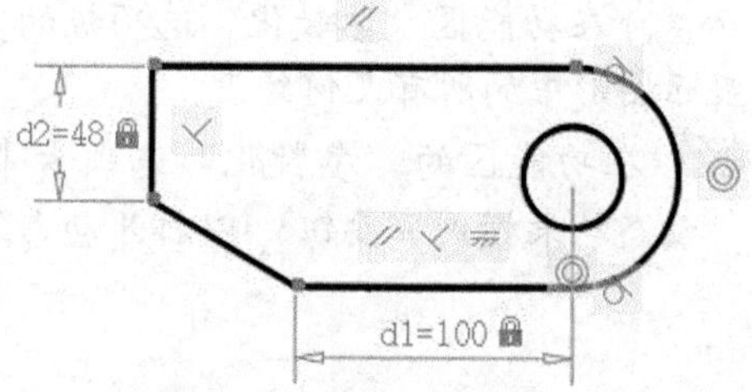

d2=48
d1=100

图12-26　完成该竖直标注约束

5 创建直径标注约束。单击“直径标注约束”按钮，选择圆并指定尺寸线位置，接受默认的表达式（值）后按“Enter”键，从而完成图 12-27 所示的直径标注约束。

6 创建半径标注约束。单击“半径标注约束”按钮，选择圆弧并指定尺寸线位置，输入值或指定表达式（半径 1=39），然后按“Enter”键，完成图 12-28 所示的半径标注约束。

d2=48
直径1=36
d1=100

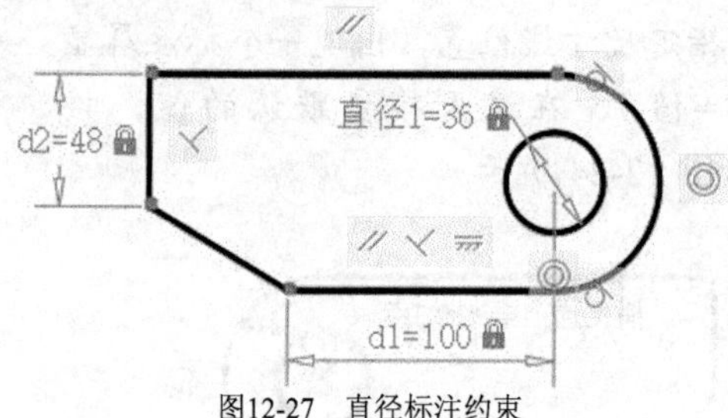

图12-27　直径标注约束

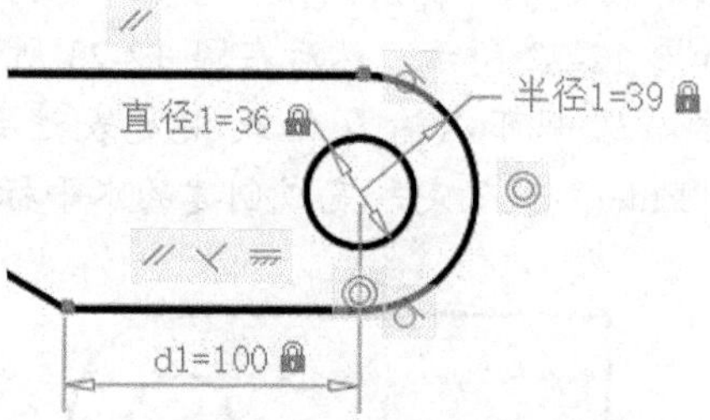

直径1=36
半径1=39
d1=100

图12-28　指定半径标注约束

7 创建角度标注约束。单击“角度标注约束”按钮，分别选择两条直线并指定尺寸线位置，直接按“Enter”键接受默认的标注表达式（值），从而完成图 12-29 所示的角度标注约束。

8 创建参照形式的对齐标注约束。单击“对齐标注约束”按钮，在“指定第一个约束点或 [对象(O)/点和直线(P)/两条直线(2L)] <对象>:”提示下输入“O”并按“Enter”键以确认选择“对象”选项，选择图 12-30 所示的直线对象，接着指定尺寸线位置，按“Enter”键接受默认的标注表达式（值），系统弹出图 12-31 所示的“标注约束”对话框以处理应用标注约束会过约束几何图形的情况，从中单击选择“创建参照标注”选项，结果如图 12-32 所示（即生成参照对齐标注）。

d2=48
直径1=36
半径1=39
角度1=150
d1=100

图12-29　创建角度标注约束

d2=48
直径1=36
角度1=150
选择
d1=100

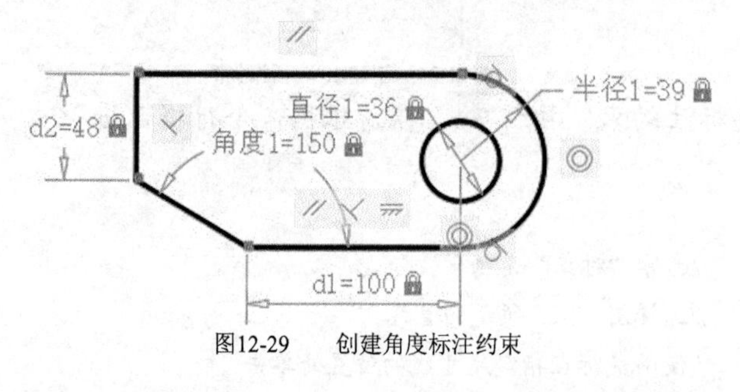

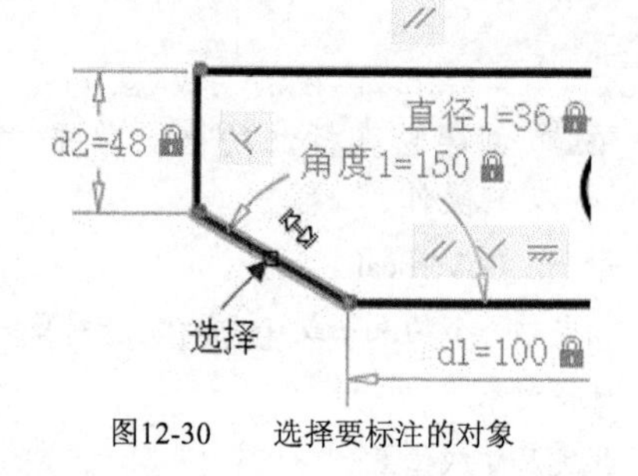

图12-30　选择要标注的对象

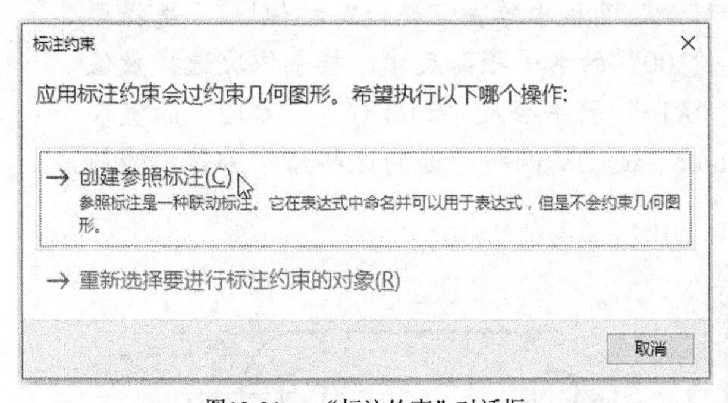

图12-31 “标注约束”对话框

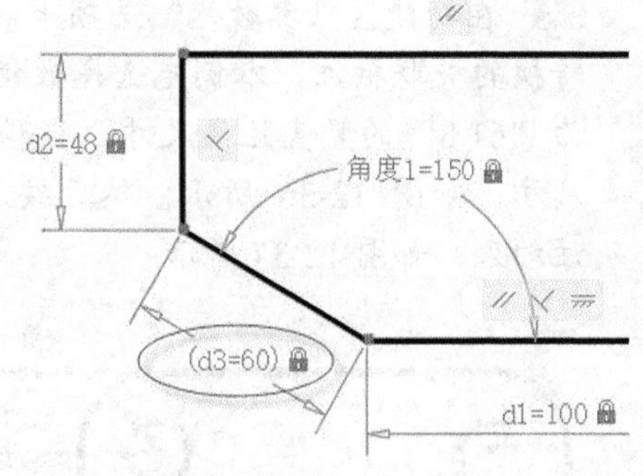

图12-32 建立参照参数

至此，本例建立的全部标注约束如图 12-33 所示。

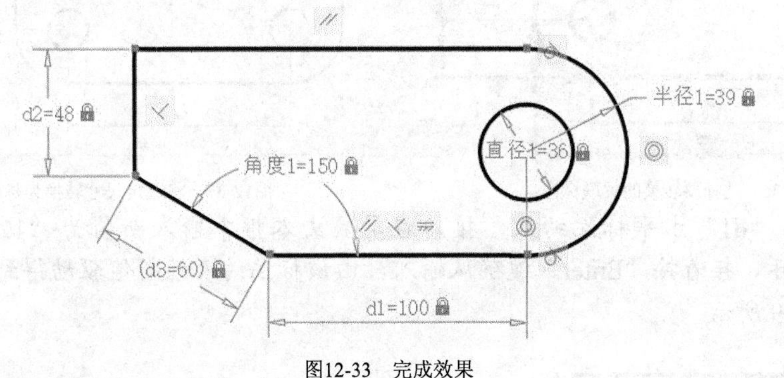

图12-33 完成效果

12.3.4 将标注转换为标注约束

在功能区“参数化”选项卡的“标注”面板中单击“转换”按钮，可以将选定的现有标注转化为标注约束。这是使图形成为参数化图形或部分参数化图形的一个好途径。

下面介绍将选定标注转换为标注约束的一个典型范例，在该范例中还通过修改其中一个标注约束的尺寸值来驱动图形。

1 打开“将标注转换为标注约束即学即练.dwg”文件，该文件中存在的原始图形如图 12-34 所示。在该原始文件中已经通过“自动约束”按钮将若干几何约束应用于全部图形。此时，在功能区“参数化”选项卡的“几何”面板中单击“全部显示”按钮，可以显示图形中的所有几何约束，如图 12-35 所示。

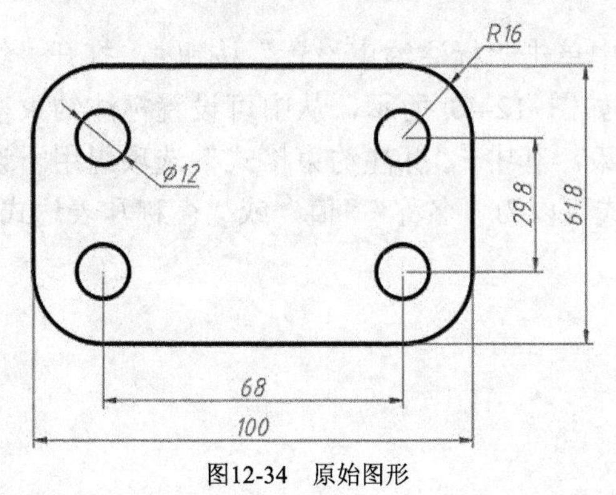

图12-34 原始图形

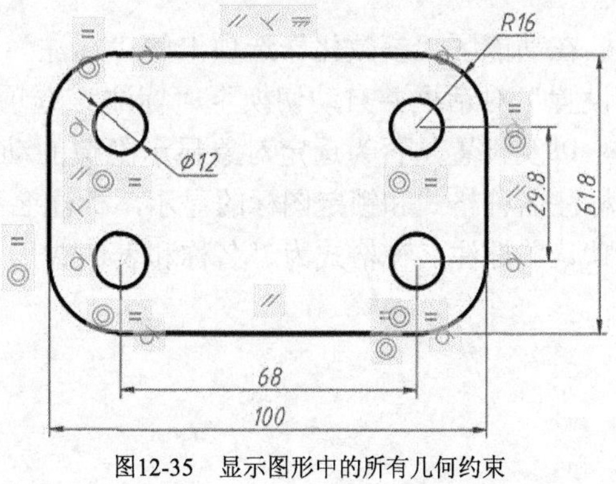

图12-35 显示图形中的所有几何约束

2 在功能区“参数化”选项卡的“标注”面板中单击“转换”按钮，选择要转换的关联标注，本例先选择数值为“100”的水平距离尺寸，接着依次选择数值为“61.8”的竖直距离尺寸、数值为“*R*16”的半径尺寸和数值为“*Φ*12”的直径尺寸，如图 12-36 所示，然后按“Enter”键，从而将所选的这些尺寸都转换为标注约束，如图 12-37 所示。

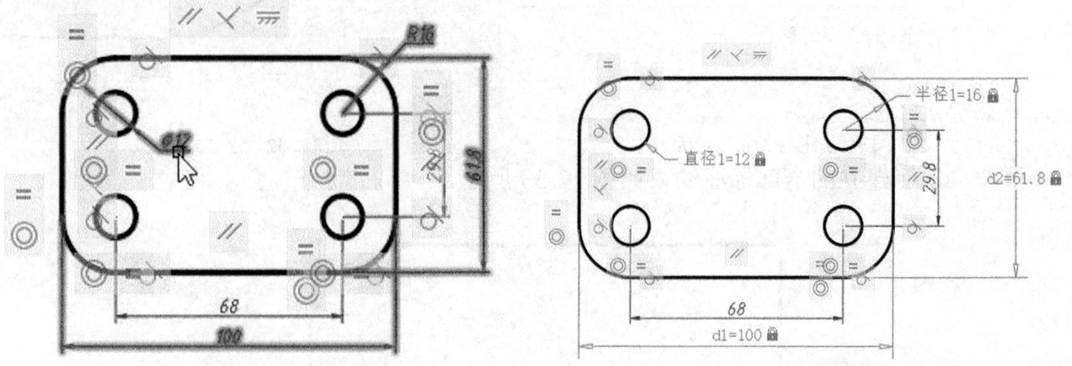

图12-36　选择要转换的关联标注　　图12-37　将选定尺寸转换为标注约束

3 双击“d1”水平标注约束，接着在屏显文本框中输入新值为“128”，如图 12-38 所示，接着按“Enter”键确认输入，由该标注约束的新值驱动得到的新图形如图 12-39 所示。

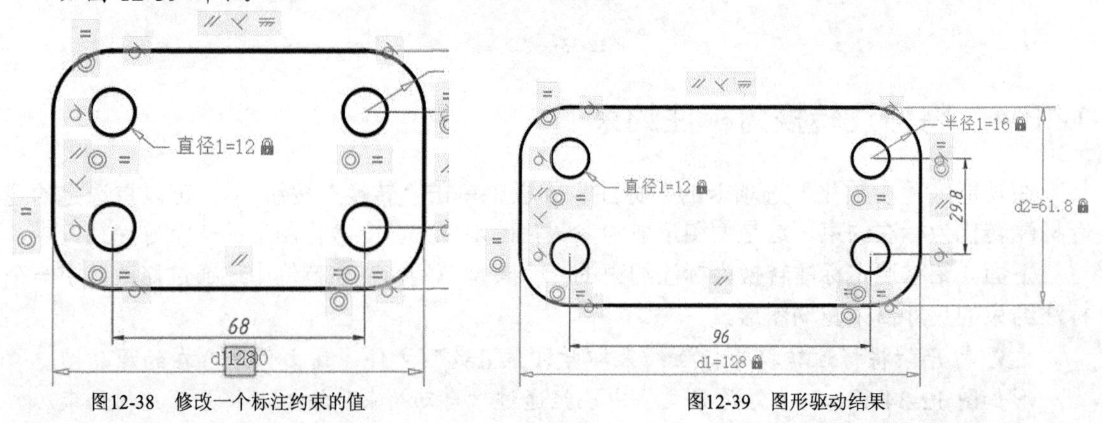

图12-38　修改一个标注约束的值　　图12-39　图形驱动结果

12.3.5　标注约束设置

在功能区“参数化”选项卡的“标注”面板中单击“标注约束设置”按钮，打开“约束设置”对话框并自动切换至“标注”选项卡，如图 12-40 所示，从中可设置标注约束格式，以及设置是否为选定对象显示隐藏的动态约束。其中，“标注约束格式”选项组用于设定标注名称格式和锁定图标的显示，标注名称格式可以为“名称”“值”或“名称和表达式”（默认的标注名称格式为“名称和表达式”）。

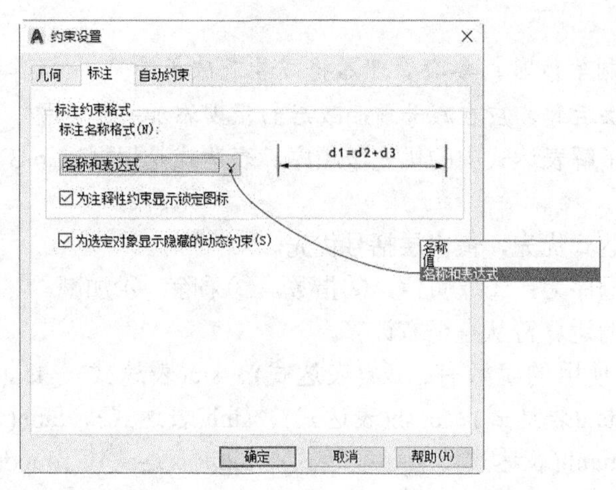

图12-40 “约束设置”对话框的“标注”选项卡

12.4 编辑受约束的几何图形与删除约束

对于未完全约束的几何图形，编辑它们时约束会精确发挥作用，但是要注意可能会出现意外结果。而更改完全约束的图形时，要注意到几何约束和标注约束对控制结果的影响。对受约束的几何图形进行设计更改，通常可以使用标准编辑命令、“特性”选项板、参数管理器和夹点模式。

在实际设计过程中，有时可能要删除某对象上的所有约束（包括几何约束和标注约束），则可以从功能区“参数化”选项卡的“管理”面板中单击“删除约束”按钮，接着选择所需对象并按“Enter”键，则从选定的对象删除所有几何约束和标注约束。

如果要删除某个几何约束，那么可以先将鼠标光标悬停在该几何约束图标上，接着使用“Delete”键删除该约束，或者单击鼠标右键并从快捷菜单中选择“删除”命令以删除该几何约束。使用“Delete”键同样可以快速删除不再需要的选定标注约束。

12.5 使用参数管理器控制几何图形

AutoCAD 中的参数管理器是很有用的，它列出了标注约束参数、参照参数和用户变量。用户可以利用参数管理器轻松地创建、修改和删除参数。

标注约束参数和用户变量支持在表达式内使用表 12-6 所示的运算符。

表 12-6 在表达式中使用运算符

序号	运算符	说明/备注
1	+	加
2	-	减或取负值
3	%	浮点模数
4	*	乘
5	/	除
6	^	求幂
7	( )	圆括号或表达式分隔符
8	.	小数分隔符

知识点拨： 使用英制单位时，参数管理器将减号或破折号“-”当作单位分隔符而不是减法运算符。要指定减法运算，应在减号前面或后面至少添加一个空格。

此外，需要用户了解表达式中的优先级顺序。表达式是根据以下 3 条标准数学优先级规则计算的。

(1) 括号中的表达式优先，最内层括号优先。

(2) 运算符标准顺序为：①取负值，②指数，③乘除，④加减。

(3) 优先级相同的运算符从左至右计算。

在表达式中可以使用的函数有：cos(表达式)、sin(表达式)、tan(表达式)、acos(表达式)、asin(表达式)、atan(表达式)、cosh(表达式)、sinh(表达式)、tanh(表达式)、acosh(表达式)、asinh(表达式)、atanh(表达式)、sqrt(表达式)、sign(表达式)、round(表达式)、trunc(表达式)、floor(表达式)、ceil(表达式)、abs(表达式)、max(表达式 1;表达式 2)、min(表达式 1;表达式 2)、d2r(表达式)、r2d(表达式)、ln(表达式)、log(表达式)、exp(表达式)、exp10(表达式)、pow(表达式 1;表达式 2)和随机小数。在表达式中还可以使用常量 Pi 和 e。有关函数的含义可查看相关资料。

要打开参数管理器，则在功能区“参数化”选项卡的“管理”面板中单击“参数管理器”按钮 f_x 以选中该按钮，从而打开图 12-41 所示的“参数管理器”选项卡（可将其简称为参数管理器），其中显示了当前图形中的所有标注约束参数、参照参数和用户变量。参数管理器将显示不同的参数化信息，这取决于用户是从图形中还是从块编辑器中进行访问，在这里以针对图形的参数管理器为例。在参数管理器中，可以更改标注约束参数名称和表达式等。在参数管理器中还提供了 3 个实用按钮，即“创建新参数组”按钮、“创建新的用户参数”按钮和“删除选定参数”按钮。如果在参数管理器中单击“展开参数过滤器树”按钮 »，则参数管理器将展开参数过滤器树，如图 12-42 所示。

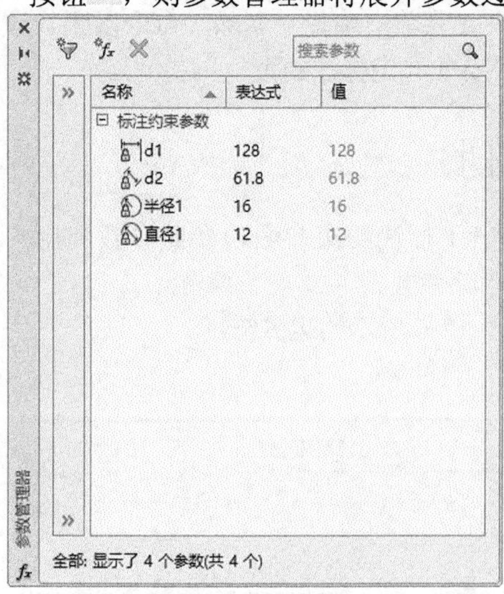

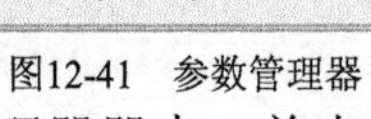

图12-41　参数管理器

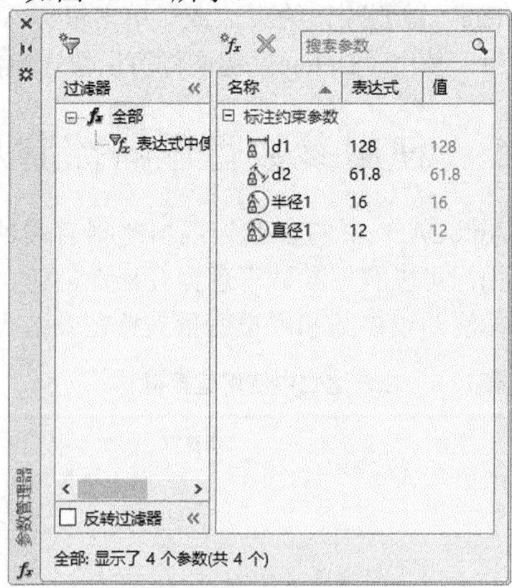

图12-42　展开参数过滤器树

在参数管理器器中，单击标注约束参数的名称可以亮显图形中的约束，双击名称或表达式可以进行编辑、单击鼠标右键并选择“删除参数”命令可以删除标注约束参数或用户变量，单击列标题以按名称、表达式或值对参数的列表进行排序。

如果要在参数管理器中修改用户参数，那么在参数管理器中双击要编辑的变量的框并更改其值，按“Enter”键或在绘图区域中单击以确认更改。

当需要设置在表达式中包含函数，那么在参数管理器的“表达式”列中双击要添加函数的变量的框，接着在同一个框内单击鼠标右键，然后从弹出的快捷菜单中选择“表达式”命令，如图 12-43 所示，选择要插入的函数即可。

当要在表达式中参照其他变量，那么在参数管理器的“名称”列中双击要参照的变量的框，接着在同一个框处单击鼠标右键，如图 12-44 所示，从弹出的快捷菜单中选择“复制”命令，再在“表达式”列中双击要包含参照变量的单元，紧接着单击鼠标右键，如图 12-45 所示，然后从弹出的快捷菜单中选择“粘贴”命令，示例结果如图 12-46 所示。

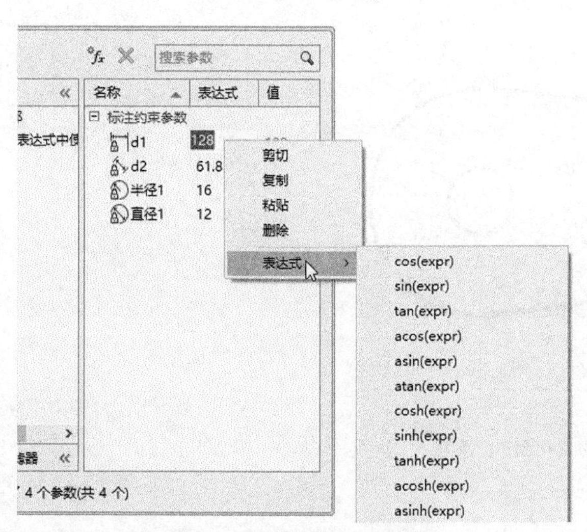

图12-43　在表达式中包含函数

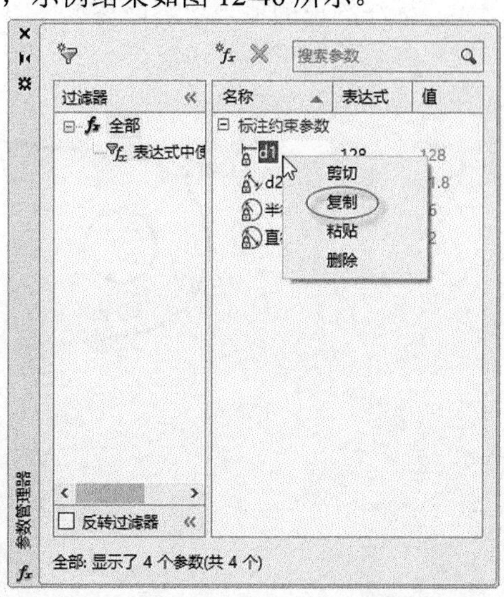

图12-44　双击“名称”框后单击右键以弹出快捷菜单

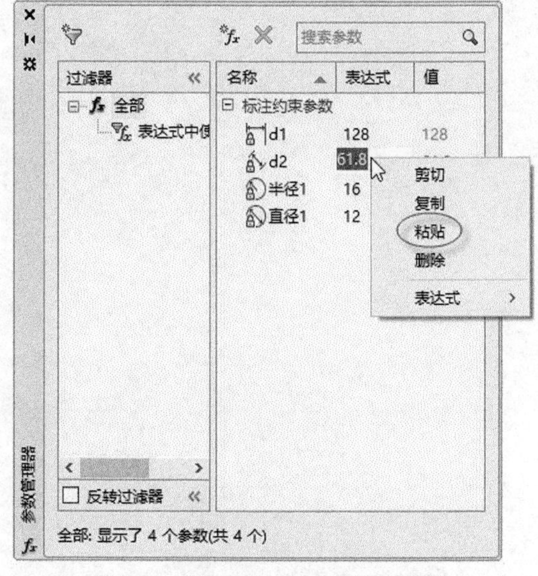

图12-45　双击“表达式”框后再右键单击

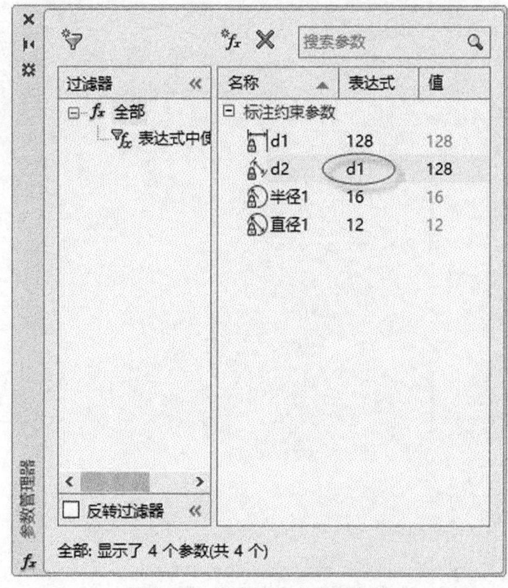

图12-46　在表达式中参照变量

12.6　思考与练习题

(1) 如何理解 AutoCAD 的参数化图形基本概念？

(2) 几何约束类型分哪几种？

(3) 什么是约束栏？如何应用约束栏？

(4) 在标注约束中，什么是动态约束和注释性约束？如何在这两种标注约束中切换？

(5) 如何设置显示/隐藏选定对象的几何约束？

(6) 上机操作：新建一个图形文档，创建图 12-47 所示的参数化图形，即在图形中创建所需的几何约束和动态标注约束，使其成为完全约束图形，并练习修改标注约束的值来观察该参数化图形的变化情况。例如，修改的 d1 的值来观察参数化图形变化情况。

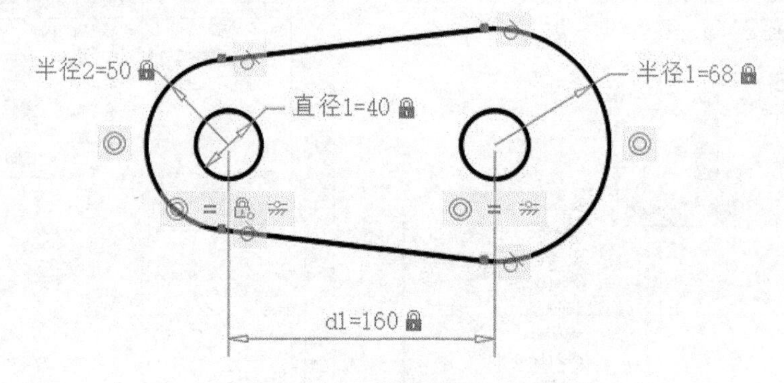

图12-47　创建参数化图形的练习

第13章　绘制三维网络和曲面

在 AutoCAD 2018 中，同样可以进行三维对象建模，包括网格建模、曲面建模和实体建模。网格模型由定义三维形状的顶点、边和面来组成，它没有质量特性；曲面模型是不具有质量或体积的薄抽壳，包括程序曲面和 NURBS 曲面，它典型的建模工作流是使用网格、实体和程序曲面创建基本模型，然后将它们转换为 NURBS 曲面；实体模型可表示三维对象的体积，具有质量、重心和惯性矩这些特性。

本章将深入浅出地介绍绘制三维网格和曲面的实用知识。

13.1　绘制三维曲线

三维对象建模离不开曲线，除了可以在三维空间中绘制直线、圆弧、圆、二维多段线、样条曲线、椭圆、多边形等这些常见基本图形之外，还可以绘制三维多段线、螺旋线、提取素线等。

13.1.1　三维多段线

三维多段线是作为单个对象创建的直线段相互连接而成的序列。三维多段线与二维多段线的不同之处在于：三维多段线可以不共面，且不能包括圆弧段。

在“三维建模”工作空间中绘制三维多段线的范例如下。

```
命令: _3dpoly                                   //单击“三维多段线”按钮
指定多段线的起点: 0,0,0↙
指定直线的端点或 [放弃(U)]: 0,100,30↙
指定直线的端点或 [放弃(U)]: 100,0,60↙
指定直线的端点或 [闭合(C)/放弃(U)]: 0,0,90↙
指定直线的端点或 [闭合(C)/放弃(U)]: 0,100,120↙
指定直线的端点或 [闭合(C)/放弃(U)]: 100,0,150↙
指定直线的端点或 [闭合(C)/放弃(U)]: 0,0,180↙
指定直线的端点或 [闭合(C)/放弃(U)]: ↙
```

绘制的三维多段线如图 13-1 所示。

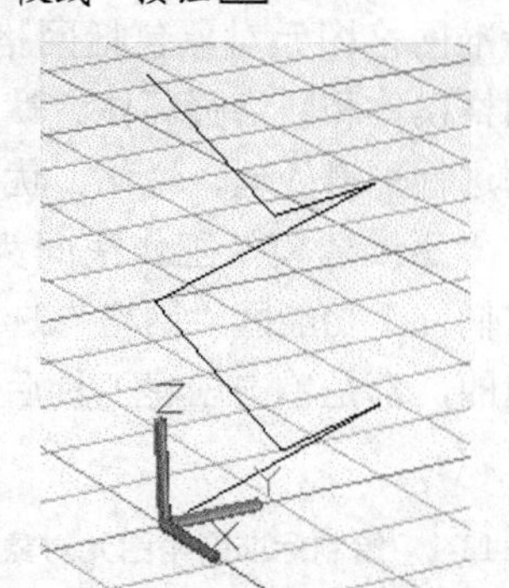

图13-1　绘制的三维多段线

13.1.2　螺旋线

螺旋是指开口的二维或三维螺旋。通常绘制螺旋线作为路径，沿着此路径扫掠对象以生成图像，如创建弹簧的三维模型。

下面通过范例介绍绘制螺旋线的步骤。

命令: _Helix　　　　　　　　　　　　　　//单击“螺旋线”按钮

圈数 = 3.0000　　　扭曲=CCW

指定底面的中心点: 0,0,0↙

指定底面半径或 [直径(D)] <36.0000>: 38↙

指定顶面半径或 [直径(D)] <38.0000>: 28↙

指定螺旋高度或 [轴端点(A)/圈数(T)/圈高(H)/扭曲(W)] <80.0000>: T↙

输入圈数 <3.0000>: 9↙

指定螺旋高度或 [轴端点(A)/圈数(T)/圈高(H)/扭曲(W)] <80.0000>: 123↙

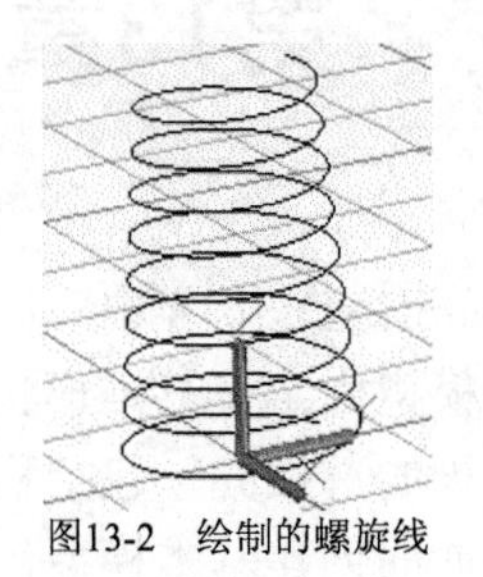

图13-2　绘制的螺旋线

完成绘制的螺旋线如图 13-2 所示。

13.1.3　提取素线

可以在曲面和三维实体上创建曲线。在“三维建模”工作空间功能区的“曲面”选项卡中单击“曲线”面板中的“提取素线”按钮，接着在“选择曲面、实体或面:”提示下选择曲面、三维实体或三维实体的面，命令窗口的命令行将出现“在曲面上选择点或 [链(C)/方向(D)/样条曲线点(S)]:”的提示信息，然后单击以提取曲线，或者选择一个提示选项。默认情况下将选定 U 方向上的等值线曲线。如果选择“链”选项，则如果面在相同方向上等参数化，则显示跨相邻面的等值线；如果选择“方向”选项，则更改等值线曲线提取的追踪方向（U 或 V）；如果选择“样条曲线点”选项，则沿 U 和 V 方向动态追踪以创建穿过曲面上的所有指定点的样条曲线。

13.2　绘制标准网格图元

标准网格图元对象包括网格长方体、网格圆锥体、网格圆柱体、网格棱锥体、网格球体、网格楔体和网格圆环体。默认情况下，创建新网格图元时，其平滑度为零，用户可以通过对面进行平滑处理、锐化、优化和拆分等来重塑网格对象的形状。

以“三维建模”工作空间为例，用于绘制标准网格图元对象的工具按钮如表 13-1 所示，它们位于功能区“网格”选项卡的“图元”面板中。这些标准网格图元对象的创建方法是类似的，都是单击创建工具后，根据命令行提示指定相关的放置点及图元对象的形状参数等即可。

表 13-1　绘制标准网格图元对象的工具按钮

序号	按钮	按钮名称	功能用途	图例
1		网络长方体	创建三维网格图元长方体	

续 表

序号	按钮	按钮名称	功能用途	图例
2		网络圆柱体	创建三维网格图元圆柱体	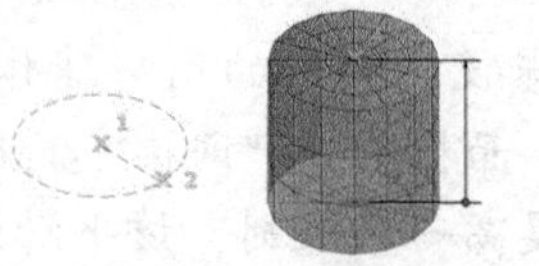
3		网络圆锥体	创建三维网格图元圆锥体	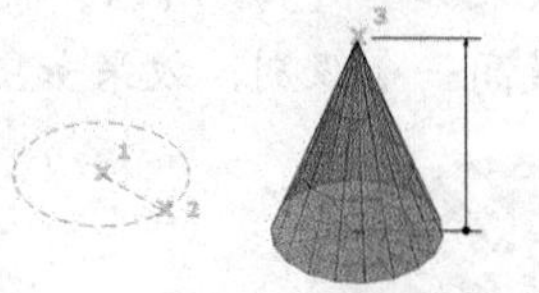
4		网格棱锥体	创建三维网格图元棱锥体	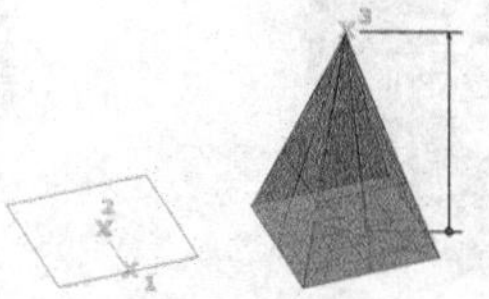
5		网格球体	创建三维网格图元球体	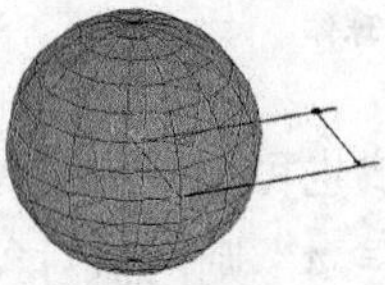
6		网格楔体	创建三维网格图元楔体	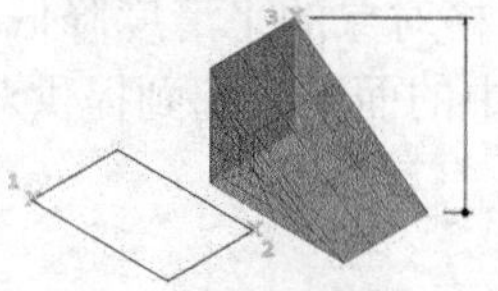
7		网格圆环体	创建三维网格图元圆环体	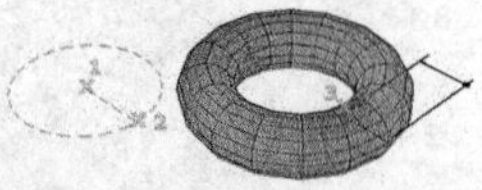

下面以创建网格球体为例进行方法介绍。

1 在“快速访问”工具栏中单击“新建”按钮，使用弹出的对话框选择“acadiso3D.dwt”图形样板，单击“打开”按钮。确保使用“三维建模”工作空间。

2 在功能区切换至“网格”选项卡，从“图元”面板中单击“网格球体”按钮。

3 根据命令行提示进行以下操作。

命令: _MESH

当前平滑度设置为: 0

输入选项 [长方体(B)/圆锥体(C)/圆柱体(CY)/棱锥体(P)/球体(S)/楔体(W)/圆环体(T)/设置(SE)] <长方体>: _SPHERE

指定中心点或 [三点(3P)/两点(2P)/切点、切点、半径(T)]: 0,0,0↙

指定半径或 [直径(D)]: D↙

指定直径: 118↙

绘制的网格球体如图 13-3 所示，显然此网格镶嵌细分不够导致球体外观不够平滑。可对网格进行平滑处理以获得更圆滑的外观。镶嵌是平铺网格对象平面形状的几何，对网格对象进行平滑处理和优化时，会增加镶嵌的密度（细分数）。

4 确保使刚创建的网格球体处于被选中的状态，在功能区“网格”选项卡的“平滑”面板中或“网格”面板中单击“提高平滑度”按钮，以将网格对象的平滑度提高一个级别。该平滑处理会增加网格中镶嵌面的数目，从而使对象更加圆滑，效果如图 13-4 所示。再次单击“提高平滑度”按钮，则将网格对象的平滑度再提高一个级别，效果如图 13-5 所示。

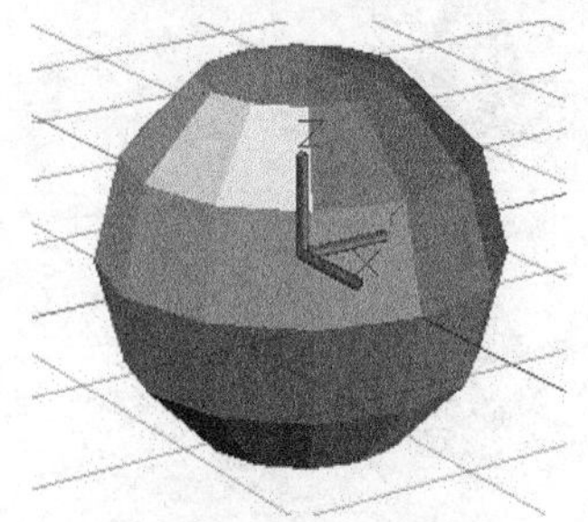

图13-3　绘制网格球体

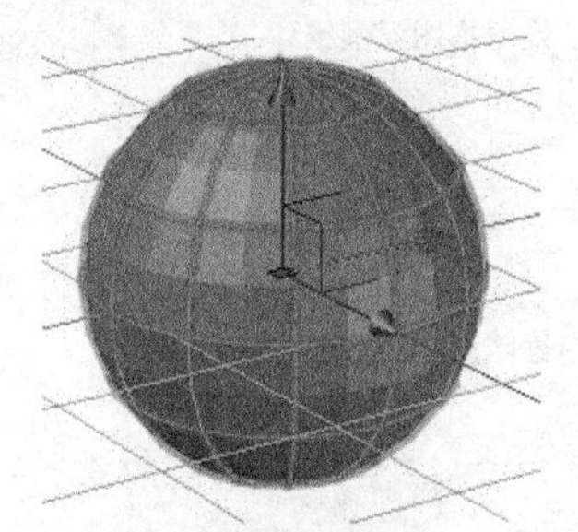

图13-4　将平滑度提高一个级别

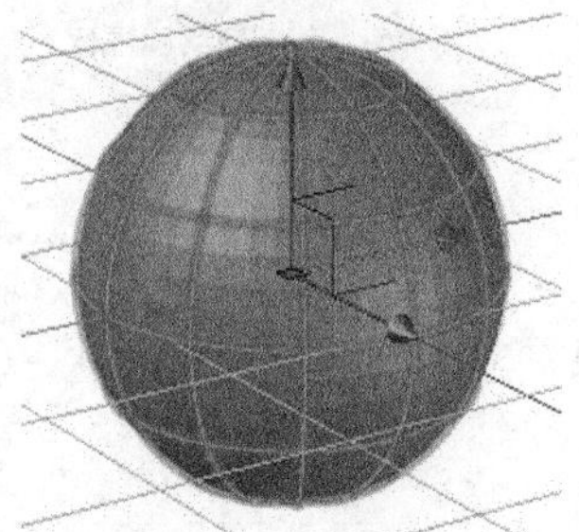

图13-5　再提高平滑度

知识点拨：用户也可以使用“特性”选项板修改选定网格的平滑度，如图 13-6 所示，选择最高级别的“层 4”则网格对象最平滑。当然，用户也可以通过单击“降低平滑度”按钮来将选定网格对象的平滑度降低一个级别。而“优化网格”按钮用于成倍地增加网格对象或网格面中的面数，起到提供对精细建模细节的附加控制。

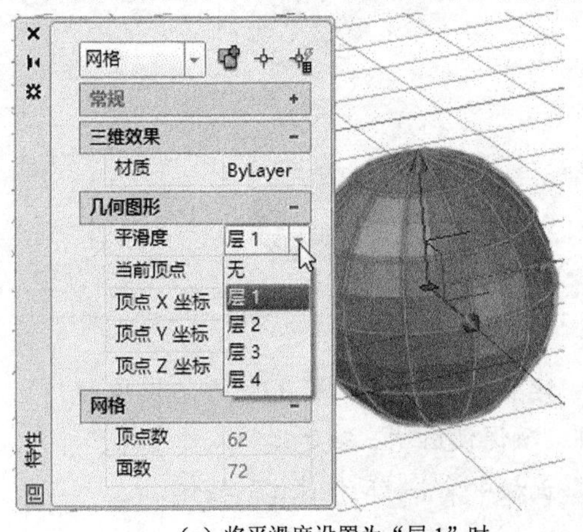

（a）将平滑度设置为“层 1”时

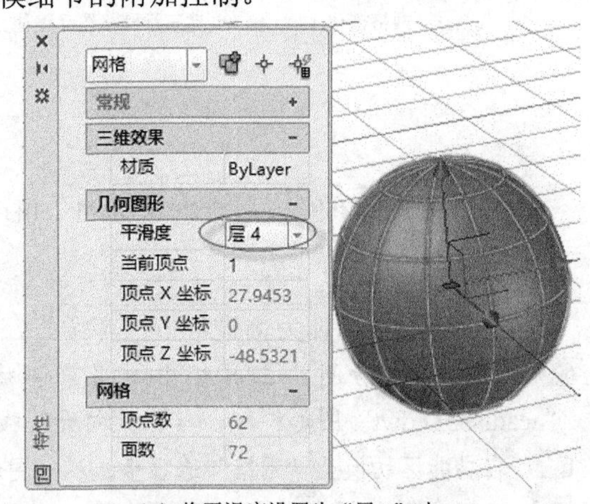

（b）将平滑度设置为“层 4”时

图13-6　使用“特性”选项板修改选定网格的平滑度

此外，用户可以通过“网格图元选项”对话框来设置默认值来控制新网格图元对象（包括长方体、圆锥体、棱锥体、圆柱体、球体、楔体和圆环体）的外观，如图 13-7 所示。要打开“网格图元选项”对话框，则在“三维建模”工作空间功能区的“网格”选项卡中单击“图元”面板中的“网格图元选项”按钮。

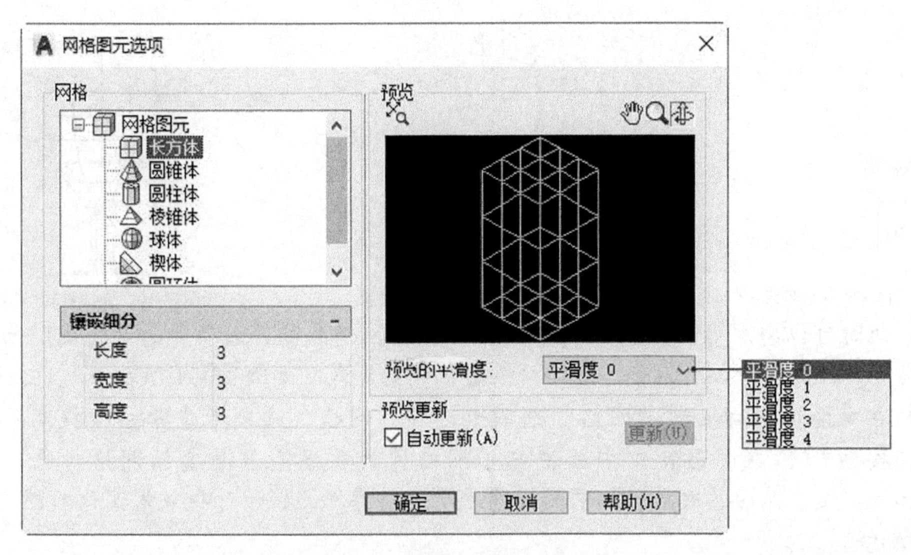

图13-7 “网格图元选项”对话框

13.3 创建主要网格

本节介绍旋转网格对象、平移网格对象、直纹网格对象和平滑网格对象的创建方法及技巧等。

13.3.1 旋转网格

单击“旋转网格”按钮 （REVSURF ），可以通过绕指定轴旋转轮廓来创建与旋转曲面近似的网格，所述轮廓可以包括直线、圆、圆弧、椭圆、椭圆弧、多段线、样条曲线、闭合多段线、多边形、闭合样条曲线和圆环。

下面通过一个范例介绍如何创建旋转网格。

1. 打开“旋转网格即学即练.dwg”文件，文件存在着图 13-8 所示的图形。
2. 在“快速访问”工具栏中的“工作空间”下拉列表框中选择“三维建模”工作空间，接着在功能区中单击“网格”选项卡标签以切换至“网格”选项卡。
3. 在“图元”面板中单击“旋转网格”按钮，根据命令行的提示执行以下操作。

```
命令: _revsurf
当前线框密度: SURFTAB1=6    SURFTAB2=6
选择要旋转的对象:                          //选择图 13-9 所示的图形作为要旋转的对象
选择定义旋转轴的对象:                      //选择中心线定义旋转轴
指定起点角度 <0>:↙
指定包含角 (+=逆时针, -=顺时针) <360>:↙
```

完成创建旋转网格，效果如图 13-10 所示。

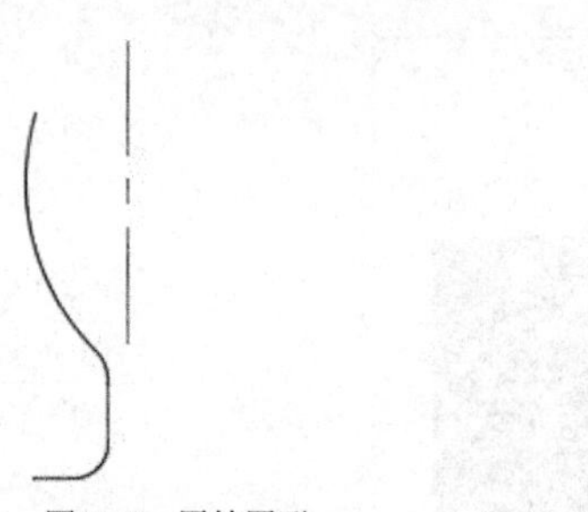

图13-8　原始图形

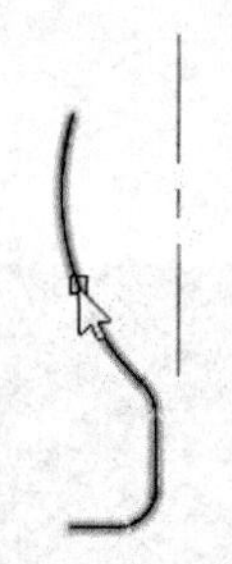

图13-9　选择要旋转的对象

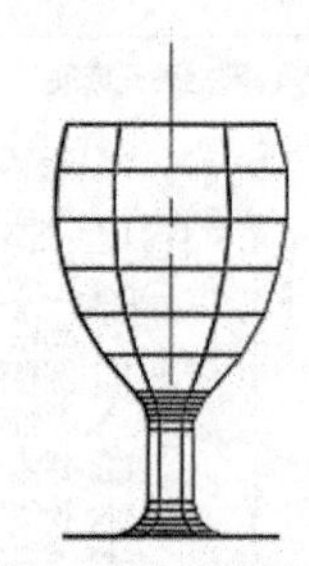

图13-10　完成旋转网格

4. 此时可以将原始二维图形删除，并从功能区“常用”选项卡的“视图”面板中指定一种视觉样式。例如，选择“概念”视觉样式，如图 13-11 所示。

5. 在功能区中切换回“网格”选项卡，在“网格”选项卡中单击“提高平滑度”按钮，在图形窗口中单击杯子网格作为要提高平滑度的网格对象，按“Enter”键，然后两次执行相同的提高平滑度的操作，杯子外观效果变化如图 13-12 所示。

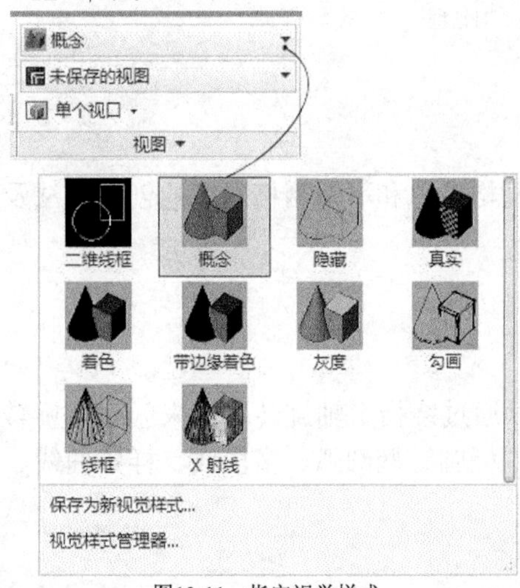

图13-11　指定视觉样式

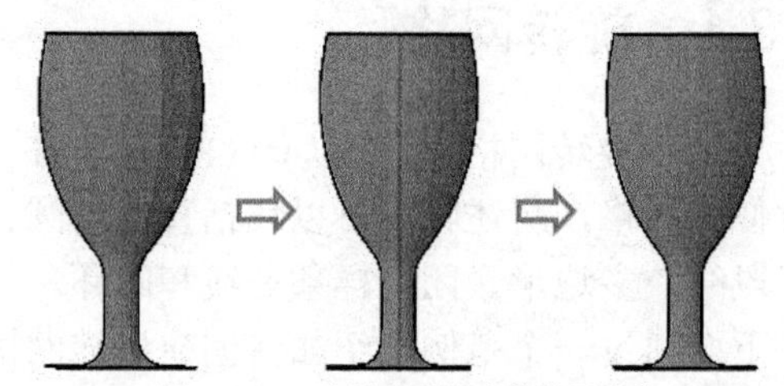

图13-12　3 次提高平滑度的效果变化

知识点拨： 生成网格的密度由 SURFTAB1 和 SURFTAB2 系统变量控制。用户可以在创建旋转网格之前先更改 SURFTAB1 和 SURFTAB2 系统变量的值。

- SURFTAB1：指定在旋转方向上绘制的网格线的数目。
- SURFTAB2：如果路径曲线是直线、圆弧、圆或样条曲线拟合多段线，SURFTAB2 将指定绘制的网格线数目以进行等分。如果路径曲线是尚未进行样条曲线拟合的多段线，网格线将绘制在直线段的端点处，并且每个圆弧段都被等分为 SURFTAB2 所指定的段数。

13.3.2　平移网格

单击“平移网格”按钮（TABSURF 命令），可以从沿直线路径扫掠的直线或曲线创建网格。在创建平移网格的过程中，需要选择用作轮廓曲线的对象（沿路径扫掠的对象，可以是直线、圆弧、圆、椭圆、多段线等）和用作方向矢量的对象（即指定用于定义扫掠方向的直线或开放多段线）。注意，当选择开放多段线定义方向矢量时，AutoCAD 仅考虑多段线的第一点（离选择位置近的）和最后一点，而忽略中间的顶点。方向矢量指出形状的拉伸方向和长度。

下面通过一个操作范例介绍创建平移网格的一般方法和步骤。

1 打开“平移网格即学即练.dwg”文件，文件存在着图 13-13 所示的图形，使用“三维建模”工作空间。

2 在功能区“网格”选项卡的“图元”面板中单击“平移网格”按钮，接着根据命令行提示进行以下操作。

```
命令: _tabsurf
当前线框密度: SURFTAB1=6
选择用作轮廓曲线的对象:            //选择封闭多段线，如图 13-14 所示
选择用作方向矢量的对象:            //在靠近直线下端点处单击直线
```

完成创建的平移网格如图 13-15 所示。

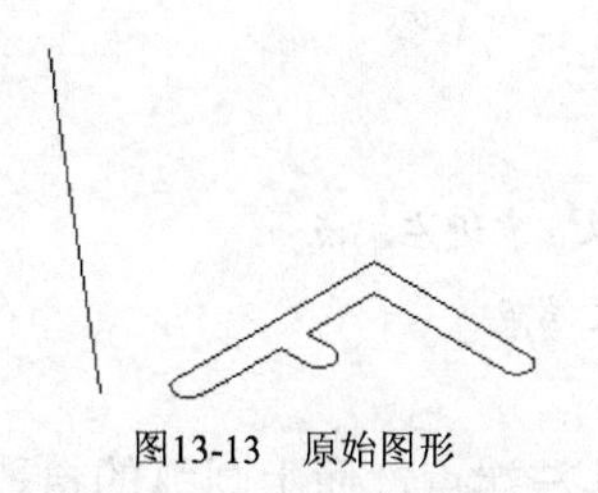
图13-13　原始图形

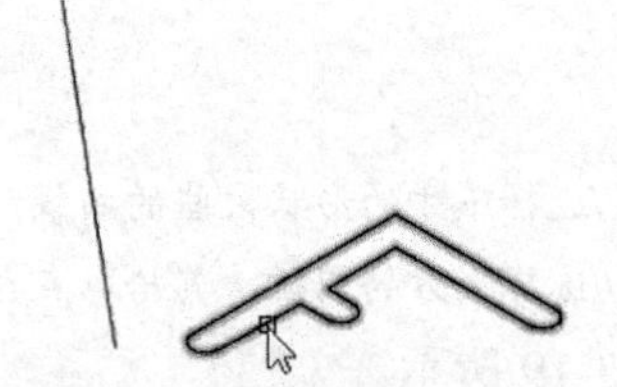
图13-14　选择用作轮廓曲线的对象

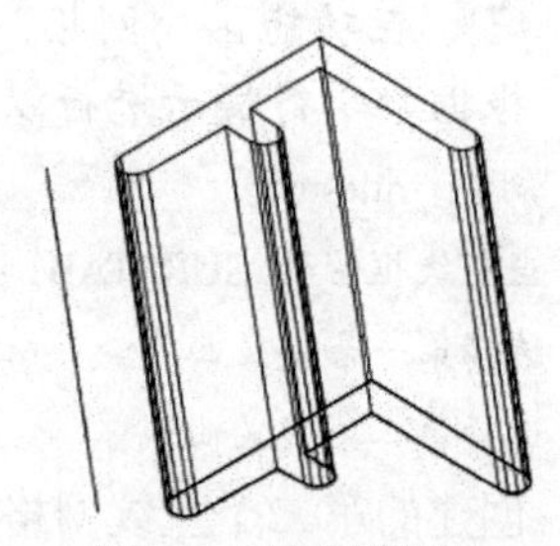
图13-15　创建平移网格

13.3.3　直纹网格

单击“直纹网格”按钮（RULESURF 命令），可以创建用于表示两条直线或曲线之间的曲面网格，典型图例如图 13-16 所示。在创建直纹网格时，需要选择两条用于定义网格的边，边可以是直线、圆弧、样条曲线、圆或多段线，则两条曲线必须都是开放的或闭合的。注意，允许将点用作开放曲线或闭合曲线的一条边。在选择开放边时，注意边的拾取点，因为可能会影响到生成的网格。而对于闭合曲线，则无需考虑选择的对象。例如，如果曲线是一个圆，直纹网格将从 0°象限点开始绘制，此象限点由当前 X 轴加上 SNAPANG 系统变量的当前值确定；如果是闭合多段线，则直纹网格从最后一个顶点开始并反向沿着多段线的线段绘制。在圆和闭合多段线之间创建直纹网格可能会造成乱纹，此时用一个闭合半圆多段线替换圆效果可能会更好。

下面通过一个操作范例介绍创建直纹网格的一般方法和步骤。

1 打开“直纹网格即学即练.dwg”文件，文件存在着图 13-17 所示的 4 条边，使用“三维建模”工作空间。

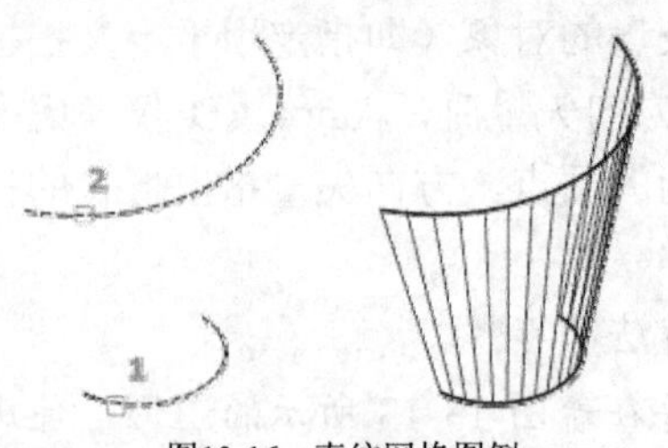

图13-16　直纹网格图例

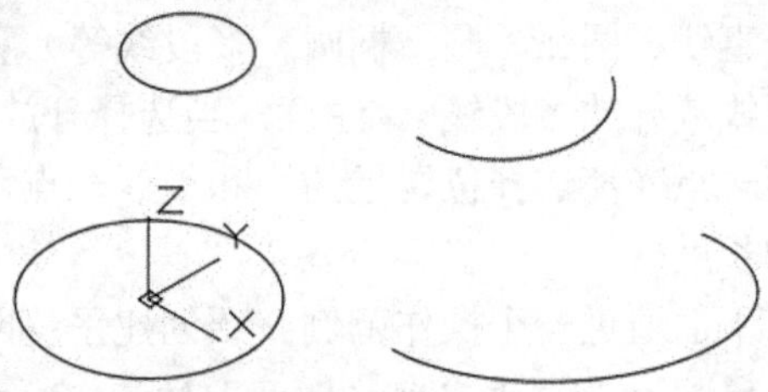

图13-17　原始的 4 条边

2 在功能区“网格”选项卡的“图元”面板中单击“直纹网格”按钮，接着根据命令行提示进行以下操作。

```
命令: _rulesurf
当前线框密度: SURFTAB1=6
选择第一条定义曲线:                //选择左边的大圆
选择第二条定义曲线:                //选择位于大圆上方的小圆
```

创建的第一个直纹网格如图 13-18 所示。

3 在功能区“网格”选项卡的“图元”面板中单击“直纹网格”按钮，接着根据命令行提示进行以下操作。

```
命令: _rulesurf
当前线框密度: SURFTAB1=6
选择第一条定义曲线:                //选择下方的形状大些的曲线，其拾取点靠近左端点
选择第二条定义曲线:                //选择上方的圆弧，其拾取点也靠近左端点
```

创建的第二个直纹网格如图 13-19 所示。

在本例中创建第二个直纹网格时，如果下曲线的拾取点靠近其左端点，而上圆弧的拾取点靠近其右端点，那么最终创建的直纹网格如图 13-20 所示。

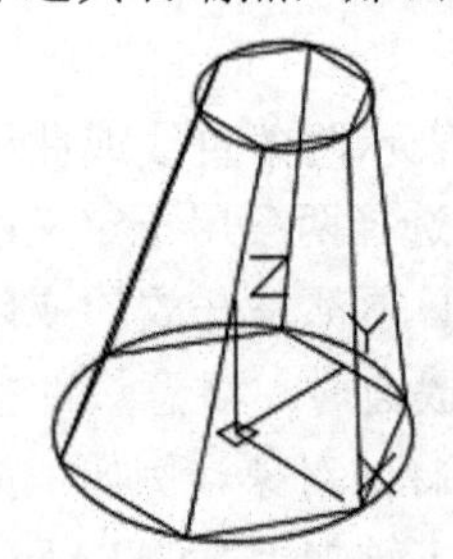

图13-18　创建第一个直纹网格

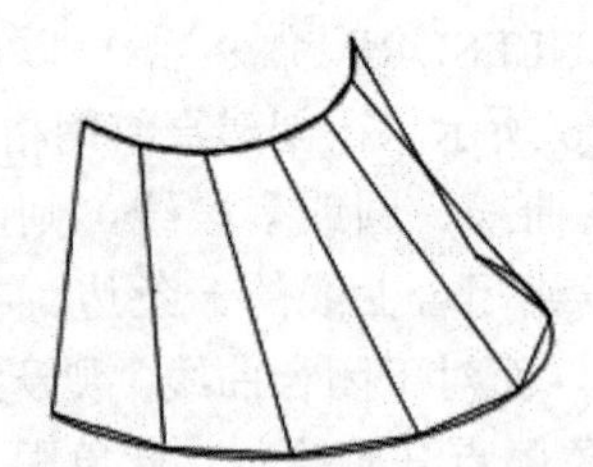

图13-19　创建第二个直纹网格

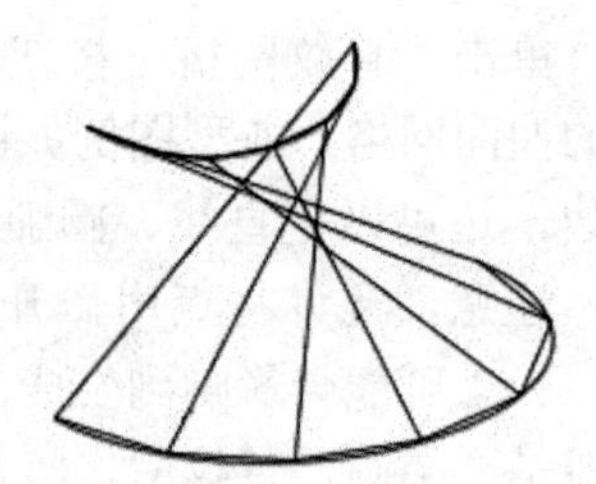

图13-20　假设拾取位置不同时

13.3.4　边界网格

单击“边界网格”按钮（EDGESURF 命令），可以在 4 条相邻的边或曲线之间创建网格。边可以是直线、圆弧、样条曲线或开放的多段线，这些边必须在端点处相交以形成一个闭合路径。创建边界网格时，可以用任意次序选择选择这 4 条边。其中第一条边（SURFTAB1）决定了生成网格的 M 方向，该方向是从距选择点最近的端点延伸到另一端；与第一条边相接的两条边形成了网格的 N（SURFTAB2）方向的边。边界网格的创建示例如图 13-21 所示。

下面以实例的方式介绍创建边界网格的一般方法与步骤。

1 打开“边界网格即学即练.dwg”文件，文件存在着图 13-22 所示的 4 条曲线，使用“三维建模”工作空间。

2 在功能区“网格”选项卡的“图元”面板中单击“边界网格”按钮，接着分别单击 4 条曲线以完成创建图 13-23 所示的边界网格，注意 4 条曲线的选择顺序不分。

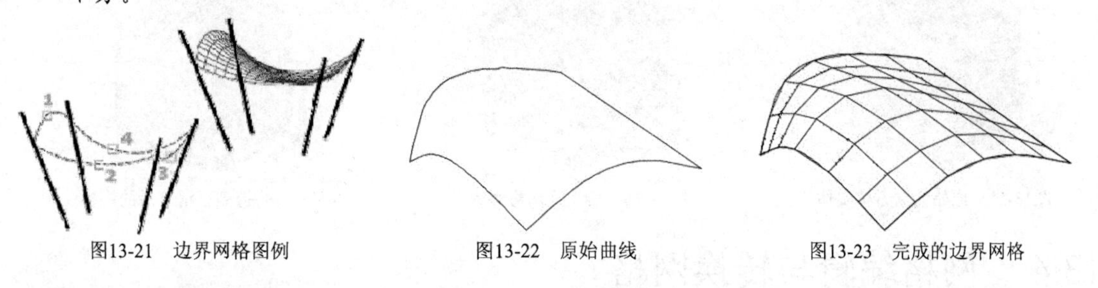

图13-21 边界网格图例　　图13-22 原始曲线　　图13-23 完成的边界网格

13.3.5 平滑网格

单击“平滑对象”按钮（MESHSMOOTH 命令），可以将三维对象（例如多边形网格、曲面和实体）转换为网格对象。用户可以通过“网格镶嵌选项”对话框来控制将对象转换为网格对象的默认设置。在“三维建模”工作空间功能区的“网格”选项卡中单击“网格”面板中的“网格镶嵌选项”按钮，弹出图 13-24 所示的“网格镶嵌选项”对话框，从中进网格类型和公差、为图元实体生成网格、镶嵌后平滑网格等设置。转换时的平滑度便取决于在此对话框中设置的网格类型“平滑网格优化”。

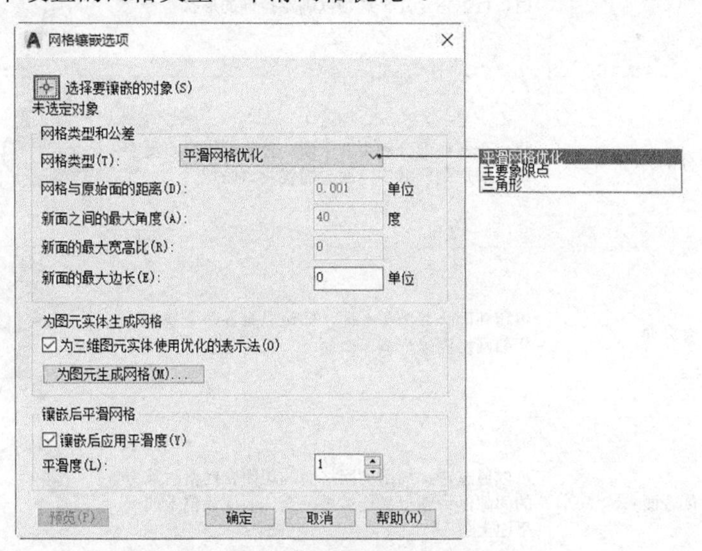

图13-24 “网格镶嵌选项”对话框

下面通过一个范例介绍如何将三维对象转化为网格对象。

1 打开“平滑网格即学即练.dwg”文件，文件存在着图 13-25 所示的立方体实体模型。本例使用“三维建模”工作空间，并接受默认的网格镶嵌选项设置。

2 在功能区“网格”选项卡的“网格”面板中单击“平滑对象”按钮，接着

在图形窗口中单击立方体实体模型作为要转换的对象，按“Enter”键，转换为网格对象后的效果如图 13-26 所示。

3 在“网格”面板中单击“提高平滑度”按钮，选择刚转换而成的网格对象，按“Enter”键，从而将选定网格对象的平滑度提高一个级别，效果如图 13-27 所示。

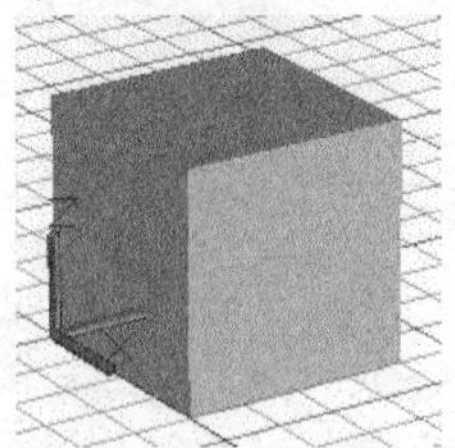

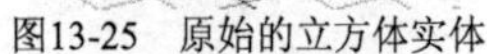

图13-25　原始的立方体实体

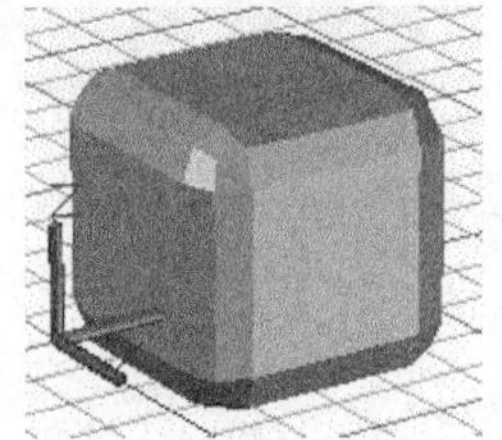

图13-26　转换为网格对象

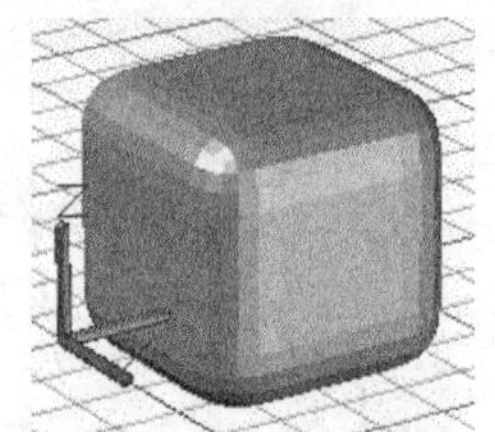

图13-27　提高平滑度后的网格

13.4　网格编辑与转换网格

网格编辑的工具位于功能区“网格”选项卡的“网格编辑”面板中，它们的功能含义如表 13-2 所示（参考 AutoCAD 2018 官方帮助文件的相关功能介绍并经过整理）。

表 13-2　网格编辑工具

序号	按钮	按钮名称	功能含义	图例
1		拉伸面	将网格面延伸到三维空间；拉伸或延伸网格面时，可以指定几个选项以确定拉伸的形状	
2		分割面	将一个网格面分割为两个面；分割面可以将更多定义添加到区域中，而无需优化该区域	
3		合并面	将相邻面合并为单个面，即可以合并两个或多个相邻网格面以形成单个面	
4		闭合面	可以通过选择周围的网格面的边闭合网格对象中的间隙，为获得最佳结果，这些面应该位于同一平面上	
5		收拢面或边	合并选定网格面或边的顶点，即可以使周围的网格面的顶点在选定边或面的中心收敛，周围的面的形状会更改以适应一个或多个顶点的丢失	

续 表

序号	按钮	按钮名称	功能含义	图例
6		旋转三角面	可以旋转合并两个三角形网格面的边，以修改面的形状，旋转选定面共享的边以与每个面的顶点相交	

在功能区“网格”选项卡的“转换网格”面板中提供了用于与转换网格相关的工具按钮，它们的功能含义如表 13-3 所示（参考 AutoCAD 2018 官方帮助文件的相关功能介绍并经过整理）。读者可以尝试自行建立合适的网格模型并执行相关的转换工具进行练习。

表 13-3 功能区“网格”选项卡的“转换网格”面板中的工具

序号	按钮	按钮名称	功能含义
1		转换为实体	将对象转换为实体，转换网格时，可以指定转换的对象是平滑的还是镶嵌面的，以及是否合并面
2		转换为曲面	将网格对象转换为曲面，将网格对象转换为曲面时，可以指定结果对象是平滑的还是具有镶嵌面的
3		平滑，优化	创建合并多个面的平滑模型
4		平滑，未优化	创建与原始网格对象具有相关面数的平滑模型
5		镶嵌面，优化	创建合并多个平整面的有棱角模型
6		镶嵌面，未优化	创建与原始网格对象具有相关面数的有棱角模型

13.5 绘制曲面

本节介绍绘制曲面的实用知识，主要包括曲面概念及其绘制方法概述、平面曲面、网格曲面、过渡曲面、修补曲面、偏移曲面、圆角曲面和延伸曲面。

13.5.1 曲面概念及其绘制方法概述

可以将曲面看作是无限薄的壳体三维对象。AutoCAD 中的曲面主要有两个类型，一种是程序曲面，另一种则是 NURBS 曲面。程序曲面是可以是关联曲面，即保持与其他对象间的关系，以便可以将它们作为一个组进行处理；NURBS 曲面不是关联曲面，此类曲面具有控制点，使得用户可以以一种更自然的方式对其进行造型。

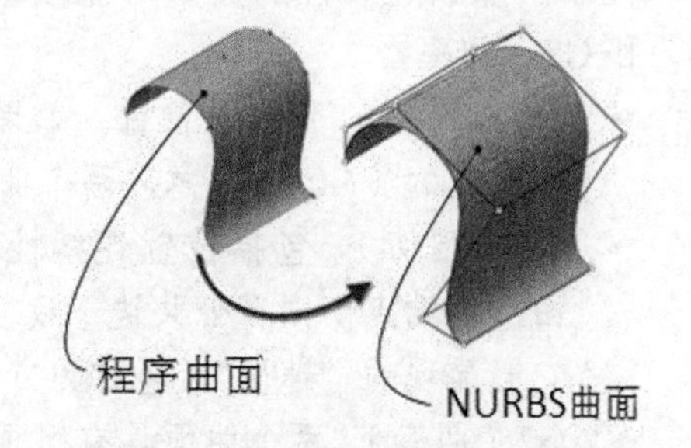

图13-28 程序曲面与 NURBS 曲面示例

通常，使用程序曲面可以利用关联建模功能，而使用 NURBS 曲面则可以通过控制点来利用造型功能。在图 13-28 中展示了程序曲面和 NURBS 曲面。在“三维建模”工作空间功能区“曲面”选项卡的“创建”面板中，“曲面关联性”按钮用于启用关联建模功能，即定义创建新曲面时启用关联性；“NURBS 创建”按钮则用于设置是创建程序曲面还是创建 NURBS 曲面，单击选中此按钮时表示将创建 NURBS 曲面，反之创建程序曲面。

创建和操作曲面的方法主要有以下几大类。

(1) 基于轮廓创建曲面。使用“拉伸”（EXTRUDE）、“旋转”（REVOLVE）、“放样”（LOFT）、“平面”（PLANESURF）、“网格曲面”（SURFNETWORK）和“扫掠”（SWEEP），基于由直线和曲线组成的轮廓形状创建曲面。由于“拉伸”“旋转”“放样”和“扫掠”工具既可以创建曲面也可以创建实体，特将这几个工具命令放到下一章（第 14 章）的实体建模中进行介绍。

(2) 从其他曲面创建曲面。使用“过渡”（SURFBLEND）、“修补”（SURFPATCH）、“延伸”（SURFEXTEND）、“圆角”（SURFFILLET）和“偏移”（SURFOFFSET）等基于曲面来创建新的曲面。

(3) 将对象转换为程序曲面。将现有实体（包括复合对象）、曲面和网格转换为程序曲面（CONVTOSURFACE）。

(4) 使用 CONVTONURBS 命令（对应按钮图标为）将实体或程序曲面转换为 NURBS 曲面。注意，无法将某些对象（如网格对象）直接转换为 NURBS 曲面，在这种情况下，可使用 CONVTOSOLID 或 CONVTOSURFACE 将它们转换为实体或曲面，然后再将其转换为 NURBS 曲面。

主要的曲面图例如图 13-29 所示。

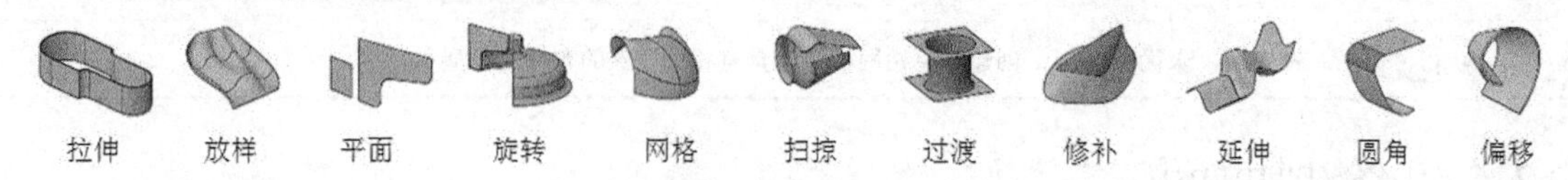

图13-29　主要曲面的图例

要深入地掌握 AutoCAD 曲面的创建知识，必须要了解曲面连续性和凸度幅值。曲面连续性和凸度幅值是创建曲面时的常用特性，在创建新曲面时，可以使用特殊夹点指定连续性和凸度幅值。

一、连续性

连续性是衡量两条曲线或两个曲面交汇时平滑程度的指标。如果需要将曲面输出到其他应用程序，那么连续性的类型可能很重要，所述的连续性类型包括 G0（位置）、G1（相切）和 G2（曲率）。

- G0（位置）：仅测量位置。如果各个曲面的边共线，则曲面的位置在边曲线处是连续的（G0）。注意，两个曲面能以任意角度相交并且仍具有位置连续性。
- G1（相切）：包括位置连续性和相切连续性（G0+G1）。对于相切连续的曲面，各端点切向在公共边一致。两个曲面看上去在合并处沿相同方向延续，但它们显现的“速度”（也称为方向变化率或曲率）可能大不相同。
- G2（曲率）：两个曲面具有相同曲率。

二、凸度幅值

凸度幅值是测量曲面与另一曲面汇合时的弯曲或“凸出”程度的一个指标，该幅值可以是 0 到 1 的值，其中 0 表示平坦，1 表示弯曲程度最大。

13.5.2 创建平面曲面

可以通过选择闭合的对象或指定矩形表面的对角点创建平面曲面。创建平面曲面的工具为“平面”按钮（其对应的命令为“PLANESURF”）。

创建平面曲面的操作范例如下。

1 打开“平面曲面即学即练.dwg”文件，文件存在着图 13-30 所示两个封闭的正六边形。本例依然使用“三维建模”工作空间。

2 在功能区“曲面”选项卡的“创建”面板中单击“平面”按钮，接着根据命令行提示进行以下操作。

```
命令: _Planesurf
指定第一个角点或 [对象(O)] <对象>: O          //选择“对象（O）”选项
选择对象: 找到 1 个                            //选择正六边形 1
选择对象: 找到 1 个，总计 2 个                 //选择正六边形 2
选择对象: ↙                                    //按“Enter”键
```

由选定的两个闭合对象来创建的两个平面曲面如图 13-31 所示。

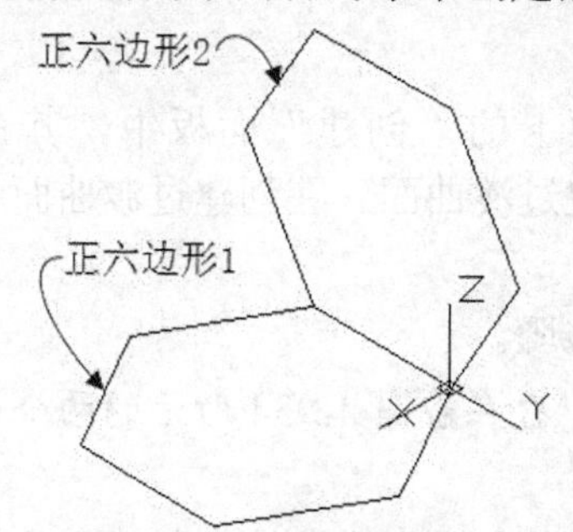

图13-30 以后的图形

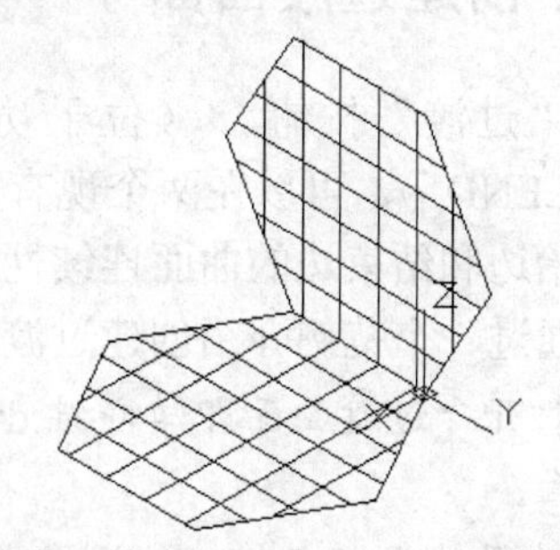

图13-31 由闭合对象创建平面曲面

3 再次单击“平面”按钮，接着单击两个点以指定曲面的对角点，从而创建一个平面曲面，如图 13-32 所示。

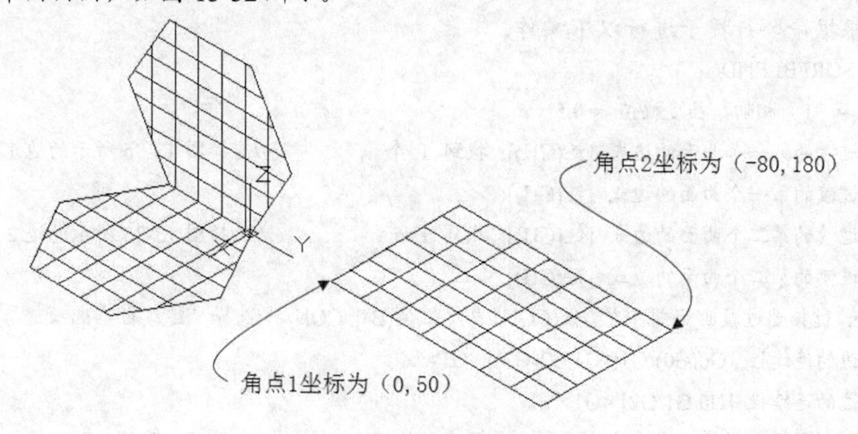

图13-32 通过指定两个点创建平面曲面

13.5.3　创建网格曲面

绘制网格曲面是指在边子对象、样条曲线和其他二维和三维曲线之间的空间中创建非平面曲面，即在 U 方向和 V 方向（包括曲面和实体边子对象）的几条曲线之间的空间中创建曲面。如果 SURFACEASSOCIATIVITY 系统变量设定为 1，曲面将依赖于它创建时所用的曲线或边。

创建网格曲面的步骤较为简单，即在功能区“曲面”选项卡的“创建”面板中单击“网格”按钮，接着在图形窗口中沿第一个方向（U 或 V）选择横截面曲线，选择好该方向曲线后按“Enter”键，然后沿第二个方向选择横截面，最后按“Enter”键即可。

典型网格曲面创建图例如图 13-33 所示。读者可以参照该图例绘制所需要的曲线，然后单击“网格”按钮来练习创建网格曲面。

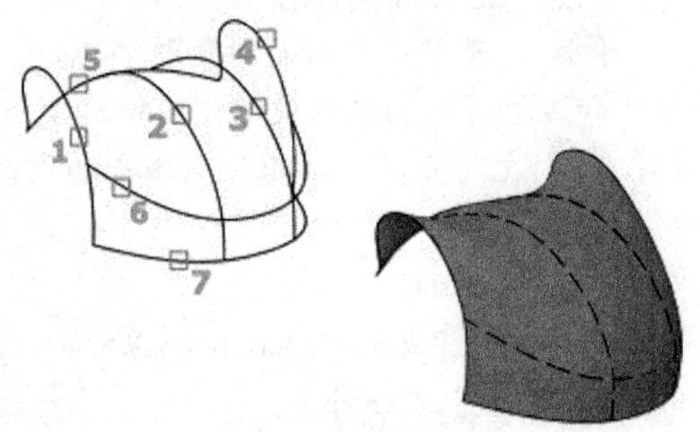

图13-33　创建网格曲面

13.5.4　创建过渡曲面

单击“过渡”按钮（位于功能区“曲面”选项卡的“创建”面板中，其命令为“SURFBLEND”），可以在两个现有曲面或实体之间创建过渡曲面。在创建过渡曲面时，可以指定起始边和结束边的曲面连续性和凸度幅值。

下面通过一个范例介绍创建过渡曲面的一般方法和步骤。

1 打开“过渡曲面即学即练.dwg”文件，该文件中存在着图 13-34 所示的两个平面曲面。

2 确保使用“三维建模”工作空间，从功能区“曲面”选项卡的“创建”面板中单击“过渡”按钮，此时可以在功能区“常用”选项卡的“选择”面板中单击“边”按钮以便于接下去选择所需边。

3 根据命令行提示进行以下操作。

命令: _SURFBLEND

连续性 = G1 - 相切，凸度幅值 = 0.5

选择要过渡的第一个曲面的边或 [链(CH)]: 找到 1 个　　　　//选择图 13-35 所示的边 1

选择要过渡的第一个曲面的边或 [链(CH)]: ↙

选择要过渡的第二个曲面的边或 [链(CH)]: 找到 1 个　　　　//选择图 13-35 所示的边 2

选择要过渡的第二个曲面的边或 [链(CH)]: ↙

按 Enter 键接受过渡曲面或 [连续性(CON)/凸度幅值(B)]: CON　//选择“连续性”选项

第一条边的连续性 [G0(G0)/G1(G1)/G2(G2)] <G1>:↙

第二条边的连续性 [G0/G1/G2] <G1>:↙

按 Enter 键接受过渡曲面或 [连续性(CON)/凸度幅值(B)]: B　　//选择“凸度幅值”选项

第一条边的凸度幅值 <0.5000>: 0.6↙

第二条边的凸度幅值 <0.5000>:↙

按 Enter 键接受过渡曲面或 [连续性(CON)/凸度幅值(B)]: ↙

完成创建的过渡曲面如图 13-36 所示。

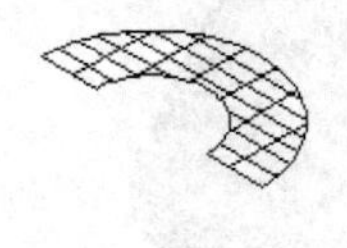
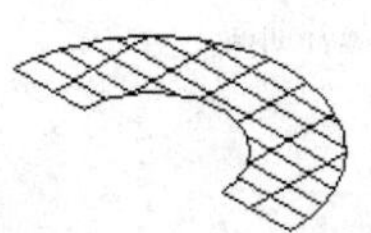

图13-34 两个平面曲面

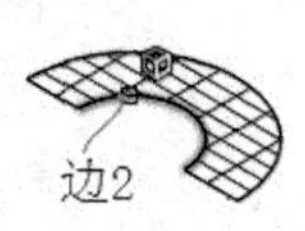

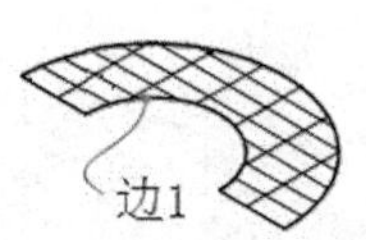

图13-35 分别指定要过渡的曲面边

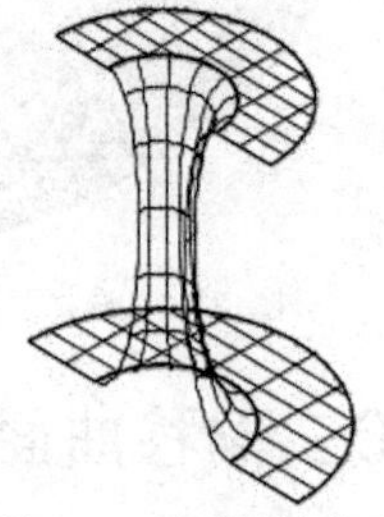

图13-36 完成过渡曲面

13.5.5 修补曲面

单击“修补”按钮（位于功能区“曲面”选项卡的“创建”面板中，其命令为“SURFPATCH”），可以通过在形成闭环的曲面边上拟合一个封口来创建新曲面，如图 13-37 所示。创建修补曲面时，可以指定曲面连续性和凸度幅值。如果 SURFACEASSOCIATIVITY 系统变量设定为 1，则会保留修补曲面和原始边或曲线之间的关联性。如有必要，在修补曲面中还可以使用其他导向曲线以塑造修补曲面的形状，导向曲线可以是曲线，也可以是点。

下面介绍一个修补曲面的范例。

1 打开“修补曲面即学即练.dwg”文件，该文件中存在着图 13-38 所示的一个曲面。

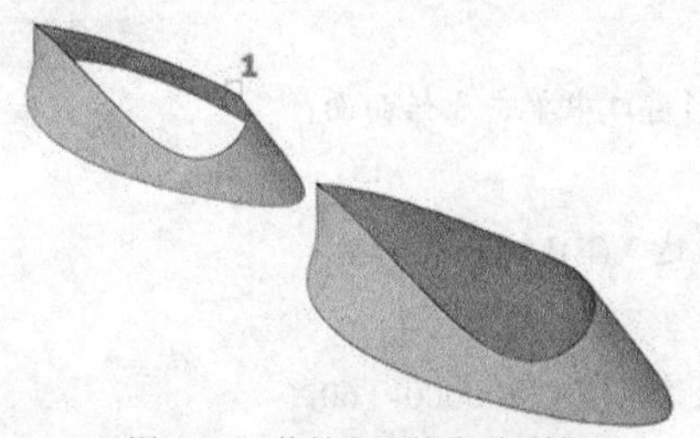

图13-37 修补曲面的典型示例

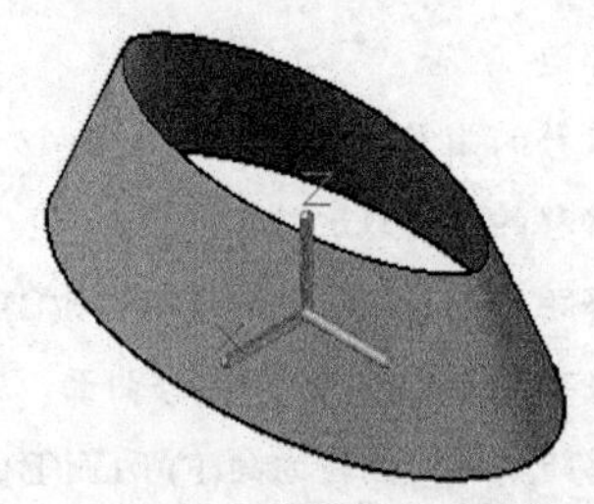

图13-38 要修补的原始曲面

2 在功能区“曲面”选项卡的“创建”面板中单击“修补”按钮，根据命令行提示进行以下操作。

命令: _SURFPATCH

连续性 = G0 - 位置，凸度幅值 = 0.5

选择要修补的曲面边或 [链(CH)/曲线(CU)] <曲线>: 找到 1 个　　//选择图 13-39 所示的曲面边

选择要修补的曲面边或 [链(CH)/曲线(CU)] <曲线>:↙

按 Enter 键接受修补曲面或 [连续性(CON)/凸度幅值(B)/导向(G)]: CON↙

修补曲面连续性 [G0(G0)/G1(G1)/G2(G2)] <G0>: G1↙

按 Enter 键接受修补曲面或 [连续性(CON)/凸度幅值(B)/导向(G)]: ↙

创建的修补曲面如图 13-40 所示。

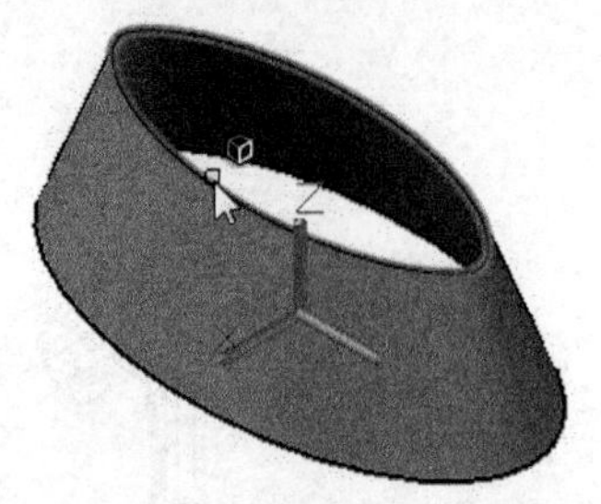

图13-39　选择要修补的曲面边

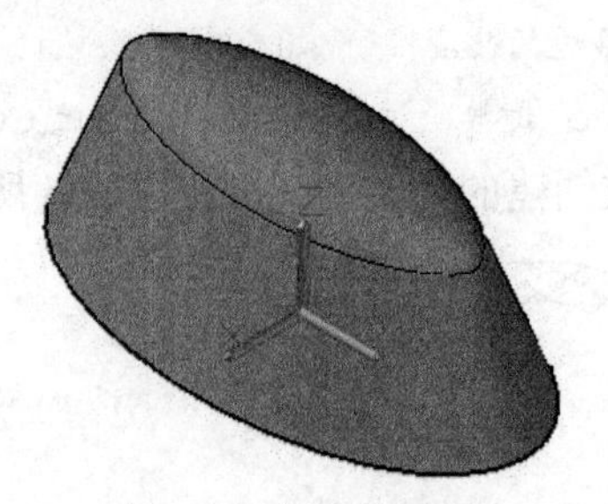

图13-40　创建修补曲面

13.5.6　偏移曲面

单击“偏移”按钮（该按钮位于功能区“曲面”选项卡的“创建”面板中，其对应的命令为“SURFOFFSET”），可以创建与原始曲面相距指定距离的平行曲面。在创建偏移曲面的过程中，除了指定偏移距离（允许使用数学表达式指定偏移距离）外，还可以指定偏移曲面是否保存与原始曲面的关联性，以及使用“翻转方向”选项更改偏移方向，或者在两个方向上进行偏移以创建两个新曲面，或者在偏移曲面之间创建实体。如果要对多个曲面进行偏移，则可以指定偏移后的曲面是否仍然保持连接。

下面介绍创建偏移曲面的一个操作范例。

1 打开“偏移曲面即学即练.dwg”文件，该文件中存在着图 13-41 所示的一个曲面。

2 在功能区“曲面”选项卡的“创建”面板中单击“偏移”按钮，接着根据命令行的提示进行以下操作。

```
命令: _SURFOFFSET
连接相邻边 = 否
选择要偏移的曲面或面域: 找到 1 个                //在图形窗口中单击原始曲面
选择要偏移的曲面或面域: ↙
指定偏移距离或 [翻转方向(F)/两侧(B)/实体(S)/连接(C)/表达式(E)] <0.0000>: B↙
将针对每项选择创建 2 个偏移曲面。
指定偏移距离或 [翻转方向(F)/两侧(B)/实体(S)/连接(C)/表达式(E)] <0.0000>: 60↙
1 个对象将偏移。
2 个偏移操作成功完成。
```

完成在原始曲面的两侧各创建一个偏移曲面，效果如图 13-42 所示。

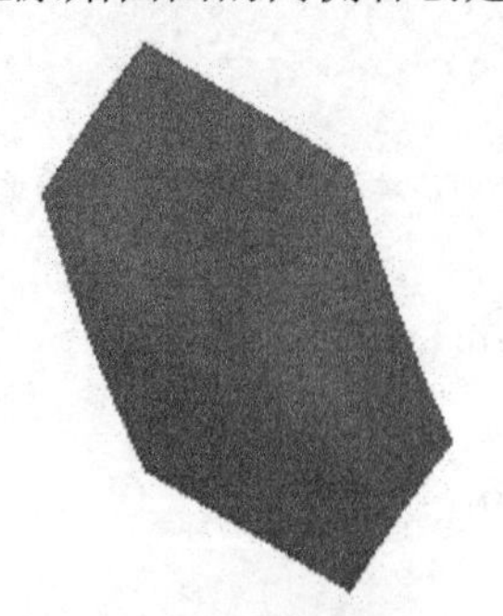

图13-41　原始曲面

图13-42　向两侧创建两个偏移曲面

知识点拨：在进行曲面偏移操作时，用户需要掌握“指定偏移距离或 [翻转方向(F)/两侧(B)/实体(S)/连接(C)/表达式(E)]:”中各提示选项的功能含义。

- 指定偏移距离：指定偏移曲面和原始曲面之间的距离。
- 翻转方向：反转箭头显示的偏移方向。
- 两侧：沿两个方向偏移曲面，将创建两个新曲面而不是一个。
- 实体：从偏移创建实体，这与“THICKEN”命令类似。
- 连接：如果原始曲面是相连的，则可设置连接多个偏移曲面。
- 表达式：输入公式或方程式来指定曲面偏移的距离。

13.5.7 圆角曲面

单击“圆角”按钮（该按钮位于功能区的“曲面”选项卡的“编辑”面板中，其对应的命令为“SURFFILLET”），可以在两个现有曲面之间创建圆角曲面，所述圆角曲面具有固定半径轮廓且与原始曲面相切。创建圆角曲面时，可自动修剪原始曲面以连接圆角曲面的边。

下面介绍创建圆角曲面的一个操作范例。

1 打开“圆角曲面即学即练.dwg”文件，该文件中存在着图 13-43（a）所示的两个曲面。

2 在功能区“曲面”选项卡的“编辑”面板中单击“圆角”按钮，接着根据命令行提示进行以下操作。

命令: _SURFFILLET
半径 = 50.0000，修剪曲面 = 是
选择要圆角化的第一个曲面或面域或者 [半径(R)/修剪曲面(T)]: R //选择“半径”提示选项
指定半径或 [表达式(E)] <50.0000>: 39↙
选择要圆角化的第一个曲面或面域或者 [半径(R)/修剪曲面(T)]: //单击图 13-43（b）所示的曲面
选择要圆角化的第二个曲面或面域或者 [半径(R)/修剪曲面(T)]: //单击图 13-43（c）所示的曲面
按 Enter 键接受圆角曲面或 [半径(R)/修剪曲面(T)]: T //选择“修剪曲面”提示选项
自动根据圆角边修剪曲面 [是(Y)/否(N)] <是>: N //选择“否”提示选项
按 Enter 键接受圆角曲面或 [半径(R)/修剪曲面(T)]: ↙ //按“Enter”键

完成创建该圆角曲面的效果如图 13-43（d）所示。

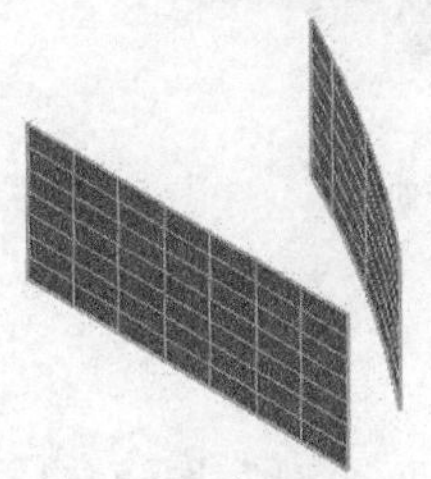

（a）原始图形

（b）选择要圆角化的第 1 个曲面

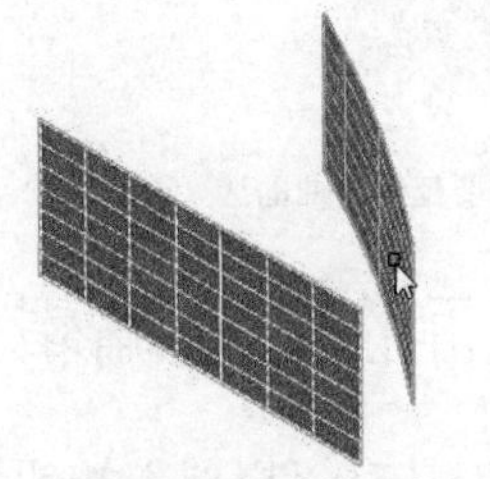

（c）选择要圆角化的第 2 个曲面

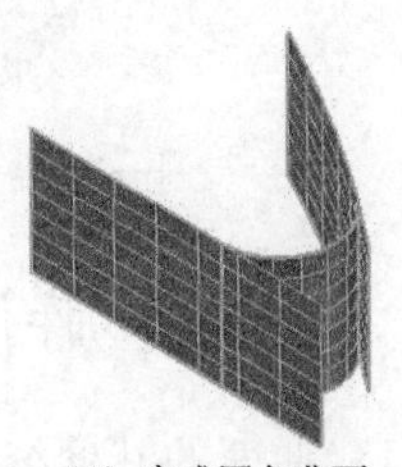

（d）完成圆角曲面

图13-43 创建圆角曲面

13.5.8　延伸曲面

单击“延伸”按钮（该按钮位于功能区“曲面”选项卡的“编辑”面板中，其对应的命令为“SURFEXTEND”），将按指定的距离拉长曲面，既可以将延伸曲面合并为原始曲面的一部分，也可以将其附加为与原始曲面相邻的第二个曲面。

下面介绍创建圆角曲面的一个操作范例。

1 打开“延伸曲面即学即练.dwg”文件，该文件中存在着图 13-44 所示的一个原始曲面（默认以“二维线框”视觉样式显示）。

2 在功能区中打开“常用”选项卡，从“视图”面板的“视觉样式”下拉列表框中选择“带边缘着色”视觉样式选项，则原始曲面的显示效果如图 13-45 所示。

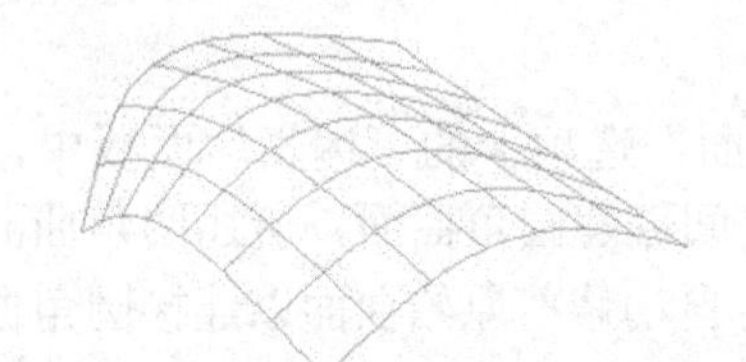

图13-44　原始曲面

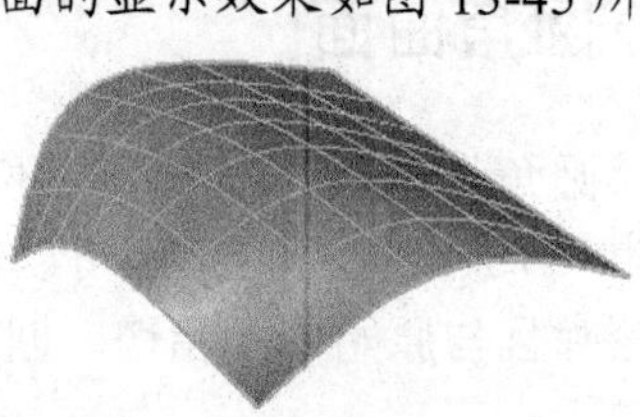

图13-45　以“带边缘着色”视觉样式显示

3 在功能区“曲面”选项卡的“编辑”面板中单击“延伸”按钮，接着根据命令行的提示进行以下操作。

```
命令: _SURFEXTEND
模式 = 延伸，创建 = 附加
选择要延伸的曲面边: 找到 1 个                  //在图 13-46 所示的曲面边上单击
选择要延伸的曲面边: ↙                          //按“Enter”键
指定延伸距离 [表达式(E)/模式(M)]: M↙           //选择“模式”提示选项
延伸模式 [延伸(E)/拉伸(S)] <延伸>: E↙          //设置延伸模式为“延伸”
创建类型 [合并(M)/附加(A)] <附加>: M↙          //设置创建的延伸曲面与原始曲面合并
指定延伸距离 [表达式(E)/模式(M)]: 61.8↙        //输入“61.8”并按“Enter”键
```

完成延伸曲面操作的结果如图 13-47 所示。

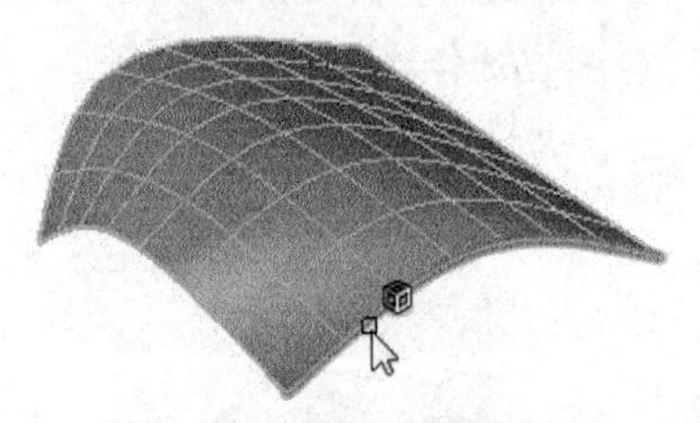

图13-46　选择要延伸的曲面边

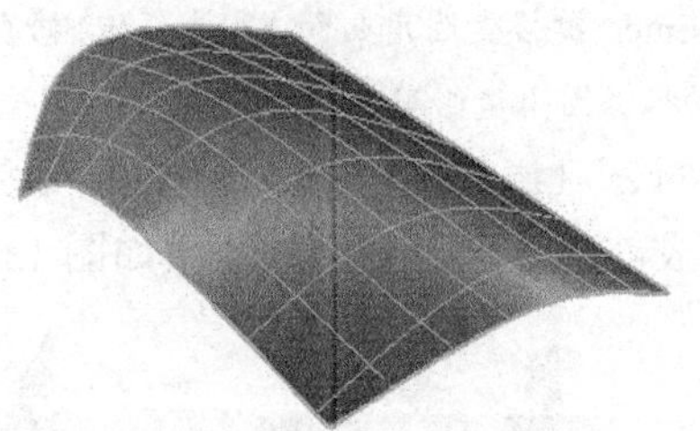

图13-47　完成延伸曲面

13.6　了解曲面的其他编辑工具与控制点工具

曲面的其他编辑工具有“修剪”按钮、“取消修剪”按钮、“曲面造型”按钮、“提取交点”按钮、“偏移边”按钮，它们的功能含义分别如下。

- “修剪”按钮：修剪与其他曲面或其他类型的几何图形相交的曲面部分。

其相应的英文命令为“SURFTRIM”。

- “取消修剪”按钮：用于取消由 SURFTRIM 命令删除的曲面区域。如果修剪边依赖于另一条也被修剪的曲面边，则用户可能无法完全恢复修剪区域。
- “曲面造型”按钮：修剪和合并构成面域的多个曲面以创建无间隙实体，也就是自动合并与修剪用于封闭无间隙区域的曲面的集合以创建实体。
- “提取交点”按钮：从因两组选定的三维实体之间干涉而产生的临时三维实体中提取边。
- “偏移边”按钮：可以偏移三维实体或曲面上平整面的边，其结果会产生闭合多段线或样条曲线。

在功能区“曲面”选项卡的“控制点”面板中还提供了以下几个工具按钮。

- “控制点编辑栏”按钮：在 NURBS 曲面或样条曲线上添加和编辑控制点。有多个夹点可用于在 NURBS 曲面上移动点和更改在样条曲线上的指定点及在 U、V 和 W 方向上的切线大小和方向。
- “转换为 NURBS”按钮：将程序曲面、实体或网格转换为 NURBS 曲面。
- “显示控制点”按钮：显示 NURBS 曲面或样条曲线的控制点。非 NURBS 曲面没有控制点。
- “隐藏控制点”按钮：隐藏 NURBS 曲面或样条曲线的控制点。
- “重新生成”按钮：允许用户重新生成 NURBS 曲面或样条曲线的控制点，可更改曲面或曲线的阶数。如果编辑控制点很困难或控制点过多，则可以重新生成在 U 或 V 方向上具有较少控制点的曲面或曲线。
- “添加”按钮：将控制点添加到 NURBS 曲面或样条曲线。
- “删除”按钮：从 NURBS 曲面或样条曲线中删除控制点。

13.7 思考与练习题

(1) 三维多段线与二维多段线有什么异同之处？

(2) 如何创建螺旋线？

(3) 如何理解网格和曲面？

(4) 如何使网格外观变得平滑些？

(5) AutoCAD 中的曲面主要有哪两个类型？它们的主要特点分别是什么？

(6) 如何创建平面曲面？

(7) 如何创建过渡曲面？

(8) 如何创建偏移曲面？在创建偏移曲面中注意设置哪些选项？

(9) 如何创建延伸曲面？

(10) 扩展学习：在“三维建模”工作空间功能区“网格”选项卡的“网格”面板中还提供了“优化网格”按钮（用于成倍增加选定网格对象或网格面中的面数）、“增加锐化”按钮（锐化选定的网格面、边或顶点）和“删除锐化”按钮（从选定的网格面、边或顶点删除锐化），请认真研习这 3 个按钮的功能应用，并学以致用。

第14章　实体建模

实体建模越来越受到人们的重视。AutoCAD 中的实体建模功能是十分强大的，使用相关实体建模功能可以很方便地创建真实感强的三维实体模型。实体模型是表示三维对象的体积，并且具有特性，如质量、重心和惯性矩。既可以从实体图元（长方体、圆锥体、圆柱体、球体等）创建基本三维实体，也可以通过拉伸、旋转、扫掠或放样闭合的二维对象来创建三维实体，还可以使用布尔运算（如并集、差集和交集）组合三维实体及使用其他命令来编辑实体等，此外通过曲面加厚、转换等方式也可以生成实体。

本章重点介绍实体建模的实用知识，具体内容包括创建三维实体图元（长方体、圆柱体、球体、多段体、楔体、圆锥体、棱锥体和圆环体）、从二维几何图形创建实体（拉伸、旋转、扫掠和放样等）、布尔值（并集、差集和交集）、实体编辑与三维操作等。

14.1　创建实体图元

三维实体对象通常以某种基本形状或图元作为设计开始，之后可以对这些基本形状或图元进行修改和重新合并，以构建复杂的三维实体模型。在 AutoCAD 中，可以创建多种基本三维实体形状，如实心长方体、实心圆柱体、实心球体、实心多段体、实心楔体、实心圆锥体、实心棱锥体和实心圆环体，将这些三维实体形状统称为实体图元。

14.1.1　实心长方体

实心长方体是最常用的三维实体对象之一。创建实心长方体的方法较为灵活，请看以下的操作实例，在该操作实例中包含了实心长方体的几种常见创建方法。

1 在“快速访问”工具栏中单击“新建”按钮，接着通过弹出的对话框选择“acadiso.dwt”文件，单击“打开”按钮。

2 在“快速访问”工具栏的“工作空间”下拉列表框中选择“三维建模”工作空间，接着在功能区“常用”选项卡“视图”面板的“三维导航”下拉列表框中选择“东南等轴测”选项，如图 14-1 所示。

3 基于两个点和高度创建实心长方体。在功能区中打开“实体”选项卡，从“图元”面板中单击“长方体”按钮，根据命令行提示进行以下操作。

```
命令: _box
指定第一个角点或 [中心(C)]: 0,0↙
指定其他角点或 [立方体(C)/长度(L)]: 100,50↙
指定高度或 [两点(2P)]: 95↙
```

创建的第一个实心长方体模型如图 14-2 所示。

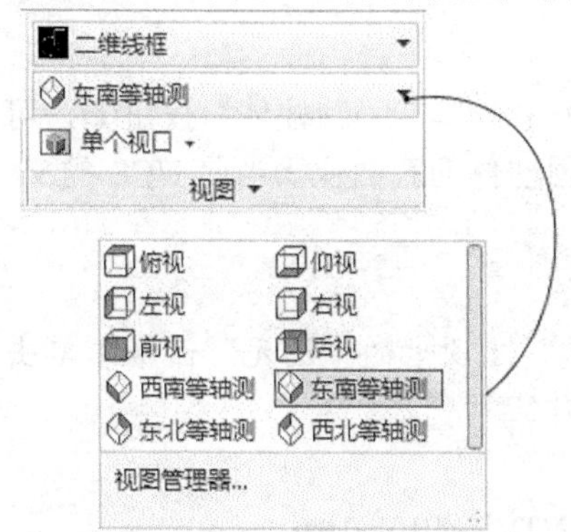

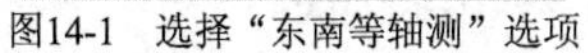
图14-1 选择“东南等轴测”选项

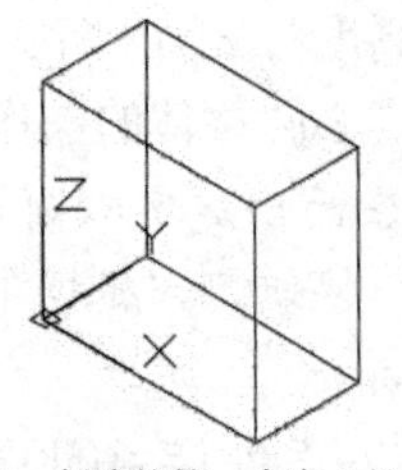

图14-2 创建的第一个实心长方体

4 基于长度、宽度和高度创建实心长方体。在“图元”面板中单击“长方体”按钮，根据命令行提示进行以下操作。

命令: _box

指定第一个角点或 [中心(C)]: C↙

指定中心: 150,100↙

指定角点或 [立方体(C)/长度(L)]: L↙

指定长度: <正交 开> 100↙

指定宽度: 61.8↙

指定高度或 [两点(2P)] <95.0000>: 50↙

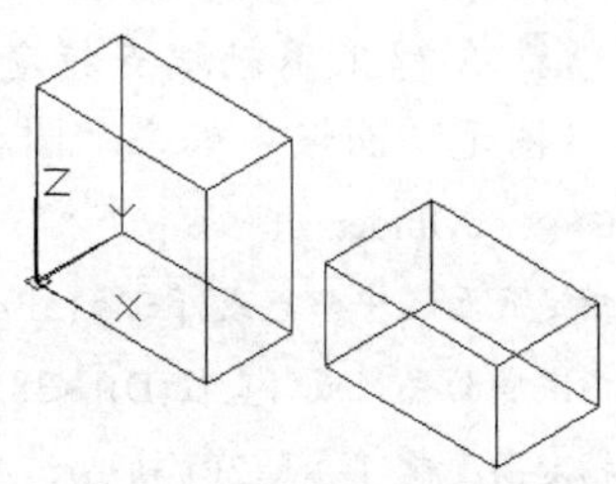
图14-3 创建第 2 个实心长方体

创建第 2 个实心长方体的模型效果如图 14-3 所示。

5 创建实心立方体。在“图元”面板中单击“长方体”按钮，根据命令行提示进行以下操作。

命令: _box

指定第一个角点或 [中心(C)]: C↙

指定中心: 100,-100↙

指定角点或 [立方体(C)/长度(L)]: C↙

指定长度 <100.0000>: 80↙

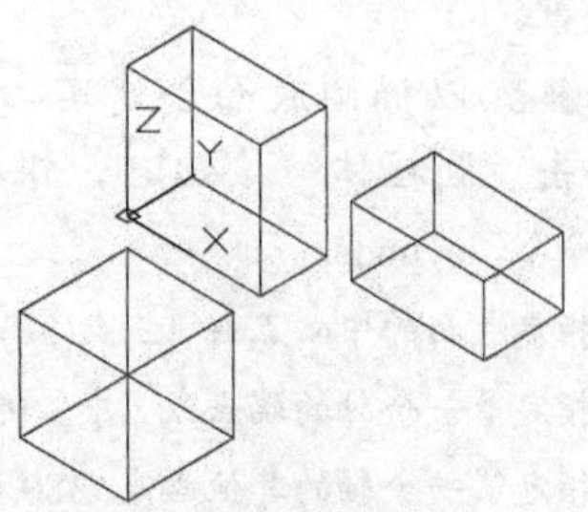
图14-4 创建实心立方体

创建的实心立方体如图 14-4 所示。

6 基于中心点、底面角点和高度创建实心长方体。在命令行中执行以下操作。

命令: BOX↙

指定第一个角点或 [中心(C)]: C↙

指定中心: 200,-30↙

指定角点或 [立方体(C)/长度(L)]: 280,0↙

指定高度或 [两点(2P)] <80.0000>: 30↙

创建最后一个实心长方体如图 14-5 所示。

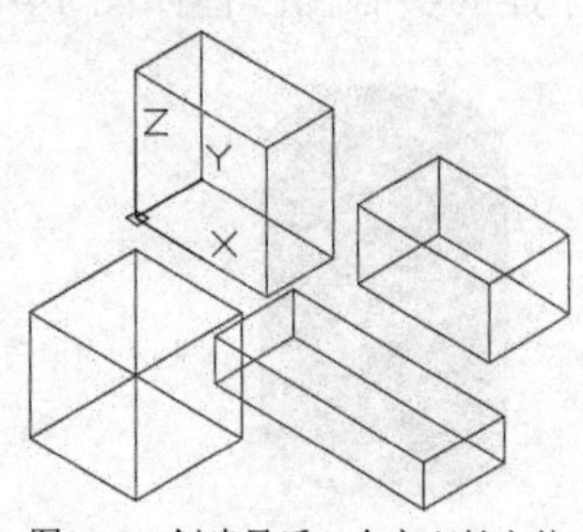
图14-5 创建最后一个实心长方体

14.1.2　实心圆柱体

实心圆柱体在三维建模中较为常见。在 AutoCAD 中，单击“圆柱体”按钮，可以创建以圆或椭圆为底面的或实心圆柱体，默认情况下，圆柱体的底面位于当前 UCS 的 *xy* 平面上，圆柱体的高度与 *z* 轴平行。

创建多个实心圆柱体的操作范例如下。

1 以圆底面创建实心圆柱体。在功能区“实体”选项卡的“图元”面板中单击“圆柱体”按钮，根据命令行提示进行以下操作。

命令: _cylinder

指定底面的中心点或 [三点(3P)/两点(2P)/切点、切点、半径(T)/椭圆(E)]: 0,0,0↙

指定底面半径或 [直径(D)] <30.0000>: 38↙

指定高度或 [两点(2P)/轴端点(A)] <50.0000>: 100↙

创建的第一个实心圆柱体如图 14-6 所示（已经将视觉样式设置为“概念”）。

2 创建采用轴端点指定高度和旋转的实心圆柱体。在功能区“实体”选项卡的“图元”面板中单击“圆柱体”按钮，根据命令行提示进行以下操作。

命令: _cylinder

指定底面的中心点或 [三点(3P)/两点(2P)/切点、切点、半径(T)/椭圆(E)]: 110,0↙

指定底面半径或 [直径(D)] <38.0000>: 50↙

指定高度或 [两点(2P)/轴端点(A)] <100.0000>: A↙

指定轴端点: 45,125,50↙

创建的第 2 个实心圆柱体如图 14-7 所示。此例中指定的轴端点可以位于三维空间的任意位置。

3 以椭圆底面创建实心椭圆体。在功能区“实体”选项卡的“图元”面板中单击“圆柱体”按钮，根据命令行提示进行以下操作。

命令: _cylinder

指定底面的中心点或 [三点(3P)/两点(2P)/切点、切点、半径(T)/椭圆(E)]: E↙

指定第一个轴的端点或 [中心(C)]: 150,120↙

指定第一个轴的其他端点: 380,150↙

指定第二个轴的端点: 200,190↙

指定高度或 [两点(2P)/轴端点(A)] <150.0000>: 50↙

创建的实心椭圆体如图 14-8 所示。

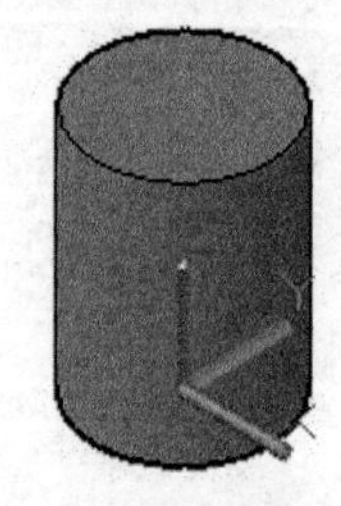

图14-6　创建实心圆柱体 1

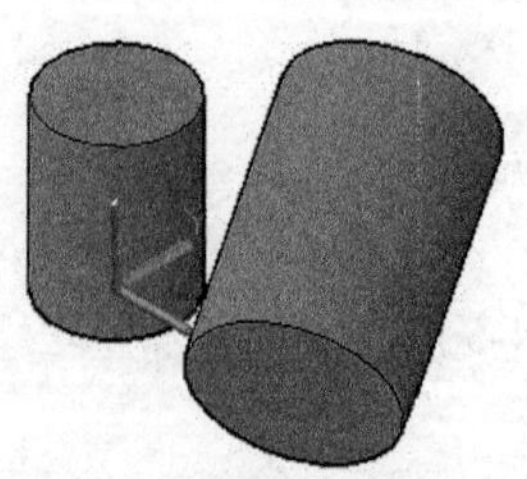

图14-7　创建实心圆柱体 2

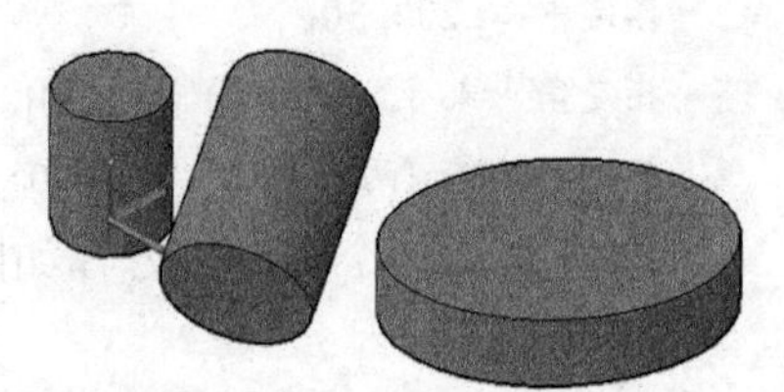

图14-8　创建实心椭圆柱体

14.1.3 实心球体

创建实心球体的方法也有多种，例如，指定球心和球体的半径或直径来创建球体，或者通过指定三维空间中的 3 个点来创建实心球体等。

请看以下创建实心球体的实例，在该实例中使用“概念”视觉样式。

1 通过指定球心和球体半径来创建实心球体。在功能区“实体”选项卡的“图元”面板中单击“球体”按钮，根据命令行提示进行以下操作。

命令: _sphere

指定中心点或 [三点(3P)/两点(2P)/切点、切点、半径(T)]: 0,0,0↙

指定半径或 [直径(D)] <50.0000>: 35↙

创建的第一个实心球体如图 14-9 所示。

2 通过指定三维空间中的 3 个点来创建实心球体。在功能区“实体”选项卡的“图元”面板中单击“球体”按钮，根据命令行提示进行以下操作。

命令: _sphere

指定中心点或 [三点(3P)/两点(2P)/切点、切点、半径(T)]: 3P↙

指定第一点: 68,30↙

指定第二点: @100<0↙

指定第三点: @35,50,20↙

绘制的第二个实心球体如图 14-10 所示。

图14-9 绘制的第一个实心球体

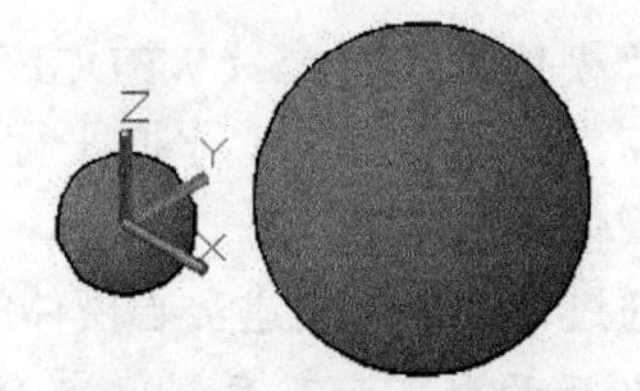

图14-10 绘制第二个实心球体

14.1.4 实心多段体

单击“多段体”按钮（POLYSOLID）可以快速地绘制类似于三维墙体的多段体实体，如图 14-11 所示。

下面通过一个范例介绍如何创建实心多段体。在本例创建多段体之前，先在“三维建模”工作空间功能区“常用”选项卡的“视图”面板中，从“视觉样式”下拉列表框中选择“灰度”选项，接着在功能区中打开“实体”选项卡，并从“图元”面板中单击“多段体”按钮，根据命令行提示进行以下操作来创建图 14-12 所示的多段体。

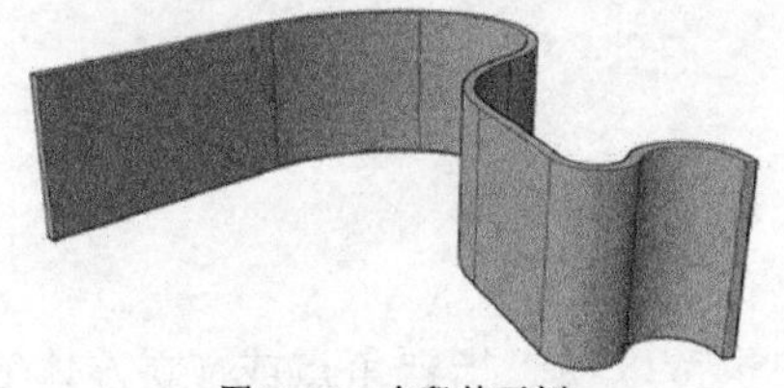

图14-11 多段体示例

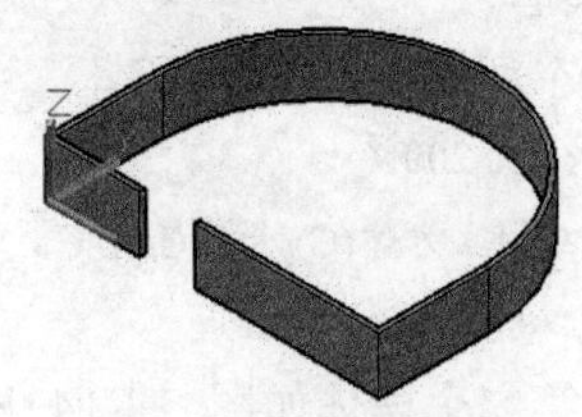

图14-12 创建的多段体

命令: _Polysolid　高度 = 80.0000, 宽度 = 5.0000, 对正 = 居中

指定起点或 [对象(O)/高度(H)/宽度(W)/对正(J)] <对象>: H↙

指定高度 <80.0000>: 300↙

高度 = 300.0000, 宽度 = 5.0000, 对正 = 居中

指定起点或 [对象(O)/高度(H)/宽度(W)/对正(J)] <对象>: W↙

指定宽度 <5.0000>: 25↙

高度 = 300.0000, 宽度 = 25.0000, 对正 = 居中

指定起点或 [对象(O)/高度(H)/宽度(W)/对正(J)] <对象>: 500,0↙

指定下一个点或 [圆弧(A)/放弃(U)]: 0,0↙

指定下一个点或 [圆弧(A)/放弃(U)]: 0,600↙

指定下一个点或 [圆弧(A)/闭合(C)/放弃(U)]: A↙

指定圆弧的端点或 [闭合(C)/方向(D)/直线(L)/第二个点(S)/放弃(U)]: 1800,600↙

指定下一个点或 [圆弧(A)/闭合(C)/放弃(U)]: 指定圆弧的端点或 [闭合(C)/方向(D)/直线(L)/第二个点(S)/放弃(U)]: L↙

指定下一个点或 [圆弧(A)/闭合(C)/放弃(U)]: 1800,0↙

指定下一个点或 [圆弧(A)/闭合(C)/放弃(U)]: 800,0↙

指定下一个点或 [圆弧(A)/闭合(C)/放弃(U)]: ↙

14.1.5　实心楔体

单击“楔体”按钮（WEDGE），可以创建面为矩形或正方形的实体楔体，默认时楔体的底面与当前 UCS 的 *xy* 平面平行，倾斜方向始终沿 UCS 的 *x* 轴正方向，斜面正对第一个角点，楔体的高度与 *z* 轴平行。

下面通过范例介绍创建实心楔体的方法步骤。

1 基于两个点和高度创建实心楔体。在功能区“实体”选项卡的“图元”面板中单击“楔体”按钮，接着根据命令行的提示进行以下操作。

命令: _wedge

指定第一个角点或 [中心(C)]: 0,0↙

指定其他角点或 [立方体(C)/长度(L)]: 150,100↙

指定高度或 [两点(2P)] <50.0000>: 62↙

创建的第一个楔体如图 14-13 所示。

2 创建长度、宽度和高度均相等的实心楔体。在功能区“实体”选项卡的“图元”面板中单击“楔体”按钮，接着根据命令行的提示进行以下操作。

命令: _wedge

指定第一个角点或 [中心(C)]: C↙

指定中心: 260,200↙

指定角点或 [立方体(C)/长度(L)]: C↙

指定长度 <80.0000>: 150↙

创建的第二个楔体如图 14-14 所示。当然，用户也可以在“指定角点或 [立方体(C)/长

度(L)]:”提示下选择“长度（L）”提示选项，以按照指定的长、宽、高创建楔体。

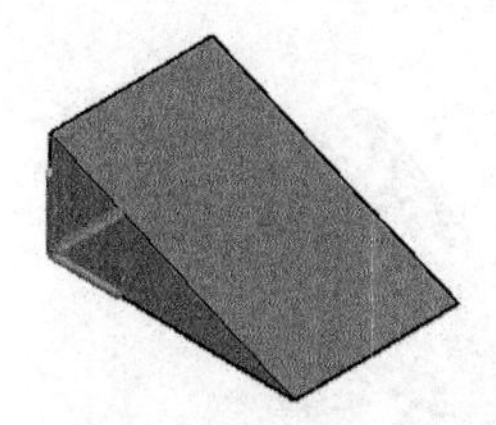
图14-13　创建第一个楔体

图14-14　创建第二个楔体

14.1.6　实心圆锥体

单击“圆锥体”按钮（CONE），可以创建圆锥体形状的三维实体，该实体以圆或椭圆为底面，以对称方式形成锥体表面，最后交于一点，或这交于一个圆或椭圆平面（此时，形成的实体被形象地称为圆台或椭圆台）。

创建实心圆锥体（包括圆台）的操作范例如下。

1 在功能区“实体”选项卡的“图元”面板中单击“圆锥体”按钮，接着根据命令行的提示进行以下操作，从而创建图14-15所示的实心圆锥体。

命令: _cone

指定底面的中心点或 [三点(3P)/两点(2P)/切点、切点、半径(T)/椭圆(E)]: 0,0↙

指定底面半径或 [直径(D)] <86.6725>: 100↙

指定高度或 [两点(2P)/轴端点(A)/顶面半径(T)] <150.0000>: 120↙

2 在功能区“实体”选项卡的“图元”面板中单击“圆锥体”按钮，接着根据命令行的提示进行以下操作，从而创建图14-16所示的实心圆台。

命令: _cone

指定底面的中心点或 [三点(3P)/两点(2P)/切点、切点、半径(T)/椭圆(E)]: 200,100↙

指定底面半径或 [直径(D)] <100.0000>: 80↙

指定高度或 [两点(2P)/轴端点(A)/顶面半径(T)] <120.0000>: T↙

指定顶面半径 <0.0000>: 50↙

指定高度或 [两点(2P)/轴端点(A)] <120.0000>: 100↙

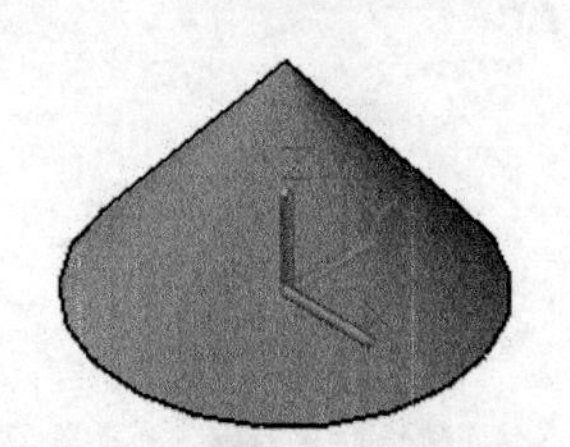
图14-15　创建的一个实心圆锥体

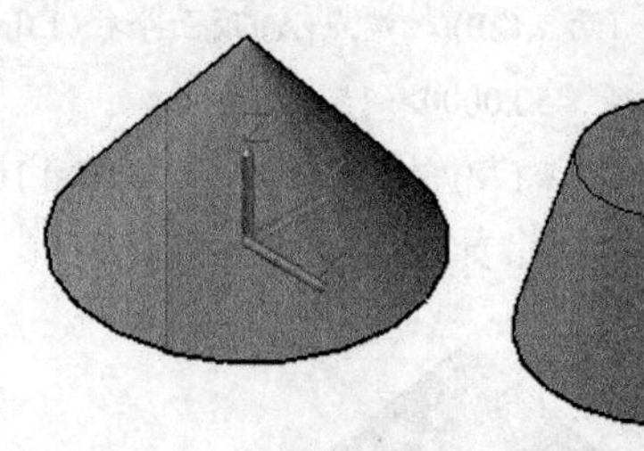
图14-16　创建一个实心圆台

14.1.7　实心棱椎体

实心棱锥体是指底面边数和侧面数相同、侧面倾斜交于一点或一平面的三维实体。单击“棱锥体”按钮（PYRAMID），可以创建最多具有32个侧面的实体棱锥体，既可以创建

倾斜至一个点的棱锥体，如图 14-17（a）所示。也可以创建从底面倾斜至平面的棱台，如图 14-17（b）所示。

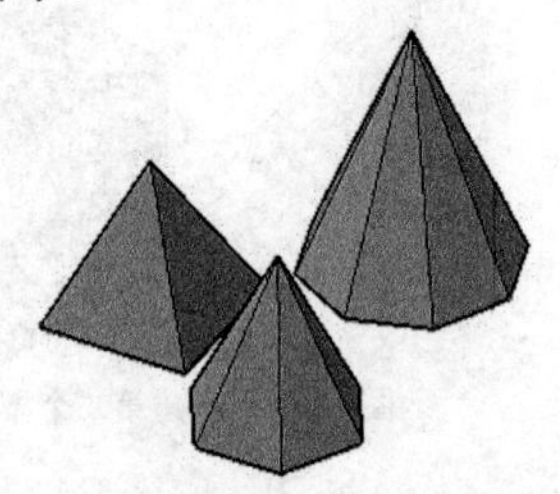

（a）交于一点的棱锥体

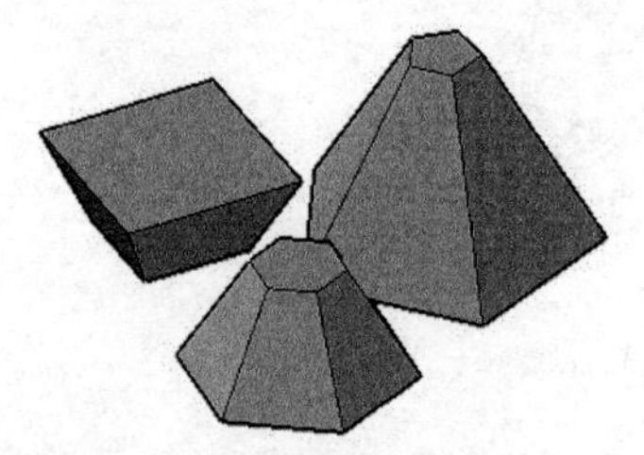

（b）交于平面的棱台

图14-17　实心棱椎体示例

在下面的这个操作范例中，涉及创建交于一点的棱锥体，以及创建交于平面的实体棱台。

1 创建实体棱锥体。在功能区“实体”选项卡的“图元”面板中单击“棱锥体”按钮，接着根据命令行的提示进行以下操作，以创建图 14-18 所示的一个实体棱锥体。

命令: _pyramid

4 个侧面　外切

指定底面的中心点或 [边(E)/侧面(S)]: S↙

输入侧面数 <4>: 6↙

指定底面的中心点或 [边(E)/侧面(S)]: 0,0,0↙

指定底面半径或 [内接(I)] <80.0000>: 60↙

指定高度或 [两点(2P)/轴端点(A)/顶面半径(T)] <100.0000>: 80↙

2 创建实体棱台。单击“棱锥体”按钮，接着根据命令行的提示进行以下操作。

命令: _pyramid

6 个侧面　外切

指定底面的中心点或 [边(E)/侧面(S)]: S↙

输入侧面数 <6>: 8↙

指定底面的中心点或 [边(E)/侧面(S)]: 380,0↙

指定底面半径或 [内接(I)] <69.2820>: 100↙

指定高度或 [两点(2P)/轴端点(A)/顶面半径(T)] <80.0000>: T↙

指定顶面半径 <50.0000>: 15↙

指定高度或 [两点(2P)/轴端点(A)] <80.0000>: 168↙

完成创建的棱台如图 14-19 所示。

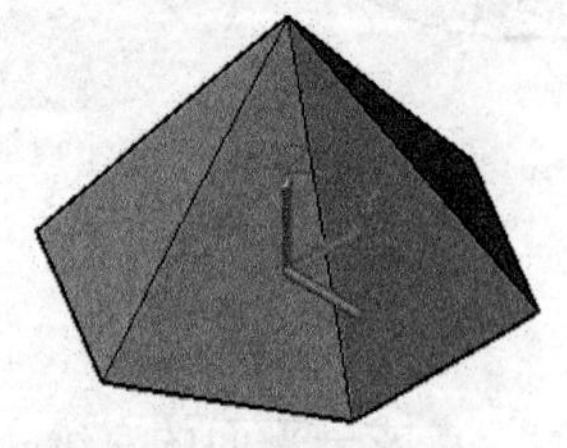

图14-18　创建实体棱锥体

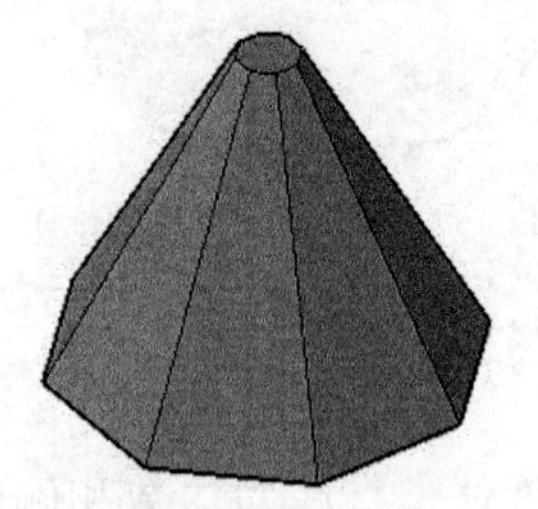

图14-19　创建棱台

14.1.8 实心圆环体

圆环体是实心的三维圆环，可以通过指定圆环体的圆心、半径或直径及围绕圆环体的圆管的半径或直径创建圆环体。也就说说圆环体具有两个半径值，一个是圆管的半径值，另个半径值定义从圆环体的圆心到圆管圆心之间的距离，默认情况下圆环体将为与当前 UCS 平面平行，且被该平面平分。

此外，可以通过为圆环和圆管指定满足某些条件的半径来定义一些特殊的实体。例如当将圆环的半径设为负数而圆管的半径大于圆环的绝对值，那么得到一个橄榄球状的实体；如果当将圆管半径设定大于圆环半径，则可以得到一个苹果样的实体。

创建实心圆环体的操作范例如下。

1 在功能区“实体”选项卡的“图元”面板中单击“圆环体”按钮，接着根据命令的提示进行以下操作。完成创建的一个实心圆环体如图 14-20 所示。

命令: _torus

指定中心点或 [三点(3P)/两点(2P)/切点、切点、半径(T)]: 0,0,0↙

指定半径或 [直径(D)]: 100↙

指定圆管半径或 [两点(2P)/直径(D)]: 18↙

2 单击“圆环体”按钮，接着根据命令的提示进行以下操作，最终完成创建的一个橄榄球形状的实体，如图 14-21 所示。

命令: _torus

指定中心点或 [三点(3P)/两点(2P)/切点、切点、半径(T)]: 0,0,0↙

指定半径或 [直径(D)] <100.0000>: -30↙

指定圆管半径或 [两点(2P)/直径(D)] <18.0000>: 60↙

3 单击“圆环体”按钮，指定中心点坐标为“250,150,0”，指定圆环半径为 20mm，圆管半径为 50mm，完成图 14-22 所示苹果形的实体。

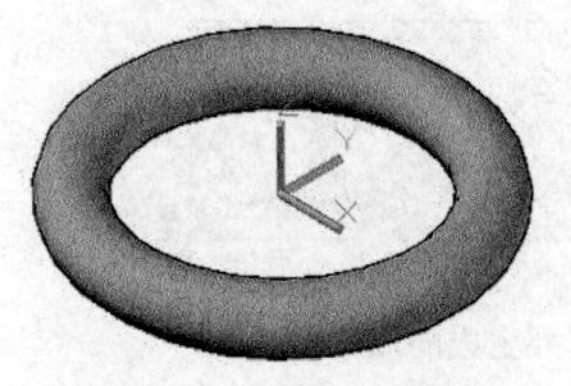

图14-20 创建一个圆环体

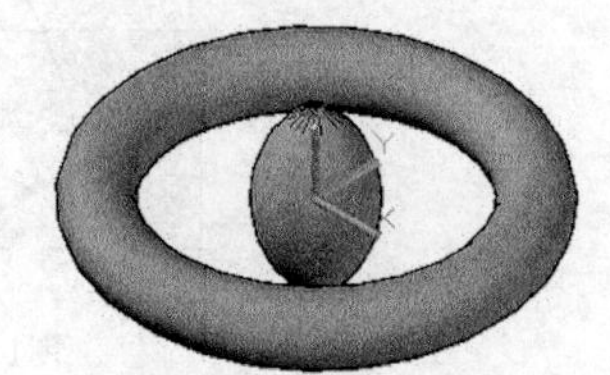

图14-21 建造橄榄球形体

图14-22 创建苹果形的实体

14.2 从二维几何图形创建实体

在 AutoCAD 中，可以从二维几何图形创建实体和曲面，例如，通过拉伸、旋转、扫掠和放样来创建实体和曲面。注意，开放的曲线将创建曲面，而闭合曲线将根据具体设置创建实体或曲面（模式选项将决定是创建实体或曲面）。创建实体和创建曲面的方法过程都是类似的。

14.2.1　拉伸

拉伸是指沿垂直方向将二维对象的形状延伸到三维空间，即通过拉伸二维图形，可以创建三维实体模型。执行拉伸命令并选择拉伸对象后，可以指定拉伸的高度，其默认的拉伸方向为 Z 轴。如果要拉伸的封闭二维图形对象由多个不同的图元对象组成，那么在拉伸前将它们定义成面域，然后才使用拉伸工具将面域拉伸成三维实体。在进行拉伸操作的过程中，可以根据设计要求指定以下任意一个所需的选项。

- 模式：选择此选项，可更改拉伸是创建实体还是创建曲面。
- 路径：指定拉伸路径。选择此选项，可以通过指定要作为拉伸的轮廓路径或形状路径的对象来创建实体或曲面。拉伸对象始于轮廓所在的平面，止于在路径端点处与路径垂直的平面。要获得最佳结果，建议使用对象捕捉确保路径位于被拉伸对象的边界上或边界内。
- 倾斜角：使拉伸出来的零件具有一定的倾斜角。
- 方向：选择此选项，可以指定两个点以设定拉伸的长度和方向。
- 表达式：通过输入数学表达式来约束拉伸的高度。

创建拉伸实体的典型范例如下。

1 打开“创建拉伸实体即学即练.dwg”文件，该文件中存在图 14-23 所示的原始图形。确保使用“三维建模”工作空间，并使用“灰度”视觉样式和“东南等轴测”视角方位。

2 将要拉伸的二维图形均转化为面域对象。在功能区“常用”选项卡的“绘图”面板中单击“面域”按钮，在图形窗口中通过指定两个角点（角点 1 和角点 2）来框选图 14-24 所示的 3 个封闭的图形，按“Enter”键确认，系统提示已提取 3 个环和已创建 3 个面域。完成创建 3 个面域的图形效果如图 14-25 所示。

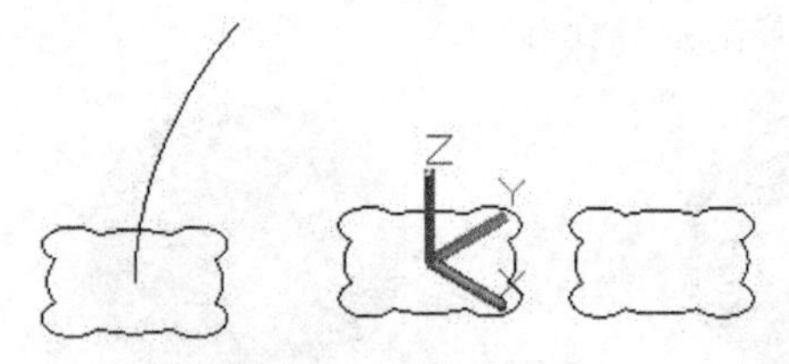

图14-23　原始二维图形

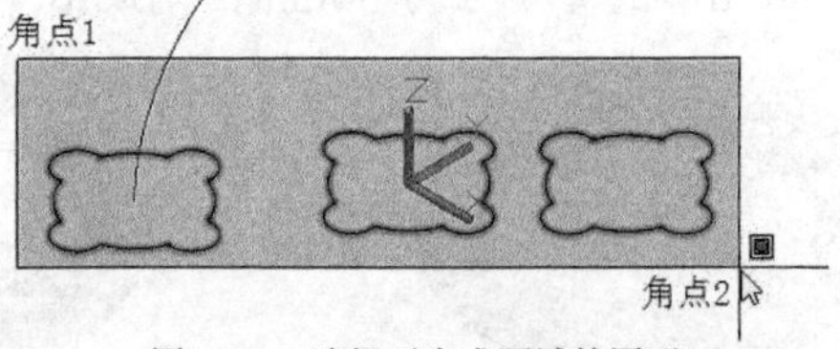

图14-24　选择要生成面域的图形

3 在功能区“实体”选项卡的“实体”面板中单击“拉伸”按钮，根据命令行的提示进行以下操作。

命令: _extrude

当前线框密度: ISOLINES=4，闭合轮廓创建模式 = 实体

选择要拉伸的对象或 [模式(MO)]: _MO 闭合轮廓创建模式 [实体(SO)/曲面(SU)] <实体>: _SO

选择要拉伸的对象或 [模式(MO)]: 找到 1 个　　　　　　//选择中间的一个面域

选择要拉伸的对象或 [模式(MO)]: ↙

指定拉伸的高度或 [方向(D)/路径(P)/倾斜角(T)/表达式(E)] : 200↙

完成创建的第 1 个拉伸实体如图 14-26 所示。

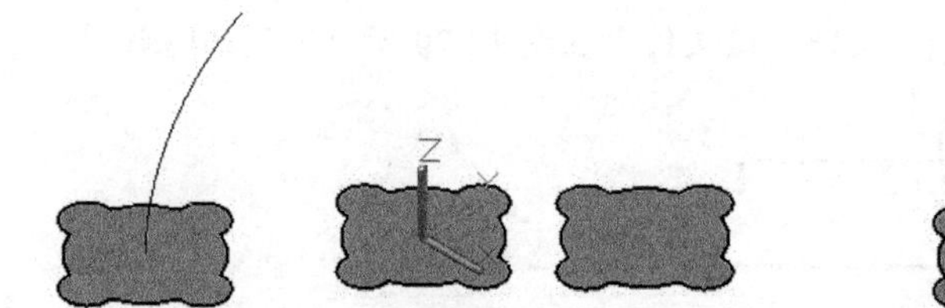

图14-25　创建的 3 个面域

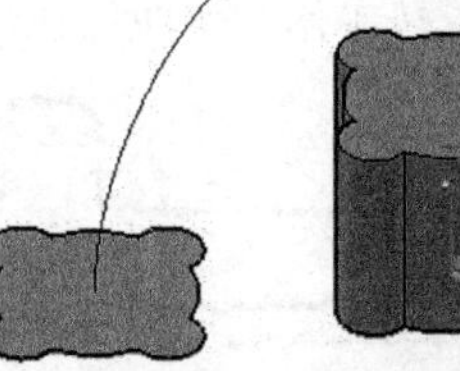
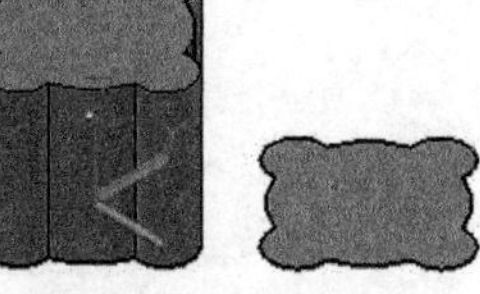

图14-26　创建第 1 个拉伸实体

4 在功能区“实体”选项卡的“实体”面板中单击“拉伸”按钮，根据命令行的提示进行以下操作，以创建图 14-27 所示的具有拔模倾斜度的拉伸实体。

命令: _extrude

当前线框密度:　ISOLINES=4，闭合轮廓创建模式 = 实体

选择要拉伸的对象或 [模式(MO)]: _MO 闭合轮廓创建模式 [实体(SO)/曲面(SU)] <实体>: _SO

选择要拉伸的对象或 [模式(MO)]: 找到 1 个　　　　　　　　//选择最右侧的一个面域

选择要拉伸的对象或 [模式(MO)]: ↙

指定拉伸的高度或 [方向(D)/路径(P)/倾斜角(T)/表达式(E)] <200.0000>: T↙

指定拉伸的倾斜角度 <0>: 5↙

指定拉伸的高度或 [方向(D)/路径(P)/倾斜角(T)/表达式(E)] <200.0000>: 150↙

5 单击“拉伸”按钮，根据命令行的提示进行以下操作。

命令: _extrude

当前线框密度:　ISOLINES=4，闭合轮廓创建模式 = 实体

选择要拉伸的对象或 [模式(MO)]: _MO 闭合轮廓创建模式 [实体(SO)/曲面(SU)] <实体>: _SO

选择要拉伸的对象或 [模式(MO)]: 找到 1 个　　//选择最左侧的面域作为要拉伸的对象

选择要拉伸的对象或 [模式(MO)]: ↙

指定拉伸的高度或 [方向(D)/路径(P)/倾斜角(T)/表达式(E)] <150.0000>: P↙

选择拉伸路径或 [倾斜角(T)]:　　　　　　　　//选择圆弧作为拉伸路径

完成创建沿路径拉伸的实体，效果如图 14-28 所示。

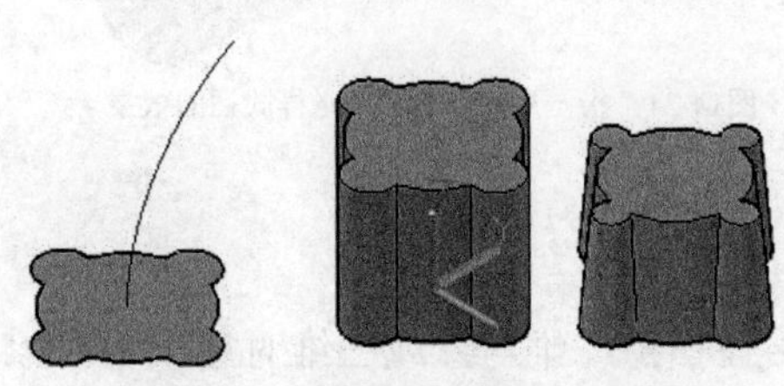

图14-27　创建有倾斜度的拉伸实体

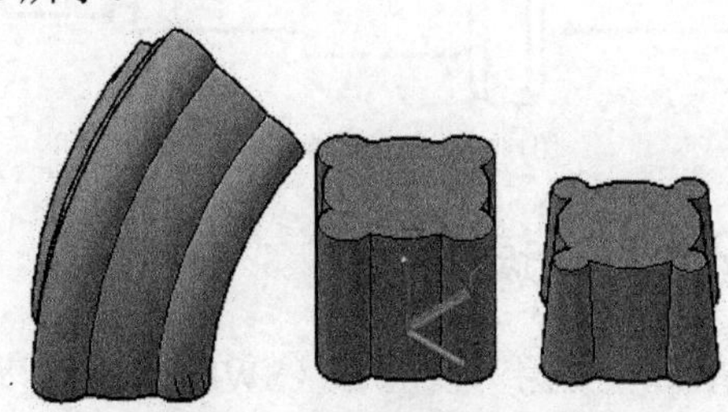

图14-28　创建沿路径拉伸的实体

14.2.2　旋转

单击“旋转”按钮（REVOLVE），可以通过绕轴旋转对象来创建三维实体或曲面。开放轮廓可创建曲面，闭合轮廓可创建实体或曲面，使用“模式”选项可以是创建实体还是曲面。旋转路径和轮廓曲线可以是开放或闭合的，可以是实体边和曲面边，可以是单个对象（为了旋转多条线，可使用“JOIN”命令将其转换为单个对象）或单个面域。

结合范例介绍创建旋转实体的操作步骤。

1 打开“创建旋转实体即学即练.dwg”文件，该文件存在图 14-29 所示的原始图形。

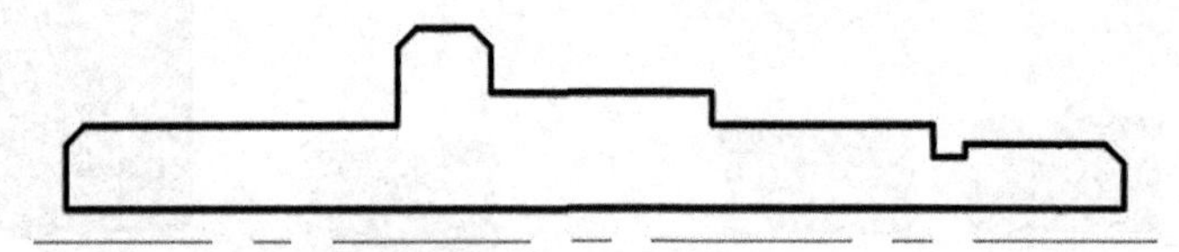

图14-29　原始图形

2 切换至“三维建模”工作空间，从功能区“实体”选项卡的“实体”面板中单击“旋转”按钮，选择以粗实线显示的闭合多段线作为要旋转的对象，按“Enter”键确认，接着在“指定轴起点或根据以下选项之一定义轴 [对象(O)/X/Y/Z] <对象>:”提示下选择“对象（O)”提示选项，并在图形窗口中选择中心线作为旋转轴，然后输入旋转角度为“360”，按“Enter”键确认旋转角度，此时旋转实体显示如图 14-30 所示（默认以“二维线框”显示模型）。

知识点拨：除了指定对象用作旋转轴之外，还可以通过指定轴起点（第 1 点）和轴端点（第 2 点）来定义旋转轴（该旋转轴的正方向为从第 1 点指向第 2 点），也可以将当前 UCS 的 X 轴、Y 轴或 Z 轴正向设定为轴的正方向，

3 在功能区中打开“常用”选项卡，从“视图”面板的“三维导航”下拉列表框中选择“东南等轴测”选项，从“视觉样式”下拉列表框中选择“灰度”选项，此时旋转实体显示效果如图 14-31 所示。

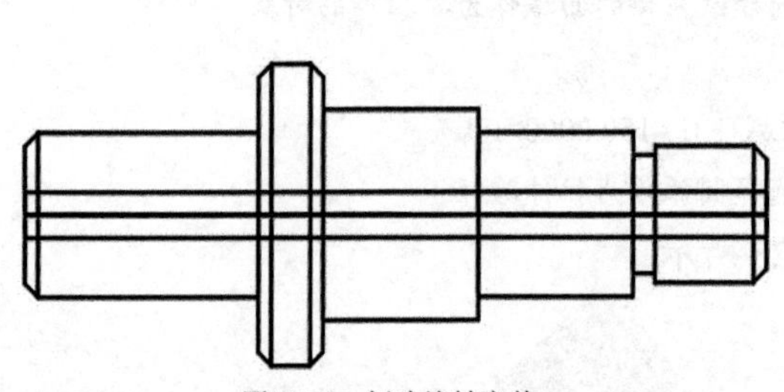

图14-30　创建旋转实体

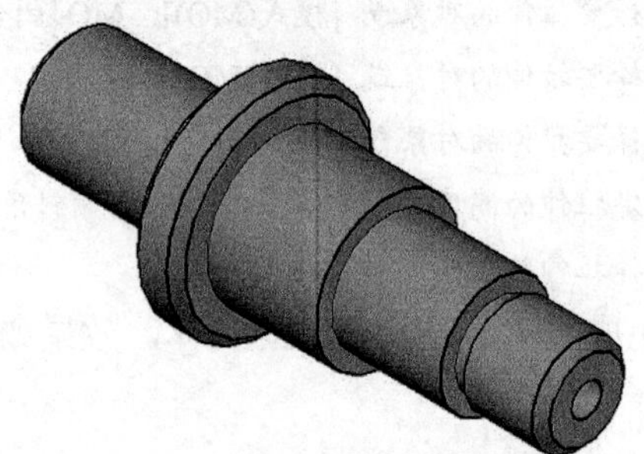

图14-31　指定视角视图和视觉样式后的效果

14.2.3　扫掠

单击“扫掠”按钮（SWEEP），可以通过沿路径扫掠二维对象或三维对象或子对象来创建三维实体或曲面。开放的曲线将创建曲面，闭合的曲线将创建实体或曲面（具体取决于指定的模式）。允许沿路径扫掠多个轮廓对象。

创建扫掠实体的范例如下。

1 打开“创建扫掠实体即学即练.dwg”文件，该文件存在图 14-32 所示的原始图形。

2 在功能区“实体”选项卡的“实体”面板中单击“扫掠”按钮，根据命令行的提示进行以下操作。

命令: _sweep

当前线框密度：ISOLINES=4，闭合轮廓创建模式 = 实体

选择要扫掠的对象或 [模式(MO)]: _MO 闭合轮廓创建模式 [实体(SO)/曲面(SU)] <实体>: _SO
选择要扫掠的对象或 [模式(MO)]: 找到 1 个　　　　　　//选择正方形
选择要扫掠的对象或 [模式(MO)]: ↙
选择扫掠路径或 [对齐(A)/基点(B)/比例(S)/扭曲(T)]: A↙
扫掠前对齐垂直于路径的扫掠对象 [是(Y)/否(N)] <是>: Y↙
选择扫掠路径或 [对齐(A)/基点(B)/比例(S)/扭曲(T)]: 　　　　//选择由直线段和圆弧段组成的多段线

完成创建的扫掠实体如图 14-33 所示。

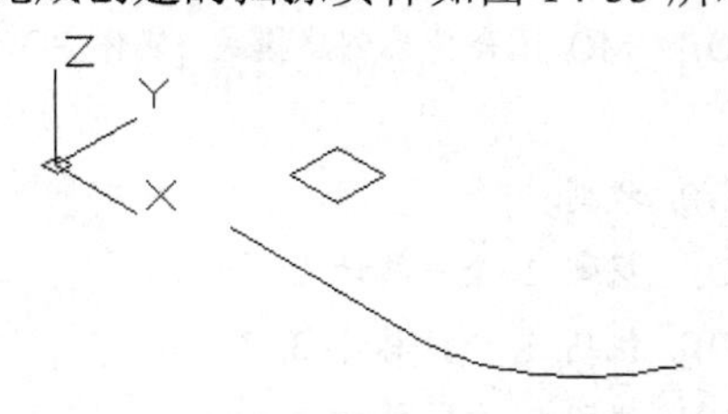

图14-32　原始图形

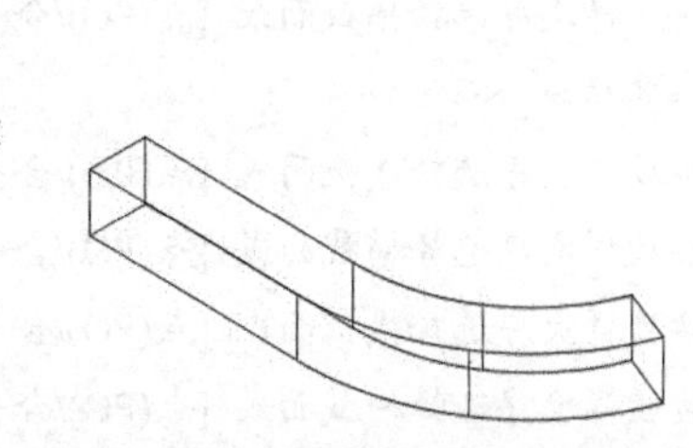

图14-33　完成创建扫掠实体

3 在功能区中打开“常用”选项卡，从“视图”面板的“视觉样式”下拉列表框中选择“灰度”选项。

从该扫掠操作范例中可以看出，在扫掠操作过程中，如有需要可以选择以下选项之一进行设计操作。

- 对齐：用于指定轮廓与扫掠路径对齐的方式。如果轮廓与扫掠路径不在同一个平面上，则务必要指定轮廓与扫掠路径对齐的方式。
- 基点：用于在轮廓上指定基点，以便沿轮廓进行扫掠。
- 比例：指定从开始扫掠到结束扫掠将更改对象大小的值，输入数学表达式可以按照相应规律约束对象缩放。例如，在图 14-34 所示的扫掠实体中，在其创建过程中指定了其扫掠比例因子为 2。
- 扭曲：选择此选项将通过输入扭曲角度，对象可以沿轮廓长度进行旋转。输入数学表达式可以以特定规律约束对象的扭曲角度。在图 14-35 所示的扫掠实体中，其扭曲角度为 360°。

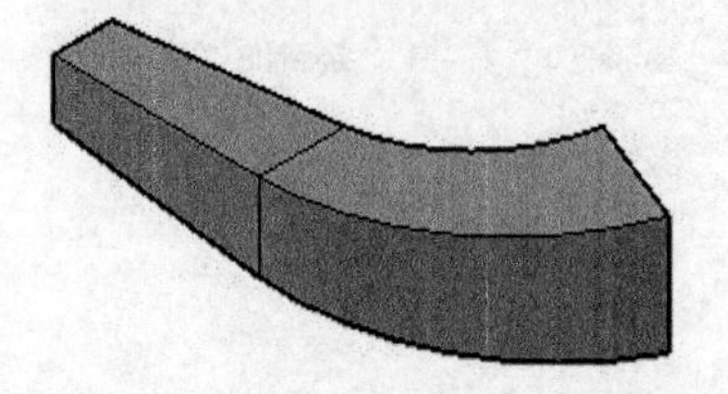
图14-34　在扫掠过程中设置了比例因子

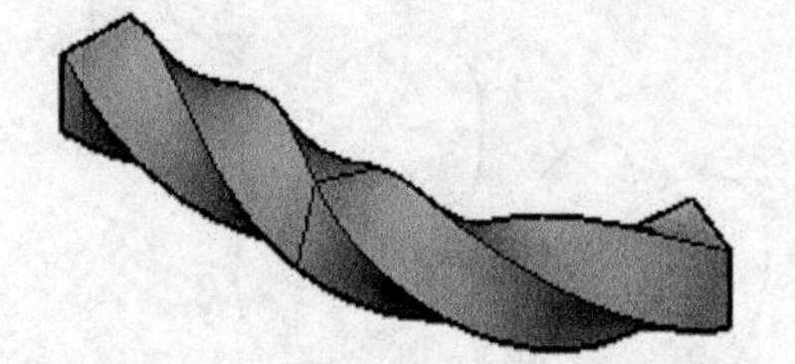
图14-35　在扫掠过程中设置了扭曲角度

14.2.4　放样

单击“放样”按钮（LOFT），可以通过一系列横截面来创建三维实体或曲面，横截面定义了结果实体或曲面的形状，需要注意的是必须至少指定两个横截面。放样横截面可以是开放或闭合的平面或非平面，也可以是边子对象。开放的横截面创建曲面，闭合的横截面创建实体或曲面（具体取决于指定的模式）。

下面先介绍一个创建放样实体的范例。

1 打开“创建放样实体即学即练 1.dwg”文件，该文件中存在着几个圆。使用“三维建模”工作空间，并使用“东南等轴测”视图。

2 在功能区“实体”选项卡的“实体”面板中单击“放样”按钮，接着根据命令行提示进行以下操作。

命令: _loft

当前线框密度: ISOLINES=4，闭合轮廓创建模式 = 实体

按放样次序选择横截面或 [点(PO)/合并多条边(J)/模式(MO)]: _MO 闭合轮廓创建模式 [实体(SO)/曲面(SU)] <实体>: _SO

按放样次序选择横截面或 [点(PO)/合并多条边(J)/模式(MO)]: 找到 1 个

按放样次序选择横截面或 [点(PO)/合并多条边(J)/模式(MO)]: 找到 1 个，总计 2 个

按放样次序选择横截面或 [点(PO)/合并多条边(J)/模式(MO)]: 找到 1 个，总计 3 个

按放样次序选择横截面或 [点(PO)/合并多条边(J)/模式(MO)]: 找到 1 个，总计 4 个

按放样次序选择横截面或 [点(PO)/合并多条边(J)/模式(MO)]: 找到 1 个，总计 5 个

按放样次序选择横截面或 [点(PO)/合并多条边(J)/模式(MO)]: ↙

选中了 5 个横截面 //即完成按放样次序选择图 14-36 所示的圆 1、圆 2、圆 3、圆 4 和圆 5

输入选项 [导向(G)/路径(P)/仅横截面(C)/设置(S)] <仅横截面>: S↙

此时，弹出图 14-37 所示的“放样设置”对话框，从中进行横截面上的曲面控制，在本例中选中“平滑拟合”单选按钮。

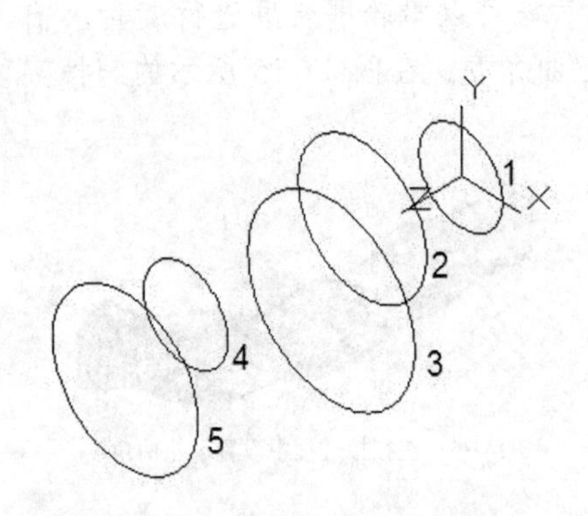

图14-36 按放样次序选择横截面

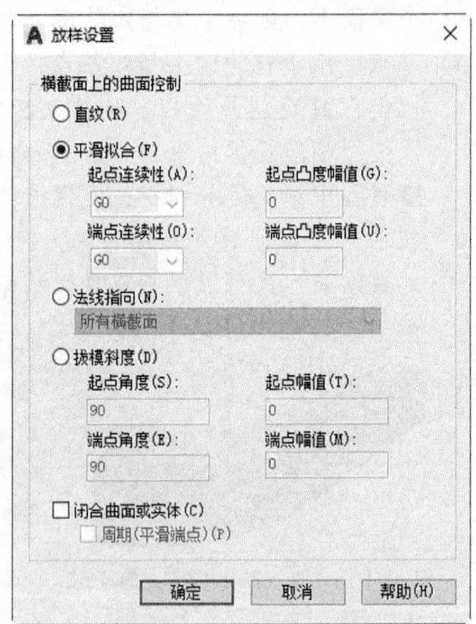

图14-37 “放样设置”对话框

3 在“放样设置”对话框中单击“确定”按钮，完成一个放样实体，此时该实体模型显示如图 14-38 所示。

4 为了看到真实感强的实体模型效果，可以在功能区中打开“常用”选项卡，从“视图”面板的“视觉样式”下拉列表框中选择“灰度”选项，则模型显示效果如图 14-39 所示。

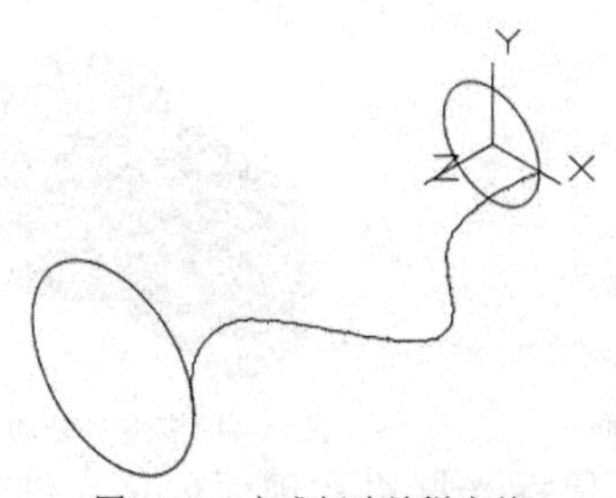

图14-38　完成创建放样实体

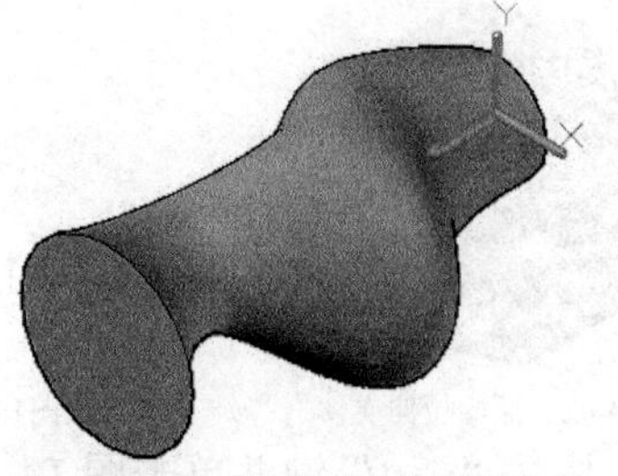

图14-39　选择“灰度”视觉样式时

再介绍另外一个创建放样实体的操作范例，在该放样中使用了路径。

1 打开“创建放样实体即学即练 2.dwg”文件，该文件中的原始图形如图 14-40 所示。

2 在功能区“实体”选项卡的“实体”面板中单击“放样”按钮，接着按放样次序依次选择圆 1、圆 2 和圆 3，按“Enter”键确认，并在“输入选项 [导向(G)/路径(P)/仅横截面(C)/设置(S)] <仅横截面>:”提示下选择“路径（P)”选项，然后在图形窗口中选择圆弧作为路径轮廓，则放样成型的实体效果如图 14-41 所示。

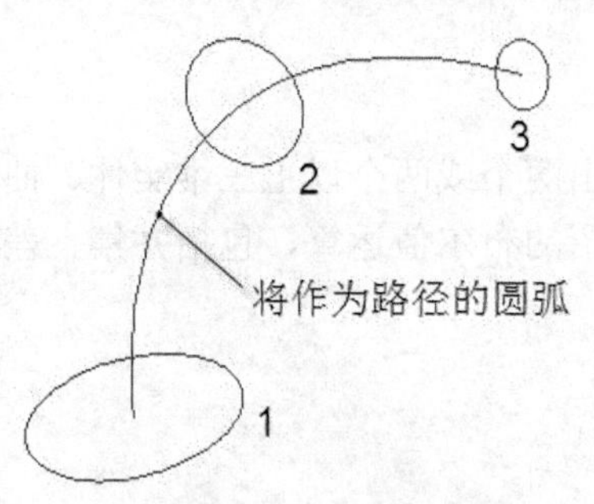

图14-40　原始图形

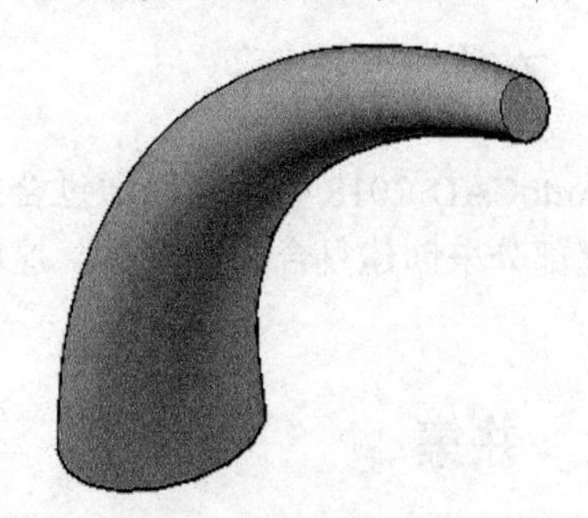

图14-41　按路径放样的实体

14.2.5　按住并拖动

单击“拖动并按住”按钮（PRESSPULL），可以通过拉伸和偏移动态修改对象，即在选择二维对象及由闭合边界或三维实体面形成的区域后，移动鼠标光标可即时获得视觉反馈，此时移动（拖动）鼠标可以实现拉伸或偏移操作的效果。在“选择对象或边界区域:”提示下单击面可拉伸面，而不影响相邻面；如果按住“Ctrl”键并单击面，那么该面不是发生拉伸而是发生偏移，而且更改会影响相邻面。

请看下面的一个操作范例。

1 打开“按住并拖动即学即练.dwg”文件，该文件中存在着图 14-42 所示的拉伸实体。

2 在功能区“实体”选项卡的“实体”面板中单击“拖动并按住”按钮，选择图 14-43 所示的一个实体面作为要修改的面对象，移动光标至图 14-44 所示的位置处单击以确定拉伸距离。

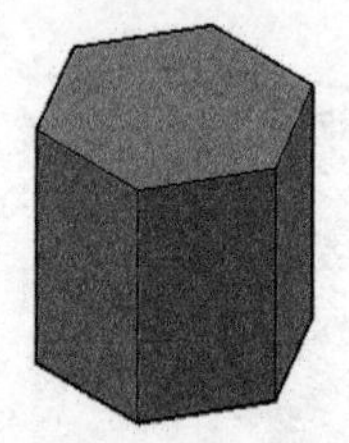

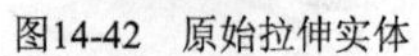

图14-42　原始拉伸实体

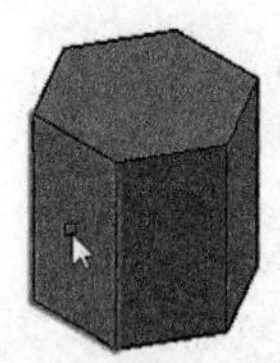

图14-43　选择要拉伸的实体面

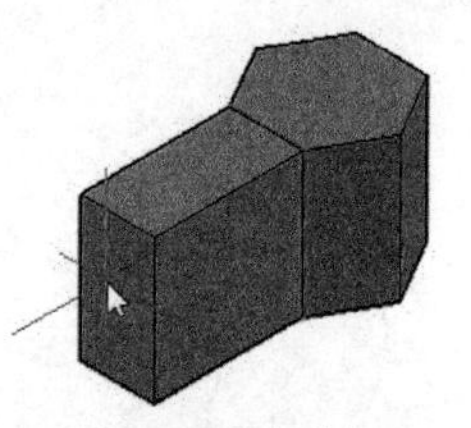

图14-44　按住并拖动

3. 按住“Ctrl”键并单击图 14-45 所示的面，拖动鼠标光标以实现面偏移来创建实体，在所需位置处单击即可，如图 14-46 所示。

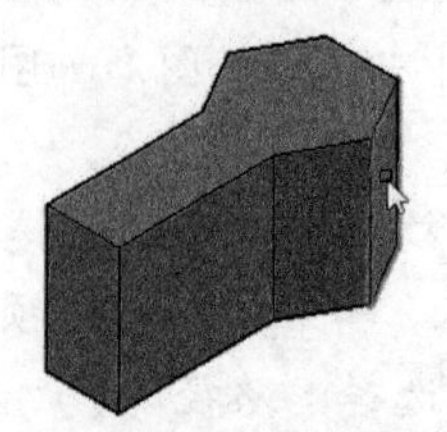

图14-45　按住“Ctrl”键并单击面

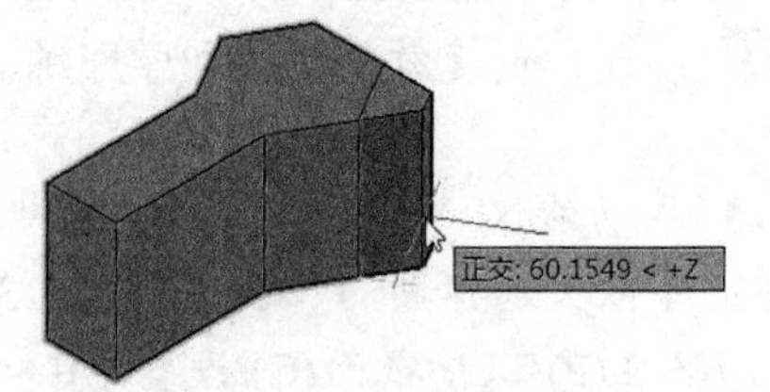

图14-46　拖动以实现面偏移

14.3　布尔值运算

在 AutoCAD 2018 中，可以通过合并、减去或找出两个或两个以上三维实体、曲面或面域的相交部分来创建复合三维对象。这就是本节说介绍的布尔值运算，包括并集、差集和交集。

14.3.1　并集

并集（UNION）操作是指将两个或多个三维实体、曲面或二维面域合并为一个复合三维实体、曲面或面域。

下面通过一个简单的操作范例介绍并集操作的一般方法步骤。

1. 打开“并集即学即练.dwg”文件，该文件中存在着图 14-47 所示的两个实体。
2. 在功能区“实体”选项卡的“布尔值”面板中单击“并集”按钮。
3. 选择要合并的对象。在本例中选择长方体，接着选择圆柱体，然后按“Enter”键，从而将所选的两个实体对象合并为一个实体对象，效果如图 14-48 所示。
4. 在功能区中切换至“常用”选项卡，从“视图”面板的“视觉样式”下拉列表框中选择“隐藏（消隐）”选项，则实体模型效果如图 14-49 所示。

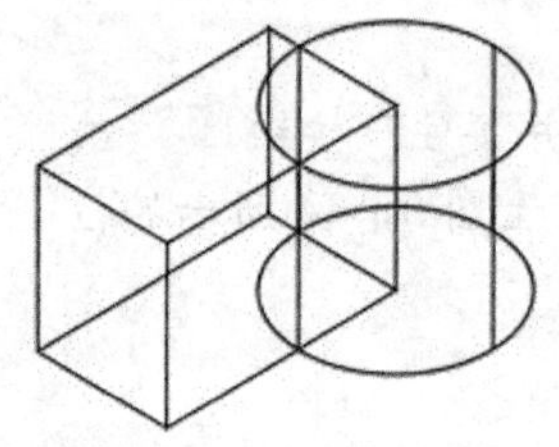

图14-47　存在着两个实体

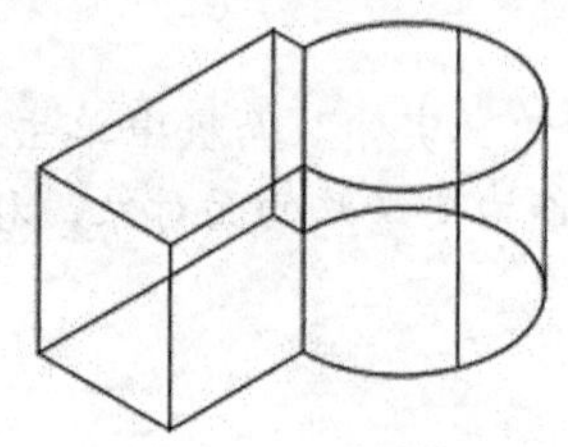

图14-48　合并结果

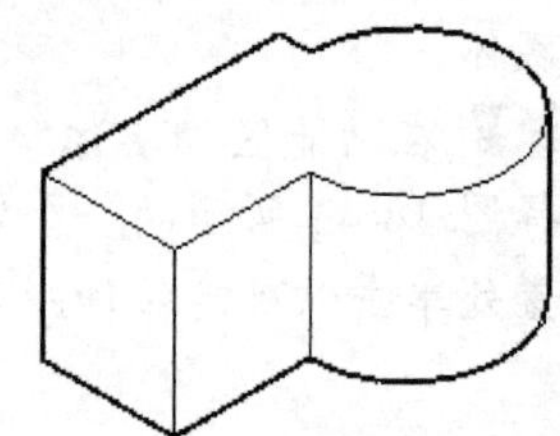

图14-49　使用“隐藏”视觉样式

14.3.2 差集

差集（SUBTRACT）操作是指通过从另一个对象减去一个重叠面域或三维实体来创建为新对象。以上一个范例的原始模型为例进行差集操作，如图 14-50 所示，具体操作步骤如下。

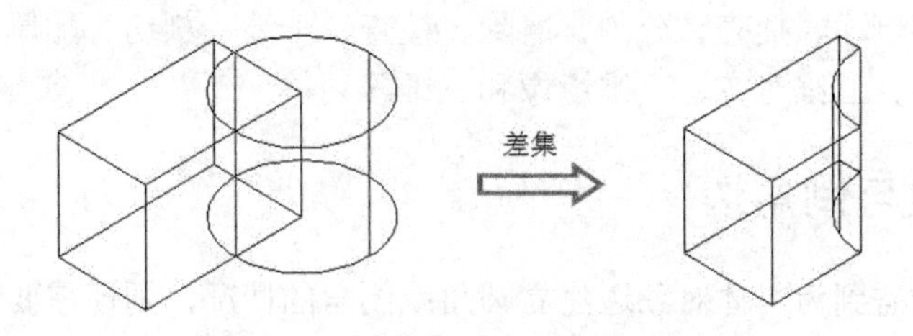

图14-50 差集操作示例

在功能区“实体”选项卡的“布尔值”面板中单击“差集”按钮，根据命令行提示进行以下操作。

```
命令: _subtract
选择要从中减去的实体、曲面和面域...
选择对象: 找到 1 个                    //选择长方体
选择对象: ↙                          //按“Enter”键
选择要减去的实体、曲面和面域...
选择对象: 找到 1 个                    //选择圆柱体
选择对象: ↙                          //按“Enter”键
```

14.3.3 交集

交集（INTERSECT）操作是指通过重叠实体、曲面或面域创建三维实体、曲面或二维面域，即从两个或两个以上重叠对象的公共部分或区域创建复合对象，非重叠部分被删除。求交集的典型示例如图 14-51 所示。

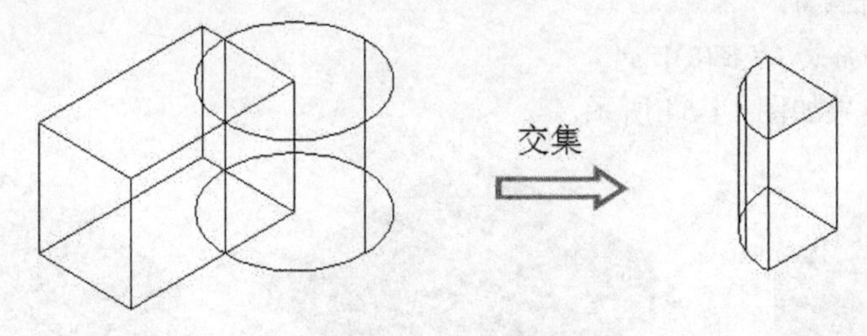

图14-51 交集操作示例

交集操作的具体操作步骤如下。

1. 单击“交集”按钮，或者在命令行的“键入命令”提示下输入“INTERSECT”并按“Enter”键。
2. 选择要操作的一个或多个对象，按“Enter”键。

14.4　实体编辑与三维操作

绘制好简单的实体后，仅仅通过布尔值运算来处理模型是远远不够的，复杂的三维实体通常还需要经过各种编辑与三维操作才能实现。本节主要介绍实体编辑与三维操作的实用知识，包括圆角边、倒角边、压印边、着色边、复制边、拉伸面、倾斜面、偏移面、删除面、旋转面、着色面、复制面、抽壳、分割、清除、检查、干涉、剖切、加厚、提取边、三维移动、三维旋转、对齐、三维对齐、三维镜像和三维阵列等。

14.4.1　圆角边与倒角边

在实体中经常会碰到为实体对象边建立圆角或倒角的情况，则便需要使用“圆角边”与“倒角边”命令。可以对选定的边、链或环进行圆角和倒角操作。下面分别结合范例介绍“圆角边”与“倒角边”命令的应用。

一、圆角边

1. 打开“圆角边即学即练.dwg”文件，该文件中的原始实体模型如图 14-52 所示。
2. 在“三维建模”工作空间功能区“实体”选项卡的“实体编辑”面板中单击“圆角边”按钮，接着根据命令行提示进行以下操作。

```
命令: _FILLETEDGE
半径 = 1.0000
选择边或 [链(C)/环(L)/半径(R)]: R↙
输入圆角半径或 [表达式(E)] <1.0000>: 20↙
选择边或 [链(C)/环(L)/半径(R)]:        //选择图 14-53 所示的实体边 1
选择边或 [链(C)/环(L)/半径(R)]:        //选择图 14-53 所示的实体边 2
选择边或 [链(C)/环(L)/半径(R)]:        //选择图 14-53 所示的实体边 3
选择边或 [链(C)/环(L)/半径(R)]:        //选择图 14-53 所示的实体边 4
选择边或 [链(C)/环(L)/半径(R)]: ↙
已选定 4 个边用于圆角。
按 Enter 键接受圆角或 [半径(R)]: ↙
```

完成圆角边的效果如图 14-54 所示。

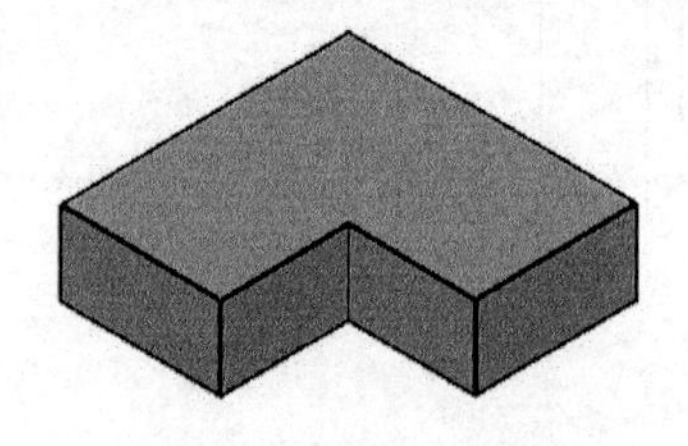

图14-52　原始实体模型

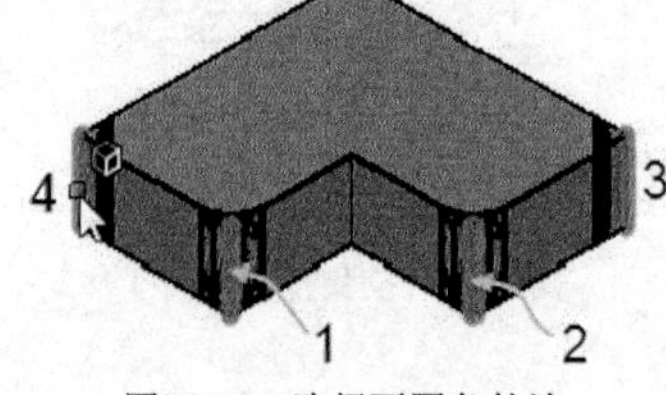

图14-53　选择要圆角的边

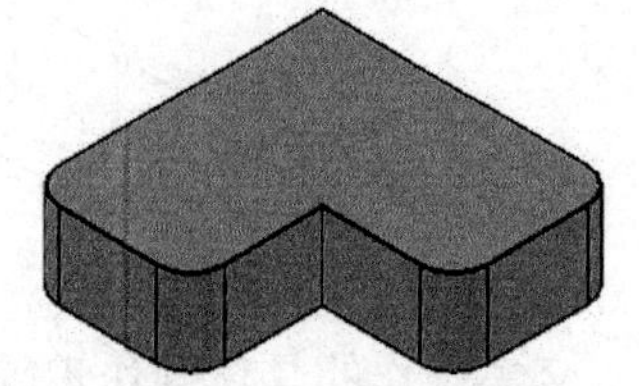

图14-54　完成圆角边

二、倒角边

1. 打开“倒角边即学即练.dwg”文件，该文件中的原始实体轴模型如图 14-55 所示。
2. 在“三维建模”工作空间功能区“实体”选项卡的“实体编辑”面板中单击

“倒角边”按钮，接着根据命令行提示进行以下操作。

命令: _CHAMFEREDGE 距离 1 = 3.0000，距离 2 = 3.0000
选择一条边或 [环(L)/距离(D)]: D↙
指定距离 1 或 [表达式(E)] <3.0000>: 2.5↙
指定距离 2 或 [表达式(E)] <3.0000>: 2.5↙
选择一条边或 [环(L)/距离(D)]: //选择图 14-56 所示的一条边作为倒角边
选择同一个面上的其他边或 [环(L)/距离(D)]: ↙
按 Enter 键接受倒角或 [距离(D)]: ↙

3 使用同样的方法，单击“倒角边”按钮完成其他选定边的倒角操作，倒角规格尺寸采用默认值。完成全部倒角边的实体效果如图 14-57 所示（使用“前视”视图视角）。

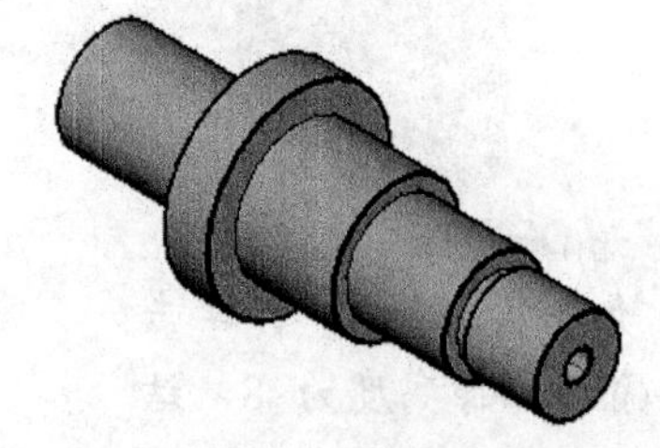
图14-55 原始轴

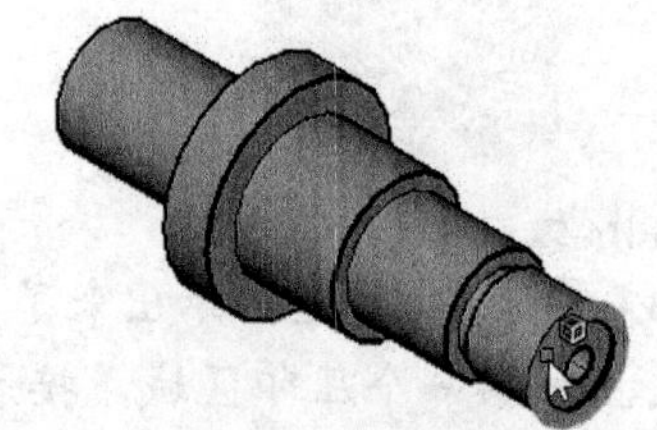
图14-56 选择一条边

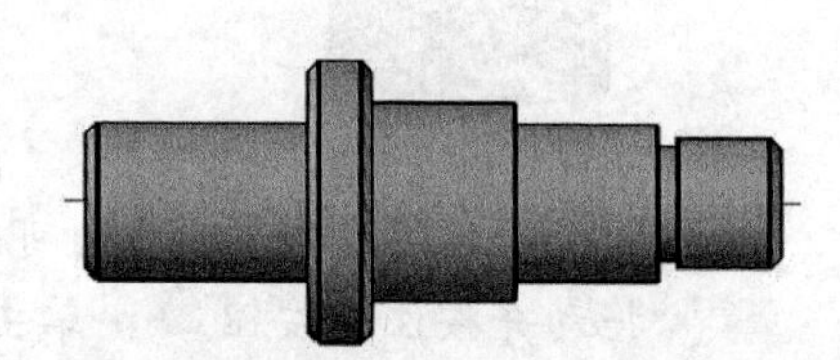
图14-57 完全全部倒角边

14.4.2 对实体进行压印边

压印是指压印三维实体或曲面上的二维几何图形，从而在平面上创建其他边。为了使压印操作成功，被压印的对象必须与选定对象的一个或多个面相交，而对象相交形成的形状将留在实体上。实体可以压印操作的对象包括圆弧、圆、直线、椭圆、样条曲线、面域、体、三维实体、二维多段线和三维多段线。

压印三维实体的方法步骤如下。

1 在“三维建模”工作空间功能区的“常用”选项卡中，从“实体编辑”面板的“边编辑”下拉菜单中单击“压印”按钮，或者从“实体”选项卡的“实体编辑”面板中单击“压印”按钮。

2 选择三维实体对象。

3 选择要压印的对象。所选对象必须与三维实体上的面共面。

4 输入“N”保留原始对象，或者输入“Y”将其删除。

5 如果选择要压印的其他对象。

6 按“Enter”键完成命令。

请看以下涉及压印三维实体操作的典型范例。

1 打开“压印即学即练.dwg”文件，该文件中存在着图 14-58 所示的实体模型和位于某实体面上的曲线。

2 在“三维建模”工作空间功能区的“常用”选项卡中，从“实体编辑”面板的“边编辑”下拉菜单中单击“压印”按钮，接着根据命令行提示进行以下操作。

命令: _imprint

选择三维实体或曲面:　　　　　　　　　　//在图形窗口中单击已有实体
选择要压印的对象:　　　　　　　　　　　//选择图 14-59 所示的长方形多段线作为要压印的对象
是否删除源对象 [是(Y)/否(N)] <N>: Y↙　//选择"是"提示选项以删除源对象
选择要压印的对象:　　　　　　　　　　　//选择图 14-60 所示的长方形多段线作为要压印的对象
是否删除源对象 [是(Y)/否(N)] <Y>: Y↙　//选择"是"提示选项以删除源对象
选择要压印的对象: ↙　　　　　　　　　　//按"Enter"键
已删除 15 个约束

图14-58　已有实体

图14-59　选择要压印的对象 1

图14-60　选择要压印的对象 2

3 此时，选择实体对象时可以看到压印边也显示出来了，如图 14-61 所示。单击"拖动并按住"按钮，单击上方第一个压印区域，接着输入拉伸高度为 8，结果如图 14-62 所示。

4 单击"拖动并按住"按钮，单击下方的压印区域，接着输入拉伸高度为 8，"按住并拖动"操作结果如图 14-63 所示。

图14-61　选择实体对象时

图14-62　拉伸压印区域 1

图14-63　拉伸压印区域 2

14.4.3　着色边与复制边

单击"着色边"按钮，可以更改三维实体上选定边的颜色，通常将着色边用于亮显相交、干涉或重要清除。为了观察着色边的效果，可以在功能区"常用"选项卡的"视图"面板的"视觉样式"下拉列表框中选择"带边缘着色"选项（以"三维建模"工作空间为例）。

创建着色边的操作较为简单，即在功能区"常用"选项卡的"实体编辑"面板中单击"着色边"按钮，接着选择要着色的一条或多条边，按"Enter"键确认，系统弹出图 14-64 所示的"选择颜色"对话框，从中选择所需的颜色，然后单击"确定"按钮即可。

单击"复制边"按钮，可以将三维实体上的选定边复制为二维圆弧、圆、椭圆、直线或样条曲线，请看下面的一个操作实例。

1. 打开“复制边即学即练.dwg”文件，该文件中存在着图 14-65 所示的实体模型。

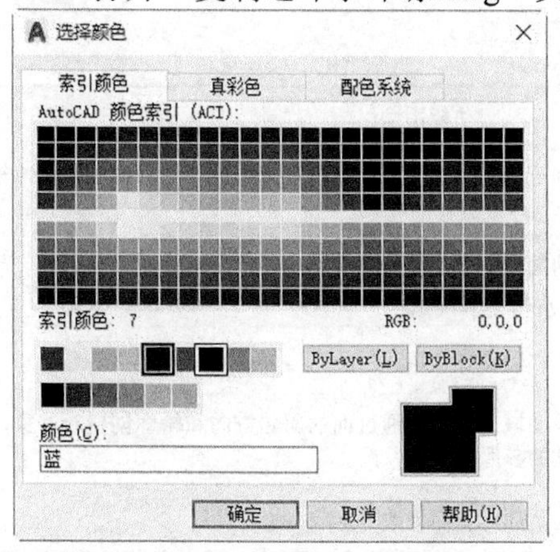

图14-64　“选择颜色”对话框

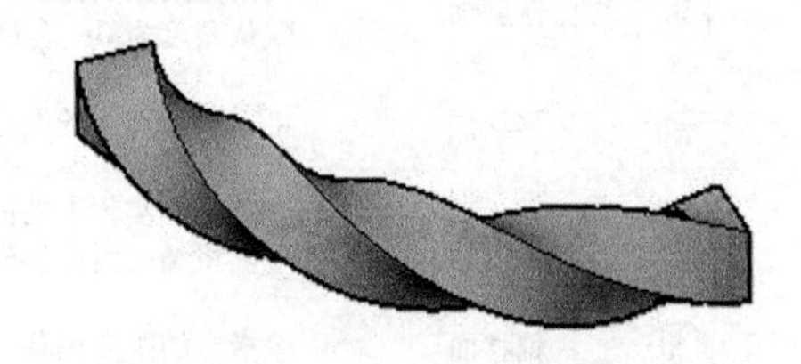

图14-65　实体模型

2. 在功能区“常用”选项卡的“实体编辑”面板中单击“复制边”按钮，根据命令行提示进行以下操作。

```
命令: _solidedit
实体编辑自动检查:  SOLIDCHECK=1
输入实体编辑选项 [面(F)/边(E)/体(B)/放弃(U)/退出(X)] <退出>: _edge
输入边编辑选项 [复制(C)/着色(L)/放弃(U)/退出(X)] <退出>: _copy
选择边或 [放弃(U)/删除(R)]:                    //选择图 14-66 所示的一条边
选择边或 [放弃(U)/删除(R)]: ↙
指定基点或位移: 0,0,0↙
指定位移的第二点: 0,180,0↙
输入边编辑选项 [复制(C)/着色(L)/放弃(U)/退出(X)] <退出>:↙
实体编辑自动检查:  SOLIDCHECK=1
输入实体编辑选项 [面(F)/边(E)/体(B)/放弃(U)/退出(X)] <退出>:↙
```

完成复制的边如图 14-67 所示。

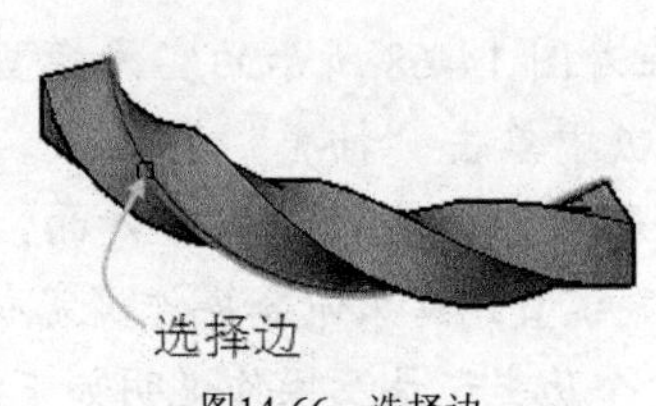

图14-66　选择边

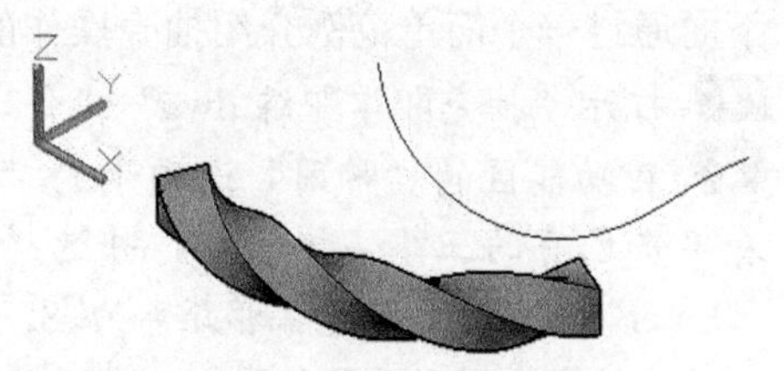

图14-67　完成复制的一条边

14.4.4　编辑三维实体面

可以通过拉伸、移动、旋转、偏移、倾斜、删除、复制或更改颜色来编辑选定的三维实体面。编辑三维实体面的工具如表 14-1 所示，这些工具均可以在“三维建模”工作空间功能区“常用”选项卡的“实体编辑”面板中找到。

表 14-1　编辑三维实体面的主要工具一览表

序号	图标	工具名称	功能用途
1		拉伸面	按指定的距离或沿某条路径拉伸三维实体的选定平面；输入正值可向外侧拉伸面，输入正倾斜角可将边倒角至面
2		倾斜面	按指定的角度倾斜三维实体上的面；正角度将向里倾斜面，负角度将向外倾斜面，其默认角度为 0；选择集中所有选定的面将倾斜相同的角度
3		移动面	将三维实体上的面在指定方向上移动指定距离
4		复制面	复制三维实体上的面，从而生成面域或实体；通过面的原始方向和轮廓创建新对象，可以将结果用作创建新三维实体的参照
5		偏移面	按指定的距离偏移三维实体的选定面，从而更改其形状
6		删除面	删除三维实体上的面，包括圆角或倒角；可以删除圆角和倒角边，并在稍后进行修改；如果更改生成无效的三维实体，则不删除面
7		旋转面	绕指定的轴旋转三维实体上的选定面
8		着色面	更改三维实体上选定面的颜色，着色面可用于亮显复杂三维实体模型内的细节

这些编辑三维实体面的工具的使用都比较简单，在此不作具体介绍。

14.4.5　体编辑（抽壳、分割、清除与检查）

体编辑主要包括“抽壳”“分割”“清除”和“检查”等。

一、抽壳

抽壳是指将三维实体转换为中空壳体，其壁具有指定厚度，也就是用设定的厚度创建一个空的薄层，注意一个三维实体只能有一个壳。用户可以为所有面指定一个固定的壳体厚度，也可以选择面以将这些面排除在壳外。抽壳偏移距离既可以为正值，也可以为负值，指定正值可创建实体周长内部的抽壳，而指定负值可创建实体周长外部的抽壳。

下面通过一个简单范例介绍抽壳操作的一般方法和步骤。

1. 打开“抽壳即学即练.dwg”文件，该文件中存在着图 14-68 所示的实体模型。
2. 在功能区的“常用”选项卡的“实体编辑”面板中单击“抽壳”按钮，接着单击已有的三维实体模型，并选择实体模型的上表面作为要删除的实体面，按“Enter”键，输入抽壳偏移距离为 8，然后按“Enter”键直到结束命令操作，完成抽壳操作的实体模型效果如图 14-69 所示。具体的抽壳命令历史记录及操作说明如下。

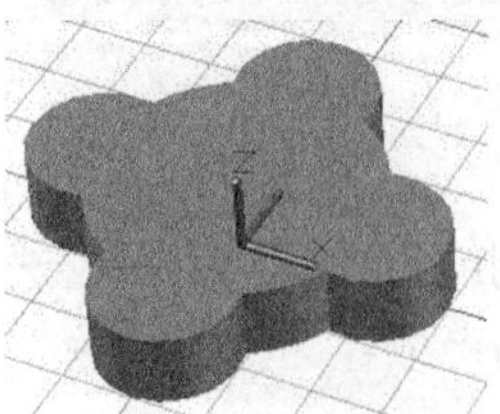
图14-68　三维实体模型

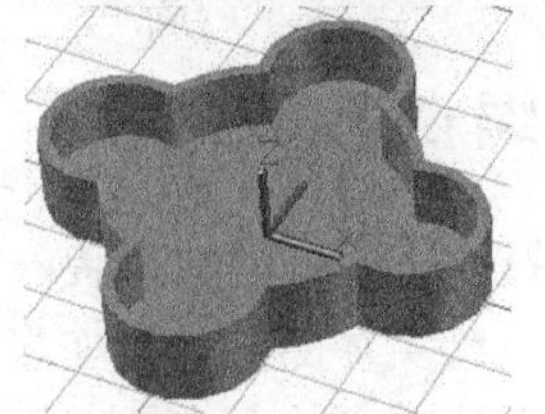
图14-69　抽壳结果

命令: _solidedit

实体编辑自动检查: SOLIDCHECK=1

输入实体编辑选项 [面(F)/边(E)/体(B)/放弃(U)/退出(X)] <退出>: _body

输入体编辑选项 [压印(I)/分割实体(P)/抽壳(S)/清除(L)/检查(C)/放弃(U)/退出(X)] <退出>: _shell

选择三维实体: //单击已有的实体模型

删除面或 [放弃(U)/添加(A)/全部(ALL)]: 找到一个面，已删除 1 个。 //单击实体模型的上表面

删除面或 [放弃(U)/添加(A)/全部(ALL)]: ↙ //按“Enter”键

输入抽壳偏移距离: 8↙ //输入“8”并按“Enter”键

已开始实体校验。

已完成实体校验。

输入体编辑选项 [压印(I)/分割实体(P)/抽壳(S)/清除(L)/检查(C)/放弃(U)/退出(X)] <退出>:↙ //按“Enter”键

实体编辑自动检查: SOLIDCHECK=1

输入实体编辑选项 [面(F)/边(E)/体(B)/放弃(U)/退出(X)] <退出>:↙ //按“Enter”键

二、分割

单击“分割”按钮，可以将具有多个不连续部分的三维实体对象分割为独立的三维实体。注意：差值或并集操作可导致生成一个由多个连续体组成的三维实体，可以将这些体分割为独立的三维实体。

三、清除

可以根据设计情况从三维实体中删除冗余面、边和顶点。例如，要从三维实体中删除冗余边（直线），那么在功能区“常用”选项卡的“实体编辑”面板中单击“清除”按钮，接着选择三维实体对象，按“Enter”键完成命令即可。此操作会合并相邻的面，并删除所有冗余边，包括印压的边和未使用的边。

四、检查

可以检查三维实体中的几何数据，其方法是在功能区“常用”选项卡的“实体编辑”面板中单击“检查”按钮，接着选择三维实体对象，按“Enter”键完成命令。在选择三维实体对象时，如果对象为有效的三维对象，则命令提示下将显示一条消息；如果对象为无效的三维对象，则系统会继续提示用户选择三维实体。

14.4.6 干涉

单击“干涉”按钮（INTERFERE）命令，可以通过两组选定三维实体之间的干涉创建临时三维实体。即干涉检查可创建临时实体或曲面对象，并亮显模型相交的部分。如果选择集包含三维实体和曲面，则结果干涉对象为曲面。另外，无法检查网格对象的干涉，但是可以先将网格对象转换为实体或曲面对象，然后再执行干涉检查。

检查干涉的方法体现在以下 3 种情形。

(1) 定义单个选择集。检查单个选择集中所有三维实体和曲面的干涉。

(2) 定义两个选择集。针对第二个选择集中的对象检查第一个选择集中对象的干涉。

(3) 分别指定嵌套在块或外部参照中的实体。分别选择嵌套在块和外部参照中的三维实体或曲面，并将其与选择集中的其他对象相比较。

下面以检查两组实体中的干涉为例进行方法步骤介绍。

1 在功能区“常用”选项卡的“实体编辑”面板中，或者在功能区“实体”选项卡的“实体编辑”面板中单击“干涉”按钮。

2 选择模型中的第一组三维实体，按“Enter”键。

3 选择模型中的第二组三维实体，按“Enter”键。

4 此时，弹出“干涉检查”对话框，如图 14-70 所示，干涉区域显示为新的亮显实体对象。要在干涉对象之间循环，那么可在“干涉检查”对话框中单击“下一个”按钮或“上一个”按钮。如果要在关闭“干涉检查”对话框后保留新干涉对象，那么需要取消选中“关闭时删除已创建的干涉对象”复选框。

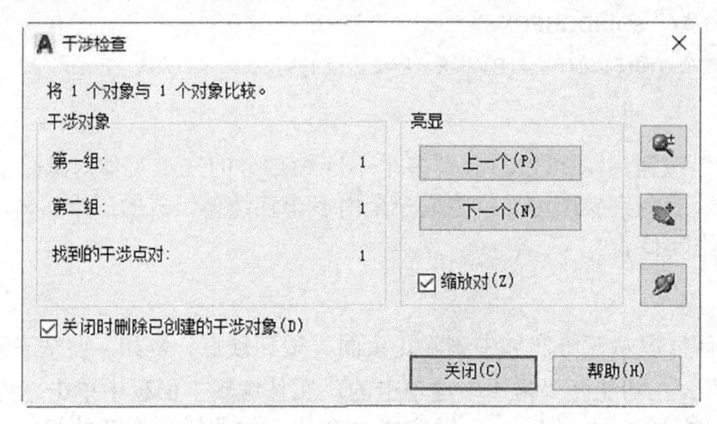

图14-70　“干涉检查”对话框

5 在“干涉检查”对话框中单击“关闭”按钮。

14.4.7　剖切

在 AutoCAD 中，通过分割现有对象可以创建新的三维实体和曲面，而通过剖切方法，同样可以创建新的三维实体和曲面。下面介绍剖切操作的典型实例。

1 打开“剖切即学即练.dwg”文件，该文件中存在着图 14-71 所示的三维实体模型。

2 在功能区“常用”选项卡的“实体编辑”面板中单击“剖切”按钮，接着根据命令行提示进行以下操作。

命令: _slice

选择要剖切的对象: 找到 1 个　　　　//选择已有三维实体模型

选择要剖切的对象: ↙

指定切面的起点或 [平面对象(O)/曲面(S)/Z 轴(Z)/视图(V)/XY(XY)/YZ(YZ)/ZX(ZX)/三点(3)] <三点>: ZX　　　　//选择“ZX”提示选项

指定 ZX 平面上的点 <0,0,0>:↙

在所需的侧面上指定点或 [保留两个侧面(B)] <保留两个侧面>: //在图 14-72 所示的位置点单击

创建剖切实体效果如图 14-73 所示。

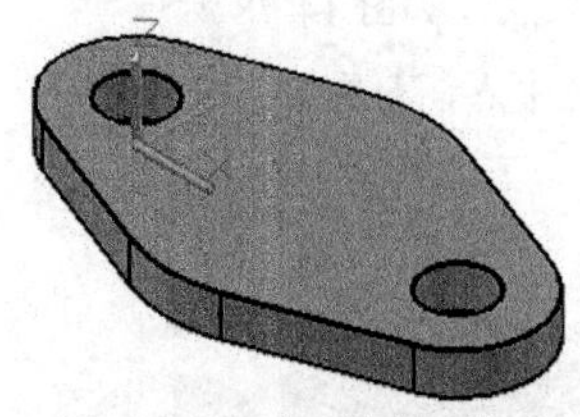

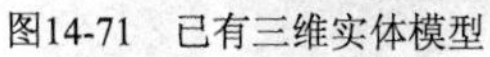

图14-71　已有三维实体模型

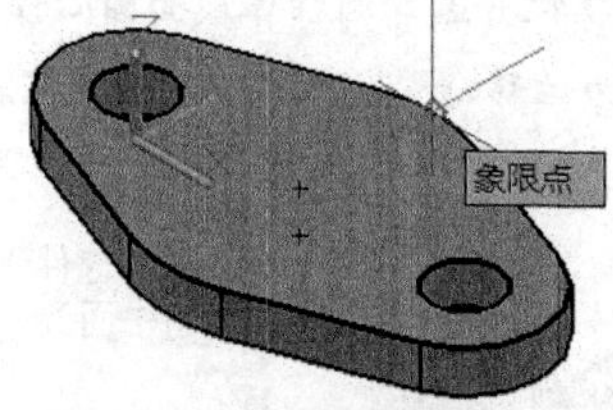

图14-72　在所需的一侧单击一点

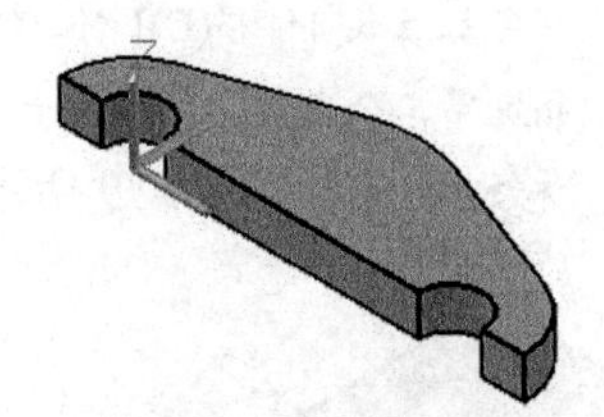

图14-73　完成剖切的实体效果

14.4.8　加厚

可以以指定的厚度将曲面转换为三维实体，其操作方法是在功能区“常用”选项卡的“实体编辑”面板中单击“加厚”按钮，选择要加厚成实体的曲面，按“Enter”键，然后指定厚度即可。请看以下加厚曲面的操作范例。

1 打开“曲面加厚即学即练.dwg”文件，该文件中存在着图14-74所示的曲面。

2 在功能区“常用”选项卡的“实体编辑”面板中单击“加厚”按钮，接着根据命令行提示进行以下操作，以通过加厚曲面完成图14-75所示的实体。

命令: _Thicken

选择要加厚的曲面: 找到 1 个

选择要加厚的曲面: ↙

指定厚度 <0.0000>: 5↙

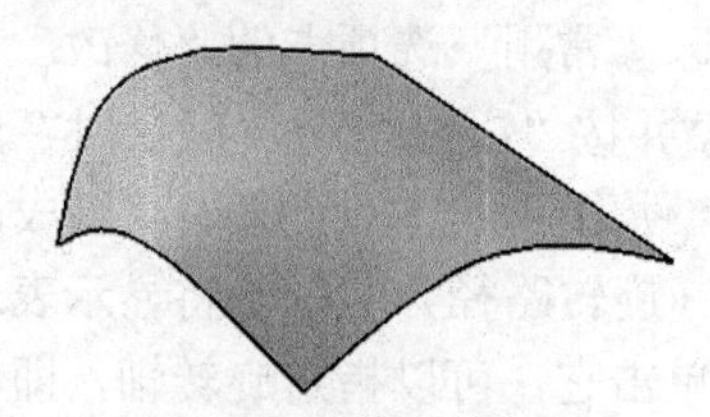

图14-74　要加厚的曲面

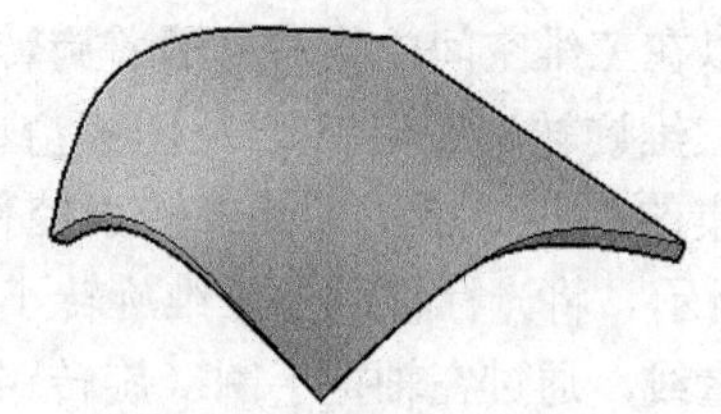

图14-75　加厚曲面生成实体

14.4.9　三维移动

在 AutoCAD 三维视图中，可以通过单击“三维移动”按钮（3DMOVE）在选定的三维对象上显示三维移动小控件以帮助在指定方向上按指定距离移动三维对象。使用三维移动小控件，用户可以自由地移动选定的对象和子对象，或将移动约束到轴或平面。当然使用二维移动工具（MOVE），也可以实现在空间中移动三维对象。

请看以下一个三维移动的操作范例。

1 打开“三维移动即学即练.dwg”文件，该文件存在着图14-76所示的长方体和圆柱体。

2 在功能区“常用”选项卡的“修改”面板中单击“三维移动”按钮，接着按照命令行提示进行以下操作。

命令: _3dmove

选择对象: 找到 1 个　//选择圆柱体

选择对象: ↙　//按“Enter”键后，在所选对象上显示三维移动小控件，如图14-77所示

指定基点或 [位移(D)] <位移>:　//捕捉并选择圆柱体底面圆心作为移动基点，如图 14-78 所示

指定第二个点或 <使用第一个点作为位移>:　//选择长方体相应底面短边中点，如图 14-78 所示

移动结果如图 14-79 所示。

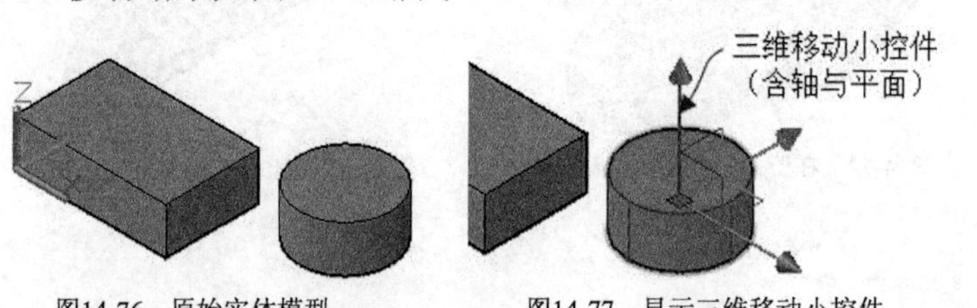

图14-76　原始实体模型　　图14-77　显示三维移动小控件

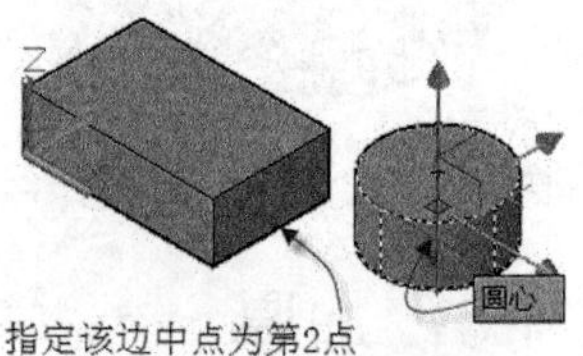

图14-78　选择圆柱体底面圆心

3 在功能区“常用”选项卡的“实体编辑”面板中单击“并集”按钮，选择长方体和圆柱体，按“Enter”键，结果如图 14-80 所示。

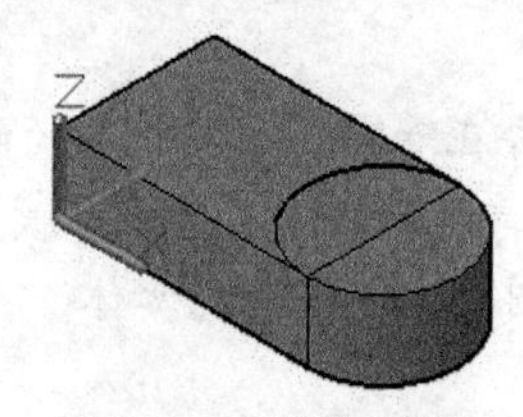

图14-79　三维移动结果

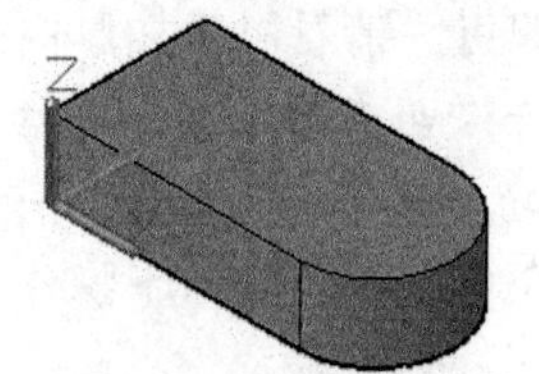

图14-80　合并结果

14.4.10 三维旋转

可以在三维空间中将对象沿着旋转轴旋转。从功能区“常用”选项卡的“修改”面板中单击“三维旋转”按钮，从图形窗口中选择三维对象并按“Enter”键，默认时在所选三维对象集的中心处显示三维旋转小控件。三维旋转小控件由中心框和轴把手圈组成，如图 14-81 所示。将光标移动到三维旋转小控件的轴把手圈（旋转路径）上时，将显示表示旋转轴的矢量线，通过在轴把手圈（旋转路径）变为黄色时单击它，可以指定旋转轴，即将旋转约束到该轴上，接着拖动光标时，选定的对象和子对象将沿指定的轴绕基点旋转，小控件将显示对象移动时从对象的原始位置旋转的度数。当然用户可以单击或输入值以指定旋转的角度。请看下面的一个操作实例。

1 打开“三维旋转即学即练.dwg”文件，该文件存在着一个实体模型。

2 从功能区“常用”选项卡的“修改”面板中单击“三维旋转”按钮，选择实体模型，按“Enter”键，指定旋转基点或接受默认基点，单击所需的轴把手圈（旋转路径）以将旋转约束到旋转路径所对应的轴上，如图 14-82 所示，在“指定旋转角度或 [基点(B)/复制(C)/放弃(U)/参照(R)/退出(X)]:”提示下输入旋转角度为 120，旋转结果如图 14-83 所示。

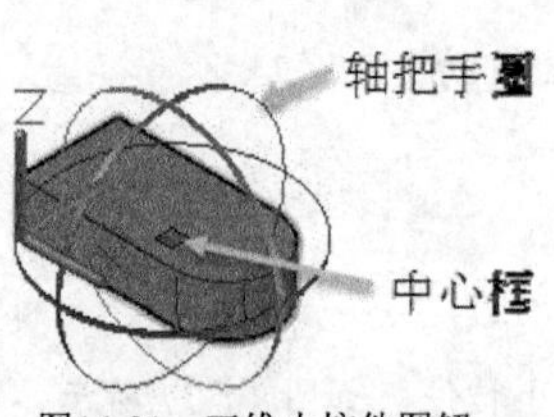

图14-81　三维小控件图解

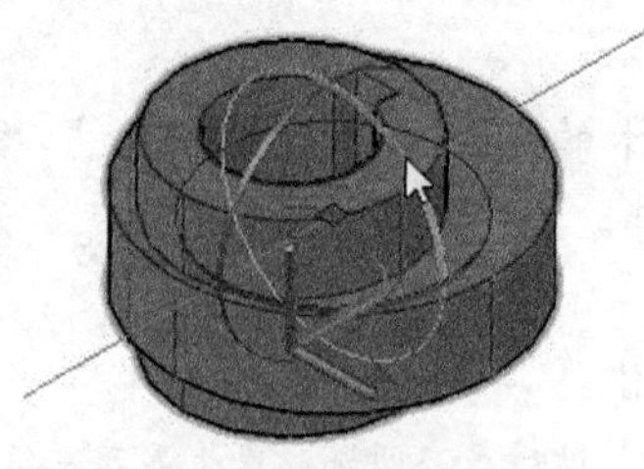

图14-82　将旋转约束到指定轴

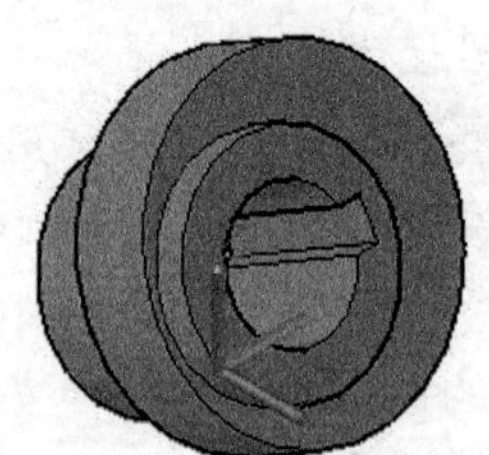

图14-83　旋转结果

14.4.11 三维缩放

可以统一更改三维对象的大小，也可以沿指定轴或平面进行缩放更改。缩放三维对象的操作方法步骤如下。

1 在功能区“常用”选项卡的“修改”面板中单击“三维缩放”按钮。

2 选择要缩放的对象和子对象。注意按住“Ctrl”键选择子对象（面、边和顶点），而释放“Ctrl”键可选择整个对象。选择所有对象后，按“Enter”键。选定对象或对象的中心处将显示缩放小控件，如图 14-84 所示。

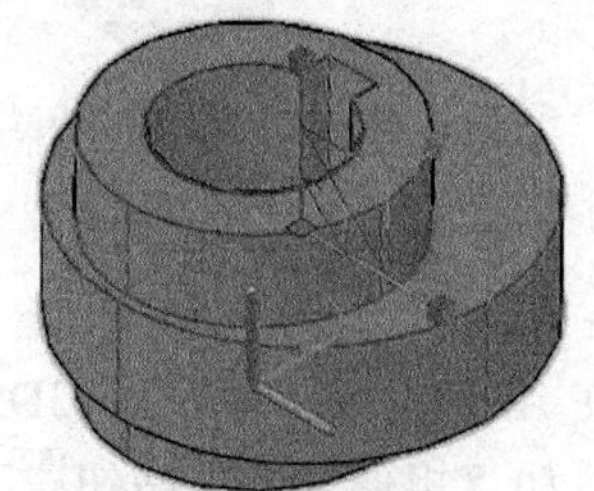
图14-84 显示缩放小控件

3 执行以下操作之一。

- 要沿平面缩放：即将缩放约束至平面。在用于定义平面轴的平行线之间单击。
- 要统一缩放：将光标悬停在最靠近小控件中心点的三角形区域上，直至该区域变为黄色，接着单击黄色区域。
- 要沿轴缩放：将光标悬停在小控件的其中一条轴上，直至该轴变为黄色，接着单击黄色轴。

4 要调整选区大小，则拖动并释放，或者在按鼠标按键的同时输入一个比例因子。

14.4.12 三维镜像

可以创建镜像平面上选定三维对象的镜像副本。镜像平面可以是平面对象所在的平面，也可以通过指定点且与当前 UCS 的 *xy*、*yz* 或 *xz* 平面平行的平面，还可以是由 3 个指定点定义的平面。下面通过一个操作范例介绍三维镜像操作的一般方法步骤。

1 打开“三维镜像即学即用.dwg”文件，该文件中存在着图 14-85 所示的原始实体模型。

2 在功能区“常用”选项卡的“修改”面板中单击“三维镜像”按钮，根据命令行提示进行以下操作。

命令: _mirror3d

选择对象: 找到 1 个　　　　　//选择现有的单个三维实体

选择对象: ↙

指定镜像平面 (三点) 的第一个点或 [对象(O)/最近的(L)/Z 轴(Z)/视图(V)/XY 平面(XY)/YZ 平面(YZ)/ZX 平面(ZX)/三点(3)] <三点>: YZ↙

指定 YZ 平面上的点 <0,0,0>:↙

是否删除源对象？[是(Y)/否(N)] <否>:↙

三维镜像结果如图 14-86 所示。

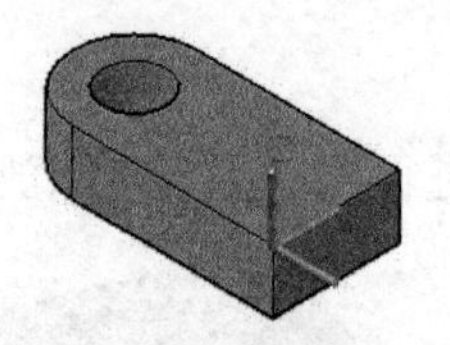

图14-85　原始实体模型

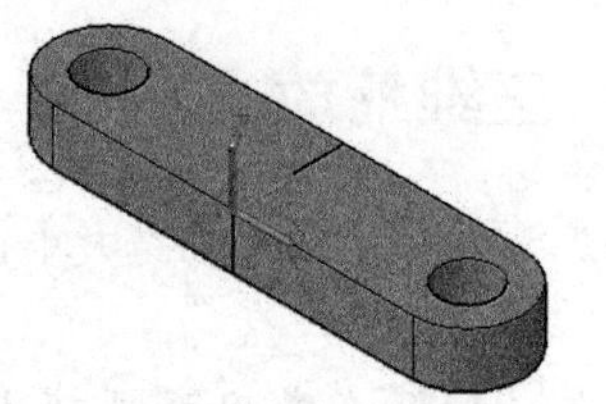

图14-86　三维镜像结果

14.4.13 实体阵列

在 AutoCAD 2018 中，3DARRAY 命令（三维阵列）功能已被整合到相关的增强阵列工具中，如“矩形阵列”按钮、“环形阵列”按钮和“路径阵列”按钮，这些增强阵列工具允许用户创建关联或非关联、二维或三维的相应阵列（矩形阵列、环形阵列或路径阵列）。而 3DARRAY 命令保留传统行为。对于三维矩形阵列，除行数和列数外，用户还可以指定 Z 方向的层数；对于三维环形阵列，用户可以通过空间中的任意两点指定旋转轴。

请看以下一个范例，在该范例中为选定实体创建矩形阵列。

1 打开“三维阵列即学即练.dwg”文件，该文件中存在图 14-87 所示的两个实体。

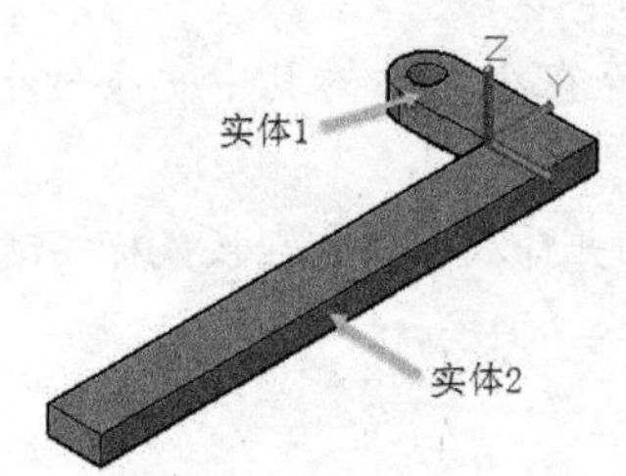

图14-87　原始的两个实体

2 在功能区“常用”选项卡的“修改”面板中单击“矩形阵列”按钮。

3 分别选择这两个实体，按“Enter”键。

4 在功能区出现的“阵列创建”选项卡中分别设置列数为 4，相邻列间距为 400，行数为 3，相邻行间距为 850，级别（层）数为 2，相邻层之间的间距为 150，如图 14-88 所示。

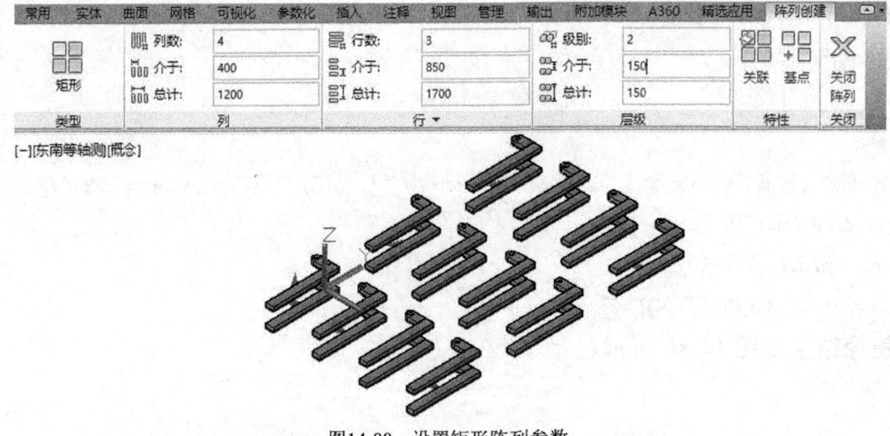

图14-88　设置矩形阵列参数

5 在“阵列创建”上下文选项卡的“关闭”面板中单击“关闭阵列”按钮，完成本例选定实体的矩形阵列。

14.4.14 对齐与三维对齐

在功能区“常用”选项卡的“修改”面板中包含两个对齐工具，即“对齐”按钮（ALIGN）和“三维对齐”按钮（3DALIGN）。

一、“对齐”按钮

该工具用于在二维和三维空间中将对象与其他对象对齐，其操作思想是指定一对、两对或三对点（每对点由一个源点和一个定义点组成）以移动、旋转或倾斜选定的对象，从而将它们与其他对象上的点对齐。在某些设计场合，可能只需指定一对点（源点和定义点）即可完成对齐操作，而有时可能需要指定两对点（源点和定义点）或三对点（源点和定义点）才能完成对齐操作。该工具都用于在二维中对齐两个对象。

下面介绍使用“对齐”按钮（ALIGN）的一个操作范例。

1 打开“对齐即学即练.dwg”文件，该文件中存在着图 14-89 所示的两个实体。

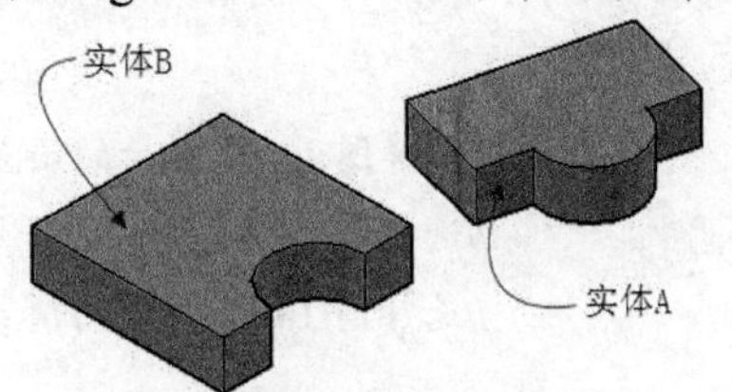

图14-89 两个实体模型

2 单击“对齐”按钮，根据命令行提示进行以下操作。

```
命令: _align
选择对象: 找到 1 个              //选择实体 A
选择对象: ↙
指定第一个源点:                  //如图 14-90 所示，选择顶点 1
指定第一个目标点:                //如图 14-90 所示，选择顶点 2
指定第二个源点:                  //如图 14-90 所示，选择顶点 3
指定第二个目标点:                //如图 14-90 所示，选择顶点 4
指定第三个源点或 <继续>:         //如图 14-90 所示，选择顶点 5
指定第三个目标点:                //如图 14-90 所示，选择顶点 6
```

完成该对齐操作得到的模型效果如图 14-91 所示。

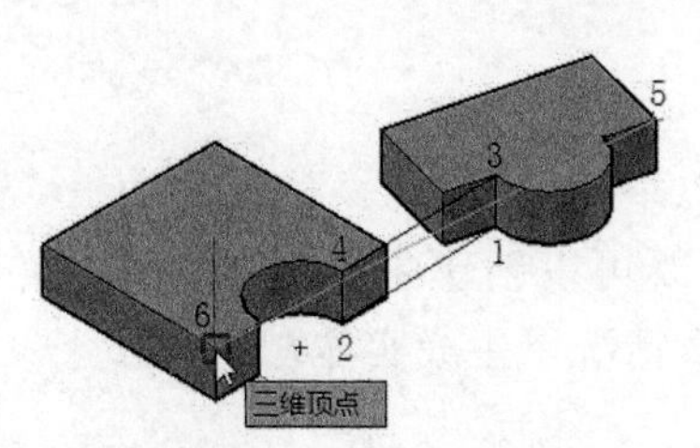

图14-90 分别指定各对点

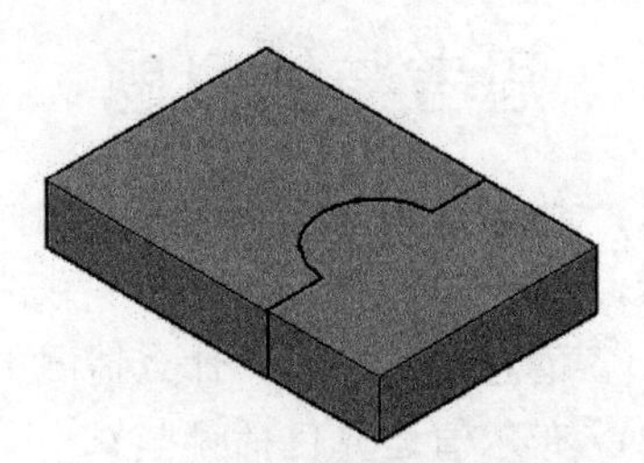

图14-91 完成对齐操作后的模型效果

二、“三维对齐”按钮

该工具主要用于在三维空间中将对象与其他对象对齐，其与“对齐”按钮（ALIGN）最大的不同之处在于使用“三维对齐”按钮（3DALIGN）时，需要先指定源对象的一个、两个或三个点，然后再相应地指定目标对象的一个、两个或三个点来完成对象对齐操作。即在三维中，使用“三维对齐”按钮（3DALIGN）可以指定最多 3 个点以定义源平面，然后指定最多 3 个点以定义目标平面，对象上的第一个源点（称为基点）将始终被移动到第一个目标点，为源或目标指定第二点将导致旋转选定的对象，源或目标的第三点将导致选定的对象进一步旋转。

“三维对齐”按钮（3DALIGN）多用于在三维中对齐两个对象，请看以下操作范例。

1. 打开“三维对齐即学即练.dwg”文件，
2. 单击“三维对齐”按钮，根据命令行提示进行以下操作。

```
命令: _3dalign
选择对象: 找到 1 个                      //选择实体 A
选择对象: ↙
 指定源平面和方向 ...
指定基点或 [复制(C)]:                    //选择图 14-92 所示的顶点 1
指定第二个点或 [继续(C)] <C>:            //选择图 14-92 所示的顶点 2
指定第三个点或 [继续(C)] <C>:            //选择图 14-92 所示的顶点 3
 指定目标平面和方向 ...
指定第一个目标点:                        //选择图 14-92 所示的顶点 4
指定第二个目标点或 [退出(X)] <X>:        //选择图 14-92 所示的顶点 5
指定第三个目标点或 [退出(X)] <X>:        //选择图 14-92 所示的顶点 6
```

完成该三维对齐操作后的对齐效果如图 14-93 所示。

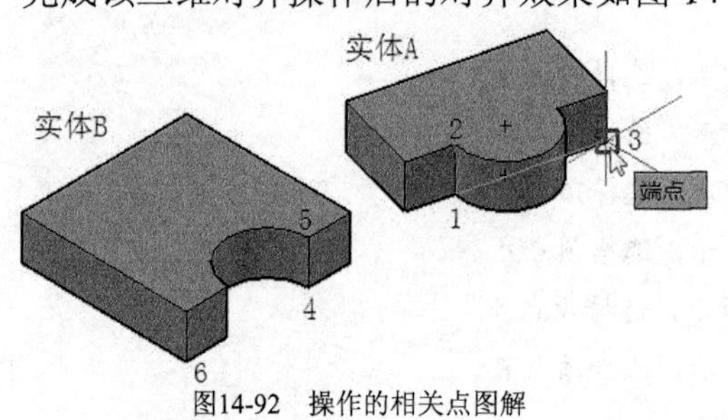

图14-92　操作的相关点图解

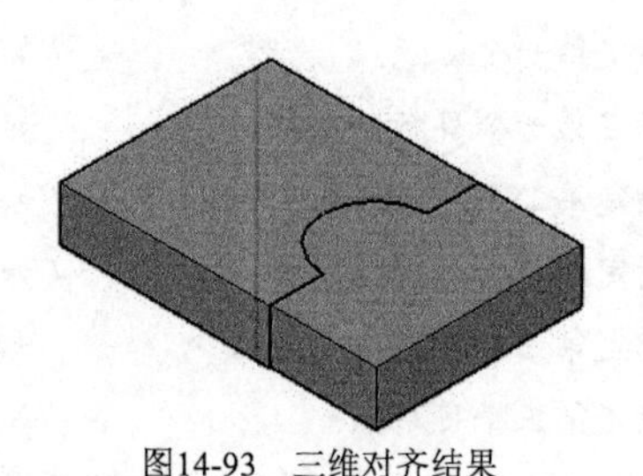

图14-93　三维对齐结果

14.5　思考与练习题

(1)　什么是实体图元？分别如何创建它们（可以举例说明）？

(2)　使用“拉伸”“旋转”“扫掠”和“放样”既可以创建曲面也可以创建实体，请总结一下：在什么情况下生成曲面，什么情况下生成实体？

(3)　布尔值运算包括哪些？

(4)　如何在实体中创建圆角边和倒角边？

(5) 如何复制模型中的选定边？

(6) 请简述对实体进行抽壳的一般方法步骤。

(7) “对齐”与“三维对齐”在对齐对象操作上有什么不同？

(8) 什么是压印边？如何创建压印边？

(9) 课外思考：沿路径拉伸操作与扫掠操作有什么异同之处？

(10) 请总结生成实体模型的方法有哪些？

第15章　综合设计范例解析

在系统学习完前面的相关知识后，读者应该对 AutoCAD 2018 软件的应用基础与操作技巧有所掌握，接下去的首要问题是如何使用所学知识去进行综合图形设计。只有多练习、多思考并注意总结经验，才能在今后的设计工作中脱颖而出并游刃有余。

本章将重点介绍几个综合设计范例，目的是让读者通过实例操作来复习前面所学的一些实用知识，以及快速提高综合设计技能。

15.1　绘制平面图 1

视频：绘制平面图 1

在本节中，将详细地介绍一个平面图综合绘制实例。在该综合绘制实例中，涉及的知识主要包括创建新图形文件、设置所需要的图层、定制文字样式与标注样式、使用各种绘图和修改工具进行二维图形绘制与编辑、给图形标注尺寸及编辑尺寸注释等。事实上，在进行图形绘制之前，通常要进行绘图之前的准备工作，这包括设置图层、定制文字样式与标注样式等，当然为了不用每次绘图项目之前都重复这些基本的准备工作，可以将定制好的它们保存为图形样板文件，这样在新建图形文件时便可以直接调用该图形样板，既方便又易于遵守制图标准。

本平面图综合绘制实例最后要完成的平面图如图 15-1 所示，具体的绘制步骤如下。

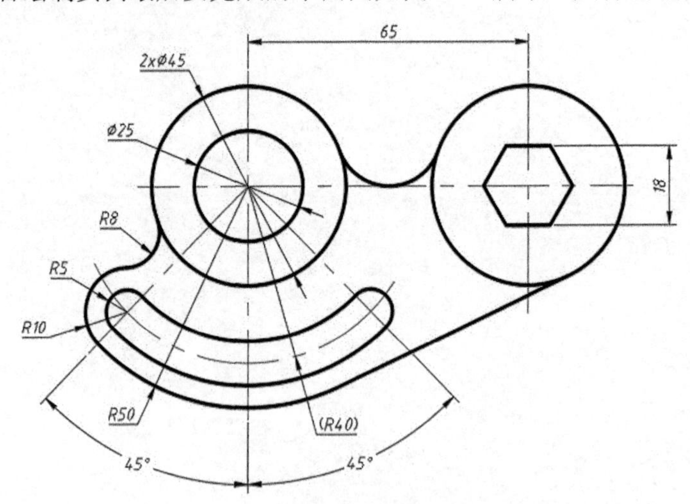

图15-1　范例最后完成的平面图 1

1 新建一个图形文件。在“快速访问”工具栏中单击“新建”按钮，接着通过弹出的对话框选择 AutoCAD 2018 软件提供的“acadiso.dwt”图形样板，单击“打开”按钮。

2 定制若干图层。所选图形样板中只存在名称为“0”的一个图层，不能满足本例设计的需求，因此需要由用户定制所需的图层。

切换至“草图与注释”工作空间，从功能区“默认”选项卡的“图层”面板中单击“图层特性”按钮，弹出“图层特性管理器”选项卡。使用“图层特性管理器”选项卡，分别创建名为“01 层-粗实线”“02 层-细实线”“03 层-粗虚线”“04 层-细虚线”“05 层-细点画线”“06 层-粗点画线”“07 层-细双点画线”“08 层-尺寸注释”“16 层-中心线”这些图层，各层的颜色、线型和线宽特性如图 15-2 所示。在“图层特性管理器”选项卡中单击“置为当前”按钮，可以将其中选定的一个图层设置为当前图层。定制好这些图层后，关闭“图层特性管理器”选项卡。

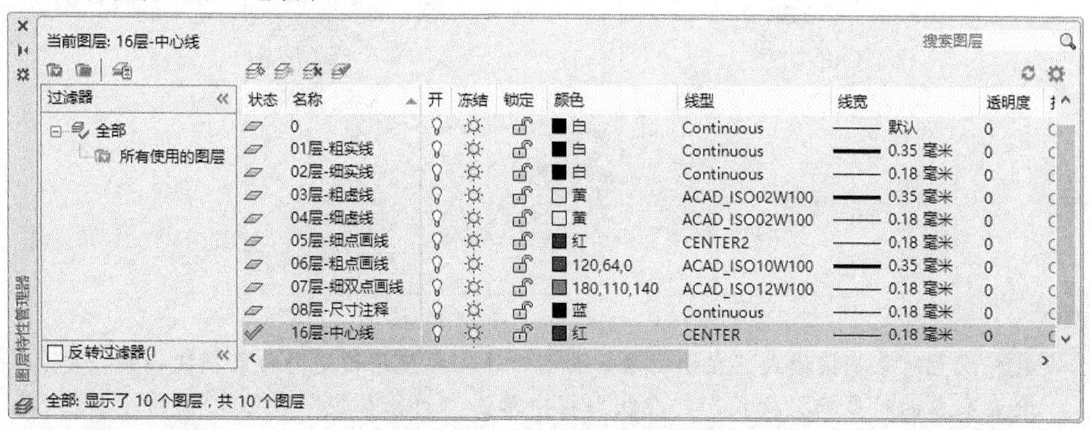

图15-2　使用“图层特性管理器”选项卡定制图层

3 设置文字样式。从功能区的“默认”选项卡中单击“注释”溢出按钮注释 ▾/“文字样式”按钮，打开“文字样式”对话框。使用此对话框设置符合机械制图国家标准的文字样式，如图 15-3 所示，新建名为“WZ-X3.5”的新文字样式，其 SHX 字体为“gbeitc.shx”，选中“使用大字体”复选框，从“大字体”下拉列表框中选择“gbcbig.shx”选项，高度设置为 3.5，宽度因子默认为 1，倾斜角度默认为 0。设置好相关文字样式后，关闭“文字样式”对话框。

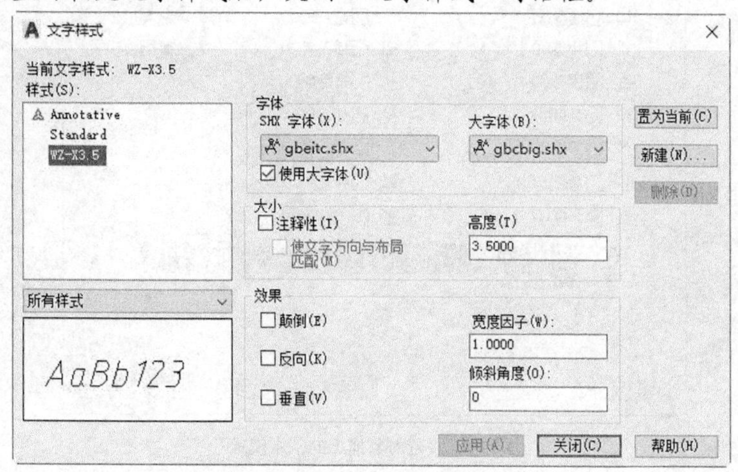

图15-3　创建新文字样式

4 设置标注样式。从功能区的“默认”选项卡中单击“注释”溢出按钮注释 ▾/

"标注样式"按钮，打开"标注样式管理器"对话框。使用此对话框新建一个名为"ZJBZ-X3.5"的标注样式，该标注样式符合机械制图国家标准，在该标注样式下还包括建立的"半径""直径"和"角度"子标注样式，如图 15-4 所示。具体的标注样式定制过程省略，读者可以参考在 8.2 节中介绍的具体方法和步骤来执行。

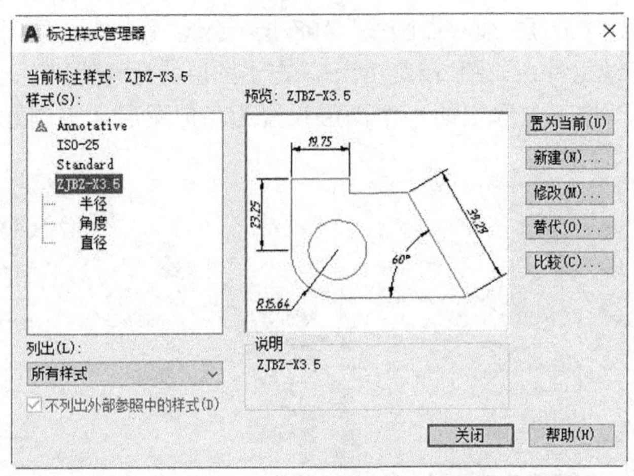

图15-4　"标注样式管理器"对话框

设置对象捕捉模式。在绘制该平面图时，需要使用设定的对象捕捉模式。要设置基本的对象捕捉模式，则在状态栏中单击"对象捕捉"按钮旁的"下三角"按钮并从弹出的菜单中选择"对象捕捉设置"命令，弹出"草图设置"对话框且自动打开"对象捕捉"选项卡，从中设置对象捕捉模式的基本选项，如图 15-5 所示，然后单击"确定"按钮。

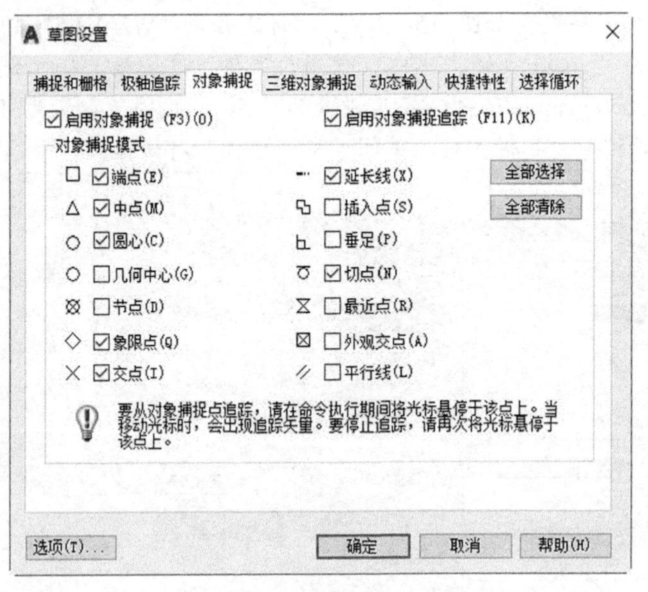

图15-5　设置对象捕捉的基本模式

此时，在状态栏中可以打开"正交""对象捕捉""对象捕捉追踪""线宽显示"等模式。

6 绘制部分中心线。在功能区“默认”选项卡“图层”面板的“图层”下拉列表框中选择“05 层-细点画线”选项，以将“05 层-细点画线”图层设置为当前图层，如图 15-6 所示。接着在功能区“默认”选项卡的“绘图”面板中单击“直线”按钮，在绘图区域中绘制图 15-7 所示的两条正交的中心线，其中水平中心线的长度大约为 115mm。

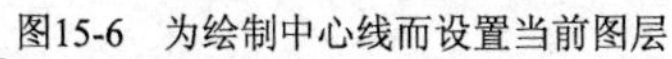
图15-6 为绘制中心线而设置当前图层

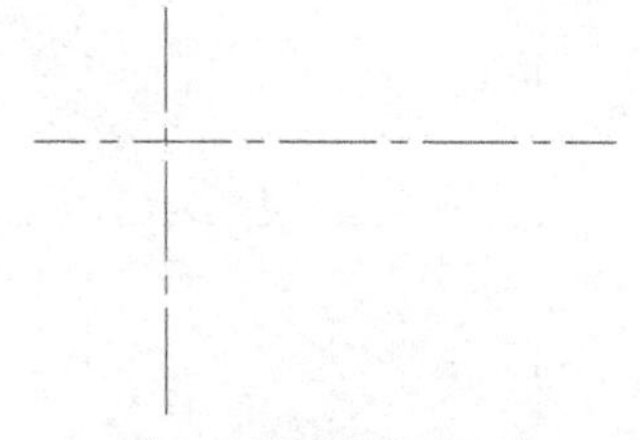
图15-7 绘制两条中心线

7 偏移操作。在功能区“默认”选项卡的“修改”面板中单击“偏移”按钮，根据命令行提示进行以下操作。

命令: _offset
当前设置: 删除源=否 图层=源 OFFSETGAPTYPE=0
指定偏移距离或 [通过(T)/删除(E)/图层(L)] <130.0000>: 65↙ //指定偏移距离为 65
选择要偏移的对象，或 [退出(E)/放弃(U)] <退出>: //选择竖直的中心线
指定要偏移的那一侧上的点，或 [退出(E)/多个(M)/放弃(U)] <退出>: //在竖直中心线的右侧单击
选择要偏移的对象，或 [退出(E)/放弃(U)] <退出>:↙

此偏移操作得到的图形效果如图 15-8 所示。

8 绘制一条与水平中心线成一定角度的中心线。单击“直线”按钮，根据命令行提示进行以下操作。

命令: _line
指定第一个点: //选择左侧竖直中心线与水平中心线的交点 A
指定下一点或 [放弃(U)]: @53<-45↙
指定下一点或 [放弃(U)]: ↙

绘制该倾斜的中心线如图 15-9 所示。

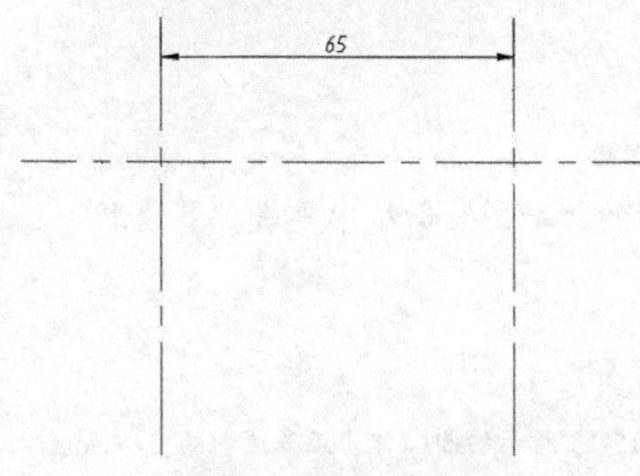

图15-8 偏移一条中心线

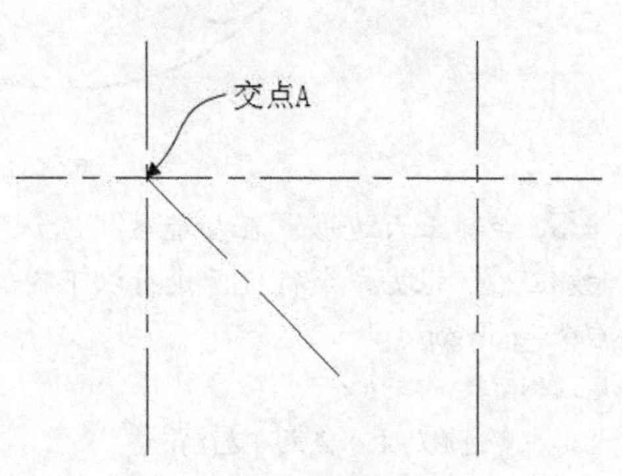

图15-9 绘制一条倾斜的中心线

9 镜像图形操作。在功能区“默认”选项卡的“修改”面板中单击“镜像”按钮，选择倾斜的中心线作为要镜像的图形并按“Enter”键，接着指定镜像线的第 1 点和第 2 点，然后在“要删除源对象吗？[是(Y)/否(N)] <N>:”提示下选择

“否（N）”选项，镜像结果如图 15-10 所示。

10 绘制一条圆形辅助中心线。在功能区“默认”选项卡的“绘图”面板中单击“圆：圆心、半径”按钮，选择倾斜中心线与水平中心线的交点作为圆的圆心，然后指定圆的半径为 40，从而绘制一条圆形中心线，如图 15-11 所示。

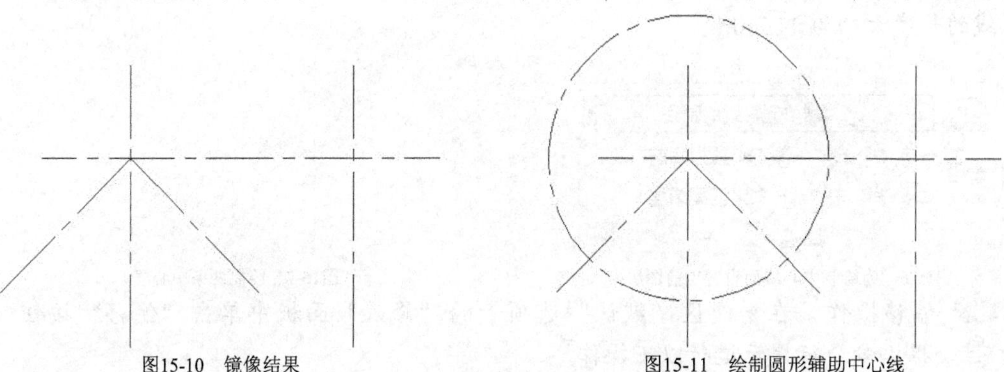

图15-10　镜像结果　　图15-11　绘制圆形辅助中心线

11 更改当前图层。在功能区“默认”选项卡的“图层”面板中，将“01 层-粗实线”图层设置为当前图层。

12 绘制相关的圆。单击“圆：圆心、半径”按钮，绘制图 15-12 所示的相关圆，具体尺寸可以参看图 15-1。

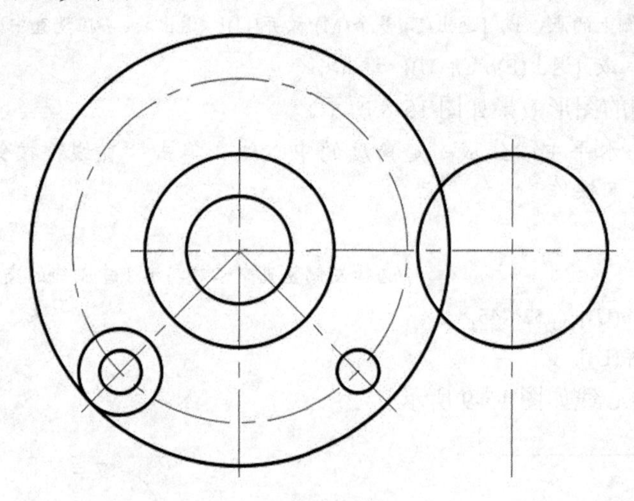

图15-12　绘制相关的圆

13 绘制正六边形。在功能区“默认”选项卡的“绘图”面板中单击“多边形”按钮，根据命令行提示进行以下操作。

命令: _polygon

输入侧面数 <4>: 6↙

指定正多边形的中心点或 [边(E)]:　　//选择图 15-13 所示的圆心作为正多边形的中心点

输入选项 [内接于圆(I)/外切于圆(C)] <I>: C↙

指定圆的半径: 9↙

绘制的正六边形如图 15-14 所示。

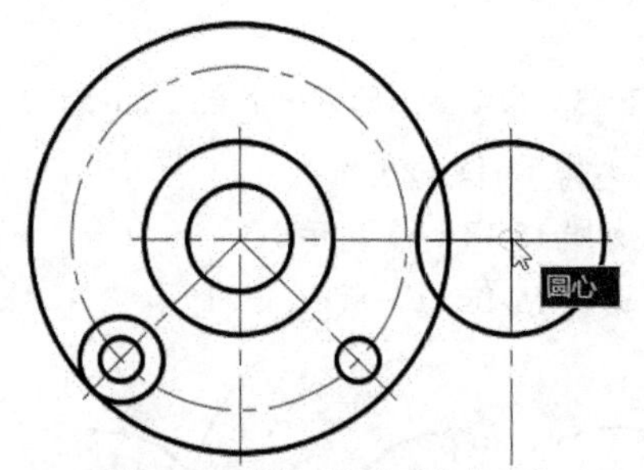

图15-13　指定正多边形的中心点

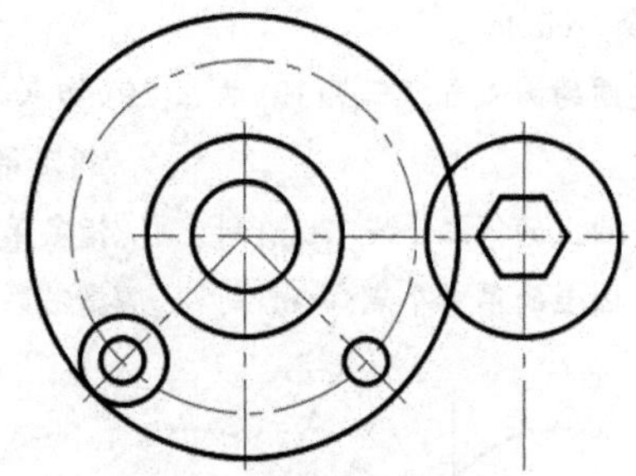

图15-14　绘制一个正六边形

14 通过指定圆心、起点和端点绘制圆弧。在功能区“默认”选项卡的“绘图”面板中打开圆弧下拉菜单，从中单击“圆心，起点，端点”按钮，如图 15-15 所示，接着根据命令行提示进行以下操作来创建一条圆弧。

命令: _arc

指定圆弧的起点或 [圆心(C)]: _c

指定圆弧的圆心:　　　　　　//指定圆弧的圆心位置如图 15-16 所示

指定圆弧的起点:　　　　　　//指定圆弧起点位置如图 15-16 所示

指定圆弧的端点(按住 Ctrl 键以切换方向)或 [角度(A)/弦长(L)]:

　　　　　　　　　　　　　　//指定圆弧端点位置如图 15-16 所示

使用同样的方法，再单击“圆心，起点，端点”按钮，并分别指定圆弧的圆心、起点和端点来绘制第 2 条圆弧，如图 15-17 所示。

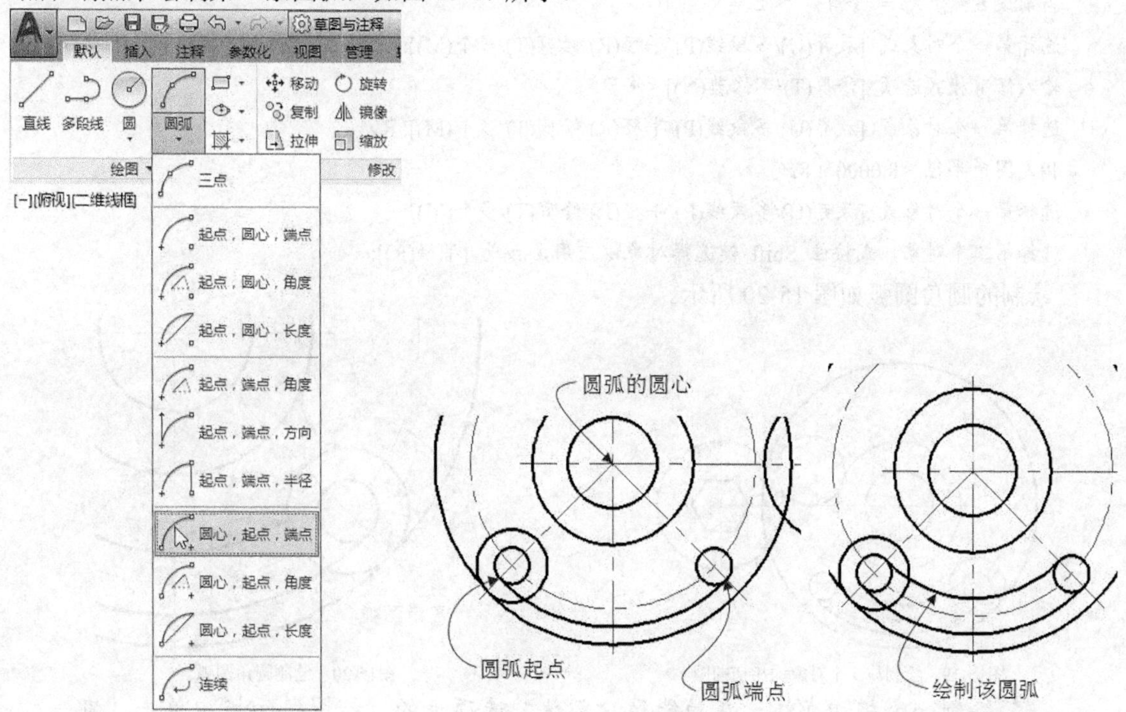

图15-15　单击所需的圆弧按钮　　图15-16　绘制一条圆弧　　图15-17　绘制第 2 条圆弧

15 绘制一个相切圆。在功能区“默认”选项卡的“绘图”面板中打开圆下拉列表，单击“相切，相切，相切”按钮，根据命令行提示进行以下操作。

命令: _circle

指定圆的圆心或 [三点(3P)/两点(2P)/切点、切点、半径(T)]: _3p 指定圆上的第一个点: _tan 到

//指定第 1 个递延切点，如图 15-18（a）所示

指定圆上的第二个点: _tan 到　　//指定第 2 个递延切点，如图 15-18（b）所示

指定圆上的第三个点: _tan 到　　//指定第 3 个递延切点，如图 15-18（c）所示

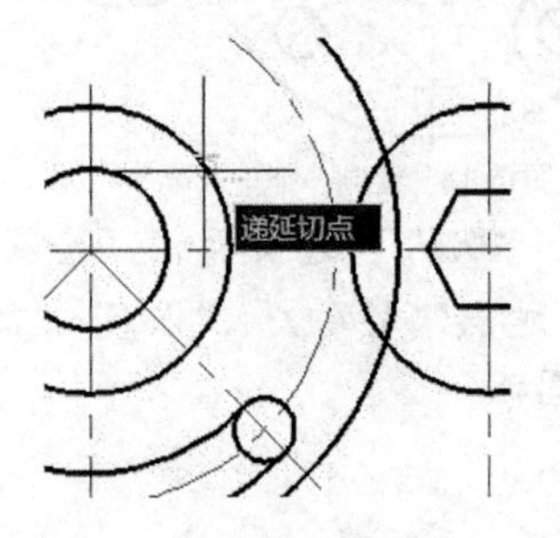

（a）指定第 1 个递延切点

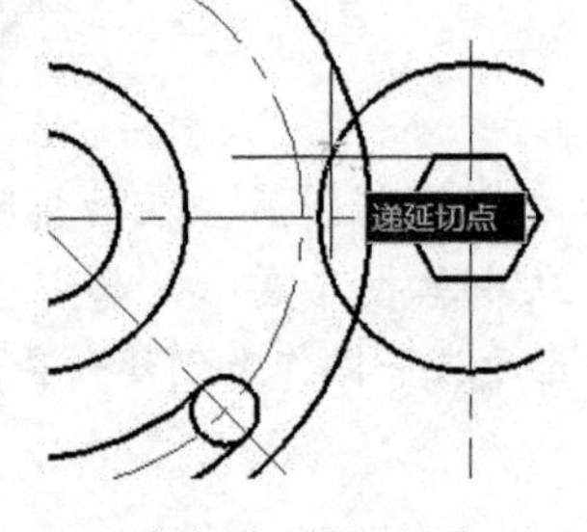

（b）指定第 2 个递延切点

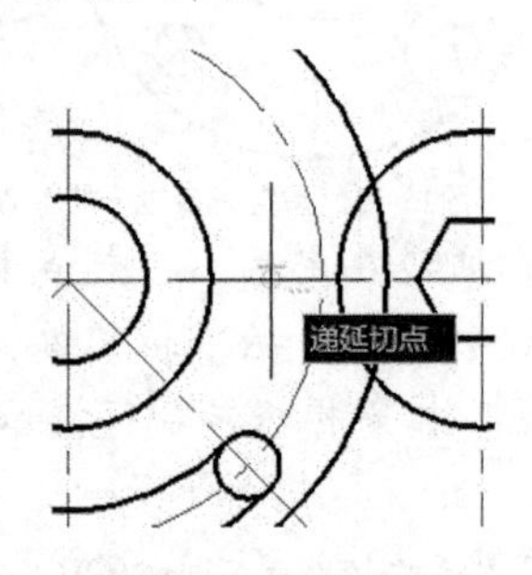

（c）指定第 3 个递延切点

图15-18　定义要相切的 3 个对象

完成绘制的相切圆如图 15-19 所示。

16 绘制圆角。在功能区“默认”选项卡的“修改”面板中单击“圆角”按钮，根据命令行提示进行以下操作。

命令: _fillet

当前设置: 模式 = 修剪，半径 = 8.0000

选择第一个对象或 [放弃(U)/多段线(P)/半径(R)/修剪(T)/多个(M)]: T↙

输入修剪模式选项 [修剪(T)/不修剪(N)] <修剪>: N↙

选择第一个对象或 [放弃(U)/多段线(P)/半径(R)/修剪(T)/多个(M)]: R↙

指定圆角半径 <8.0000>: 8↙

选择第一个对象或 [放弃(U)/多段线(P)/半径(R)/修剪(T)/多个(M)]:

选择第二个对象，或按住 Shift 键选择对象以应用角点或 [半径(R)]:

绘制的圆角圆弧如图 15-20 所示。

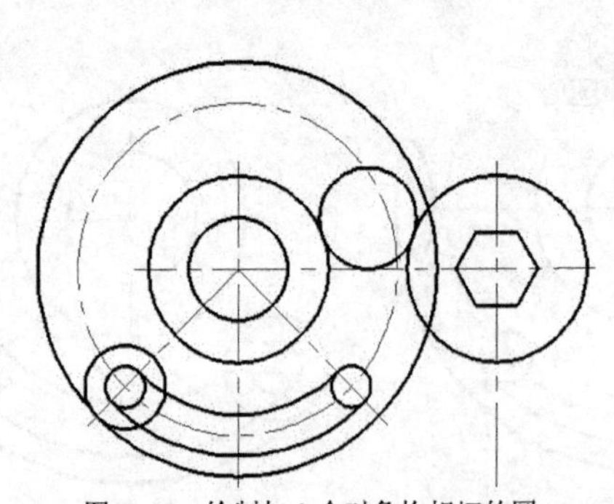

图15-19　绘制与 3 个对象均相切的圆

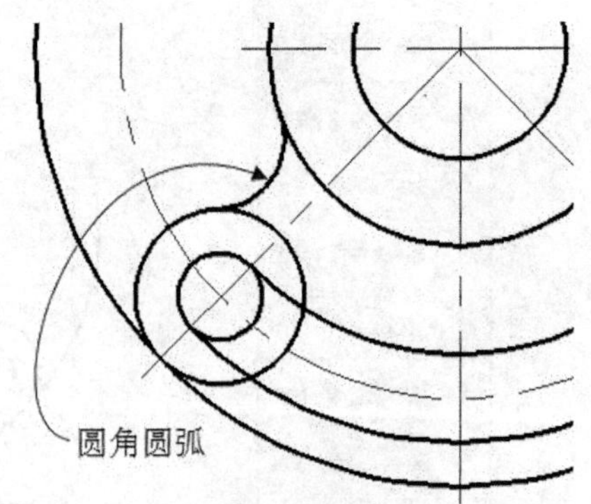

图15-20　绘制圆角圆弧

17 绘制一条相切直线。在功能区“默认”选项卡的“绘图”面板中单击“直线”按钮，按“Shift”键的同时在绘图区域中单击鼠标右键以弹出一个快捷菜单并从中选择“切点”选项，接着在绘图区域中捕捉一个递延切点，如图 15-21（a）所示，再在绘图区域中按“Shift”键并单击鼠标右键以弹出一个快捷菜单，

选择“切点”选项，然后在绘图区域中捕捉另一个递延切点，如图 15-21（b）所示，按“Enter”键结束直线命令，完成绘制的相切直线如图 15-21（c）所示。

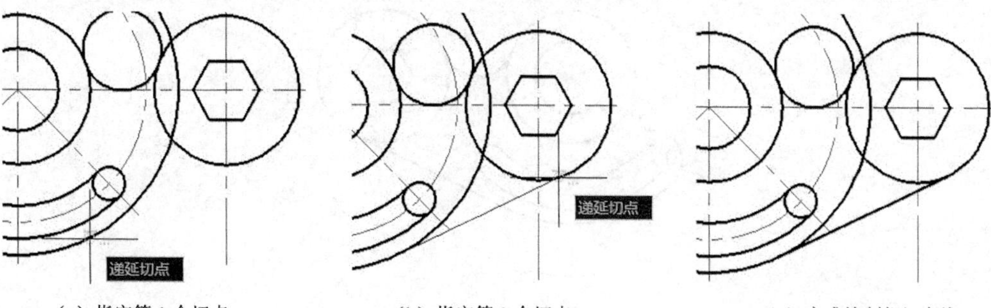

（a）指定第 1 个切点　（b）指定第 2 个切点　（c）完成绘制相切直线

图15-21　定义要相切的 3 个对象

18 修剪图形。在功能区“默认”选项卡的“修改”面板中单击“修剪”按钮 -/--，将图形修剪成如图 15-22 所示。

19 打断部分中心线。在功能区“默认”选项卡的“修改”面板中单击“打断”按钮 ，将部分中心线不再需要的部分打断掉，参考结果如图 15-23 所示。

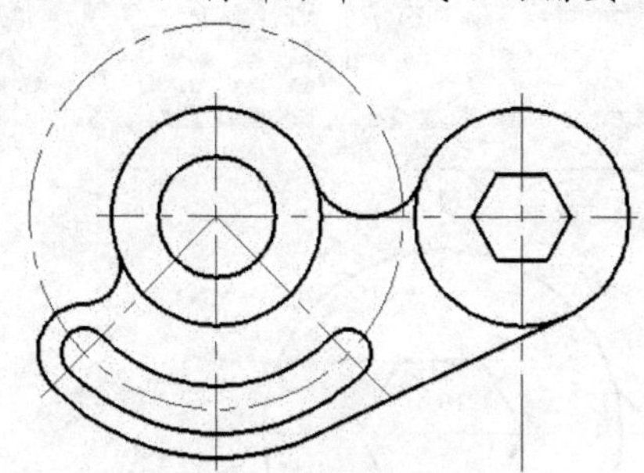

图15-22　修剪图形的结果

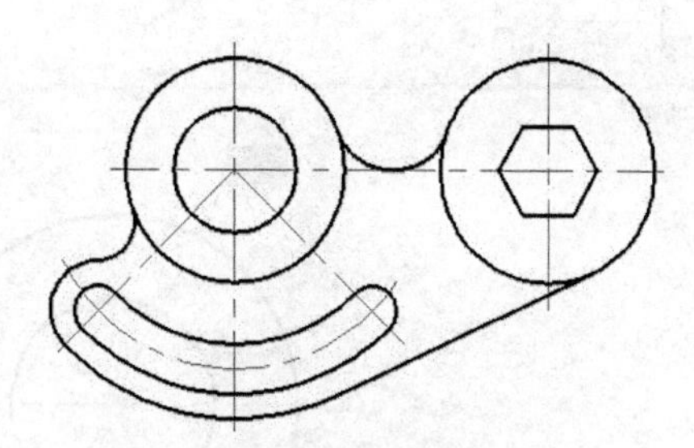

图15-23　打断部分中心线后的图形效果

20 设置当前图层。在功能区“默认”选项卡“图层”面板的“图层”下拉列表框中选择“08 层-尺寸注释”选项，从而将“08 层-尺寸注释”设置为当前图层。

21 选择标注样式。在功能区的“默认”选项卡中打开“注释”面板的溢出列表，接着从“标注样式”下拉列表框中选择“ZJBZ-X3.5”标注样式作为当前标注样式，如图 15-24 所示。

图15-24　指定当前标注样式

22 标注尺寸。分别执行功能区“默认”选项卡的“注释”面板中的相关标注工具命令来对图形进行标注，初步得到尺寸标注的结果如图 15-25 所示。

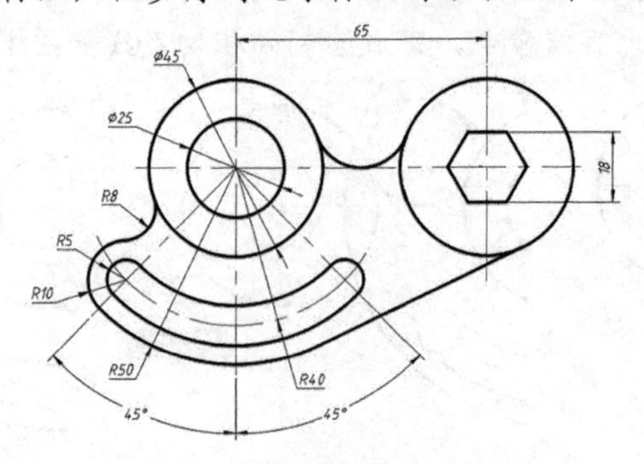

图15-25　初步的尺寸标注效果

23 编辑一处尺寸注释文本。在当前命令行的“键入命令”提示下输入“TEXTEDIT”并按“Enter”键，选择尺寸数值为“Ø45”的直径尺寸注释对象，打开“文字编辑器”上下文选项卡，在现有注释文本之前添加表示个数的“2×”，如图 15-26 所示，然后单击“关闭文字编辑器”按钮。

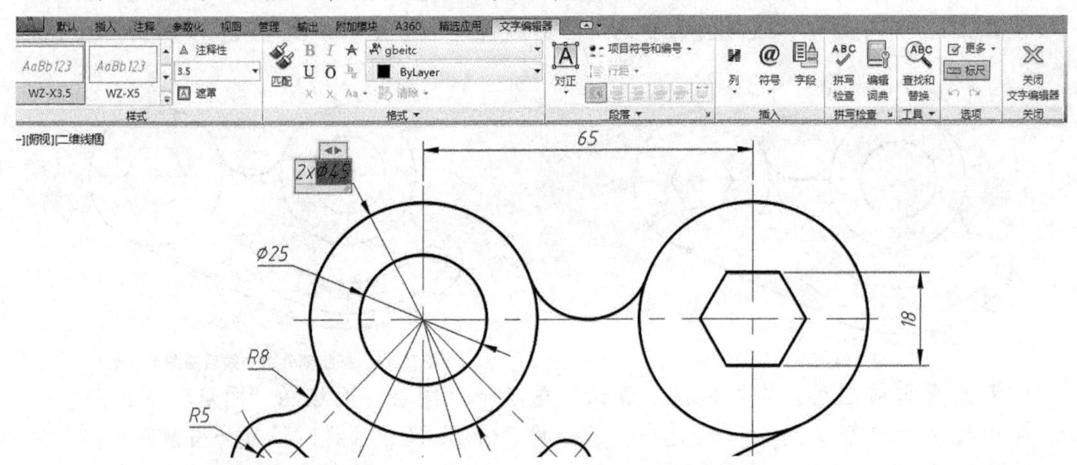

图15-26　在所选尺寸注释文本之前添加表示个数的文本

编辑该尺寸注释后的效果如图 15-27 所示。

24 按照同样的方法，使用 TEXTEDIT 命令还可以为“R40”的圆弧半径尺寸注释添加一对圆括号以表示参照尺寸，结果如图 15-28 所示。

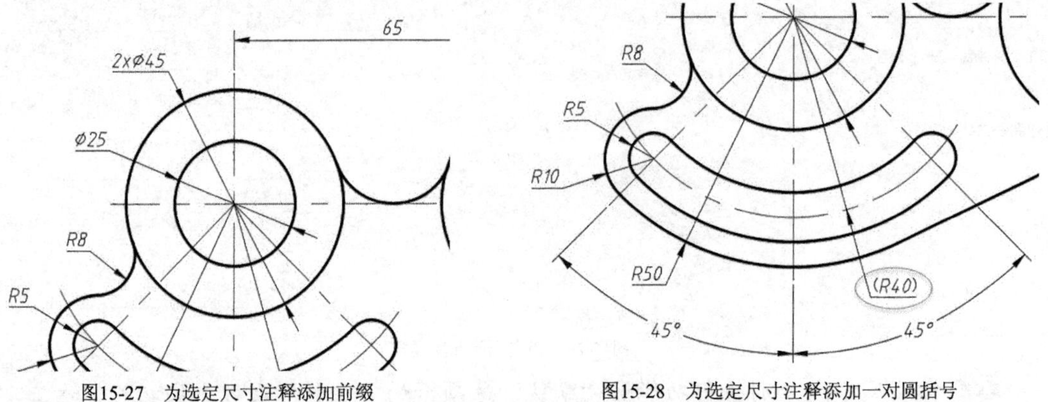

图15-27　为选定尺寸注释添加前缀　　图15-28　为选定尺寸注释添加一对圆括号

25 在“快速访问”工具栏中单击“保存”按钮，以设定的文件名和路径保存该图形文件。

视频：绘制平面图 2

15.2 绘制平面图 2

在本节中介绍绘制平面图的第 2 个综合设计范例，在该综合范例中主要学习绘制二维图形的一些方法技巧，还学习自动为二维图形添加几何约束、标注约束等。本综合设计范例要完成的平面图如图 15-29 所示。

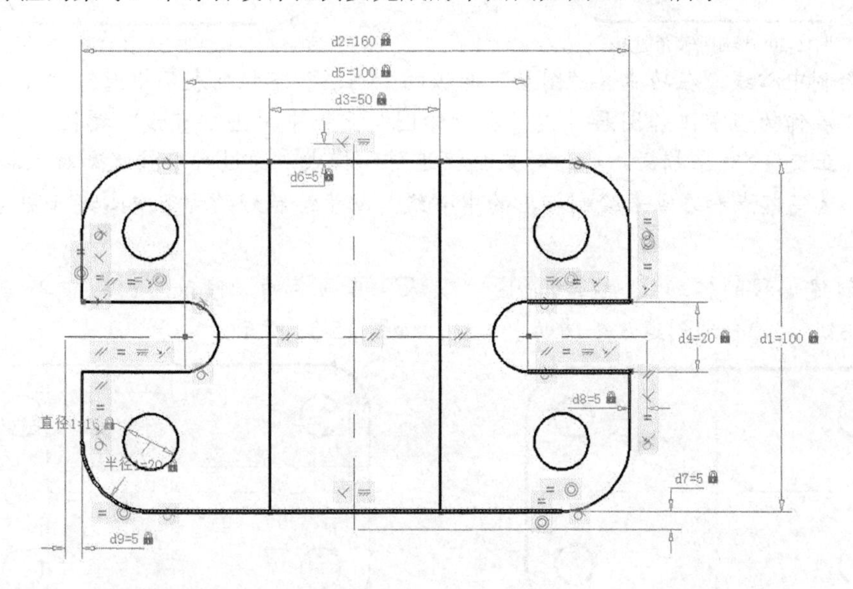

图15-29　范例完成的平面图 2

该平面图具体的绘制步骤如下。

1 新建一个图形文件。在“快速访问”工具栏中单击“新建”按钮，接着通过弹出的对话框从本书光盘配套的素材文件夹 CH15 中选择“ZJBC-图形样板.dwt”图形样板，单击“打开”按钮。本例使用“草图与注释”工作空间进行绘图操作。

2 设置当前工作图层。在功能区“默认”选项卡的“图层”面板中，从其上的“图层”下拉列表框中选择“01 层-粗实线”层作为当前工作图层。

3 绘制带圆角的长方形。在功能区“默认”选项卡的“绘图”面板中单击“矩形”按钮，接着根据命令行提示进行以下操作。

```
命令: _rectang
指定第一个角点或 [倒角(C)/标高(E)/圆角(F)/厚度(T)/宽度(W)]: F↙
指定矩形的圆角半径 <0.0000>: 20↙
指定第一个角点或 [倒角(C)/标高(E)/圆角(F)/厚度(T)/宽度(W)]: 0,0↙
指定另一个角点或 [面积(A)/尺寸(D)/旋转(R)]: 160,100↙
```

完成绘制的带圆角的长方形如图 15-30 所示。

4 绘制 4 个小圆。在功能区“默认”选项卡的“绘图”面板中单击“圆：圆

心、半径”按钮，以长方形其中任一个圆角的中心作为新圆的圆心，绘制一个半径为 8 的小圆；使用同样的方法，在其他 3 个圆角中心处各绘制半径同样为 8 的小圆。绘制好该 4 个小圆的图形效果如图 15-31 所示。

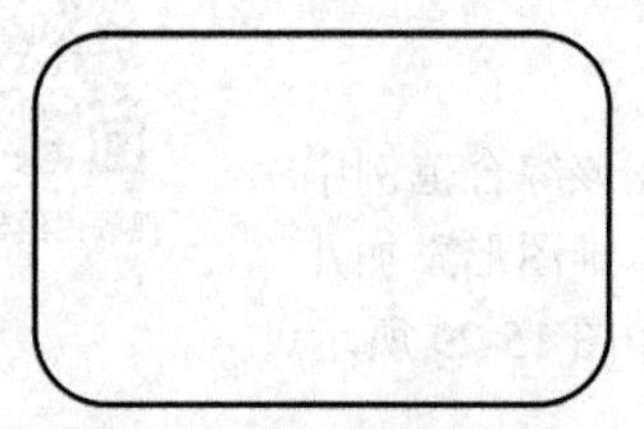

图15-30　绘制带圆角的矩形

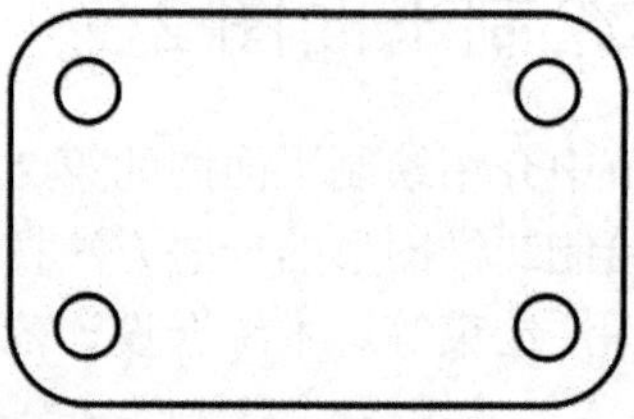

图15-31　绘制 4 个半径均为 8 的小圆

5 绘制中心线。在功能区“图层”面板的“图层”下拉列表框中选择“16 层-中心线”层作为当前工作图层，接着在“绘图”面板中单击“直线”按钮，确保启用“正交”“对象捕捉”和“对象捕捉追踪”模式，通过对象捕捉和对象捕捉追踪分别选定起点和终点来绘制相应的中心线。初步绘制好的两条中心线如图 15-32 所示。

6 创建偏移的辅助线。在功能区“默认”选项卡的“修改”面板中单击“偏移”按钮，分别创建 3 条辅助中心线，如图 15-33 所示。

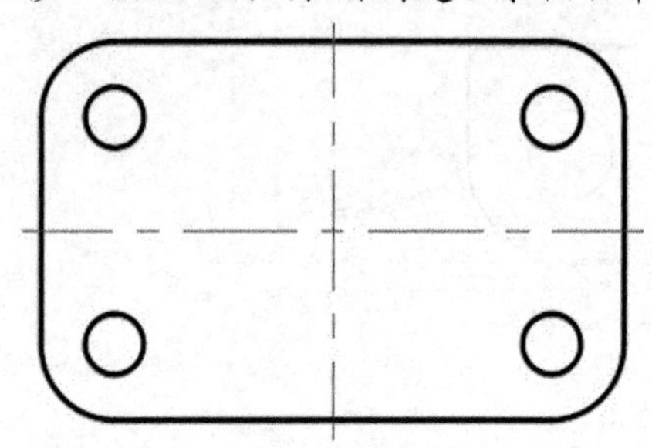

图15-32　绘制中心线

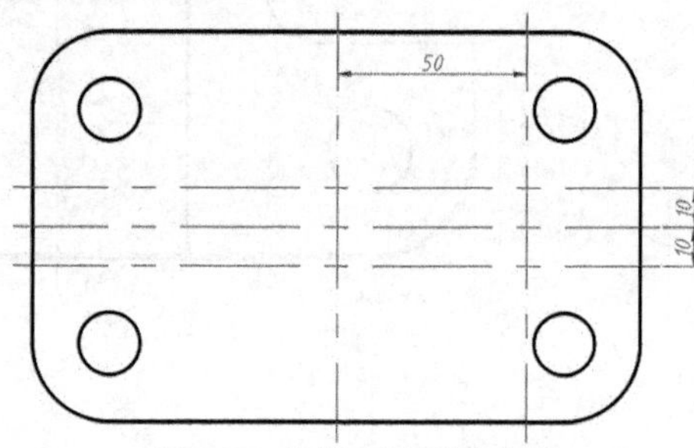

图15-33　绘制 3 条辅助中心线

7 从“图层”面板的“图层”下拉列表框中再次选择“01 层-粗实线”以返回到粗实线绘制所在的当前图层。

8 绘制二维多段线。在“绘图”面板中单击“多段线”按钮，接着根据命令行提示进行以下操作来绘制一条二维多段线。

命令: _pline

指定起点:　　　　//选择图 15-34 所示的交点 1

当前线宽为 0.0000

指定下一个点或 [圆弧(A)/半宽(H)/长度(L)/放弃(U)/宽度(W)]:　　//选择图 15-34 所示的交点 2

指定下一点或 [圆弧(A)/闭合(C)/半宽(H)/长度(L)/放弃(U)/宽度(W)]: A↙

指定圆弧的端点(按住 Ctrl 键以切换方向)或 [角度(A)/圆心(CE)/闭合(CL)/方向(D)/半宽(H)/直线(L)/半径(R)/第二个点(S)/放弃(U)/宽度(W)]:　　//选择图 15-34 所示的交点 3

指定圆弧的端点(按住 Ctrl 键以切换方向)或 [角度(A)/圆心(CE)/闭合(CL)/方向(D)/半宽(H)/直线(L)/半径(R)/第二个点(S)/放弃(U)/宽度(W)]: L↙

指定下一点或 [圆弧(A)/闭合(C)/半宽(H)/长度(L)/放弃(U)/宽度(W)]: //选择图 15-34 所示的交点 4

指定下一点或 [圆弧(A)/闭合(C)/半宽(H)/长度(L)/放弃(U)/宽度(W)]: ↙

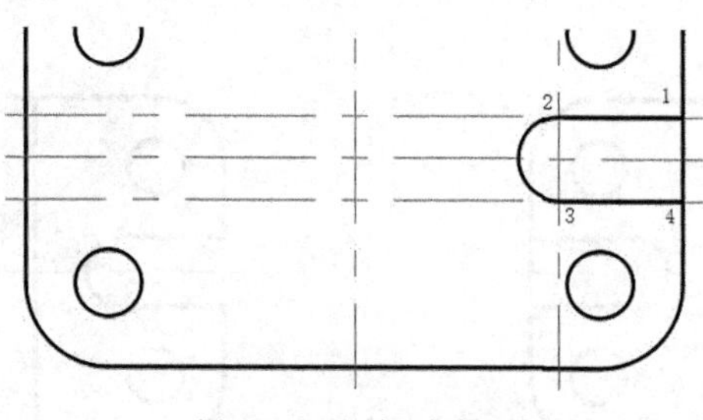

图15-34　绘制二维多段线

9 镜像二维多段线。在功能区“默认”选项卡的“修改”面板中单击“镜像”按钮，根据命令行的提示进行以下操作。

命令: _mirror
选择对象: 找到 1 个　　　　　　　　　　//选择二维多段线作为要镜像的对象，如图 15-35 所示
选择对象: ↙
指定镜像线的第一点:　　　　　　　　　　//选择位于图形中央的主竖直中心线的上端点
指定镜像线的第二点:　　　　　　　　　　//选择位于图形中央的主竖直中心线的下端点
要删除源对象吗? [是(Y)/否(N)] <否>: N↙　//选择“否”选项以设置不删除源对象

镜像结果如图 15-36 所示。

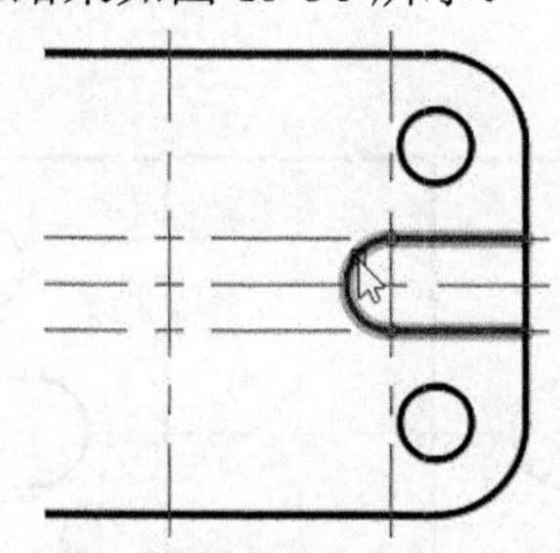

图15-35　选择要镜像的对象

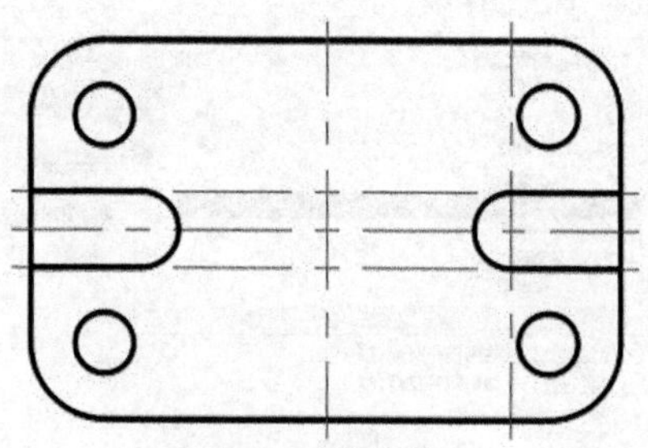

图15-36　镜像结果

10 创建偏移辅助中心线。在“修改”面板中单击“偏移”按钮，通过偏移操作绘制图 15-37 所示的辅助中心线，图中给出了相应的偏移距离。

11 绘制轮廓线。在“绘图”面板中单击“直线”按钮，连接现有的交点绘制两条以粗实线显示的轮廓直线段，如图 15-38 所示。

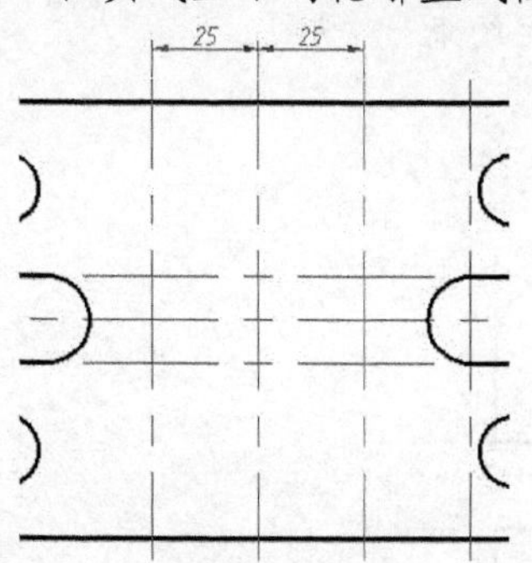

图15-37　绘制两条偏移辅助中心线

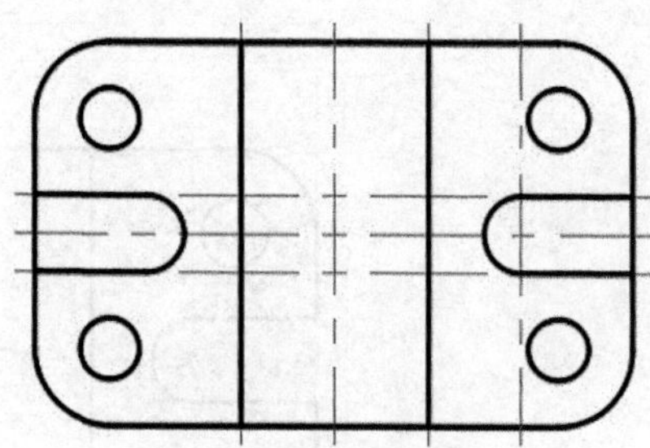

图15-38　绘制两条轮廓线

12 删除不再需要的辅助中心线。在“修改”面板中单击“删除”按钮，选择不再需要的辅助中心线，按“Enter”键，结果如图 15-39 所示。

13 修剪图形。在“修改”面板中单击“修剪”按钮，将图形修剪成图 15-40

所示的效果。

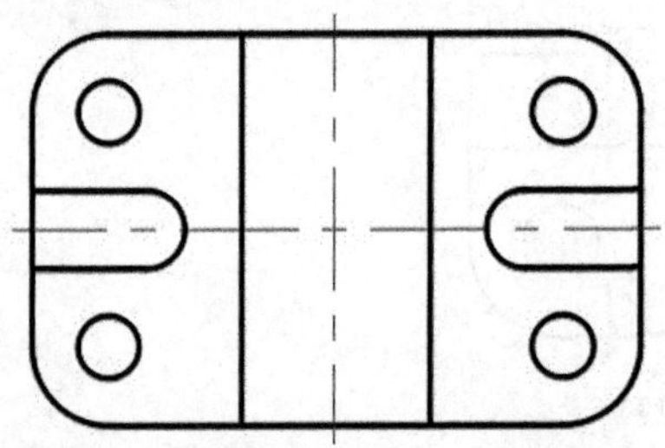

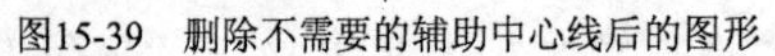

图15-39　删除不需要的辅助中心线后的图形

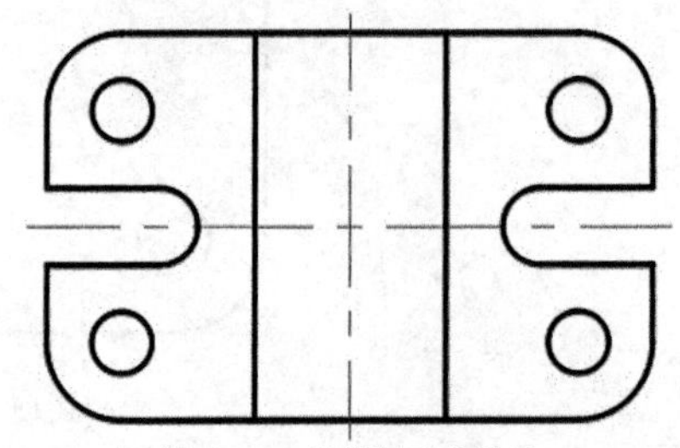

图15-40　修剪图形的效果

14 自动约束。在功能区中打开“参数化”选项卡，在“几何”面板中单击“自动约束”按钮，在“选择对象或 [设置(S)]:”提示下输入“S”并按“Enter”键，弹出“约束设置”对话框并自动切换至“自动约束”选项卡，从中设置图15-41 所示的自动约束设置（注意调整相关约束类型的优先级顺序），单击“确定”按钮，使用鼠标在图形窗口中从左到右指定两个角点来选择全部的图形，按“Enter”键，从而将设定的多个几何约束应用于选定的对象，自动约束结果如图15-42 所示。

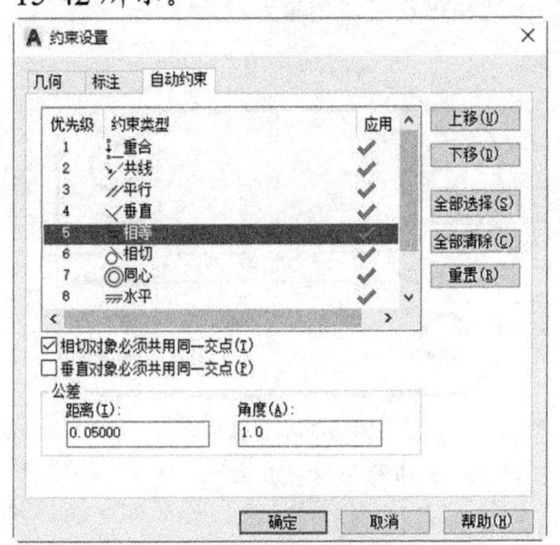

图15-41　自动约束设置

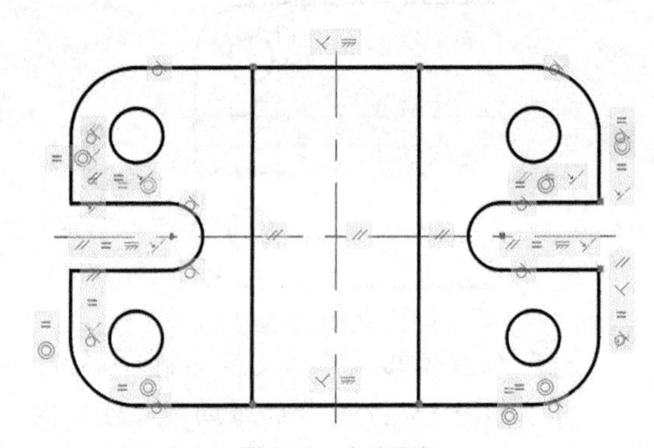

图15-42　自动约束

15 创建线性标注约束。从“参数化”选项卡的“标注”面板中单击“线性”按钮，分别创建图 15-43 所示的水平和垂直线性标注约束。

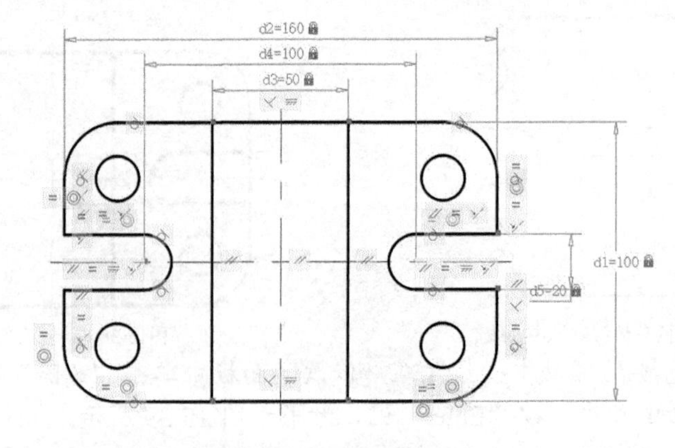

图15-43　创建线性标注约束

16 创建直径标注约束。从“参数化”选项卡的“标注”面板中单击“直径”按钮，选择其中一个圆来创建其直径标注约束，如图 15-44 所示。

17 创建半径标注约束。从“参数化”选项卡的“标注”面板中单击“半径”按钮，选择其中一个圆角圆弧来创建其半径标注约束，如图 15-45 所示。

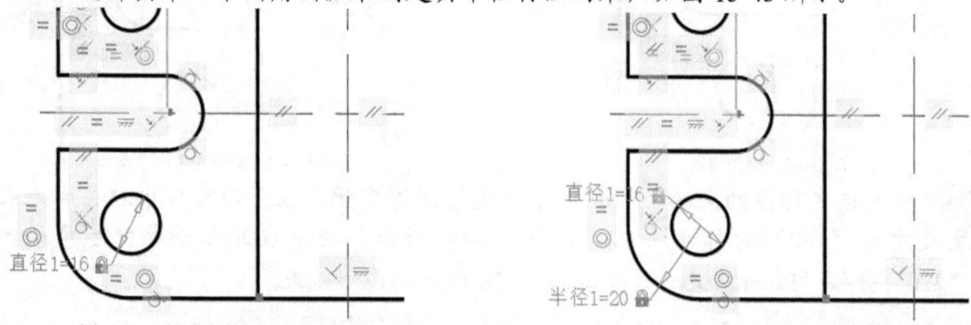

图15-44 创建直径标注约束　　图15-45 创建半径标注约束

18 为中心线创建超出轮廓线的线性距离标注约束。从“参数化”选项卡的“标注”面板中单击“线性”按钮，为中心线端点创建超出轮廓线边界的距离标注约束，共 4 个，如图 15-46 所示。

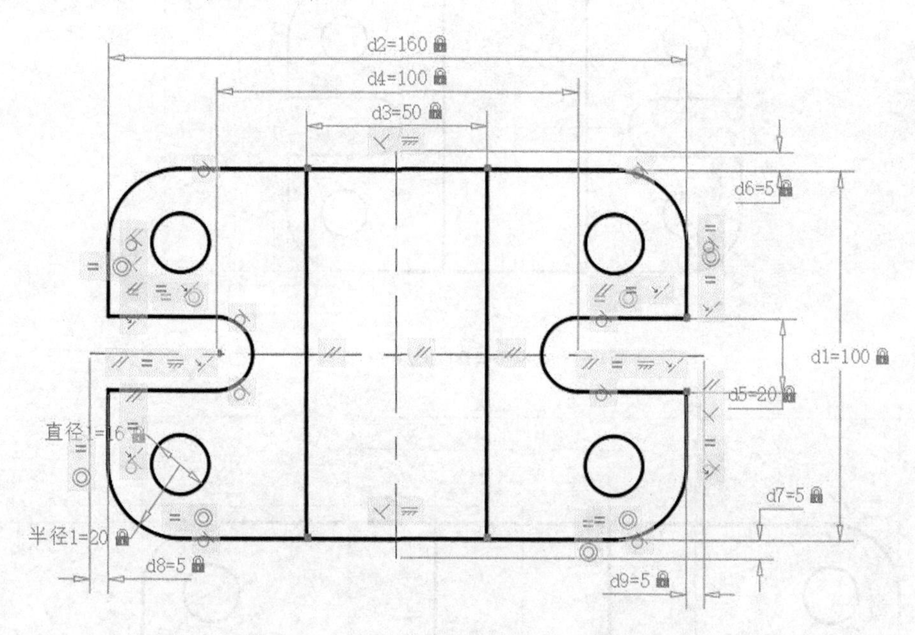

图15-46 为中心线创建 4 个超出轮廓线边界的距离标注约束

19 检查是否还需要添加几何约束，如果需要，则手动添加几何约束。例如，在本例中，如果发现图 15-47 所示的相接线段端点未重合约束，则在功能区“参数化”选项卡的“几何”面板中单击“重合”按钮，分别选择线段 1 的左端点和线段 2 的下端点，从而将这两个端点重合约束在一起，如图 15-48 所示。另外，可以使用“对称”按钮适当添加对称约束。

20 在“快速访问”工具栏中单击“保存”按钮，以设定的文件名和路径保存该图形文件。

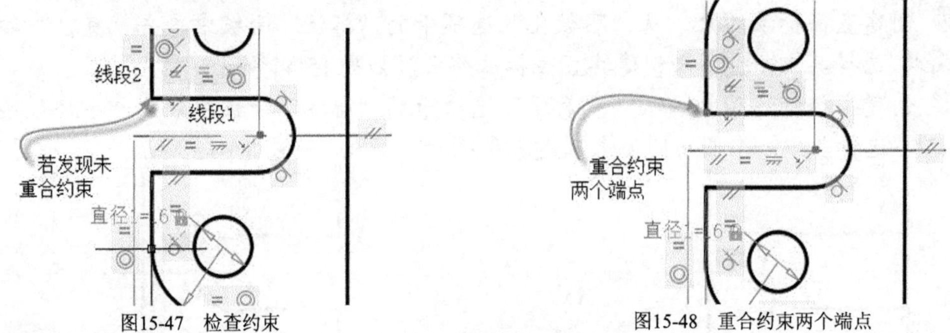

图15-47　检查约束　　　　图15-48　重合约束两个端点

21 修改选定标注约束的尺寸参数值来观察图形变化。在图形窗口中双击水平长度尺寸为“160”的标注约束，如图 15-49 所示，接着在其参数编辑框中输入“220”并按“Enter”键，则得到图 15-50 所示的图形效果。

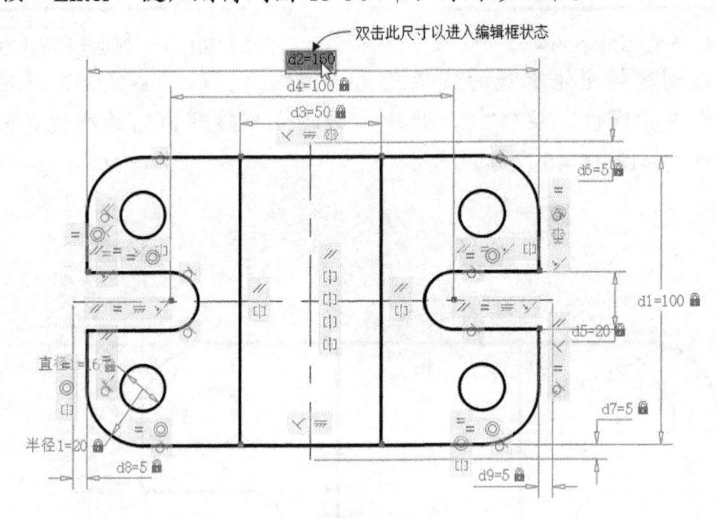

图15-49　双击要修改的尺寸标注约束

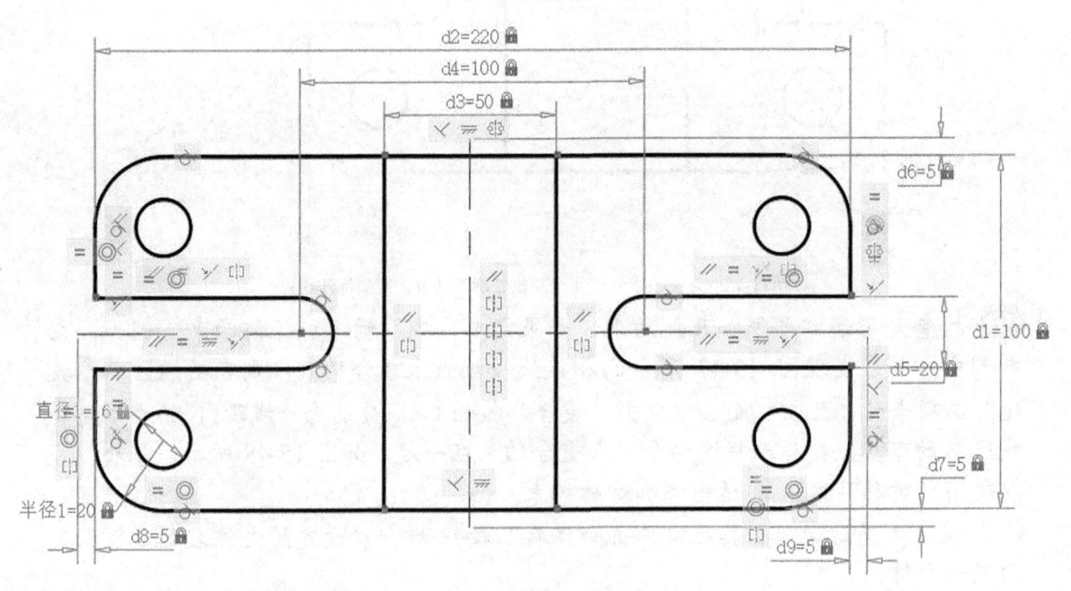

图15-50　修改标注约束的尺寸参数值后的图形效果

可以继续修改其他标注约束的参数值以观察图形参数化变化情况。

15.3 绘制工程零件图

视频：绘制工程零件图

本节介绍一个机械零件图绘制实例，要完成的典型零件图如图 15-51 所示。该工程零件图实例使用的样板，已经定义好了相关图层、文字样式、标注样式和多重引线样式等。用户在设计中使用该样板只需调用而不需要重新定制。在该综合绘制实例中，要把握视图之间的投影对齐关系，掌握各常用绘图工具的应用，其中要重点学习或复习的知识点包括：绘制剖面线、使用属性块标注表面结构要求、注写基准符号和形位公差、多行文字的注释应用、快速填写标题栏属性块等。

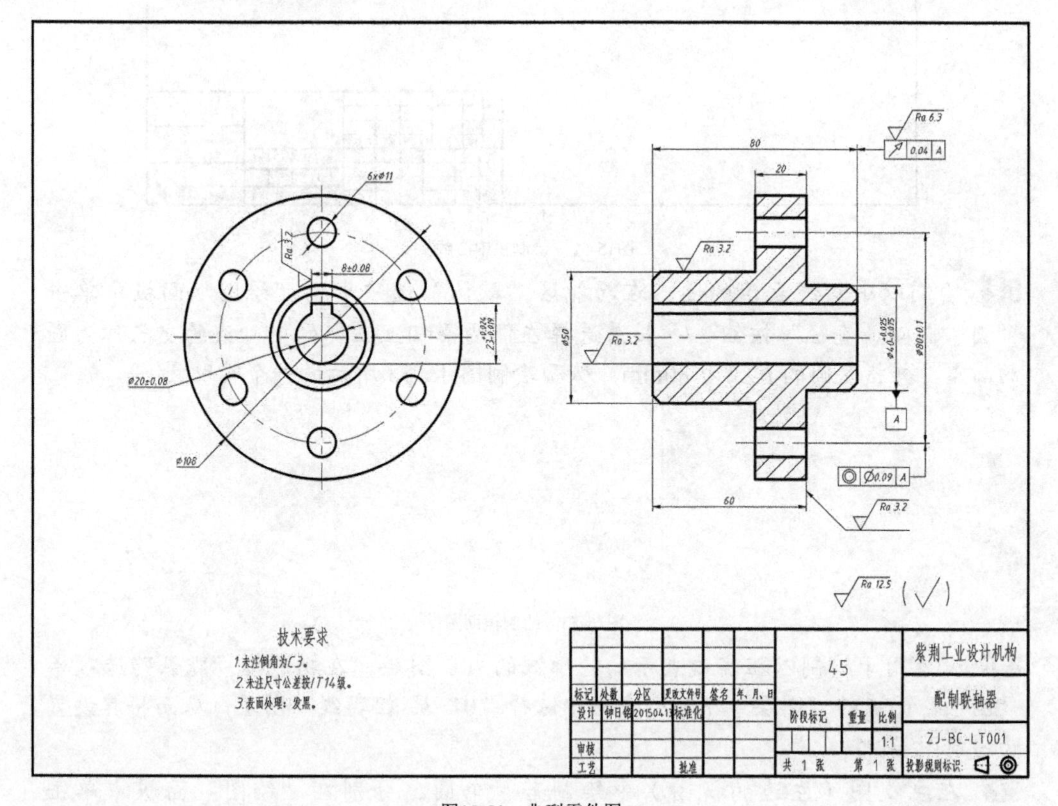

图15-51 典型零件图

该典型工程零件图的绘制步骤如下。

1 新建一个图形文件。在“快速访问”工具栏中单击“新建”按钮以创建一个新图形文件，该图形文件以“ZJ-A3 横向-留装订边”为图形样板，所述“ZJ-A3 横向-留装订边”图形样板文件位于本随书光盘的“CH15”文件夹中。新建图形文件后，选择“草图与注释”工作空间作为操作界面。

2 绘制主中心线。在功能区“默认”选项卡“图层”面板的“图层”下拉列表框中选择“05 层-细点画线”图层，接着在“绘图”面板中单击“直线”按钮，在图框内的适当位置处绘制图 15-52 所示的几条主中心线。注意，在绘制过程中可以启用正交模式。

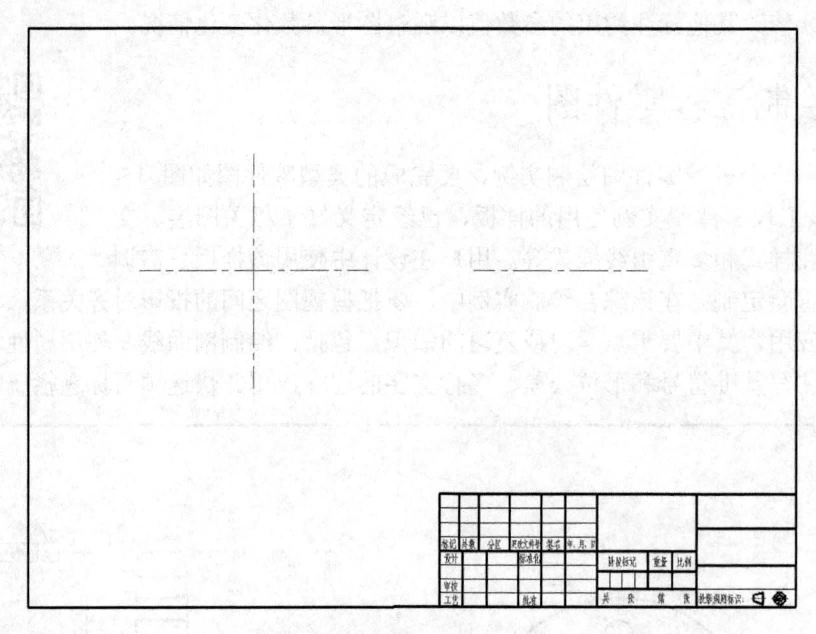

图15-52　绘制主中心线

3 绘制以中心线表示的圆。在功能区“默认”选项卡的“绘图”面板中单击“圆：圆心、直径”按钮，接着选择左侧两条相互正交的中心线的交点作为圆的圆心，并指定圆的直径为 80mm，从而绘制图 15-53 所示的一个辅助圆。

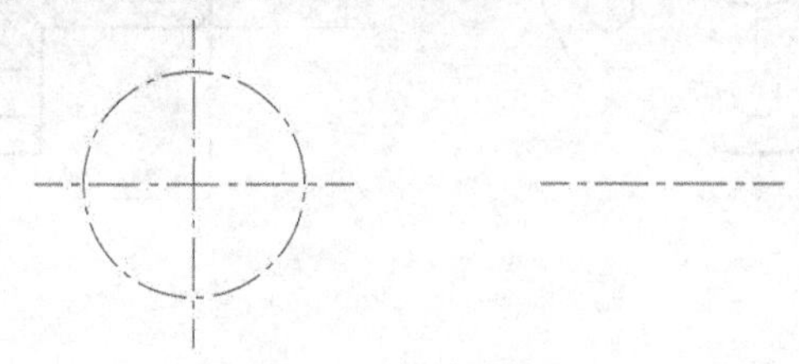

图15-53　绘制辅助圆

4 设置用于绘制以粗实线表示的轮廓线的当前图层。在功能区“默认”选项卡“图层”面板的“图层”下拉列表框中选择“01 层-粗实线”图层，从而将其设置为当前图层。

5 在主视图（左边的视图）中绘制若干个圆。分别在“绘图”面板中单击“圆：圆心、直径”按钮来绘制图 15-54 所示的 4 个圆，这 4 个粗实线圆的直径从大到小分别为 108mm、40mm、20mm 和 11mm。

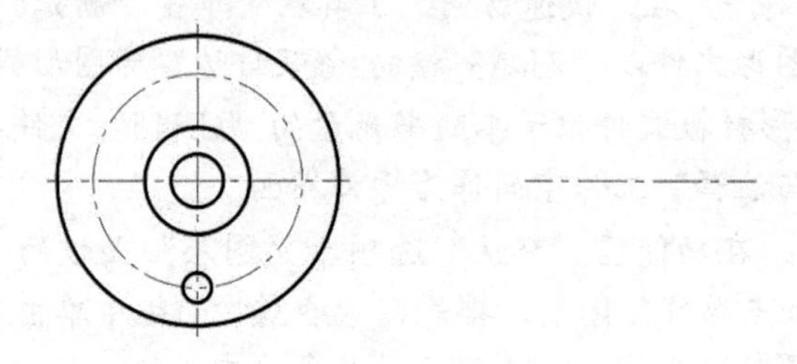

图15-54　绘制圆

6 通过“环形阵列”工具阵列复制出其他均布的圆。在功能区“默认”选项卡的“修改”面板中单击“环形阵列”按钮，选择直径为 11mm 的最小圆作为要阵列的图形对象，按“Enter”键完成对象选择，选择最大圆的圆心作为阵列的中心点，在“阵列创建”选项卡中设置项目数为 6，整个填充范围为 360°，行数和级别均为 1，相关参数设置如图 15-55 所示，然后单击 “关闭阵列”按钮。

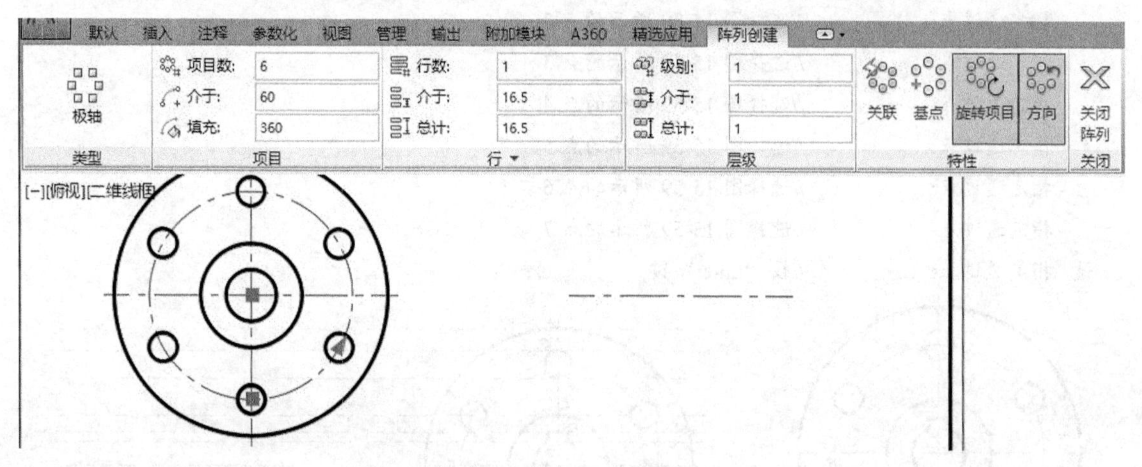

图15-55　设置环形阵列的参数

7 创建 3 条偏移线。在“修改”面板中单击“偏移”按钮，创建图 15-56 所示的 3 条辅助中心线。

8 绘制以粗实线显示的轮廓线。在“绘图”面板中单击“直线”按钮，借助于上步骤所创建的辅助中心线，以连接交点的方式绘制粗实线，如图 15-57 所示。绘制好这 3 段粗实线后，将上步骤（步骤 7）创建的 3 条偏移线（辅助中心线）删除掉。

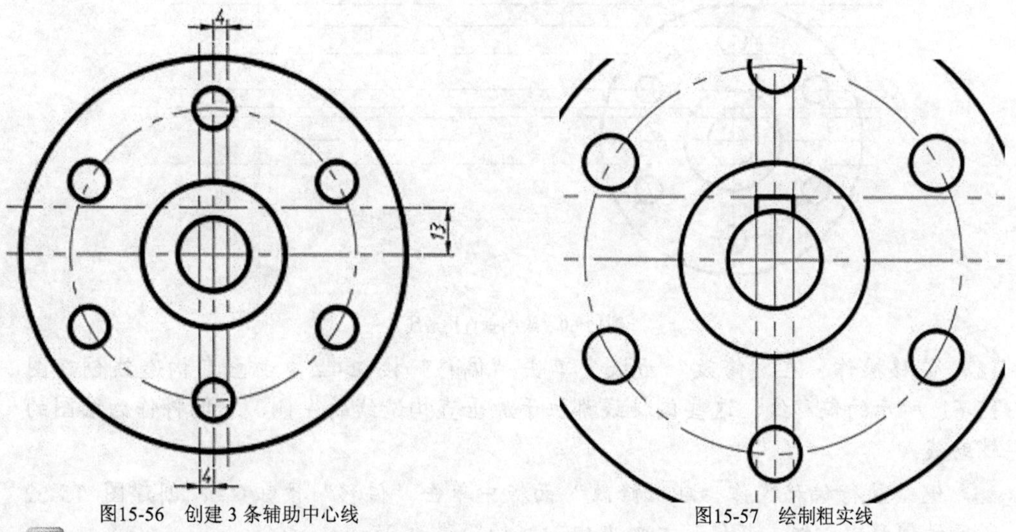

图15-56　创建 3 条辅助中心线

图15-57　绘制粗实线

9 修剪图形。在“修改”面板中单击“修剪”按钮，将轴键槽处多余的轮廓线段修剪掉，修剪结果如图 15-58 所示。

10 绘制构造线以辅助设计。先在“图层”面板的“图层”下拉列表框中选择“16 层-中心线”层（该图层将用来专门放置构造线），接着在“绘图”面板中单

击“构造线”按钮，绘制图 15-59 所示的 7 条水平构造线。具体操作方法如下。

```
命令: _xline                    //单击“构造线”按钮
指定点或 [水平(H)/垂直(V)/角度(A)/二等分(B)/偏移(O)]: H↙
指定通过点:                     //选择图 15-59 所示的点 1
指定通过点:                     //选择图 15-59 所示的点 2
指定通过点:                     //选择图 15-59 所示的点 3
指定通过点:                     //选择图 15-59 所示的点 4
指定通过点:                     //选择图 15-59 所示的点 5
指定通过点:                     //选择图 15-59 所示的点 6
指定通过点:                     //选择图 15-59 所示的点 7
指定通过点: ↙                   //按“Enter”键
```

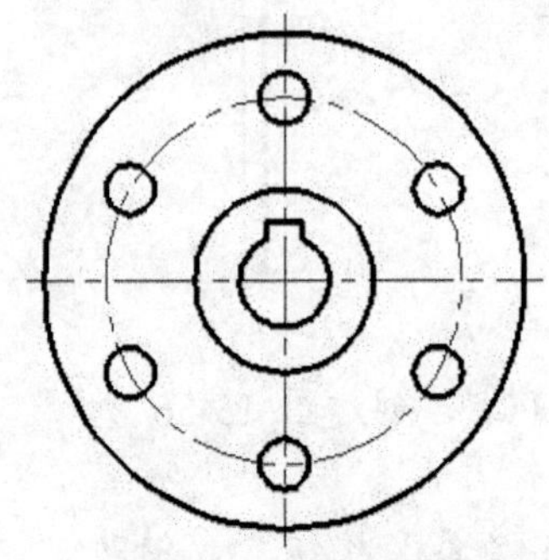

图15-58　修剪结果

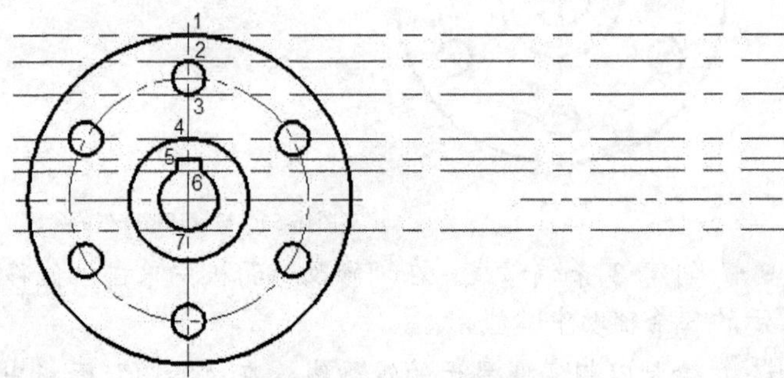

图15-59　绘制水平构造线

11 绘制垂直构造线。单击“绘图”面板中的“构造线”按钮，绘制图 15-60 所示的一条垂直构造线。

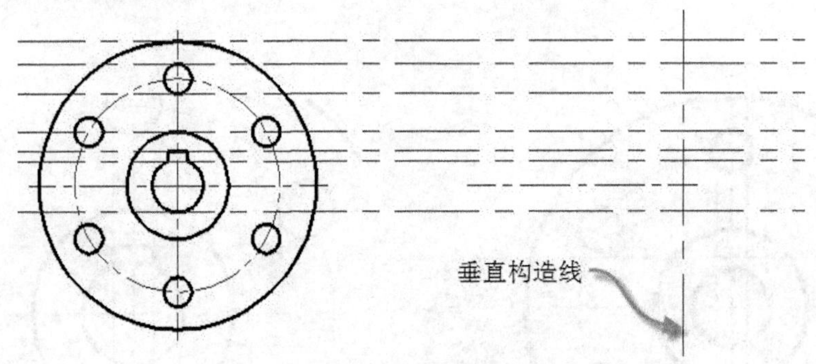

图15-60　绘制垂直构造线

12 偏移操作。在“修改”面板中单击“偏移”按钮，由垂直构造线创建图 15-61 所示的偏移线，这些偏移线都位于原垂直构造线的左侧，它们将作为绘图的辅助线。

13 继续执行偏移操作。在“修改”面板中单击“偏移”按钮，创建图 15-62 所示的偏移中心线，其偏移主水平中心线的距离为 25mm。

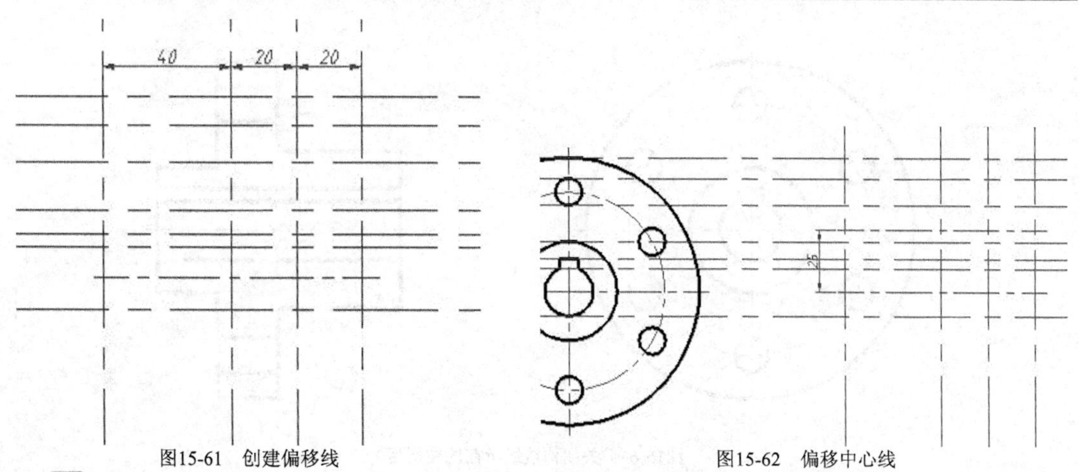

图15-61 创建偏移线　　图15-62 偏移中心线

14 设置当前图层。从“图层”面板的“图层”下拉列表框中选择“01 层-粗实线”图层，从而将“01 层-粗实线”层设置为当前图层。

15 在位于右侧的视图中绘制部分轮廓线。从“绘图”面板中单击“直线”按钮 ，结合对象捕捉和对象捕捉追踪等功能绘制图 15-63 所示的粗实线。

16 镜像操作。从“修改”面板中单击“镜像”按钮 ，在右侧的视图中进行镜像操作，得到图 15-64 所示的轮廓线。

图15-63 绘制相关粗实线　　图15-64 镜像结果

17 删除不再需要的中心线和关闭构造线所在的图层。也就是将右侧视图中不再需要的一条偏移中心线删除掉；并在“图层”面板的“图层”下拉列表框中单击“16 层-中心线”层的“开/关图层”图标，以关闭该层，关闭指定层的操作图解如图 15-65 所示。

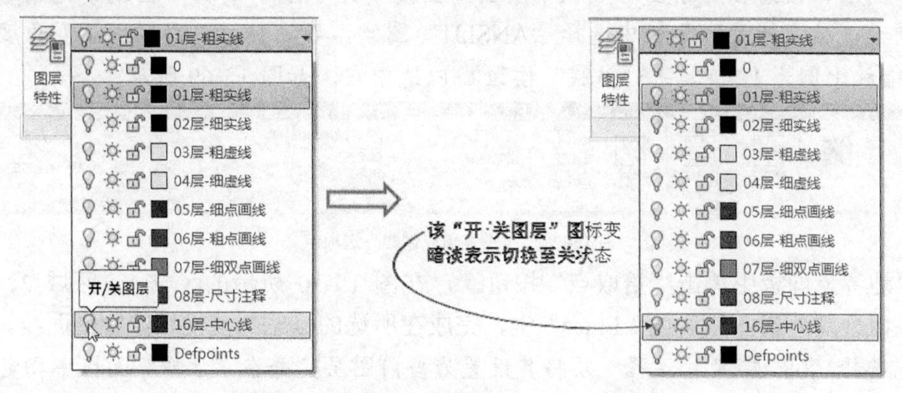

图15-65 关闭构造线所在的“16 层-中心线”图层

关闭构造线所在的“16 层-中心线”层后，视图效果如图 15-66 所示。

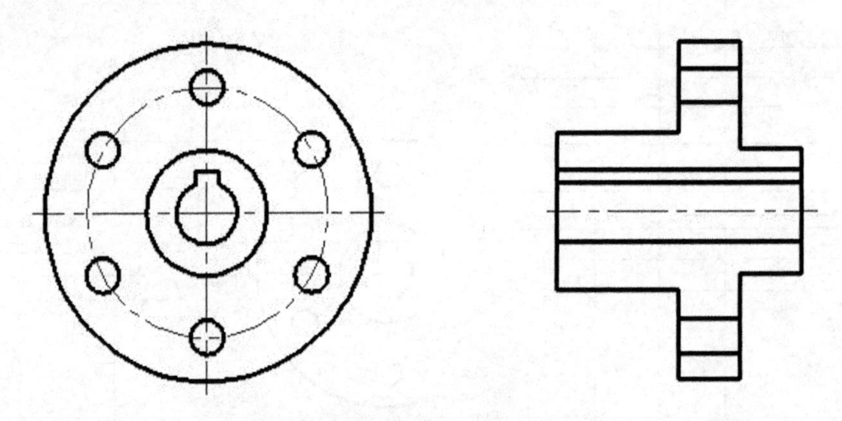

图15-66　关闭构造线所在的图层后

18 创建倒角。在“修改”面板中单击“倒角”按钮，在图形中创建图 15-67 所示的 4 处倒角，这些倒角的尺寸规格均为 C3。

19 绘制两条中心线表示轴线。从“图层”面板的“图层”下拉列表框中选择“05 层-细点画线”图层。在“绘图”面板中单击“直线”按钮，使用正交、对象捕捉、对象捕捉追踪功能在右侧的视图中辅助绘制两条中心线，如图 15-68 所示。这两条中心线通过相应的孔轴。

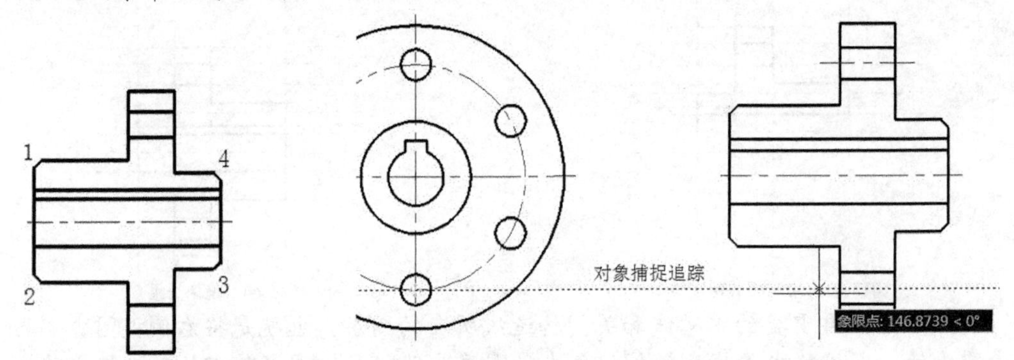

图15-67　创建 4 处倒角　　图15-68　在右侧的视图中绘制中心线

20 绘制剖面线。先从“图层”面板的“图层”下拉列表框中选择“02 层-细实线”图层，接着在“绘图”面板中单击“图案填充”，打开“图案填充创建”选项卡，从“图案”面板中选择“ANSI31”图案，在“特性”面板中设置角度为 0，缩放比例为 1.5，单击“关联”按钮以选中它，如图 15-69 所示。

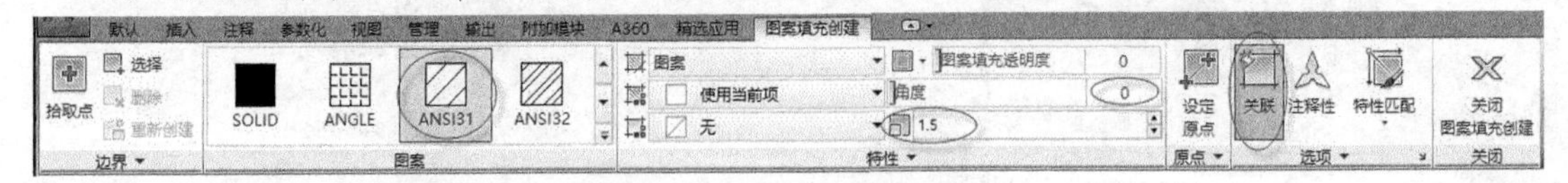

图15-69　“图案填充创建”选项卡

在“边界”面板中单击“拾取点”按钮，在图 15-70 所示的区域 1、区域 2、区域 3 和区域 4 内分别单击，然后按“Enter”键，完成在所选的这些封闭区域绘制剖面线。

21 选择“08 层-尺寸注释”层将其设置为当前图层，并在“注释”面板中指定图 15-71 所示的相关样式作为当前样式。

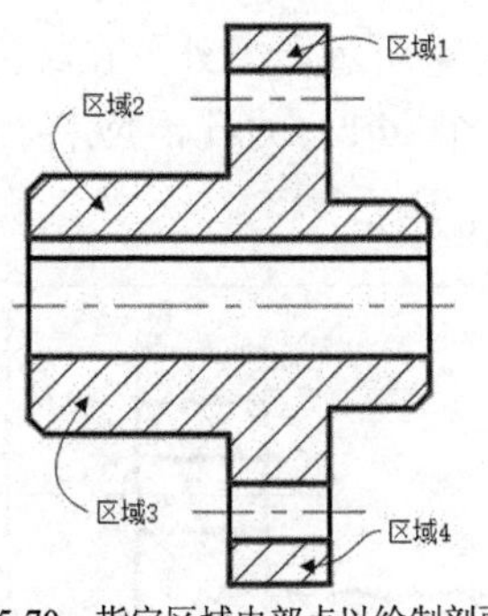

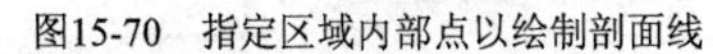
图15-70　指定区域内部点以绘制剖面线

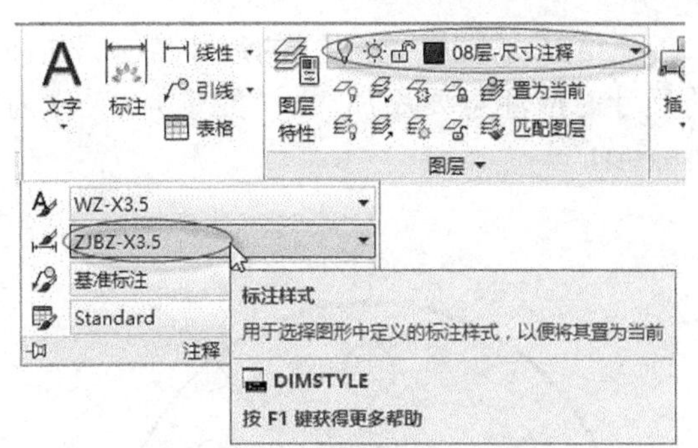

图15-71　指定当前图层和当前样式

22 标注基本尺寸。分别执行“注释”面板中的相关标注工具来对图形进行基本尺寸的标注。初次标注的尺寸如图 15-72 所示。

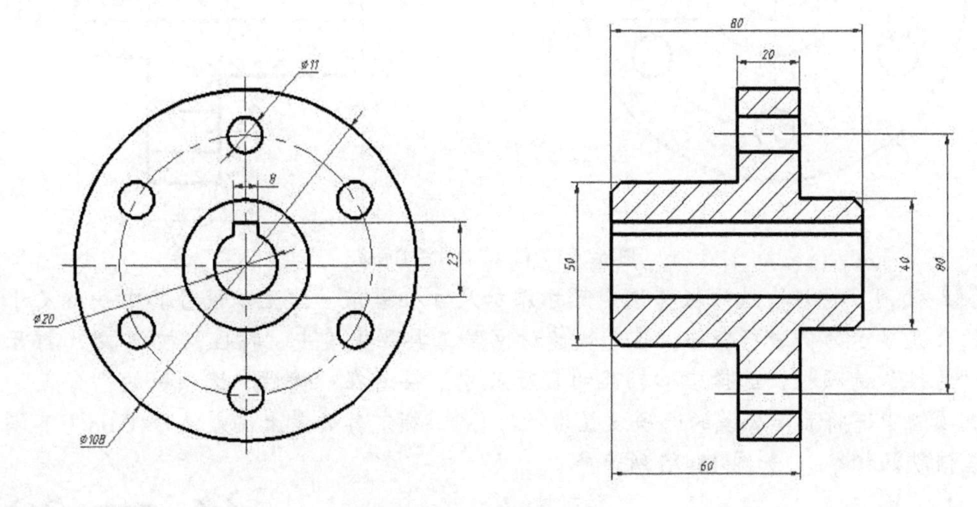

图15-72　标注基本尺寸

23 编辑相关尺寸的标注文本。在命令窗口的“键入命令”提示下输入“TEXTEDIT”命令，按“Enter”键，接着选择要编辑的标注注释，然后使用出现的文字编辑器对尺寸文本进行编辑。例如，执行“TEXTEDIT”命令后，选择尺寸值为 40 的尺寸，接着在文本框中确保将输入光标移至标注文本的前面，输入“%%C”，如图 15-73 所示（输入的“%%C”字符自动转换为直径符号），然后单击“关闭文字编辑器”按钮，则在该尺寸值前完成添加了直径符号。

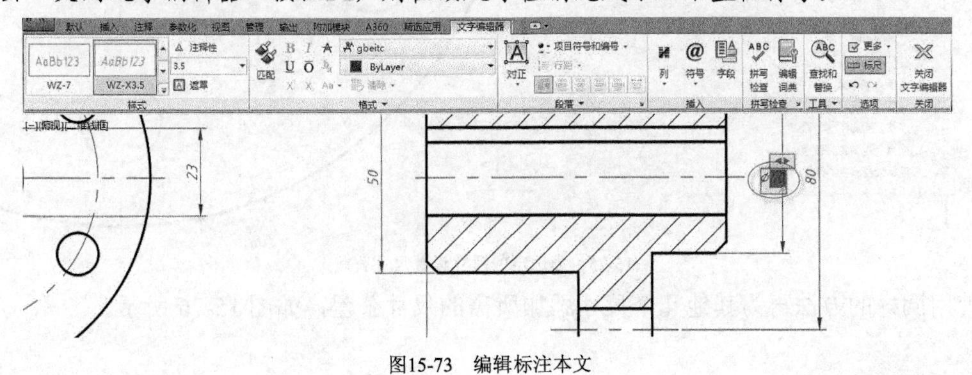

图15-73　编辑标注本文

使用上述方法，在相关的尺寸值前添加前缀，如图 15-74 所示。另外，在标注重复要素的尺寸时应注意要添加“n（数量）x”作为前缀，如 6 个 Φ11 的孔，应将标注编辑为“6xΦ11”。

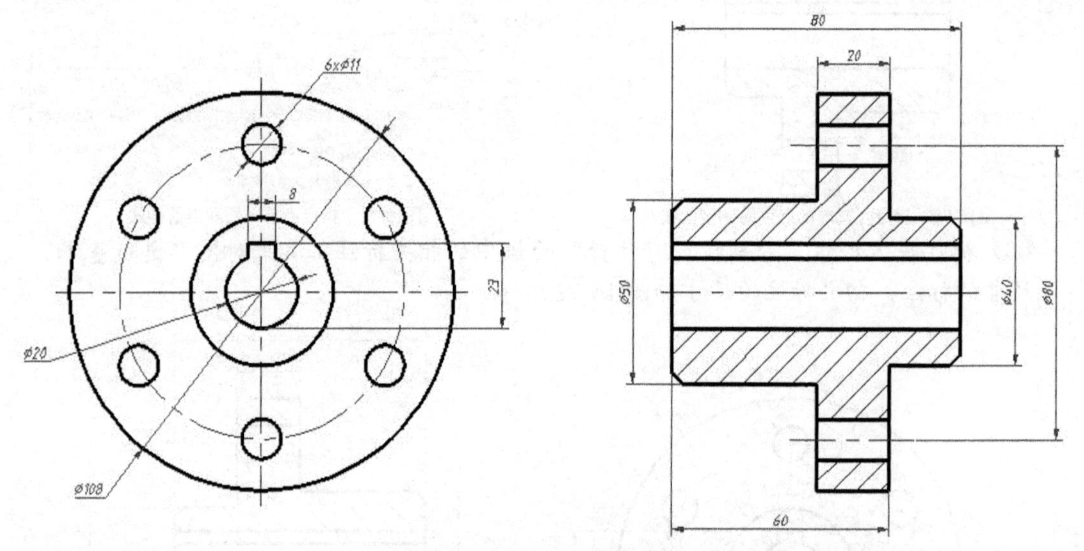

图15-74　为相关的尺寸添加前缀

24 使用“特性”选项板为选定尺寸添加尺寸公差值。这里以设置其中一个尺寸的公差显示为例进行介绍。在“快速访问”工具栏中单击“特性”按钮，打开“特性”选项板，选择中心轴孔的直径尺寸，接着在“特性”选项板的“公差”选项组中，将显示公差的选项设置为“对称”，指定其公差上偏差值为 0.08（下偏差值默认相等），如图 15-75 所示。

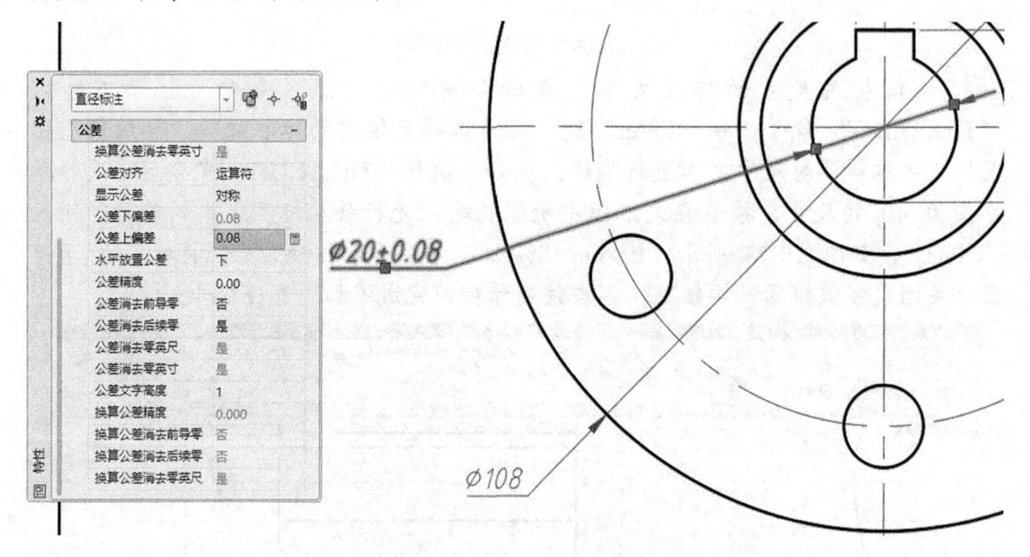

图15-75　为选定的尺寸设置尺寸公差

使用同样的方法再为其他几个尺寸添加所需的尺寸公差，如图 15-76 所示。

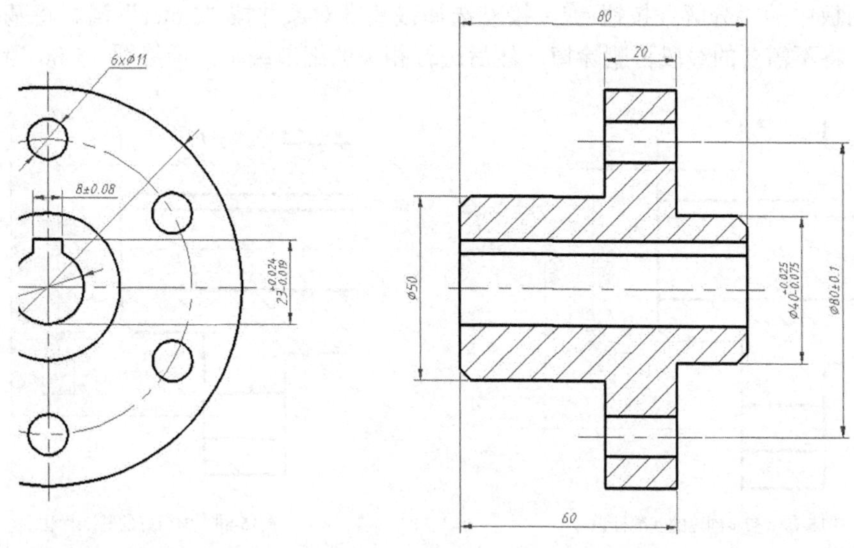

图15-76　添加尺寸公差

20 在视图中注写基准标识。

在“注释”面板的“多重引线样式”下拉列表框中选择“基准标注”样式（“基准标注”样式为样板文件中已经定义好的一种多重引线样式，也允许用户自行创建满足设计要求的多重引线样式）。在注写基准标识之前，可按“F8”键确保启用正交模式以便于基准引线的方向确定。在“注释”面板中单击“引线”按钮，接着在图 15-77 所示的标注中指定一点作为引线箭头的位置，再在该标注正下方的适当位置处单击以指定引线基线的位置，系统弹出“编辑属性”对话框，如图 15-78 所示，输入标记编号为“A”。

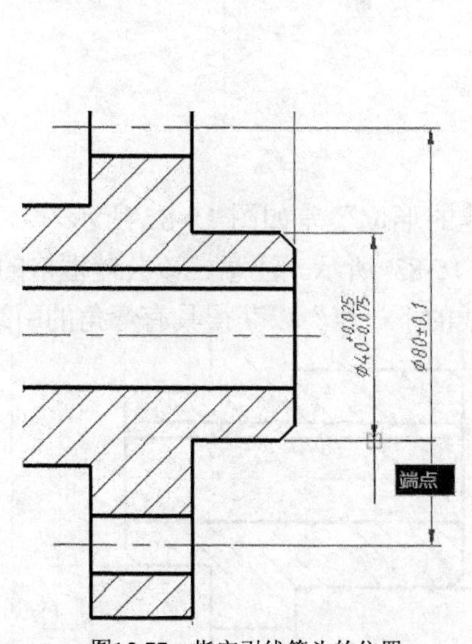

图15-77　指定引线箭头的位置

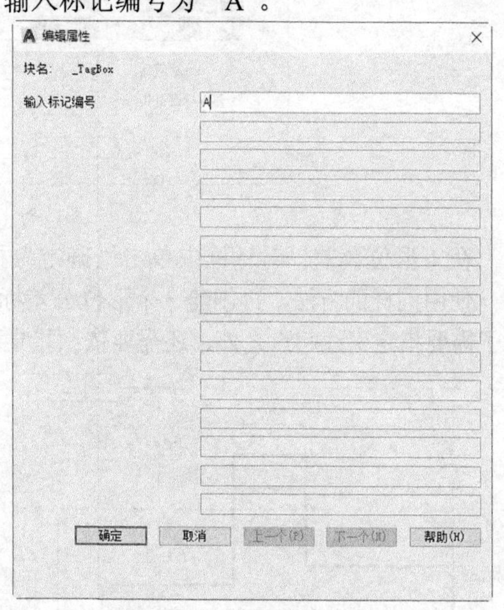

图15-78　“编辑属性”对话框

在“编辑属性”对话框中单击“确定”按钮，初步注写的基准标识如图 15-79 所示。此时可以使用直线工具为放置该基准三角形的尺寸线稍微添加一小段水平延长线以示美观。另外，如果想让带字母的基准不具有折弯的引线，那么可以在功能区“默认”选项卡中单击

“修改”面板中的“分解”按钮，接着选择该基准对象并按“Enter”键。将基准对象分解打散后，将不需要的线段再删除掉，然后进行相关的细节编辑，最终图 15-80 所示的基准标注效果。

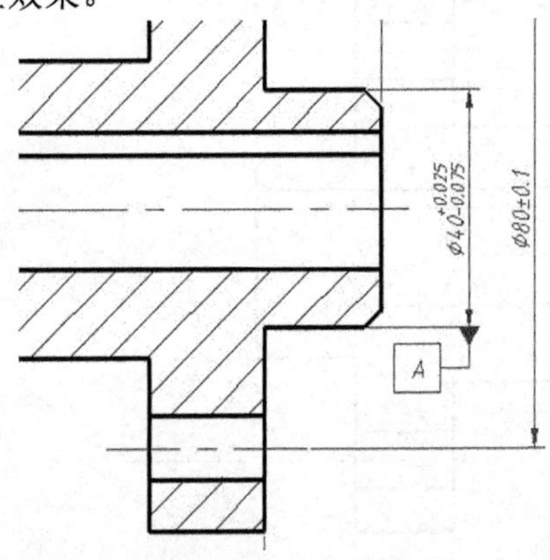

图15-79　初步创建的基准标识

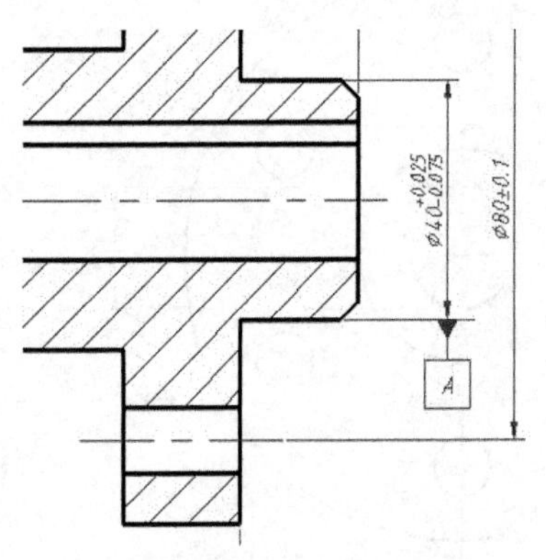

图15-80　编辑好的基准标注

26 注写形位公差。

在命令窗口的命令行中输入“LEADER”命令按“Enter”键，接着指定引线起点和引线的下一点，再连续按“Enter”键直到显示“输入注释选项 [公差(T)/副本(C)/块(B)/无(N)/多行文字(M)] <多行文字>:”，输入“T”按“Enter”键（即选择“公差”选项），系统弹出“形位公差”对话框，从中指定形位公差符号、公差 1 内容及基准 1 内容等，如图 15-81 所示。

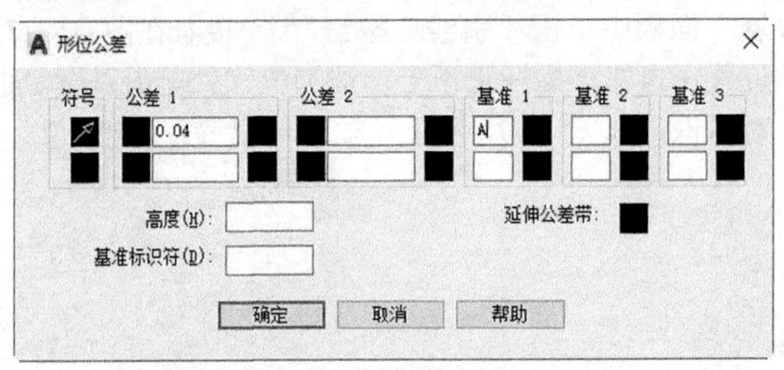

图15-81　定义形位公差

在“形位公差”对话框中单击“确定”按钮。创建的形位公差如图 15-82 所示。

使用同样的方法，再创建一个形位公差标注，如图 15-83 所示。注意，该公差框格的放置除了需要指定引线起点之外，还需要依次指定两个“引线的下一点”以获得具有弯角的引线。

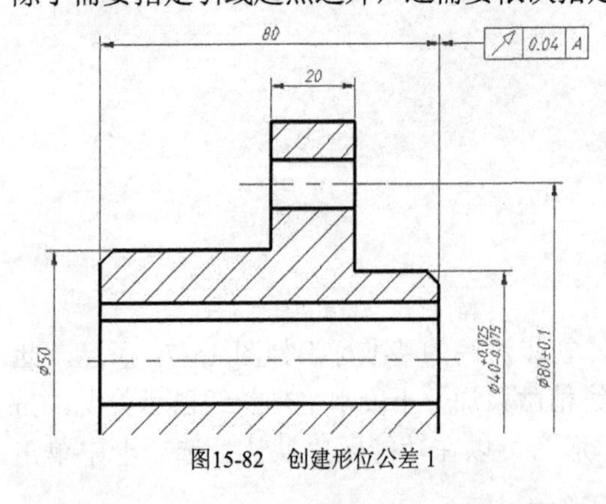

图15-82　创建形位公差 1

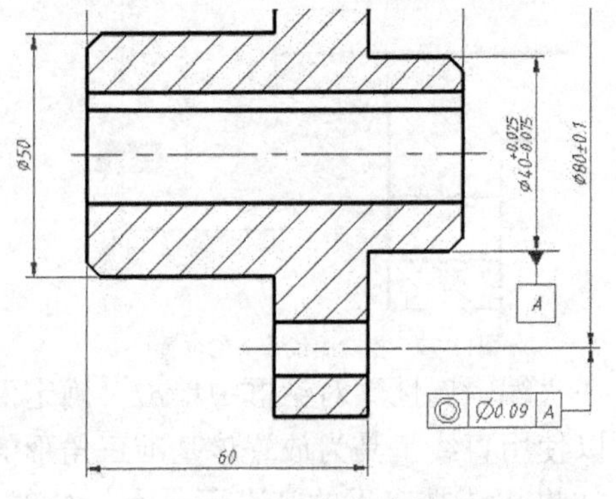

图15-83　创建形位公差 2

27 标写表面结构要求。

在功能区“默认”选项卡的“块”面板中单击“插入块”按钮，接着选择“更多选项”命令，系统弹出“插入”对话框，从“名称”下拉列表框中选择所需要的一种表面结构要求符号块（所选样板文件已经预定义好了相关属性块），本例选择“表面结构要求 h3.5-去除材料”，并根据需要设置相应的选项、参数，如图 15-84 所示，然后单击“确定”按钮。

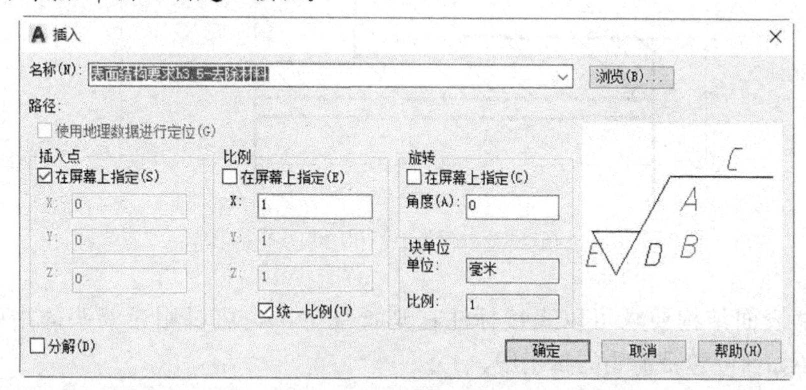

图15-84 “插入”对话框

指定表面结构要求符号的插入点如图 15-85 所示，该表面结构要求标注在一圆柱面的轮廓线上，接着在弹出的“编辑属性”对话框中填写单一的表面结构要求为“Ra 3.2”（Ra 和数值之间有一个空格），如图 15-86 所示，然后单击“确定”按钮。标注的第一个表面结构要求如图 15-87 所示。

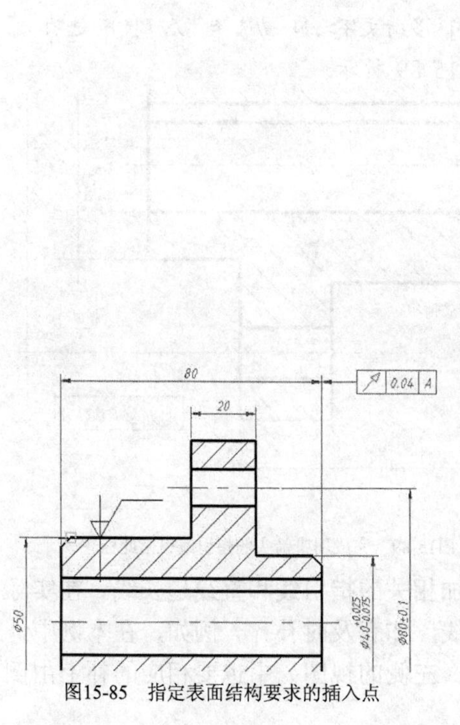

图15-85 指定表面结构要求的插入点

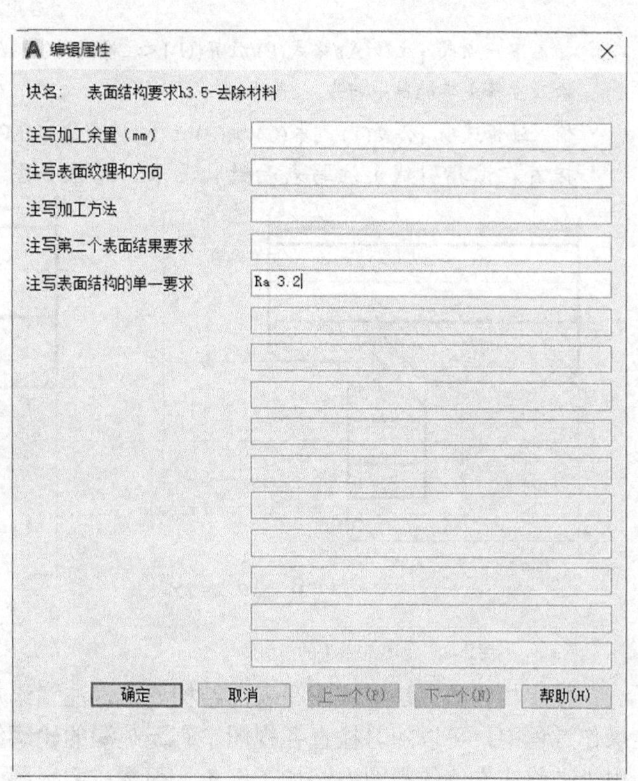

图15-86 输入注写的表面结构要求

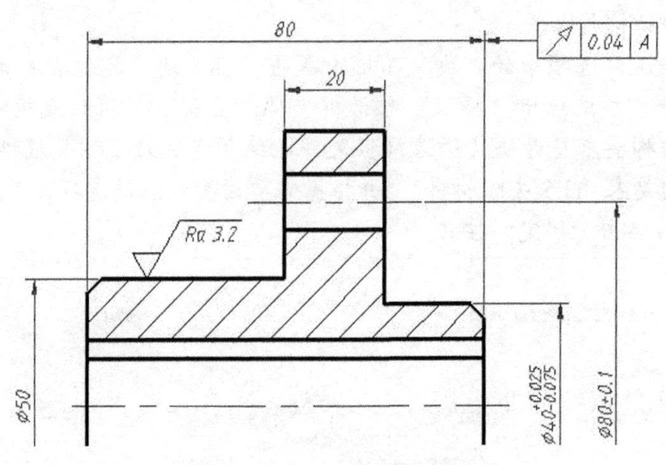

图15-87　注写第一个表面结构要求

知识点拨：表面结构要求可以直接标注在延长线上，也可以用带箭头的指引线引出标注。下面介绍如何创建带箭头的指引线。

命令: LEADER↙　　//输入"LEADER"并按"Enter"键

指定引线起点:　　//在尺寸界线上选定一点 A，如图 15-88 所示

指定下一点:　<正交 关>　　//关闭正交模式，并指定图 15-88 所示的 B 点

指定下一点或 [注释(A)/格式(F)/放弃(U)] <注释>:　<正交 开>

//启用正交模式，指定图 15-88 所示的 C 点

指定下一点或 [注释(A)/格式(F)/放弃(U)] <注释>: ↙　　//按"Enter"键

输入注释文字的第一行或 <选项>:↙　　//按"Enter"键

输入注释选项 [公差(T)/副本(C)/块(B)/无(N)/多行文字(M)] <多行文字>: N　//选择"无（N）"选项

接着在该指引线上注写表面结构要求，结果如图 15-89 所示。

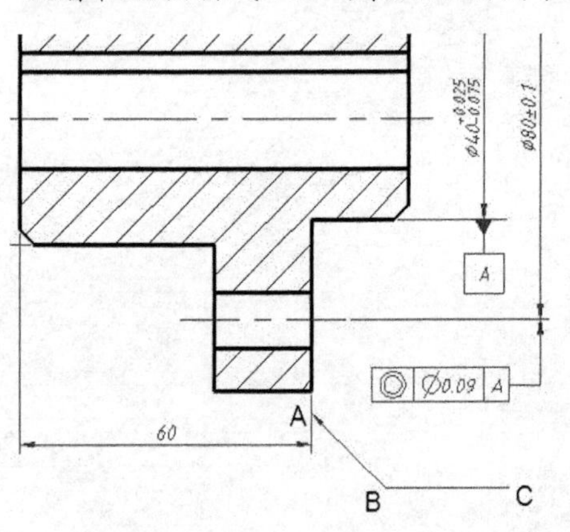

图15-88　创建带箭头的指引线

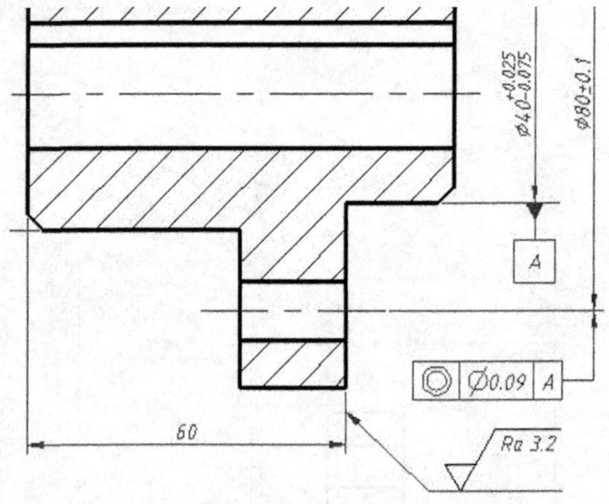

图15-89　完成用带箭头的指引线引出此标注

使用相同的方法继续注写表面结构要求，注意添加相关的指引线和直线延长线。在实际操作过程中，可以随时检查各视图中有无疏漏的轮廓线，如有及时补齐。例如，在本例中，由于之前在右侧的视图中添加了倒角，那么在主视图（左侧的视图）中也要相应的补上由倒

角边形成的轮廓线，即在主视图中绘制一个直径为 34mm 的圆（可使用圆工具绘制，也可以通过偏移的方式来创建，注意相关对齐关系）。此时工程视图效果如图 15-90 所示。

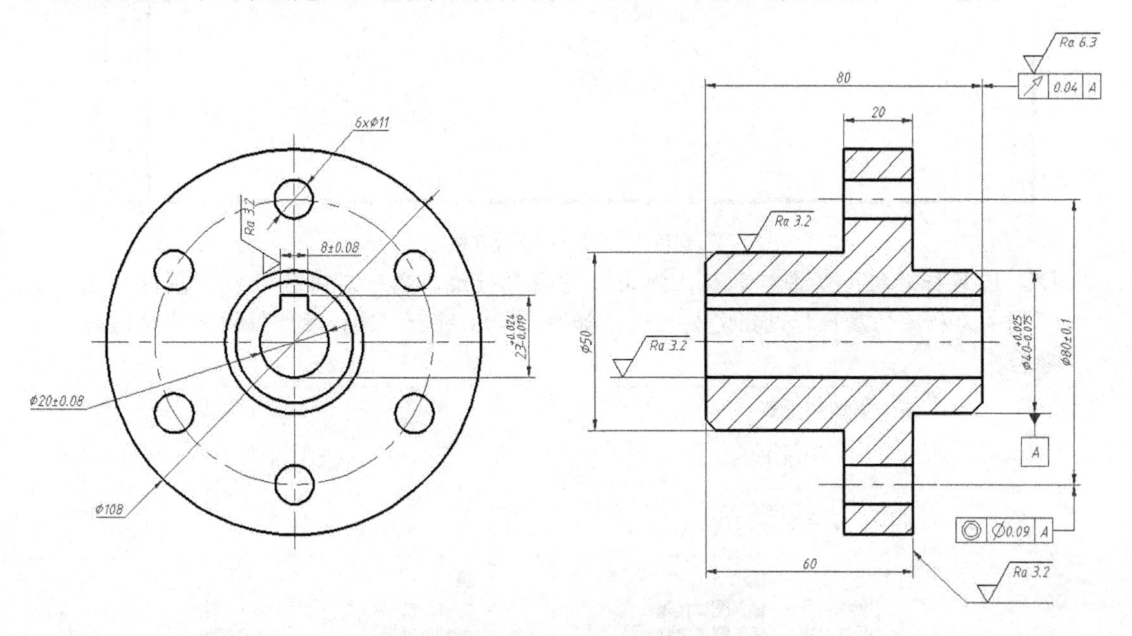

图15-90　完成相关表面结构要求注写和补齐轮廓线

如果在工件的多数表面有相同的表面结构要求，则其表面结构要求可统一标注在图样的标题栏附近，此时表面结构要求的符号后面应有在圆括号内给出无任何其他标注的基本符号，或在圆括号内给出不同的表面结构要求。在本例中，在标题栏上方注写图 15-91 所示的表面结构要求内容，其中圆括号可以使用“多行文字”按钮A来绘制。

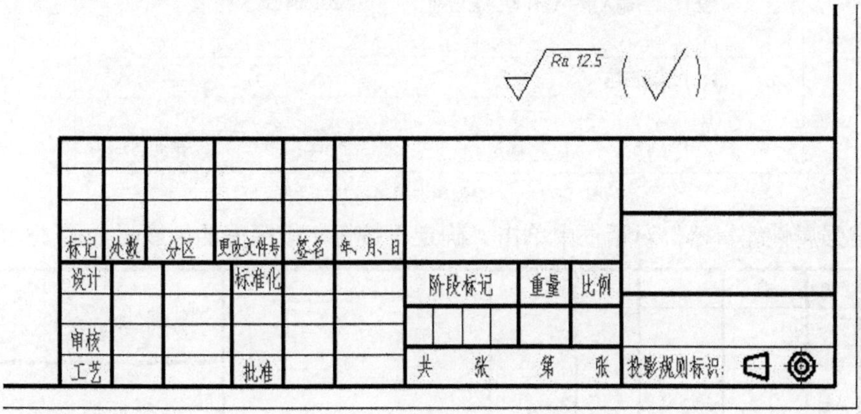

Ra 12.5 (√)

标记　处数　分区　更改文件号　签名　年、月、日
设计　标准化　阶段标记　重量　比例
审核
工艺　批准　共　张　第　张　投影规则标识：

图15-91　在标题栏附近注写其余表面结构要求

28 添加技术要求注释。在功能区“默认”选项卡的“注释”面板中单击“多行文字”按钮A，在图框中主视图的下方区域、标题栏的左侧区域添加图 15-92 所示的技术要求注释。

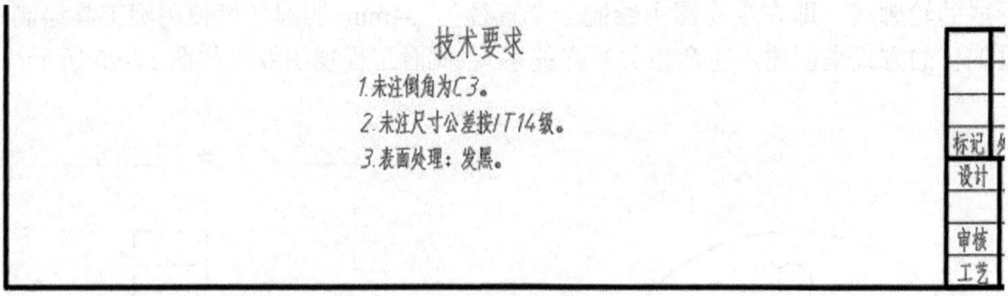

技术要求
1.未注倒角为C3。
2.未注尺寸公差按IT14级。
3.表面处理：发黑。
标记
设计
审核
工艺

图15-92　添加技术要求注释

29 填写标题栏。双击标题栏，弹出“增强属性编辑器”对话框，在“属性”选项卡中为相关的属性标记指定属性值，如图 15-93 所示，这样便能够快速地填写标题栏。

增强属性编辑器
块: GB标题栏
标记: (签名)
选择块(B)
属性
文字选项
特性
标记
提示
值
(图样代号) 输入图样代号 ZJ-BC-LT001
(图样名称) 输入图样名称 配制联轴器
(单位名称) 输入设计单位名称 紫荆工业设计机构
(材料标记) 输入材料标记 45
(比例) 输入制图比例 1:1
(重量) 输入零部件重量
P1 输入第几张图纸 1
P 输入图纸总张数 1
(签名) 输入第一设计者名字 钟日铭
(年月日) 输入第一设计者签名日期 20150413
值(V): 钟日铭
应用(A)
确定
取消
帮助(H)

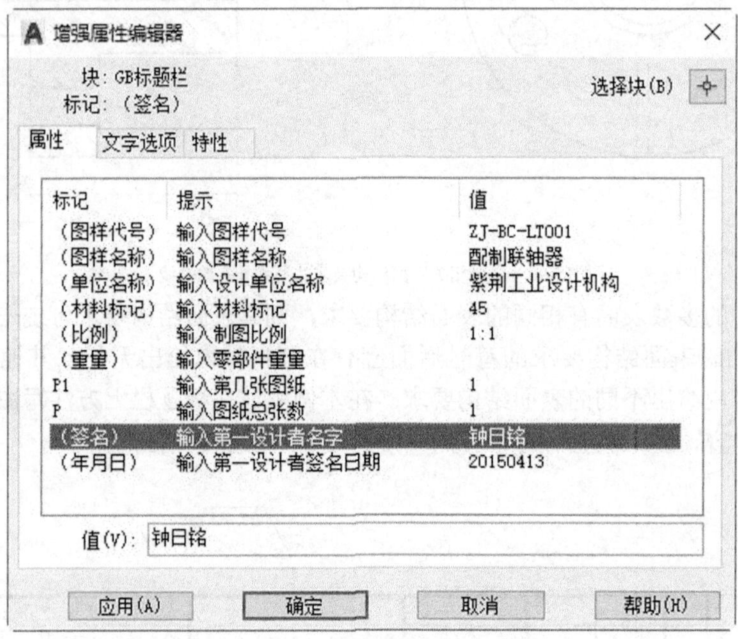

图15-93　“增强属性编辑器”对话框

在“增强属性编辑器”对话框中单击“确定”按钮，填写好的标题栏如图 15-94 所示。

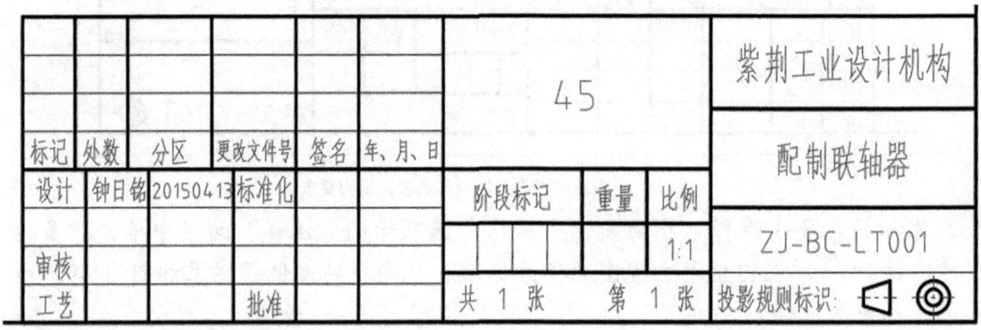

紫荆工业设计机构
45
标记
处数
分区
更改文件号
签名
年、月、日
配制联轴器
设计
钟日铭
20150413
标准化
阶段标记
重量
比例
1:1
ZJ-BC-LT001
审核
工艺
批准
共 1 张
第 1 张
投影规则标识:

图15-94　填写标题栏

30 检查图形和尺寸。基本完成的零件图如图 15-95 所示。可以在满足投影对齐的条件下调整视图间的放置间隙。

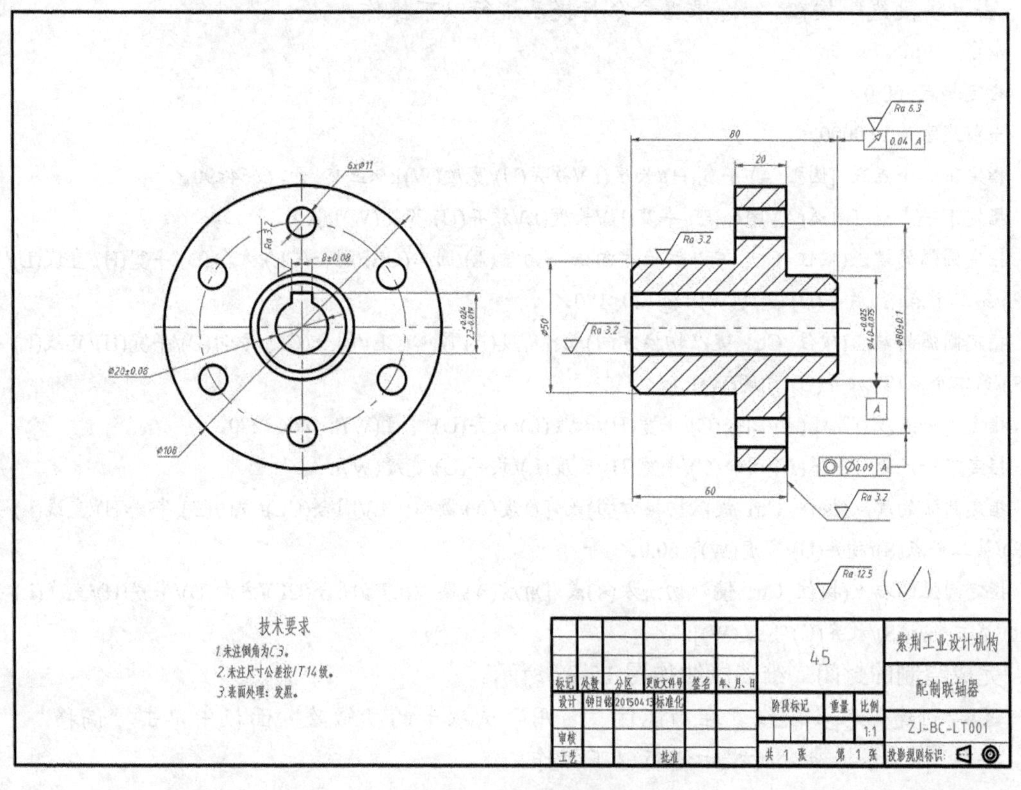

图15-95　基本完成的零件图

31 在“快速访问”工具栏中单击“保存”按钮，进行保存图形文件的操作。

15.4　泵盖三维模型设计

视频：泵盖三维模型设计

本节介绍某泵盖零件的三维实体建模过程。通过该建模综合范例，让读者领悟到三维实体建模的基本思路、步骤及相关的操作技巧等。本范例要完成的泵盖零件三维实体模型如图 15-96 所示。

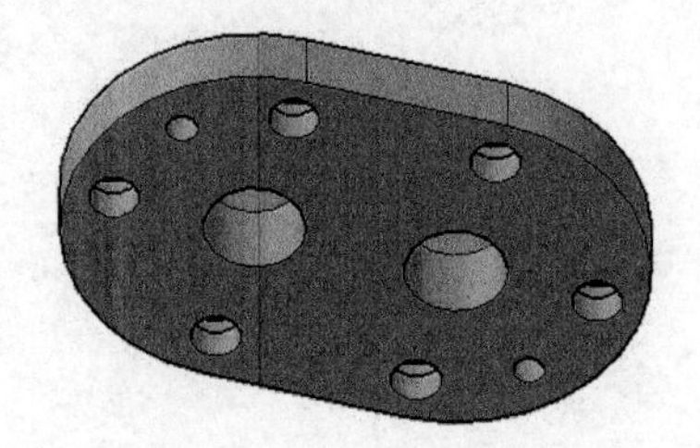

图15-96　泵盖三维实体模型

本泵盖零件的三维建模步骤如下。

1 新建一个图形文件。在“快速访问”工具栏中单击“新建”按钮，接着通过弹出的对话框选择 AutoCAD 2018 软件提供的“acadiso.dwt”图形样板，单击“打开”按钮。本例使用“三维建模”工作空间。

2 绘制一个封闭的二维多段线。在功能区“常用”选项卡的“绘图”面板中单

击“多段线”按钮⌒，根据命令行提示进行以下操作。

命令: _pline

指定起点: 60,0↙

当前线宽为 0.0000

指定下一个点或 [圆弧(A)/半宽(H)/长度(L)/放弃(U)/宽度(W)]: <正交 开>@64<90↙

指定下一点或 [圆弧(A)/闭合(C)/半宽(H)/长度(L)/放弃(U)/宽度(W)]: A↙

指定圆弧的端点(按住 Ctrl 键以切换方向)或 [角度(A)/圆心(CE)/闭合(CL)/方向(D)/半宽(H)/直线(L)/半径(R)/第二个点(S)/放弃(U)/宽度(W)]: @120<180↙

指定圆弧的端点(按住 Ctrl 键以切换方向)或 [角度(A)/圆心(CE)/闭合(CL)/方向(D)/半宽(H)/直线(L)/半径(R)/第二个点(S)/放弃(U)/宽度(W)]: L↙

指定下一点或 [圆弧(A)/闭合(C)/半宽(H)/长度(L)/放弃(U)/宽度(W)]: @64<270↙

指定下一点或 [圆弧(A)/闭合(C)/半宽(H)/长度(L)/放弃(U)/宽度(W)]: A↙

指定圆弧的端点(按住 Ctrl 键以切换方向)或 [角度(A)/圆心(CE)/闭合(CL)/方向(D)/半宽(H)/直线(L)/半径(R)/第二个点(S)/放弃(U)/宽度(W)]: 60,0↙

指定圆弧的端点(按住 Ctrl 键以切换方向)或 [角度(A)/圆心(CE)/闭合(CL)/方向(D)/半宽(H)/直线(L)/半径(R)/第二个点(S)/放弃(U)/宽度(W)]: ↙

完成绘制的封闭二维多段线如图 15-97 所示。

3 创建偏移多段线。在功能区“常用”选项卡的“修改”面板中单击“偏移”按钮，根据命令行提示进行以下操作。

命令: _offset

当前设置: 删除源=否　图层=源　OFFSETGAPTYPE=0

指定偏移距离或 [通过(T)/删除(E)/图层(L)] <通过>: 40↙

选择要偏移的对象，或 [退出(E)/放弃(U)] <退出>:　　　　//单击二维多段线

指定要偏移的那一侧上的点，或 [退出(E)/多个(M)/放弃(U)] <退出>:　//在二维多段线内部区单击

选择要偏移的对象，或 [退出(E)/放弃(U)] <退出>:↙

偏移结果如图 15-98 所示。

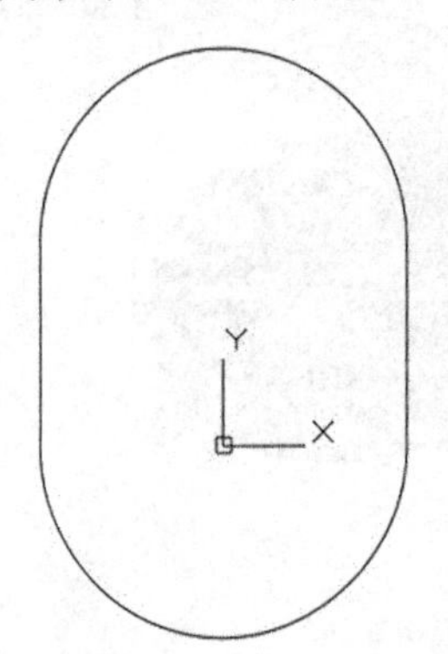

图15-97　绘制封闭的二维多段线

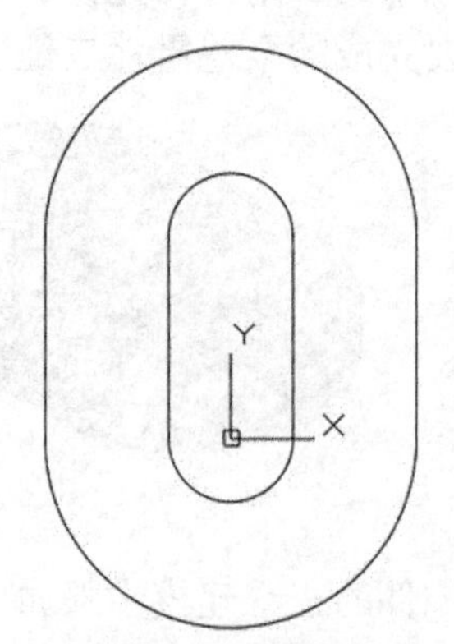

图15-98　偏移结果

4 选择标准视图。在功能区“常用”选项卡的“视图”面板中，从“三维导航”下拉列表框中选择“东南等轴测”视图选项，此时视图显示如图 15-99 所示。

5 创建第 1 个拉伸实体。在功能区中切换至“实体”选项卡，从“实体”面板

中单击“拉伸”按钮，根据命令行提示进行以下操作。

命令: _extrude

当前线框密度: ISOLINES=4，闭合轮廓创建模式 = 实体

选择要拉伸的对象或 [模式(MO)]: _MO 闭合轮廓创建模式 [实体(SO)/曲面(SU)] <实体>: _SO

选择要拉伸的对象或 [模式(MO)]: 找到 1 个　　　　//选择最内侧的跑道形封闭图形

选择要拉伸的对象或 [模式(MO)]: ↙

指定拉伸的高度或 [方向(D)/路径(P)/倾斜角(T)/表达式(E)]: 40↙

创建的第一个拉伸实体如图 15-100 所示。

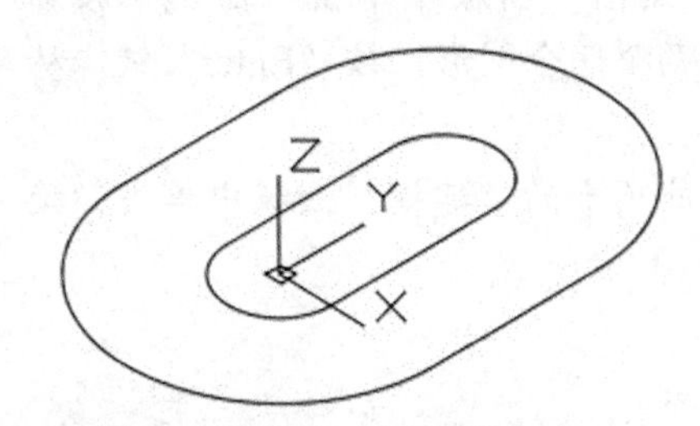

图15-99　切换至“东南等轴测”视图

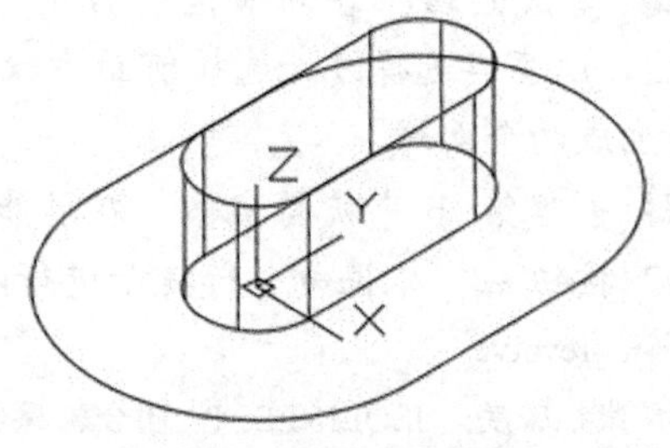

图15-100　创建第一个拉伸实体

6 创建第 2 个拉伸实体。在“实体”选项卡的“实体”面板中单击“拉伸”按钮，选择最外面的二维多段线，按“Enter”键，输入拉伸的高度为“20”并按“Enter”键确认，完成创建的第 2 个拉伸实体如图 15-101 所示。

7 并集运算。在功能区“实体”选项卡的“布尔值”面板中单击“并集”按钮，接着选择第 1 个拉伸实体和第 2 个拉伸实体，然后按“Enter”键，从而将所选的两个实体组合成一个实体对象，如图 15-102 所示。

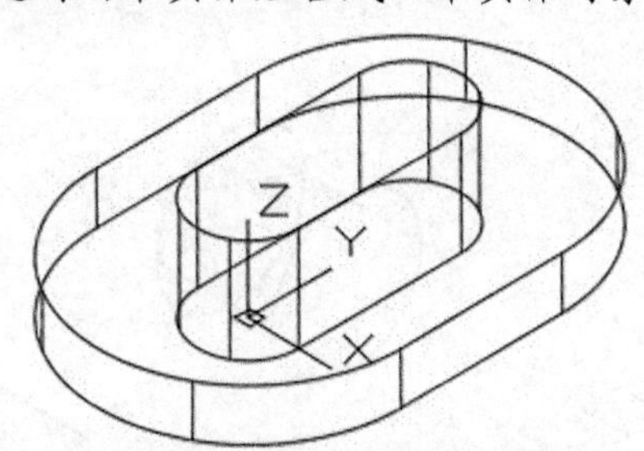

图15-101　创建第 2 个拉伸实体

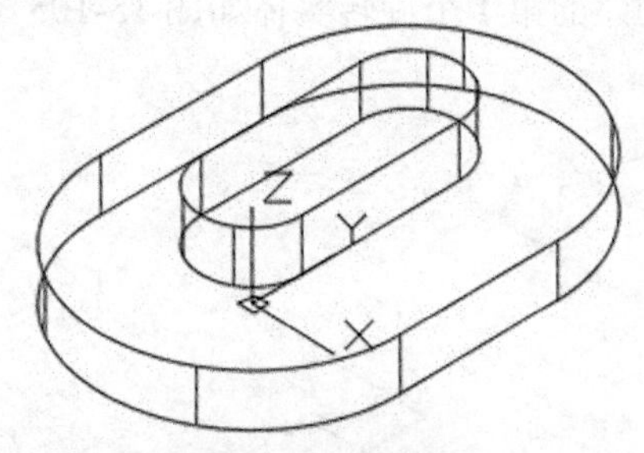

图15-102　并集运算

8 在 xy 工作平面上绘制二维图形。在功能区中切换到“常用”选项卡，从“视图”面板的“三维导航”下拉列表框中选择“俯视”视图选项；接着在“绘图”面板中单击“直线”按钮，在绘图区域中的适当位置处绘制图 15-103 所示的二维图形（图中给出了图形尺寸）。

9 重新选择“东南等轴测”视图。从功能区“常用”选项卡“视图”面板的“三维导航”下拉列表框中选择“东南等轴测”视图选项，此时模型视图显示如图 15-104 所示。

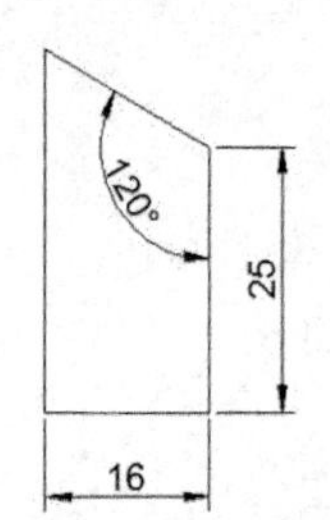

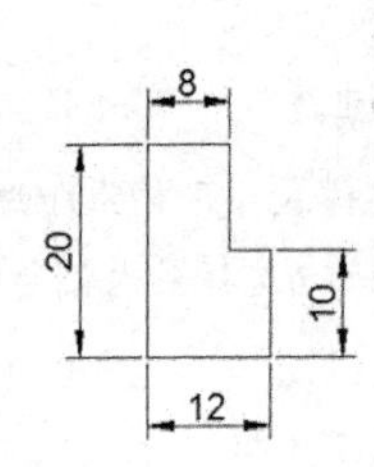

图15-103　绘制二维图形

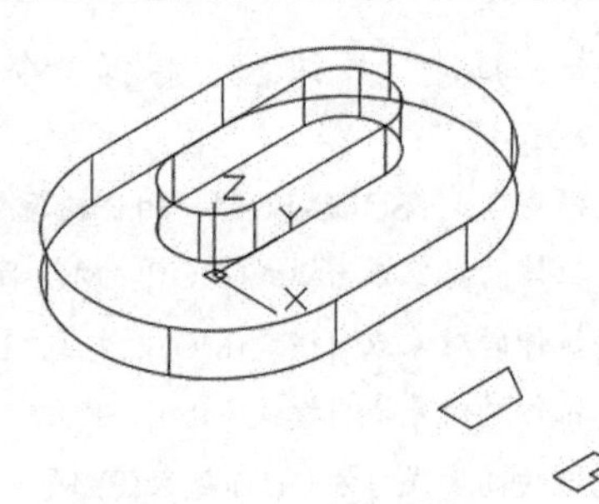

图15-104　“东南等轴测”视图显示

10 生成面域。在功能区“常用”选项卡的“绘图”面板中单击“面域”按钮，以窗口选择方式选择前面步骤 8 所创建的两个闭合图形，按“Enter”键，从而生成两个面域。

11 创建第 1 个旋转实体。在功能区“常用”选项卡的“建模”面板中单击“旋转”按钮，根据命令行提示进行以下操作。

命令: _revolve

当前线框密度: ISOLINES=4，闭合轮廓创建模式 = 实体

选择要旋转的对象或 [模式(MO)]: _MO 闭合轮廓创建模式 [实体(SO)/曲面(SU)] <实体>: _SO

选择要旋转的对象或 [模式(MO)]: 找到 1 个　　//单击图 15-105（a）所示的面域

选择要旋转的对象或 [模式(MO)]: ↙

指定轴起点或根据以下选项之一定义轴 [对象(O)/X/Y/Z] <对象>:　//选择图 15-105（b）所示的端点 1

指定轴端点:　　//选择图 15-105（b）所示的端点 2

指定旋转角度或 [起点角度(ST)/反转(R)/表达式(EX)] <360>:↙

创建的第 1 个旋转实体如图 15-105（c）所示。

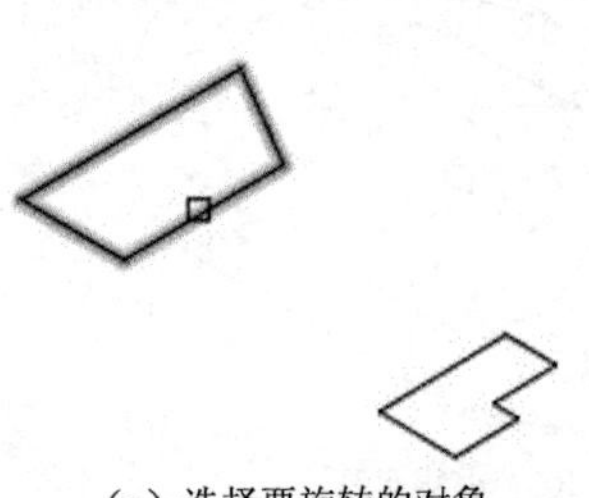

（a）选择要旋转的对象

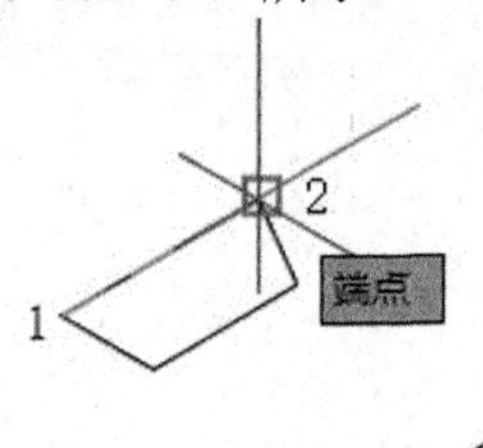

（b）定义旋转轴

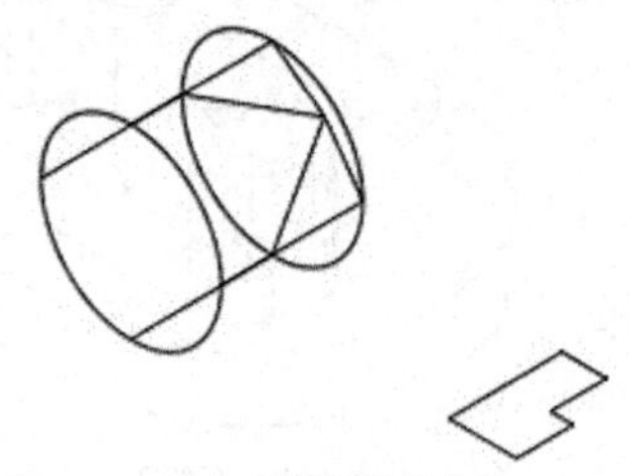

（c）完成创建旋转实体

图15-105　创建第 1 个旋转实体

12 创建第 2 个旋转实体。单击“旋转”按钮，根据命令行提示进行以下操作。

命令: _revolve

当前线框密度: ISOLINES=4，闭合轮廓创建模式 = 实体

选择要旋转的对象或 [模式(MO)]: _MO 闭合轮廓创建模式 [实体(SO)/曲面(SU)] <实体>: _SO

选择要旋转的对象或 [模式(MO)]: 找到 1 个　　//单击图 15-106（a）所示的面域

选择要旋转的对象或 [模式(MO)]: ↙

指定轴起点或根据以下选项之一定义轴 [对象(O)/X/Y/Z] <对象>:　//选择图 15-106（b）所示的端点 1

指定轴端点:　　//选择图 15-106（b）所示的交点 2

指定旋转角度或 [起点角度(ST)/反转(R)/表达式(EX)] <360>:↙

创建的第 2 个旋转实体如图 15-106（c）所示。

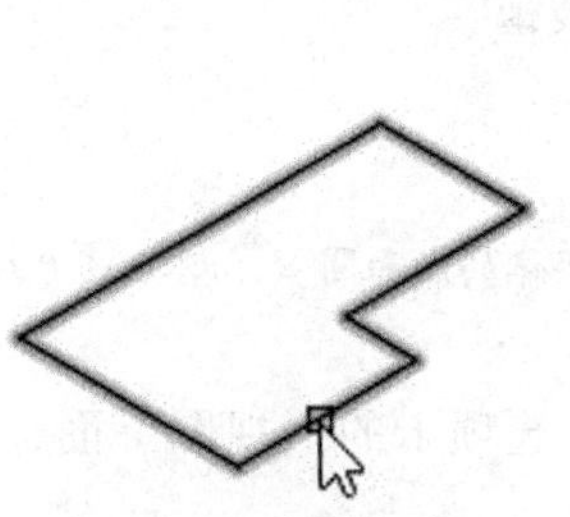
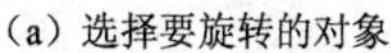

（a）选择要旋转的对象

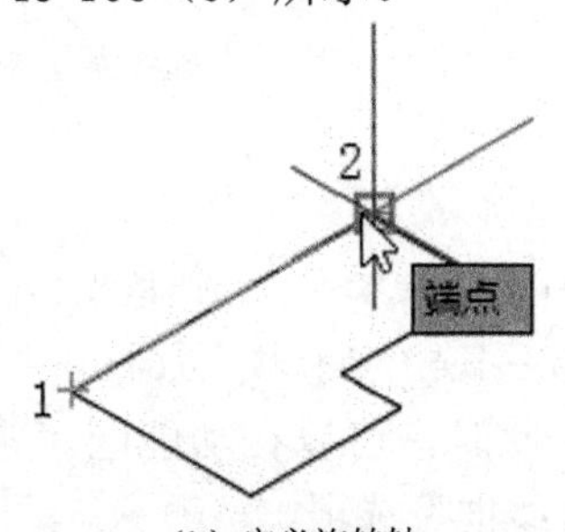

（b）定义旋转轴

（c）完成创建旋转实体

图15-106　创建第 2 个旋转实体

13 进行三维旋转操作。在功能区“常用”选项卡的“修改”面板中单击“三维旋转”按钮，选择第 1 个旋转实体并按“Enter”键，此时在该旋转实体处显示其三维旋转小控件，将光标移动到三维旋转小控件的所需轴把手圈（旋转路径）上时将显示表示旋转轴的矢量线，如图 15-107 所示，在该轴把手圈（旋转路径）变为黄色时单击它，此时将旋转约束到该轴上，接着移动光标绕该轴旋转至要求的位置单击，或者输入绕轴逆时针的旋转角度为 90°，以获得图 15-108 所示的三维旋转结果。

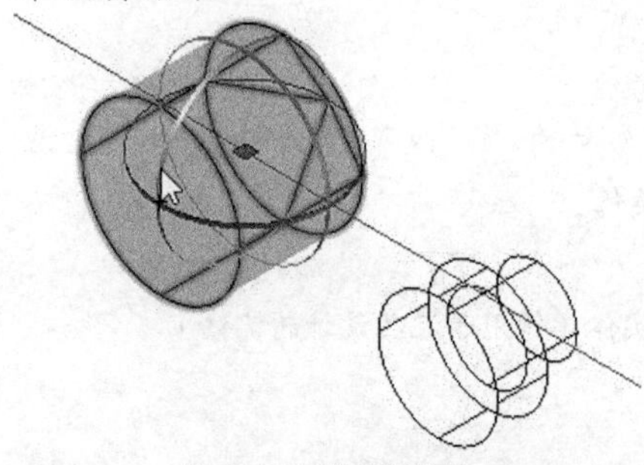

图15-107　指定旋转轴

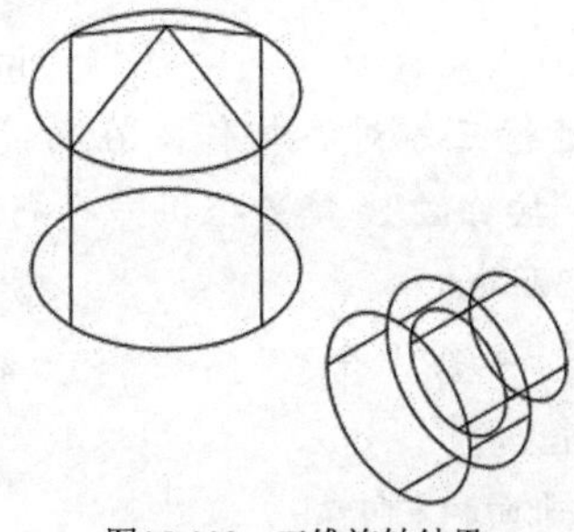

图15-108　三维旋转结果

14 将第 1 个旋转实体移动到坐标原点。在功能区“常用”选项卡的“修改”面板中单击“三维移动”按钮，选择第 1 个旋转实体，按“Enter”键，在该旋转实体中选择底面圆心作为移动基点，如图 15-109 所示。在“指定第二个点或 <使用第一个点作为位移>:”提示下指定第 2 点为“0,0,0”，得到的三维移动结果如图 15-110 所示。

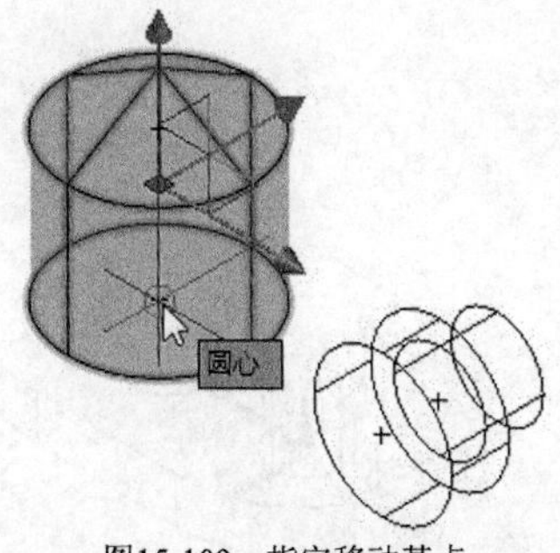

图15-109　指定移动基点

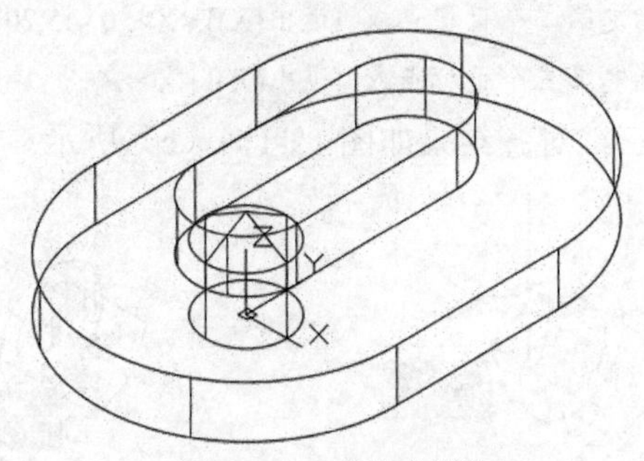

图15-110　三维移动结果

15 将第 1 个旋转实体复制到另一个位置处。在功能区“常用”选项卡的“修改”面板中单击“复制”按钮，接着根据命令行提示进行以下操作。

命令: _copy

选择对象: 找到 1 个　　　　　　　　　　　　　　//选择第 1 个旋转实体

选择对象: ↙

当前设置:　复制模式 = 单个

指定基点或 [位移(D)/模式(O)/多个(M)] <位移>:　　//选择第 1 个旋转实体的底面圆心，即（0,0,0）

指定第二个点或 [阵列(A)] <使用第一个点作为位移>: 0,64,0↙

复制结果如图 15-111 所示。此时，可以在功能区“常用”选项卡的“视图”面板的“视觉样式”下拉列表框中选择“线框”选项。

16 差集操作。在功能区“常用”选项卡的“实体编辑”面板中单击“差集”按钮，选择图 15-112 所示的主实体模型，按“Enter”键，接着依次选择图 15-113 所示的两个旋转实体作为要减去的实体，按“Enter”键。

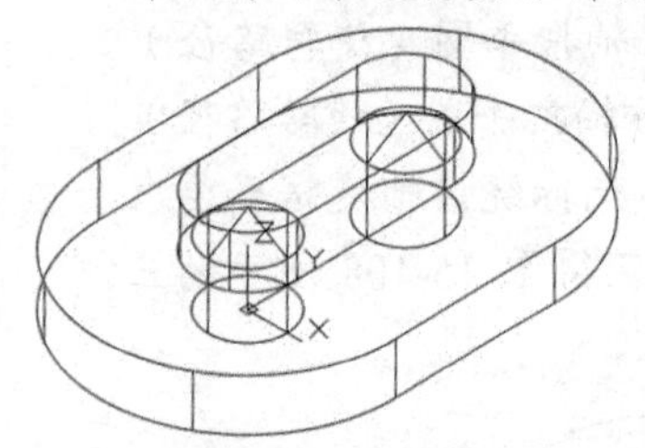

图15-111　复制结果

图15-112　选择主实体模型

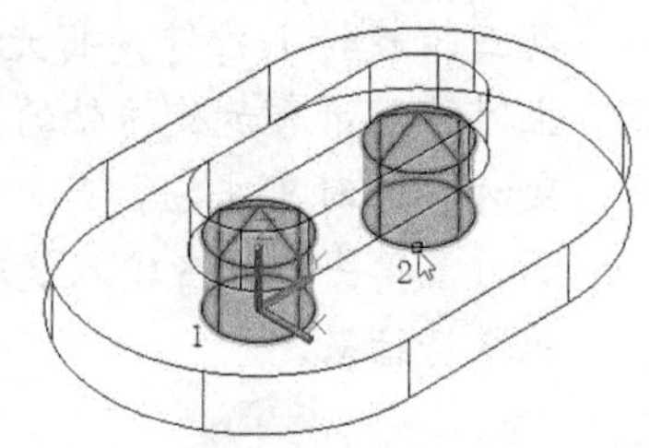

图15-113　选择要减去的实体

17 进行三维对齐操作。在功能区“常用”选项卡的“修改”面板中单击“三维对齐”按钮，接着根据命令行提示进行以下操作。

命令: _3dalign

选择对象: 找到 1 个　　　　　　　　//选择第 2 个旋转实体（将用于沉孔设计的实体）

选择对象: ↙

指定源平面和方向 ...

指定基点或 [复制(C)]:　　　　　　//选择图 15-114（a）所示的圆心

指定第二个点或 [继续(C)] <C>:　　//选择图 15-114（b）所示的圆心

指定第三个点或 [继续(C)] <C>:↙

指定目标平面和方向 ...

指定第一个目标点: 0,-45,0↙

指定第二个目标点或 [退出(X)] <X>: 0,-45,20↙

指定第三个目标点或 [退出(X)] <X>:↙

三维对齐结果如图 15-114（c）所示。

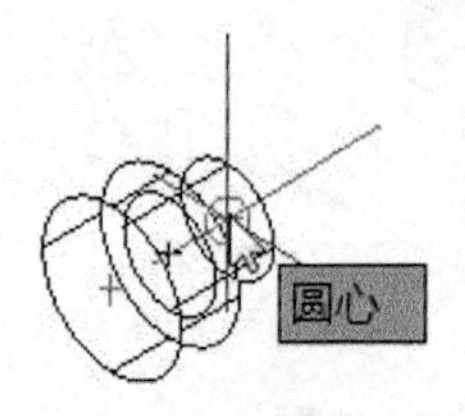

（a）指定基点

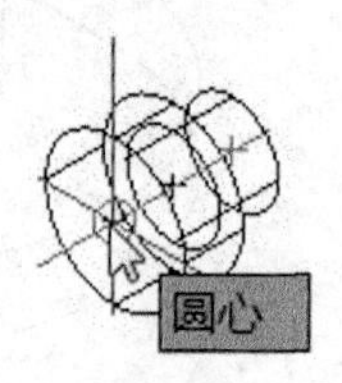

（b）指定第 2 个点

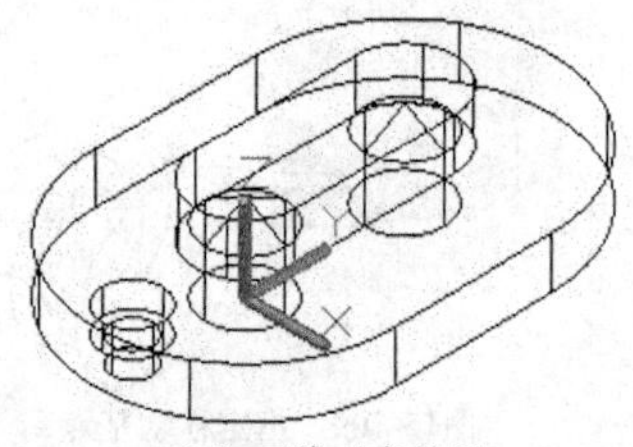

（c）三维对齐结果

图15-114　三维对齐操作

18 使用复制工具将刚对齐的三维旋转实体复制放置在其他位置处。在功能区

“常用”选项卡的“修改”面板中单击“复制”按钮，接着根据命令行提示进行以下操作。

命令: _copy

选择对象: 找到 1 个　　　　　　　　　　//选择要复制的实体对象，如图 15-115 所示

选择对象: ↙

当前设置:　复制模式 = 单个

指定基点或 [位移(D)/模式(O)/多个(M)] <位移>: M↙

指定基点或 [位移(D)/模式(O)/多个(M)] <位移>:　//选择图 15-116 所示的圆心

指定第二个点或 [阵列(A)] <使用第一个点作为位移>: 45,0,20↙

指定第二个点或 [阵列(A)/退出(E)/放弃(U)] <退出>: 45,64,20↙

指定第二个点或 [阵列(A)/退出(E)/放弃(U)] <退出>: 0,109,20↙

指定第二个点或 [阵列(A)/退出(E)/放弃(U)] <退出>: -45,64,20↙

指定第二个点或 [阵列(A)/退出(E)/放弃(U)] <退出>: -45,0,20↙

指定第二个点或 [阵列(A)/退出(E)/放弃(U)] <退出>:↙

复制操作结果如图 15-117 所示。

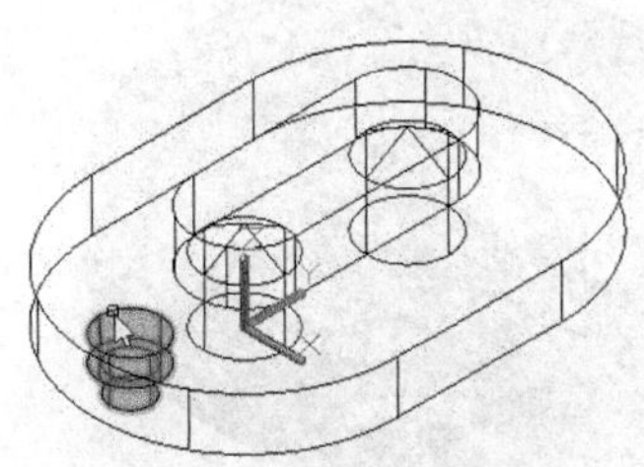

图15-115　选择要复制的对象

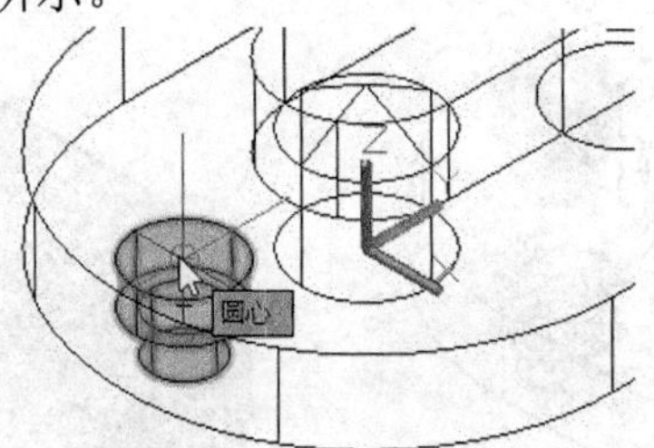

图15-116　指定复制基点

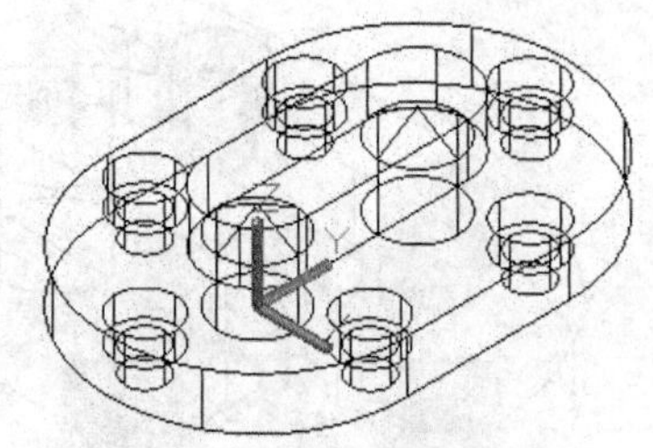

图15-117　复制操作结果

19 创建一个圆柱体。在功能区中切换至“实体”选项卡，从“图元”面板中单击“圆柱体”按钮，根据命令行提示进行以下操作。

命令: _cylinder

指定底面的中心点或 [三点(3P)/两点(2P)/切点、切点、半径(T)/椭圆(E)]: 32,-32,0↙

指定底面半径或 [直径(D)]: 5↙

指定高度或 [两点(2P)/轴端点(A)]: 30↙

完成创建的圆柱体 1 如图 15-118 所示。

20 再创建一个圆柱体。在功能区“实体”选项卡的“图元”面板中单击“圆柱体”按钮，根据命令行提示进行以下操作。

命令: _cylinder

指定底面的中心点或 [三点(3P)/两点(2P)/切点、切点、半径(T)/椭圆(E)]: -32,96,0↙

指定底面半径或 [直径(D)] <5.0000>:↙

指定高度或 [两点(2P)/轴端点(A)] <30.0000>:↙

完成创建的圆柱体 2 如图 15-119 所示。

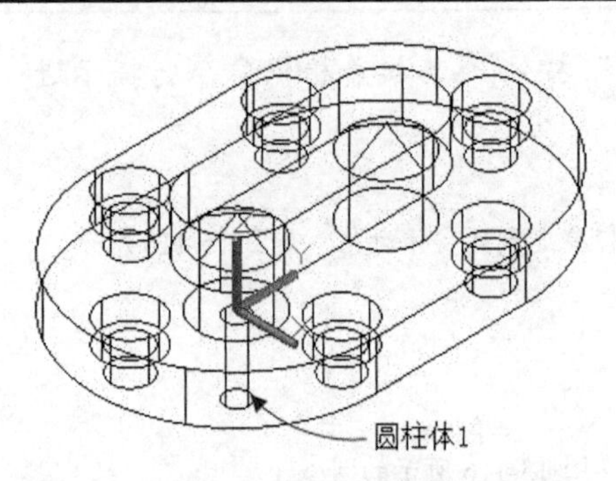

图15-118 创建圆柱体 1

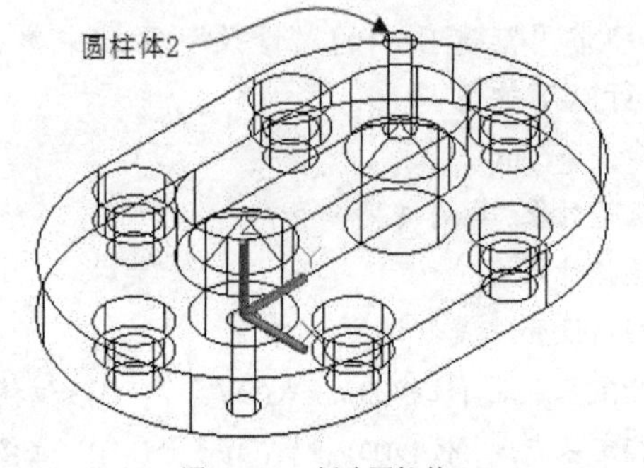

图15-119 创建圆柱体 2

21 求差操作（差集操作）。在功能区“实体”选项卡的“布尔值”面板中单击“差集”按钮，选择主实体模型并按“Enter”键，接着选择其他所有实体作为要减去的实体，如图 15-120 所示，选择好后按“Enter”键。

22 更改视觉样式。在功能区打开“常用”选项卡，从“视图”面板的“视觉样式”下拉列表框中选择“灰度”选项，此时模型以“灰度”视觉样式显示，效果如图 15-121 所示。

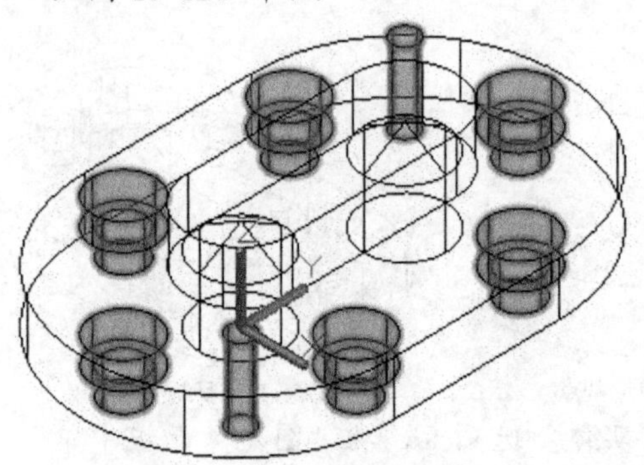

图15-120 选择要减去的多个实体

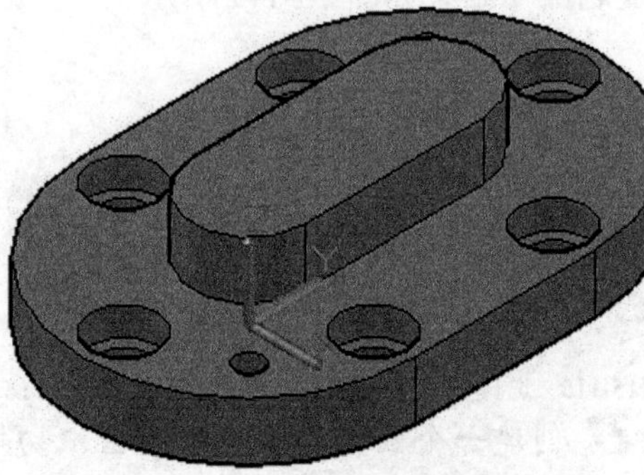

图15-121 以“灰度”视觉样式显示

23 创建圆角。在功能区中打开“实体”选项卡，从“实体编辑”面板中单击“圆角边”按钮，接着根据命令行提示进行以下操作。

命令: _FILLETEDGE
半径 = 1.0000
选择边或 [链(C)/环(L)/半径(R)]: R↙
输入圆角半径或 [表达式(E)] <1.0000>: 5↙
选择边或 [链(C)/环(L)/半径(R)]: C↙
选择边链或 [边(E)/半径(R)]: //单击图 15-122 所示的边链
选择边链或 [边(E)/半径(R)]: ↙
已选定 4 个边用于圆角。
按 Enter 键接受圆角或 [半径(R)]: ↙

完成创建的圆角效果如图 15-123 所示。

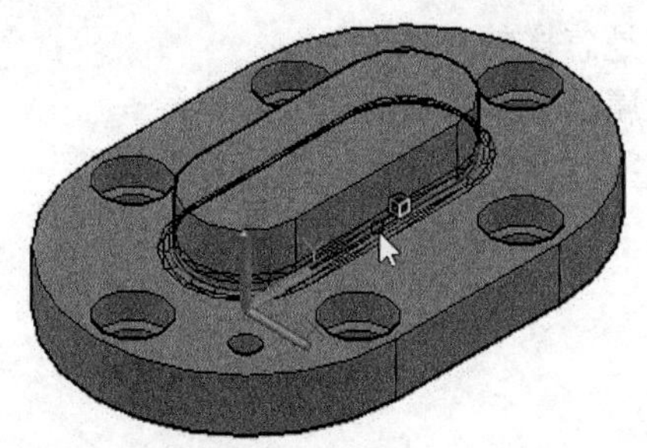

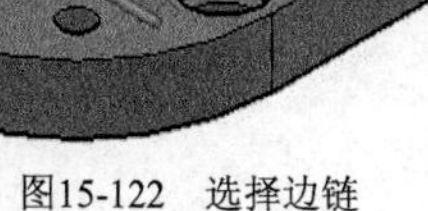

图15-122　选择边链

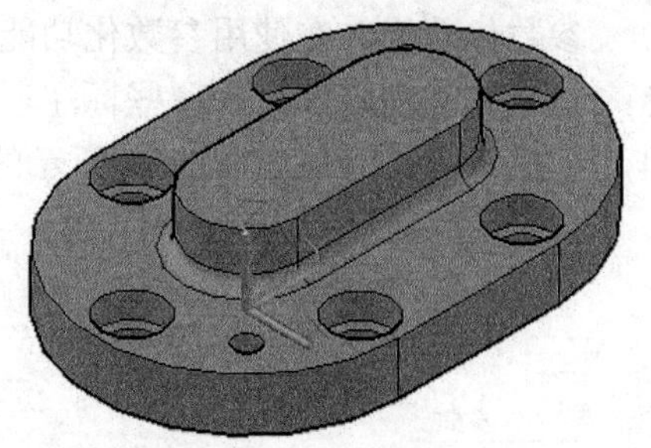

图15-123　完成创建圆角

24 创建倒角边 1。在功能区“实体”选项卡的“实体编辑”面板中单击“倒角边”按钮，在“选择一条边或 [环(L)/距离(D)]:”提示中选择“距离（D）”，分别指定距离 1 和距离 2 均为 1.2，选择图 15-124（a）所示的一条边，接着选择同一个面上的其他边，如图 15-124（b）所示，选择好同一个面上的边 2、3 和 4 后，按“Enter”键，然后在“按 Enter 键接受倒角或 [距离(D)]:”提示下再按“Enter”键以接受倒角，倒角结果 1 如图 15-124（c）所示。

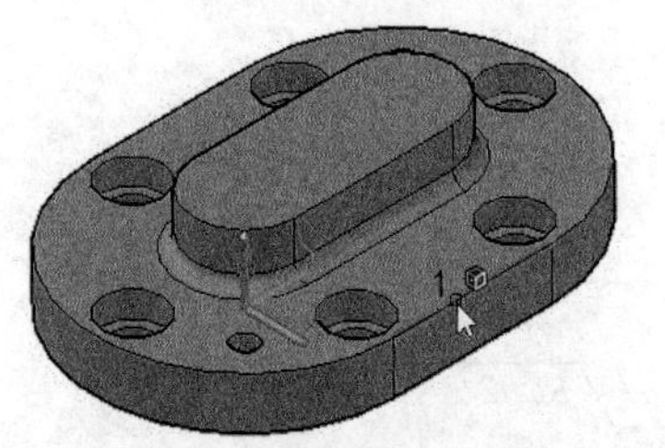

（a）选择要倒角的一条边

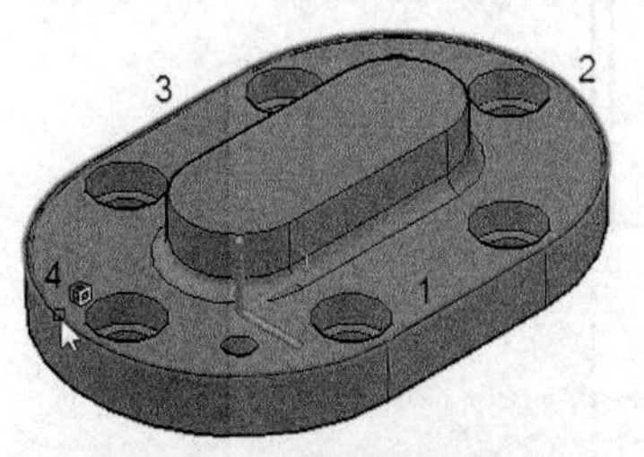

（b）选择同一个面上的其他边

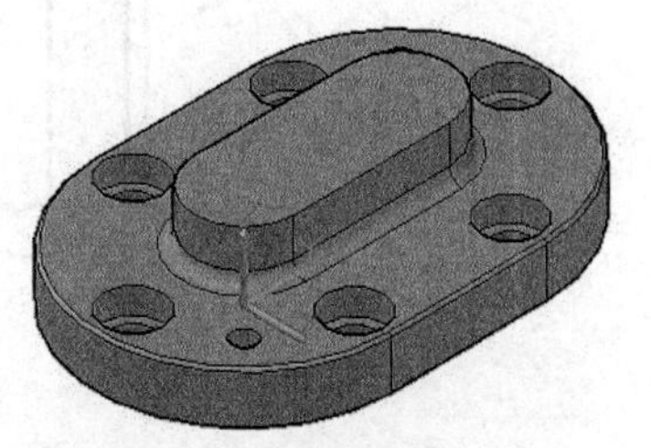

（c）完成倒角边 1

图15-124　创建倒角

25 创建倒角边 2。单击“倒角边”按钮，接受默认的倒角边距离尺寸，选择图 15-125（a）所示的一条边，接着选择同一个面上的其他边（图 15-125（b）所示的边 2、边 3 和边 4），按“Enter”键，最后在“按 Enter 键接受倒角或 [距离(D)]:”提示下再按“Enter”键以接受倒角，完成该倒角边操作的结果如图 15-125（c）所示。

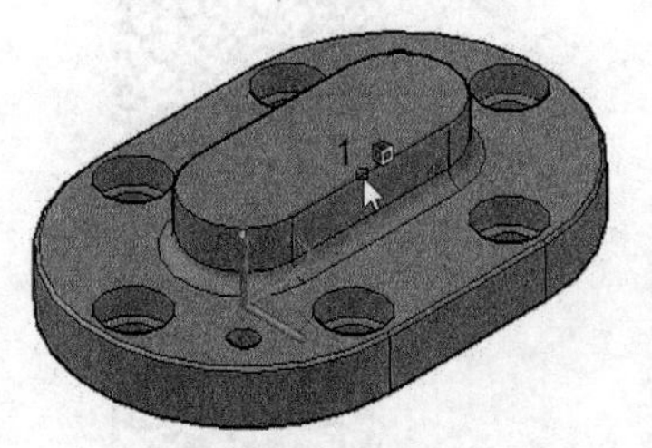

（a）选择要倒角的一条边

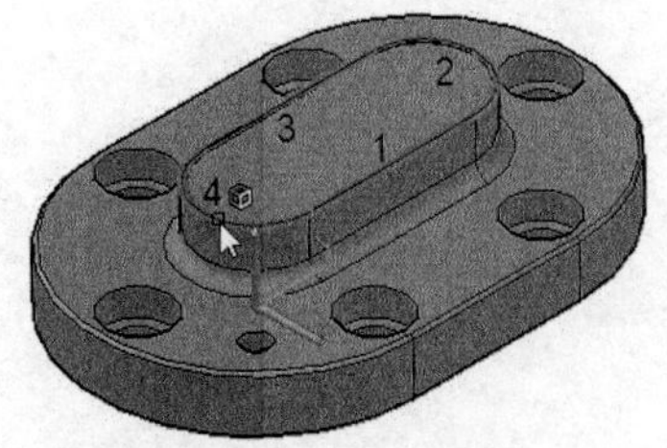

（b）选择同一个面上的其他边

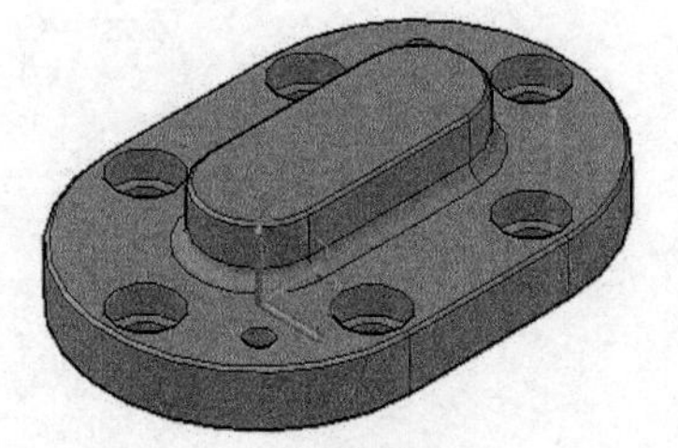

（c）完成倒角边 2

图15-125　创建倒角

26 在“快速访问”工具栏中单击“保存”按钮，进行保存图形文件的操作。

15.5　思考与练习

(1)　在绘制与圆弧或圆均相切的直线时，应该如何指定相应的切点？

(2)　如果要频繁修改平面图中的图形形状尺寸，那么最佳的设计方法是不是使用参数化功能？在使用参数化功能的一般思路是怎样的？

(3) 在绘制工程零件时，哪些标注项目可以使用属性块的方式？

(4) 上机练习：绘制图 15-126 所示的图形，并在新文件中创建其三维模型。

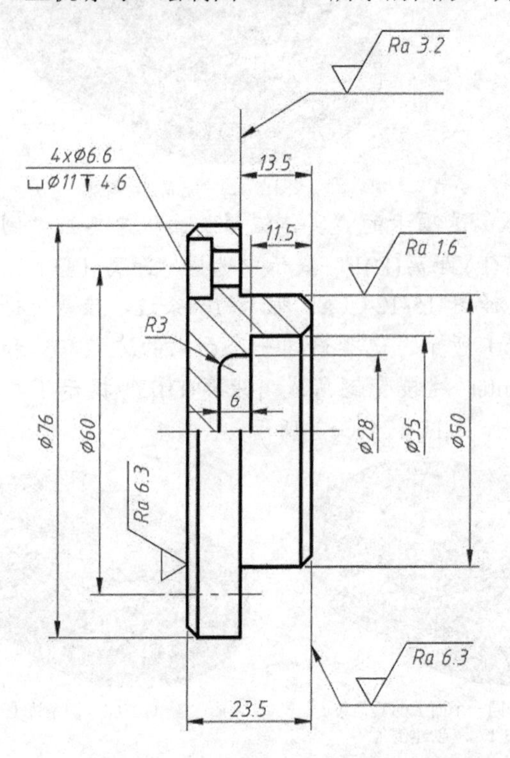

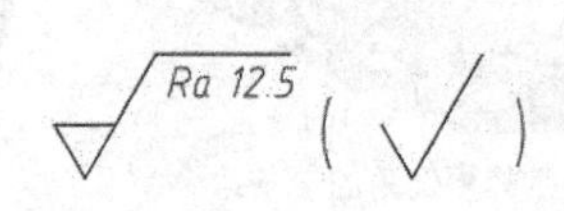

技术要求

1.未注倒角为C2。

2.表面处理：发黑。

图15-126 绘制平面图练习

(5) 上机练习：请自行绘制一个简单物件的零件图，并再新建一个图形文件及为该零件建立其三维实体模型。

视频：参数化图形练习范例

视频：油泵盖三维实体绘制